周秦汉唐 再创辉煌

Achieve more glorious results in Xi'an

热爱 珍惜

懂得 尊重

中国建筑工业出版社

『贤哲东来，海纳百川方浩瀚；丝路西去，路通万国乃繁华。』在世界四大文明古都之中，西安是惟一坐落在东方的城市，以其丰富的历史遗存，非凡的东方神韵为人类文明史书写下了光辉灿烂的一页，成为世界历史文化名城中一颗璀璨的明珠。翻开地理的画卷，秦[illegible]巍[illegible]的高[illegible]低回的河谷，承载着[illegible]安[illegible]千年文明。在浩荡的历史长河中，西安以其巨大的凝聚力和辐射力，长期成为古代中国的政治、经济与文化中心，历千载而不衰，从容吐纳万物，化育生机。古往今来，多少伟人名家对这座城市倾注了极大的关注和热情，他们用最美好的如诗如画的语言赞美她、讴歌她。

古都西安

特色城市

西安不仅属于历史，更属于未来

不仅属于中国，更属于世界……

图书在版编目（CIP）数据

古都西安　特色城市／和红星主编．—北京：中国建筑工业出版社，2006
ISBN 7-112-08523-3

Ⅰ.特…　Ⅱ.和…　Ⅲ.城市规划—西安市
Ⅳ.TU984.241.1

中国版本图书馆CIP数据核字（2006）第104174号

责任编辑：张振光　马　彦

古都西安　特色城市
和红星　主编
*
中国建筑工业出版社出版、发行（北京西郊百万庄）
新　华　书　店　经　销
北京佳信达艺术印刷有限公司印制
*
开本：787×1092毫米　1/8　印张：53　字数：1400千字
2006年9月第一版　2006年9月第一次印刷
印数：1—5500册　定价：420.00元
ISBN7-112-08523-3
（15187）

本社网址：http://www.cabp.com.cn
网上书店：http://www.china-building.com.cn

主编单位：西安市规划局

承编单位：《建筑创作》杂志社

目录

序
PREFACE

特色城市古都西安

西安是中国历史上建都时间最长的一座历史文化名城。早在七十万年前，这里的蓝田猿人就点燃了人类文明的篝火，从此，炎黄子孙就在这片热土上繁衍与生息，开创了伟大的东方文明，成为中国传统文化的故乡。在这里，有代表着周、秦、汉、唐时期的四大遗址，有保存最完整的明代大型城垣；千百年来，有数不清、道不尽的故事在这里发生、传诵或湮灭。

西安有着引以自豪的辉煌历史，但也存在经济滞后与边缘化的趋势。自豪和自卑无时无刻不萦绕在每一个西安人的心头，面对浮华的社会和变幻的世界，我们常常迷失自己前进的方向。应该承认，改革开放二十多年来，我们取得了巨大的建设成就，但又以城市特色的消减、城市魅力的淡化为代价。西安城市现代化建设的大潮来得如此迅猛，人们以狂热的心态迎接着新潮的、现代的、西方的形式，可是并没有吃透这些新事物的精髓。在商品化的热浪中城市文化一定程度遭到了破坏。所幸近几年来，西安上自领导下至百姓在社会经济发展的过程中都提高了对城市文化、城市特色的关注与要求。今天，面对全球经济和技术的国际化，西安如何在城市现代化的过程中自我定位，保持自己的个性和特色，是历史赋予这一代人的责任。

首先，我认为我们应该紧紧站稳“古都”的基点，把握“古都”的特色。无论规划师和建筑师都应该站在历史的高度、从城市的视野来看建筑。面对如此重要的一座千年古都，首要的也许并不是我们创造了什么新建筑，而是如何有效保护和传承历史要素和文化精神。不仅要保护文物建筑，还要保护古城的布局结构、山水环境、历史街区和那些原汁原味的各种遗存，绝不是一拆了之，填上现代的作品。古城中的所有新建筑都应尊重环境，以城市设计的整体观点精心设计和精心“填空”。打个通俗的比喻：我们对历史古城的新建设是要对古城进行“织补”而不是简单地“打补巴”。整体永远大于、重于个体，建筑个性应蕴于城市特色之中。

另外一个主要之点就是我们的城市设计研究必须坚持以科学的理论来指导。

关于历史文化名城城市设计与城市特色的研究问题，目前还没有一个完整的科学体系，可谓仁者见仁，智者见智。我对城市特色科学体系的理解始于西方理论，即上个世纪60年代美国人凯文·林奇著的《城市意向》。他提出一个城市给人的主要印象和特点来源于五大要素：路线、边缘、节点、区域和标志。

一、路线，即纵向展开的景观。沿着城市的一条路，无论是城市干道、步行街或者河流呈带状的线形展开的空间。

二、边缘，即城市轮廓线。唐长安城的轮廓线十分好，虽然基本是在平地上，但却有六爻高地。宫殿、庙宇、衙署等封建时代大型建筑大都建在高坡上。平的地方则是老百姓居住的里坊。轮廓线边缘对一个城市特色来说非常重要，纽约曼哈顿高高的集群，很远从海滩上就可以看到并分辨出来。不同的城市有不同的轮廓线，现在西安的城市轮廓线是什么？恐怕比较零乱，很多新的建筑完全都是根据开发商的意愿进行设计的。现在西安轮廓线并不清楚，起码目前还不明显。

三、节点、即是交叉口，指道路和道路、道路和河流、道路和林带之间的交叉口和关节部分。在节点部位是可以做文章的，不同的交叉点做不同的文章。干道的交叉口可能是大的广场，有的需要雕像。所以节点是表现城市特色的第三个要素。西安以钟鼓楼为标志的广场和大雁塔南、北广场就表现了城市特色。

四、区域，就是从内部展开的在一定范围集中的区域。比如旅游区、商业区、科技园区等具有不同特色的集中区。区域的概念，是强调城市的不同区域要有不同特点。现在西安的高新开发区，曲江历史文化区已形成特色。但占城市建设量60%的各种住宅区有特色的还不多，甚至还有文化错位的。

五、标志。城市的标志可以是建筑、雕像，甚至可以是一棵大树或者自然物如山脉、泉水等，不同的城市都要有能体现其城市特色的标志。目前西安主要的标志还是大、小雁塔、钟鼓楼这些历史建筑，新建设的还不多。

路线、边缘、节点、区域和标志五大要素自上世纪60年代提出以来，一直指导着全世界的城市规划设计到现在。虽然有人说它不够全面，但迄今为止它仍然是全世界范围最权威的理论。它是否适用于中国的城市呢？适用，但这还不够。中国城市有自己的传统理论，就是风水意向所指的龙、砂、水、穴、位五大要素：

一、龙，就是城市区域内主要山脉的走势和来龙去脉。

二、砂，就是城市周围地段的地形起伏，指主脉以外的山脉地形地势。

三、水，自古以来我们中国人一直认为水就是城市“血脉财气”。一个城市要是没有水，这个城市就很难兴旺发达。过去因为有“八水绕长安”，所以唐长安城才会繁荣。现在如果西安解决不好水的问题，将来肯定会制约城市的发展。这里不仅是用水量的问题，还关系到整个城市的生态环境。

四、穴，指选址定位。当我们城市规划师和建筑师勘察完地形后，确定项目选址即点“穴”。项目选址一定要恰当，很多项目很好，投资也很多，项目就是上不去，别人说风水不好，其实就是位置没有选好。应该搞商业的地方搞其他建筑，应该居住的地方搞商业，就是逆势而动，肯定有问题。出现的问题不是位置没选好，就是周边环境各方面因素没有考虑周到。

五、位，即方位，就是方位要选择好。应该朝南的朝北了，恐怕效果就不会好。城市也是这样，主要的出入口本来应该放在南北向轴线，如果放在东西向，朝向不好，方位就不对。

龙、砂、水、穴、位是指建筑和环境的相对关系，特别是和自然环境的关系。中国这五个要素和西方的五个要素如果结合起来，就是我们完整、科学的理论体系。我们的规划和设计应该在这些理论指导下用科学的方法展开，肯定有利于城市特色的塑造。如果脱离城市规划设计的科学理论框架，不坚持科学的方法，肯定不利于城市特色的形成。

我想在城市特色塑造方面，我们不但要深入研究本土历史文化，抓住西安“古都”的基点，而且用科学的城市规划、设计理论来指导，采取科学的手段，就能够实现有西安特色的城市建设，保护并弘扬这座十三朝古都的历史面貌和人物精神，使她再现辉煌，并长生不老走向未来。

张锦秋

2006年4月

（张锦秋：中国工程院院士　中国建筑西北设计研究院总建筑师　建筑设计大师）

特色城市古都西安

前言

FOREWORD

特色城市古都西安

回想往事，早在30年前，我来到西安冶金建筑学院（现西安建筑科技大学），在大学里就读建筑学专业时，这座千年古城，保留完整的城墙，秀丽的大、小雁塔，已给我留下了深刻的印象。

早在从事教学工作的年月里，我就对西安市的城市设计与建筑特色进行了广泛的研究，无数次的古迹寻访、资料搜集，更是加强了我对这座魅力之都的认识。近30年过去了，如今在世界文化不断趋同的历史背景下，城市的形象逐渐失去各自的特色，西方世界以“主体文化”自居，不断地将他们的价值观在世界范围内泛滥；然而城市恰恰又是人类文明进程中最大的物质影像，因此探索一个城市的历史文化、地域特征，并在此基础上，深入研究每个城市所面临的城市规划问题，对我们而言，关系到中华文明的承袭与发展，关系到民族的文化自尊，关系到西安这座城市的特色培育，也关系到城市文化品位的建设。

翻开地理的画卷，巍峨的高山、低回的河谷，承载着西安的三千年文明。在浩荡的历史长河中，西安以其巨大的凝聚力和辐射力，长期成为古代中国的政治、经济与文化中心，历千载而不衰，从容吐纳万物，化育生机。尤其在盛唐时代，长安城无论在人口、规模还是繁荣程度上都堪称世界之最，长安城的规划更成为当时的日本等国家效仿的楷模。在当时的历史舞台上，长安城不仅是一座人人向往的东方大都市，更是东方文明和中华民族精神的象征。古往今来，多少伟人名家对这座城市倾注了极大的关注和热情，他们用最美好的、如诗如画的语言赞美她、讴歌她。

历史曾赋予古长安无尚的荣耀与辉煌，也赋予今日西安新的责任和使命。历史是明灯，她将为西安的复兴指引方向，西安将向世界敞开一扇崭新的窗口，展现当代西安城市复兴的新景象，展现特色古都的羡人美景。西安地处关中平原，在现代地理意义上“居天下之中”，具有“管毂四方”、承东启西、东联西进的区位优势，在西部大开发中具有重要的战略地位。如今的西安已成为我国中西部地区重要的科研、高等教育、国防科技工业和高新技术产业基地，是新亚欧大陆桥中国段陇海兰新线上最大的中心城市和世界闻名的旅游之都。西安正以崭新的姿态、蓬勃昂扬的面貌迎接四方宾朋，迎接建城以来的又一次伟大复兴！

从世界城市发展的历史经验看，任何一个集市、城市、现代大都市圈的兴起和形成，都必然引发核心城市区功能定位的调整和变更，进而对生活在城市里的人们的生存空间和城市观念产生客观的影响和改变。在这些变革更迭中，一座城市的“城市特色”一直以来都是一座城市的“名片”和“身份证”。作为西北最重要的中心城市，其悠久的城市历史和厚重的人文资源，深深诱惑着向往大都市生活的人们。

未来大西安概念的形成和提出，正适应了现阶段中国城市化的发展方向，在未来的十多年时间里，在延袭古都西安“九宫格局”的特色模式基础上，一个南北骨架拉伸、东西方向延拓、多个城市副中心连接成片、城市生态空间穿插其中的新西安，将成为这个城市发展演进的主题和方向。

随着西安城市骨架的逐步延拓拉伸，城市空间和经济布局的调整，必然逐步地改变着我们的城市形态。向南，西部大学城的崛起，高新区管委会南移，特别是西高新二次创业全面南扩；西南方向，曲江新区正以令人振奋的发展势头得到国内外投资者的高度关注；向北，西安市政府北迁已批复，行政中心北移张家堡，经济开发区再次迎来发展契机；伴随着西安咸阳经济一体化的宏伟蓝图的初步确立，以世纪大道为代表的区域引人关注；另外，浐灞生态区正式启动，这为古城东北方向的发展注入了新的活力。在这一进程中，如何在城市发展过程中，以城市规划为先导，形成特色城市的发展模式，是我们一直共同关注的问题。

西安在其数千年的城市发展过程中，沿袭着中国文化的脉络，通过严谨的礼制制度，建筑及城市的建设在实质性的逻辑关系上没有发生根本的变革，也因此形成了世界上最为原生的、未受外来文化过多影响的城市及建筑文化。因此，西安就是要走振兴城市精神之路，走以文化精神拓展城市之路，走特色城市之路，走复兴中华民族城市文化的道路。吴良镛院士曾提笔挥毫：长安寻梦，愿西安模式能在探索中成为现实。我认为，西安就是要彻底打破“千城一面”的局面，走自己的特色之路。我们将西安作为一个独特的“城市现象”进行研究，希望能在传承中华文明背景下的城市文化，建设具有文化品格城市等方面展示一些已经做的工作，并通过这本书传达我们的理念，共同关注西安这座古代文明与现代文明交相辉映，老城区与新城区各展风采，人文资源与生态资源相互衬托的时尚之都的未来发展。

在当今快速发展的西安，如何把握方向，以科学的发展观运用五个统筹，真正达到和谐统一，对于我来讲，必须清醒地认识到：城市建设没有了内在的精神，就没有了坚定的陪伴和守望者，作为一个城市的规划者便责无旁贷以提升这种城市内在精神，独特风貌为己任。

在此同时，“城市复兴”的伟大构想诞生了，城市复兴在古城西安的探索与实践的帷幕也徐徐拉开……

和红星

2006 年 8 月 7 日

（和红星：西安市规划局局长、教授、博士生导师）

特色城市古都西安

城市文化环境的营造

□ 张锦秋

城市文化是人们在城市形成和建设过程中所创造的物质财富和精神财富的总和。城市文化环境则是这个总和的外在表现。本文所论及的仅仅指城市文化环境的硬体部分，即城市建设所及的范畴。

在城市发展的过程中，不同的历史时期、不同的地域，人们创造了不同的城市文化环境。西方一位建筑大师说过："根据你的房子就能知道你这个人，那么根据城市的面貌也就能知道这里居民的文化追求。"西方文豪歌德说："建筑是石头的书。"雨果说："人类没有任何一种重要的思想不被建筑艺术写在石头上"，"注入人类家园的每一条细流都不再是自然之物，它的每一滴水珠都折射着文明之光。"日本建筑大师黑川纪章说："其实我们创造城市就是在创造文化。如果城市的建造仅是出于经济目的，那么城市中的人是很不幸的。"可见在城市现代化进程中，城市文化环境的营造，是一个高标准、高层次的课题。它不仅仅是物质文明的建设，同时，还受到政治、经济、文化艺术、历史传统、民风民俗诸多方面直接或间接的作用和影响。

从城市规划建设自身来看，20世纪追求城市理想的诸多主义——从以1933年的雅典宣言为代表的现代主义，到新城市主义、生态主义、多元化主义、女权主义等等，虽说是各有侧重，但也确实揭示了现代城市发展中诸多重大问题。应该说，这些重大问题对于城市文化环境的营造都产生了不同程度的影响。在1999年国际建协第20届世界建筑师大会通过的《北京宪章》中提出，新世纪的城市将走向建筑、地景、城市规划三者的融合，并预言：现代建筑的地区化和乡土建筑的现代化将殊途同归，而现代城市将更为讲求整体的环境艺术。

从城市文化研究的视野来看，改革开放初期，寻求地域文化曾兴起一时。当时全国建筑创作有京派、海派、岭南派、西安唐风、武汉楚风等等。此后随着房地产开发的推近，商业行为正在使地区特色消失，"天下大同"了。1999年6月国际建筑师大会在北京召开，主题报告提出21世纪要促进地区文化精神的复兴，指出"区域差异客观存在，对于不同地区和国家，建筑学必须探求适合于自身条件的蹊径，即所谓的'殊途'。弗兰姆普敦教授报告中提出：主张创造具有"地域形式"而不是"产品形式"的建筑，即强调建筑形式更多地取决于所在地域的特点，而不是生产技术本身。近年来，国内学术界也开始提倡城市文化研究应落实到区域，回归到区域，并在区域文化中实现整合。不应单纯就城市论城市，而是要从更大区域范围来认识城市文化，把城市与其腹地以及与它相关的城市，视为一个相互联系的整体，从而把城市文化赖以存在的地域空间上升到应有的地位。毫无疑问，这些主张对于我们把握城市文化在空间发展上的层次性、多样性和差异性是十分有利的。下面，就营造城市文化环境的几个问题，谈一些看法。

一、城市文化的宏观取向

城市建设是一个历史范畴，任何一座城市在塑造自己的文化环境时，都应该立足当代、继承历史、展望未来，都需要在自己城市文化的基础上进行再创造，才能使城市形象特色脱颖而出。当我们规划一座城市的文化环境建设时，首先要解决好这座城市文化的宏观取向，或者简称为文化定位问题。这是一个战略性的研究课题。城市文化的宏观取向，要符合当代城市规划建设的先进思想和规范；要体现所在地区的文化精神；要对本城市的性质、规模、布局结构以及人口构成作深入的分析，从抽象走向具体，由分散走向整合，落实到城市文化环境的要素、特征上。一个比较好的城市文化定位可以管五十年、一百年。

我国学者在研究江南地区城市文化之后，将这个地区城市文化的宏观取向归纳为三个特征：即"亲水性"、"人文性"、和"统一变化、饶有特色"。这些特征反映在城市景观上，建筑、桥梁、园林、绿化、名胜古迹每每与水亲和，以水称胜，显现出阴柔秀美、富于灵气的性格；文人是江南城市文化的建设参与者，起着积极的引导和示范作用，因而城市文化环境文质彬彬，诗意盎然；江南城市文化虽有以上两点共性，但并非千篇一律，在统一风格中又千变万化，富有个性，饶有特色。如果我们把握了地域文化的宏观特征，也就接触了城市文化之本，就有可能在新的生活形态和新的技术水平下继承和发扬地域文化的精神内涵，营造出本城市特定的文化氛围。

对自己城市的性质作深入缜密的研究是城市文化定位的关键。美国的威廉斯堡是一个成功的例子。20世纪初洛克菲勒买下威廉斯堡的土地，因美国独立战争曾在这里打响第一枪，因而想将该地的主题定为"革命发源地"。但历史学家认为革命战争英美冲突是短暂的，而旧大陆与新大陆的文化传承则是长远的。英国来开发殖民地，使大陆的文化进入新大陆，对美国至关重要。建议突出这一文化的转化，定位为"殖民时代的威廉斯堡"。这个定位经过历史检验证明是正确的。威廉斯堡确实体现了新、旧大陆一脉相承，成为知名的历史城市、欧美重要的国际会议中心、国际交往和旅游热点。美国人花了5~6年时间，请了知名的历史、政治、国际关系的教授来论证定位。然后才请规划师、建筑师来研究如何体现这一定位。

有了明确的目标，再来研究如何达到这一目标，当然效果卓著。

二、城市文化环境的评价标准

城市文化环境由于内容综合，涉及面广，有着多种评价标准。在这里，我们从城市文化环境的营造这个角度，介绍一个实例：

《美国城市文化》一文在研究今后50年的环境与变化时，曾对世界16个城市进行"城市适意度"的评比，共列出23个评价项目，将其归纳可分三类：

1.良好的自然条件及其利用，包括美丽的河流、湖泊、喷泉、大的公园、林地树丛，富有魅力的景观、洁静的空气、适意的气温等。

2.良好的人工环境建设，包括杰出的建筑物、清晰的城市平面、宽广的林荫大道(系统)、美丽的广场(群)、街道的艺术、喷泉群、富有魅力的景观等。

3.丰富的文化传统及设施，包括杰出的博物馆，富有盛名的学府，重要的、可见的历史遗迹，众多的图书馆、剧院、音乐厅，琳琅满目的商店橱窗、街道的艺术，可口的佳肴、大的游乐场，具有参加游憩的多种机会，多样化的邻里等。

上述评分标准未必非常完善和科学，但对我们不无启发。首先，城市要满足多种多样的生活要求，包括要有美好的公共空间。第二，城市要保护、利用和创造美的自然环境。第三，城市需要具有丰富的文化传统和地方特色的建筑环境。从中也可看到城市文化、城市文化环境、城市建筑文化环境，每一个层次均具有广泛的内容，它们之间又具有多么密不可分的关系。建筑文化环境在城市文化环境营造中的确有着举足轻重的作用。

三、城市文化环境的构成要素

主要有标志性建筑、城市文化设施、街区、风景名胜和城市整体特征五个要素。

众所周知，标志性建筑(含城市雕塑)对于构成城市形象有着画龙点睛的作用。罗丹曾说："我们整个法国就包含在我们的大教堂中，如同整个希腊包含在帕提农神庙一样。"绝大多数标志性建筑都有着"三优"的共性：那就是优越的选点，优秀的设计和优美的环境，三者缺一不可。如纽约自由女神像，选点在纽约湾口，迎着从旧大陆到新大陆的航线方向；雕塑形象融圣母玛丽亚、法国大革命女战士与雕塑作者的慈母于一身；雕像挺立在海水环抱的绿岛上，环境空灵优美，难怪她被誉为美国的象征。有些名城采用大手笔，在一个区域，一座广场，一条轴线上布置若干标志性建筑，形成建筑艺术的高潮所在，集中、典型地体现城市文化特征。如巴黎卢佛尔宫到德方斯大门的大轴线、华盛顿从国会山到阿林顿公墓的中心区都是优秀的实例。

文化设施是营造城市文化环境必不可少的要素，在欧洲，以大剧院为中心的文化广场比比皆是，在北美更有近代的文化中心建筑组群的营造，突出了文化设施在城市中的多元功能和优美形象。市一级的文化设施包括图书馆、美术馆、博物馆、剧院、文化中心、体育中心等。在规划布局时，一定要通过城市设计选好地段，与城市的干道、广场共同组成城市生活的热点。如纽约在西城的贫民窟区建起了林肯中心。随之，在对面建起了公寓，沿街出现了商店、餐馆。贫民窟不复存在，这个区成了不夜城。而华盛顿在风景优美的波托马克河岸建起了肯尼迪中心，虽然建筑本身也是一位名家成功之作，但由于它对岸就是阿林顿国家公墓，居于政治性较强的地区，市民只能来看演出，别无其他活动。

《北京宣言》提出："我们要用群体的观念、城市观念看建筑。"不论是传统的旧街区还是新建设的现代街区，都是展现城市文化的重要场景。现在许多城市开始认识到在旧城更新改造中，保护、保存传统历史文化街区是多么重要的文化复兴活动。它对于城市文脉的延续，对于民风民俗的展现有着不可替代的作用。现代街区包括产业区、居住区、文教区和商业区，它们从不同的侧面体现着现代城市文明的风采。住宅建筑一般占城市建筑60%～70%，不论是居住环境还是建筑形象，对城市文化环境营造都具有很大的影响。近年来，我国沿海一些早期受西方文化影响较深的城市，现在为了城市大环境的协调，在恰当的地段建设一些西洋古典风格的建筑，倒也合情合理。但一些内陆城市流行的"欧陆风"，则是不伦不类的文化错位。人家西方人在追求自己文化的回归，而我们中国人也跟着归到人家老祖宗的门下，此风实不可长。

风景名胜自古以来就是城市文化的重要标志。我国许多城市都有命名"八景"、"十景"的传统做法。对于历史文化名城，风景名胜要保护、发掘、利用；对于新开发的城市，则需要从规划之日起，就要有意识地营造自己时代的风景名胜。现在一些城市通过新闻媒体评选城市胜景，这是好事。但评选之后还需要择优提高、扩大成果，把优中之优延续下来。这样通过日积月累，也就积累了我们时代的"八景"、"十景"。

保持和发扬城市的整体特征。自然特色是构成城市整体特征的本底，人为建设是构成城市整体特征的能动因素。两者的结合则体现了城市文化的水平和特色。我们知道，古今中外许多名城都十分注重城市与山水的关系。但由于不同的文化渊源，西方人好占山头，好入大水，发挥极至，中国人则好依山傍水取其宛自天成，而且前后左右都要有所照应。如何把握城市的整体特征，可以简单地概括为四句话：城市性质定品位，城市规模定尺度，历史文化见文野，自然环境凝风格。

四、城市文化环境的营造

城市文化环境的营造应是长效型的建设，而不是突击式的装潢。既要深谋远虑，又需日积月累，在正确的文化取向、文化定位的前题下，有明确的战略思想，有优秀的城市设计和实施方案设计，有切实的建设步骤，有特色的运作经营，可以做到三、五年有一个小变化，十来年有一个大变化，这变化的标志往往是上述几个要素之中某一点的突破。对于变化，如今人们的认识已由激进转为平和，那就是一座城市要有所变化，还应有所不变。"变得像纽约了"，"变得不认识了"，"世界大同"了，这绝不是好现象。一个人不能六亲不认，一个人不能失去记忆，一座城市也是如此。

在这里，我想谈谈在城市文化环境的营造中经常会遇到的一个难题：是统一还是对比。其实统一是指事物的一致性，对比是指事物的差异性。在绘画、雕塑、音乐、建筑等艺术创作上都广为运用这两种手法。在这二者之间不存在什么高低之分。"在对比中求统一，在统一中求变化"，这本是艺术创作的一个基本法则。而最后衡量和评价艺术效果的标准则是"和谐"。"和谐为美"，这是古往今来的一条基本美学原则。现代美国建筑大师路易斯·康就说："形式含有系统间的和谐，是一种秩序的感受，也是一事物有别于其他事物的特征所在。"1978年国际建协《墨西哥宣言》中说："如今大多数建筑师每每只着眼于建筑的形式，拘泥于其狭隘的技术——美学意义，越来越脱离真正的决策，这种现象值得注意。建筑学的发展要考虑到全面的社会——政治背景，只有这样，建筑师才能作为专业人员参与所有层次的决策。"《北京宣言》中说："职业的自由并不能降低建筑师的社会责任感。"

20世纪后期，一些当代的"前卫"流派各持一端的思想在建筑创作中也有反映：就是要打破和谐，就是要否定公认的原则，以"先锋"、"前卫"为先进的标志。我国有些同行在这些思想的影响下，对国外一些名作不求甚解，而对它们作了许多失实的片面颂扬。他们常常举出埃菲尔铁塔、贝聿铭的玻璃金字塔和华盛顿东馆、蓬皮杜文化中心作为与环境不和谐而成功的佐证。埃菲尔铁塔难道只是因为采用了钢结构与环境对比而成杰作?它优美的曲线造型、罗马风的大拱乃至拱券口的钢结构图案都在与巴黎的建筑传统文化对话。1999年新年，世界三大男高音的演唱会在埃菲尔铁塔下举行，音乐会的台口就采用了埃菲尔铁塔的有细部花纹的拱门。这正说明埃菲尔铁塔不是天外来客，而是欧洲的传统文化与工业化新技术的结晶。卢佛尔宫广场上的玻璃金字塔，在这座利用传统宫殿扩建为现代化博物馆的建筑空间中，仅仅是一个进入地下大厅的入口，也是地下大厅的玻璃屋顶。其尺度在这个大环境中仅是一个小品，其玻璃的透明质感更不阻挡人们欣赏卢佛尔宫的视线，应该说这是大统一中的小对比，无损总体环境的和谐。华盛顿的国家艺术馆东馆完全是一座全新的现代建筑。它在环境上的成功首先在于遵守了总体规划的边界条件和高度控制。东馆、西馆一今一古，却有着相一致的高度和水平轮廓线，并采用了出自同一石矿的灰色石材饰面。东馆主入口向西，与西馆的东门同处在一条轴线上。贝聿铭先生精心采用了这些措施保证了东馆这组独具个性的建筑与环境达到了高度的和谐。对蓬皮杜文化中心的建筑单体设计仁者见仁，智者见智。但从巴黎旧城区的城市风貌上则不得不持否定的态度。1996年，中国建筑学会代表团赴法进行学术交流。当法国接待官员介绍到巴黎城市如何注重统一谐调时，笔者曾以蓬皮杜文化中心向其请教。这位官员作了一个遗憾的表情说："蓬皮杜文化中心是以前批准建造的。按照我们新的POS(城市规划规范)和1994年制定的大巴黎总体规划，现在报批这个方案是通不过了。"由此可看出，不是外国存在的都是合理的，人家也在不断总结经验教训。凡事还是以基本原理和实际效果来检验为好。

其实，在20世纪的最后十几年，在城市设计和建筑艺术上，基本原则的回归已成世界主流。1999年第20届建筑师大会上的两个主题报告和所通过的《北京宣言》就是时代的强音。国内外大量城市建设的实践反复证明了城市的统一性和建筑的谐调性是有文化内涵的城市所必不可缺的品质。"和谐为美"这是一条永恒的美学原理。

城市文化环境的营造，是社会主义精神文明和物质文明建设在城市建设中的重要课题，是注重城市形象、塑造城市特色的核心问题。在21世纪我国城市进入加速发展阶段，这个问题已提到了议事日程，引起各级有关领导和广大建筑工作者的关注和探讨。笔者仅就个人在工作中的一些体会，提出一些粗浅看法，还望批评指正。

（作者系中国建筑设计大师、中国工程院院士、中国建筑西北设计研究院总建筑师）

大唐芙蓉园夜景

九　宫　格　局

□ 韩　骥

在地球上，城乡聚落是人类创造的最巨大的艺术品，它们像一幅幅的动态图式，散落在大海之滨、广原之上、山河之间。它们千姿百态，各具特色，在人类文明历史的长河中，折射着各自地区、各自民族历史文化的光辉。20世纪著名规划大师、社会学家芒福德在他的巨著《城市文化》中写道："城市是地理的织网的工艺品，是经济的组织制度的过程，是社会行为的剧场，是集中统一体的美的象征。"

有史以来，每一个伟大民族的首都，都有着自己民族所特有的城乡聚落的图式：棋盘式的雅典，轮辐式的罗马，枝状伸展的巴黎，中心放射的华盛顿，哪个不是灿烂夺目、光照世界，各领风骚数百年？有着五千年悠久文化的华夏民族，也有着自己一脉相承的首都城乡聚落图式：它的形象简洁，但内涵极为丰富，它在漫长的历史演变中，与时俱进，但又万变不离其宗。

这个图式的名字叫作"九宫格局"。

一、溯源井田

"九宫格局"对中国人并不陌生，说它是无人不晓、妇孺皆知亦不算夸张。中国的每个小学生在初写汉字时，都是从"描红本""九宫格"开始的。《辞海》解释："九宫格即摹临碑帖之方格纸也。一正方格中以四线纵横分为九格，以范笔划之部位。此法始于欧阳询，盖以尺寸真字，初专为移缩古帖而设。"欧阳询是唐代大书法家，此法传入民间，成为学字之范笔格式当不少于1500年之久。可是中国的城市建设运用"九宫格"，至少有3000年之久，而在农田耕作上运用"九宫格"，可以上溯5000年。

据考证："九宫格局"始于"井田制度"。史书记载黄帝之世，经营土地，开挖水井，丈量田亩，每八家使用一口井，在井的周边开辟四条道路，从而划分出八家用地的界限，这就是井田的开始。到了商代仍依此古制，以630亩地按井田划分为九区，每区70亩，中区为公田区，外八家各分一区为私用，借八家之力以助耕公田，以公田之收成抵八家私田之赋税，这就是中国古代史上有名的"井田制度"之始。到了周代，"井田制度"已很严密。以方900亩之地为一平方里，将其划为九区，每区百亩，中间一区为公田，周边八区为私田，以助耕公田抵私田之赋税。周代不仅确立了这种田制的土地计量制度，同时，还建立了一套与井田制度相应的灌溉系统和道路系统。我们试看古代井田规划的蓝图，大块方整的田地，四周围着矮墙，墙内又有纵横交错的阡陌，将田地划分为若干大小相同的方块田，田边的小渠、道路平直规整，这样的井田不俨然一座即将开工建设的古代城邑吗？

无独有偶，也正是在周朝这个井田制度高度完善的年代，以九宫格局为特点的中国古代都城的营建模式出现了（图1）。《周礼·冬宫·考工记》有一段十分著名的说法：

"匠人营国，方九里，旁三门；国中九经、九纬，经涂九轨。左祖右社，面朝后市，市朝一夫。"

匠人相当于今天的规划师，"国"即"城"，营国就是营建城邑。这段营国的文字，规定了王城形制，规模及城门数量，方九里，共十二座城门，国中道路九纵九横，道路宽度可走九辆马车，以宫城为中心，左为祭祖的建筑，右为祭社稷的建筑，前面为朝，后面为市。匠人营国文字简短，图式明确，构图方整，这套王城布局的基本形式对后世影响极为深远。

王城内容繁多，但用地划分如同井田一样，划作九"分"，显然是运用了井田规划概念。把王城分作九"分"，以便于依据礼治规范秩序，按方位的尊卑和功能分区的需要，作出全城分区的安排。城里道路的安排与城外道路贯通协调，城市乡村全在统一规划之中。现在，我们不难设想周代城乡聚落的美好景象：在秦山渭水之间广沃的平原上，像网格一样，整齐有序地遍布每方一里的井田，在那依山傍水的风水宝地上，周人划出九块井田，营建了"方九里"的王城，镶嵌在网格之间。宫城是心脏，道路是动脉，这个动脉网从心脏出发，内联城里，外结四野，直达边陲，凭借纵横千里的庞大道路系统，聚集在宫城周围，有如众星捧月一般。

王城巍巍，披山戏水，井田方方，阡陌纵横，这是何等壮观的巨幅大制作呀！由此可见，华夏民族自古以来，就有驾驭全局、宏观设计之优良传统，真是气吞山河、雄视百代的大手笔。

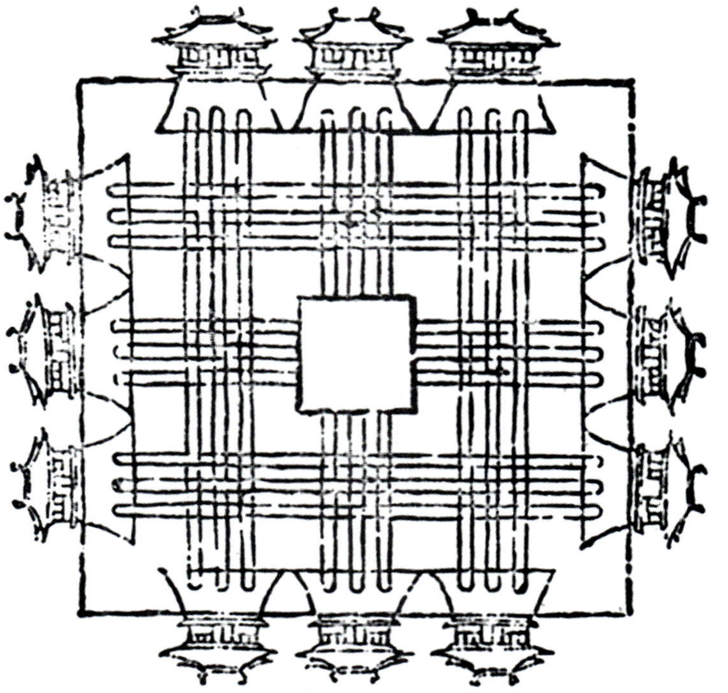
聂崇义《三礼图》王城图

二、宇宙模式

运用井田概念，创造王城格局，是一个将意识形态融入功能结构的飞跃过程，从农夫耕田劳作的土地划分，发展到帝王营造都城的王城格局可称为点石成金的创造。

我们先从王城格局的命名说起。为什么王城格局的命名不沿用"井田"或"井字"，而称之谓"九宫"呢？当然，直觉判断是名称的俗雅之分。我们中国人生下来有小名，长大之后有学名，在社会上是个人物了，还有尊称雅号。"井田"、"井字"比之"九宫"，前者俗而后者雅，趋雅避俗命名"九宫"当属必然。但是，王城格局称为"九宫"，绝非仅仅由于字面上的缘故，实在有它更深的哲理与内涵。那就是"九宫格局"所包含的宇宙象征主义。

在古代，国之君王贵为天之骄子，他们执政和起居的场所选在什么区位，乃是都城规划的中心问题。所以周朝的匠人（即今规划师）运用"象天法地"的规划手法，妥善地安排了王城的布局。"象天法地"就是"摹拟天象，布局地上"，这里的"天象"，既是人们观测日月星辰之象，亦是人们意象中的天地宙宇之象。在周朝，人们心目中的宇宙之象即"太极八卦"。《周易·系辞》曰："易有太极，是生两仪，两仪生四象，四象生八卦，八卦定吉凶，吉凶生大业。"太极指宇宙最初浑然一体的元气，又称太一；两仪即天地，天为阳，地为阴；四象既象征春夏秋冬这四时，又象征"东西南北"这"四向"；

八卦象征世界形成了八种基本物质：天、泽、火、雷、风、水、山、地。《易纬·乾凿度》："太一取其数以行九宫"。郑玄注云："太一者北辰神名也……下行八卦之宫，每四乃还于中宫，中央者北辰之所居，故为之九宫。"可见"九宫格局"是从"太极八卦"推演而出，用现代规划城市形态分类学说判定，"九宫格局"是具有宇宙象征主义内涵的城市图式。

我们分析王城以宫城为中心，四面八方的格局，将它视为象征宇宙的八卦，则宫城处在太极之位，将它视为象征日月星辰的天，则宫城处在北辰之位，太极为宙宇之始，北辰为天象之轴，把天子的理政起居安放在这里，不正是当在其位吗？古代哲人不但从"象"中确认了天子中心的地位，还从"数"中分析了九宫的关联："九宫真，五行参数，犹如循五行参数，犹如循环，九宫者，即二四为肩，六八为足，左三右七。戴九履一，五居中央"（古真法名《数求记遗》)，这是一个十分奇妙的数字排列，其数目纵横斜加之和均为十五。而这一数字排列又与"洛书"巧合，则更显其神秘。人所共知，古代中国人对数字极为崇拜，单数为阳，偶数为阴，阳数之中一为万物之始，九为最高最大，在"九宫格局"中，中宫为五，四向皆为阳数，一、三、七、九；四偶皆为阴数，二、四、六、八。把这些数字落到王城格局之上，九、五两宫则为至尊，这也就是中国历代皇帝号称"九五之尊"的来历。从上所述，我们也就明白了天子的宫殿名称诸如太极宫、紫辰殿之渊源来历。

请看，从"井田概念"到"九宫格局"，由于易经哲理的介入，那不仅仅是脱胎换骨的变化，简直就是"灵魂深处闹革命"之后的涅槃凤凰了。

三、都城体系

美国城市设计大师凯文·林奇在《城市形态》中说："两个发展最完善的宇宙模式理论是中国和印度的。中国人的宇宙观有着巨大的影响，几乎主宰了所有中国、韩国、日本和大部分东南亚城市的布局方式。"的确，我们沿着历史的线索，考察北京、长安、洛阳、东京（开封）诸历史名城的规划概貌。从时间上说，自清一直上溯到东汉，前后将近一千九百年。在这段漫长的岁月里，我国都城规划基本上都是继承《考工记》王城规划传统的产物。不仅首都如此，其他城市同样也有《考工记》王城规划传统的踪迹。可以说，《考工记》所述的营国制度奠定了一个初具规模的城市规划体系。其对后世影响最为显著的基本要素有以下三个方面：

(一) 城市规划的轴线结构，营国制度采用井田概念，由此引申出"九宫格局"的宇宙图式，以宫城为中心，"左祖右社，面朝后市"，宫城的南北中轴线为全城规划的主轴线，祖、社、朝、市环绕中心对称罗列。皇城正中御道，必取子午方向。建筑物之间互相望见，建立视觉联系，形成空间节律。有时距离越远，视力望而无及，也要造成确切无疑的感觉。明清北京中轴线，自永定门通过皇城到钟楼7800m，举世叹为观止。其实，中国历朝古都中轴线之威武壮丽都不亚于北京。唐高宗建大慈恩寺塔（今大雁塔），寺远在晋昌坊，唐高宗要求在含元殿御座上能望见寺塔，以便瞻礼，因为大慈恩寺就是为纪念他的母亲长孙皇后而建，为此，寺塔被端端正正摆在大明宫的中轴线上，虽然与含元殿相距8000m之遥，当年也能通视。汉长安中轴线所经安门大街几乎纵贯长安南北。现已考古证明，自安门南到子午峪口，北到天井汉代礼制建筑遗址，轴线长达74km。秦人的大手笔达到顶峰，秦都咸阳的南北轴线，往南是"表南山之巅以为阙"，往北则经过甘泉宫，行三百里刚开步，全程要走一千八百里到九原（今五原）才直抵达当时的边关长城。秦都也有东西轴线，西到渭之交（今宝鸡附近），东到黄河（潼关），这样长的距离，当然不可能通视，但意图明确，感觉强烈，那才是雄风百代、威加海内的气魄。

(二) 经纬格网道路系统。《考工记》所载道路制度共有三条："国中九经九纬"，"经涂九轨，环涂七轨，野涂五轨"。"环涂以为诸侯经涂，野涂以为都经涂"。前两条是王城道路制度，后一条是诸侯城及"都"的道路制度。南北道称"经"，东西道称"纬"，环是顺城的环行道，野是城廓外的道路。轨为车辙，现代称"轨距"，注家解释，二辙之间宽周制八尺，经涂九轨就是路宽七十二周尺之意。以车道之宽度确定道路之宽度是现代道路设计法则，中国在3000年前已有。这种南北、东西正向的道路，配合着方方整整的里制广坊，就构成了方格网状的道路系统和用地划分。从而成为我国城市布局基本形制，一直沿用到封建社会后期，而且直到今天，仍被国内许多平原城市所采用。方格网状的道路系统最大的优点是它所划分的地块利于建筑布局，利于建筑选择良好朝向，这对于讲究坐北朝南的中国人至为重要。中国人自古讨厌"歪门邪道"，从城市而言，方格网状有利于标准化，有利于加快营建速度，中国古都一般都建设很快，偌大的唐长安，不过三、四年即建成，与这种格网规则划分标准不无关系。方格网并非中国独有，公元4～5世纪希腊殖民地，公元前1世纪的罗马殖民城市都采用格网布局。美国的格状城市源于对土地的投机买卖和对土地的分配。1811年制定的纽约城规划的报告中有一条便是："（我们）不能但却要记住的是一个城市应该主要是由人的居住生活构成的，建造直边和正角的住宅造价最低，而且方便人的居住。这些简单和清晰的形式是非常重要的。"美国最杰出的城市萨凡纳和费城都是方格网结构。现在有些规划师认为方格网太古老，斜着走才现代，真是缺乏调查研究。

(三) "九宫格局"模数制的规划方法。按照《考工记》方法，在城市规划时，可先画出一组方格网系统，如有不同，那只是基本网格的尺度因时、因地而异，但规划方法却始终如一。近年来专家论证，隋唐长安、洛阳、元大都和在元大都基础上改建的明北京的实测图中，都发现以宫城或宫城、皇城的长、宽尺度为模数而规划全城的共同特点（图2）。这套以宫城为中心，向八个方向展开的基本规划结构及其高度技巧的设计经验，一直为后世所继承。历代都城规划在不同的具体条件下，因时、因地制宜，运用了这套经验传统。而且在不断实践中使它得到革新，逐渐发展成为我国封建社会都城规划的典型结构形式和传统的设计技巧。

象征主义、轴线、格网、模数，这是我们从《考工记》王城制度中选出的珍宝，贯穿于三千年的中国都城建造史，造就了独树一帜的中华都市建设源流。当其辉煌之时，名扬四海，东亚诸国以模仿为荣。而近代工业化之后，这种农业社会的规划自然有着不能适应之处，在这历史转折之关头，西方已经完成了自己的文艺复兴，整理了自己的传统。在雅典、罗马衰败之后，才能出现巴黎、彼得堡、华盛顿这种洋溢着西方文化的大都会。而我们中国在沦为半封建半殖民地之后，西方殖民文化的冲击铺天盖地而来，旧中国的当政者和规划师如同1500年前的岛国番邦对唐文化顶礼膜拜一样，不过方向是转了180度，不是向东而是向西。一个泱泱大国，忘记了、失掉了自己的传统，这是多么可悲的事。

四、文化复兴

当历史迈进21世纪，古都西安

在她建都3100年之后，又迎来了新的发展高潮，历史学家说，这是继周、秦、汉、唐之后，西安城市文化大发展的第五个高潮，其发展的深度、广度、高度都是前无古人，历代所无可比拟的。国家实施西部大开发战略，陕西省提出沿陇海线建设高科技发展带和现代农业发展带，随之在全省城乡体系发展规划中确定了西安都市圈1000万人口、1000km²的控制规模，西安市经建设部批准，着手编制2005~2020年城市总体规划。21世纪的大都会西安将以怎样的面貌自立于中国，乃至世界大都会之林，西安的规划工作者

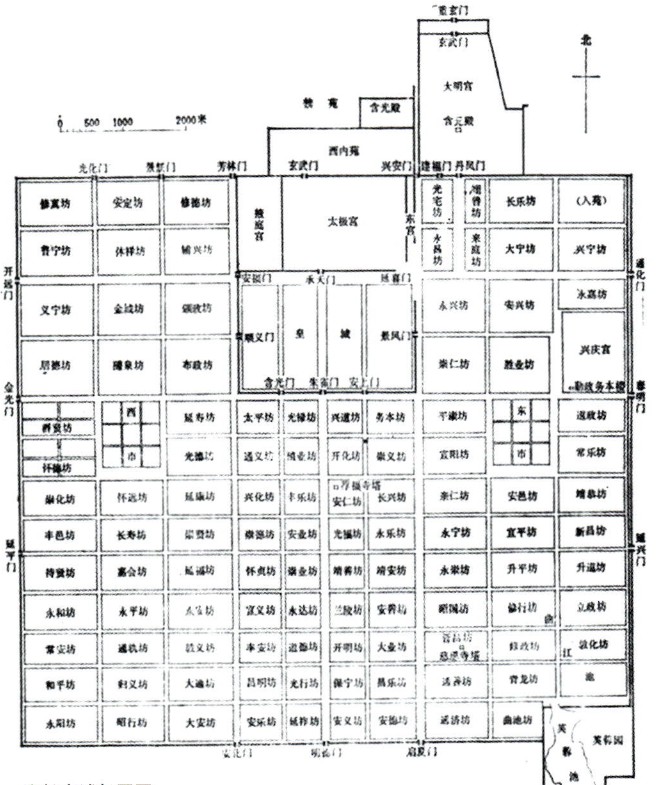

唐长安城复原图

经过多年的思考和研究，慎重地提出了“九宫格局”的发展模式。

从2002年西安发展战略国际研究会到2003年、2004年多次总体规划方案研讨会上，专家、学者、社会各界对于“九宫格局”的发展模式予以肯定接纳，“九宫格局”的内涵也在百家争鸣、集思广益之中得到丰富和深化。可以说每次研讨会之后都会有新的版本出现，截止目前，对“九宫格局”模式的描述是：“古城中央、轴向伸张、九宫格局、虚实相当；初期发展，东西南向；古城保护，控制未央；近期发展，南北延长；高新、经济、曲江、空港；功能整合、各具特长；卫星棋布，米字方向、户县周至、蓝田阎良，韦曲高陵、临潼咸阳；放眼关中，集群带状，九城之都，大市泱泱”。

按理说，一种新的学术命题的出现，总要伴随着一场或几场争论，可是“九宫格局”的提出，却是迎来一片支持赞同之声，似乎西安城市发展模式顺理成章本该如此，那么，理从何来呢？

第一、“九宫格局”是对半个世纪以来西安现代化建设所形成的城市图式的高度概括。从上个世纪50年代工业化时期，西安的规划就是以明清西安府城为中心，东、西郊为工业区，南郊文教科研区，北郊古遗址保护区，形成了一个十字型格局，也就是九宫之中，中宫加上东西南北四宫。80年代之后南偏东是曲江旅游区，南偏西为高新技术开发区，北偏西是汉城遗址保护区，北偏东是浐河三角洲生态保护区，端端正正的一个“九宫格局”就此形成。这就是说西安早就长成这个模样了，只不过没有命名“九宫”而已。

第二、“九宫格局”是对跨世纪城市发展方针的具体描述。在国务院批准的1995~2010年总体规划中，规定的城市发展格局是“中心集团，外围组团、轴向布点、带状发展”十六个字，与“古城中央、轴向伸张，九宫格局、虚实相当”相对照，他们描述的形象是完全一致的。但前者比较概括，是一般通用的技术词汇，用它来概括西安当然不错，但用它去描绘其他大都市则亦无不可。而后者比较确切，它突出了古城，提到了具体的发展方位，强调了可建和不可建的虚实关系，因此更具西安地方特色，例如“中心集团”不如“古城中央”确切，“外围组团”不如“九宫格局”形象，“带状发展”不如“轴向伸张”那样有规定性，必须四向、四隅八个方向，更加与米字型干道布局相吻合；而“虚实相当”则体现了西安城市发展中城市建设与环境建设，城市开发与文物保护这样一个相辅相成的关系。

第三、“九宫格局”是3100年西安地区古都建设文脉的合理继承和发展。上个世纪80年代一位历史伟人说：“中国一穷二白，像一张白纸，可以画出最新最美的图画来。”这豪言壮语曾鼓舞了几代青年规划师，一位终生在古都西安耕耘的规划师，当他从热血青年到将至老朽时，他会告诉你，八百里秦川绝非一张白纸，那是一张历时3000年的旷世之作，秦山渭水，名都大邑，塬陵寺观，星罗棋布美不胜收，需要我们小心翼翼地拿着笔画好自己的那几划，既不要坏了祖先的章法，又得给后人留有余地，须知，这幅画卷是要我们世世代代去接力完成的壮举啊！“九宫格局”产生于关中，历代名都大邑，陵墓寺观均在其网络中与山水呼应定位定向，顺着这个脉络发展下去形成良性循环，城镇体系的布局结构将更加完整、更加丰富。

第四、“九宫格局”是新世纪现代西安大都会发展模式的最佳选择。首先因为它是一个开放的模式，从一化为四，由四扩为八，而且从西安的实践观察，完成一个小九宫，还能在其外围结构一个大九宫，这无异给了现代大都市不断扩展空间提供了良好的构架；其次它有利于介入，即在已经形成的构架之中，填平补齐，丰富变化。这里，不妨介绍现代规划大师、美国的E.D.培根在《城市设计》中关于空间、运动的城市设计图形，表达了外拓外展和内视介入的不同变化。一个好的城市格局就应该是以最简单的划分，适应最复杂的变化，“九宫格局”的魅力全在于此，真个是：两仪四象多变化，两纵两横定乾坤。

21世纪初，西安选择了“九宫格局”的发展模式，作为世界四大古都之一，作为中国历史古都之首，西安作了符合于自己身份的选择。从技术层面上看，这是继承发扬祖国城市规划传统的光复旧物；从新时期文艺复兴运动中观察，这是民族文化的回归。是一个重要的选择，也是一个英明的决策。新世纪，西安的人民将按照规划建设自己美好的家园，将“九宫格局”刻划在关中大地之上，它将与八百里秦川锦绣河山同在，它将与十三朝古都的辉煌业绩同在。到21世纪中叶，这一宏伟的格局在西安实现时，古都西安将以自己具有中国气派的宏伟格局自立于世界大都市之林，到那时，全世界的人都将会赞叹：华夏幸甚！长安幸甚！

（作者系西安市规划委员会总规划师、清华大学教授）

特色城市，古都西安
——以科学的规划理念促进城市健康发展

□ 和红星

“以科学的发展观，运用五个统筹，体现以人为本”不是一句空话，而是要通过各级政府和我们去认真地领会，真正落实其内在的含义。在我国经济快速发展势不可挡的今天，对这一问题更要引起高度的重视：盲目求大、求快、城市化水平的年增长率普遍较高，一般每年都会提高1.5～2.0个百分点。这个速度不仅远高于世界城市化的一般速度，而且也超过过去几年全国的平均增长速度，超过我国资源的承载能力。城市规划的不良发展模式使城市越摊越大，各城市攀比极为严重，政绩工程层出不穷，城市特色越来越淡，“千城一面”成为各个城市发展的弊病，尤其城市细节设计缺乏考虑等，完工以后老百姓怨声载道……这些不健康的因素和结果令人生畏，更何谈科学的规划理念、城市的健康发展？

一、高水平的城市规划是经营城市的第一资源

要促进城市的健康发展，首先要重视规划的龙头作用。西安市委书记袁纯清提出了“规划立市、科教兴市、产业强市、文化名市、环境优市、依法治市”，将“规划立市”放在了首位；西安市市长孙清云提出了“科学规划大于市长”，极大地鼓舞了西安规划战线上每一个人的士气。随着中国经济的持续快速增长，城市建设正在以前所未有的速度高速发展，作为引领城市建设和发展的龙头，城市规划已经越来越受到各级政府和社会公众的关注。在城市规划的编制、实施与管理中，由于规划工作关系着城市未来的发展，关乎着老百姓的切身利益，体现着投资商的商业利润，并且凝结着规划师、建筑师的设计匠心，因此，我们说高水平的城市规划是经营城市的第一资源。如何使规划工作做到科学、合理、公正、公开，如何进一步加强城市规划管理，提高公众参与意识，从而增强规划工作的科学性、规范性和严肃性，使城市步入健康化，就成为城市规划管理工作者必须面对和解决的问题。

（一）科学的总体规划是指导城市健康发展的总纲。

我们在西安新一轮总体规划修编中，以西安市委、市政府发表的《西安国际化、市场化、人文化、生态化发展报告》为指导，认真应对以上问题。“四化”理念是一个有内在逻辑、相互补充的整体。对西安来说，国际化是城市发展的坐标；人文化、生态化是国际化的必要前提，是对市场化的必要规范，同时也是城市和社会发展的目的；而市场化则是最终实现国际化、人文化和生态化的重要途径。我们在这一理念的指导下，按照“政府组织、依法办事、专家领衔、部门合作、公众参与、科学决策”的工作方式，先后组织召开了多次专家座谈会，就西安未来城市发展所面临的重大问题进行了研讨，对西安的城市性质、规模、人口等进行了充分的调研论证，在城市定位、产业发展及历史文化名城保护、生态建设、综合交通和城市特色等方面提出了初步研究成果。联合西安建筑科技大学、上海市城市规划设计研究院等单位，共同研究制定了修编大纲。为了提高修编工作水平，增强规划的科学性、合理性，我们先后三次赴北京邀请国家建设部领导和吴良镛、周干峙等10余位全国著名规划专家，就修编大纲方案进行了研讨。根据专家们的意见和建议，及时进行了修改补充完善。最终，确定西安的城市性质为：西安是世界著名古都，历史文化名城，国家高教、科研、国防科技工业基地，中国西部重要的中心城市，陕西省省会，并将逐步建设成为具有历史文化特色的国际性现代化大城市。它的特色突出的体现在：古代文明与现代文明交相辉映，老城区与新城区各展风采，人文资源与生态资源相互依托。明确了九宫格局、棋盘路网、轴线突出、一城多心的城市空间布局模式。使西安的城市建设更加富有个性化，更加重视城市特色的彰显和满足公共群体的需求，为西安今后的健康发展指明了方向。

（二）在坚持科学性地做好总体规划的同时，我们也力求做精做细详细规划，做到“精、细、高、整”。

“精”就是在城市重点建设区域，要精心规划、精心设计，让每一栋建筑、每一个作品都成为群众满意的精品工程。

“细”就是在城市设计中包括市政规划项目要精细化，注重每一个细节，从城市广场到街心绿地、花园，从道路板块设计、路面铺设平整度、下水井口设置、路面设施、树木花卉、城市雕塑、建筑小品、文化标识等各个环节，都要认真研究，细心规划。

“高”就是坚持高标准，高水平，做一件事成一件事，绝不能是半拉子工程，彻底改善城市形象，打造老百姓满意工程。

“整”就是城市规划要从整体出发，统筹规划，全面考虑，规划、设计、施工一次到位，形成整体效果。这样一来，既提高了城市规划的设计水平，也给我们腾出了时间和精力，为项目的落实和批后管理创造了良好的条件。

二、以“人性化”的城市设计保证城市健康和谐发展

城市是人类所创造的最美妙、最高级、最复杂又最深刻的产物。尽管20世纪的“国际风格”，在很大程度上抹杀了城市的特色，但是，每个城市仍然由于它独特的自然、人文和历史背景而各不相同。今天大家都在谈城市风格、城市特色、科学的发展观、体现以人为本等，到底如何去做？它们不同在何处，又为何不同？通过这些年的教学、科研以及建筑理论的研究和真刀真枪的实战，尽管肤浅，却给我带来了许多知识和乐趣，城市为人与为人的城市设计给了我极大的勇气和力量。

长期以来在中国建筑界形成了一大误区：从一座城市的规划到单个建筑的创作以及城市设计，对于尊重时代精神比尊重地域特色更加地强调，对于创新比协调更加地推崇，尤其忽略了人性化的设计，口口声声“以人为本”，实际上在设计中并没有完全体现出来。甚至追求形式主义、形象工程，基础设施不完善，功能不配套，马路上的“拉链”工程经常发生，交通混乱，许多设计部门的规划师、建筑师只以所谓“没办法”的语言跟着投资者的意愿去创作，至于地域文化、城市特色、人文化、人性化则逐渐地在功利中消失，导致一些城市出现了“大、洋、奇”怪象，甚至许多历史文化名城的风貌被现代建筑思想所取代。建筑形象丑陋，古不古，洋不洋，握手楼、接吻楼时隐时现，不仅是毫无意义的消极空间，而且存在着严重的视觉干扰。“适用、经济、在可能条件下注意美观”的建筑设计方针早已抛在脑后，最起码的“适用”二字以及如何为人服务、满足人的使用要求有时都难以达到，“适用”就是体现以人为本。

人文化，简要地说就是文明化、人性化，强调人的价值和人的发展需要，追求真善美及其统一。在人类当代社会发展特别是大城市的扩展建设中，对经济增长和物质财富的过分追求，往往导致人的异化和人本价值目标的缺失。人文化的发展理念，旨在通过繁荣社会文化，丰富精神生活，延续历史文脉、构筑都市文明、营造和谐社会，构建人本政府，人本规划和城市设计，在实现城市发展的同时实现人的全面自由发展。人文化的实质也是坚持以人为本，实现更大的人性化，在城市的规

划、城市的管理建设和发展中、充分体现尊重人、关心人、解放人、发展人、依靠人的原则，使城市功能人性化，城市生活文明化。

"人性化"设计不单单从宏观上考虑，更重要的是千万不敢忽略微观上所要注重的内容，也就是说须落实在每一个细节上，建筑的"人性化"设计，近于苛刻地从每一个角落的细微之处呈现出来。

对于一座城市，不论是从城市规划、城市设计，还是从单独的一栋建筑，或者是从城市的整个环境对于某一个细节的设计和管理，决策者关注的是能否代表这个城市的形象，规划师思考的是能否与城市整体相协调，建筑师关心的是能否成为个人作品的纪念碑，而投资者关注的则是利益的最大化。这四个方面不同程度地体现在中国的现代建筑上，作为城市建设的主导力量，四者出发点往往并非一致，关注的焦点也难以形成共识。除此之外，工程师们也随着大流一味追求最大、最高的安全系数，肥梁胖柱。其他采暖通风，给水排水，电气电信等基础设施根本来不及去研究考虑是否能承受承载城市在若干年后的需要……中国一些城市就是在这种背景下畸形高速地发展，从而导致了城市空间的混乱和城市特色的丧失，使应该健康化的城市不健康。

城市发展离不开规划师、建筑师、工程师以及景观设计师等人的卓有成效的工作，但更离不开各级政府对自己城市所保有的责任感与使命感，让大家都能够尊重科学、真正达到"科学决策"。在城市建设中，不论大工程、小工程，甚至小到一个城市的标识，广场的一个坐凳，花园里的植被，以及人行道的铺装，路灯等都要精雕细刻，"政府组织、专家领衔、部门合作、群众参与、科学决策"的思路应该贯穿于城市规划工作的始终。无论怎样发展，发展得有多快，我们都应该警惕我们的城市在建设中丢失自我，应该让每一个人都感受到我们的城市是在健康有序的发展着。

三、历史文化名城保护是西安城市规划的永恒课题

西安是中国的千年古都，华夏民族的精神故乡，丝绸之路的起点，东方古都的典型代表。西安的历史文化遗产浓缩了中华文明相当长一个时期的精华，体现了世界古代东方的先进文化，见证了东西方文明相互交融和碰撞的历史。西安历史文化名城与开罗、雅典、罗马并称世界四大古都，是人类历史不可缺少的重要组成部分和人类共同的宝贵财富。西安一直把古城保护作为重点，按照"保护古城风貌与推进现代化建设"相结合的原则，合理规划，有序发展，保护了大批历史文化遗址和文物。

（一）唐"皇城"复兴规划

1."皇城"（老城）历史文化名城的保护

在全球一体化浪潮迭进的今天，西安历史文化名城的保护面临着巨大的挑战，文化的趋同强势正冲击着民族和地域文化的特色。房地产作为一个新兴产业所带来的建筑商品化和标准化使城市特色逐渐消失，城市文化出现趋同现象，在大开发的经济大潮中，西安的城市建设所面临的保护与发展、传承与更新、回归与超越的矛盾日益突出。我们认识到，如果城市更新过程中，任由缺乏控制的城市建设不断在城市版图上扩张、千奇百态的建筑形象不断涌现，那么我们的城市将以失去特色为代价，我们悠久的文化也将逐步失去城市这个最大的载体。

因此，有效地通过历史文化名城的保护及建筑风格的规划控制，是逐步恢复形成西安城市特色的基础，也是实现城市文化复兴的基本手段。而老城（也是唐代的"皇城"）的保护与再开发，是历史文化名城保护的重中之重。

2."皇城"（老城）规划的目标

"皇城"（老城）作为西安中心市区的心，其丰富的商业活动为西安带来生机，但改造和建设脚步的加快也为传承历史名城带来危机；随着开发和改造的进行，建设密度增大，环境质量日趋降低，老城脉络也在消失当中；同时在一些未改造的地区，由于高度限制，又造成了改造与保护的冲突。名城的更新再造，建立有特色的城市影像，对于扩大创造西安国际形象，有正面而重要的作用，对外可以吸引观光及投资，振兴城市经济发展及城市建设；对内可以提高居民生活品质，并借由西安城市个性的建立，凝结居民共识及对居住环境的认同。规划针对老城地区拟定百年计划，以可持续经营城市的观念，针对未来老城区可能的经济活动形态，结合科技及旅游商业，保护及恢复历史街区，进行城市改造，逐步恢复西安历史名都风貌，缔造绿色商机。

本次老城规划不仅涉及到老城保护体系、历史街区，而且对今后的西安市历史文化名城保护工作的开展有着极其重要的作用，此次规划不仅借鉴以往老城保护、改造与再开发的经验和教训，并且结合现状情况，对历史文化名城保护工作作了进一步的研究和探索。

3."皇城"（老城）整体规划范围及发展远景

"唐皇城"复兴规划以西安老城为中心，城外500m以内为规划范围，一方面连接唐代大明宫、太极宫、兴庆宫，彰显唐代盛世意象；另一方面调整城墙内外交通、视觉景观、城市功能、生态环境，通过保护有形及无形的历史文化遗产来表现西安地区独特的文化特色及内涵，延续历史文脉。在近期逐步实现老城传统区域的风貌恢复与历史文化保存，远期辐射老城之外的唐长安城遗址区，使西安市整体实现城市复兴目标。

（1）老城规划发展战略及控制范围

西安老城的传统空间格局包括城市的平面形状、方位轴线以及与之相关的、继承了唐长安城的均衡对称的路网格局等，即方正、完整的城墙、城河系统，正南正北的城市方位，以钟楼为中心，东、西、南、北四条大街形成的城市轴线，以及由街、巷、院、坊构成的空间层次体系，都是老城空间格局保护的内容。包括近现代建筑在内的大型的历史建筑遗存仅是一部分，而大量传统民居像城市的书卷一样传递着古城悠远的记忆，保护古民居，就是保护城市的历史传统和人文精神，留存住古城的优势和文脉。

（2）项目研究与对策分析再现历史风貌

要以各方面的调查依据为准则，针对道路系统、城市尺度进行调整，并从历史角度出发，进行景观与环境工程的改造，以都市视觉意象概念重新塑造视觉空间。

保护和延续传统空间格局：即城市的平面形状、方位轴线、均衡对称的路网格局、方正完整的城墙、城河系统以及由街、巷、院构成的空间层次体系。

建立老城保护体系和保护名录：继承和发扬原规划的保护体系，提出"一环（城墙）、一区（莲湖历史风貌区）、二片（北院门历史街区、三学街历史街区）、三街（湘子庙街、德福巷、竹笆市）、33处文保单位、102座具有保留价值的传统民居、15座优秀近现代建筑、52棵挂牌的古树名木组成的保护体系。

建立文化标识系统，延续历史文脉：挖掘整理存在的和业已消失的文化遗产，对城市格局、街巷、重要历史建筑、重要历史场所、名人故

居、名品名店、传统饮食等历史资源建立文化遗产标识系统。采取碑牌形式，绘以历史简图，注明街巷名称、建设时间和地点、历史变迁及其他历史文化信息，树立在街巷重要节点位置。

建筑高度控制：要与西安市的整体发展相配合进行详细的拆除与重建计划，重点将老城区发展为旅游观光与商业区域。老城内严格实行建筑高度分区控制，整体建筑高度不超过24m，逐步改造现有超高建筑，城墙内、外侧的建筑高度应符合以下原则：城墙两侧100m以内，建筑高度不得超过9m；100m以外，以梯级形式过渡，以东、西、南、北城楼内沿线中心为点，半径100m范围内为广场、绿地和道路；钟楼至东、西、南、北城楼划定为文物古迹通视走廊等规定。

（二）城市建设文化体系规划

1.规划范围

本次城市建设文化体系规划范围以西安中心市区(由未央、新城、莲湖、碑林、灞桥及雁塔六个区组成)为重点，并包括长安生态居住城、临潼国际旅游城、阎良航天科技城、户县国际农民画城、周至老子文化城、蓝田国际美玉城，泾河国际工业城等外围特色城镇。

西安市中心市区历史文化区域分为三类：古遗址区域、古城墙及其以内区域、历史文化风貌区域。古遗址区域指被列为文物保护单位的古代所遗留下来的村落、城苑、宫殿等基址保护区域，主要包括周丰镐遗址、秦阿房宫遗址、汉长安城遗址、唐大明宫遗址。古城墙及其以内区域指明洪武年在隋唐皇城基础上扩建保留至今的明清西安城墙以内区域；古城墙区域包括城墙、护城河和环城林带，古城墙以内区域的北院门、三学街、竹笆市、德福巷、湘子庙街为历史街区。历史文化风貌区域指以文物古迹为依托，所形成的体现文物景观、环境风貌和其所在历史时期文化特色的一定范围的区域，主要包括大雁塔、小雁塔，大兴善寺、青龙寺、八仙庵等。

2.目标定位

西安素有“西安一日，中国千年”的历史文化资源，依据西安要建成世界一流的历史文化名城和旅游胜地，以城市文化复兴为起点，以点、线、面结合的形式形成立体、丰满的城市建设文化体系，进而实现建设现代化国际旅游观光城市的目标。

（1）具有历史文化特色的文化之都

城市文化是塑造都市意象的积极手法。城市文化体系因其自身的艺术性和独创性，有利于个性化城市特色的形成。西安作为古都城有千余年的历史，历史与文化的积淀十分深厚。在文化体系规划中可大量采用汉、唐王朝灿烂辉煌文化为主题的创意，以表现繁荣、统一、开放的主题，形成一个具有西安地方特色的由文化体系组成的城市诗篇。

（2）高质量的市民艺术氛围

“人居城市”是现代城市建设的重要理念之一，核心就是为广大市民创造一个最佳的人居环境。因此，应当大力强调城市文化发展的公众文化意识，塑造为广大市民所接受的城市文化整体形象，提升城市空间环境艺术水准，提高市民文化素养，以推动城市的道德文明建设来达到城市健康化。

（3）文化体系发展措施

现代城市文化体系的建设涉及诸多阶层和机构，需要政府、历史文化学家、城市设计师(主要包括规划师、建筑师、景观设计师和公众等方面积极参与并紧密合作)。

城市文化体系的发展措施应具有较高的弹性和灵活性，以适应其多样化的要求，城市文化体系发展进程中西安市政府的各个主要参与部门在这一进程中各司其职，共同推动城市文化体系的发展，进而推动城市环境艺术品质的提升。

（三）景观小品与城市标识

城市景观的美是整体与单体甚至每一个细部的协调统一，是体现着一定风格与人文特征的综合体。其中景观小品与城市标识无疑是形式最为丰富、功能最为多样、出现最为频繁的重要细节。它们时时处处的存在于城市环境的各个方面，存在于大小各异的表现形式中。它们可以小到让人忽视，也可以大到成为空间的焦点，它们的多样性与普遍性使它们成为城市环境中必须慎重对待的重要环节。

时代的发展催生了许多新生事物，景观小品与城市标识的范围在现代也得到了扩充，如信息类型、游戏类型、服务类型等都是随着城市的发展而产生的新兴事物，即使是一些传统的小品类型也在形式、内容以及功能上产生了很大的变化。景观小品与城市标识因其“小”而能更灵活、更及时地体现时代的特征和对人的关怀，反映新时期人们的精神面貌和审美标准，自身也具有鲜活的生命力，这一点无疑是应该明确的。但如何去体现这种时代感，每一个设计师都应慎重对待。

西安城市建设的发展，带来了古都城市环境质量的巨大变化，在日趋完善的城市发展建设工作中，以雕塑及其他相关艺术小品为文化载体的建设工作，其规划及实施的进一步细化和落实迫在眉睫。我们以西安中心市区为重点，依据西安要建成世界一流的历史名城和旅游胜地，进而实现建设国际性现代化大城市的宏伟目标，确定了建立以城市门户、城市广场、重点地段为核心，以城市轴线和环线为纽带，以重点景观布置区为基础的景观小品与城市标识总体布局框架。并以城市总体规划和分区规划为依据，围绕景观小品这一主题，使之形成体系和特色，为城市景观小品与标识的设计、实施提供科学有效的指导。

2004年4月份，部分中国工程院院士、科学院院士以及规划专家在参观西安市城市规划展览后，欣然为西安城市规划题词，表达了对西安的殷切期望。周干峙院士题词：“古城无价宝，科学难再造，继承与发展，保护最重要。”吴良镛院士题词：“长安寻梦，愿西安模式能在探索中成为现实。”中国工程院院士张锦秋大师更是对西安怀有深厚的感情，在2003年西安市规划成果汇报会上动情地说：“规划的龙头抬起来了。”目前，西安在全国仍属经济欠发达城市，在城市规划和建设等方面还有很多不足之处，我们将认真学习和借鉴兄弟城市的经验，使西安的城市规划工作迈上新的台阶。

四、“家乡”还是“他乡”？

城市的活力由特色而来，城市的特色由其历史传统、文化内涵、建筑形式等多种内容和形式而来。那些具有自身鲜明特色的城市，会在自己的市民心里留下浓浓的“家乡”味道，会在异乡的游客脑中打下深深的“他乡”烙印。当我们说起巴黎，会想到那是一座“浪漫之都”；谈到维也纳，会记起那是一座“音乐之城”；提及威尼斯，会惊叹那是一艘“漂浮的巨轮”；说到“儒雅的花园”，我们会想起新加坡；提到“多面的石林”，脑海里会浮现出香港。这些城市都以其独特的魅力享誉全球。

在这个经济高速发展，城市日新月异的时代，西安这个中国最古老的城市也同全国其他许多城市一样，面临着严重的特色危机，传统文化、地域文化的特色和多样性在一度低水平的城市建设浪潮中逐渐衰微：大量的毫无特色的现代建筑涌入历史文化名城的核心区域，古代建筑被现代建筑所包围，“欧陆风”的盛行等等，导致了建筑形象、城市色彩杂乱无章，对历史文化名城的保护，突出古城特色迫在眉睫。那么对西安这样一座古城而言，其特色何在呢？从西安来看，“古”就是她的特色，发扬光大传统文化就是她的特色，那么就要在“古”字上做文章，将“古”作为她的品牌。但是这里所说的“古”，不是“复古”，不是修旧如旧，照搬照抄，而是“复兴”，“复”就是忠于历史；“兴”就是弘扬优秀传统文化、振兴文化精神。外人到西安来看什么？西安凭什么吸引人？西安地域文化的精神内涵是什么？这“古”字中有历史的意义，更有经济的意义，古都特色、古都风貌站稳了，历史人文确立了，经济的潜在价值就会浮现出来。在古城特色和文化建设上切忌浅见和短见。2004年4月，两院院士、清华大学教授吴良镛先生到西安访问时，提到过西安模式。那么什么是“西安模式”呢？“西安模式”就是要延续千年一脉相承的城市格局；恢复恢宏大气汉唐神韵的时代建筑；打造城市建筑与生态环境相融共生的城市空间；实现国际、人文、新旧分治为特点的管理模式。同时还涵盖城市空间布局的组合方式、平面的九宫格局、城市主色调的和谐，城市建筑的风格特色，历久弥新的建设文化传统等。

（一）历史文化给古城特色奠定了基础

西安在其发展过程中所建构的城市格局，积淀的优秀传统、蕴含的文化精神演化成西安的城市文脉和灵魂，无论是显性的存在还是隐性的文化，都透射出辉煌的华夏文化之光。八水绕城、天人合一、经纬龙脉、汉唐精神，这些千百年来所形成的城市文脉既是西安独有的古城特色又是西安城市发展的基因和载体。

西安作为古都的城市特色，是由她丰厚的历史文化累积所决定的。这是她的价值之所在，也是世人向往之所在。打破“千城一面”，让自己的城市拥有个性与特色，首先应当确定其文化身份。纵观西安历史在中华文明中的地位，大唐文化无疑是她的荣耀所在。强化文化西安的自我历史就是强化民族历史，西安作为世界著名古都，历史文化名城，作为国际旅游城市，满足游人审美期待的不是桂林之山水，不是上海浦东之高楼，而是古都十三朝最华彩的一章——唐文化。唐朝时期的长安，在城市建设过程中所显示的高超技艺和精深思想，表现出的吸收型、开放型、进取型的主体意识，既包含着周秦时代那种雄伟、强劲的力度又融汇着汉唐时代那种奔放、和谐气氛的内在精神，潜在地影响着城市的各个方面。唐代的诗文书画，是用笔墨描绘的大唐盛世的壮丽画卷，而无论是建筑，还是其他艺术门类都充满着生动而奔放的内涵，其中那种雄壮的力度，奔放的情感以及浑厚的气势，既是大唐时代中国的时代风貌，也正是长安文化蕴含的内在精神。

（二）唐皇城的复兴给古城特色带来了生机

历史文化名城是西安最宝贵的资源和优势，保护和恢复古城风貌是我们的历史责任。但长期以来，由于老城（唐皇城）内功能过于集中，人口密度过大、建筑风格混乱、“有墙无城,有墙无市”的现状令很多慕名而来之人深感遗憾。“唐皇城”作为西安历史文化名城的重要组成部分，凝聚着盛唐文明最精彩的篇章，为加大对该区域内文物古迹、历史街区和传统民居的保护力度，加强“唐皇城”的整体保护，体现盛唐精神，延续城市肌理，展现古城魅力，形成古代文明与现代文明交相辉映，老城区与新城区各展风采，人文资源与生态资源相互依托的鲜明城市特色，西安市政府在2005年初的政府工作报告中明确提出了启动“唐皇城复兴”计划，希望通过该计划的实施向世人展示西安“人文之都”的无限魅力。

“唐皇城”复兴规划的编制采取“政府组织、专家领衔、部门合作、公众参与、科学决策、依法办事”的工作方式，坚持对城市传统格局的保护；坚持对文物古迹、历史街区的保护；坚持有机更新，保持古都风貌；坚持生态城市发展理念；坚持严格控制建设规模，合理疏导区域内人口；改善基础设施，完善老城功能。于2004年8月开始进行相关理念的探讨，2005年12月完成近、中、远期详细控制性规划。其间邀请国内外专家进行了多次探讨与论证，对在建工程的操作控制、超高大楼的保留与拆除控制、重要节点天际线的范围划定、土地使用分区调整、道路结构调整、景观控制规划、高度体量控制规划、里坊开发单元、景观小品控制等问题广为征集意见，大大增强了规划的可操作性。

规划覆盖的范围包含三个部分，第一部分为“唐皇城”核心区，指环城路以内的区域，面积1310.7hm²；第二部分为“唐皇城”协调区，指环城路外延200～500m的区域，面积723.4hm²；第三部分为规划控制区（原唐长安城范围）：东到东二环，西到西二环，南到纬零街，北到自强路、玄武路,总面积84km²。包括大明宫、兴庆宫、青龙寺、曲江、大、小雁塔、唐城林带、东市、西市等历史遗迹节点。由于覆盖范围内主要为唐皇城、宫城所在地，且一脉相承着唐代城市传统格局，为了充分发挥唐文化的强大的号召力，重现盛唐长安空间意象，复兴盛唐长安城市精神，故冠名为“唐皇城”复兴规划。

以史为鉴，可以知兴替。用心阅读城市的历史，总会得到一种答案：那就是城市的发展文脉及其宏大的遗存，寄托了世人对城市辉煌的梦想，也深深地包含着生活在城市中特定民族的根系。“唐皇城”复兴规划以“唐”作为其时间坐标，力求复兴自周以来，直至明清，贯穿近现代的城市历史的完整链条，它的实施将敲开长安古都盛世的记忆与今朝的梦想，因为“唐皇城”体现着至为深厚的历史文化价值。

一是规划布局的严谨性。唐长安（包括“唐皇城”）兴建于隋，大规模扩建于唐代，其规划继承了我国古代都城规划布局的传统手法，采用轴线对称的方格网型道路系统。明清西安城就是在“唐皇城”的基础上发展起来的，格局保留比较完整。

二是建筑风格的多样性。“唐皇城”内保有历朝历代的丰富文化遗存，其建筑风格也呈多样性。明城墙是中国目前保存比较完整和规模最大的古城墙，它与钟鼓楼、化觉巷清真寺、孔庙、三学街等代表性古建筑及历史街区一起，共同展现出西安老城的传统风貌。

三是文化内涵的兼容性。灿烂辉煌的唐代长安文化，在科学技术、文学史地、绘画雕塑、音乐舞蹈、书法艺术和佛学研究等诸多方面都达到前所未有的高峰。独具特色的中国文化、思想、建筑、雕塑、城市规划及医药从长安传往世界各国。长安也以兼容并蓄的恢宏气魄吸收各国文化精华，终于在公元7～9世纪臻于鼎盛。

四是生态城市的可延续性。长安位于八百里沃野的关中平原中央，南倚秦岭、北附渭河。境内山川、河流、平原、丘岗俱有，尺度恢弘；森林、田野、湿地，由南向北依次展开；动植物种类繁多，物产丰盛。其间又有泾、渭、浐、灞、沣、皂、滈、潏八水环绕，与自然水系和环境有机共生，并延续至今，充分体现了生态城市的可延续性。

规划对“唐皇城”的性质定位为：具有鲜明的历史文化特色，以旅游、商贸、居住为主的世界著名古都的核心区。规划期限为2005～2050年：近期2005～2010年；中期2011～2020年；远景2005～2050年。计划至2050年将“唐皇城”的人口规模控制在22万人左右，至2010年疏散4万人，2020年疏散8万人；2020年至2050年疏散8万人，平均每年向外疏散人口2700人。

规划的目标是要以保护西安历史文化名城为前提，全面挖掘唐文化内涵，延续城市文脉，继承城市传统格局，将“唐皇城”的历史文化遗产保护、利用、展示放在首位；合理调整用地结构，保持“唐皇城”的活力，同时改善和提升“唐皇城”的环境质量，恢复“唐皇城”的历史风貌，最终将“唐皇城”建设成为以旅游、商贸、居住为主的城市功能区。

唐长安的意象不仅属于历史，而且属于未来；不仅属于中国，而且属于世界。从“唐皇城复兴规划”开始之初，就应当站在更高的平台上，以更为广阔的视角来攫取唐代盛世的精神，发掘历代城市肌理，恢复古城风采与魅力。力图以科学的发展观，真正做到五个统筹，用人性化的理念来实现西安的城市健康化、健康城市化，从而建设理想的节约型城市。并在此基础上研究制定相关的控制性法规及条例，通过人大立法将“唐皇城”复兴规划的成果确立下来，以确保持续地完成该规划的实施。

我们希望能够通过此规划，恢复以“唐皇城”为代表的古都西安的历史与人文风采，恢复世人对古都辉煌的记忆，使西安真正成为游人向往的地方，成为城市的品牌。这样，西安这座城市将不仅仅是一个行政区域，也将成为一个巨大的艺术品及区域经济的起搏点，随着“唐皇城复兴”建设的不断推进，必然会吸引人们对西安的再次解读与认知，进而实现中华民族优秀古都的未来梦想。

五、确定建筑主色调促进了城市气韵和谐

一个城市的环境色彩是由城市的硬质环境和软质环境所组成的，它包含城市里的方方面面，如自然景色、文物古迹、建构筑物、市政交通与管线设施、小品等。而建筑作为城市的主要构成物，对一个城市的色彩主色调的确定起到至关重要的作用。

各个地域各个时代的建筑色彩都有着鲜明的特色，西安作为十三朝古都，有着丰厚的历史文化遗产。周秦汉唐是我国封建社会历史上的最辉煌时期，半坡遗址出土的人面鱼纹彩陶是人类早期文明中使用矿、植物颜料装饰美化自己的经典；周代时就已出现砖、瓦，并规定在建筑上以青、赤、黄、白、黑为正色；而秦兵马俑身上的彩绘则表现张扬了秦人气吞河山、横扫六合的英雄气概；唐代的大小雁塔、明清的碑林、大清真寺、钟鼓楼等，建筑色彩绚丽灿烂，几千年来，延绵不绝，形成西安独特的建筑色彩传统。中国古代思想家庄子曾经说过“一生二、二生三、三生无穷”，色彩中最变换无穷的是中间色彩，即灰色系列，这符合中国人的传统中庸思想。而西安市地处中华黄河文明的中心，皇天后土，养育了西安人尊崇黄色的习惯，至今仍有继承和借鉴的意义。

建筑的色彩必须与自然环境的色彩相协调，突出地域特色，西安地处黄河流域的关中平原，四季分明，故在色彩设计时应考虑地域色彩和季节、气候变化而带来的色彩变化；建筑的色彩必须与周围的建筑相协调，古都西安保存有大量的优秀古代和近代建筑，我们应在继承传统的基础上，在新建筑的色彩设计中协调新与旧的关系，提炼创造西安的城市建筑主色调。

通过深入细致的调查摸底，我们将西安市城市建筑主色调定为灰色、土黄色、赭石色为主调的色彩体系。

（一）灰色系列的色彩体系：秦砖、汉瓦是传统的灰色，灰色也是我们西安的背景色，如大量的民居、城墙等，因此西安市城市建筑主色调定为灰色，表达了我们对城市传统的尊重，为了展现时代风采，可将色彩的明度和彩度提高，使色彩比传统的青灰色更加明亮。

西安作为中国的十三朝古都，拥有众多的历史遗存建筑，而这些建筑中，灰色所占比重很大，如钟楼、鼓楼、明清传统民居、西安城墙，它们是构成西安城市特色的重要组成部分。灰色让人感到厚重、沉稳，体现出浓郁的文化气息，符合西安的古都特色。在今后的城市建设中，应传承城市的传统色彩，在历史地段，应以灰色为主色调。

（二）土黄色系列的色彩体系：土黄色是西安人尊崇的颜色，也是一种暖色，西安的大雁塔、小雁塔的墙面等都是土黄色，我们又处在黄河文明的中心黄土地上，因此西安市城市建筑主色调定为土黄色，将色相级数扩大，使色彩从深到浅，如浅土黄色、米黄色、浅沙漠色等。

陕西黄土高原沟壑纵横，人们发展了与之相适应的窑洞民居，窑洞或挖或筑，保持着与地貌一致的土黄色。土黄色令人感到平和、稳重，是典型的关中地方色彩。为了促进色彩的多样化与丰富性，我们需要对地方色彩加以提炼，从中找出设计元素，并将之谨慎地运用到当前的环境设计中去。

（三）赭石色系列的色彩体系：赭石色是汉唐建筑木作色彩的主色，形成了汉唐建筑庄重、典雅、鲜明的建筑色彩，西安市城市建筑主色调定为赭石色，表达我们对传统古建

筑的尊重，也能体现古都西安浓郁的历史文化氛围。

在中国传统文化中，赭石色赋予建筑庄重、高贵、典雅的形象。在现代建筑中，应用赭石色不但符合西安厚重的历史氛围，而且能创造出具有时代气息的建筑。赭石色与灰色、土黄色协调统一，共同构筑西安的城市主色调。

六、探索建筑风格突出了古城的风貌特色

西安是一座历史悠久的古都，至今仍遗存有不同历史时代的文物古迹和楼宇建筑，我们努力根据不同区域的特点来设计周边建筑群体的风格，以达到古今和谐统一、相得益彰的效果。同时，西安又是一座现代化的中心城市，新城区的建筑风格既要体现时代气息，又要体现地域特色。

在这方面，我想以南京为例加以说明，被称为“民国主题文化一条街”的南京“1912时尚街区”，就在南京总统府景区西北院墙外，有一组保存完好的民国初期建筑群，它与总统府一起构成一处整体的由明代绵延至民国的大型府衙式建筑群落，新建筑也以总统府外墙为背景，以这组建筑为例，外墙色彩以烟灰、棕黄为主，凝重淡雅。戴着大屋顶，楼体最高三层，地下室挑高，敞开式露台，建筑本身的美加上建筑周围的翠竹和其他绿叶婆娑的植物，使得与周边环境很好的结合。在厚重的历史文化底蕴里又透出让人耳目一新的时尚感觉。

西安市整体建筑风格的控制原则为“新旧分制”，在西安旧城内、重大遗址保护区及文物古迹保护区周边，保持建筑的传统风貌、传统色彩基调，突出地域文化；在城市新区，突出西安建筑物的厚重感，不追求建筑之间的“形似”，但一定要“神似”，形成与古城相融合的文化气息。西安作为一座千年古城，建筑既要体现传统的“神韵”，又要符合现代城市发展的潮流，要有活力和现代感。

经过研究，我们对西安市中心区的建筑风格进行了分区，将其划分为：传统风格区、风貌协调区与现代建筑区。

传统风格区包括汉唐风格区和明清风格区两部分。汉唐风格区以汉唐遗址和周代遗址为主；明清风格区以老城区为主。处于这一区域的建筑结合现代建筑功能的要求，在建筑形式中运用传统建筑符号，以“反宇向阳”的大坡顶及建筑基座、墙身和屋檐的三段式为主要特征。

风貌协调区主要指一环至二环间区域。充分考虑与旧城的空间和风貌协调，满足历史文化名城的高度控制要求。建筑风格尽量将传统与现代语汇结合，以现代材料表现“三段式”建筑风格，以体量厚重的屋檐表现传统建筑“重檐滴水”的抽象效果，创造出既有传统特点，又富有时代精神的建筑风貌，形成旧城与新区之间的过渡区。

现代建筑区主要是指二环至三环，及三环以外区域。其中还包括了中心城市周边的居住组团。此区域为新兴城区，处于此区域的文物古迹保护区及有必要进行保护的区域应充分尊重文物古迹本身的特色，在文物古迹保护区以外的区域，虽不受旧城保护的限制，仍应打造具有西安特色的现代风格，以简洁的建筑语汇和现代材料表达传统建筑的文脉特征，创造具有强烈时代感的新西安。

综上所述，从城市而言，要抛开“千城一面”的发展模式，但是对城市内部的、相似的、具有传统文化脉络的建筑而言，我们追求的不仅仅是表面化的建筑的“千篇一律”，而是整座城市特色的彰显。城市文化是城市的灵魂，城市特色是城市文化的标志，我们希望通过上述一系列具有西安特色的规划项目的实施，使古都意象、现代气息交融并蓄于西安的胸襟之中，使古老和现代相互和谐，传统和创新相互和谐，发展和保护相互和谐，人和自然、人与人相互和谐，通过科学的发展观给城市植入新的生机和活力。使生活在这座城市里的人们一走上城市的街道，就感受到扑面而来的家的温馨，觉得这就是自己的家乡，自己的城市！内心都充满了归属感、幸福感、自豪感，让城市的浓郁特色诱发出“惟一”的乡情，而不会身在家乡却生出是“家乡”还是“他乡”的疑问，使我们的城市真正以自己独特的魅力吸引四方宾朋。

（作者系西安市规划局局长、教授、博士生导师）

城市景观

PART 1
CITY BACKGROUND

第一篇 城市背景

西安，昔日长安，3100多年的城市发展历程使她与罗马、雅典和开罗并称世界四大古都。

第一章　地理位置
第二章　城市历史
第三章　文化遗存

一座城市的历史就是一个民族的历史

这是一个让人为之神往的城市！3100年的建城史、13个王朝的政治经济文化中心，演绎了中华文明几近一半的华彩篇章。市域10108km^2的土地上，星罗棋布地点缀着众多引人入胜的文物古迹，默默地向后人讲述着中华民族乃至人类文明历经的每一次辉煌、光荣与梦想。西安与罗马、开罗和雅典并称世界四大古都，成为全人类共同的骄傲和财富。

这就是西安，独具神秘魅力、令人心怡的古城。

“八水分流绕长安，秦中自古帝王州”。西安，古称长安，地处中国西部陕西关中平原腹地，东临黄河、三面环山，山高谷深，重峦叠嶂。其间沃野千里，河流纵横，水草丰美，牛羊成群。远古时代的蓝田猿人就是在这里成就了中华民族伟大的开端。公元前11世纪，中国历史上的西周王朝于此建都立城，从此一开千年古都之先河，其后秦、汉、隋、唐……代代相继，朝朝鼎盛；泱泱大国，声及海外。打通了跨越欧亚大陆的“丝绸之路”，创建了饮誉世界的国际性大都市。深厚的历史积淀随着时间的推移被浓缩，点滴化作城垣楼塔、殿址陵墓、兵俑彩陶，昭示着这里曾经作为千年帝都所拥有的尊贵与豪华、开放与风流。

西安作为13朝古都，在人类文明发展进程中凝聚了中华传统文化的精、气、神，形成了独有的地域文化，它既包含周秦时代的雄伟与强劲，又融汇汉唐时代的奔放与和谐。半坡和姜寨的彩陶，显示着远古长安生机勃勃的艺术气质，人面鱼纹、人面蛙图则渗透着最原始的图腾崇拜。周原的青铜器，其造型、铭文、纹饰都包含着东方古国的神秘气氛。汉代的石刻艺术，简洁、豪放，形神兼备，有极为强烈的艺术感染力。唐代艺术无论是建筑、石刻、诗歌、舞蹈、音乐、书法、绘画、雕塑等都充满着生动而奔放的内容，其雄壮的力度、奔放的情感以及浑厚的气势，既是当时中国的时代风貌，也正是长安文化蕴含的内在精神。

西安不仅孕育了纯朴厚重的秦风古韵，还成就了丰富多彩的民间艺术形式，令人目不暇接。秦腔堪称中国戏剧始祖，慷慨激昂、雄浑壮阔，在这里代代传唱；闹花灯、奏鼓乐、耍社火……豪迈达观的精神在这里四处溢淌。昔日的巍巍帝都、今天的文化之城，精英辈出。长安画派、三秦作家、西部影视、长安歌舞等，不仅在国内享有盛名，不少还蜚声海外。

第一章 地理位置

天赐厚土 风水宝地

西安，在天之“中”的山河形胜地，国家大地坐标原点，八水绕长安，四关锁秦川。优越的山水气候条件，造就了她的奇珍异宝，丰盛资源。

西安市位于陕西省关中平原中部的渭河两岸，南依秦岭山脉，北靠渭北荆山黄土台塬，东起零河和灞源山地，西到黑河以西的太白山地和青化黄土台塬。它的北端在临潼区关山乡东北的卜家村，地当北纬34° 45′；南端在周至县后畛子乡南部光头山南，地当北纬33° 39′；东端在蓝田县灞源乡羊圈村东，地当东经109° 49′；西端在周至县后畛子乡西南部大房子西，地当东经107° 40′；西安城的中心位置为北纬34° 15′ 24″，东经108° 55′ 45″。西安市东北面与渭南市的华县、富平县相接，西面与宝鸡市的扶风、眉县、太白县接壤，北面与咸阳市的三原县、泾阳县、秦都区、渭城区、兴平市、杨凌区与武功县为邻，南面与汉中市的佛坪县、安康市的宁陕县相连，东南面与商洛市的柞水县、商州区和洛南县相毗连。东西长约204km，南北最大宽度为116km，总面积10108km^2。

被称为中国南北分界线的秦岭山脉，是中国中东部东西走向最长的山脉，像一条苍龙横亘于中国的中部，秦岭南北两侧的地质、地貌、气候、水文、动植物等均不尽相同，因其差异孕育而出的关中平原与西安这座古老的城市，辉煌至今。

关中平原也叫渭河平原，是中

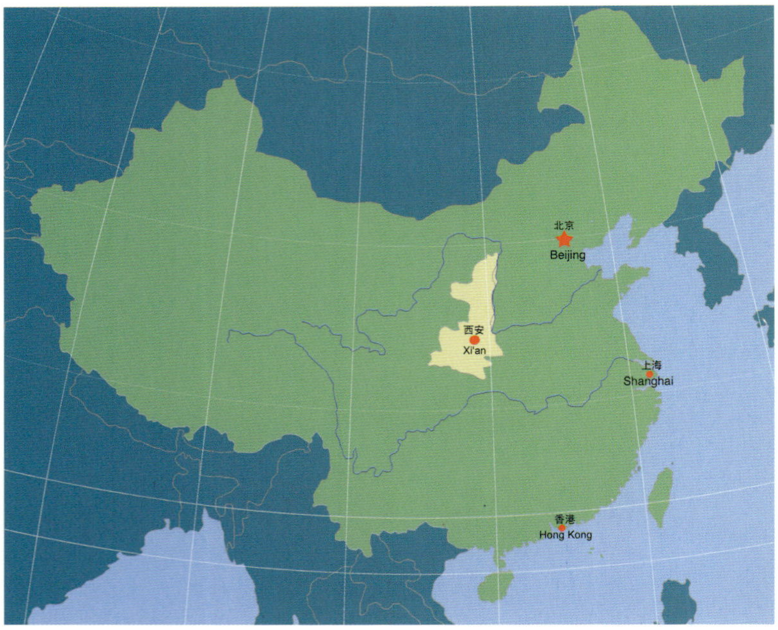

西安在中国的位置示意图

西安市城市卫星遥感影像图

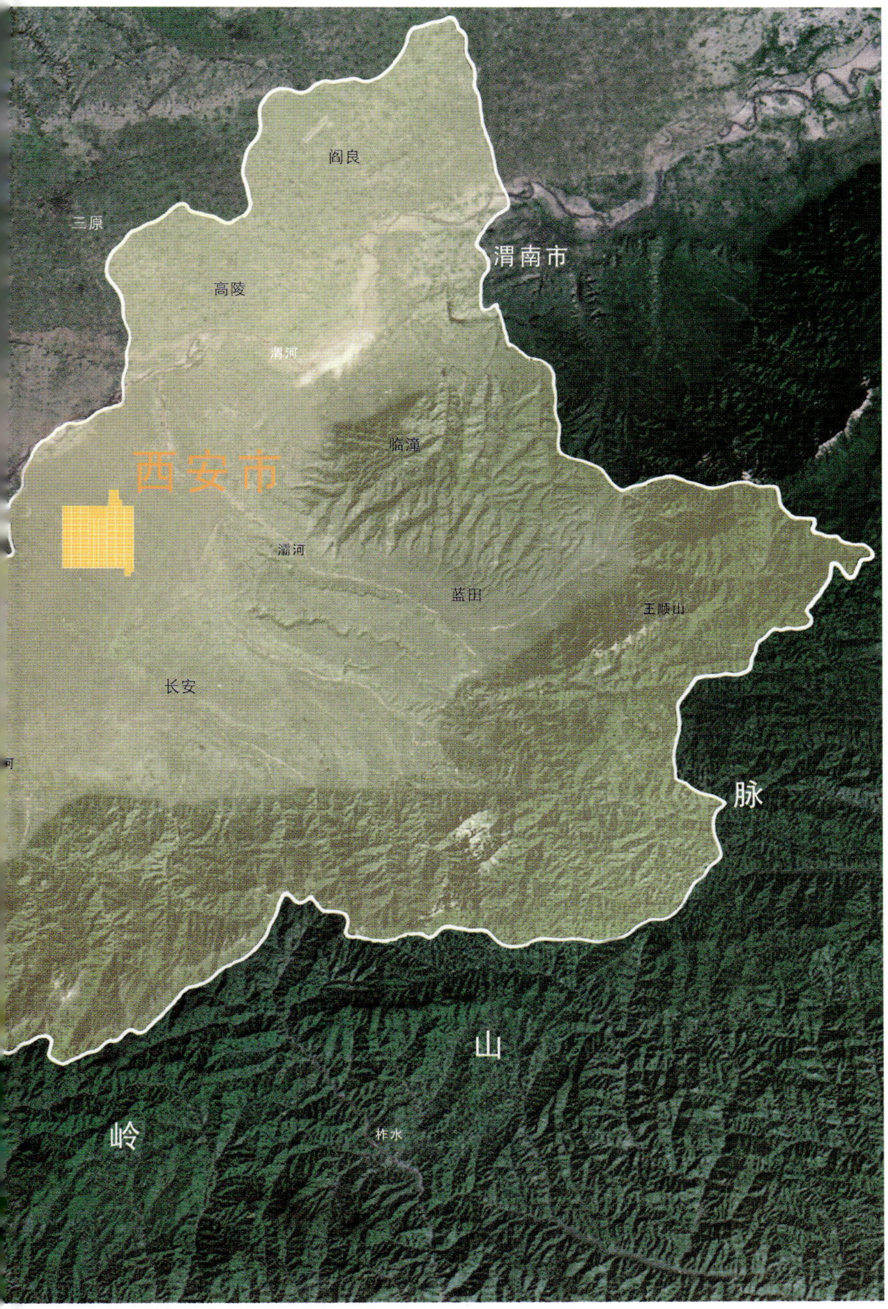

华民族灿烂文化的发祥地，也是孕育西安城的“摇篮”。关中之名，始于战国时期，一般认为西有散关(大散关)，东有函谷关，南有武关，北有萧关，取意四关之中(后增东方的潼关和北方的金锁两座)。四方的关隘，再加上陕北高原和秦岭两道天然屏障，使关中成为自古以来的兵家必争之地。关中平原土地肥沃，河流纵横，气候温和，《史记》中称其为“金城千里”、“天府之国”和“四塞之国”。关中平原西起宝鸡，东抵黄河，占有渭河中下游地区，西窄东宽，西部宽1km左右，东部宽在80km以上，东西长约360km，面积约34000km²，平原东低西高，海拔325m～750m（西安地区海拔345m～442m），因古代秦人长期活动在此,故有 “八百里秦川” 之美誉。西安市域河流密集，有渭、泾、灞、浐、沣、涝、黑等河绕城而过，平原广阔，土地肥美，为关中平原精华之所在。

从全国范围来看，西安市位于我国大陆腹地，大地原点即在其北直线距离45km的泾阳县的永乐镇。行政区划下辖新城、碑林、莲湖、灞桥、未央、雁塔、阎良、长安、临潼九区和蓝田、周至、户县、高陵四县，总人口约750万人，是陕西省省会，也是中原西北地区最大的工业城市和政治、经济、文化、金融、商贸、科技和教育中心。

西安因其地理区位的优越，已形成以公路、铁路、航空为主的四通八达的交通网络。目前全市公路里程2800km，有5条国道和12条省道经过市域。西安至临潼、铜川、宝鸡及临潼至渭南的高等级公路已建成通车，使西安成为连通省内及西北、中原、西南的重要交通枢纽。西安市有陇海铁路横贯东西，东连焦枝、京广、京九和京沪各线，西接兰新、兰青、包兰和宝成各线，加上新建成的西安—延安—神木—包头与西安—安康铁路，可北上包头，南达重庆，占据联络西北、西南、华北、中南以至华东的重要地理位置，是我国东、西部的连接点，是开发大西北的重要前沿基地。西安国际航空港已开通国际国内航线80多条，成为中国重要的航运枢纽。

西安咸阳国际机场航线示意图

第一节　古丝路源头　大陆桥轴心

西安，古之长安，自汉、唐以来，特别是唐代，国力强盛，成为中外文化交流的中心，商业贸易的集散地。

公元前2世纪，汉武帝派遣张骞出使西域，经过不懈努力，开通了举世闻名的“丝绸之路”。这条世界上最长、最古老的陆上商道，以长安为起点，经陕西、甘肃、宁夏、青海、新疆，跨越葱岭（今帕米尔高原），再由吉尔吉斯斯坦、塔吉克斯坦、乌兹别克斯坦、阿富汗、伊朗、伊拉克、叙利亚而达地中海东岸，横跨占世界陆地面积三分之一的亚欧大陆。7000多公里的全程中，中国境内就达到4000多公里，占全长的二分之一以上。

丝绸之路群雕，位于西安市未央路

丝绸之路在西安有南北两道，东汉又增加一条北道，将西汉的北道改称中道。在此后的多年里，这条道路经历了三绝三通的考验，但始终作为古代东西方陆路交通的干线，发挥着巨大的作用。

自唐高宗设安西督护府和北庭督护府后，形成了以庭州（今新疆吉木萨尔）为中心的四通八达的交通网，并新开了西州路、回鹘路、伊州路、碎叶路。碎叶路自今吉木萨尔西行，经轮台、昌吉、玛纳斯、乌苏、精河、霍城、伊宁，至碎叶城，即天山以北著名的丝路北道，这是唐代中西交通的主要通道。

丝路沿线的陕西、甘肃、宁夏、青海、新疆等地区，居住着众多的民族。他们热情好客、能歌善舞，保留着各自独特的民族习惯、传统文化和宗教信仰。在漫长历史进程中，繁荣的经济贸易促进了各地区各民族人民的友好往来，丰富了西部少数民族地区的物质文明，也对各民族文化的传播起了重要的作用。丝绸之路加强了汉民族和边疆少数民族之间的密切交往，还促使西北边疆和中原地区在政治、经济、文化等各方面逐渐发展成为一个不可分割的有机的整体。

不仅如此，这条古老商道也是中国和亚洲、非洲、欧洲各国联系的惟一桥梁。经“丝绸之路”，中国的丝绸织品、瓷器、铁器、蚕丝、茶叶、冶铁术、金银器制作术及其他工艺品，通过波斯、大食等国源源不断传到西亚、欧洲国家。不少西方国家的商品和技术也通过丝绸之路传入中国。丝绸之路上经济贸易的交往，使得相伴而来的东西方之间的文化交流也日益频繁。如长安风行一时的打马球运动，源于波斯，由中亚传入；“吞刀”、“吐火”等杂技由大秦（罗马）传入我国；而阿拉伯一带的商人将伊斯兰教传入我国等等。

这条古老的丝绸之路，是古代中西关系史上光辉的一页。它促进了中西方在经济、文化方面的频繁交流和共同发展，丰富了各国人民的物质、文化生活。它凝聚着中国人民和亚洲、非洲、欧洲三大洲人民之间的千古友谊，不断增进着各国人民之间的相互了解和日益加深的联系。它交融了古代人类的四大

文明，把黄河流域文化、恒河流域文化、希腊文化、波斯文化相互贯通，促进了古代中西方文明的相互交流，对人类文明的发展产生了极其深远的影响。

丝绸之路已有2000余年的历史，她的魅力是永恒的。今天，古老的丝绸之路沿线众多的历史文物、古迹，壮丽的自然风光和多姿多彩的各民族风土人情，仍然吸引着成千上万来自世界各地的旅游者。

唐大红罗地蹙金绣半臂服

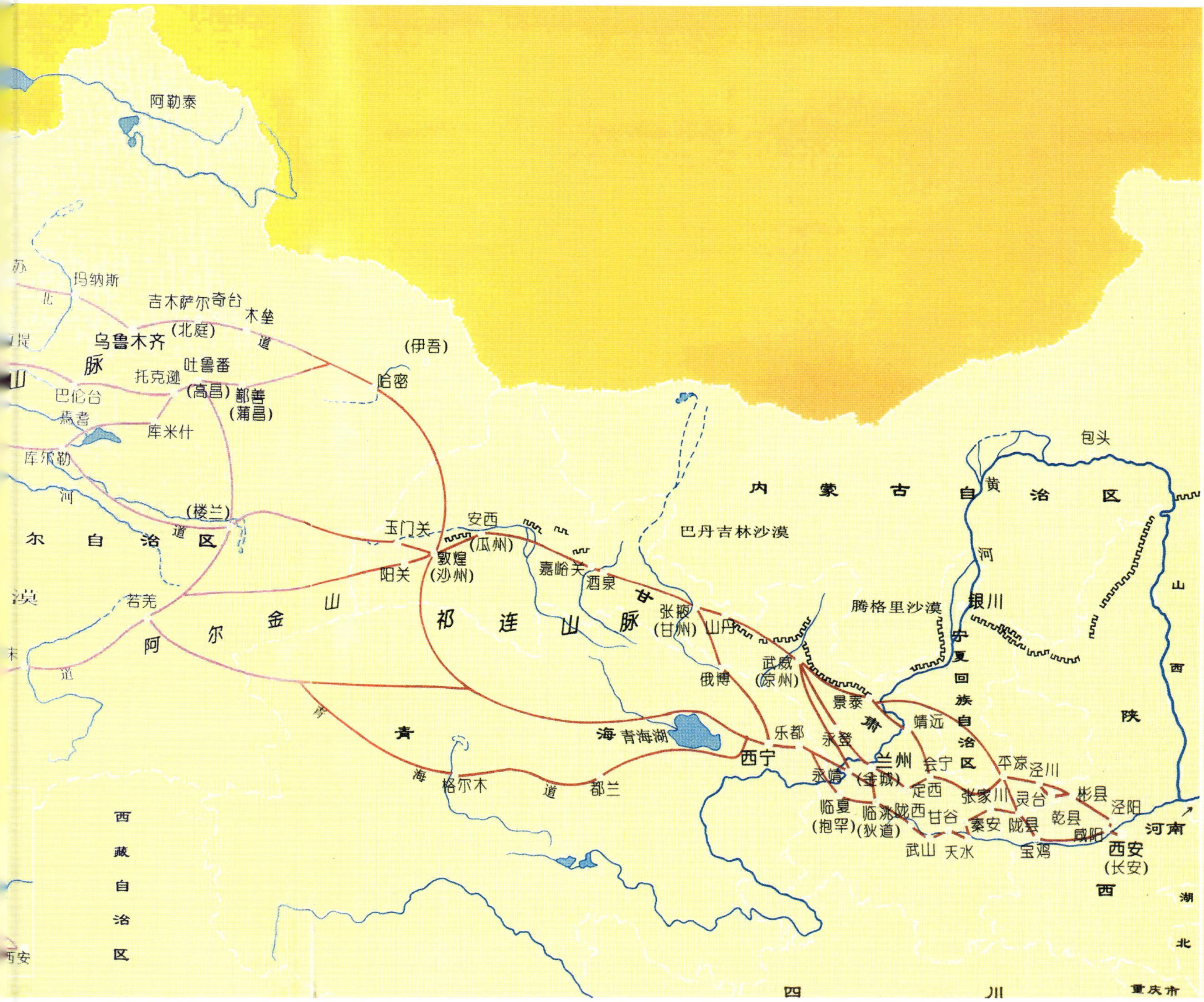

丝绸之路（中国段）示意图

张骞出使西域雕塑，位于西安市玉祥门广场

张骞(?– 公元前 114 年)

汉中成固(今陕西城固县)人，西汉外交家。官大行，建元二年(公元前139年)，汉武帝为联合大月氏共同打击匈奴，派张骞出使西域。张骞在出陇西经过匈奴时被俘，在匈奴10余年，娶妻生子，却始终秉持汉节。元朔三年(公元前126年)，他回到了阔别13年的长安。元狩四年(公元前119年)又奉命出使乌孙。他是第一个从中原出使西域的人，打通了古代中西交通著名的“丝绸之路”。他两次出使西域，加强了中原和西域少数民族的联系，进一步发展了汉朝与中亚各地人民的友好关系，促进了中国中原地区与西域地区的经济文化发展。张骞死后被封为“博望侯”，葬于成固。

麦积山，古丝绸之路必经之路

敦煌，古丝绸之路上的咽喉重镇。图为莫高窟全景

时至今日，新欧亚大陆桥东起我国连云港，西至荷兰鹿特丹港，全长10600km，在我国境内长4108km，沿线经过10个省区。

新欧亚大陆桥（中国段）为国家二级经济发展轴线，这一地带目前是一个以资源开发为主导型的发展轴线，属于中国经济发展低谷地带之一，但拥有巨大的经济发展潜能和十分重要的战略地位，被形象地称为“中国金腰带”。新欧亚大陆桥的开通与大陆桥经济带的形成，为我国北方地区尤其是西北地区经济发展和对外开放注入了无限活力，有利于缩小我国东西部发展差距，促进区域经济的持续协调发展。

西安形成的“米”字形四通八达的立体交通通信网，已成为新欧亚大陆桥的“心脏”。西安市地处欧亚大陆桥的中段，是陇海线、兰新线等主要铁路干线、以及入川（渝）和进入蒙古的众多铁路支线的交汇处，连接西兰新公路、西青藏公路和众多公路支线。其中以关中地区为依托的西安经济圈雏形，是新欧亚大陆桥在西部地区的核心区域，也是连接东西、贯通南北的交通枢纽和区域性的金融、商贸、信息中心。310国道和312国道线也从西安穿过，由此决定了西安在中西部经济发展中重要的地理位置。西安作为新欧亚大陆桥(中国段)上最大的中心城市，其工业基础、商贸设施、金融机构、科技力量等综合实力是沿桥城市中最强的。

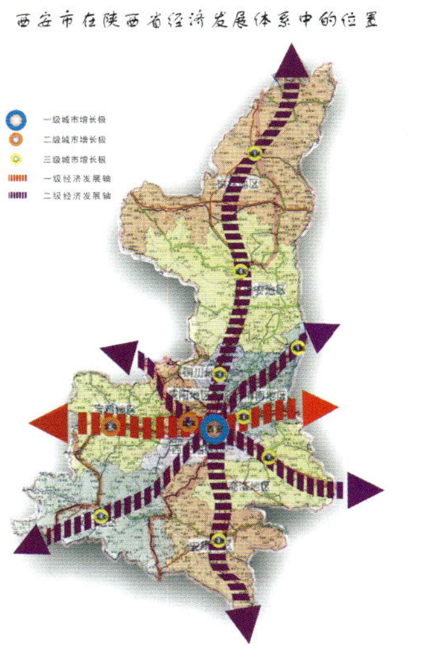

西安经济体系网络

新欧亚大陆桥示意图

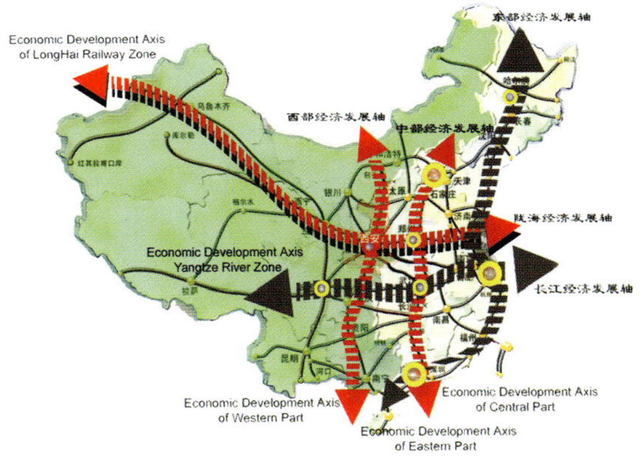

我国经济体系网络

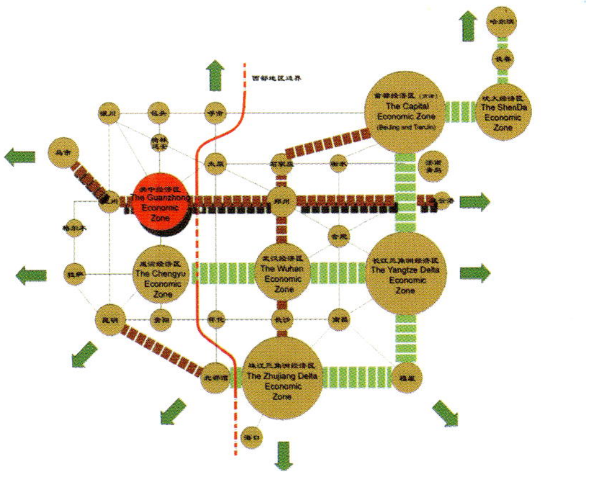

关中经济区位置图

西安市是中国区域经济发展网络模式“三纵三横”主体骨架中的二级经济增长级；陇海兰新经济带上最大的经济增长点；关中经济区的中心。因此，西安作为新欧亚大陆桥中国段上规模最大、综合实力最强的城市，具有承东启西、连接南北的战略地位，是中国政府实施西部大开发战略的桥头堡和西部地区最具发展带动作用的城市，在西部大开发中处于第一阶段。

第二节　八水绕古城 巨屏拱长安

西安市南北部地形不同，高差悬殊，分界线清晰鲜明，形成截然不同的山峪原隰相间组成的地貌格局。

以西安为中心的关中平原，东面向黄河敞开，西侧横亘着六盘山脉的东南余脉——陇山，北面东起韩城东北面黄河岸上的禹门口，西止渭河宝鸡峡，是一条逶迤连绵的山岭地带，由梁山、黄龙山、尧山、将军山、药王山、嵯峨山、九嵕山、五峰山、岐山、陇山等组成。这些山地或为低山，或为丘陵，海拔多在800m~1500m之间，与关中平原南面著名的秦岭山脉遥遥相对。

秦岭是古老的褶皱山脉，山高谷深，峰峦林立，沟谷纵横，平均海拔在2000m以上，为我国南方和北方的重要分界线。秦岭从周至以东到蓝田以西的一段为“终南山”，又名“南山”、“中南山”或者“太乙山”，它像屏障一般屹立在西安南部边境，重峦叠嶂，苍翠无际，因而唐人有“太乙近天都，连山接海隅”、“重峦俯渭水，碧嶂插遥天”的诗句。华山、骊山、翠华山、南五台、圭峰山、首阳山和太白山都是西安及其附近的名山，其中华山山势雄伟，峰峦耸峭，因险拔俊秀著称于世。太白山海拔3767m，是陕西秦岭的最高峰，也是我国大陆东经105°以东的最高峰，原始森林茂密，珍禽异兽种类繁多，为陕西省重点自然保护区。骊山断块突起，北麓温泉涌溢，华清池风景如画，它们都是全国重点的自然风景名胜旅游区。

雪后华山银装素裹

黄河湿地

泾渭分明

西安地区河流纵横，自古就有“八水绕长安”的俗谚。司马相如撰著的《子虚赋》中就明确提出：“八川分流，相背异态”。所谓“八水”、“八川”是指泾、渭、浐、灞、沣、滈、潏、涝。这八川中，只有渭水是主流，其余七水皆是渭河的支流。据顾祖禹引注释者的话说：“长安之地，潏滈经其南，泾渭绕其后，浐灞界其左，沣涝合其右，此八川者，盖官署所资也。”渭河发源于甘肃渭源县的乌鼠山，流经西安城北，在潼关注入黄河，是流经关中地区最大的河流。古代的渭河兼航运和灌溉之利，是关中经济发展的重要依托。泾河发源于甘肃泾源县六盘山西麓，在高陵县注入黄河。其他六条河流都发源于秦岭山脉，汇入渭河。沣河、滈河、涝河流经西安西境，滈河现已干涸。沣水和滈水为西周政治中心，周都丰京、滈京就是因为沣水和滈水而得名的。潏河流经西安南境，经杜曲、韦曲、杜城，至丈八沟北流，过秦阿房宫东，北入渭河。潏河是古代西安最负盛名的河流，沿岸风景优美，物产丰饶，还是汉、唐长安城的水源。灞河、浐河萦绕于西安之东。著名的半坡新石器时期遗址就位于浐河东岸。灞河水流量大，在历史上是丰镐和长安东方的天然藩篱，历来为兵家必争之地。除上述八水外，市域内较大的河流尚有石川河、黑河、田峪河、戏河与零河等。

太白山溪流

华岳仙掌首一景，
骊山晚照光明现。
灞柳风雪扑满面，
曲江流饮团团转。
雁塔晨钟响城角，
咸阳古渡几千年。
草堂烟雾紧相连，
太白积雪六月天。

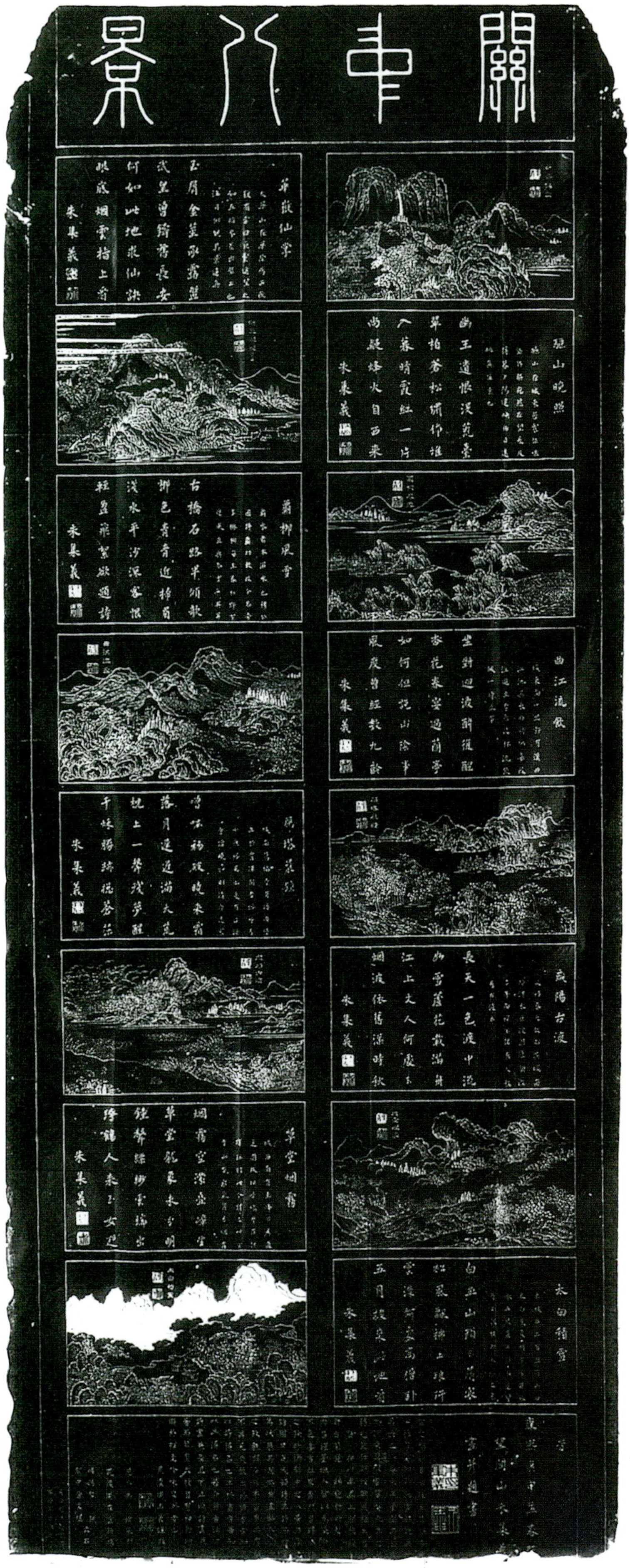

关中八景石碑，现收藏于西安碑林博物馆

关中八景

华岳仙掌

"朝望莲华岳，神心就日来。晴观五千仞，仙掌拓山开。"

华山，又称太华山，为"五岳"之西岳，位于关中平原东部华阴县城南。海拔2200m，以奇险著称，因"远而望之若花状"，故得其名。"华山自古一条道"，贯穿五峰，全程合计约20km。沿路而上，越过苍龙岭至将军石，便可清晰地看到朝阳峰危崖上有一只巨大的左手掌迹，五指分明。掌上半轮如月，名石月，光可鉴人。这便是位列关中八景之首的"华岳仙掌"。

骊山晚照

"长安回望绣成堆。"

骊山位于西安市临潼区，是秦岭东端的一个支脉。山上松柏满坡，林涛滚滚，从远处看去，活像一匹奔腾的骏马，故得名"骊山"（"骊"在古汉语里是黑色骏马的意思）。每当夕阳西下，云霞满天，青山秀岭染上万道红光，妩媚动人，有诗赞："渭水秋天白，骊山晚照红。"后人建"晚照亭"，以观赏这一胜景。

灞柳风雪

"柳色如烟絮如雪。"对灞柳风雪的认识与理解，多源自唐诗。李白《忆秦娥》词中也有"年年柳色，灞陵伤别"之句。灞桥，也作霸桥，在

西安市东10km的灞河上。灞河，发源于秦岭蓝谷，横贯西安东部，向北注入渭河。早在秦汉时，人们就在灞河两岸筑堤植柳，修筑灞桥。唐时，在桥上设立驿站，凡送别亲朋好友东去，多在这里分手，折柳赠别，后成习俗。每到阳春时节，柳絮随风飘舞，好像冬日雪花飞扬，就有了"年年伤别，灞桥风雪"的词句，"灞柳风雪"一景因此扬名。

曲江流饮

曲江池，位于西安市南郊，汉唐时期曾是我国一处极为富丽优美的园林，楼台起伏、宫殿林立、绿树环绕、水色明媚。文人墨客无不喜爱在此吟诗作画。唐时期，每当新科状元及第，总要在曲江赐宴。乘兴作乐时置杯于盘上，置盘于池中，盘随水转，轻飘慢泛。移到谁的面前，谁就得吟诗作赋，执杯畅饮而尽。这一风俗遂成一时之盛，"曲江流饮"也驰名至今。

雁塔晨钟

小雁塔是唐代著名佛教寺院荐福寺的佛塔，塔旁保存着一口大铁钟。大铁钟铸于金明昌三年（1192年），重约8000多公斤，高3.55m，沿口直径2.5m。古时，每日清晨，寺僧都要按律撞钟，钟声清脆而宏亮，西安全城都能听到。所以"雁塔晨钟"既是古城人们的报晓钟，也成为了必不可少的景观之一，响震古城。

咸阳古渡

横贯关中的渭河，从古秦都咸阳旁边流过。渭河水不仅养育了关中平原的人民，也成就了西安与咸阳的城市繁荣。渭河渡口通陇通蜀，过客众多，是古长安通往西北西南

的咽喉要道，堪称秦中第一渡。渡口处有一座木桥，在今西安市三桥镇西北沣河入渭处，于汉武帝建元三年（公元前138年）建造，古称"咸阳桥"。杜甫《兵车行》"爷娘妻子走相送，尘埃不见咸阳桥"，即指此桥。

草堂烟雾

草堂寺，位于秦岭主峰山北麓的户县秦镇草堂营村。后秦时由于全国各地高僧云集于逍遥园，皇帝姚兴便在园内设寺，寺内临时构筑一堂，权以草苫覆顶，草堂寺由此得名。寺内有一座建于唐代的姚秦三藏法师鸠摩罗什舍利塔，也称"八宝

玉石塔"。塔北竹林内有一井，井中常有烟雾升腾而出，与周围山岗水气及草堂寺上空缭绕的香烟混为一体，形成"草堂烟雾紧相连"的奇景。

太白积雪

太白山是秦岭山脉的主峰，位于眉县、太白、周至三县交界处。兀突险峻、耸秀关中，海拔3767m，是我国大陆东经105°以东的最高峰。太白山原始森林茂密，珍禽异兽种类繁多，有自然保护区5.4万公顷。由于海拔原因，空气稀薄、气候寒冷，所形成的冰缘地貌极具特点与考察价值，终年积雪不化，即使三伏盛暑，仍然白雪皑皑，于莽莽天际银光四射，其景致格外蔚丽壮观。

第三节　物华藏天宝　地沃蕴奇珍

气候

西安位于中国内陆中纬度地区，受季风气候和大陆性气候的影响都较明显，属暖温带半湿润季风气候。四季冷暖干湿分明，气候温和，雨量适中。春季升温迅速，干燥多风；夏季炎热高温，日照强烈；秋季温和湿润，时有阴雨；冬季寒冷干燥，雨雪偏少。市区年平均气温13.3℃，最冷月1月平均气温-0.9℃，最热月7月平均气温26.4℃，年平均降水量589.4mm，主要集中在夏季7、8、9三个月。雨热同期，是农作物生产的气候资源优势。全年无霜期232天，年平均湿度为69.6%，年平均降雪日为13.8日，初雪日一般在11月中旬，终雪日一般在3月中旬。由于受地形影响，西安市全年多东北风，年平均风速为132.6m/s。春暖花开的3～5月和秋高气爽的9～11月是到西安旅游的最佳季节。

月份	气温℃	雨量mm
1月	-1.0	7.6
2月	2.1	10.6
3月	8.1	24.6
4月	14.1	52.0
5月	19.1	63.2
6月	25.2	52.2
7月	26.6	99.4
8月	25.5	71.7
9月	19.4	98.3
10月	13.7	62.4
11月	6.6	31.5
12月	0.7	6.7

冰川

矿产

西安地质发育史复杂，构造类型多样。秦岭山区大片的火成岩、变质岩以及渭河盆地巨厚的新生代沉积层，为各种金属、非金属以及能源的集聚奠定了基础。金属矿主要有铁、锰、铬、铜、钛、铅、锌、锌铜、钼、金、钨、铀和高铝矿物原料。非金属矿产主要有长石、玉石、花岗石、大理石、石英、石墨、白云岩、水泥灰岩、建筑砂砾、脉石英、“蓝田玉”、砂线石、硫矿等。其中煤、钼、铜、重晶石、磷等储量在中国居于前列。

植物

受气候影响，西安市的地带性植被为暖温带落叶阔叶林。野生植物资源颇为丰富，有野生植物138科、681属、2224种，其中经济价值较高的有1200余种，为中国种子植物的重要“基因库”之一。因原始农业出现较早，栽培植物历史悠久，农作物主要有小麦、玉米、水稻、豆类和薯类，经济作物以棉花、油菜、蔬菜、瓜果为主，花生、甘薯、甜菜、烟草、麻类等均有种植。西安现有森林面积624万亩，森林覆盖率为38%，其中经济林81.9万亩。果类主要有苹果、桃、梨、石榴、葡萄、沙果、李子、山楂、枣和火晶柿子等。山货特产主要有猕猴桃、板栗、核桃、花椒、山杏、漆树、杜仲、黑木耳、桂皮、松香等。

秦岭

玉米大丰收

柿子满枝头

桃花林

大熊猫

金丝猴

动物

在西安地区，畜牧及家养动物品种优良，有牛、马、驴、骡、猪、羊、鸡、鸭、鹅、兔、蜂、蚕等，其中秦川牛和关中驴均在国内外享有盛誉。而分布在秦岭山区的野生动物更是种类繁多。鸟类有朱鹮、环颈雉、锦鸡、血雉、杜鹃等177多种。兽类有55种，列为国家保护的一类珍稀动物有大熊猫、金丝猴、朱鹮和羚牛；二类保护动物有斑羚、鬣羚、天鹅、金鸡；三类保护动物有黑鹳、金猫等。鱼类主要有鲢鱼、鲤鱼等。为保护自然生态系统和珍稀动植物资源，境内已建立3个国家级自然保护区。

大熊猫

大熊猫也叫“猫熊”，哺乳动物，身体肥胖，形状像熊但身型略小，尾巴短，眼睛周围、耳朵、前后肢和肩部是黑色，其余都是白色。毛密而有光泽，耐寒。喜食竹叶、竹笋。

大熊猫分布在我国陕西、甘肃南部和四川北部，为国家一级保护动物。其中陕西秦岭大熊猫经国内有关专家研究小组通过形态学以及分子生物学方法的比较，确认为一个新亚种，与国内其他山系的大熊猫种群相比，秦岭大熊猫是一个更为古老和原始的新亚种种群，在遗传多样性上更具有研究价值。从拯救濒危物种角度来看，秦岭大熊猫亚种也更为濒危和珍贵。目前，秦岭大熊猫亚种仅有300只左右，而非秦岭亚种有1300多只，保护秦岭大熊猫的任务更为重要和迫切。

金丝猴

中国的“国宝”，国家一级保护动物。在动物分类学上属灵长目、猴科、仰鼻猴属。金丝猴分为三种：川金丝猴、滇金丝猴和黔金丝猴。

其中川金丝猴分布于秦岭、甘肃南部、四川西部、北部和神农架地区，它们面孔呈蓝色，鼻孔上仰，所以也称“蓝面猴”、“仰鼻猴”。金丝猴毛色金黄柔软，耀眼夺目，最长可达10cm。它们主要以嫩枝、幼芽、鲜叶、竹叶和各种水果为食，一般栖息于海拔1500～3000m或更高的暗针叶林带，营树而居，主要活动在高大乔木树冠的顶层。金丝猴爬树灵活敏捷，跳跃能力特别强，常几十只结群活动，雌雄老幼一起，由雄中的长者带队，在树上觅食。金丝猴母猴怀胎五、六月后，多数仅产一仔。

羚牛

羚牛是中国西部特产的珍稀动物。成年后，角向后扭曲，因而又称“扭角羚”。羚牛一般生活在海拔2000～4000m的高山森林或草甸上。西藏和云南西部的羚牛毛色深褐，青海、四川的为红棕色，秦岭的则呈淡棕黄色，略带金色光泽，有“金毛羚牛”之称。在秦岭太白山，无论是针叶林还是混交林，或是竹林丛生处，都是羚牛可以活动的场所。

羚牛

朱鹮

朱鹮，别名朱鹭，鹮科，国家一级保护动物，分布于陕西省洋县秦岭南麓。成鹮全长79cm左右，体重约1.8kg。朱鹮雌雄羽色相近，体羽白色，羽基微染粉红色，后枕部有长的柳叶形羽冠，额至面颊部皮肤裸露，呈鲜红色。腿长约9cm，朱红色。栖息于海拔1200～1400m的疏林地带，在高大的树木上休息及夜宿。由于环境恶化等因素导致朱鹮的种群数量急剧下降，至20世纪70年代野外已无踪影。我国鸟类学家经多年考察，于1981年5月在陕西省洋县重新发现朱鹮种群，这也是世界上仅存的种群。

朱鹮

朱鹮

朱鹮

第二章　城市历史

“秦中自古帝王州”。西安，以其3100多年的建城史，在中华民族发展的历史长河中，拓印下了无比瑰丽的史诗和波澜壮阔的画卷。

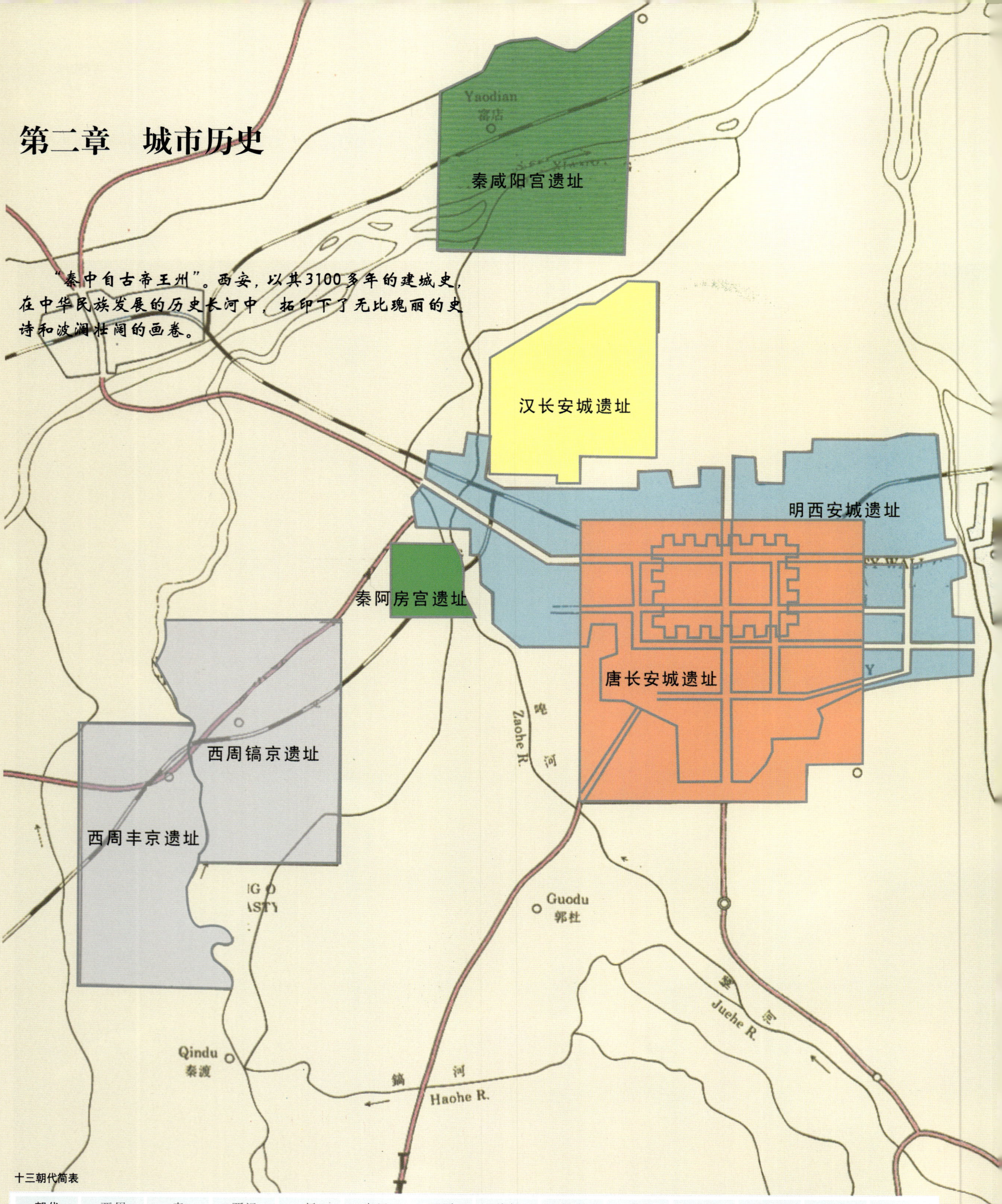

十三朝代简表

朝代	西周	秦	西汉	新	东汉	西晋	前赵	前秦	后秦	西魏	北周	隋	唐
开国帝王	周武王	秦襄公	汉高祖	王莽	光武帝	西晋文帝	刘曜	苻坚	姚苌	西魏文帝	孝闵帝	隋文帝	唐高祖
起迄年代	公元前1046年至公元前771年	公元前770年至公元前206年	公元前202年至公元8年	公元8年至公元23年	公元25年至公元220年	公元265年至公元316年	公元318年至公元329年	公元351年至公元394年	公元384年至公元417年	公元535年至公元557年	公元557年至公元581年	公元581年至公元618年	公元618年至公元907年
西安地区作为都城的年代	公元前1059年至公元前771年	公元前350年至公元前206年	公元前202年至公元8年	公元8年至公元23年	公元190年至公元195年	公元313年至公元316年	公元318年至公元329年	公元351年至公元385年	公元386年至公元417年	公元535年至公元557年	公元557年至公元581年	公元581年至公元618年	公元618年至公元904年
定都西安的帝王	文王-幽王	孝公-子婴	高祖-平帝	王莽	献帝	愍帝	刘曜	苻坚-苻丕	姚苌-姚泓	文帝-恭帝	文帝-闵帝	文帝-恭帝	高祖-昭宗
西安地区的都城名称	丰邑 镐京	咸阳	长安	常安	长安	长安	长安	长安	常安	长安	长安	大兴	长安

从蓝田猿人到半坡氏族

西安地区是我国黄河流域古代文明的重要发源地之一。在蓝田县陈家村和公王岭发现的蓝田猿人遗址，距今约50万～100万年。大约20万年前，渭河以北就生活着被称为大荔人的早期智人，新石器时代遗址更是遍布关中，以西安市东的半坡遗址和临潼姜寨遗址最具代表性。

半坡遗址复原图

蓝田人遗址位于今天的陕西省蓝田县公王岭一带。约80万年至75万年前，有一些在低平的前额上隆起粗壮眉脊骨的原始人类生息活动。他们打制的石器外形粗大，但已经有不同类型石器分工的迹象，这就是蓝田人。在蓝田猿人遗址内发现三四处粉末状的黑色物质，可能是蓝田人用火的遗迹。他们的化石于1963～1965年在当地更新世早期地层中被发现。考古研究表明，蓝田人比稍后的北京人大脑容量小一些，大约778ml。但他们已经是完全的直立人，而且是已发现的亚洲北部最早的直立人。

蓝田人化石出土地点

半坡遗址位于西安市东郊浐河东岸半坡村北，距今6000年左右，是国内比较完整的新石器时代仰韶文化的村落遗存。1953年春，发掘出房屋遗址45座，圈栏2座，储藏物品的地窖200个，烧制陶器的窑址6座，墓葬250座以及生产工具和生活工具上万件。此外，还发掘出许多兽骨、果核和腐烂的谷子（粟）等。

半坡遗址面积约为50000m²，分为居住区、制陶区和墓葬区，为我们保存了一幅原始时代母系氏族公社的生活图景。半坡人以农业为主，主要种植谷子（粟），同时兼有狩猎、采集、捕鱼、家畜饲养，以补农业的不足。使用的生产工具主要是石制、骨制两种。半坡人生存于充满危险的自然环境之中，为保护村庄的安全，防止猛兽的袭击，他们围绕居住区挖有深宽约5～6m的大围沟。他们用草泥和木料修建圆形和方形的简易住房，房屋有半地下式和地面木架建筑两类。房屋的门都向南，房屋中间有个烧火坑。有些房屋有前堂、后堂的建筑格局，后世的"宫室"形制在此已露端倪。

鱼纹盆

半坡人发明了制陶，用来保存谷物和充当生活用具。遗址内保存了一座横穴窑，由火膛和窑室两部分构成，这是我国目前发现的最古老的陶窑遗址之一。半坡彩陶以红底黑花为主，图案以几何纹路为多，兼有动植物形象。

半坡遗址出土了多种鱼纹彩陶，有的将人和鱼交织地画在一起，考古学家称之为人面鱼纹，是彩陶艺术的精华。一只典型的人面彩陶盆上人面纹为圆头，头上戴一尖顶饰物，耳、眼、口、鼻等五官用直线、曲线等简单线条表示。嘴巴宽大、口内衔着两条小鱼，饶有风趣。人面和鱼纹交织在一起，说明人鱼之间关系密切。鱼是半坡先民重要的食物来源，据推测，半坡氏族可能以鱼为图腾崇拜物。从鱼形象在中国文化的地位来看，半坡鱼文化是构成华夏文化的渊源之一，当是确凿无疑的。

有些半坡陶器上还刻画着简单的符号，共22种113个，可能是计数记事的文字。这些刻画符号，对于中国文字学的研究极有价值。

半坡遗址

炎黄的传说

在人类历史上，每一个民族都有自己优美动听的远古传说，它们昭示给后人的是一幅幅神人交织的历史画面。人们从神话传说中努力剥离出合理的历史内核，来构建自己民族的创世说。有关华夏民族之始祖炎帝与黄帝的传说也是如此。今天海内外所有的华人都自豪地称自己为“炎黄子孙”。

炎帝是中国远古传说时期一位部落首领。根据史书的记载，炎帝姜姓，名石年。石年因长于姜而姓姜，以火德王，故称“炎帝”。由于炎帝教民稼穑，开创了原始农业，带领部属从游牧生活转为农耕定居生活，人们为了感激炎帝教民耕种的恩德，都尊称他为“神农”。相传炎帝曾尝遍百草，研制医药，为人类驱瘟除病，是华夏中草药的第一位发现者和利用者。

稍晚于炎帝的黄帝，是中国远古时代又一位部落首领，因长于姬水故以“姬”为姓，曾居于轩辕之丘，故名轩辕。轩辕以土德王，故号曰“黄帝”。黄帝和炎帝联合，共同对付前来挑战的南方部族蚩尤。最终统一了黄河流域的大片土地，结束了远古战争，告别了野蛮时代。

黄帝被尊称为中华民族的“人文初祖”。古代传说中把人类进化初期的许多发明归于黄帝名下。建筑房屋、驯养家禽、种植谷物、裁缝衣裳、制造棺椁及器皿等，还命史官仓颉创造了文字，建立了政治领域中心的若干典章制度，并约定形成了婚丧嫁娶的风俗习惯。

神农教稼图

黄帝像

古柏掩映黄帝陵

黄帝陵东侧全景

黄帝陵

天下第一陵——黄帝陵，是中华始祖黄帝的衣冠冢。

自唐代宗大历五年建庙祀典以来，这里一直是历代王朝举行国家大祭的场所。新中国建立后，每年清明、重阳节均在此进行祭祀典礼，特别是清明节公祭已成为中华民族传统祭祀大典。黄帝陵区景色迷人，山麓有建于汉代的轩辕庙，庙东侧碑廊珍藏历代帝王御制祭文碑57通，现又新增香港、澳门“回归纪念碑”。陵、庙所在地桥山现有千年古柏81600株，是我国最大的古柏群。庙内有相传黄帝手植柏，高20余米，胸径11m，苍劲挺拔，冠盖蔽空，是我国最古老、最大的一株柏树。黄帝陵雄伟、庄严、肃穆、古朴，是中华文明的象征，华夏儿女血脉之源。

轩辕庙区全景

第一节　西周

凤舞丰镐　城之初建

周人以“礼”治天下，周人以“德”治天下，周人更以心治天下，文明天下传。

以凤为图腾的周人有着悠久的历史，是活动在中国黄土高原上的一个古老部族。相传它兴起于“陶唐、虞夏之际”，在古公亶父的带领下迁徙到岐山脚下的周原。公元前11世纪，周文王姬昌灭崇国，建丰京，又命其子姬发在丰邑之东营建镐京。丰、镐二京因沣、滈二水得名，隔沣水相望。公元前1046年，周武王联合多方部落，大败商军于牧野，建立了西周王朝，丰、镐二京遂成为国都。其实丰、镐乃为一体，是西周都城两个不同的分区。丰镐作为西周王朝的政治中心，是西安地区第一次出现的全国性政权的都城，开创了西安城作为帝王京师历经千年、雄踞华夏的辉煌历史，西安也因此成为中国古代政治、经济、文化的中心。直到公元前770年周平王迁都洛阳之前，这座京城一直被全国各地诸侯奉为“宗周”。

西周时期，社会经济有了迅速的发展。农业、手工业、畜牧业、纺织、冶金、建筑、天文、地理等科学技术都有了不少新进展，这些成就也促使了人们生产、生活的变化。同时，文字的使用更为广泛，出现了关于大规模筑城的记载。《尚书·洛诰》中的“召告既相宅，周公往营”，便是中国最早有详细记载的城。这说明西周时期，城邑建筑的规模已有了进一步发展，并且在城市的选址、规划以及营造各方面都具备了相当高的水平。不仅如此，西周时期的房屋建筑材料也有了很大改进，建筑规模、建筑水平较夏商时期都有了很大的发展，已形成了前堂后寝的建筑风格，出现了自成院落的建筑群和庭、堂、廊、影壁的建筑，并且还有散水及用陶水管接成的排水管道，其工艺相当考究。据《周礼·考工记》记载：西周时“匠人营国，方九里，旁三门。国中九经九纬，经涂九轨，左祖右社；面朝后市”。即京城方正九里，城墙每边开三城门，城内有九条街道，王宫左边为宗庙，右边则为社坛，前面是朝堂，后边则是街市。

到了西周后期，社会矛盾日趋激化。统治集团内部对权力及土地的争夺，更加速了西周的灭亡。公元前781年，周幽王即位，任用好利的虢石父执政，朝廷腐败，国人怨恨；公元前779年，伐六济之戎失败，加之天灾频繁，周朝统治内外交困；公元前771年，周幽王被犬戎杀死，宜臼即位，称周平王；次年，平王迁都洛邑，建立东周，西周正式宣告灭亡。自此，西安作为国都的历史也暂时告一段落。

纵观西周历史，自武王伐纣建都镐京至幽王被杀为止，共传十二王，前后历经约280年。在夏商二代的基础上，西周的政治文化取得了光辉灿烂的成就，成为儒家推崇的盛世，是我国古代文明的奠基时期，对两千多年的中国历史有着极其深刻的影响。历经3000年风雨沧桑，昔日西周二京的城垣已掩埋在黄土层下，但是在遗址周围数百座墓葬出土的大量文物中，仍能使我们想像到三千年前西周都城的辉煌与繁荣。当时的那种城市建设的构想和理论，一直影响了中国整个封建社会的城市建设。

周部族迁徙与都邑分布图

甲骨文

甲骨文

甲骨文是以刀为书写工具，以龟甲、兽骨为载体材料的象形文字。最早在河南安阳殷墟出土，内容多为卜辞，是中国已发现的最古老的文字。近年来，周原甲骨文的发现，对甲骨文研究、周的历史以及商周文化的研究，都有突破性的意义。

周原风光

青铜器：千年的守望

早在商代，中国的青铜器文化就已经高度发达。青铜器不仅是王公贵族日常使用的食器、容器、酒器，也作为祭祀时的礼器，生前享用，死后陪葬。到了周代，有的青铜器被篆刻上家族为王室效力的经过和周王赐予的荣耀，就成为家族中的传家宝，陈列于宗庙和宫室中，代表着王公贵族们的崇高地位和尊严。

鼎，在青铜礼器中有着至高无上的地位。随着礼仪制度的推行，在西周早期产生了表明等级身份的列鼎制度。即由大小不等的五个、七个、九个鼎组成一组鼎，九鼎只能在周王室的宗庙中使用，诸侯用七鼎，卿用五鼎。与此相应，其他食器则使用偶数。

青铜器铭文又成为金文或钟鼎文，西周时青铜器铭文发展的鼎盛时期，不但数量大、篇幅长，而且内容极为丰富，包括祭祀祖先、征伐、纪功、册命和赏赐等社会生活的方方面面。这些铭文没有经过后世的修改，保留了当时真实的面貌，带着一个家族或是一个时代的辉煌，一守便是千年。

青铜卣

青铜鼎

周礼：天下归心

礼制

所谓“礼制”，不仅指礼仪典式，更指贯穿在这些礼仪典式中得以确立和维护的重要典章制度。

1.封建亲戚，以藩屏周

——分封制

西周的分封是建立在“血亲”的原则之上，将宗亲贵戚按照血缘关系的远近分封在离周朝王畿远近不同的地方上，这种分封以宗法制为保障，自上而下，层层分封，形成“君君臣臣”的严密统治关系，诸侯臣服于天子，而在诸侯内部又有自己的臣民和疆土，形成相对独立的地方政权。这种分封制度在周公平定三兼之乱后开始形成，经成康之际的大量分封得以确立，成为定制，终西周之世而存在，是西周在政治体制上的一种创举。

西周通过这种独特的分封建国制度，加强了周王朝对四方的控制力度，建立起一个幅员辽阔的奴隶制王朝，对各地区政治、经济、文化，尤其是边远地区的开发起到了重要作用。但是，随着周王室的衰微和诸侯的强大，形成了尾大不掉之势，最终导致了春秋战国之际诸侯争霸、列国纷争的局面。

2.大宗维翰，宗子维城

——宗法制

西周的宗法制以嫡长子继承制和余子的分封制为核心。“立嫡以长不以贤，立子以贵不以长”，嫡长子为大宗，其他旁系为小宗，只有大宗才有祭祀宗庙的特权，这就是嫡长子继承制。所以，周天子为天下大宗，其他诸子分封为诸侯；诸侯国内同样实行嫡长子继承制，其他诸子分封为卿大夫；再到士、庶民等。通过“大宗”和“小宗”的区分层层分封，最后形成“大邦维屏，大宗维翰，怀德维宁，宗子维城”的局面，以及天子、诸侯、卿大夫、士以至庶民、工、商的金字塔式的宗法社会。

植根于血缘关系的宗法制度，是西周贵族相互联系的黏合剂，周天子与诸侯之间关系的连接纽带，故宗法制对周代的社会秩序具有积极的稳固作用。而其宗法观念对后世的影响更为深远，成为几千年来中华民族维系与发展的核心纽带之一。

3.普天之下，莫非王土

——井田制

西周的井田制是在分封和宗法过程中形成的，与分封制和宗法制密不可分：“普天之下，莫非王土；率土之滨，莫非王臣。”西周的井田制源于原始社会末期的氏族公社土地公有制，具体划分办法在《周礼·大司徒》中有所记载：先按照所封之国都城的大小而制定都城的疆界；沟封之后，再按照土质的好坏划分土地的数量。在搭配好份地之后，还要定期进行重新分配。在井田制下，各级奴隶主由天子那里分得土地和依附农民。但他们只有土地占有权，没有所有权；只有使用权，没有买卖权。《礼记·王制》所说的“田里不鬻”即此意。

西周的井田制与分封制和宗法制紧密相连，适应了当时的生产力状况，在一定程度上推动了西周社会生产力的发展。

4.召公为保，周公为师

——官制

周王室在推行分封制和宗法制的同时，也建立了一套比夏、商两代更为完善、对后世影响深远的统治机构。在西周初期的政治机构中，周天子下面重要的辅弼之官为太师和太保，故有“召公为保，周公为师”的说法，后加上太公姜尚，又有了“三公”的称谓。根据金文资料，西周的中央政权可分为卿事寮和太史寮两大官署。“三公”均属卿事寮，次于“公”还有司徒、司马、司空，和再次的诸尹、里君和百工。太史寮的长官称“尹氏”。此外还设“太宗”一职，管理宗族内部事务。根据职位高低和职权轻重，西周还建立了相应的考爵制度。但到了西周中期以后，贵族阶级中的权力分配日益明朗化和固定化，逐渐形成官爵世袭制度。

乐器

井田制

章怀太子墓礼宾图

礼乐

《礼记》有云：“乐由天作，礼以地制”，“乐由中出，礼由外作”，“乐者，天地之和也；礼者，天地之序也。和故万物皆化，序故群物皆别。”

周人对殷人“先鬼而后礼”的天命思想进行了反思，周公提出“敬德保民”的思想，将殷人的重神事转移到人事中来，同时用礼乐制度来表现和巩固周人的“德”。周公对礼乐进行了新的定义和规范，以礼范人，以乐和民。

“国之大事，在祀与戎”，完备而反复的礼仪规范从天子的籍田之礼，到贵族之间的交往的相见之礼、贵族的成人之礼，再到乡学的酬酢之礼，加上三千威仪和刑措立法，基本涉及到西周社会的各个层面。

西周的“乐”包括乐德、乐舞以及乐理。《周礼·春官宗伯》记载大司乐的职责为：“以乐德教国子：中、和、祗、庸、孝、友。以乐语教国子：兴、道、讽、诵、言、语。以乐舞教国子：《云门》《大卷》《大咸》《大韶》《大夏》《大濩》《大武》。以六律、六同、五声、八音、大合乐，以致鬼神示，以和邦国，以谐万民，以安宾客，以说远人，以作动物。乃分乐而序之，以祭，以享，以祀。”有礼的地方就一定配以乐，祭礼用乐，射礼用乐，乡饮酒礼和燕礼也要用乐，礼与乐都是等级身份的象征。

西周礼乐昌明，贵族教育也有了很大发展，无论国学还是乡学都是由国家负责，所以有“学在官府”的说法。又以学习阶段分为大学和小学，大学教育以礼、乐、射、御为主，小学则以书、数为主。可见西周的贵族教育以相当完备，其教学内容和形式都对后世产生了较大的影响，进而奠定了中国两千多年封建正统教育的基础。

周公制礼作乐对西周以及整个后世的中国文化都起了不可估量的作用，“以礼乐化成天下”，奠定了中国礼乐文化的基调。正如曹操所叹：“周公吐哺，天下归心。”

第二节　秦

渭水贯都　咸阳一统

秦皇嬴政，称始皇帝。一统六合，所向披靡。“六王毕，四海一；蜀山兀，阿房出”的恢宏气势让后人不由得仰望。

秦朝，作为中国统一多民族封建国家的肇始，在史册上留下了彪炳千秋的厚重笔墨。秦人发迹悠远，起于蛮荒，历数代之经营，创后世之基业。秦王嬴政“奋六世之余烈，振长策而御宇内”，虎视群雄，横扫六合，结束了春秋战国以来诸侯割据混战的局面，建立了统一的秦王朝。嬴政称帝后，采取了一系列巩固统一的措施：一方面，通过迁徙豪富、销毁兵器、毁坏城郭等措施，进一步打压六国旧贵的反秦力量，并且在十年之内五次巡狩天下，慑服四方，巩固中央集权的统治格局；另一方面，南平百越、北伐匈奴、经略“西南夷”，进一步开疆拓土，开创了统一多民族国家的新局面；此外，还通过取缔私学、焚书坑儒等一系列措施进一步加强了思想文化上的统治。

秦朝的帝都咸阳，是我国历史上第一个统一的封建帝国的都城，它的营建将这一时期的城市建设推向一个崭新的发展水平。从秦孝公定都于此到秦始皇统一六国的约一百三十年间，咸阳城的规模不断扩大，并与今天的西安城接壤。嬴政即位以后，对咸阳城进行了大规模的扩建。在咸阳城的北塬上，建造了以湖光水色著称的兰池宫，兰池水引自渭河，池中按神话传说筑有蓬莱、方丈、瀛洲三岛，池边有大型石刻鲸鱼，据说长二百丈。

在统一六国的战争中，嬴政一方面取六国宫室，建于咸阳北塬，同时又认为“咸阳人多，先王之宫廷小”，于是便在渭河南边上林苑选址营建朝宫。著名的阿房宫就是在那个时期（公元前212年）建造的。阿房宫是中国建筑史上空前壮丽的宫殿建筑群，地理位置正处于扩建后秦咸阳城的西南角。据《史记·秦始皇本纪》记载，阿房宫的总体规划，是以阿房前殿起“五步一楼，十步一阁”，向东延伸至骊山，向南延伸至终南山，向北由复道渡渭河连接咸阳宫。骊山、终南山也都有道路直达，并准备以终南山之巅作为阿房宫的南阙。阿房宫由宫城环护，俗称“阿城”。阿城以城北“磁石门”为正门，城内中心建筑即阿房宫前殿。史载阿房宫前殿东西500步（约700m左右），南北宽50丈（约120m左右），高达数十仞，殿内举行宴会等活动时可坐万人。大殿前分列12个铜人坐像，通高三丈，重24万斤。近年来，考古工作者已在秦阿城范围内探明了十几处秦代建筑遗址，其中最大的两处：是位于阿房村南的“秦始皇上天台”，残高约20m，夯土面积约$50000m^2$。以及古城村聚驾庄一带的阿房宫前殿遗址，残高约7m，东西长1300m，南北宽400余米，夯土面积达60万m^2。2000多年过去了，阿房宫的殿基依然宏大巍峨。当时，这里是秦王朝拟建的政令中心，它的营建奠定了中国2000多年封建社会政治制度的基本格局。

秦灭六国前，秦苑中已经建有祖庙、章台宫等建筑群，在一统六国后，秦始皇又在上林苑中为自己修建了宗庙，称“信宫”，后改称“极庙”。

这时的咸阳城，已经发展成为一座跨渭河两岸的庞大都城，离宫别苑遍布关中，东西二百七十里，处处是宫殿，使咸阳城“自雍门以东至泾渭，殿屋复道周阁相属”。《三辅黄图》中提到秦咸阳城时，以“渭水贯都，以象天汉”来形容。其含义为渭水穿城而过，就像银河横贯天空一样。

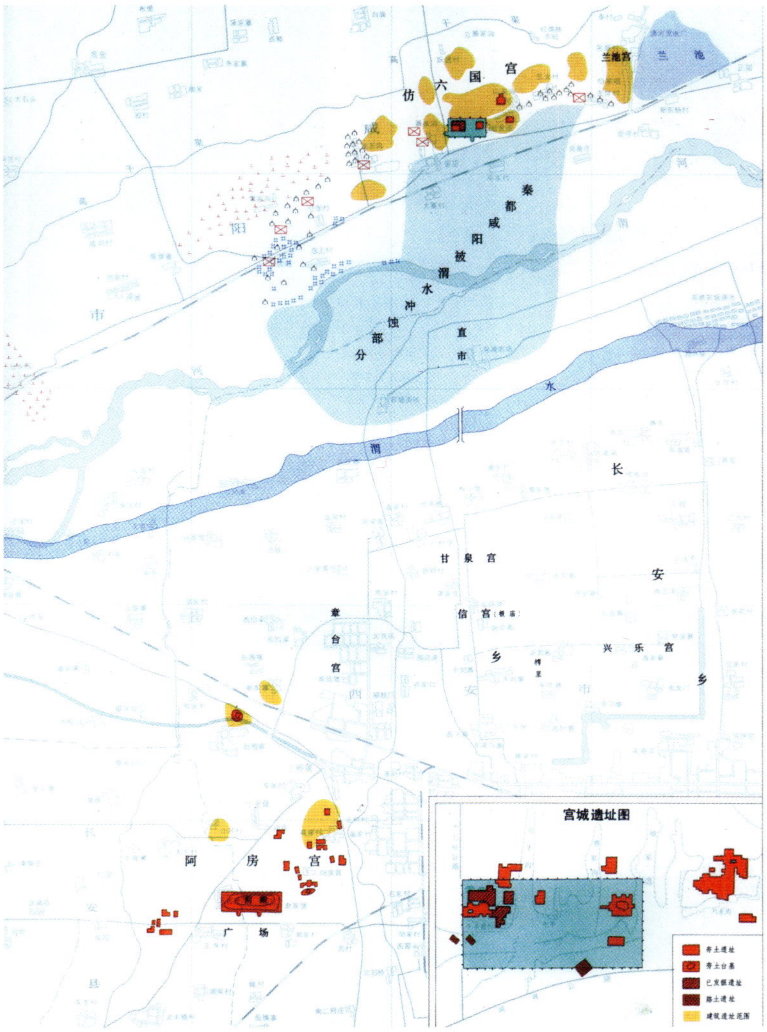

秦咸阳城图

秦咸阳城的布局体现了当时社会、经济、文化发展的时代特点。首先，咸阳城利用自然地势，横跨渭河，以渭河比拟天体银河，各宫视若天体星座，凭借复道、甬道及桥梁作为联络手段，将各宫室参照天体联成整体，构成以渭北咸阳宫为首的庞大宫城群，同时把渭南与渭北两大综合区组织起来，使城市空间规划结构既灵活，又不乏秩序。其次，秦咸阳城城市空间总体规划结构创立了京城区域规划体制，使城市空间界域扩大，形成了新颖而宏伟的空间规划结构，体现了建立大一统封建帝国的规划体制。

但咸阳城却一直没有发掘出城墙的遗迹，这恐怕和城市的无序扩张有一定的关系，加之渭河北岸空间有限，秦都需不断向南扩建，结果最后甚至需要横跨渭河，这或许也是其难以修建城垣的一个重要原因。秦始皇欲以阿房宫取代咸阳宫时，就曾说“丰镐之间，帝王之都也。”说明秦始皇本人当时已经意识到渭河之南其实更适合秦都的进一步发展。所以秦代以后建都于西安的各个朝代再也没有回到渭河以北，大概是吸取了秦代的经验而进行的改变。

秦朝的残暴统治，带给人民无比的痛苦和极大的灾难。秦始皇统治时期赋税沉重，兵役和徭役繁重，法律尤其严酷。后来秦二世更加昏庸的治理，更加速了秦朝的覆灭。公

秦始皇帝像

元前206年冬，刘邦率领的农民军进入关中，秦王子婴见大势已去，献城投降，秦王朝自此灭亡。项羽随即进入关中，火烧咸阳城，大火三月而不熄，壮丽豪华的咸阳宫殿就此变成一片焦土废墟。

秦朝，中国第一个统一帝国在短暂的辉煌后，又渐渐地没落。现今的我们也只能在那荒草繁盛的夯土基上去遥想杜牧《阿房宫赋》那“五步一楼，十步一阁；廊腰缦回，檐牙高啄”的富丽景象。但是秦朝在中国历史上的地位却是毋庸置疑的，正因秦始皇的天下一统，才使中国的悠久历史与文明在这里得到了传承。

秦兵马俑：不朽的军队

显赫一时的秦王朝，横扫六合，一统天下。屡次的防御、扩张之战，一幕幕雄壮而惨烈的场景，战车千乘、战马万匹、步兵百万余的军队，我们只能凭借想像去复原。谁又曾想到，那些驰骋疆场的英雄、昂扬矫健的战马竟化为一尊尊雕像，尘封地下两千年。威武宏大的军队再现在世人面前，秦兵马俑成为不折不扣的“世界奇观”。

兵马俑坑，其实是巨大的陪葬品存放地，是古代殉葬制度的明证。因其处在始皇陵墓的外城，故为拱卫秦陵的宿卫军。已挖掘出的3个俑坑布局严整、结构奇特，均采用地下巷道式土木结构建筑，每隔3m筑起一道东西相向的重墙，墙间空档为“过洞”，坑底墁以青砖，兵马俑陈列在过洞中。墙两侧约1.5m的地方栽以稠密的弦柱，柱头连接木梁，隔墙和顺梁上横铺密桁，上边覆以芦席、细泥和填土。

一号坑内是由车兵、步兵混合变成的矩形方阵。东有210个弓弩手，成3列横排组成先锋部队；中间为6000多名铠甲俑的主体部队，后置35乘驷马战车，车两侧各有一排驭手。剑拔弩张、战马服驾，呈现随时待命即发的场景。二号坑是一个由步兵、车兵、骑兵组成的曲型混合军阵，东端是由172尊立射武士俑和160尊跪射武士俑组成的弩兵方阵，弩兵方阵后面是车兵和骑兵方阵；三号坑中有68件陶俑、4匹陶马和1辆战车，它是一、二号坑军团的统帅部。出土的各类陶俑，按照不同身份分为将军俑、军吏俑、武士俑等几个级别，其服饰、冠带、神姿各不相同。每个陶俑平均身高1.8m，体重300多公斤，形态逼真、惟妙惟肖，几千件俑人中竟没有一张相同的面孔。

秦始皇兵马俑

铜车马

秦兵马俑皆由陶土烧制，原来都有精美的彩绘，可惜经历2000余年，今大多已剥蚀脱落，但其工艺之精美、技术之精巧早已令世人折服。

此外，秦兵马俑出土的铜车马，是考古史上时代最早、体形最大、保存最完好的车马，也是古代青铜制品中的瑰宝。

秦兵马俑，将秦军横扫六合的历史功业和秦朝转瞬即逝的辉煌诉说了2000年，还将继续讲述着，直到不朽。

文明大一统——车同轨·书同文·制同度

秦始皇作为中华帝制的创建者，确立了政治"大一统"文名，还实行车同轨、书同文、制同度，促成中华文化共同体的基本形成，奠定了"大一统"文化的基本格局，在当时乃至以后的历史发展进程中都产生了巨大的影响。

车同轨

秦朝建立后，始皇明令修建的首项重大交通工程，就是拆毁战国时期各国间的关塞，建立起遍布全国的交通游驿网络。公元前221年，始皇刚刚称帝不久，便下令实行"车同轨"，规定道路和车轨统一尺度为"舆六尺"。次年又下令"治驰道"。而"直道"、"五尺道"及"新道"则是秦朝专门修建的军事和国防通道。这些道路的拓展，反映了秦朝开拓边疆的军事能力，也密切了边地与内地的经济、文化交流，有着重大的战略价值。

书同文

公元前221年，也是刚刚称帝，始皇帝就接受李斯的建议，下令"书同文字"。它规定以秦小篆为统一书体，罢"不与秦文合者"。为推行这种统一书体，始皇令李斯、赵高、胡毋敬分别用小篆编写《仓颉篇》、《爰历篇》、《博学篇》作为标准的官方文字范本，颁行全国。加上后来推行更为简易的隶书，奠定了后来楷书的基础和发展方向，对于中华文化的发展有着不可磨灭的重大历史功绩，还促进了统一多民族国家的发展和中华文化共同体的形成。

钱币

制同度

秦统一后，制定了中国迄今最早的货币金融法规《金布律》，依法统一币值并加强了货币管理。以黄金和铜钱作为全国法定金属货币，上币黄金的单位改进为"镒"，下币圆形方孔铜钱以半两为单位，史称"秦半两"，这种外圆内方的铜钱形制为历代王朝所沿袭。此外，还规定货币铸造权归国家，禁止"择行钱、布"。同时，秦完成统一后，以秦制为基础，统一度量衡制，并以法令形式保证统一的度量衡制。货币和度量衡的统一，在一定程度上推进了经济和财政的制度化和法制化，促进了商品经济发展和国家统一，垂范后世，影响深远。

第三节　西汉

长治久安　东方罗马

长安之说，源于汉朝，取“长治久安”之意。这样一个伟大的名字，在这一刻诞生，自此便延续了千年。

公元前202年，经过四年的楚汉战争，刘邦最终战胜项羽，登上帝位，建立了西汉王朝。汉朝是有史以来第一个由平民缔造的帝国。它继承了秦的遗产，以几十年的经营，创建出一套中央集权的政治制度，而成为中国整个帝制时期的楷模。在世界历史上，西汉与罗马帝国从所控制的地域和存在的时间上相提并论，两个巨人一东一西，遥相对峙。

汉都长安，位于关中平原中部渭河之南，北濒渭水，东南靠龙首山，约在今西安城西北8km处，位于西安龙首塬上。自公元前202年西汉王朝定都长安，至公元8年王莽代汉24年，总计历都227年，其遗址较为完整。

据说，刘邦夺取政权后本打算定都洛阳，后听从娄敬、张良等的建议：秦地关中“被山带河，四塞以为固”，进可攻，退可守，有重要的军事地理价值，加之物产丰饶，“资甚美膏腴之地，此所谓天府者也”，所以决定在此建都。遂委派丞相萧何主持在今西安市西北未央区境内规划营建新都城。

秦咸阳城中在渭河南岸的龙首塬北所建的兴乐宫，在项羽火烧咸阳的时候幸存了下来。这座宫殿规模宏大，亭台楼阁，大殿巍峨，可谓应有尽有。萧何遂将其更名为长乐宫，并对它进行了维修改建。两年后，长乐宫改建完毕，刘邦率文武百官迁置于此，并取“长治久安”之意将都城取名“长安”。自此西汉长安正式诞生，而西安也第三次成为国都。

两年以后，丞相萧何又在长乐宫的西边修建了未央宫。未央宫位于汉长安城西南隅，宫城平面近方形，面积约5km^2。宫墙夯筑，墙宽约8m。宫城四面各辟一座宫门，此外还有若干座“掖门”。宫城四隅均筑有角楼，宫城之内的干路有三条，两条南北平行的东西向干路贯通宫城，中部还有一条南北向干路纵贯其间。两条东西干路将未央宫分成南部、中部和北部。中部主要是未央宫的主体建筑前殿基址，其夯土台基至今仍然高耸于地面之上，分为前、中、后三座大殿，是利用南北向的龙首山丘陵修建的高台建筑，北部为后宫和皇室官署所在。未央宫是长安城内规模最大，建造最为壮丽的一座宫殿。其布局结构反映出了西汉王朝最高层统治者们对都城、宫城的设计思想，在中国古代都城发展史上有着十分重要的意义。

汉高祖时，长安城内只有长乐宫和未央宫两座主体建筑。汉惠帝时（公元前194年）开始修筑城墙，到惠帝五年（公元前190年）城墙修筑完成，长安城才粗具规模。修筑城墙时，由于要迁就长乐、未央两座宫城已有的布局，又加之当时的渭河要比现在偏南，长安城门以北1.2km处即为当时的渭河河道，河道以南又有大面积河漫滩的存在，为防止洪水冲击，长安城的城墙不可能修到河漫滩上去，于是就造成了汉长

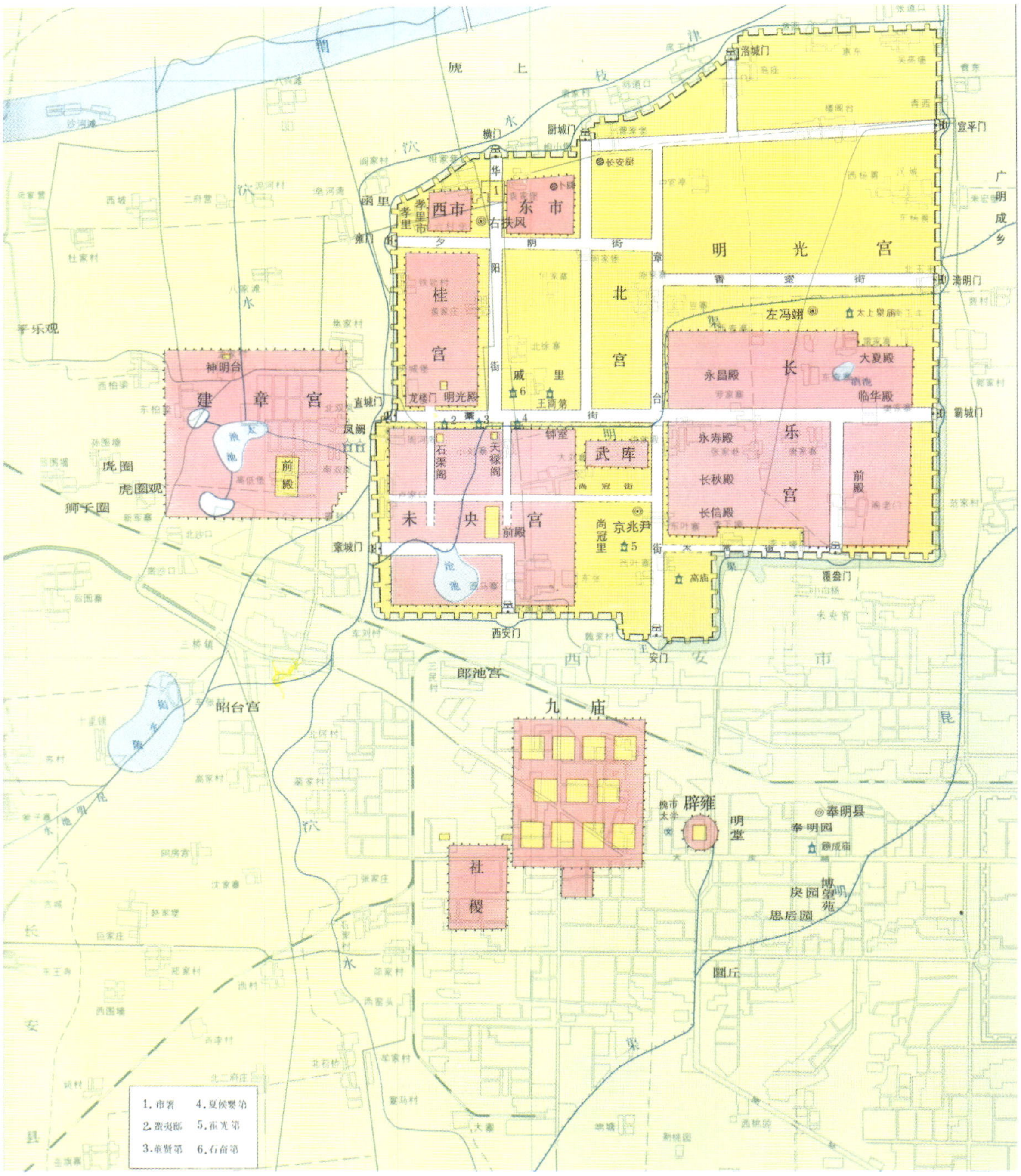

西汉长安城图

汉阳陵武士俑

安城南北墙均曲折不直的现象。当时的人附会说这种曲折象征着天上的南斗、北斗，因此汉长安城又被称为“斗城”。据实测，其东城墙长6000m、南城墙长7600m、西城墙长4900m、北城墙长7200m，周长25700m，全城总面积约为35km²。城墙外侧有宽8m、深3m的壕沟围绕。城墙每面各开三门：东面三门由北而南是宣平门、清明门和霸城门；南面三门由东而西是覆盎门、安门和西安门；西面三门由南而北是章城门、直城门和雍城门；北面三门由西而东是横门、厨城门和洛城门。每门各有三个门洞，每个门洞可容12辆马车并行。城内有纵横8条大街，各与城门相通。城内道路骨架基本上沿用传统的经纬涂(途)制，长安城还建设了一套悬栋飞阁的空间交通系统——复道，又称阁道或辇道。各宫之间均有复道相连，分布范围颇广，为城市特殊的空间交通系统。

西汉长安城在汉武帝时期发展到极盛。长安城内的桂宫、北宫，建桂宫和明光宫就是在这个时期兴建的。汉武帝还在城外西侧修建了规模宏大的建章宫，并开辟上林苑，开凿昆明池。至此一代帝都长安城建成。

汉长安城城市空间的功能分区包括：宫室、市集、居住、手工作坊、礼制建筑等，其结构呈棋盘状布局。在都城的布局中，宫殿区位于城内南部和中部，如长乐宫、未央宫、北宫、桂宫和明光宫以及与相关官署、府库及贵族达官之“甲第”，沿长安中轴线——安门大街呈东西对列的形式，约占全城面积2/3以上。毗连未央宫的西城外建章宫，有复道和城中的宫殿区相联系。市在横门附近，工商结合是这一时期工商业的历史特点。“长安有九市，各方二百六十六步。六市在道西。三市在道东。凡四里为一市”。手工作坊和居住间里等聚集在城北；一般官吏和平民住宅区在城的北部和东北部，特别是靠近宣平门处，多数还居住在城外靠近城门的地区。平民百姓的居住区是十分狭小的。据文献记载，长安城内的居民区有160个闾里，这些闾里大都集中在城东北，“室居栉比，门巷修直”。各里筑有里墙，各户不得直接对街开门，出入皆由里门，里门则由里吏管理。

汉长安城的建筑面积占长安城总面积的三分之二。在汉长安城的建筑中，上下水的设计和布局特别值得注意，当时的建筑师充分利用了城南的滈河水源和城西的沣河水源，从城西将活水引入城内，通过“石渠”流遍各宫，宫中各有池塘，既美化了环境，又解决了生活用水。另外，在城外西南一侧凿一人工运河，当时称为“漕渠”，由南城墙外东流北折，与渭河沟通，并在宣平门附近与石渠的出口汇合。这样一来，便开辟了汉长安城与京畿以外地区的水路交通。班固的《西都赋》曾经描述当时的长安城，“东郊则有通沟大漕，溃渭洞河。泛舟山东，控引淮湖，与海通波。(东有宽阔的运河，可以通过渭水，直达黄河，从长安出发的船只，能驶入淮河和洞庭湖中，辗转到达东南沿海)”。长安城的下水系统采用地下管道，主管为五边形，分管为圆形，汇合于北城厨城门附近，泻入渭河。至今在基建工程中还常发现这类管道的残迹，有的绵延达百米以上。

舞蹈俑

汉长安城的总体规划体现了对《周礼·考工记》中有关古代都城建制特点的尊重。未央宫是西汉王朝的政治中枢，是长安城内的正宫，因而位于长安城的南部；未央宫以北，长安城北部是首都的主要市场东市和西市；宗庙和社稷分别位于未央宫东南和西南。其总体上，反映了都城“前朝后市”、“左祖右社”的特点。

但汉长安城在西汉王朝始终是作为一个政治中心而存在的，而王朝经济、文化以及人口上的繁荣，则主要体现在周围所设立的一系列“卫星城”的陵邑上。汉高祖十年(公元前197年)，太上皇驾崩后葬栎阳北塬，并在栎阳城内置万年县，以拱卫皇陵，这为西汉设立陵邑开创了先河。正式设置陵邑始于汉高祖的长陵，以后成为定制。西汉元帝以前的诸帝，即位第二年就开始修筑陵墓，并划出一定区域以为陵邑，迁徙关东富豪居住于此。

西汉一共有七个皇帝陵设有陵邑，即高祖长陵、惠帝安陵、文帝霸陵、景帝阳陵、武帝茂陵、昭帝平陵、宣帝杜陵。其中的长陵、安陵、阳陵、茂陵和平陵等五个陵邑都位于渭河北岸的黄土台塬上，故称五陵塬，形成“都都相望，邑邑相属”的景象。各陵邑内的居民，上至丞相、御史大夫、将军等现职高级官员，吏二千石、公主、外戚、宠臣以及六国的诸侯、贵族的后裔，下至富商巨贾，功臣后裔以及所谓“乱众之民”，各色人等齐备。这些陵邑内所居住的人口，其密度要远远大于周边普通县的人口密度。据专家推算，当时长安城内的总人口在50万左右，而长陵、茂陵两个陵邑的人口之和，竟比长安城内的总人口还多出21万多，足见人口之众。所以当时诸陵邑可以说是补充长安城内居民区不足，分散长安人口的一些中小城市。另外，这些陵邑无一例外都是以工商业为主体的城市，各陵邑与长安城之间的联系密切，交通方便。茂陵距长安40km，是最远的一个，而长陵和安陵距长安都只有15km。为了修筑茂陵，武帝还于建元三年(公元前138年)在长安西侧兴建了便门桥，即西渭桥，使各陵邑和长安城之间的交往更为便利。诸陵邑的设立，使西汉长安不再局限于“斗城”的范围之内，而成为一个向四周扩散的扇形城市体系大长安，这在中国古代都城建设史上是一个特例。

汉长安城前后经历90年大规模修建，作为统一的大帝国的首都，是当时全国政治、经济、文化中心。西汉末年王莽篡权称帝，实行托古改制、倒行逆施的政策，导致大规模的农民起义。在战乱中，长安城宫室市里被大火焚毁，长安城变为废墟。繁荣一时的汉长安城在中国古代都城史上具有重要地位和承上启下的作用，其布局上所表现的崇“方”思想、“择中”观念、规整的城门配置制度，棋道式道路网“面朝后市”和“左祖右社”的格局等方面在中国古代都城史布局中有着典型意义，对后代影响极其深远。自张骞通西域后，它作为丝绸之路的起点，又成为著名的国际都会，与西方的历史名城罗马并列为当时世界上最大、最繁荣的城市，在世界历史舞台上扮演了引人注目的角色。

瓦当："汉并天下"，惟我独尊

房屋象征着生活，而组成房屋的砖瓦就是生活的基石。瓦当，成了汉王朝残留下来的，最朴素也最特别的遗产。

建筑用瓦有板瓦和筒瓦两种，瓦当即筒瓦之头，主要起保护屋檐，不被风雨侵蚀的作用，同时又富有装饰效果，使建筑更加绚丽辉煌。瓦当有着强烈的不同时代的艺术风格，以汉代的最为著名，有"秦砖汉瓦"之称。

汉代瓦当纹饰精美，画面仪态生动。常见的云纹瓦当，图案结构基本上是边轮范围内用弦纹把瓦当正回分为两圈，外圆间四等分内填以各种云纹，内圈则饰方格纹、网纹、点纹、四叶纹或树叶纹等。

王莽时期的四神瓦当，有青龙、白虎、朱雀、玄武四种，又称"四灵纹"，形神兼备，姿态雄伟。四神瓦当在汉代应用极为广泛，铜镜、漆器、石刻、砖瓦等各种工艺品的装饰上都时有出现。汉代将四神视作与避邪求福有关，表示季节和方位。青龙的方位是东，代表春季；白虎的方位是西，代表秋季；朱雀的方位是南，代表夏季；玄武的方位是北，代表冬季。曹操之子曹植的《神龟赋》记曰："嘉四灵之建德，各潜位于一方，苍龙虬于东岳，白虎啸于西岗，玄武集于寒门，朱雀栖于南乡"，就是对四神的描写。这四种动物中，玄武比较奇异，它是龟和蛇的合体。"玄武谓龟蛇，位在北方故曰玄，身有鳞甲故曰武"。有人解释，这与古代图腾信仰有关，是氏族外婚制的反映。这些模印有青龙、白虎、朱雀、玄武四神的瓦当，大气磅礴，是这一时期的代表作品。

除云纹瓦当、四神瓦当外，大量的则是文字瓦当，如"汉并天下"、"千秋万岁"、"万寿无疆"、"长乐未央"、"大吉祥富贵宜侯王"等。这些文字瓦当，字体有小篆、鸟虫篆、隶书、真书等，布局疏密有致，章法茂美、质朴醇厚，表现出独特的中国文字之美，也昭示着当时统治者一统中原、威加海内的骄傲与荣耀。

在瓦当形制方面，汉代瓦当的特点是中央有大圆柱，旁轮宽而齐整。早期制作分三道工序：先造瓦心，再造旁轮，最后上瓦当。西汉中期以后，瓦心与瓦轮不再分两次制作，而是一次做成，制作过程得到了简化。

汉朝是有史以来第一个由平民缔造的帝国。从瓦当上，我们似乎还能品味出这个民族的无所畏惧和毫不掩饰的惟我独尊。

瓦当

司马迁著《史记》

司马迁和《史记》

司马迁(公元前145～前90年)，字子长，左冯翊夏阳(今陕西韩城市)人，生活在西汉武帝时代，前后曾为郎中、太史令、中书令等职。所著《史记》共130篇，52万字，包括十表、八书、十二本纪、三十世家、七十列传，是上起轩辕黄帝，中经唐、虞、夏、商、周、秦，下迄汉武帝时代的纪传体通史，开了纪传体正史的基本体例。《史记》"究天人之际，通古今之变，成一家之言"，被鲁迅先生誉为"史家之绝唱，无韵之离骚"。

第四节　新莽、东汉、西晋、前赵、前秦、后秦、西魏、北周

汉胡耕牧　长安常安

经过王莽篡权、东汉没落以及魏晋南北朝的政权更迭，长安城历尽无数的考验。但无论是长安或是常安，都在战乱和纷争中得到庇佑，得以幸存。

公元8年，王莽毒杀西汉末代幼帝汉平帝，自立为皇帝，改国号为“新”，仍建都长安。翌年正月，改长安为常安，就这样，西安这座古城在动乱中迎来了其发展史上的第四个王朝。

新朝仅仅存在了16年。公元23年，绿林军逼近长安，长安城内的人

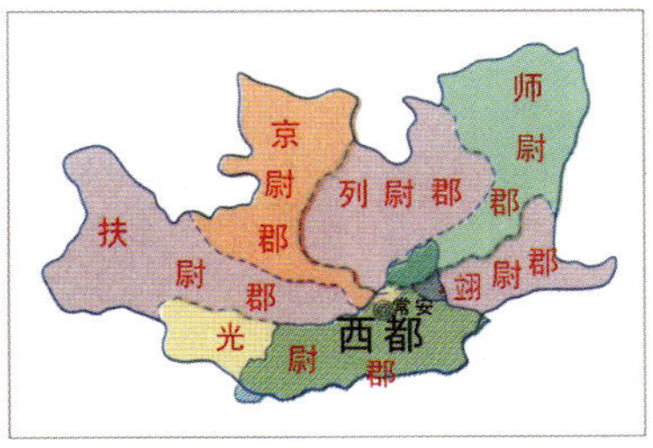

新莽六尉郡图

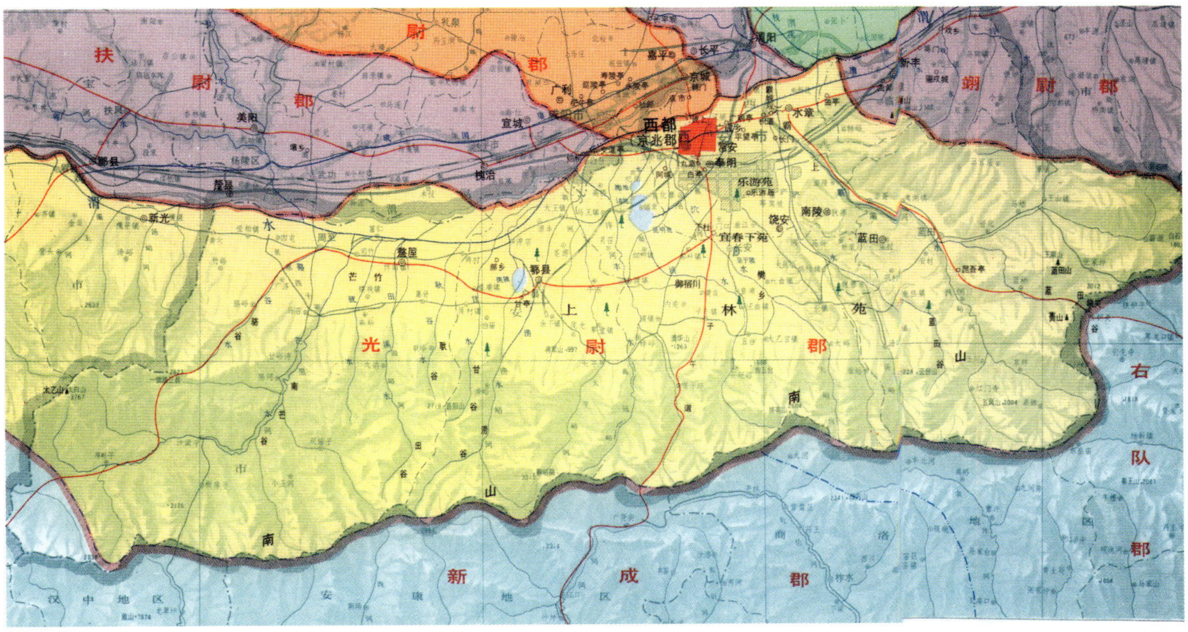

新莽时期长安城位置图

民起义响应，火烧未央宫，杀死王莽，新朝灭亡。在此后的三年里，长安城又多次遭到战乱破坏，长乐宫也毁于战火。公元26年，当时已在洛阳登上皇位的东汉光武帝刘秀派遣将军冯异进入关中，平息各路叛军，关中地区的经济才慢慢得以复苏，长安城也暂时得到恢复。

东汉虽然定都洛阳，但对西汉故都长安仍然相当重视。当时的长安被称为西京或者西都。从建武五年（公元29年）起，光武皇帝几次下令，对西京陵园和宫室进行修复。而且，从光武帝刘秀开始，东汉历代皇帝即位之后，最重大的事情就是前来长安祭祀宗庙，其中顺帝和桓帝西行祭奠祖陵时，也都曾以未央宫作为其行宫。

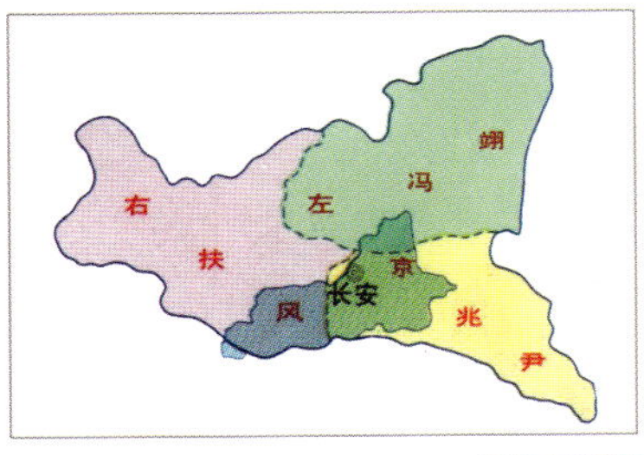

东汉三辅图

总之，在东汉时期，因历代君主的重视，关中地区的汉家陵园和长安的宫室仍保持了一定的规模，至东汉末年，关中地区已经是“民庶炽盛，兵谷富实”，也基本上恢复了西汉时的繁荣富庶景象。

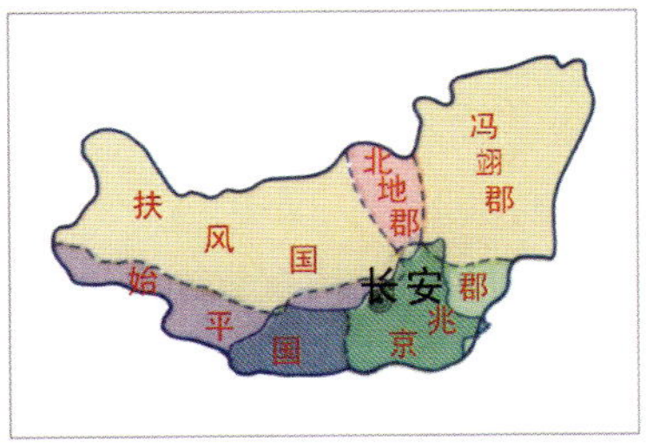

西晋关中诸郡图

而东汉初平元年（公元190年），丞相董卓杀东汉少帝刘辩，并挟汉献帝迁都长安，也使得西安在战乱中迎来了它第五次作为国都的机会。

汉献帝在长安呆了大约四年的时间，直到公元195年才仓皇逃出长安，回到洛阳，之后又被曹操挟往许昌。董卓等人在长安时，肆意虏掠烧杀，几路军马又常常自起内讧，杀人放火，无所不为，长安城中一片狼藉。初平元年，董卓初到长安时，关中还留存几十万户人家，但至兴平二年（195年）汉献帝离开长安后，40多天里，长安城竟成为一座空城。之后在长达两三年的时间里，偌大的关中竟杳无人迹。残酷的战争，使素称富饶肥沃的关中大地竟出现了“出门无所见，白骨蔽原野”的悲惨景象。

直至建安三年（公元198年），才由曹操委派大臣钟繇率兵平定关中。接着曹操又派治书侍御史卫觊留居长安，实行安抚，并着手恢复社会经

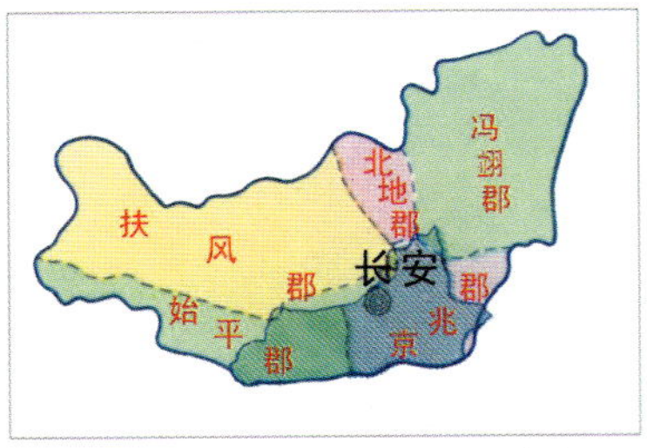

前赵关中诸郡图

济。终曹操一生，一贯坚持关中地区推行恢复生产的政策，并将长安作为防御蜀汉的重要军事要塞。

而经历魏国短暂的和平之后，战端再起，此时，司马氏代魏称帝，改国号为晋定都洛阳。而西晋建兴元年（313年）四月，晋皇太子司马邺则在长安即皇帝位，是为晋愍帝。晋愍帝在长安仅仅维持了四年，这四年中，西安第六次成为国都。但也是在这四年中，围绕晋愍帝，长安城内连年混战，使得自东汉董卓之乱以后本来就已经萧条破败的长安城更是雪上加霜。

建兴四年（公元316年）十一月，晋愍帝最终向刘曜率领的匈奴大军投降，西晋灭亡。三年之后，刘曜在关中自立为皇帝，改国号为赵，以长安为都城，历史上称为前赵，西安第七次成为国都。前赵是五胡十六国时期在长安建国的第一个少数民族政权。前赵从立国到灭亡，只有短短十二年的时间，所以对长安城的重建所作的贡献非常有限。史载刘曜曾在长乐宫之东建立太学，在未央宫之西设立小学。当时除大量匈奴人涌入关中地区以外，刘曜还从今天的陕北、甘肃等地迁徙了二十多万氐族和羌族人到长安城内，以充实京师人口。

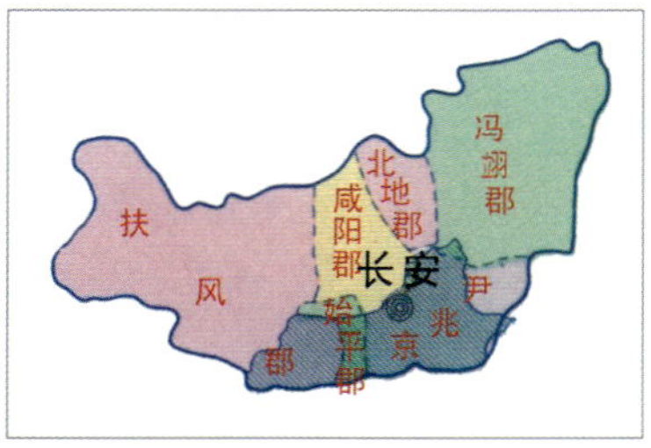

前秦关中诸郡图

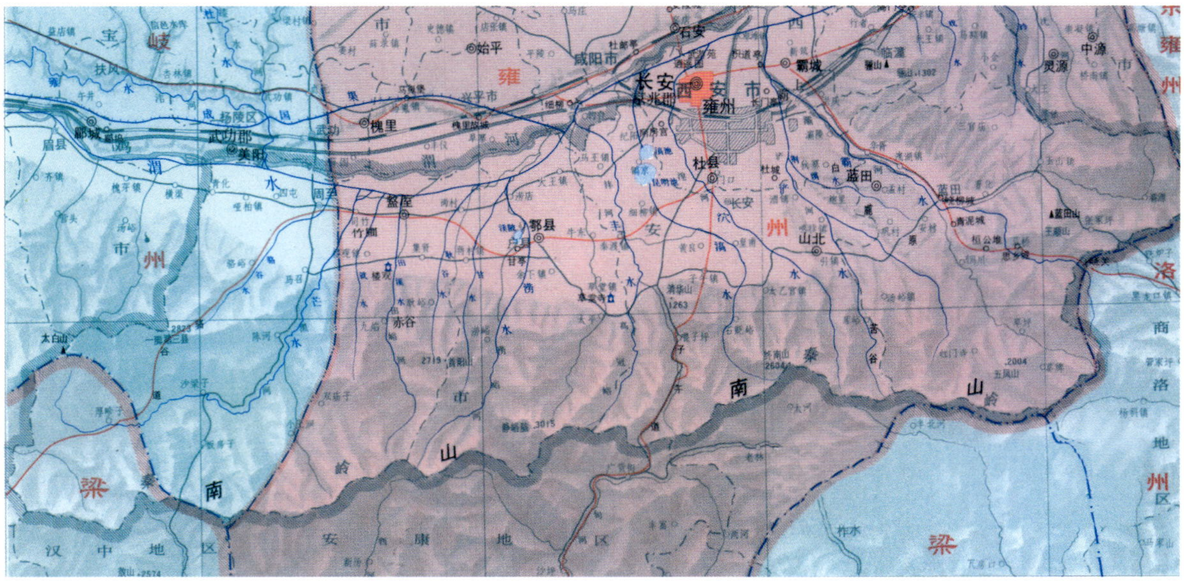

西魏时期长安城位置图

公元328年，刘曜在与建都洛阳的后赵争战中战死。第二年，后赵石勒率兵进入关中，不战而取长安，前赵灭亡。石勒占领长安以后，并未久居于此，而是留其大将石苞镇守长安，自己仍回洛阳。石苞留守长安时期，曾经征发关中16万民众，对长安城未央宫进行大规模的修复，但其规模和气魄已远不能与西汉时期相比。尔后后赵也在公元351年灭亡。

公元351年，氐族首领苻坚在关中自称天王大单于，国号大秦，并以长安为都城。第二年，苻坚又自立为皇帝，史称前秦，西安第八次成为国

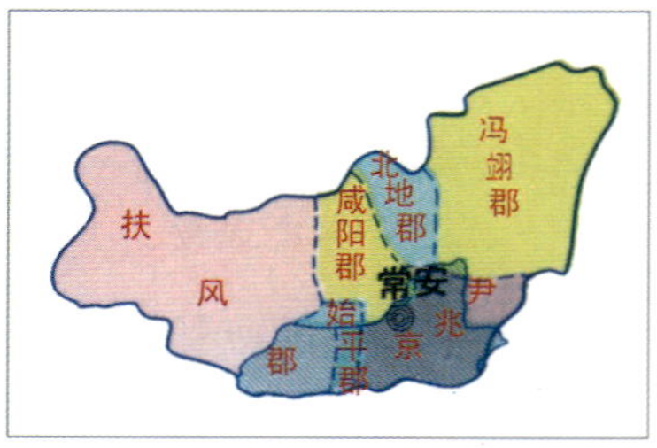

后秦关中诸郡图

都。皇帝苻坚是一位具有雄才大略的政治家，在他统治期间，统一了整个中国北方，前秦是十六国时期惟一统一过中国北方的政权。前秦统治时期，长安城有过短暂的复苏。但公元383年，苻坚在淝水之战中惨败，其副将羌人首领姚苌趁机起兵反叛，于公元384年在渭北高原自称万年秦王。两年以后，姚苌进踞长安，即皇帝位，国号仍曰大秦，史称后秦，遂改长安为常安，这是西安第九次成为国都。后秦是十六国时期在长安建都的第三个，也是最后一个少数民族政权。后秦立国32年，公元417年被东晋刘裕所灭。

刘裕灭后秦以后，留其子刘义镇守常安，自己则匆匆赶回南京谋划篡夺东晋皇帝位。次年，匈奴人赫连勃勃攻下常安，十二月在灞上即皇帝位。赫连勃勃本是后秦的安北将军，公元407年反后秦自立，自称大夏王，大单于，国号大夏。公元413年，赫连勃勃发民十万在今靖边县白城子筑统万城为都。赫连勃勃对自己所筑统万城非常满意，因此攻下常安城后，仅将其作为自己的"南台"，在灞上称帝后即返回统万城，由其子赫连璝镇守关中。公元425年，大夏国为北魏所灭。

北魏永熙三年（公元534年），孝武皇帝不甘心充当权臣高欢的傀儡，遂带领少数亲信骑马逃出洛阳，赶赴长安，投奔占据关中的军事首领宇文泰，并在宇文泰的支持下宣布迁都长安，史称西魏，北魏从此分裂为东西两部分，这是西安第十次成为国都。公元556年，宇文泰病死，其子宇文

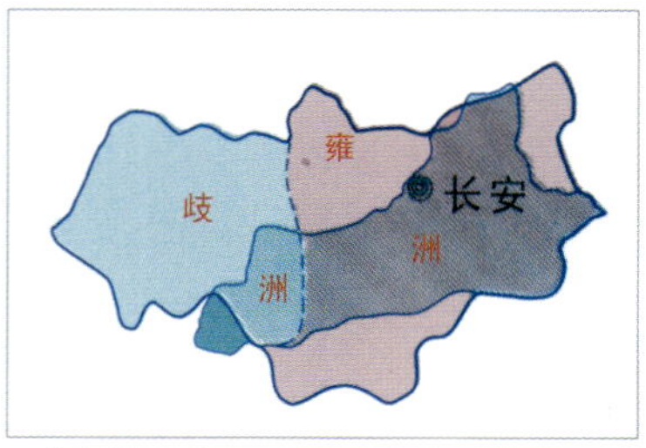

西魏雍岐二洲图

觉于次年废掉了西魏恭帝，自称周天王，在长安建立了北周王朝，是为西安第十一次成为国都。北周武帝时期，国力逐渐强盛。公元577年，北周军队攻陷邺城，灭了北齐，统一了黄河流域，并把疆域扩展到长江沿岸，国都长安也得到进一步的复苏。北周武帝本来还打算平定北方边境的突厥，灭掉南方的陈朝，进一步完成全国统一大业，建立一个以长安为中心的大帝国，但他在灭齐后的第二年因积劳成疾不治身亡。此后，军政大权就完全落到了北周武帝的亲家，汉族世家大族杨坚的手中。

古城西安在政权更迭的动荡与纷争中沉默，像一个旁观者，静静地看风云变幻，看世事沉浮。她用她的博大接受了农耕民族的铁锄，包容了游牧民族的皮鞭，她用她的深邃

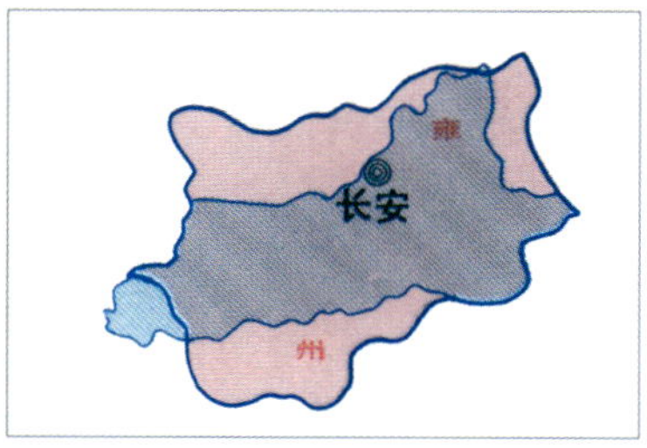

北周雍州图

融合了两种文化，塑造了一种文明。她知道属于她的时代即将到来，而这个时代也正是我们至今仍充满回忆与憧憬的中国封建王朝中最宏伟壮丽的篇章。

第五节 隋、唐

大兴之基 天人合一

“看我悠悠华夏多气派，看我煌煌中华多豪迈。”

隋与唐，古都长安城最辉煌的时代，在经历了动荡后的一次长久的统一，在这段时间里，“长安”之意才仿佛那么的贴切。一段段诗词与歌舞、一座座宫殿与城池都在诉说着那盛世的恢宏。

公元581年，外戚杨坚废掉北周最后一个小皇帝静帝，在长安建立隋王朝，史称隋文帝，就这样，西安被第十二次推上了历史舞台，再一次成为了国都。不久，隋文帝就灭掉了偏安江南的南陈，结束南北朝时期分裂割据的局面，重新统一了中国。

隋文帝统一全国后，决心重建一座举世无双的新都城，以表示“定鼎之基永固，无穷之业在斯”。隋开国之初，都城仍然在长安旧城。因久经战乱，长安旧城已经残破不堪，而且宫室形制狭小，不能适应新建立的统一国家都城的需要，加之几百年来城市污水沉淀，饮水供应也成了问题。因此隋文帝放弃龙首塬以北的汉长安城，于汉长安城东南龙首塬以南选择新址，并命宇文恺设计建造新都。宇文恺利用龙首塬以南六条冈阜的自然特点，附会乾卦的六爻，“以朱雀街南北有六条高坡，为乾卦之象，故以九二置宫殿以当帝王之居，九三立百司以应君子之教，九五贵位，不欲常人居之，故置玄都观及兴善寺以镇之”。新城建成后因隋文帝曾经被封为大兴公，所以取“大兴”为新都之名。

隋大兴城从开皇二年(公元582年)开始兴建，至大业九年(公元613年)才最终完工，其修建过程几乎与隋王朝的存在相始终。

大兴城的规模十分宏大，北起龙首塬，东临浐灞，南对终南山脉，西接秦汉故都，范围与今天的西安市市区大致相当，面积达84km^2，是汉长安城的2.4倍；明清北京城的1.4倍。比同时期的拜占庭王国都城大7倍，较公元前800年所建的巴格达城大6.2倍，是明西安城面积的7.5倍。是当时世界上最大的都城之一。

大兴城由宫城、皇城和外郭城三大部分组成。宫城在城内北部正中，为皇帝居住和处理政务的地方。宫城南面紧接的是皇城，皇城的长度与宫城相等，是官府衙门所在地。外郭城则以宫城、皇城为中心，向东、西、南三面展开。从整体来看，大兴城是一个东西略长，南北略窄的长方形。根据考古实测，从东墙的春明门到西墙的金光门之间，东西宽为9721m。从南墙的明德门到北墙的玄武门偏东处之间，南北长为8651m。四面城墙合起来有36.7km长，绕着城墙走一圈，大致要用去一天的时间。城墙的东、南、西三面各有三座城门，这九座城门是大兴城的主要通道。城北只修筑一道拱门，因其内是宫城，外为禁苑，所以一般人不能够进出。

皇城南面正中的朱雀门与外廓城南墙正中的明德门之间是大兴城中央大街，称朱雀大街，约有5.3km长，150m宽。朱雀大街将大兴城分为东西两半，东半部分归大兴县，西半部分归长安县。朱雀门两边各有南北方向的街道五条，他们与东西方向的14条街道相交叉，将大兴城划分得如棋盘一般。这些棋盘的小方格组成108坊和两个市。坊是一种四面有墙的居民区，坊里与街道隔有围墙，墙正中开坊门，坊门由专人管理，白天打开，让人们自由出入，晚上关闭，一般居民不许进出。在达官贵人居住的坊里，往往有亭台花园之类的景观建筑。大兴城有两个大型贸易市场，都会市和利人市，面积各约10万m^2。市内有各种各样的店铺和手工业作坊。四面八方的货物汇集到这里，国内外商人和大兴城内的居民在这里买进卖出，互通有无，一派繁华景象。

之前提到，大兴城内的地形并不平坦，从北往南分布着六条大致呈东西向的岗阜。宇文恺在建城巧妙地利用这些岗阜，将北城墙修在从北向南的第一道坡上，使得城墙更加高耸，增强了防御功能。大兴宫等宫殿被安排在第二道坡的中段，第三道坡是官府所在地，其余的三条坡，也都建满了高官显贵的私宅。这三条坡上还修建了众多的庙宇，有名的兴善寺就建在第五条坡上。六条坡之间的洼地便于引水灌溉，于是便开挖出许多人工湖泊，种荷植柳，建造园林。而大兴城的西南部地势较低，严重影响了城市的整体美，宇文恺专门在这里建造了禅定寺和大禅定寺两处寺院，修筑了两座近百米高的大木塔，低洼地的缺陷由两座高耸入云的佛塔弥补起来。大兴城东南角地势最高，但这片高地中却有一个封闭型的凹地曲江池，为了避免修筑高低错落的城墙和利用高墙深池来加强防守，宇文恺因地制宜地把城墙东南角向城内作直角折回，曲江池被划到城外，这样不仅便利城墙的修建，而且使曲江池与城外优美的自然环境融为一体，成为著名的风景区。

隋代建筑追求雄伟壮丽的风格，在建筑技术和艺术的发展上都取得了突出成就。大量的建筑实践规模空前，木构件的标准化程度极高。隋大兴城规划严谨，分区合理，其规模在一千年余间始终为世界城市之最。它的建成，标志着中国都城发展史上的一个新的里程碑，为恢弘壮丽而臻于极致的唐长安城的建设打下了坚实的基础。

隋水陆庵壁雕

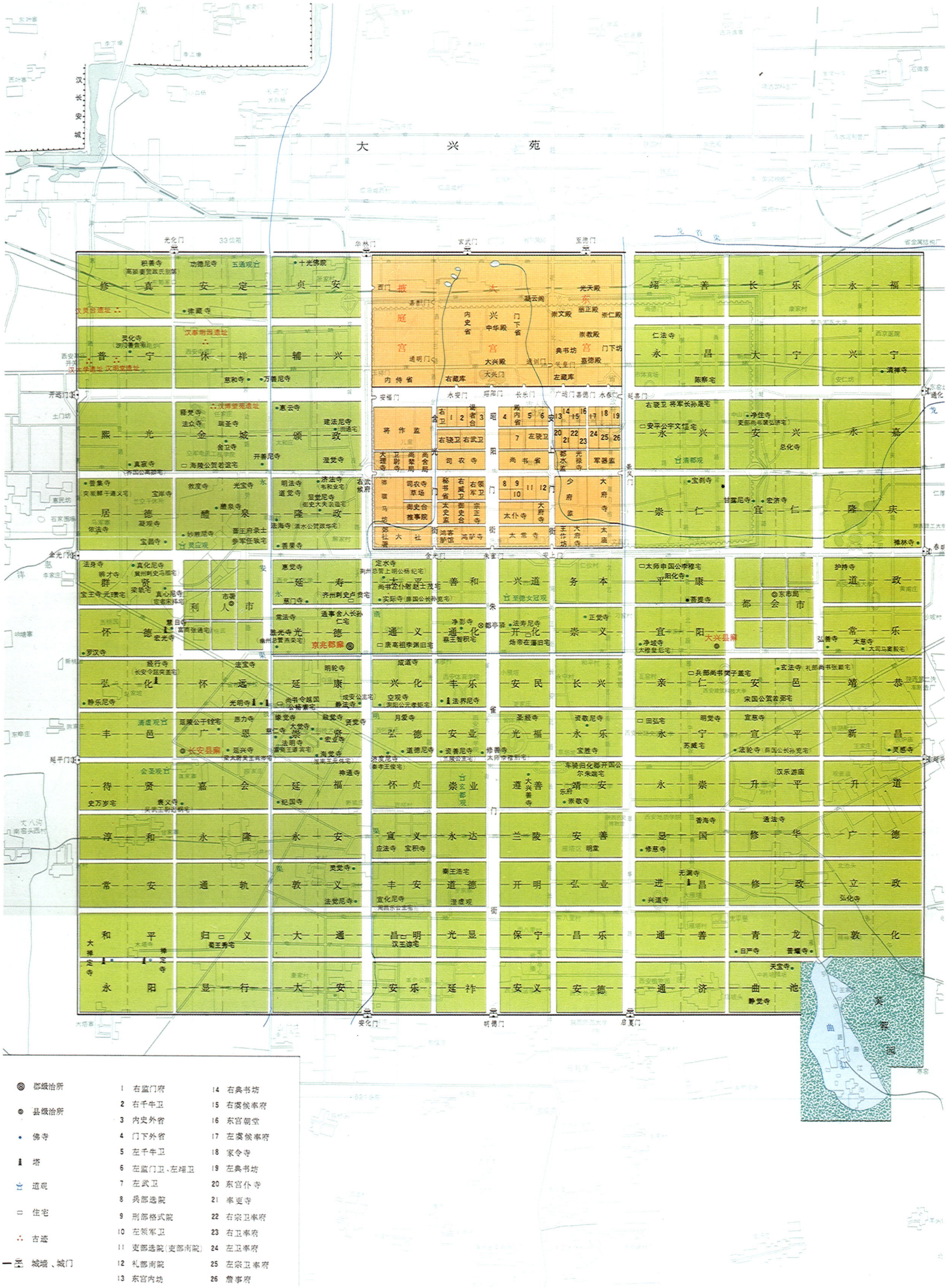
大兴苑
掖庭宫
大兴宫
东宫
光化门
华林门
玄武门
至德门
开远门
金光门
延平门
安化门
明德门
启夏门
延兴门
春明门
通化门
安福门
含光门
朱雀门
安上门
景风门
延喜门
朱雀门街
大兴县廨
长安县廨
京兆郡廨
芙蓉园
曲江
汉长安城
郡级治所
县级治所
佛寺
塔
道观
住宅
古迹
城墙、城门
1 右监门府
2 右千牛卫
3 内史外省
4 门下外省
5 左千牛卫
6 左监门卫、左翊卫
7 左武卫
8 兵部选院
9 刑部格式院
10 左领军卫
11 吏部选院(吏部南院)
12 礼部南院
13 东宫内坊
14 右典书坊
15 右虞候率府
16 东宫朝堂
17 左虞候率府
18 家令寺
19 左典书坊
20 东宫仆寺
21 率更寺
22 右宗卫率府
23 右卫率府
24 左卫率府
25 左宗卫率府
26 詹事府

隋大兴城图

公元618年，李渊起兵，直取大兴城，建立唐王朝，定都后改大兴为长安。在唐王朝近三百年的历史中，长安城的建设日益完善，宫殿、里坊、寺院等皆有所扩建，但其总体规划基本上保留了宇文恺设计的总格局。唐代对长安城大规模的整修在唐高宗永徽三年（652年）才正式开始。首先是对外城郭进行修整，在九座城门上都修起了高大的门楼。北墙外是皇家苑囿，本来只开一道城门，这一时期在靠西侧的部分又依次开了光化、景曜、芳林三门。此外，唐代还先后在城东北和东南修建了大明宫、兴庆宫两组建筑群，与太极宫合称“三大内”。

正北面的太极宫为正宫，由大兴宫改名而来，建造最早。位于龙首原南麓的“九二”高地、长安城南北中轴线的最北部，平面为规整的长方形，面积4.2km²。太极宫南面的城门称为承天门，由于它是举行国家大典和宴会的地方，因而城楼异常宏伟。门外是2820m × 441m的东西“横街”，南面与皇城相连而无隔墙，气魄极其宏阔，衬托出“横街敞御楼，万人朝天门”的宏伟主题。

而大明宫则是“三大内”中规模最大的一个宫城，位于长安城东北，突出廓城，面积约3.2km²。正南门为丹凤门，长51m，宽16m，有三个宽9 m的门洞，上建高大的丹凤楼，门南是宽达176m的丹凤门大街。正殿为含元殿（外朝），是当时长安城内最宏伟的宫殿建筑，屹立在龙首远塬南沿上。殿基突出地面10多米，大殿面阔11间，进深四间八椽，左右两侧以曲形廊庑连接翔鸾、栖凤二阁，平面呈浅“凹”字形。殿前是三条平行三层叠起长达70m的“龙尾道”，殿南是一个615m × 740m的凸形广场，与丹凤门外“纵街”相呼应，构成一个中心广场群，使整个建筑主次分明，气势磅礴。正如唐李华《含元殿赋》中云：“进而仰之，骞龙首而张凤翼；退而瞻之，岌树巅而云岚末。”含元殿北为宣政殿（中朝）、紫宸殿（内朝），三殿同在一条中轴线上。这种布局，为后代宫殿制度所承袭。

兴庆宫以豪华绮丽、花团锦簇见长。一反前殿后园的传统规范，以隔墙分为北部宫殿区和南部园林区。宫殿区采取离宫性质的布局，建筑物高大雄伟，多是楼宇，初唐建筑的豪壮蓬勃，洗练简约的风格已为豪华富丽所取代。园林区以“龙池”为中心，楼阁林立，亭台廓榭环绕。整个宫内布局没有任何经典的约束，一切均是随意创造而又相当成熟，展现了盛唐建筑的五彩缤纷。

太极宫庄严穆，大明宫豪华壮丽，兴庆宫花团锦簇，金碧辉煌，三大宫殿群达到了中国古代建筑艺术史上的一个高峰！巍峨入云的宫殿建筑使诗人们生出“金殿玉楼倚朝日”的感慨，富丽繁华的街市使诗人发出“三条九陌丽城限，万户千门平旦开”、“南陌北堂连北里，五剧三条控三市”的赞叹！

唐长安城气势恢弘、布局严整，“百千家似围棋局，十二街如种菜畦”，全城规划成方方正正，整整齐齐的108坊，街衢笔直宽阔，城墙内的城区面积达84km²（是今古城区面积的8倍）。在这一时期，唐代的园林艺术也发展到一个空前的高度，皇家禁苑，私家园林遍长安。王维描述春雨中的帝都盛景是“銮舆迥出

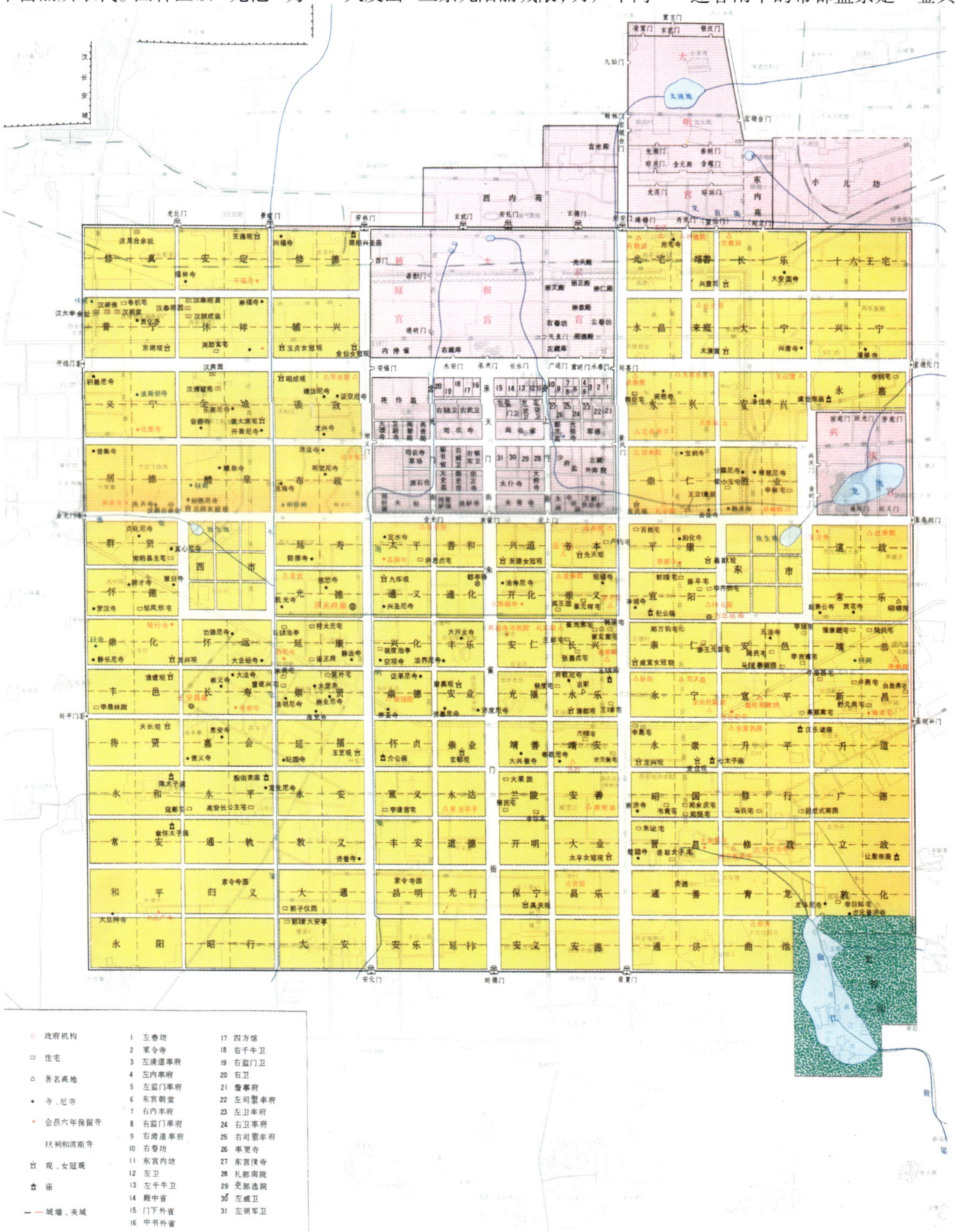

唐长安城图

唐麟德殿遗址

唐大明宫含元殿遗址

千门柳，阁道回看上苑花；云里帝城双凤阙，雨中春树万人家！”

唐长安城设计思想的核心乃是传统的“天人合一”观念。随着国力的强大和皇权的巩固，皇家宫殿成为城市的中心和主体。在设计上一改秦汉以来“面朝后市”的布局，宫城、皇城和廓城三重相依，由南向北，同用一道北城垣，突出皇帝所居的宫城象征北极星周围的紫微垣，皇城则象征着地平线上以北极星为圆心的天象，而廓城则象征周天之内，以突出群星环拱北极星的布局思想。长安城的另一设计思想是群体组合。它以空间规模巨大、平面铺开、相互连接和配合的群体建筑为特征，标志着中国传统文化的稳固与成熟。宫内主要建筑对称布局，但又不是封闭自足、呆板划一的单纯构图，而是以平面组合而展开的整体复杂结构，既有一定法则，又交叉相连。宫殿区、生活区、园林区、单体结构与群体建筑配合得体，空间序列与平面组合和谐统一，给人以形象知觉与意境之感。

大唐王朝以强盛的国力形成政治上的强大影响力，以其灿烂的文化照耀着周围的世界，影响辐射西至中亚、罗马，东邻扶桑日本及东南亚诸国，成为许多国家学习的榜样，帝都长安“九天阊阖开宫殿，万国衣冠拜冕旒”，形成万国来朝盛况。

唐玄宗天宝十四年（公元755年）十一月，安禄山在范阳发动叛乱。第二年，安禄山攻入长安。这一次叛乱，是唐王朝由盛转衰的转折点，也给长安城带来极大的破坏。唐肃宗至德二年（757年），唐将郭子仪、李光弼在回纥的帮助下，率兵收复长安，但唐王朝从此开始走向衰落。

唐朝末年，藩镇割据，宦官专权，统治极其腐败，最后终于爆发大规模的农民起义。唐僖宗广明元年（880年）十二月，黄巢起义军攻入长安，黄巢在大明宫含元殿即皇帝位，国号大齐，改元金统。公元883年夏天，黄巢起义军退出长安。第二年六月间，黄巢在山东战败自杀，起义失败。黄巢起义失败以后，唐王朝实际上已经处于风雨飘摇之中，仅仅23年后，曾盛极一时的唐王朝就灭亡了。

唐昭宗天祐元年（904年），节度使朱温劫持昭宗迁都洛阳，并拆毁长安宫室民舍，将木料编成木筏，顺渭水、黄河漂往洛阳，并强迫城内百姓一起东迁，致使长安不仅失去首都地位，而且彻底被破坏殆尽。

唐昭宗离开长安以后，驻防长安的佑国军节度使韩建对长安进行了改筑。因城大人少，不易防守，韩建遂放弃原来的外廓城和宫城，仅将皇城加以改修，称为新城。新城封闭了皇城的朱雀、安福、延喜三门，北开玄武门，以便防守。对于原来的城垣，并未扩大或改建，不过在城外挖了护城河。新城周长为9.2km，仅及原城的四分之一，面积5.4km^2，也只有原城区面积的十六分之一，与原长安城已不可同日而语。

唐长安城的繁荣就此殆尽，这样一个集中国传统建筑的技巧与艺术巅峰的的都市也随着隋唐时代的覆灭而湮没于历史长河之中。从此，西安便走进了一个繁荣过后的沉静与隐忍的时代。

唐代壁画

唐代文化艺术

唐代是中国封建社会的鼎盛时期。社会经济迅速发展，海陆交通空前发达，东西方文化接触频繁，各种艺术形式多样化发展。宏伟壮丽的都城长安、满壁风动的丹青绘画、奔腾咆哮的昭陵六骏、绚丽多姿的三彩陶俑、激荡人心的歌舞诗乐……整个社会呈现出翻天覆地、物态变迁的时代特征。

光耀千古的唐诗

唐诗是一代文学的标志，其数量之多，内容之丰富，音律之优美、体裁之完备、风格流派之纷呈、表现手法之多样……可谓盛况空前，后世也无法比拟。数百年间，唐诗没有创作的低谷，在唐代社会发展的每个阶段，都有自标一格、不蹈袭前人的杰出诗人涌现。“初唐四杰” 王勃、杨炯、卢照邻、骆宾王，风格清新、体裁广泛；陈子昂的“汉魏风骨”慷慨愤激，刘希夷、张若虚又益之以情韵；王维、孟浩然的山水田园诗恬静幽美，王昌龄、高适、岑参的边塞诗雄奇瑰丽；李白的浪漫主义诗奔放飘逸，杜甫的现实主义诗沉郁顿挫，分别代表了唐诗的两大高峰；韩愈、孟郊、李贺等人的诗或幽僻涩暗，或奇诡险怪，却又都独具一格；元稹、白居易被评价为“元轻白俗”，其实雅俗共赏；晚唐时期李商隐的绮丽精工和杜牧的怀古咏史，有“小李杜”之称……这些诗人和他们的诗作共同汇聚了中国文学史上的一座巅峰，成为后人取法的典范。唐诗，作为诗歌美学的代表，其作用历久弥新，散发出馥郁的芬芳，她滋养了中国古代的文学与艺术，浸润着中华民族的魂灵。

灿烂的乐舞艺术

唐代乐舞继承隋制，又受到少数民族以及国外民间乐舞的影响，规模宏大，种类繁多。在宫廷设置各种乐舞机构，诸如教坊、梨园、太常寺等。统治者除调集大批民间艺人充实宫廷乐舞机构外，每年还要调集各地的歌舞百戏进京演出。在唐代宫廷燕乐中占据重要地位的是歌曲大舞，它代表着唐代乐舞文化的最高水平，如著名的《霓裳羽衣舞》。而广泛又兴盛的群众性舞蹈活动，则是唐代舞蹈高度发展的又一个标志，出现了不少杰出的舞蹈家，如公孙大娘等。

尚法的书法艺术

唐代的书法尚法。法是神采与气质、内容与形式的高度统一，它要求书法创作纳气韵于法度，融形质于神采。唐代书法蜕尽隶意的书法变革，草书、行书和楷书都趋于定型，法度完备，无论是运笔、结构和布局谋篇，都形成了基本的创作规则和方法。唐代书法家从魏晋南北朝及隋代的书法中大胆吸取精髓丽质，灵活变通，充以自我个性和理想情趣，创造出形式多样、各具特色的作品，形成了名家辈出、气象万千的局面。从欧阳询、褚遂良的楷书，到“颠张醉素”的草书，再到“颜筋柳骨”的多宝塔碑、玄秘塔碑，都以其独特高超的艺术表现手法和浓重鲜明的个性风格光耀史册。

缤纷绽放的画坛

唐代是一个大师林立、名家辈出、门类齐全、流派纷呈的绘画艺术发展时期。当时的绘画已出现人物、山水、花鸟、鬼神、鞍马、屋宇等分科，进入了一个全面发展的阶段。阎立本擅长政治性题材的历史画和肖像画，“画圣”吴道子擅长宗教人物画，张萱、周昉以“绮罗人物”画著称；李思训父子开创了“青绿为质，金碧为纹”的“金碧山水”画派，王维又以水墨山水最为擅长；边鸾是中晚唐时期的花鸟画大家，以画“折枝花”最为著名，对后世花鸟画发展产生了深远影响。

唐太宗——李世民像

雄浑壮美的雕塑

唐代雕塑雄浑壮美、绚烂成熟，其表现范围更广阔、技巧更熟练、手法更趋于写实。根据雕塑表现的内容，分为佛教雕塑、陵墓雕塑和一般的装饰雕塑。唐时有“倾国造佛”之风，佛教雕塑大多集中石窟中，遍布全国各地，如著名的洛阳龙门石窟和敦煌莫高窟。陵墓雕塑分石雕和墓俑雕塑，以“昭陵六骏”为代表，形象逼真而富于表现力。而装饰雕塑布及碑石、墓志、石棺以及工艺雕刻小品各个方面，桥梁上的桥栏板雕刻、寺庙塔石的门楣梁柱等都显示出雄奇奔放、饱满瑰丽、意气风发的时代特征。即使方寸之间的印章艺术，也别有洞天。

绚烂精美的陶瓷

陶瓷是陶器与瓷器的总称。唐三彩是一种低温铅釉的彩釉陶器，釉色常有黄、绿、褐、蓝、黑、白等多种，因在装饰上多以黄、绿、褐3种色釉为主，故称三彩陶器。此外，以蓝色釉为主的蓝三彩较为少见，故有“三彩贵蓝”的说法。唐时的瓷器生产有“南青北白”的说法，青瓷以越窑烧制的最为著名，常被用以制茶器、酒器和乐器；白瓷以河北的邢窑最负盛名，四川大邑窑的白瓷质量也颇佳。

独具特色的茶道

中国饮茶历史悠久，唐代饮茶风习盛行，茶叶消费量猛增，“茶之名品益出”。饮茶风俗渗透了思想意识形态、典章制度、文化艺术、风俗习惯等内容，成为达官显贵、文人墨客、僧侣道士等人们追求闲情逸趣，抒发情怀的手段。随着饮茶风俗的发展，饮茶器具也全面的发展起来。从茶笼子、茶碾、茶钵、茶罗、风炉等制茶工具到注子、扁提、茶盏、茶托等饮用器具，也能看出唐时精细的制茶、烹茶、饮茶流程。除此之外，唐朝还出现了茶圣陆羽和他所著的中国第一部关于茶的著述——《茶经》。《茶经》奠定了茶文化著述的典范，而其中所蕴含的博大精深的茶道文化更是流传海内外，历久而弥醇。

碑林博物馆——昭陵六骏石刻

城墙一角

第六节　五代、辽、宋、金、元

金戈铁马　断井残垣

“原来姹紫嫣红开遍，似这般都付与断井残垣。”

西安作为国都的荣耀已悄然退场，但在金戈铁马交汇的时代，作为西北军事重镇，她仍然发挥着能量。历史变更了，不变的，是责任。

唐以后，政治经济重心东移。千古名都长安城尽管失去了全国中心的地位，但盛名犹在，仍不失为西北地区的政治、经济与文化中心。在新的形势下，又担负起了稳定中国西北甚而控扼整个西部地区的重任，同时又是中原地区的安全屏障。

五代时，西安城在韩建“新城”的城垣规模上变化不大，五个城门非对称开设，以致影响到城内布局不太规整。顺义门和景风门之间的大街贯穿全城，形成东西向的中轴线。而由于朱雀门的封闭，使得南北向的中轴线已不明显，交通也不如唐时方便。

到北宋仁宗庆历二年（公元1042年），为了预防西夏军侵入关中，曾对长安城进行了一次全面的修葺与加固工作。宋京兆府长安城在新城的基础上进一步形成了草场街、水池街、南城巷、西城巷、北城巷等次一级街道，从而将城区规整地划分成若干个厢坊。随着人口的增多，宗教文化场所与建筑也逐渐遍布城区。宋元祐五年（公元1090年），吕大忠将唐代《开成石经》迁移保存于城内，其后发展为碑林。

金代京兆府长安城内街道和建筑又都有所增多，人口、经济也都有了一定的发展与恢复。

到了元代，由于京兆府城西控陇右，南制蜀中，对于刚刚统一的蒙元政权来说，有很重要的战略地位，忽必烈以亲王身份镇陕，不几年，“关陇大治”。忽必烈即汗位后，于至元九年（公元1272年）封其第三子忙哥剌为安西王，出镇京兆。至元十四年（公元1277年），改京兆府为安西路总管府，京兆府城亦因之改安西府城；公元1312年，又改安西为奉元路，安西府城又改成奉元路城。奉元路城内行政建制多位于城中心，北部分布着马市、羊市以及手工业作坊之类的生产建制，东北部有城隍庙等，而东南部文化类建制较多；东、南、北皆布有居民点，但南部较为密集。奉元城街巷交错，道路畅通，交通较为便利。西北部为秦川驿，西南则建有马站、千司仓，此时还出现了一些坊街。豪华壮丽的安西王宫，在《马可·波罗游记》中也有所记载。

西安城，处在其发展史上的一个承前启后的变迁时代，曾经的繁荣似乎只留下一个沉重的盛名，在历史的天空飘荡。

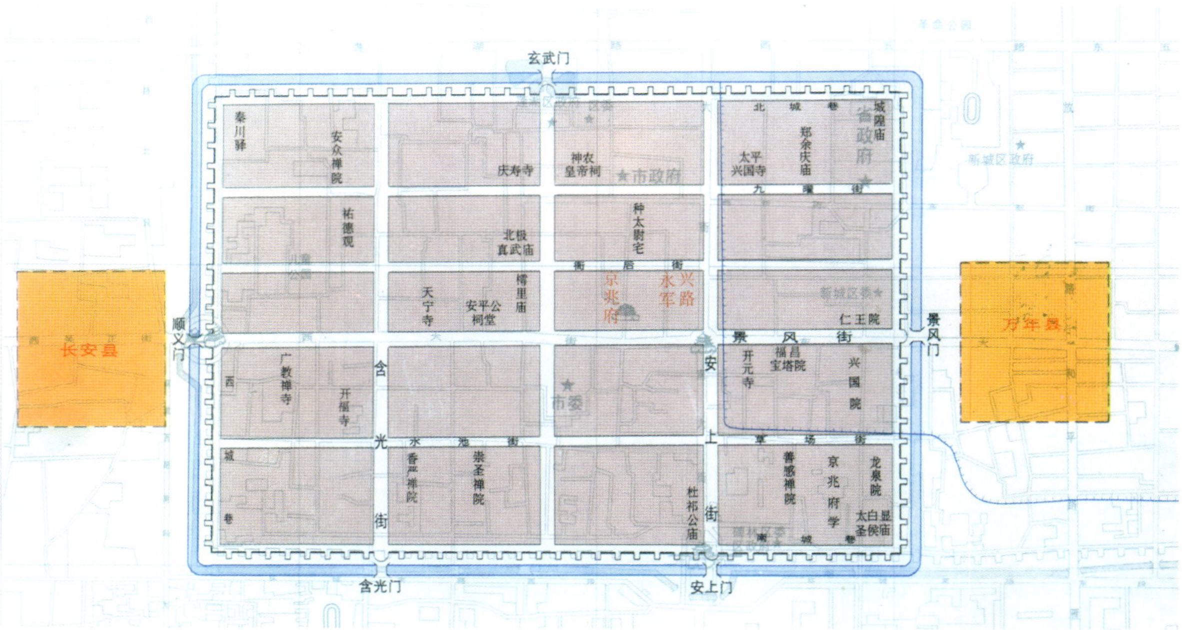

北宋京兆府城图

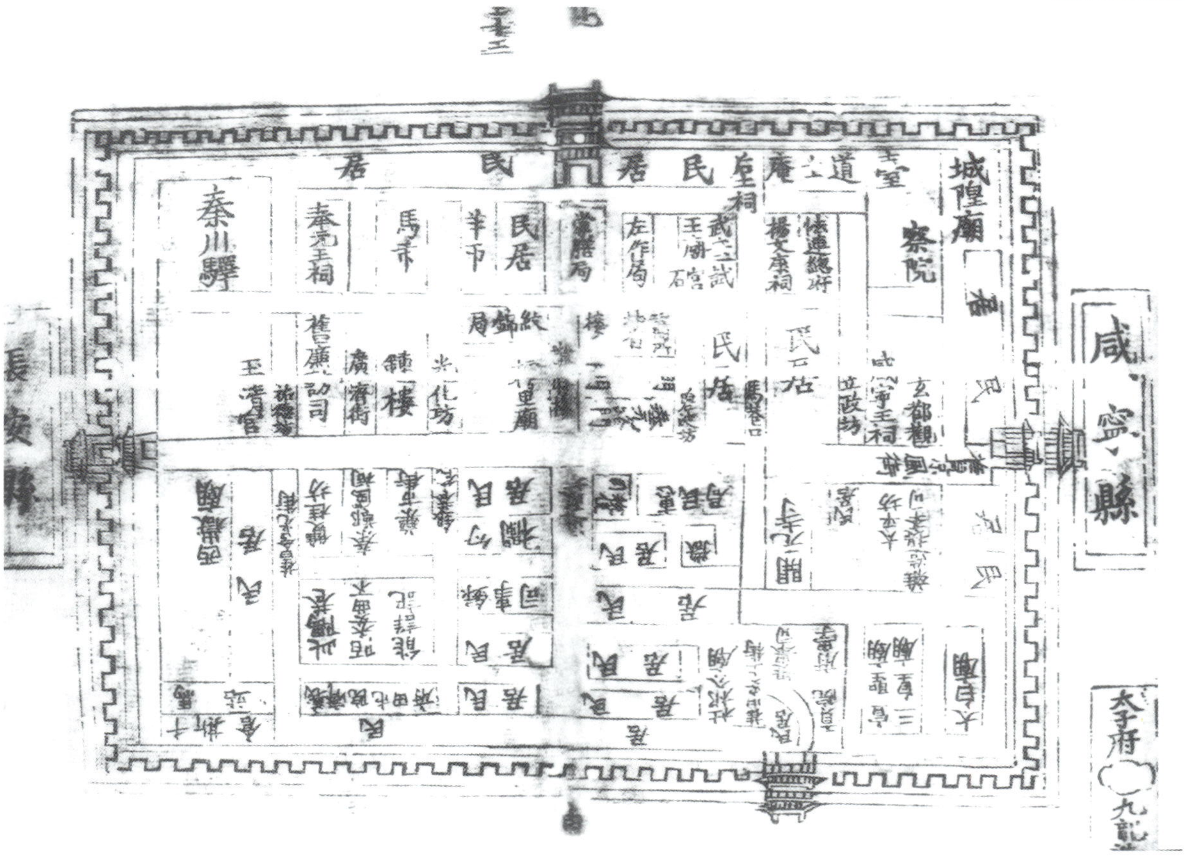

元奉元城图

碑林牌坊

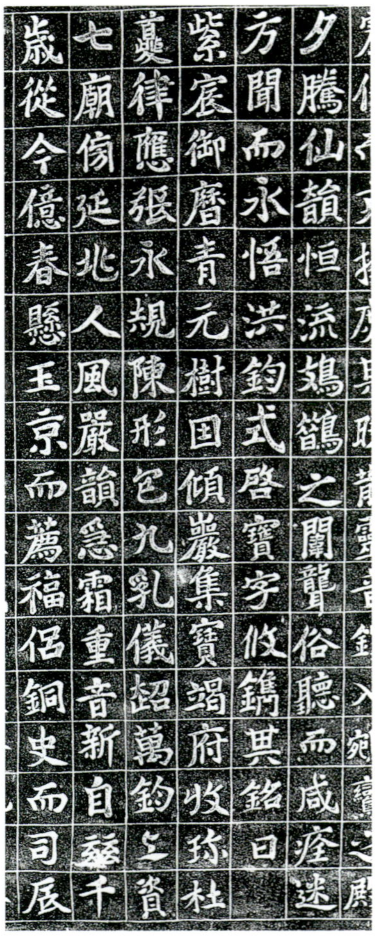

拓片

碑林博物馆

著名的碑林博物馆落于古城西安三学街(因清代的长安学、府学、咸宁学均设在这里而得此名)。它于北宋元祐二年(公元1087年)为保存《开成石经》而建立。九百多年来，经历代征集，扩大收藏，精心保护，入藏碑石近3000方。现有六个碑廊、七座碑室、八个碑亭，陈列展出了共1087方碑石。西安碑林以其独有的特色成为中华民族历史文物宝库中的一个重要组成部分，1962年被公布为中国第一批重点文物保护单位。

西安碑林是我国收藏古代碑石墓志时间最早、名碑最多的一座艺术宝库，它不仅是中国古代文化典籍刻石的集中地点之一，也是历代著名书法艺术珍品的荟萃之地，有着巨大的历史和艺术价值。

大量的石经，是碑林中古代重要的文献资料。《石台孝经》刻于唐天宝四年(公元745年)，是唐玄宗李隆基亲自作序、注解并以隶书书写(孝经是孔子的学生曾参记述他与孔子的问答辞，主要讲孝、悌二字)。此碑色如黑玉，光可鉴人。碑上加方额，上刻浮雕瑞兽、涌云；上盖石，盖石边缘刻优美的卷云，顶上作山岳状；碑下因有三层石台阶故得名《石台孝经》，三层石台四面都刻有生动的线刻画，有茂盛的蔓草和雄浑的狮形怪兽，整个构图给人以威武、活泼的感觉，为盛唐艺术之精华。

《开成石经》，是唐文宗太和四年(公元830年)接受国子监郑覃的建议，由艾居晦、陈珍等用楷书分写，花费了大约七年时间到开成二年(公元837年)刻成一部石经。其中包括《周易》6卷，《尚书》13卷，《诗经》20卷，《周礼》11卷，《礼仪》17卷，《礼记》20卷，《春秋左氏传》30卷，《春秋公羊传》12卷，《尔雅》3卷，以及《公羊春秋》、《孝经》、《论语》等十二种经书和五经文字及九经字样。计114石，文刻两面，228面，字列八层，共650252字。此经是我国古代七次刻经中保存最完好的一部。

《石台孝经》、《开成台经》等名碑，原来竖立在唐长安城务本坊(今西安市南门外)的国子监内，唐末韩建(大尉许国韩公)缩小长安城后，这些碑连同其他一些名碑都散落到了城外。唐昭宗以及后梁时期，陆续将这些石碑移到原唐代尚书省西隅。到宋哲宗元祐年间(公元1086～1093年)，又将全部碑石搬到学府之北，就是今天的碑林所在地。此外，明清两代的《兴学碑》、《修渠记》、《修栈道记》、《修城记》、《修庙记》等也有重要的史料价值。

碑林

碑林鸟瞰

第七节　明、清

风雨沧桑　凝固辉煌

浮华过后，风雨沧桑，古老的西安城变得坦然、谦和、沉静。不知心底是否还在期待，期待再次崛起，期待再次辉煌。

明代是唐以后西安城市发展史上的一个重要时期。明朝朱元璋洪武二年（公元1369年），大将徐达率军攻进关中，改奉元路为西安府，这是今西安名称首次在历史上出现，从此“西安”一名沿用至今。洪武三年，朱元璋封其子朱樉为秦王，驻西安，同年开始修建春王府，并对城市进行增修。

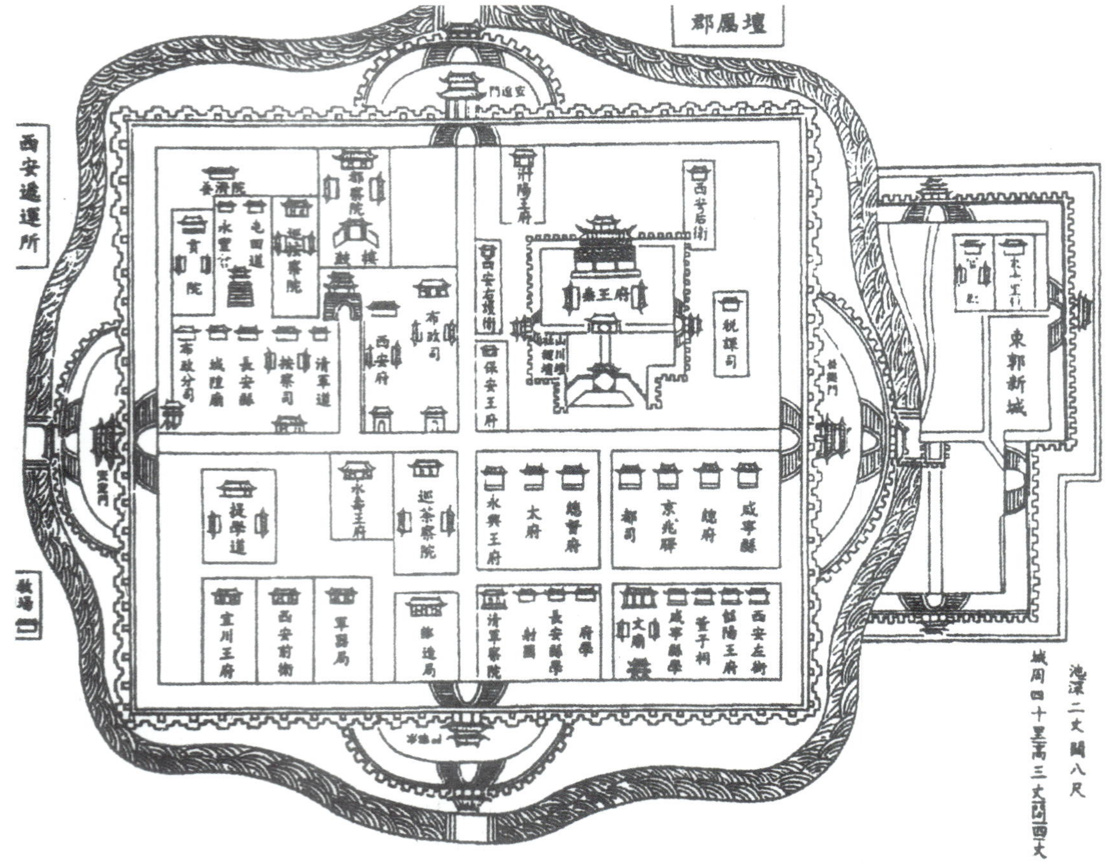

明西安府城图

洪武皇帝朱元璋一直主张“高筑墙、广积粮”，当全国统一后，他便命令各府县普遍筑城。西安是控制大西北的军事重镇，为了加强其防御能力，朱元璋诏命宋国公冯胜主持，西安府耿炳文、濮英修西安城墙。从公元1374年开始动工，至公元1378年完工，历时4年，形成2590m东墙，2631.2m西墙，3441.6m南墙、3241m北墙，周长13.75km的今日规模。西、南两面仍用唐末长安“新城”的旧城墙加以修葺，而东北两面各向外扩展四分之一。明代西安城亘四周有角楼，墙外有城壕，布局严谨，雄伟坚固，曾是一个庞大而精密的军事防御体系。虽然明西安城的城墙仅为唐长安城的六分之一，但是却修建得十分坚固。至今已经600多年风雨沧桑，容颜依旧，是当今世界上保存最完整、最大的城堡建筑，凝固着历史的沧桑与辉煌。

洪武十一年（公元1378年），城墙筑成。洪武十三年（公元1380年）修建鼓楼，洪武十七年（公元1384年）修建钟楼。于是，西安的东、西、南、北四条大道，都以钟楼为中心，向四方延伸至四面的城门，城市布局匀称整齐。钟楼初修好时位于西安迎祥观（今西大街）。明神宗万历十年（公元1582年），西安巡抚龚懋贤将其迁于现在位置，同时又重修了四城门楼。从此以钟楼为中心，四条大街辐射延伸的布局模式就形成了。明隆庆二年（公元1568年），巡抚张祉在城墙版土之外砌了一层青砖，作为加固。明思宗崇祯末年（公元1642年），巡抚孙传庭又修建了四座关城，至此，今西安城的规模已完全具备。

明代末期，地方政府因防御需在古城四门外建造外郭城，其实就是沿四门向外延伸的外围关城，每面关城各自向三个方向开设郭城小门，随即有各自的东郭、南郭、北郭等郭城门之称，这些地名有些至今还存留于世。东西南三面的郭城形状狭长，其最远处的末梢之门遂有梢门之称谓，也就是留至现今的西梢门、南梢门、北梢门称呼的由来。现今许多人对东郭门地处城南、南郭门地处城东之位置称呼迷惑不解，其实这是由于当时地域地形到现在面目全非而造成的。从地图上可以看出，所谓东郭门是指当时南关郭城的东门，南郭门是指当时东关郭城的南门。东关由于是通往东部中原的门户，各种商贸文化交往频繁，吸引各种人口在此经商、办事和居留，以致形成规模庞大的商业区，其面积大于其他三关城数倍，地形已不显狭长而是略呈方形。此地曾有山西商人兴建的山西会馆，有政府设置的厘税总局、厘卡及接官厅等，显见这里是民间商贸经济繁华、政府重视管理的一个重要区域。

在清代的200多年中，清政府也对西安城墙、城楼，以及城外的壕沟，进行过多次修葺、加固和疏通工程，使西安城比明朝时更加雄伟坚固。清代的西安是陕西省省会和西安府治的所在地，也是全省政治、经济和文化中心。城市规模基本上仍沿袭明代西安城，只是对城内的建筑略作修改，对西安很少进行建设，并且拆毁了明秦王府城内的建筑，另外将西安城内的东北隅约占全城四分之一的面积划为满族居住区，汉族老百姓称其为“满城”，又称新城。满城东、北城垣都是利用原有城墙，西垣从钟楼东北角起向北衔接北城墙，南垣从钟楼东南角起，沿东大街与东城墙衔接，各墙均有城门与城内或城外相通。原来的明秦王府被拆毁后，作为八旗驻防军和军人家眷居住，但城垣还在，不久秦王府的砖城又被改建为八旗校场。公元1683年，清政府又在满城正南面修筑城墙，建成一座“南城”，用以驻守汉军。满城在辛亥革命中被夷为平地。

清代西安城的重心仍在西部，西大街附近为官署所在，也是西安城内主要的商业街。与西大街相通的许多街巷，也都是手工业的聚集地，如竹笆市、广济街等。东关为西安城东出大道的必经之地，商业也很繁荣，成为西安城四关中最繁华的所在。

城墙

城墙

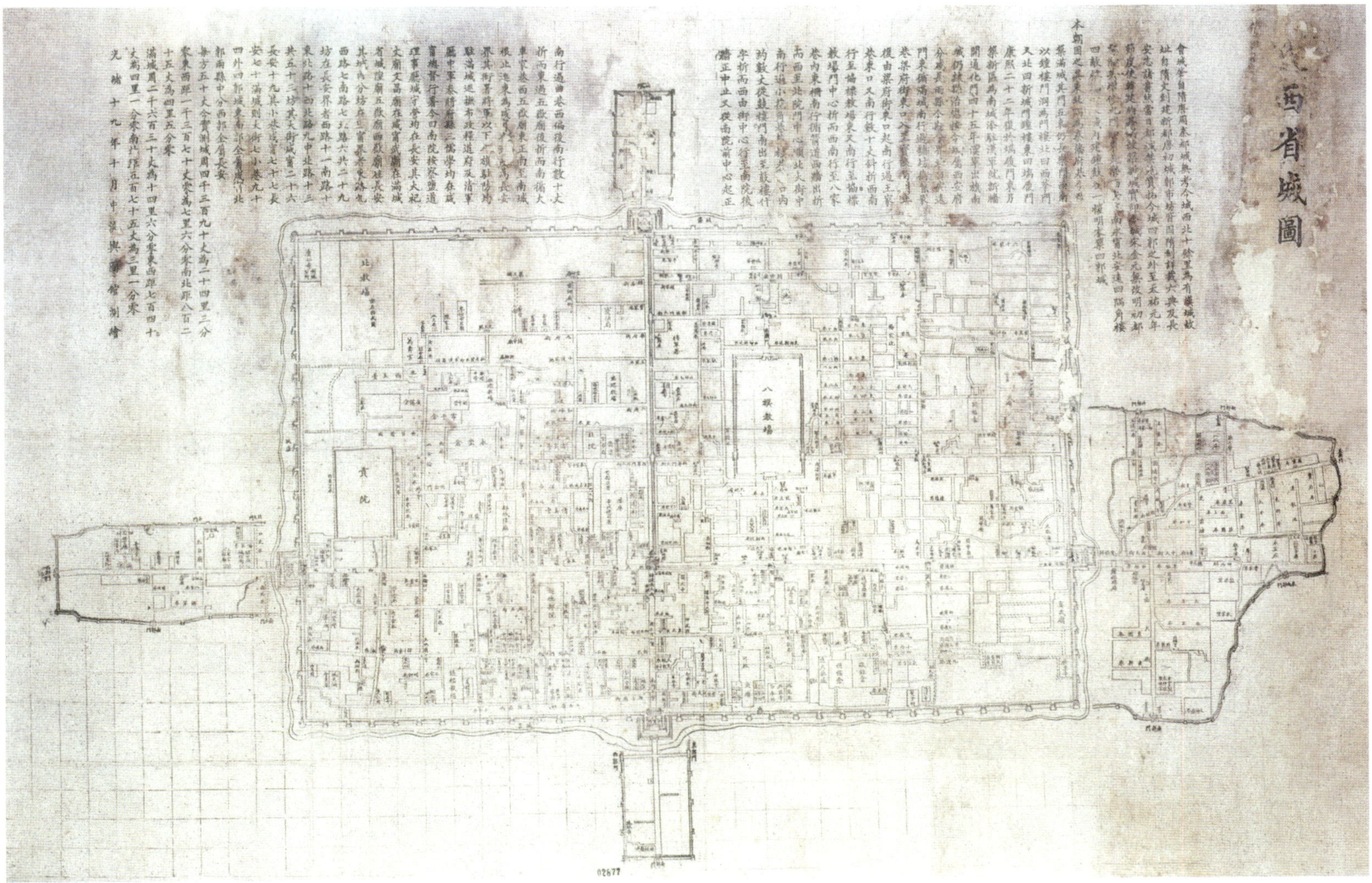

清陕西省城图

西安城墙

西安城墙，即明城墙，是朱元璋次子于洪武三年（公元1370年）在隋、唐国都皇城的遗存上历经八年扩建而成的。朱元璋还未做皇帝时，便采纳了朱升“高筑墙、广积粮、缓称王”的建议；统一全国后，又认为做皇帝“非深沟高垒内储外备，不能为安”，于是全国筑城之风盛行，以致民间流传着“汉冢唐塔朱打圈”的俗语。作为当时的西北重镇，西安城墙就在这一时期构筑而成。城墙呈矩形，东西长4256m，南北长2708m，外缘周长13.93km，墙高12m，顶宽12～14m，底宽15～18m。城墙用黄土分层夯筑，最底层用石灰、土和糯米汁混合夯打，十分坚固。城墙四周开有四座城门，东名长乐，西名安定，南名永宁，北名安远。每座门楼有三重：阙楼、箭楼、正楼。城楼下建有驻兵的瓮城，瓮城外临护城沟，建有“吊桥”及“闸楼”（亦称谯楼）等。修垛口（箭孔）5984个，敌台98座，护城河宽20余米、深10余米，与城墙共同构成了一个深沟高垒、雉堞雄列的古代军事防御体系。

现今除东、西、南、北四门外，东面还有中山门、朝阳门，西面有玉祥门，南面有建国门、和平门、文昌门、朱雀门、小南门、含广门，北面有尚勤门、尚俭门、解放门、尚德门、尚武门；城墙、护城河周围也大规模修建了环城公园。

明城墙屹立至今，已成为西安城的重要标志之一，是我国现存规模最大而又保存完整的古代城池建筑，也是中世纪后期世界历史上最著名的城墙建筑之一，有着极其重要的军事与艺术价值。

南门东侧

东南城角

东门北侧

第八节 民国时期

古老文明 现代曙光

伴随着中山门的开辟，封建的城墙已封不住现代文明的曙光，战乱的年代也挡不住走向繁荣的步伐。带着千年的古老文明，西安即将获得新生。

民国时期，尽管对西安城市建设建树甚少，基本上保持了明清以来的格局，但由于满城的铲除和1934年陇海铁路通车西安，城市布局也因此发生了很大变化。

1911年10月22日，西安与湖南同时响应辛亥革命，在西安爆发了推翻满清统治的武装起义。起义军攻克满城，满城在这次战火中被彻底焚毁，成为西安城内的一个死角。后来又拆毁了满城城墙，加宽了东大街。直到1921年冯玉祥第一次督陕时，才在原秦王府城（即八旗教场）修盖房屋，驻扎军队。1927年陕西省政府从北院门移至王城（当时名红城），同时改名新城，今新城的名称就是这样得来的。从此以后，新城就成为西安城的行政中心，陕西省政府和西安绥靖公署先后设在这里。从1928年起，原满城区被辟为新市区，西安市政府在这里规划道路。首先开辟了东、西、南、北四条新街，沟通了新市区与城内主要大街的联系。后来在北新街一带陆续盖起了“一德庄”、“四皓庄”（今尚平路以东）、“五福庄”、“六谷庄”（尚平路以西），以及“七贤庄”（北新街东）等新村，成为西安城内新的住宅区，今七贤庄八路军办事处纪念馆所在地，就是当时租用资本家所盖新房的一部分。

西大街旧影

新市区的东半部，随着1934年陇海铁路通车西安，逐渐发展成为新的工业区。根据《陕行汇刊》的统计，1942年3月以前，设在新市区的崇孝路（今东一路）、崇悌路（今东二路）、崇学路（今东三路）、崇礼路（今东五路）、崇耻路（今东八路）、新化巷（今西一路西段）、尚俭路、尚仁路（今解放路）、尚德路和红十字会街的新式工厂就有16家。当时西安的新式工厂共有64家，设在新市区的就占了25%以上。若再加上火车站附近的10家，新市区及其以北的新式工厂就占了49%以上。譬如，当时规模最大、资本最雄厚的大华纱厂（250万元），就设在新市区以北的火车站附近。另外，从火车站直通东大街的尚仁路，是新市区的主干道，交通便利，新市区的工厂均布设在附近。

由此可见民国时期的西安城的风貌。西安，虽然在历史中丧失了国都的地位，但却也因其军事要塞的地理环境，在不同时期受到不同程度的重视，也使得西安历经无数战乱后，能够有时间休养生息、恢复生机。

“西安事变”旧址——杨虎城纪念馆

“西安事变”旧址——新城黄楼

西安事变

1936年，日本帝国主义不断扩大对中国的侵略，蒋介石坚持不抵抗政策，继续进行内战。以张学良为首的东北军和以杨虎城为首的十七路军被蒋调到陕甘一带进攻中国工农红军。因受中国共产党抗日民族统一战线政策及人民抗日运动的影响，张、杨与红军实现了停战，并要求蒋介石联共抗日。蒋不仅拒绝了张、杨的要求，而且调集嫡系部队至豫陕边境，压迫张、杨继续进攻。12月4日，蒋介石飞往西安督战。7日，张学良到临潼华清池向蒋“苦谏”，请求“停止内战，一致抗日”；蒋拒绝，坚持不改“剿共”政策。9日，张向游行示威的学生表示，一周内用事实答复他们的爱国要求。12日，张学良、杨虎城发动了西安事变，在华清池武装扣留了蒋介石，并宣布取消“西北剿匪总部”，成立抗日联军西北临时军事委员会，张学良、杨虎城任正副委员长，并通电全国，提出改组南京政府，停止内战，共同抗日，史称“西安事变”，也叫“双十二事变”。16日，南京政府下令讨伐张、杨，并任何应钦为总司令。亲日派汪精卫、何应钦企图借机扩大事态，夺取蒋介石的统治权力，进一步和日本妥协。中共中央从民族利益出发，应张学良、杨虎城电请，派代表周恩来、叶剑英等于16日到达西安调停。22日，宋美龄、宋子文与蒋介石顾问澳大利亚人端纳飞往西安谈判。24日，蒋介石被迫接受停战议和、联共抗日、释放政治犯等条件。25日蒋介石获释，“西安事变”到此和平解决。

张学良、杨虎城两将军发动的西安事变以及中国共产党促成的这次事变的和平解决，对推动国共再次合作、团结抗日，起了重大的历史作用。

小雁塔旧影

大雁塔旧影

鼓楼旧影

南大街旧影

钟楼旧影

西大街旧影

西大街旧影

中正门旧影

南院门旧影

西大街旧影

西大街旧影

第三章　文化遗存

民俗宗教　帝陵民居

西安是中华民族古代文化的发祥地之一，是中国佛教的第二故乡。在广阔的关中平原上，帝王陵寝宏伟华丽，关中民居古朴静谧。

第一节　民俗文化

“陕西十大怪”

面条像腰带，锅盔像锅盖；
辣子是道菜，泡馍大碗卖；
碗盆难分开，帕帕头上戴；
房子半边盖，姑娘不对外；
不坐蹲起来，唱戏吼起来。

民俗即民间风俗，是历史发展与社会进步的一种体现。其特点是从古至今相传的约定俗成的一种习惯，而每一种民俗都必须经过几代或者多代的传承方可被称为民间风俗。

民俗是一个民族的文化标志。也是本民族文化为外界所了解的一个重要窗口。我国民俗文化博大丰富、异彩纷呈，具有实用性、知识性、审美性、神奇性等多重文化品格，是历史文化遗产中的重要组成部分，也是宝贵的文化资源。而中国的民俗中又以关中民俗为重要代表，关中民俗，特指关中地域的风尚习俗，主要以西安为中心，并向周边地区共同发展与交流。

西安是中华民族古代文化的发祥地之一，受中国古代传统文化的深远影响，这里已成为文明礼仪之邦，秦风唐韵之乡。民风民俗淳朴浓郁，文化内涵十分丰富，在这片广袤的土地上形成了“百里不同风，十里不同俗”的繁荣的民俗景象。

在西安这方神奇的土地上，瑰丽华美的民俗文化主要由民间戏曲、民间工艺和饮食文化组成，浓浓的

唢呐

地域和乡土魅力无处不在，让人流连忘返。

从戏曲、歌舞、绘画、剪纸、雕塑、曲艺，到工艺品的编织和制造，再到热闹欢腾的社火、摇荡的秋千、高翔的风筝，人们既可领略古代传统文化的风采，又能品味出西北黄土风情的神韵。在这里，听一听中国流传最久远的秦腔戏曲，细细感受其中的古意；看一看舞弄翩跹的皮影，变幻的是光与影的神奇，芯子上悬着的是紧张的心跳，鼓乐中奏出的是节日的欢喜，泥塑中雕出人们祈祷的祝福……

民俗大观园雕塑，位于雁塔西苑

皮影戏

戏曲

民间戏曲，是在民间古老的传统文化基础上衍生的一种地方戏曲形式。西安的民间戏曲主要包括秦腔、皮影戏与木偶戏三大著名戏种。它们的出现，推动了我国地方戏剧的发展，并对现今的戏曲艺术起到了承上启下、至关重要的作用。

秦腔

秦腔，是我国古老的戏曲剧种之一。它是以秦地渭水流域中下游地区的方言语音为基础，融诗词、音乐、声腔、表演、美术、服饰等于一体的综合性戏曲艺术。它源于陕西关中和甘肃东部一带，流行于西北黄土高原。

秦腔声腔特点是“款音大嗓，大起直落”，表演特点质朴、豪犷，角色分生、旦、净、丑，化妆主要是脸谱化，乐队分文、武场面。由于受自然环境、民风民俗和文化传统的影响，秦腔形成了一种浑厚深沉、慷慨悲壮、气势豪迈的风格。秦腔的剧词以七字句和十字句为主体，是中国古典律诗的繁衍，七字句是五言律诗的演变，而十字句则应是七言古诗的演变。

秦腔从先秦经两宋直至明清而流传至今，所传唱的剧目无以计数，其中较为著名的如：《伯牙摔琴》、《鸿门宴》、《刺秦王》、《斩韩信》、《苏武牧羊》、《散潼关》、《群英会》、《斩马谡》、《长坂坡》、《大登殿》、《白蛇传》、《五典坡》、《斩秦英》等。

据有关资料记载，17世纪农民起义军领袖李自成从陕西把秦腔带入军中，定位军戏，经常巡回演出。18世纪有秦腔班社进京演唱，一时间名动京师，“观者如堵”，甚至出现了其他剧种的艺人纷纷前来请求加盟的盛况。后来辗转江南，长期流动演出。

最早的专业秦腔班社约成立于15～16世纪，而早期最著名的秦腔专业团体当属成立于1912年的西安易俗社，它通过科班的形式，培养了很多著名的戏曲人才。

如今的秦腔专业和业余演员及团体遍布陕西，秦腔的内容和形式也随着时代的步伐在不断创新，它已成为陕西城乡人民晨练、聚会、纳凉及各式庆典活动中不可缺少的内容。

秦腔

皮影戏

皮影戏又名“影戏”，是流行于关中、陕北等地的传统娱乐形式。所谓皮影是说用牛皮、驴皮雕镂绘制成人物、道具、花草树林、飞禽走兽等，用灯光将其投射在白色幕布上，显出黑色影像，表演时演员在幕后边操纵，边在音乐声中说唱，供人们观赏。人们将这种表演特点概括为：隔纸说话，影子抒情，“一口述说千古事，双手对舞百万兵”。

皮影的美术造型别具一格，既是一种图案艺术，又是一种雕镂艺术，与民间窗花剪纸有着相似之处。皮影的人物造型及服饰受到秦腔等地方戏曲的影响，具有脸谱化、程序化的特点。陕西的皮影分东、西两路成两大流派。西路皮影体型高大，一般在30多厘米，从头到脚共十一部件，但人物的造型、服饰都刻画细致，形神兼备。人物形象的处理比秦腔功能更为夸张，脸谱化生、旦、净、丑使人一目了然。东路亦然，只是皮影尺寸略小，制作更为粗犷一些。

木偶戏

木偶戏也称小戏，或名“傀儡”戏，流行于关中西部，是一种独特、古老、群众喜闻乐见的戏剧形式，它的起源可以追溯到汉代。到唐代已十分普遍和盛行，并由民间进入宫廷。唐玄宗李隆基的《傀儡令》中有“刻木牵线作老翁，鸡皮鹤发与真同”的诗句，说明它颇受帝王贵族的喜爱。

木偶的头部多用木头雕刻而成。木偶戏的特点是以木偶作戏，无论人间天上、飞禽走兽、花鸟鱼虫，凡剧情需要都可以入戏，极富夸张和浪漫主义色彩。

木偶戏的表演也很有特色，木偶由一人或数人操纵，木偶的操纵手法大致可分为提线木偶、布袋木偶和杖头木偶。操纵者不登台，在幕后操纵和演唱。唱腔以秦腔为主，操纵人根据唱腔和道白，充分发挥木偶轻便灵活的特点，在有限的空间里，演出丰富多彩的剧目。

木偶戏

民间工艺

西安地区的民间工艺是极具北方特色的，作品中流露出北方人民的豪情与奔放。农民画、蓝田玉器、刺绣、布艺以及剪纸等都享有很高声誉。其中，西安传统民间工艺中的蓝田美玉与刺绣布艺都有着悠久的历史。

蓝田玉雕

蓝田美玉，历史悠久，因其质地精良而被广泛用于装饰。在李商隐诗中便曾有“蓝田日暖玉生烟”的优美诗句。其名称初见于《汉书·地理志》，美玉产自京北（今西安东北）蓝田山（亦称辋川）。从咸阳出土的“汉白玉马”、渭南发现的“玉牛”、以及西安市何家村出土的“唐镶金玛瑙牛首杯”、“镶金手镯”等都可以看出陕西玉雕工艺的精致。蓝田玉雕选料考究，人物作品形神兼备，突出个性；花卉作品形象逼真，突出了中国玉雕“巧、俏、绝”的艺术特色。蓝田玉雕工艺品，特别是玉碗、玉镯、酒具等，达到了很高的艺术境界，体现了秦艺特色，被世界誉为东方艺术瑰宝。

民间刺绣

而与蓝田玉雕齐名的传统民间刺绣同样也是西安人民的骄傲。早在4000年前，我国就有了刺绣工艺。战国时所绣的“龙凤图案”是现存最早的绣品。唐代有了更大的发展，唐诗中就有赞叹妇女刺绣技艺的诗句：“日暮堂前花蕊娇，争拈小笔上床描。绣成安向春园里，引得黄莺下柳条。”西安民间刺绣形象古朴、色彩绚丽、秀美精巧、加工细腻，广受赞誉。

剪纸

剪纸是中国最普及的民间传统装饰艺术之一，主要是运用剪刀、刻刀、蜡盘、磨石、粉袋、砖等简单工具在纸张上剪出或刻出各种图案与造型，是深受人们喜爱的民间美术形式，也是过去我国农村地区必不可少的装饰品。

在西安地区，剪纸技术至今流传，剪纸的形式多样，内容多以吉祥如意的景物和神话传说、民间故事为题材，表达了劳动人民对美好生活的向往，西安民间剪纸风格古朴淳厚，线条流畅多变，造型粗犷简洁，具有浓郁的地方特色。

农民画

农民画多取材于人物、动物、花鸟等。采用白描形式，想像丰富，注重装饰性与色彩效果。画面直观生动，充满农家生活的平和、宁静的气息。农民画的兴起与发展，开创了中国农民迈向艺术殿堂的新一步。

在西安西南38公里处，有一个被国家文化部命名为“中国现代民间绘画之乡”的县城——户县，她以其绚丽多彩的农民画艺术为西安这座古老的都城又增添了一道浓重的

布艺

剪纸

剪纸

印迹。

户县农民画是中国美术园地中一朵独放异彩的民间艺术之花，构图简洁美观，注重色彩应用的数量，追求强烈的直观效果，乡土民情浓厚。

户县农民画的表现手法有着明显的地域特色，它以浓重绚丽的色彩，近似夸张的描绘，揭示了寓意深刻的主题。简洁明快的风格勾画出了画乡户县美丽的田园风光，栩栩如生的农家生活，气氛热烈的劳动场面以及欢天喜地的节日庆典，充分体现了现代民间艺术的特点。

户县农民画以其独特的魅力征服了无数的人，也为自己在中国现代文化殿堂里占据了一席之地，书写了西安户县文化史上空前辉煌的一页，为中国乡村文化的发展与推广注入了新的活力。

户县农民画

户县农民画

长安美食

长安美食是秦陇风味的代表作。西安不仅有久负盛名的八景宴、囫囵鸡、腊羊肉、牛羊肉泡馍、黄桂柿子饼、甑糕、葫芦头、腊汁肉、黄桂稠酒等；还有潼关的鸡蛋饼，华阴的脂卷，渭南的时辰包子、炉齿面、牛舌头烧饼，大荔的带把肘子、枣肉沫糊，韩城的羊肉臊子饸饹，蒲城椽头蒸馍，白水的红烧肘子，富平的太后饼、石子馍、酥饺子，蓝田的粽子，礼泉的桩顶石馍，户县的大米面皮子、汤面疙瘩，武功的烧鸡、油酥饼，乾县的锅盔，陇县的插酥，三原的白封肉、甜浆、油塔、笼笼肉、水盆大肉，岐山的臊子面、油炸豆腐，宝鸡的茶酥、甜浆……三秦美食尽汇于此。

果脯什锦

水晶饼

浆水鱼鱼

炒凉粉

饺子宴

饺子是北方人普遍喜欢吃的一种面食，馅有荤有素，佐以调料，食之味美。民间习俗在春节、元宵节和冬至吃饺子。饺子宴是西安饺子馆和德发长饺子馆在传统基础上发掘创新的一种著名风味宴种。现在的饺子宴有108个品种，分为宫廷宴、八珍宴、龙凤内宴、牡丹宴和百花宴等数十种宴席，可谓一饺一形，百饺百味。

饺子宴发展到今天，其数量早已超过了108这个数字，其馅的种类更是扩大到天上飞的、地上跑的、水里游的、山中长的，无所不包；其烹饪方法几乎采用了中国烹饪的全部工艺。可以说，咬开一个饺子，人们的口舌对中国菜点美妙的期待就全部实现了，难怪有客留言“一席饺子宴，吃尽天下鲜”。品尝饺子宴，常能给人留下美好的深刻印象。不少饺子，都是精美的工艺品。有的看上去仿佛蝴蝶，有的酷似企鹅，有的俨然一片绿叶，还有的像金鱼，像飞天，像云朵，像珍珠，那名字也富有诗情画意：彩蝶飞舞、鱼跳龙门、乌龙卧雪、群龙闹海、绿茵玉兔、雪中送炭、一路顺风，等等、等等，个个赏心悦目，令人垂涎欲滴。品完了数十道花色饺子后，无论是在解放路饺子馆还是在德发长饺子馆，都可以享受到一个很奇妙的形式，那就是珍珠火锅饺子。小如珍珠的饺子被盛到人们面前的小碗，从1到10，每一个饺子都有一种吉祥美好的说法，一个，一帆风顺；两个，双喜临门；三个，三六九，往上走；四个，四季发财；五个，五子登科；六个，六六顺；七个，七星高照……由此，西安饺子宴已成为旅游观光者到西安后必定品尝的一道特色名吃。

饺子宴

柿子饼

锅贴

蘸水面

牛羊肉泡馍

牛羊肉泡馍是西安市著名小吃。用优质牛羊肉加佐料入锅煮烂，汤汁备用。把烙好的“虎背菊花心”坨坨馍，掰成碎块，加辅料煮制而成。其特点是：肉烂汤浓、香醇味美、黏绵韧滑。食后再饮一小碗高汤，更觉余香满口，回味悠长。

而关于牛羊肉泡馍的形成，则还有一个有趣的传说：传说，大宋皇帝赵匡胤称帝前受困于长安，终日过着忍饥挨饿的生活，一日来到一家正在煮制牛羊肉的店铺前，掌柜见其可怜，遂让其把自带的干馍掰碎，然后给他浇了一勺滚热肉汤放在火上煮透。赵匡胤狼吞虎咽地吞食，感到其味是天下最好吃的美食。后来，赵匡胤黄袍加身，做了皇帝，一日，路过长安，仍不忘当年在这里吃过的牛羊肉煮馍，同文武大臣专门找到这家饭铺吃了牛羊肉泡馍，仍感鲜美无比，胜过山珍海味，并重赏了这家店铺的掌柜。皇上吃泡馍的故事一经传开，牛羊肉泡馍成了长安街上的著名小吃。而北宋大文学家苏东坡也曾有“陇馔有熊腊，秦烹唯羊羹”的赞美诗句。

牛羊肉泡馍中放入八角、茴香、桂皮等调料，以鲜肉及骨炖煮为汤。食用时，配以香菜、辣椒、糖蒜。餐后再喝一碗用肉汤烹制的高汤，顿觉心旷神怡，回味无穷。

羊肉泡馍

第二节　宗教文化

西安山川秀美，人杰地灵，孕育和积淀了璀璨的人类文明。同时，由于她千年古都和地理要冲的地位，她也是中国宗教文化重要的发源地和传播发展中心。

西安是中国佛教的诞生地。这里有佛教十大宗派中八宗的祖庭；这里是中国佛教“三大译场”的所在地；这里是以玄奘、义净、空海为代表的中外佛教文化交流中心；这里还是我国佛寺保存最多的两个城市（北京、西安）之一，被学术界称为“中国佛教的第二故乡”。

西安是中国道教的重要发源地。这里是中国道教思想和理论的源脉之地；这里是我国古代北方道教大宗楼观道的祖庭，也是宋元以后对全国道教有重大影响的全真道的祖庭，被称作“全国七十二路道教总汇之地”；这里也是我国道观保存数量最多的城市之一，被称作“中国道教的道法重地”。

西安是我国伊斯兰教最早传入的地方，也是我国穆斯林经堂教育兴起的地方，明代被称作“念经人的教场”；西安至今还保存有八处百年以上的清真古寺。因之可以说，西安是中国伊斯兰文化传播的窗口。

因为西安是一方开放、宽容、热情好客的土地，历史上也曾有过其他外来宗教（如：景教、祆教、摩尼教等）在这里发展、传播，而且天主教、基督教至今还在三秦大地上进行着自由的宗教活动。这些也都为中外文化交流，中国宗教文化的丰富和发展作出了应有的贡献。

鉴于上述，可以无愧地说，西安地区是中国宗教文化重要的发展、传习、交流、扩散的中心。

大殿

佛教——中国佛教的“第二故乡”

佛教是公元前6世纪至5世纪产生于古印度迦毗罗卫国（在今尼泊尔南部）的宗教，由释迦牟尼创立。它最早在西汉哀帝元寿元年（公元前2年）时传入中国，并于东汉明帝永平七年（公元64年）在洛阳建立白马寺，从此佛教开始在中国广为传播。据传西晋时，东西两京的寺院已达180多处，这虽缺乏考证，但佛教已在长安广为流传却是不争的事实。如大兴善寺传说就是在西晋武帝（司马炎）泰始年间（公元265～275年）建造的。自佛教开始在中国传播以来，西安（古称长安）就一直扮演着一个重要的角色，被称为佛教的“第二故乡”。这一方面是因为西安是汉唐京都所在地且位于地理要冲之处，另一方面也与西安地区开放、宽容的文化土壤有直接关系，当时不少西行求法的学者和东来传教的高僧就是通过古丝绸之路由长安出发或者先后来到这块神奇的土地。

南北朝时，前秦苻坚笃信佛教，于公元379年（东晋太元四年）迎高僧佛图澄弟子道安至长安五重寺，领众数千人，讲经授法。他与法和协助僧伽提婆、昙摩难提、僧伽跋澄等译经，并首次编纂汉译佛教经录《综理众经目录》，制定“僧尼轨范”，为后世僧徒所遵循。后秦姚兴于弘治三年（公元401年）由凉州迎我国佛教四大译经家之一的鸠摩罗什至长安，请入西明阁及逍遥园主持译经，于是出现了“十万流沙来振锡，三千弟子共译经”的空前盛况。八年中共译出佛教经典七十四部三百八十四卷（据《开元释教录》），其中“三论”（《中论》、《百论》、《十二门论》）成为佛教三论宗所依据的主要经典；《成实论》成为成实宗的主要依据；《法华经》成为天台宗的主要经典；《阿弥陀经》成为净土宗的“三经”之一等。

北魏、西魏、北周（除北周武帝宇文邕外）及隋代，各朝统治阶级更是崇信佛教，修寺建塔风靡长安。此时，庄严、总持、陶圣诸寺已是雄伟辉煌，远近闻名。

表一 唐代新建寺院

唐代新建寺院	说明
圣尼寺	高祖称帝前的旧居（该为兴圣尼寺）
招福寺、大安国寺、咸宜女冠观	睿宗在藩旧居（改为招福寺、大安国寺、咸宜女冠观）
慈德寺	太宗为穆太后建
普光寺	太宗为太子承乾建
慈恩寺	太子李治为其亡母文德皇后建
罔极寺	太平公主为武则建
千福寺	章怀太子李贤舍宅建
崇敬寺	高宗为高长安公主建
灵安寺	高祖为卫怀王元霸建
大庄严寺	隋文帝为独孤皇后建
大总持寺	隋炀帝为文帝追福建
永泰寺	中宗为永泰公主追福建
永寿寺	中宗为永寿公主建
保寿寺	高力士舍立

唐代，长安进入了它历史上的辉煌时期，同样，中国佛教也步入了它空前发展和繁盛的时代。此时，寺庙林立，佛塔遍布，中外高僧云集，比丘溢于三辅。据《两京新记》，长安城内佛寺多达百余座；按《唐两京城坊考》，有名可考的僧寺有122座，尼寺31座（其中隋代保留至唐代的约有76座）。唐代新建寺院（表一），一部分建在敞阔僻静的地方，一部分为官吏和贵族舍宅所建。

长安寺院分布受住宅、里坊分布的影响，相对集中于距皇城东、西、南三面较近的里坊中。寺院规模大小不一，不尽相同，其中由皇家敕建的寺院一般规模都比较大，殿宇恢弘、富丽堂皇（表二）。

古代长安是中国佛教文化最活跃，最繁盛的地区。以佛教为纽带和载体的中外文化交流谱写了中国中外文化交流史上延续时间最长，内容和成果最为丰富的篇章，而长安在这场交流中起着不可替代的重要的历史作用。

僧人朱士行于公元260年（甘露五年）由长安地区（雍州）出发赴于阗（今和田一带）取得梵本《大品般若经》九十章；公元399年（隆安三年），已62岁的法显与同学慧景、道整、慧应、慧嵬从长安出发，两度流沙、越葱岭到天竺求法，他们遍历天

表二 寺院占地及地理位置

寺院名称	占地及地理位置	面积
大兴善寺	占靖善坊一坊	约24.5万平方米
大慈恩寺	占晋昌坊半坊	约24.6万平方米
大安国寺	占长乐坊半坊之地	约24.6万平方米
大庄严寺	位于长安城西南隅的和平、永阳二坊南北相连的两坊东半部	约46万平方米
大总持寺	位于长安城西南隅的和平、永阳二坊南北相连的两坊西半部	约46万平方米
荐福寺	占开化坊的南半部	占开化坊的南半部
西明寺		寺面三百五十步，周围数里
章敬寺		总四十八院，四千一百三十间

净业寺

兴教寺

藏经楼

大慈恩寺

竺、狮子国（斯里兰卡）、耶婆提国（爪哇）等30余国，历14年于义熙八年（412年）返国。他们携回大量梵文佛经并撰《佛国记》，为研究古代中亚、南亚诸国历史和中外交通提供了重要资料。

公元629年（贞观三年），我国佛教四大译经家之一的玄奘法师从长安西行，出敦煌，经西域及中亚等地，到达中印度摩揭陀国王舍城，入当时印度佛教中心的那烂陀寺。他于公元645年返回长安。据史书记载，玄奘西行求法，往返17年，旅程五万里，"所闻所履，百有三十八国"，带回大小乘佛教经律论共520类，657部，并自返回时起，译经20年，先后译出大小乘经论75部，1335卷，并将《老子》、《大乘起信论》译为梵文，传入印度。他还把入印路途见闻写成《大唐西域记》十二卷，流传后世。这些使玄奘法师成为了我国历史上影响最大、成果最丰的中外文化交流的使者之一。

公元671年（咸亨二年），我国佛教四大译经家之一的义净，由海道往印度求法，他巡礼鹫峰、鸡足山、鹿野苑、祇林精舍等佛教圣迹后，到那烂陀寺学习大小乘佛教，前后历时20多年，游历30余国，并于公元695年（征圣元年）返回。他带回梵本经、律、论约四百部，并先后译出佛经共61部，239卷。同时，他还在从印度返回的归途中写成《南海寄归内法传》四卷和《大唐西域求法高僧传》二卷，为中外文化交流作出了巨大的贡献。

公元711年（景云二年），罔极寺僧人慧日泛舟渡海至印度，遍礼佛教胜迹，寻访名师，搜求梵本，历时8年，经70余国，并于开元7年（公元719年）经中亚各地，从陆路返回长安。

公元754年（天宝十三年），长安净业寺律宗祖师道宣门下弘景的弟子鉴真，应邀东渡日本传道弘法，在五次失败且失明后，终于在第六次获得了成功。他在日本开创了律宗，把盛唐文明带到日本，受到日本王室及民众的尊敬，被授以"传灯大法师"称号。他仿唐代建筑在奈良建造唐招提寺，作为授戒传律的基地。他带到日本大量的佛教经像，并有药物、艺术品等，对发展日本医学、雕塑、美术和建筑也作出了卓越的贡献，并流传有《鉴真上人秘方》等。

除了我国僧人不断地远涉万里西行求法外，来自西域诸国、印度、日本、朝鲜等地的高僧、法师和学者也不辞劳苦、历尽艰险、克服地理上的重重障碍，来到长安，使世界上不同民族和文化体系相互交流、相互学习。这种以和平方式进行的长达千年的文化交流，在世界各国、各民族的历史上尚无先例。

这些高僧、法师除公元401年来到长安主持译经的鸠摩罗什（中国四大佛教译经家之一）外，还主要包括：在长安大兴善寺创建我国"佛经三大译场"之一的北印度人不空大师（中国四大佛教译经家之一）、南天竺摩赖耶国人金刚智及中天竺人善无畏（并称"开元三大士"）；在长安大慈恩寺（三大译场之一）协助玄奘译经的日本僧人玄、道昭、道严、智通、智达（其中玄后来成为日本法相宗北寺传的创始人，道昭成为日本法相宗南寺传的创始人）；新罗（朝鲜）僧人神昉（玄奘四高足之一）、圆测（后为西明寺住持）等；此外，还有往返长安与印度之间为

青龙寺空海纪念碑

玄奘传送信件的中天竺大菩提寺僧人法长等。

公元804年，日本空海大师（日本真言宗的开山大师）来长安受教于青龙寺惠果大师；日僧最澄于同年来长安求学，回国后成为日本天台宗的创始人；日僧圆仁公元838年来长安，回国后成为日本天台宗第三代座主；日僧圆珍公元853年来长安，后成为日本天台宗第五代座主；公元703年新罗僧人智凤、智鸾、智雄等来长安随法相宗三祖智周学习经义；公元650年新罗僧人义湘来长安学习，回国后成为海东华严宗的初祖等。

除上述外，尚有公元408年到长安，后转至庐山译经的古印度迦毗罗卫国僧人佛陀跋陀罗、公元706年在长安宗福寺译经的南天竺菩提流志大师、在长安西明寺学习的日本僧人永忠、道慈、克什米尔（在古宾国）人般若三藏、北天竺沙门般剌若、在青龙寺求法的新罗人惠日、公元693年到长安传法的南天竺人菩提流支以及瞿昙（克什米尔人）、慧超（新罗人）等等。

这些人为促进中外文化交流（包括宗教、习俗、医药、建筑、艺术、农事、工艺、交通等）作出了史无前例的、伟大的贡献，而实现这些交流的起点、终点和枢纽点则多在长安。

自魏晋南北朝至五代十国，我国佛教经历了历时近千年的传入、研习、传播和发展的阶段，而长安作为全国政治、经济、文化中心，它利用了有利的京都优势，有机地整合和融合了全国佛教的各个教派，使印度佛教完成了它中国化的历史进程，融入了中国社会，并成为了中国传统文化的重要组成部分，而这一时期的标志就是佛教各个宗派的建立（表三）。

中国佛教宗派的建立主要是基于以下三个原因：一是在唐代，显密各宗经卷次第译出，各种教理和仪轨已逐步形成；二是需要按照中国传统文化和社会历史条件，使印度佛教"中国化"；三是日益扩大的寺院经济也需要以宗派的形式来加以维护。在这种背景下，中国佛教的十大宗派纷纷建立，而在这十大宗派中，有八大宗派的祖庭均位于长安地区。

表三 宗派的建立

宗派名称	祖庭寺院	宗派创建人
佛教三论宗派	草堂寺	西域高僧鸠摩罗什所建
佛教诚实宗派	草堂寺	西域高僧鸠摩罗什所建
唯识宗派	慈恩寺	玄奘及其弟子
俱舍宗派	慈恩寺	玄奘、普光
华严宗派	华严寺	法藏法师
净土宗派	香积寺	唐代的善导大师
南山律宗派	净业寺	唐代高僧道宣
密宗派	大兴善寺	被称为"开元三大士"的印度高僧不空、善无畏、金刚智所立

除八大宗派外，在隋唐时代的长安，还有一个被称作"三阶教"的佛教支派，其创始人为信行（公元540～594年），曾在化度、光明、慈门、慧日、弘善五寺建立三阶道场并在化度寺立无尽藏。该派在唐开元以后逐渐衰微。

由于长安在魏晋南北朝至隋唐时代是中国佛教最主要的译经传法和交流研习中心，当时寺庙林立、高僧云集、流派纷呈、远播四方，所以至今日本、朝鲜、韩国的大多数佛教宗派也都以西安地区为其源宗所在，其宗教哲理、仪轨制度、寺院建筑、经书文字无不受中国佛教文化和传统文化的深远影响。

公元845年（会昌五年），唐武宗李炎毅然下"灭佛"令，当时长安城内，除慈恩寺、荐福寺、西明寺和庄严寺外，其余寺院一律拆毁，财产、田地充公，僧尼勒令还俗。虽然两年后唐宣宗李忱宣布停止"灭佛"，并逐步恢复佛寺。但遭此沉重打击，长安佛教已远非昔比了。又过了几十年，长安的连年战火，尤其是公元904年的昭宗天祐东迁，更使这座千年帝都遭到了彻底的破坏。当时，遵朱温命令"毁长安宫室百司及民间庐舍，取其材浮渭沿河而下"，自此长安遂成丘墟。五代以后，随着长安战乱的延续及政治中心的东移，三秦地区已失去了国都及中心的地位，多数佛教寺院相继废弃、湮灭，明清时代虽多有修复，但已大减当年的规模，昔日盛况已无复再现。

同治年间，清政府镇压回民起义的战火再一次使西安近郊的佛教寺院遭到严重的破坏，各大寺院无不殃及，以致许多寺院（如崇圣、资

表四 保存的寺院

寺院	说明
广仁寺	西藏黄教寺院，清初创建
安庆寺	又称云居寺、西五台，创于宋代
卧龙寺	宋代改称现名，为禅宗寺院
罔极寺	唐代太平公主为武则天建
大慈恩寺	唐贞观年建，法相宗祖庭，长安三大译场之一
荐福寺	唐代为高宗追福建，长安三大译场之一
大兴善寺	西晋时建，佛教密宗祖庭，长安三大译场之一
青龙寺	隋代建立，日本真言宗祖庭
护国兴教寺	建于唐代，玄奘迁葬之地
香积寺	建于唐代，净土宗祖庭及善导大师移葬之地
草堂寺	建于唐代以前，是佛教三论宗和成实宗的祖庭、鸠摩罗什塔所在地
净业寺	建于隋，为佛教律宗祖庭
华严寺	建于唐代，佛教华严宗祖庭
仙游寺	建于隋代，白居易《长恨歌》写作处
悟真寺	建于隋唐之际，著名寺院
水陆庵	建于唐代，属悟真峪北普陀蓝渚庵，以壁塑闻名
牛头寺	建于唐代，樊川八大寺之一
圣寿寺	建于隋，长安南五台名刹
大庄严寺	初建于隋，长安名寺
法门寺	创建于东汉，因法门寺塔及佛指舍利而闻名海内外
至相寺	隋代名刹，位于天子峪内，名僧法顺、智正、智俨均在此传经授法
百塔寺	建于金代，位于天子峪口，三阶教传承地
清凉寺	创建于明代，位于凤栖原畔，旁有"井幕上将"墓地
兴国寺	建于明代，樊川名寺之一
圭峰、平等寺	在灵台、尼寺
观音、沣德寺	创建于唐，律宗发祥地

圣、章敬等寺）再也无法恢复。

尽管如此，但因西安地区的佛教文化积淀异常深厚，遗存仍然非常丰富。与全国各地相比，无论现存的佛教寺院，还是佛教文化遗存都是最为集中的地区之一。因之，西安地区仍然是研究中外交流和友好交往的重要场所。据不完全统计，目前保存比较完好及注册为宗教活动场所的寺院约有四十多处（表四）。除佛教寺院外，西安地区保留至今的佛塔也有几十座之多（表五）。

总之，西安地区（历史上的长安地区）在中国佛教文化传播、中外文化交流和东西方友好往来方面一直起着重要的、无法替代的作用。

表五 保存的佛塔

佛塔名称	说明
大雁塔	高64.5m，唐塔
小雁塔	高43.4m，唐塔
法门寺塔	高84m，唐塔
善导塔	高33m，唐塔
昭慧寺塔	三阳塔，高53m
崇文塔	明塔，高84m，被称为中国最高的砖塔
玄奘塔	高23m，唐塔
圣寿寺塔	高26m，隋塔、现存最早的砖塔
八云塔	高42m
大秦寺塔	宋塔，高39m
宝庆寺塔	唐塔，高23m
万寿寺塔	明塔，高25m
法王塔	隋塔，高35m
其它	
杜顺塔、天池寺塔、宝林寺塔、普同塔、青西寺塔、二龙塔、游仙寺法王塔（佛舍利塔）、华严寺塔及庆山寺等地发现了佛指舍利和佛舍利。法门寺佛指舍利还轰动了海内外界。	

香积寺

仙游寺

兴教寺舍利塔

法门寺

圣寿寺

荐福寺

道教——中国道教的“道法重地”

道教诞生于东汉末年，与其他外来宗教相比，它是深深根植于中国社会、发源于中国古代文化的大型宗教，因之源远流长，具有鲜明的中国特色。道教虽然创立在巴蜀地区，但它的源脉却与长安有着千丝万缕的联系。

道教源脉之一是我国古代的自然崇拜和鬼神崇拜。如《礼记·祭法》说：“山林川谷丘陵，能出云，为风雨，见怪物，皆曰神，有天下者祭百神。”这些出自西周的百神，后来多被道教吸收，成为道教的众神。

楼观台

道教源脉之二是产生于我国周、秦、汉时代的神仙传说和方士方术。秦始皇向往长生，汉武帝任用方士。尤其汉武帝在位54年，终生好仙，求药不断，还于元封二年（公元前109年）在长安建蜚廉观、桂观。这造成了社会上求仙修道的风气，并直接推动了道教丹鼎派的形成。

道教源脉之三是先秦老庄哲学和秦汉道家学说。周、秦、汉时代的《老子》、《列子》、《黄老帛书》等书都成了道教的理论依据。道教打着道家的旗号，利用老庄哲学和道家学说打造通向宗教世界的桥梁。

道教的源脉之四是汉代儒学与阴阳五行思想。西汉年间，儒家经学出现了董仲舒神学目的论和谶纬经学，它大讲阴阳灾异，而调阴阳，顺四时，序五行，以政令配月令的思想，几乎成为汉代思维方式的普遍特征，于是它和邹衍的阴阳五行思想成为内外丹学的重要理论依据。

另外，道教的主要经籍，如《道德经》（老子在楼观台讲授）、《太平经》（源自西汉成帝《天官历包元太平经》，见《汉书·李寻传》）、《周易参同契》（以《周易》为理论依据）等也都源自周、秦、汉的哲学思想。长安虽非道教的创始之地，但作为当时的政治、经济、文化中心，却是道教思想和理论的源脉之地。

东汉以后，由于黄巾起义的失败，道教曾一度受到统治阶级的压制和排斥，后经葛洪、陆修静、陶弘景、寇谦之等人的改造，道教才完成了由民间宗教向完备成熟的官方正统宗教的过渡。在这种背景下，南北朝至隋唐间，在我国北方，又出现了一个以长安（终南山楼观台）为中心，兴盛于我国北方的道教大宗楼观道。

楼观道是以崇奉老子与关令尹喜为教祖的道派，该道派自创立以来受到了历朝统治者的注意和重视，如：楼观道士王嘉“至长安，潜隐于终南山”，曾受前秦苻坚、后秦姚苌的礼遇，问以政事；楼观道士马俭，姚苌曾遣使征召，赐给香烛，钦尚加厚；楼观道士尹通，北魏太武帝钦闻其名，遣使致香烛，俾之建斋行道，自是四方请谒不绝，“高人胜士，朝野缙绅，车骑填门，冠盖满路”；楼观道士陈宝炽，西魏文帝钦异之，召入延英殿问道，朝野大夫亦从而师之；楼观道士严达，北周武帝迎聘于朝，待以宾礼；隋文帝于开皇六年诏以宝车迎楼观道士王延于大兴殿，建玄都观，以延为观主等。总之，北朝当时的统治者，尤其西魏文帝、北周太祖（宇文泰）、北周武帝及隋文帝等，都是道教的积极支持者，这样就使得以长安为中心的楼观道很快在北方地区发展壮大起来。隋唐之际，楼观道住持岐晖“逆知真主将出”，乃尽以观中资粮供给唐军，及李渊兵至蒲津关，晖发观中道士八十余人向关接应。由于楼观道士有“应接圣君”之功，同时为制造“天命神授”的舆论，唐代对楼观道格外扶持，除敕令整修殿宇，赠田赐产外，李渊还亲率百官两次幸临楼观台礼祀老君，并诏令改楼观为宗圣宫。由此，以长安为中心的楼观道进入了它的鼎盛时代，成为了李唐王朝崇奉的官方御用流派。

公元624年，唐王室遣使携天尊像赠高丽并令道士前往讲《道德经》；次年，高丽遣使入唐，请学黄、老；公元642年，高丽再遣使来唐学习道教，太宗命道士八人前往；迦设路国请老子像及《道德经》；公元735年，日本遣使请《老子经》及天尊像东渡；公元738年，

重阳宫

唐遣使携《道德经》至新罗。这是中国古代道教史上少有的几次中外交流，而且均发生在长安。由于道教在唐代具有国教地位，全国各地纷纷建立宫观庙院。据《唐两京城坊考》记载，当时长安城内共有道观40多处（其中包括隋代建立的10处左右）。在这些道观中，有些是唐皇室为皇帝、太子、公主祈福，追福建立的；有些是王公大臣舍宅建立的；也有些是为公主或贵戚出家而新建的。长安城的这些道观有的规模非常雄伟宏大，如唐高宗李治为唐太宗追福在保宁坊建立的昊天观（观主为唐代著名道士尹文操），该观占尽一坊之地，面积达24.5万m^2；隋文帝开皇二年建立的玄都观占据了崇业坊的大半用地；公元658年，唐高宗李治为太子李弘建造的东明观，占了普宁坊东南隅差不多四分之一的坊地，观内“长廊广殿，图画雕刻，道家馆舍，无以为比”。

由于朝廷的提倡，唐代道教的音乐、舞蹈、绘画、雕塑等以长安为中心亦得到了全面发展。如：开元二十九年，玄宗制《霓裳羽衣曲》、《紫微八卦舞》以荐献于太清宫；天宝四年，玄宗又制《降真召仙之曲》、《紫微送仙之曲》并于太清宫演奏。又如：万安观内永穆公主影堂有李昭道画的山水；嘉猷观内的精思院有王维、郑虔、吴道子的壁画；吴道子所画老子像的刻石仍流传至今；敦煌仍保存有唐代的道教壁画。唐代以前，道观中的神仙塑像甚少，唐玄宗命全国各大宫、观、庙、院塑老子像，并在太清宫塑李隆基像于道德天尊之侧。自此，道教雕塑艺术开始

表六

时间	说明
公元625年	上清观道士著《十异九述论》、道士刘进喜著《显正论》，刊刻《大唐宗圣观碑记》于石
公元647年	太宗集三十余人于五通观译《老子》为梵文，以通天竺
公元653年	成玄英著《老子道德经开题》、《老子道德经义疏》
公元664年	孟安排著《道教义枢》
公元670年	尹文操著《玉纬经目》
公元674年	以《道德经》为策试题目，四年后，敕令《道德经》、《孝经》并为上经
公元683年	王悬河建立《道藏经序碑》
公元700年	张万福著《三洞众戒文》
公元713年	玄宗命太清观主与昭文馆、崇文馆学士等修《一切道经音义》一百一十三卷，玄宗亲为作序
公元733-735年	玄宗御注《道德经》并注《老子》修疏义八卷，制《开元文学音义》三十卷，颁示公卿
公元738年	敕修《三洞琼纲》共三千七百四十四卷
公元741年	制两京各置崇玄院，令生徒习《道德经》、《庄子》等。每年随举人例，准明经考试

发展起来。总之，由于唐皇室，尤其是唐玄宗李隆基的倡导和垂范，道教艺术获得了空前的发展并达到了相当高的水平。

道教进入李唐王朝后，得到了自由的发展，道教经文大量涌现，开创了宣讲注释道经的风气。道观的兴建，斋醮仪式的健全，科律的完整，体现了唐代宫观道教的特点。道门派别的繁荣，道官科举制度的改革等都大大促进了道教的发展，使中国道教走入它空前鼎盛的灿烂时期（表六）。

唐代的炼丹术虽有不少负面影响并断送了唐代几个帝王的性命，但它的实践也带来了许多新的发现。除了硫化汞的合成外，还有很多新的药物制备方法和关于矿物的观察记录。尤其值得重视的是，唐代炼丹术丹经中已有关于火药的明确资料。著名科学家李约瑟曾说："在任何一个文明国家中，最早提到火药的是一部题为《真元妙道要略》的道教炼丹著作。"

都城隍庙

唐末五代时期，由于连年战乱及政治中心的东移，西安逐渐失去了它延续数百年作为全国道教研究、传播和发展中心的地位，城中的道教庙观也几乎全部废毁殆尽。但尽管如此，当时的长安城内仍新建了一批道教庙宇，作为地区级的道教文化传播中心继续地发挥着作用，如五代时创建的天宁观、迎祥观、真武庙、樗里庙、资圣院、杜祁公庙（祠杜佑）、显圣侯庙；宋代创建的神农皇帝祠、城隍庙、佑德观、兴国院、龙泉院、安平公祠堂；元代创建的太白庙、三皇庙、西岳庙、玉清宫、朝元观、灵应观、后土祠、秦郑国祠、宣圣庙、资圣院、嘉祥观等等。

唐末五代时期，长安及关中地区在道教文化传播方面比较有影响的代表人物主要有：钟离权（京兆咸阳人）、刘海蟾、吕洞宾及陈抟等。陈抟是老华山派的创始人，他淹通三教，其丹法在内丹流派中自成一家，隐仙派张三丰自称师承陈抟一脉，而且后来王重阳创立的全真教派也受到陈抟"佛道合一"哲学观的影响。

宋元以后对全国道教有重大影响的全真道是由京兆咸阳人王重阳于公元1167年创立的。他死后弟子们将他的尸骨归葬于他开始传道的户县刘蒋村，其弟子马丹阳在宫观内又专修了一个大厅并手书"祖庭心死"匾额。自此，该地就成了全国各方道徒的祖庭，被称作"祖庵"，视为全真道的发祥地。公元1298年，弟子丘处机又请旨元朝皇帝将此处改为"重阳宫"（后又改为"重阳万寿宫"）并进行扩建。扩建后的重阳宫规模宏伟，殿阁林立，宫内屋宇有5048间，常住道士达万人，护卫士兵也有三千多人，此时重阳宫已成为全国七十二路道教的总汇合处，西安地区再次成为全国道教的中心。

八仙宫

八仙宫

王重阳死后，他的七大弟子分别在各地修炼、传教并创立全真道的各个支派，如丘处机在陕西陇县的龙门山创立龙门派并于华山创立龙门律宗；郝大通在华山创立新华山派等；其他如马丹阳、王处一（主要在华山）等也都曾在关中地区传教和进行宗教文化活动。

在唐宋之际，由于道教神仙思想的影响，在道教文化及社会信仰中，出现了一些鬼神崇拜和神仙信仰的现象，其中最有代表性的就是“八仙信仰”。

“八仙”主体的形成与长安道教有着密切的联系，在长安地区出现一座以“八仙”崇拜为特征的道教宫就不是偶然的事情。在宋末以前，尚未形成现行“八仙”的概念，在长安地区广为流传的是钟离权点化吕洞宾的故事，此事发生的地点就在今西安的东门外的长乐坊。元代至正年间（公元1341～1368年），安西王奏报朝廷批准正式建庵时，仍未明确观名。明正德年间（公元1506～1521年）因传说“八仙”再现，所以建“八仙庵殿”，并增建垒祖殿。由上述可见，虽均属道教传说，但他们与“长安”似有不解的“仙缘”。

道教至明清时已渐趋衰微，再加上西安地处西北，远非京畿繁盛之地，所以早已失去了道教文化传播中心的地位。尽管如此，西安城内及周边地区仍保留有不少的道教庙宇，它们继续在发挥着道教文化延续及传播的功能，如：明代除周边的楼观、祖庵、玉山观、杜子祠、太乙观、灵应院外，城中主要有城隍庙、天宁观、文庙、武庙、八仙宫、真武庵、启圣祠、董子祠等道教庙宇。在清代的西安府城图中，道教的宫、观、祠、庙更是星罗棋布，数量多达八十多处，说明道教在明清两代仍具有相当大的影响力。

在《云笈七签》中，西安地区除华山是十大洞天中的“三元极真洞天”、三十六小洞天中的“太极总仙洞天”外，太白山还是三十六洞天中的第十一洞天德元洞天。同时，楼观台、玉峰、蓝水也均在“福地”之列。另外，在全国公布的三十个重点道观中，西安及关中地区就占了五个，因之西安及关中地区在全国道教文化中仍占有相当重要的地位。

直到今日，西安地区保存下来的道教宫、观、祠、庙与全国其他城市相比仍然是较多的。其中主要包括：楼观台及宗圣宫；重阳宫及祖庵碑林；八仙庵（全国全真道龙门律宗的重要丛林）、都城隍庙、湘子庙、东岳庙、杜公祠、董子祠、翠华山（老君庵、金胜堂、金华祠）、骊山（老君殿、老母殿）、蓝田汤峪三清宫、玉山观、周至赵公明庙（财神庙）、太白山（太白庙、拨仙台等）、老县城杨泗将军庙（纪念杨么）及雷神庙万阁楼等。

就西安在我国道教文化发展、传播中的作用而言，西安地区一直是中国道教的道法重地。

雷神庙

伊斯兰教——中国伊斯兰文化的传播窗口

伊斯兰教创建于公元610年（隋大业六年），公元622年（唐高祖武德五年）在麦地那建立政教合一的国家，公元630年（唐太宗贞观四年）统一阿拉伯半岛，到公元750年（唐玄宗天宝九年），大食国势力范围已达葱岭（帕米尔高原）及印度河流域，而伊斯兰教传入中国也大体就在这个时期。

据《旧唐书·大食传》记载，大食国于公元651年（唐高宗永徽二年）遣使来朝，那年正是第三任哈里发奥斯曼当政。使者朝见唐高宗李治，介绍了哈里发国家的建国经过、国内习俗及伊斯兰教的情况。两国间自此开始了频繁的交往，据史书记载，仅大唐一代大食使臣出使长安次数即达37次之多。随着两国交往的增加，大批阿拉伯商人走陆路，经西域诸国、天山南北的“丝绸之路”直达长安，并聚集在长安西市经商（据史载，与大食的海上“香料之路”略早于陆路），其中有些商人在长安长期滞留，甚至不归。

当时阿拉伯、波斯穆斯林商人聚居的地方被称为“蕃坊”，这些商人被称为“蕃客”、“胡商”，据《通鉴》，唐德宗李适贞元三年（公元787年），“胡客留长安久者，或四十余年，皆有妻子，买田宅，举质取利，安居不欲归。检括胡客有田宅者，共得四千人。”经过安史之乱浩劫的长安仍居住有如此数量的“蕃客”，可见其规模之大。据史书记载，当时旅居长安的“诸胡”中，还应包括中亚的九姓胡在内，九姓胡也称“昭武九姓”，他们是中亚锡尔·阿姆河流域皈依伊斯兰教的九个小王国，其中包括康、石、安、曹、米、何等。这些小王国的国民长期以来不断到长安经商，有些住久了，各以国名为姓，他们多聚居一村，以族姓为村名，如长安北郊的南、北康村（今北二环），据有人考证，说他们是“九姓胡”的后裔，其他如曹家堡、米家崖、何家村等，也多与此有关。明、清两代长安及其附近不少穆斯林碑文中的定碑人，多是安、石、米、何等姓氏就是例证。因之，“九姓胡”的后裔也是西安穆斯林的重要组成部分之一。

在唐代，“住唐”的“蕃客”可以自由地进行宗教活动，据广州发现的大食商人旺各师墓志说：旺各师“再三留住长安，因敕建大清真寺”。叙利亚学者在《中国与阿拉伯之间的历史关系》中也说，因穆斯林协助唐王室平定叛乱，收复两京有功，在唐代宗李豫宝应元年（公元762年）也曾在长安敕建清真寺。因当时唐皇城内主要都是朝廷办公机构，不可能建有清真寺，如果以上记载属实，则唐代的清真寺最有可能建在“蕃客”聚居的长安西市，尤其是西市北中坊常平仓（放生池东部）及波斯邸一带，因当时穆斯林人数不多，清真寺的规模可能不会太大。

大学习巷清真寺门前石碑坊上刻有“敕建陆次唐中宗乙巳年季春上院之吉”，化觉巷清真寺内立有“唐天宝元年七月立《创建清真寺碑记》”（相关专家认为这些是明代托古刻造）。这虽不能说明唐代清真寺建于该处，但能证明伊斯兰教在唐代已传入长安，伊斯兰教的宗教活动在唐代长安是存在的。唐朝末年战乱频仍，天祐以后，迁都洛阳，使一代名都化为废墟。故唐长安城中即令建有清真寺，也会在这一次浩劫中荡然无存。

在两宋时期，关中地区仍保持着东西交通的枢纽地位。当时，由“丝绸之路”经过长安，前往开封和东南沿海一带的穆斯林商队，因值南北对峙，交通阻塞，被滞留在长安及其附近的为数不少。这是穆斯林宋代在长安及其附近得到发展的国内因素。此时，阿拉伯帝国的阿拔斯王朝衰落，并为蒙古军队所灭，加之十字军东侵、内部割据混战和多次天灾及瘟疫，迫使阿拉伯、波斯、中亚地区的穆斯林进行了一次空前规模的东迁。因之，两宋时期迁徙来我国（主要是西安周边及中原地区）的穆斯林，其人数之多超过以前任何时候。如宋将曹友闻在陕西沔州南大安、回回寨一带抗拒蒙古人入侵时（该战歼敌10余万人），部下就有回回十八族（事见《宋史》、《昭忠录》），可见当时陕西的穆斯林已有相当的规模。随着宗教活动需要的增加，在现西安回民聚居区开始建造了第一座清真寺。据大学习巷清真寺内明嘉靖二年《重修清净寺碑记》中说：“及至赵宋时，建清净寺于鼓楼西北隅”，这可能就是西安化觉巷清真寺的前身，因其具体位置未见有明确记载（含宋、元时期的西安城图），估计其规模也不会大。

元代，不少穆斯林上层人物在朝廷任职，得到元朝统治者的重用，这在客观上促进了伊斯兰教在中国的传播和发展，另外当时西域的穆斯林也随蒙古军队大量涌入西安，他们中的许多人在这里成家立业，并长期留了下来，从而构成了西安穆斯林的重要组成部分。据史载，大

大清真寺

大清真寺

小皮院清真寺

学习巷清真寺创建于元世祖中统四年（1263年），几十年后，于元成宗大德年间（1297～1306年），又由时

任陕西中书省平章政事的赛典赤乌麻儿（穆斯林上层人士）加以扩建。在此期间，该寺称为清净寺。也就是说，在元代，今西安穆斯林聚居区已经出现了化觉巷清真寺和大学习巷清真寺，但在元奉元路（今西安）城图中，这两座清真寺均未表示出来（宫、观、庙、院均有表示），可见其规模也不会太大。

元代末年，各族人民不堪忍受元朝统治者的残酷压迫，爆发了全国规模的人民大起义。当时，许多穆斯林同胞同汉族人民一起参加了抗元斗争，如在朱元璋的起义部队中，就出现了常遇春、胡大海、冯胜、沐英、冯国用、兰玉等著名将领，这些人都是穆斯林教徒，他们为明朝的建立立下了汗马功劳。因之，明代初年，朝廷对伊斯兰教采取宽大政策，重用穆斯林上层人士，并以朝廷的名义新建和扩建了不少清真寺，如化觉巷清真寺由当时充任兵部尚书的伊斯兰教徒铁铉监修，大学习巷清真寺由“三宝太监”、伊斯兰教徒郑和奉旨重建等；另外，还于明成祖永乐九年（公元1411年）新建了小皮院清真寺，于明神宗万历三十九年（公元1611年）新建了大皮院清真寺。至明末，今西安穆斯林聚居区的道路系统及分坊而居的格局已初步形成。

在明代，西安继续扮演着促进中外经济文化（含宗教文化）交流的重要角色。明永乐十年（公元1412年）在郑和第四次下西洋时，专程聘请精通伊斯兰教义、通晓阿拉伯语并熟悉沿途各国民俗和历史的大学习巷清真寺掌教阿訇哈三担任“通译”和外交信使的任务。哈三跟随出使船队至南洋群岛诸国（多为穆斯林国家），并远抵北非东岸的麻林、木喇哇等国（也均为穆斯林地区），出色地完成了与各国进行文化经济交流的使命。

经堂教育的兴起是西安穆斯林在明代为伊斯兰文化的传播和发展作出的又一重大贡献。中国经堂教育的创始人胡登洲（公元1522～1597年）出生在咸阳（明、清两代均属西安府），经历了嘉靖、隆庆、万历三代，他朝觐麦加归国后，立志兴学，率先改革口头传授经文教义的方法，提倡经堂教育制度。他初在家办学，后于清真寺内办学，由此，清真寺设学之风渐开，并很快遍及中原各地。当时陕西被誉为“念经人的教场”，中国穆斯林尊他为“胡太师”，现在位于西安、咸阳交界附近的“胡太师墓”已被列为“省级文物保护单位”。

到了清代，一方面由于当地穆斯林人口的急剧增长，另一方面由于18世纪初与阿拉伯国家又恢复了密切关系，因之，西安穆斯林聚居区不断扩张。在此期间，该聚居区又先后建成了广济街清真寺（建成于清初）、洒金桥清真古寺（建成于18世纪）、营里清真寺（建成于清乾隆六十年，即公元1795年），同时还在西安城东南部东仓门南段东侧的回回巷建立了专为清军中穆斯林进行宗

表七

七寺	十三坊
化觉巷清真寺	宣平坊
大学习巷清真寺	伞巷坊
小皮院清真寺	铁炉一坊
大皮院清真寺	广济坊
广济街清真寺	安定坊
洒金桥清真寺	保宁坊
营里清真寺	新兴坊
	前所坊
	铁炉坊
	香米园坊
	南顺坊
	贡院坊
	石所坊

大清真寺

小皮院清真寺

小皮院清真寺

教活动的南城清真寺等。至18世纪末，西安穆斯林聚居区已基本构成了“七寺十三坊”的格局（表七）。

据白寿彝先生所著《回回民族的历史与现状》一书中记载，在清同治年间之前，陕西大约有100多万穆斯林，他们大多聚居在关中地区，共建有八百多座清真寺，其中一半左右都是大寺，在西安周围有六十多个穆斯林聚居或回汉杂居的村寨。当时，西安城内的穆斯林聚居区位于市政署旁边并临近商市，人口约有16000人。在伊斯兰教派方面，西安地区的穆斯林均自称属于逊尼派的哈乃斐学派（虽然在信仰和仪式中有许多什叶派的表现），但他们由于对宗教制度及仪式理解的不同，又分为格底目（又称“老教”，以化觉巷清真寺为代表）及伊赫瓦尼（以“遵经革俗”、“凭经立教”为口号的创新运动，又称“新教”，以大学习巷清真寺为代表）两派，后来（公元1934年后）又从伊赫瓦尼派中分裂出赛来非耶派（又称“白派”、“三抬教”、复古主义派，或直称瓦哈比耶。该派以红埠街清真寺为代表）。满清政府对各少数民族采取的是分化、瓦解、压迫和歧视的政策，鉴于此，各少数民族（包括回族）对满清反动统治的抵制和抗争从来没有停止过。清同治年间（公元1866年前后），由于清政府的挑唆和压迫，终于爆发了以陕西穆斯林为先导的西北回民大起义，清朝政府随即调集重兵进行围剿。起义失败后，除白彦虎（泾阳人）率领数千人撤至俄罗斯境内形成今日中亚地区的东干族外，陕西穆斯林十不存一。

辛亥革命以后，经历了近一个世纪的发展变化，西安地区的穆斯林人数已达到五万人，清真寺数目也达到了近二十座，其中除建成于清代以前的八座清真寺外，尚包括：建成于1922年的小学习巷清真寺；建成于1936年的洒金桥清真西寺；建成于20世纪40年代的东新街清真寺、建国巷清真寺以及后来陆续建成的红埠街清真寺、东关清真寺、道北清真寺、纺织城清真寺和临潼、长安等地的清真寺等。这些穆斯林和清真寺通过朝觐、访问、接待来访者、学术交流以及其他经济和文化交流，继续扮演着促进伊斯兰文化健康发展和中外经济文化交流的角色。

小皮院清真寺

外来宗教

唐代长安是一片开放、宽容的土地，唐朝廷不但对留居和往来的外国人实行豁达包容的政策，而且还对他们的风俗习惯和宗教信仰采取大度和尊重的态度，允许他们建立各自的寺、祠、教堂，并由侨居人士建立专门的管理机构。当时流行于西安地区的外来宗教除佛教和伊斯兰教外，还有景教、祆教、天主教、基督教和摩尼教等。

五星街教堂

景教

景教是基督教一个较小的教派，因信奉君士坦丁堡主教聂斯脱利所倡导的教义，故又称聂斯脱利派。该派属于安提阿教派，主张基督二性二位学说。

该派曾于唐代传入中国，称“景教”。公元635年（贞观九年），该派教士叙利亚人阿罗本等经波斯来到长安译经传教，三年后，在长安西北隅（义宁坊）建寺一座，称波斯寺，唐高宗曾册封他为“镇国大法主”。天宝四年（745年），为避免与祆教相混，应教士之请，诏改为大秦寺（大秦即东罗马）。当时有教士21人，不久更向全国各地发展，到代宗、德宗时，景教仍受到唐朝皇帝的支持。

公元845年，武宗诏令拆毁天下寺庙，勒令僧尼还俗，景教亦遭波及，教士二千余人被逐，一时绝迹于中原。但在契丹、蒙古等地依然有景教流行。元代蒙古人入主中原，该教又随之而来，与当时传来的天主教被统称为也里可温教。据马可·波罗所记，北京、西安均建有教堂，被称为“十字教”。元亡后，该教在中原地区消失。据近年在西安出土的米继芬墓志（刻于唐顺宗永贞元年）记：“其先西域米国人……公有二男……幼曰僧惠园，住大秦寺。”可见当时住在长安的中亚昭武九姓的米国人中，也有信奉景教且其弟子为景教教士的。

五星街教堂

祆教

祆教是公元前6世纪由波斯人琐罗亚斯德在波斯东部大夏（今阿富汗的巴尔赫地区）创建的宗教，中国史称“祆教”、“火祆教”、“火教”、“拜火教”等等。公元6世纪时，该教传入我国，它首先在西域的焉耆、康国、疏勒、高昌、于阗及匈奴、鲜卑等民族地区传播，然后于南北朝时渐入中原。北魏、北齐、北周的皇帝都曾带头奉祀，隋时曾设官置祝，并由鸿胪寺管理。到了唐代，为安抚避乱来自西域各国的侨民，专门设立萨宝府，管理火祆教事物，萨宝府隶属祠部，设四品至九品的祀官（其中萨宝率府位四品，萨宝府史位五品）。在西安出土的米萨宝墓志，记述了卒于公元742年的米萨宝是西域米国人，曾任祆教教长职务。

长安城内最早的祆祠是公元621年（武德四年）在布政坊西南隅建立的胡祆祠。后来在公元677年（仪凤二年），逃亡长安的波斯王子卑路斯，奏请在醴泉坊西北隅建波斯胡寺（应为祆祠）。除上述外，在普宁坊、崇化坊及靖恭坊等地也都曾建立过祆祠。但是当时信奉祆教的绝大部分都是侨居长安的外国人，这从祆祠所在的位置也可看出，如：醴泉坊位于西市北邻；布政坊邻接西市东北隅；崇化坊邻接西市西南隅；靖恭坊邻接东市东南隅；普宁坊位于外城西北角，邻近西市及开远门。而当时西市是长安城内胡人最主要的集中地。公元845年，唐武宗毁佛，外来宗教同时遭到禁止。据史料记载，当时敕令祆教3000余人还俗，祠寺废毁。两年后，对外来宗教的禁令有所放宽，祆教活动也有所恢复，如1955年在西安出土的葬于公元874年（咸通十五年）的祆教教徒墓葬就是一个很好的证明。

摩尼教

该教是伊朗古代宗教之一，又称明尊教、末尼教、明教等，它是由出生在南巴比伦安息王族家庭的摩尼，于公元3世纪时，在琐罗亚斯德教二元论的基础上，并吸收了基督教、佛教、诺斯蒂教（公元初年的一种秘密宗教）的宗教思想而创立的。该教崇拜"四大尊严"，以二宗（光明与黑暗）三际（初际、中际和后际）论为根本教义和世界观，并以"三封"（口封、手封、胸封）、"十诫"（摩尼教的十条戒律）为主要戒律。公元3~15世纪，该教曾在亚、非、欧广大地区流传，约公元6~7世纪开始传入我国新疆地区（当时称西域各国）。

据南宋佛教史书《佛祖统记》记载，公元694年（延载元年），摩尼教传教师持摩尼教经"二宗经"入朝，这是摩尼教传入长安最早的记载。公元732年（开元二十年）唐玄宗下诏，禁止汉人信奉摩尼教，但明确表示，西域及外国人仍可按其文化传统和风俗习惯继续信奉。

天宝末年，安史乱起，唐肃宗曾借回纥兵平叛，回纥毗伽可汗派太子叶护率军来援。两京收复后，因回纥平乱有功，受到朝廷的特殊礼遇。这时，摩尼教由于回纥君臣的崇信，已在回纥地区广为流传。在这种情况下，大批摩尼师和信徒纷纷来到长安，他们甚至充当回纥的使者。为使流寓长安的摩尼教徒能进行正常的宗教活动，应回纥之请，公元768年（大历三年），代宗敕许在长安城内建"大云光明寺"（摩尼祠），后来又陆续准许在荆、杨、洪、越诸州及豫、晋地区创建摩尼寺。自此开始，摩尼教在民间传播并及宫廷。如：公元799年（贞元十五年），德宗曾令摩尼师入宫祈雨；公元807年（元和二年），回纥又请求在洛阳、太原等地建寺等。会昌灭佛期间，武宗敕令天下摩尼剃发作沙门形，并废毁摩尼寺祠，没收寺院财产及经卷，长安女摩尼教徒死于该事件的有72人之多。会昌之后，宗教禁令随之放松，但摩尼教始终未能在长安地区得到恢复。

青年路天主教堂

天主教、基督教

天主教、基督教是世界三大宗教之一，它们于元代曾传入中国，被统称为"也里可温教"，但流传不广，后来随着元代灭亡而消失。公元1582年（明万历十年），天主教、基督教再次传入我国，其他新教各教派（含东正教）也于鸦片战争前后陆续传入。因为西安地区既非京师重地，又非商埠和交通枢纽，因之在天主教、基督教的传播方面作用有限，几乎没有留下多少重要的史迹和文献资料。尽管如此，在西安关中地区还是分布有大量的天主教堂和基督教堂（包括县城和村镇），仅据民国时期（1933年）的西安城图，在西安城内就分布有以下一些天主教和基督教的宗教活动场所：在西关太平堡（八家巷）、县公所南城内梁家牌楼朱家巷及端履门街等地分别建有天主教堂；在东关东新巷建有救世堂；在南新街新化巷建有浸礼会；在东大街附近的吉庆巷建有青年会；在北大街通济坊地区建有圣公会；另在城北隅糖坊街也建有一处天主教堂。其中五星街（原梁家牌楼土地庙什字）的天主教堂还被列为市级文物保护单位。

东新街礼拜堂

第三节　关中民居

民居，是一片土地上的人们生活状态的见证。一栋栋古老的民居、一座座传统的院落，就如同一部部的家族史、一件件的艺术品，飞升的屋面、充满神秘图腾色彩的脊兽、院中光怪陆离的阴影变化无不令人神往。江南民居有着“窗含西岭千秋雪，门泊东吴万里船”的悠悠意境，北方民居又有着古朴静谧的宁静安然，一切都是那样的和谐，令人不忍心打扰了那份浑然天成的美，却又不由得魂牵梦萦。

陕西地理特点是南北高、中部低。中部为关中盆地，海拔320～800m左右。同时地势由西向东倾斜的特点很明显。由于地域环境的差异，陕西的传统民居可以分为关中民居、陕南民居和陕北民居。

渭河以南的平原地区的民居，以木构架、土坯墙、夯土墙、砖墙为主要材料的单层坡屋顶建筑为主。在台塬断续分布处也有少量生土窑洞民居，多半用于存放蔬菜、瓜果及柴草，一般不作居住之用。渭河北岸二阶台地的后缘，分布着东西延伸的黄土台塬，北接陕北高原南缘的山地，黄土层厚由十多米至百余米，塬面广阔，一般海拔为460～850m。

旬邑县唐家大院

塬上的一般民居与塬下相同。

在平原与台塬接壤处，台塬拔地而起，由于黄土质地坚硬，平原与塬地几成90° 而不塌，多数民居就在向阳的塬壁上开挖窑洞；有的因地就势，背靠塬壁把生土窑洞与石砌窑洞或一般民居组合成院落。

关中盆地地处秦岭山地的北侧，北界“北山”，东起潼关港口，西迄宝鸡峡，东西长约360km，历代称谓八百里秦川，东宽西窄，地势平坦，海拔322～600m，渭河横贯中部。

关中盆地的年平均温度为12°～13.6°，属暖温带。四季分明，冬夏较长，春秋气温升降急骤，夏有伏旱，秋多连阴雨。西安市是本省夏季高温中心之一。东至潼关，西至宝鸡，其温差相差无几。无霜期207天。年降雨量604mm，雨量集中在7～9月。近年来冬季及夏季平均气温有逐步上升的趋势。从历史记载及现存民居的形式与布局看，还是属于北方类型。民居的坡屋面形式以硬山居多，瓦屋面只作仰瓦，平面布局与构架举折与北京民居类同。

关中民居至今保存着相当完整的民居村落，反映着历经长久时间形成的一个传统的农村聚落的生活圈和文化圈。

分布情况

我们所提及的“关中民居”，主要是指规制较高、建筑质量较好的“大宅子”，是封建王朝时期达官贵人及豪商巨贾的住宅。这些住宅虽透射着剥削阶级的贪婪与奢糜，但是它们在建筑的空间布局与艺术创作上极具代表性地反映了那个时期的传统民居的设计与建造水平。可以说，“大宅子”集中了关中传统民居的精粹。

高家大院

除目前西安中心城区内的一些士大夫住宅外，在西安外围各县、各地区亦有很多保存完整、建设规模较大的传统民居，主要分布于关中地区，如三原、长安、旬邑、泾阳、韩城等地。与西安地区的宅门不同，在西安外围的民居多是士子、朝臣的祖宅，或是巨贾在生意发达之后耗巨资而作。因此，远离当时行政中心西安的这些民居，在不违反封建礼制的前提下，无不穷尽巧思，精选良材，其总体空间感受也就透露着一种大气与霸气。

高培支故居

总平面布局特点

关中民居（除少数地区的生土建筑，如窑洞等）因其所建的地势大多较为平坦，其建筑的群落布局大都以村落为聚集模式，中规中矩地沿东、西、南、北四个方向平行展开。同时，受传统观念的影响，各住宅的落位朝向亦都遵循着“风水”原理：前有“案山、朝山”，后有“祖龙”，“负阴而抱阳”，“聚气使不散”；具体到住宅本身，其入口大都择其东南“巽”向而落位。总体来说，面向东南（这是关中一带普遍认识的“生门”）是关中民居的一般性特点，而其中特例者，无外乎根据主人的生辰八字，依相生相克原理，作一些适当调整。民居内部大都南北长，东西窄，与通常所见的北京传统民居有所不同。院内各房间住房的安排也体现了封建时期严谨的礼教制度，一般说来愈深的院落，其住户在家族中的身份与地位亦愈加显赫。

建筑的构造特色

与江南民居相比，关中民居在建筑形象上虽不如其水绿交融，却比之更为雄壮有力。如果套用古文佳话中的说法，江南民居如象牙笏板轻叩，轻吟“杨柳岸，晓风残月”，关中民居则像铁板击节，高歌“大江东去，浪淘尽，千古风流人物”。关中民居建筑构造高大宏伟，入口大都有栓马桩、上马石、抱鼓石或石敢当。进入大门之后，高耸的照壁作为“风水”中必不可少的构件，一方面阻挡了侵门而入的寒风，另一方面也增强了院子内部的私密性；而镌于其上的“福”字与入口两侧的桃符更是表达了主人对年年好运的祈求和个人的“耕读”胸臆。自古以来，“耕读传家”的思想就深植在关中人的心中，各大宅子门前的建筑整体感受不仅充满着乡土情结，还洋溢着书墨之香，也许这也是一种飘脱于物象的精神内涵的体现吧。

关中民居的屋顶形式除具有明清时期民宅的坡屋顶特征外，其坡面多自内院斜伸向苍穹。面向院子一侧，有廊道作为过渡空间；远离内院一侧为实墙，其作用除为抵御寒冷空气外，还有另外一层意思，就是希望通过经由坡顶流向内院的雨水，亦将“财气”敛于院中。

此外，在门窗的花棂分隔上，采用寿字纹、万字纹、回形纹、草龙（蛇）纹等；在门扇的实木樘部分，又往往刻有人物故事版，取材不一。一般来说，众所周知的典故作为刻画的首选，像“萧何月下追韩信”、“文王访姜公”、“桃园三结义”、“叔齐、伯夷隐山林”等，都成了各大宅子木刻故事版的主题。这些精美的木雕以及独具关中乡土气息的砖雕、花棂隔扇，在绿化水面罕缺的关中宅院里，形成了最为柔和与人性化的艺术装置。

艺术装饰特点

关中民居，生长在这片特殊的土地上。在社会、环境等各种因素的交叉作用下，建筑雕刻形成了独特的艺术风格。在赞叹之余，不由得沉思这一件件艺术装饰所赋予的深刻内涵。

这些民居中的艺术装饰图案，即为吉祥纹样，它是民族心理的吉祥观念和图腾崇拜所形成的物化外显，是华夏特有的观念艺术，它装点着子民和天子的居住环境。

关中一带的古建筑装饰主要是雕刻，而雕刻纹样的内容非常丰富，如动物中的龙、虎、凤、龟、狮子、

高家大院

麒麟（神兽）、鹿、鹤、鸳鸯等；植物中的松、柏、桃、竹、梅、兰、荷等。所有这些题材被用作装饰，不仅在于它们具有形象的美，而且还在于它们能够表达特定的吉祥内容和文化内涵。如龙的形象，龙在历史上是权威的象征，是民族的，又包含着神龙化雨的自然向往；狮子性凶猛，为兽中之王，狮纹成为传统建筑中极重要的保护神，为院宅主人抵御邪恶不良。随着佛教文化传入，传统莲花纹除具有出淤泥而不染的含义外，又注入了代表佛教的神圣意义；松、竹、梅、菊则象征着人品的坚韧和高尚；牡丹象征着雍容华贵。

艺人们还常常将动植物或其他多种形象组合在一起，表达更多更复杂的文化内涵。两只狮子表示“事事如意”；狮子配上长绶带，则表示“好事不断”；将松树与仙鹤组成图画，寓意“松鹤长寿”。木雕、砖雕中常见有鲤鱼跃龙门的题材，它比拟凡人能升入朝门功成名就。在建筑雕刻中，鱼产子，即“儿孙满堂”；公鸡的谐音既有“功”又有“吉”，它与牡丹可以组合为“功名富贵”。另外，古代建筑的装饰纹样中还常瓶中插月季或者麦穗，意为四季平安和岁岁平安。

一堵影壁、一段花墙、一扇门窗、一面墀头，甚至一方砖雕、一片瓦当，这些最传统的生活气息，无不体现了在这片黄土地上生存的这个古老民族深邃的智慧与犀利的创造力。关中蕴藏着任何现代建设所无可替代的历史价值和文化价值，向人们展现着一种传统的生活空间和民俗风貌。它不仅仅是一种建筑形式，更是一种艺术，一种文化。

高家大院

第四节　帝王陵寝

“南方的才子，北方的将，渭北高原埋皇上”

帝王是中国历史上掌握朝代更迭盛衰的至关重要的人物，他们生前居住在宏伟华丽的宫殿中，有着坐拥四海的权利。但是从古至今，事物总是周而复始的更替循环，生老病死的自然规律，是即使尊贵如帝王也无法摆脱的命运。于是，为自己营建宏伟华丽的陵墓便在帝王们一生中占据了极为重要的地位。由此而衍生的中国古代帝王陵寝建筑及其制度便是与帝王陵墓的营建相伴而生的产物，是当时社会政治、经济和文化艺术成就的重要组成部分，它从一个侧面反映了朝代的兴盛、衰亡与更迭。

帝王陵寝的营建在中国延续达2000余年之久，也是世界绝无仅有的。它不仅为研究中国古代死亡文化尤其是坟墓葬式提供了大量实物资料，而且为研究中国古代政治、经济、社会结构以及雕塑艺术提供了丰富的实物资料，并由此构成中国古代文化的一部分。

中国皇陵地宫上的封土形式大约经历了3种变化阶段：秦汉时期，封土为陵，以方上为主。即在帝陵的地宫之上层层夯土，筑成了一个下大上小的方锥体，因其上部是方形平顶，故名曰“方上”，如秦始皇陵的陵顶就最典型。惟汉文帝凿山建陵为特例。魏晋南北朝时期，流行“因山为陵”的筑陵方式，即利用山峰作为陵墓主峰，凿山为陵，在唐太宗李世民建昭陵之后因山为陵便成为唐代帝陵的建造制度与规范。明清时期，又恢复堆土为陵，但陵顶由方形改为圆形，称“宝顶”，再周以砖壁，上砌女墙，谓“宝城”。从明孝陵起，改为圆形。明朝多圆形，而清朝多长圆形。

在中国皇陵的发展过程中，西安占据了不可或缺的地位。1100多年的建都史，使西安成为建造帝陵的不二之选。西安自古帝王都的话语，就这样，流传至今，世人对西安的了解，也由这些古迹开始，从这些陵墓深入。

西安，以其自身的悠久历史与丰饶的土地，蕴藏了无数帝王的陵寝，其中，最为著名的即秦皇陵、汉代帝王陵以及规模浩大的唐十八陵。中国最辉煌的时代，在西安建都。中国最辉煌时代的缔造者，也长眠于此。由此，我们可以看到，西安确实是一座有着悠久历史，富有深刻内涵的城市。自古即如此。

秦代陵墓

秦王嬴政，称始皇帝，灭六国，一统天下。在成为秦王后，他便开始为自己修建陵墓。

秦陵位于西安临潼东部，依骊山临渭水。它是古代帝王陵墓中规模最大、保存最为完好的陵园。秦陵历时37年，始建成。动用劳工70多万人。陵墓规模宏大、气势雄伟。1987年被联合国教科文组织列为人类自然文化遗产。而秦皇陵除去高大宏伟的夯土墓葬之外，还拥有无以计数的车马兵俑作为陪葬。

秦始皇陵

秦始皇陵墓近似方形，顶部平坦，腰略呈阶梯形，高76m，东西长345m，南北宽350m，占地120750m^2。根据初步考察，陵园分内城和外城两部分。内城呈方形，周长3000m左右，北墙有2门，东、西、南3墙各有1门。外城呈矩形，周长6200余米，四角各有门址一处。内、外城之间有葬马坑、珍禽异兽坑、陶俑坑；陵外有马厩坑、人殉坑、刑徒坑、修陵人员墓葬400多个，范围广及56.25km^2。陵墓地宫中心是安放秦始皇棺椁的地方。

1974年以来，在陵园东1.5km处发现从葬兵马俑坑三处，成品字形排列，面积共达20000m^{2}以上，出土陶俑8000件、战车百乘以及数万件实物兵器等文物。其中一号坑埋葬着和真人真马同大的陶俑、陶马约6000件；二号坑有陶俑、陶马1300余件，战车89辆；三号坑有武士俑68个，战车1辆，陶马4匹。1980年又在陵园西侧出土青铜铸大型车马2乘。这组彩绘铜车马高车和安车，是迄今中国发现的体形最大、装饰最华丽、结构和系驾最逼真、最完整的古代铜车马，被誉为“青铜之冠”。秦始皇陵园除从葬坑外，还发现石料加工场的遗址，建筑遗物有门砧、柱础、瓦、脊、瓦当、石水道、陶水道等。

秦始皇陵是中国历史上第一座帝王陵园，在所有封建帝王陵墓中以规模宏大、埋葬丰富而著称于世。这不仅是我们宝贵的遗产，也是我们了解历史、研究历史的重要的文化资源。

秦代帝王陵寝除秦始皇陵外，在西安曲江池南侧，还有秦二世胡亥墓。

汉代陵墓

公元前206年至公元220年共统治了中国400余年的汉朝，是中国历史上的一个具有标志性的朝代。这

汉长陵远景

一时期，因为丝绸之路的开通，为汉代打开一条通往世界的贸易之路。从此中国为世人所知。

西汉共同有11个帝王陵墓，除文帝刘恒霸陵和宣帝刘询杜陵在西安郊区外，其余9个陵都分布在渭河以北咸阳北原一带，在咸阳市北原（亦称五陵原）上。自西向东为武帝刘彻的茂陵，昭帝刘弗陵的平陵，成帝刘骜的延陵，平帝刘衎的康陵，元帝刘奭的渭陵，哀帝刘欣的义陵，惠帝刘盈的安陵，高祖刘邦的长陵和景帝刘启的阳陵，绵延约50km，宛若一条直线。汉陵均为覆斗形状，全为夯土筑成，上小下大，稳重坚固。汉代帝陵均有城垣和祭祀建筑遗迹。汉时对长、安、平、茂阳五陵设有陵邑，并迭次迁徙天下豪富，繁荣邑地。

西汉帝陵的形制有两类：一类是霸陵因山为陵的形式，墓葬开凿于山崖中，不另起坟丘。其他10陵则都筑有高大的覆斗形夯土坟丘，一般底部约150～170m见方，高约20～30余米，以武帝茂陵坟丘最大。《关中记》载："汉诸陵皆高十二丈，方一百二十步，惟茂陵高十四丈，方一百四十步。"因其规模宏伟，故称为山陵。

汉代帝后合葬同茔而不同陵，后陵大多在帝陵的东面，坟丘亦较帝陵为小，惟吕后坟丘大小几乎与高祖长陵坟丘相等。从阳陵开始，在帝后坟丘的四周筑平面方形的夯土垣墙，每面垣墙的中央各辟一门，门外立双阙。这种围坟丘一周的方形陵园，是西汉帝后陵园的通制。陵园之旁则建寝殿和庙。

按照西汉墓葬制度规定皇帝从即位的第二年开始，每年拨出国家税收的三分之一，为自己营建巨大的陵墓。这种生前建造的陵墓叫做"寿陵"。相传汉代帝王陵园占地七顷，其中墓堆占一顷。陵墓高十二丈，深十三丈，墓室高一丈七尺，有四个墓道都能通过六匹马驾的大车。四门埋设暗剑、伏弩等机关，以防备盗墓。墓穴方一百步，把六马大车、虎豹禽兽，以及金银珠宝、丝绸衣物、粮食和日常用品等，都放在里边。死去的皇帝口中含着蝉玉片，身上穿着用金丝与玉片穿连而成的"金缕玉衣"。

汉茂陵

西安及周边地区汉代陵墓一览表

庙　号	姓　名	陵　寝	所在地区
汉高祖	刘邦	长陵	咸阳
汉惠帝	刘盈	安陵	咸阳
汉文帝	刘恒	灞陵	西安
汉景帝	刘启	阳陵	咸阳
汉武帝	刘彻	茂陵	兴平
汉昭帝	刘弗陵	平陵	咸阳
汉元帝	刘奭	渭陵	咸阳
汉成帝	刘骜	延陵	宝鸡
汉平帝	刘衎，	康陵	咸阳

西汉诸陵的陪葬墓都在帝陵之东，长陵陪葬墓规模最大。茂陵陪葬墓中有著名的卫青、霍去病墓。这些帝陵加上皇亲国戚、权臣列侯的陪葬墓自东而西绵延百里，正如古诗所云："长陵高阙此安刘，附葬累累尽列侯"（彦谦《长陵诗》）。长陵开始置陵邑。汉朝建都长安以后，便将齐、楚诸国的大姓和有功之臣都迁到长陵邑来。自此而后，往往把高官豪富之家迁到各陵邑中去，将有实力的豪族控制在长安，以便巩固汉朝的统治。汉元帝永光四年（公元前40年）下诏罢置陵邑，因为强迫移民而使百姓破产，引起社会上的动荡不安，所以从渭陵开始废置陵邑。

汉代帝陵以帝陵为中心的复杂而规整的布局，显示了以皇帝为中心的专制主义意识和严格的等级观念。汉代帝陵的形制为中国古代皇帝的陵墓制度奠定了基础，对后世的帝陵制度有很大影响。并且随着西汉帝陵考古工作的进一步开展，西汉帝陵的全貌将越来越清晰地展现在我们面前。

唐代陵墓

唐代是中国封建社会发展的鼎

汉阳陵

盛时期，基于雄厚的政治力量和经济基础而营建起来的帝王陵寝成就，代表了这一时期高度发达的物质文明和文化艺术水平，在中国古代帝王陵墓营建史上占有极其重要的地位，是中国古代皇陵继秦、汉帝陵之后的又一次大发展。

唐王朝自公元618年高祖李渊建国至907年哀帝李柷灭亡，前后290年间，共经历21位皇帝，除昭宗李晔和陵与哀帝李柷温陵分别在河南偃师和在山东菏泽之外，其余19位均埋葬于陕西渭河以北的黄土高原和北山山脉各主峰南麓，因女皇武则天与高宗李治合葬一墓，故唐代在此共有帝陵十八座，陵园分布在西起乾县，中经礼泉、泾阳、三原、富平，东至蒲城的6个县境内，东西绵延150多公里，人们称之为唐十八陵。

唐乾陵

唐十八陵集中分布于唐京都长安城以北的黄土高原和北山各山岭之主峰上。这是因为长安城以北的咸阳塬早已成为秦、汉两朝帝王的陵地和陵邑，因此，唐代帝王陵墓的构筑不得不向北发展。由于渭北高原和山岳形胜的不同，唐代帝王陵墓的构筑分为“积土为陵”和“因山为陵”两种形式。营建于三原县北荆塬和徐木塬的高祖献陵、敬宗庄陵、武宗端陵和营建于乾县北塬的僖宗靖陵，属于积土为陵，他们都是选择海拔500～800m左右的高阜之地，这里塬高土厚，便于深挖砖筑地宫，即所谓“高坟厚垅，珍物毕备”。营建于渭北山脉岛伏山丘地带的太宗昭陵、高宗与则天女皇乾陵、中宗定陵、睿宗桥陵、玄宗泰陵、肃宗建陵、代宗元陵、德宗崇陵、顺宗丰陵、宪宗景陵、穆宗光陵、文宗章陵、宣宗贞陵、懿宗简陵等14座陵墓，其山脉海拔750～1200m，山峰南北多为陡坡，东西为沟壑深谷，多属于圆锥形的孤山。这种背依山原，面临平川，隔渭河与都城长安相望的布局，体现了帝王陵山的高大、威严与肃穆。

唐章怀太子墓壁画——《马球图》

唐代帝王陵墓是唐代社会历史的见证，是极为丰富的唐代文化艺术宝库，是西安宝贵的旅游资源。其规模宏大的古陵园遗址，布局严谨的陵垣建筑，精美绝伦的大型石雕刻以及艳丽夺目的墓室壁画等一件件的艺术珍品构成了我国古代艺术宝库。汲取了人民智慧与帝国精神的这一座座恢宏绝伦的陵寝，反映了唐帝国的发展、辉煌直至衰落的全过程。为研究唐文化起到了极其重要的作用。

西安及周边地区唐代帝王陵墓一览表

庙号	姓名	年号	陵寝	建陵时间	陵寝形制	所在地域	陪葬墓
唐高祖	李渊	武德	献陵	贞观九年	堆土而建	三原县	52座
唐太宗	李世民	贞观	昭陵	贞观十年	依山而建	礼泉县	194座
唐中宗	李治	永徽、显庆、麟德、上元等	乾陵	文明元年	依山而建	乾县	17座
	武曌	永昌、神功、圣历等	乾陵	文明元年	依山而建	乾县	17座
唐中宗	李显	神龙、景龙等	定陵	景云元年	依山而建	富平县	8座
唐睿宗	李旦	景云、太极等	桥陵	开元四年	依山而建	蒲城县	8座
唐玄宗	李隆基	开元、天宝等	泰陵	广德元年	依山而建	蒲城县	1座
唐肃宗	李亨	至德、乾元、宝应等	建陵	广德元年	依山而建	礼泉县	3座
唐代宗	李豫	广德、永泰、大历	元陵	大历十四年	依山而建	富平县	无
唐德宗	李适	建中、兴元、贞元	崇陵	永贞元年	依山而建	泾阳县	1座
唐顺宗	李诵	永贞	丰陵	元和元年	依山而建	富平县	1座
唐宪宗	李纯	元和	景陵	元和十五年	依山而建	蒲城县	2座
唐穆宗	李恒	长庆	光陵	长庆四年	依山而建	蒲城县	2座
唐敬宗	李湛	宝历	庄陵	大和元年	堆土而建	三原县	1座
唐文宗	李昂	大和、开成	章陵	开成五年	依山而建	富平县	1座
唐武宗	李炎	会昌	端陵	会昌六年	堆土而建	三原县	1座
唐宣宗	李忱	大中	贞陵	咸通元年	依山而建	泾阳县	无
唐懿宗	李漼	咸通	简陵	乾符元年	依山而建	富平县	无
唐僖宗	李儇	乾符、广明、中和等	靖陵	文德元年	堆土而建	乾县	无

唐乾陵石刻

如果说中国是一棵大树，
到了北京，我看到了树的叶子；
到了西安，我看到了大树的根。

也说说西安

贾平凹

当世界上的新型城市变成了一堆水泥，我该怎样来叙说西安这座城呢？是的，没必要夸耀曾经是十三个王朝国都的历史，也不自得八水环绕的地理风水，承认中国的政治、经济、文化的中心已不在这里了，对于显赫的汉唐，它只能称为"废都"，但可爱的是，时至今日，气派不倒的，风范依存的，在全世界的范围内最具古城魅力的，也只有西安了。

如果有机会收集一下全城的数千个街巷，贡院门、书院门、竹笆市、琉璃市、散场门、端履门、炭市街、麦苋街、车巷、油巷……你突然感到历史并不遥远，以致眼前飞过一只并不卫生的苍蝇，也忍不住怀疑这苍蝇的身上有着汉时的模样还是有唐时的标记。现代的艺术在大型的豪华的剧院、影院、歌舞厅日夜上演着，但爬满的青苔如古钱一样的城墙根下，总是有人在观赏着中国最古老的属于这个地方的秦腔，或者皮影木偶，这不是正规的演艺人，他们是工余后的娱乐，有人演，就有人看，演和看渲泄的都是一种自豪，生命里涌动的是一种历史的追忆……整个西安城，充溢着中国历史的古意，表现的是一种东方的神秘，囫囫囵囵是一个旧的文物，又鲜鲜活活是一个新的象征。

公元前1121年，周建都镐京；

公元前206年，汉建都长安；

公元618年，唐建都长安。

这只是从我们的历史教科书中摘录的几段文字。而文字记载中还不仅仅是这些。自西周武王姬发起，先后有秦、汉、西晋、后秦、西魏、北周、隋、唐等13个王朝建都于此，时间跨度长达1180年。把这些记载的文字串接起来，便几乎占去了中国古代史的三分之一，而这其中就包括了在上下五千年中将中国的政治、经济、文化在世界上演绎到极致的大唐帝国！

然而仍不仅仅是这样，不仅仅是上述的那些苍白的史实，枯躁乏味的文字记载，还有许许多多一幕一幕鲜活的往事：有巍巍黄陵稳扎在人们心头的苍凝、肃立，也有"巧笑倩兮"的褒姒的倾国、倾城；有"长安大道连狭斜"、"万国衣冠拜冕旒"的万千气象，也有"明月松间照，清泉石上流"的曲径通幽；有李白、张旭们放浪形骸的妙笔、醉舞青锋的狂草，也有玄奘、鉴真们诚心向佛的执着、不惧艰辛的勇气；有黄巢、李自成们敢冒天下之大不韪的雄浑气魄，同样也有昭君、玉环们如花的姿容、如水的柔情……僧释儒道，三教九流，凡此种种，都以他们最擅长、最得意的方式齐聚在长安，为她的繁华和绮丽做着最投入的铺排。（作者贾平凹，陕西省著名作家）

PART 2
CITY PLANNING

第二篇 城市规划

创造城市，就是创造文化

西安，一座古老的都城，也是一部久远的历史，更是深厚文化积淀的源头。我们不断追溯，从建立文明礼仪的周王朝，至开创汉民族、将长安这一名字延续千年的汉朝，还是为中国创造不朽神话的煌煌大唐，抑或是那沉静、谦和的宋、元、明、清。一路走来，看到的不只是西安的历史，西安的饱受战乱之苦的过去，我们更应当领悟的则是经过无数积累的今天的西安城的历史风貌。

在城市设计建设中，规划是占据重要地位的一环。而城市规划是指在一个已经建成或者待建的地区对土地使用的分配、采纳组织机构的建议，从而进行合理的布局以及建设，以期使这一地区更快速、更高效的发展。成功的城市规划不仅要考虑城市"家庭"或者"地方感"的特征以及尊重自然、艺术和历史的遗迹，与此同时，还应了解"城市地貌"或"城镇风光"等。

在20世纪50年代、80年代、90年代，西安这座城市共进行了三次城市总体规划：50年代，政通人和，百废待兴，西安市制定了第一轮城市总体规划。当时的西安城被确定为"以轻型精密机械制造和纺织为主的工业城市"。到了80年代，人口的激增与工农商业的发展使得先前进行的规划已经不能满足城市发展的步伐。因此，西安迎来了建国后的第二轮城市总体规划。第二轮规划中，着重解决了在第一轮规划中出现的诸多问题，并且将文物的保护与开发提上了新的规划日程，令新的规划更加符合西安的城市特点与建设。我国由于改革开放的趋势，中国发生了翻天覆地的变化，促进了经济建设、文化建设等都呈现迅猛发展之势。在这种条件下，西安城又进行了第三轮城市总体规划。提出了发展城市特色，以古长安的形象与现代城市风貌相适应；将城市发展与保护有机的结合，为西安的再次发展提供了广阔的空间。今天，西安城市发展战略规划再一次对西安的城市性质作了如下表述：西安是世界闻名的历史文化古都、旅游名城；中国重要的教育、科研、装备制造业、高新技术产业基地和交通枢纽城市；新欧亚大陆桥中国段和西部及黄河中上游重要的中心城市。根据这一表述，西安将被建设成为古代文明与现代文明交相辉映，古城区与新城区各展风采，人文资源与生态资源相互依托的国际性现代化大城市。

在这浴火新生的时代来临之时，西安这座久远历史的城市，所展现的城市规划的新的魅力也显得格外重要。我们将看到她的新的辉煌的一页，看到她深沉内涵的再次释放与一飞冲天的时刻。

从世界五大古都看西安古都保护与发展

□ 韩 骥

五大古都保护与发展概况

雅典、罗马、开罗、伊斯坦布尔、耶路撒冷，这五大古都，位于欧洲和包括北非、小亚西亚在内的地中海沿岸地区，是西方文明的主要发源地之一，也是历史上经济比较发达的地区。悠久的历史和文化，成就了五大古都。由于五大古都在传统上比较重视城市风貌及文化古迹的保护，它们逐渐成为当前世界上历史名城和古迹最密集的地区之一，在历史环境的保护和规划上，积累了比较丰富的经验。特别是由于近百年来这些地区国际旅游事业的发展，它们在现代旅游的建设和经营，历史名城的保护与发展，历史文化资源的发掘与弘扬等方面也积累了比较丰富的经验。

雅典（ATHENS）

希腊首都，位于希腊半岛东南的阿蒂卡平原。人口302万（包括外港比雷埃夫斯港）。西北和南面临科林斯湾，东北西三面山地环抱，山麓地带接近城市边缘，山海映掩，阳光灿烂。公元前8世纪为伊奥尼亚人所建，公元前6世纪为古希腊奴隶制城邦和城邦集团的盟主。当时曾是地中海强国和文化中心。至公元前5世纪，臻极盛时期。人才辈出，照耀着人类文化的黎明，被历史学家称为"西方文化的源泉"。公元前338年为马其顿人占领，146年为罗马所灭。公元4世纪以后，长期属东罗马的拜占庭帝国，至1458年被土耳其占领。1830年希腊宣布独立，雅典成为首都。

雅典是希腊古文物遗迹中心，至今仍保留有很多古代文化遗迹。最早的城市是以今东北的阿克罗波利斯小丘（即卫城山）为中心发展而成，有3000多年历史的雅典古城堡卫城仍雄踞山巅。在卫城的断垣残壁中，古希腊帕提农神庙，巍然耸立，神庙奉祀雅典娜女神，雅典由此得名。公元前5世纪雅典人重建了神庙，公元前338～332年在山下修建了会堂、大柱廊、竞技场，扩建了狄奥尼索斯剧场，在古典时期，城市围绕着卫城发展起来，并在外围先后修筑了两道城墙与比雷埃夫斯港口连结的"长城"。古罗马时期城墙向东扩展。19世纪希腊独立后，在一个德国建筑师克伦泽的主持下，于卫城北面搞了一个平面呈三角形的路网，遂成为今日市中心道路的骨架。其东北，有旧时王宫，现为议会所在地，附近公园为前皇家花园，再往东南是体育场，1896年现代第一届奥林匹克运动会即在此举行。卫城山以北是科学文化中心：有科学院雅典大学（1837年建立），国家图书馆（收藏有2300多卷古代抄稿），希腊考古学会、国家剧院和名种博物馆。其中，国家考古博物馆建于1866年。卫城山以西是尼姆夫小丘，有天文台。

进入20世纪，特别是1922年以后，由于土耳其人从小亚西亚驱逐希腊人，大批希腊难民移居雅典，城市迅速发展，又在西南向比雷埃夫斯港口的方向建立了新区，即现在的尼阿·斯米尔尼区。从1920～1928年，城市人口由29.3万猛增至45.3万。在卫城东北的卡维托山坡上新建了科洛纳基区，北面郊区延伸到基菲西阿，南面到法里罗。第二次世界大战以后城市继续向东北，沿瓦西里西斯·索菲亚斯大街方向发展。这样就形成了南北长达15km，拥有302万人口的大雅典市（城区人口88.5万）。目前雅典市区布局大体以卫城为中心，北面和东面是行政和文化区，城西南部和港口附近是工商业区，矿山正北为老住宅区，新住宅区位于市郊。雅典工业生产总值占全国45%，有造船、机械制造、葡萄酒酿造和食品加工。雅典是地中海各国航运与航空中心，外港比雷埃夫斯承担全国的对外贸易。雅典是地中海旅游中心城市之一，卫城山下的普拉卡区是传统步行旅游区，十分繁华。

罗马（ROME）

欧洲最古老的城市之一，意大利首都。位于亚平宁半岛中部，台伯河下游平原上，东距帝勒尼安海27km，城区有卡彼多利等七个山丘。人口291万，面积200多km^2。罗马城为古罗马帝国的发祥地和首都（公元前30～公元476年）。756～1870年为教皇国的首都。1870年意大利王国统一后成为意大利首都，教皇国退居在老城西北角台伯河西岸的梵蒂冈。第二次世界大战以后，以罗马古都城为中心的市区面积逐年扩大，城外面积比城内大10倍，几乎所有现代化公共建筑，如罗马大学、现代艺术展览馆、电影城、体育场等均在城外。始建于墨索里尼时期的新罗马在罗马古城以南6～7km，20世纪50年代中期基本完成，这里有雄伟的体育馆，仿古斗兽场的劳动文化宫，仿梵帝冈圣彼得大教堂的保罗二世圣堂，规划格局严谨，传统与现代结合，是古都以外另建新城的一个著名实例。

罗马古城像一座巨型的露天历史博物馆，珍贵的名胜古迹和古建筑的残垣断壁比比皆是。始建于1世纪的大斗兽场，高48m，长径184m，短径153m，可容8万观众。始建于2世纪的万神庙穹项直径43.3m。君士坦丁等多座凯旋门和图拉真纪功柱，是古罗马的古迹。世界最大的天主教堂圣彼得大教堂是文艺复兴时期的杰作。埃玛努埃尔二世纪念碑（现名无名英雄纪念碑）是1885～1911年为纪念意大利独立和统一而建造的。20世纪20～30年代罗马发展为现代化城市后，对古罗马遗址进行发掘和保护，被古城墙环绕的古罗马城面积仅占现代罗马市的9%，为全市12个行政区之一。阿文帝尼·卡埃利安和伯拉帝尼山的大部分地区分布有古建筑遗迹和考古地；帕拉帝尼山上有一座古代公园，奎里纳尔山上有意大利总统府和一些行政建筑，卡比托里尼山上有米开朗琪罗设计的市政广场，以及罗马大部分著名的艺术陈列馆。宽广的帝国大道两旁是罗马帝国元老院、神殿、广场密集之地，现已确定为文物遗迹保护与发掘区，位于市中心的帝国大道将规划为一条长1km的隧道从该区地下通过，这是在古都市中心保护遗址发掘场地完整性的一个创举。

罗马是欧洲都市干道广场体系领潮流之先河的城市，罗马广场名闻天下，多有精美建筑、喷泉、雕塑与广场相匹配，成为城市设计的典范和佳作，影响极为深远。著名的广场有：卡比托利尼山上的市政广场，多条大道交汇的威尼斯广场和波波罗广场，位于罗马火车站对景的共和国广场，依山而筑的西班牙广场，在古罗马赛马场上修建的纳沃娜广场、阿根廷广场、花市广场、以及规模巨大，造型宏伟的圣彼得广场，都给人们留下难忘的印象。罗马依台伯河而建，河上的桥梁众多，造型各异，最美丽的"圣天使桥"，两侧有12尊古雕，姿态优美。罗马全市有3000多个喷泉，为古都一大特色，其中以特雷维喷泉最著名，它建于1762年，设计师是文艺复兴后期建筑大师阿尔伯蒂和伯尔尼尼。喷泉中央立着海神像，两侧是象征富饶和安乐的女神。水花飞溅，生气无限。

开罗（CAIRO）

埃及首都，非洲第一大城市，坐落在尼罗河三角洲顶点以南约14km处。人口853.9万人。公元642年初建时，是尼罗河东岸一个小村镇，969年阿拉伯帝国法蒂玛王朝征服埃及，在小镇北面建城定都，命名开罗（阿拉伯文，胜利之意）。13世纪发展为贸易和文化中心。1517年被奥斯曼帝国占领。1798年沦于法兰西帝国之手。1801年拿破仑军队被打败之后，开罗逐渐发展为现代化城市，成为全国政治、经济、文化中心，集中了全国的1/3的工业。

开罗市区包括尼罗河两岸与河中岛屿，城中现代文明与古老传统并存，西部以现代化建筑为主，大多建于20世纪初，具有当代欧美建筑风格；东部则以古老的阿拉伯建筑为主，清真寺的高耸尖塔随处可见，故开罗又称为千塔之城。面对开罗火车站是拉美西斯广场，广场中心有古埃及第19王朝法老拉美西斯二世的巨大全身雕像，它是1955年从古城孟菲斯移置于此。市内著名的广场有剧院广场，苏莱曼伯夏广场和解放广场。剧院广场是1869年为庆祝苏伊士运河通航而建的歌剧院所在地，解放广场有10条街道在此交汇，位于苏莱曼伯夏广场和尼罗河之间，广场内花坛草坪清新明艳，附近有宏伟的埃及博物馆和现代艺术博物馆。现代开罗最明显的标志是位于尼罗河畔高约187m的开罗塔，从这里可以俯瞰全城风光。

在现代开罗和其东的穆卡塔姆山之间，是11～16世纪建造的古城，这里集中了大量阿拉伯建筑艺术财富，仅古迹就约有400处，其中有建于12世纪的著名的萨拉丁城堡，建于1361年的苏丹哈桑清真寺，建于1912年的里法伊清真寺和艾哈迈德·伊本·图隆清真寺，有1000多年历史的爱资哈尔清真寺和大学也位于此。以爱资哈尔清真寺为起点的爱资哈尔大街的北面是独具特色的东方市场。

开罗西南有著名的吉萨金字塔和狮身人面像等古迹。

19世纪末开罗开始了新区的现代化城市建设，1880～1950年为发展新区改造旧城时期，1960～1984年为新旧结合发展大开罗时期。1960年开始城市化，人口由1950年的250万增至390万人，1972年达600万人。城市向北、西、南面扩展。在东北面沿放射轴线发展。开罗在旧城之外发展新区，使旧城与新区分开建设，并紧密地联系在一起，发展新的中心，新旧中心分区规划各具特色。重视城市基础结构的建设，特别是道路交通运输，重视保留传统建筑面貌，旧城区成片保留有价值的传统建筑。强调环境协调，在旧城中新建的房屋形式服从于旧有风格，而新区建设不破坏原有旧城的主体轮廓。

伊斯坦布尔（ISTANBUL）

土耳其全国最大的城市和港口。位于巴尔干半岛东端，博斯普鲁斯海峡口西岸，扼里海咽喉，地跨亚欧两洲，也是古代丝绸之路的终点。人口950万。该市历史悠久，公元前660年为希腊人所建，称拜占庭。公元330年罗马帝国迁都于此，改名君士坦丁堡。公元359年罗马帝国分裂，成为东罗马帝国首都，此后数百年，一直是地中海东部政治、经济、文化中心。13世纪初十字军东征时，城被烧毁。1453年成为奥斯曼帝国首都，始称伊斯坦布尔。1520～1566年苏莱曼统治时期最为强盛。

伊斯坦布尔山海相映，市容多姿多采，有三海环绕之称。此三海即指博斯普鲁斯海峡，马尔马拉海及黄金角（长7km，近代亦称水道）。现市区亦包括黄金角南岸和博斯普鲁斯海峡东岸的于斯屈达尔等地。黄金角南面的旧城区有城墙围绕，区内有7座小山，昔日罗马帝国皇帝将此地看为新罗马（罗马亦有7山）。伊市7山之中第一山弧峙西南，其他6山沿黄金角，山顶大多平坦，但坡道颇峻。7山分布的名胜古迹达40处左右。第一山有圣索菲亚教堂、苏丹艾哈迈德清真寺（又名蓝色清真寺）、托普卡伯博物馆、马尔马拉海滨城墙最为著名。旧城区中心的大“巴扎”为世界上少有的巨型室内市场，创建于1461年。后又几经扩建，占地达3万m^2，8面开门，内有4000家店铺和65条商巷，十分繁华。

加拉塔桥和阿塔图尔克桥连接新旧两区，市容多姿多彩，既有沿着海峡地形蜿蜒曲折的古老街巷，又有宽敞笔直的土耳其大道、独立大道，及耸立在大道两旁的现代化大厦。沿博斯普鲁斯海峡是伊市的另一风光带，艺术学院、海军学院均沿海峡修建。多尔玛巴赫切宫是19世纪以后苏丹的王宫，建筑精美、装饰华丽。1973年建成的博斯普鲁海峡大桥，把欧亚两部分连接在一起。这座吊桥全长1560m，中跨1074m是欧洲第一大吊桥，世界第4大吊桥。伊斯坦布尔清真寺不下450座，苍穹下清真寺尖塔闪闪发光，形成伊市极富特色的天际轮廓线，与大桥凌空，海峡壮阔，构成一幅古今交融、雄伟壮丽的图画。

伊斯坦布尔对文物古迹的保护，文物环境的清理与控制，现代建设与历史的结合，具有很高的科学水平和艺术水平。典型的地段是圣索菲亚教堂（红庙）、蓝庙、托普卡伯博物馆，统称伊市第一山的历史地段。占地面积约2km^2，不但清理了原有杂乱的房屋，而且进行了大面积的精致绿化。一处东罗马时期的赛马场考古发掘之后，依据其平面形式，修建了广场花园。其中几座方尖碑不但原物保留而且在其下部作了考古展示。托普卡伯博物馆原为土耳其苏丹的宫殿。其邻近城市一侧不但严格控制周边建筑高度，对其风格、色彩、布局均给予指导，沿宫墙形成一条极富古都风貌的小街巷。这种突出重点，综合整治，保护古都风貌特色的大手笔值得学习借鉴。又如法悌尔区是伊斯坦布尔历史文化最老的区，也是古迹保护最多的一区。拜占庭时期的宫殿、堡垒、教堂以及石砌古城墙和起伏曲折的民居街巷都得到保护与展示。

耶路撒冷（JERUSALEM）

以色列首都，犹太教、基督教和伊斯兰教共同的圣地。位于巴勒斯坦中部犹地亚山区之巅，海拔790m，东近死海，西临地中海平原，城市面积109km^2，人口41.5万。耶路撒冷古称耶布斯城，约在公元前3000年，耶布斯部族从阿拉伯半岛迁来，定居于此，因为相传耶布斯国王麦基洗德在位时建造耶撒冷城，命名“耶路撒利姆”意即为和平之城。公元前1049年，为大卫王统治下的古以色列王国都城。1980年以色列定为首都。

耶路撒冷分东、西两城区，西区是19世纪起新建的市区，因山就势，布局别致，景色秀丽。随着近十几年经济的高度发展，市区面貌已现代化，犹太会堂、博物馆、图书馆，以及闻名的希伯来大学的研究机构，显出耶路撒冷浓厚的文化气息，林立的旅游宾馆、琳琅满目的商业街，又体现了旅游热点城市的亲切与繁华，形成一种非常特殊的“新耶路撒冷”风格。耶路撒冷的建筑物，外饰面一律采用当地生产的淡黄石灰石，使整个城市在阳光下，分外耀眼。夜里，在橘黄色的路灯照耀下，整个城市又变成辉煌的金色圣城。

以耶路撒冷老城为中心的东区，也被称为旧市区，面积是西区的两倍，这一区集中了不同时代的古老建筑，特别是许多世纪驰名的不同宗教的圣地。老城墙周长5km，高约40m，设有34座城堡和7座城门，城墙由不同时代砌体累积合成，由于战争创伤，始建以来，已重建和修复过18次之多。现今看到的城墙建于1536～1539年间，由土耳其苏里曼大帝以巨石建造。老城中严格划分为：犹太区、基督教区、穆斯林区和亚美尼亚人区。老城中严格保存了著名的哭墙(WAILING WALL)——犹太教最高圣地，金顶岩石清真寺(也简称岩石圆顶DOME OF ROCK)——伊斯兰教圣地，曲曲折折的悲哀之路(VIA DOLOROSA)也称苦路——基督教圣地。还有城东的橄榄山，那是基督教和犹太教的又一圣地。

耶路撒冷在环绕地中海的五大古都之中，规模最小，建设条件最严峻，而现代化建设起步也最晚，还是在20世纪的50年代，以色列建国之后。但是它那“新旧分治”的规划格局，使城市井然有序，规划管理严格控制建筑物的外饰面，使城市景观浑然一体，给人留下深刻的印象。尤其值得称颂的是，在圣城耶路撒冷三大宗教都以各自感人至深的方式，使宗教教义，民族精神由一堵墙、一块石、一条路而变得可触可摸，具体动人，吐纳着无数信徒的精神寄托，展现着悠久历史的文化内蕴。

五大古都保护与发展的特点

雅典、罗马、开罗、伊斯坦布尔、耶路撒冷五大古都保护与发展的特点很多，归纳其共同的特点有五个方面：第一是拥有规模宏大、水平最高、风采诱人的世界文化遗产；第二是拥有内涵丰富，特色浓郁，成片成街的历史街区；第三是具有传统文脉和现代功能相结合的城市规划布局；第四是拥有一批代表不同历史时代的标志性建筑；第五是认真保护环境，保护历史环境风貌，强化城市环境特色。而这五个方面的基础是定位于“古都”的规划、建设、管理的指导思想。古都当然属于历史文化名城之列，但又不同于一般的历史文化名城。古都为历史文化名城之首，是该国家、民族、历史文化名城之代表作。古都与一般历史古都相比较，或高于古城，或优于古城，或大于古城，或先于古城，总之，在时间、空间、数量、质量上必有一处或多处为首，不如此，则与古都的名份不符。这样一个指导思想，贯穿在以下五个方面每一方面之中：

1.古都拥有规模宏大、水平最高、风采诱人的世界文化遗产。至2000年底，联合国已将全世界690项历史文化遗存列入“世界遗产名录”，五大古都均保存了一批被列入联合国“世界遗产名录”的文物、古迹或历史名城。雄踞在阿克罗波里斯山上的雅典卫城，始建于公元前480年，是希腊鼎盛时期的杰作，现在仍然是雅典市的标志，其主殿帕提农神庙，从19世纪中叶开始，就被认为是世界建筑史中最完美的典范；始建于公元1世纪的古罗马露天竞技场，高48m，长约184m，宽约153m，可容8万名观众，它是永恒之城罗马的标志；始建于公元2世纪的万神庙是现存最完整的古罗马庙宇，在台伯河西岸的梵蒂冈，有世界最大的天主教堂圣彼得大教堂。耶路撒冷保存完好的三圣之地，伊斯坦布尔宏伟壮丽的两教神庙，不但建筑、环境保存完美，而且古都历史风貌浓郁宜人。在千塔之城开罗西南郊区的吉萨金字塔，始建于公元前2100年，高146.5m，边长230m，用230万块巨石砌成，是世界七大奇迹仅存的一处，它象征着人类古老文化。正是通过它们，展现了古都历史文化风采，令人信服地产生对古都传统文化的景仰和爱戴。

2.古都拥有内涵丰富，特色浓郁，成街成片的历史街区。五大古都在老城区都保留了相当规模的历史街区，有的集中在一处，有的分散为几处，由于历史的渊源，它们一般都在重大文物古迹的周边或附近，规划作为重大文物的保护范围，或者是古迹之间的连续空间环境。历史街区展现了多姿多彩的传统文化和地方特色，使古都亲切宜人。伊斯坦布尔旧城区的“大巴扎”是世上少有的室内巨型市场，创建于1461年，占地达3万m^2，8面开门，内有4000家店铺，20家客栈和65条街巷，每天车水马龙，人如涌潮。雅典阿克罗波里斯山的北麓，是著名的“普拉卡”区，这里长期控制新建，一色红瓦粉墙小街小巷，文物古迹随处可见，古色古香情趣盎然，随着现代旅游的发展，“普拉卡”已成为著名的无导游旅游娱乐区和购物区，其规模达0.6 km^2。在现代开罗和穆卡塔姆山之间，是11～16世纪建造的古城，这里集中了大量古阿拉伯建筑艺术财富，仅古迹就约有400处，其中有建于12世纪的撒拉西城堡。建于1361年的苏丹、哈桑清真寺、建于1912年的里法伊清真寺和艾哈迈德·伊本·图隆清真寺。有1000多年历史的爱资哈尔清真寺和大学也位于此。以爱资哈尔清真寺为起点的爱资哈尔大街的北面，是独具特色的东方广场。

3.具有传统文脉和现代功能相结合的城市规划布局。1976年通过的欧洲议会第7628号决议案中指出：“保证建筑环境中的遗产不被破坏，主要建筑和自然地形得到很好的维护，同时确使被保护的内容符合社会的需要”。“这样一些措施不仅涉及到保护问题，它们对环境的复兴和恢复也是必需的”。这个决议体现了欧洲古城规划的思潮。五大古都规划布局均为新旧分治，雅典、罗马是新城环绕老城发展，耶路撒冷、伊斯坦布尔、开罗，新城在老城一侧发展。罗马规划发展值得我们研究：这座驰名的永恒之都，城内古建筑密度极高，由于老城主要是作为行政和旅游中心，没有大规模的工业，因而城市新区一直采取围绕老城发展模式。但经过一段实践，特别是大体量的现代建筑尤其是高层建筑出现之后，人们开始认识到，城市新的发展必须避开古城，20世纪50年代中期在罗马古城南面6～7km

建成了一座具有现代化高层建筑的花园城市，设有不少政府机关，按照新区在老城一侧发展的模式进行新的规划考虑。五大古都的老城都采取"严格保护，控制规模，慎重改善，保持风貌"的方针。而新区的规划建设在格局上、手法上、风格上又十分注重传统文脉的继承与发扬，虽然新旧分治，确也一脉相承。

4.拥有一批代表不同历史时代的标志性建筑。在五大古都，除世界文化遗产这种最高级别的标志外，每座城市还都拥有相当数量的"三优"标志性建筑，这"三优"即优良的布点、优秀的设计、优美的环境。值得注意的是自18世纪以来，五大古都的标志性建筑无不强调文化传统和民族风格，如雅典的议会大厦、雅典学院、国家图书馆、考古中心，完美地展现了希腊风格被誉为雅典之明珠。20世纪30年代以来现代主义风行，而罗马的新城的规划布局和建筑造型，追求传统与现代的结合，开现代建筑地区化、传统建筑现代化之先河，成为新罗马的标志自立于世界。伊斯坦布尔、耶路撒冷和开罗在20世纪50年代以后城市发展很快，大批现代主义建筑拥入市区，对古都风貌形象产生过负面影响，70代年以来，它们认真倡导现代建筑的地区性、民族化的创作方向，在行政建筑、文化建筑以及旅游建筑方面多有佳作，又进入到一个健康发展的阶段。五大古都当代建筑创作追求传统与现代的结合走的是多元途径，从建筑理念、造型风格、材料选择、色彩运用和小品装饰诸多因素之中，或综合体现，或突出某个因素加以发扬。

5.认真保护环境，保护历史环境风貌，强化城市环境特色。一般来说，在西方各国，古希腊罗马时期的古迹中，只要位于城市范围内，很少有历史环境能完全保存下来，从这个角度上观察，罗马、雅典等五大古都也不过是在20世纪70年代中期才普遍得到共识，此后的30年之中，五大古都普遍加大了历史环境整治的力度。如开罗吉萨金字塔为发展旅游，曾在金字塔附近建设了相当一批游乐与服务设施，严重的破坏了古陵墓开阔肃穆的历史环境风貌，最近在国内外舆论压力之下，才进行了大面积拆除，恢复到20世纪初的旷野形象。环境整治提高一个层次是优化，雅典卫城，伊斯坦布尔红庙与蓝庙之间的绿地布置堪称精品。古都山水环境的保护贯穿在城市规划、建设、管理之中，每座古都也是因地制宜，各有侧重，雅典保持了位于市中心的阿克罗波里斯和里卡维托两座山的历史风貌，位于阿提卡半岛最南端的舒尼翁海神庙，不仅临海的崖顶上没有修建任何其他构筑物，就是山崖下的海滨浴场，也只设了一些临时性的帐篷。视线所及，左面的马克罗尼索斯岛和更远处的凯奥斯岛，都保持了它们的天然面貌，从而保护了"舒尼翁落日"这一动人的传统景观。伊斯坦布尔为了保护海峡风光带，对南北岸线10数公里，东西纵深1～2km，制定规划，成立海峡规划局，严格进行管理，使海峡两岸郁郁葱葱，建筑丰富而不杂乱，多样又显得有序，山水建筑融为一体。

在五大古都中，保护历史环境特色最为突出的当属耶路撒冷老城，它的种种遗址、古迹和圣迹，保持原貌，朴实无华，突显了宗教的神圣感。但是古都不可能整个成为一个博物馆，它的种种遗址、古迹，也不必要搞得那样神圣，这就有必要提升到文化意蕴和审美意蕴，使后人能够更加愉快地欣赏。在这一方面罗马的经验值得研究，在那里，许多宗教题材经由一代艺术大师的创造，变成了全人类共享的艺术经典。这种把历史融于艺术，把宗教融于美学的景象，在罗马、梵蒂冈一再展现。由艺术和美学在前面辉耀，城市、古迹、教堂也都随之变得轻松和疏朗。

西安的比较差距和努力方向

作为东方古都的西安，与雅典、罗马、耶路撒冷，伊斯坦布尔、开罗这五大古都相比较，虽说是各有千秋，但在历史名城保护与发展方面，在现今的国际国内地位方面，在国际活动和旅游事业方面，西安的发展水平还有相当的差距。开罗、雅典、罗马都是现今的国家首都，耶路撒冷是首都，又是宗教圣地，伊斯坦布尔近代曾是首都，迁都之后，是该国的经济、文化中心，也是最大最富的都市，而西安则只是内陆省会，作为西部中心城市还在规划发展之中。从各古都现今在国际的地位看，耶路撒冷作为宗教圣地，千年来一直受到世界关注，雅典、罗马作为欧洲文化的发祥地，在文艺复兴后，几百年长盛不衰，开罗和伊斯坦布尔在19世纪中叶考古进入高潮，随之亦名声大振。而古都西安，虽在历史文化界素为人知，而走向世界，被国际所认可，那还是在20世纪80年代以后，从历史文化名城的保护与发展的水平来看，罗马当居首位，依次的排列是雅典、伊斯坦布尔，耶路撒冷、开罗，而后是西安。这样的次序并不是说东方的古都不如西方的古都，事实是在东方，日本的京都和奈良也居于西安之前。

古都西安在国内99座历史文化名城之中，其保护与发展属于前列，一些大型保护与建设的项目，在国内外获得好评。但是与五大古都相比较，要达到国际水平，还要做大量的工作，还要经过几十年的努力，对照前述的几项特点，西安的差距和努力方面是：

1.五大古都，每座城市列入"世界文化遗产名录"的项目，均不少于3处，多的达10余处，我国在1985年加入《保护世界文化和历史遗产公约》以后，已有28项世界遗产，古都北京有5项之多，而西安列入"世界文化遗产名录"得到世界公认的只有秦始皇陵1处。西安还处在边保护、边发掘、边研究的阶段，陵园大环境的保护与旅游开发的矛盾尚未解决，还处于规划安排阶段。渭河北岸的帝王陵墓遗址，渭河南岸的汉长安城遗址、唐大明宫址、明西安府城城廓和城内若干主要古建筑，曾于20世纪90年代初期申报"世界遗产名录"，但由于周边环境差，尚未通过国内的审查，还需作大量的工作，以期达到申报条件。列入"世界文化遗产名录"是历史文化名城的"金牌"，一定程度上标志着古城的水平和地位，这也是为什么那么多古城为此不惜付出代价，长期奋斗力争的原因。西安的文物古迹地下多地上少，现存古建筑尤其少；但周丰镐、秦阿房宫、汉长安以及唐大明宫四大遗址和历代帝王陵墓的确是世界级的文化遗产，其差距则是在考古发掘和环境保护上还需做大量工作。经过努力10年内再争取2～3项是完全有可能的。

2.西安的旧城区和若干历史街

区的保护和利用尚属初级阶段。与五大古都相比较，不论在规模上、风貌特色上以及文化内涵的展现上都还有一定差距。目前，在旧城中已经有书院门、北院门两条传统历史街区，如果，10年内以此为骨干，以钟鼓楼为中心，将东到柏树林，西至竹笆市，南到南门顺城路，北到西华门的3km²作为古都文化中心加以保护利用，再用10年，以西大街为骨干，向城西延伸2km²，使古都文化中心扩大为5km²，这样就控制了西安旧城的半壁江山。西安旧城虽为明清府城，但是在唐皇城遗址上扩建的旧城，地下应有唐代遗址，亦可依此展示唐文化，这也是西安不可多得的优势。从长远看，21世纪上半时，应将西安旧城整体保护，恢复古城风貌，那时，西安在历史街区保护和利用上与世界古都相匹配。除此而外，曲江风景区、环城风光带、南山若干古寺庙区都有必要从历史街区、历史风景区的角度，按国际法规的标准再行研究。

3.规划格局上“新旧分制”模式的确立。由于20世纪50年代西安城市规划的良好基础，西安的城市规划不亚于五大古都中的任何一座城市。从已经建成的效果观察，城市格局，道路系统具有良好的东方古都的气质，城市建筑风格也有初步的体现。当前主要任务是确立“新旧分制”的规划模式，在21世纪上半叶，保护和控制旧城，在南郊和北郊建设新城，这个布署，在国务院批准的西安跨世纪规划中已经体现，还有必要通过地方法规以保证其实施。从城市形象上宏观比较，在这方面西安大有可为，前景广阔。我们的差距是在建筑的总体控制上，主观随意性大，在建筑的高度、风格、色彩上急需制定纲领，不要轻易变动，假以时日，自然会形成古都西安的特色风貌。从五大古都的经验看，“新旧分制”模式，有利于古城保护，有利于新城开发，“新的新到位，旧的旧到家”。

4.标志性建筑和城市雕塑。古都西安的标志性建筑首先是古建筑：大、小雁塔，钟楼、鼓楼，西安城楼、碑林、城隍庙以及著名的古寺庙。由于历史战乱和木结构的弱点，在古都之中，西安存在的古建筑少得可怜，因而古建筑的保护就显得格外重要，按照文物法的规定，既要保护古建筑，同时要保护其周边环境。近期应该落实的项目有：南门箭楼和北门城楼的复原工程，城隍庙修复清理工程，大小雁塔清理环境工程等。标志性建筑的另一部分是现代建筑，以西安的文化历史地位而论，要进一步倡导传统与现代相融合的创作道路，按照“风格分区”的原则，走多元化、地区化、现代化之路。特别强调的是行政、文化和旅游建筑，要具有民族传统和地方特色。

城市雕塑是历史文化名城“点睛之笔”，需要制定长远规划，修建一系列反映历史事件、历史名人的城市雕塑，以此揭示古都西安的文化底蕴。古城雕塑的风格，材料亦应走传统与现代相融合的路子。

5.山水环境的保护。与五大古都相比，西安的自然环境是相当严峻的。罗马的台伯河，开罗的尼罗河，雅典的爱琴海，伊斯坦布尔的博斯鲁斯海峡，都带给古都秀丽的风光，只有耶路撒冷在一片沙漠包围的高地之上。历史上八水环绕的长安，恢复大地的水环境还有待时日，这就是西安在今后几十年中改善古城环境、恢复古都风貌的首要任务。山岭的保护主要是终南山和北坡山麓，重点是各文物点周边和各峪口附近。与山水密切相关的是绿化植被，唐槐、灞柳，应广为种植，交通枢纽，旅游路线，古建遗址更应突出传统树种，继承历史文脉。

（作者系西安市规划委员会总规划师、清华大学教授）

大雁塔南广场

凸显西安古都文化　营造现代城市精神
——西安城市总体发展战略规划的思考

□ 和红星

城市文化是城市的灵魂，城市特色是城市文化的标志。保存和营建城市独特的文化魅力，不仅是一种属于历史的、地域的、民间文化的自我拯救，也是我们城市建设中的一个严肃课题和重大挑战。如果说一个民族的凝聚力来源于她的民族精神，那么一个城市的吸引力就来源于她的“城市精神”。城市精神是一座城市的社会及文化生活的核心精髓，体现着城市的生命力。

对西安这样一座历史文化古都来说，她的社会及文化的核心精髓是什么，如何通过规划和建设挖掘出这种精髓，使这座古城更具活力和魅力；如何使西安的市民真正能从城市规划、城市建设上感到这就是我们的西安，为自己生活在这座城市感到自豪，这些都是规划师和建筑师一直深深思索的问题。

作为城市的建设者和管理者，我们有责任，也有义务使西安这座古老的城市重新焕发活力，真正达到社会经济的可持续发展，充分体现出人性化、人文化特点。因此，对西安的下一步发展，笔者认为应当从深刻挖掘城市历史内涵，突出古城风貌，体现文化特色入手，进行研究和探索。我们力图通过西安市城市发展战略规划的修编，在这方面有所突破，希望能从城市规划领域对城市文化的发展和建设做出贡献。

在城市定位和城市性质上体现古都文化的历史地位

建国以来，西安作为全国第一批重点发展城市，城市建设一直受到中央的重视，先后制定了三次城市总体规划。然而，由于受历史的局限，在不同时代政治背景下，人们的思想认识的不足，因此前三轮总体规划在西安市城市性质的表述中，都没有对城市文化的重要作用给予应有的重视。

1953～1972年，西安市制定了第一次城市总体规划。解放之初，大家的注意力都集中在如何使“消费城市变为生产城市”上。生产为第一要素的原则使当时的西安城市性质被确定为“以轻型精密机械制造和纺织为主的工业城市”。1980～2000年的第二次城市总体规划，注意到了城市历史文化，在原唐长安城的城墙遗址上规划了唐城绿带（现在高新区建设的唐延路上），但对城市文化对城市经济、社会发展的巨大作用未能有足够的体现。1999年5月国务院批复了《西安市1995～2010年城市总体规划》。而对城市文化的重要性依然没有引起足够的重视。

2004年，西安城市总体发展战略规划对西安的城市性质作了如下表述 ：西安是世界闻名的历史文化古都、旅游名城 ；中国重要的教育、科研、装备制造业、高新技术产业基地和交通枢纽城市；新欧亚大陆桥中国段和西部及黄河中上游重要的中心城市 ；陕西省省会。根据这一表述，西安将被建设成为古代文明与现代文明交相辉映，古城区与新城区各展风采，人文资源与生态资源相互依托的国际性现代化大城市。

在城市总体布局上传承古都空间发展模式

根据分析和论证，经过多方案比较，西安城市总体发展战略规划确定未来西安中心城市发展模式为：“九宫格局，棋盘路网，轴线突出，一城多心”。

西安是十三朝古都，具有帝王之都的气势，这种气势就体现在“九宫格局、棋盘路网”上。道路方方正正、坦坦荡荡，这种格局也是由周朝王城丰镐二京所传承下来的以西安为首开始沿用至今的中国传统模式。

1．“九宫格局”。具体来说，“九宫格局”就是“古城中央，轴向伸张，九宫格局，虚实相当；初期发展，东西南向，古城保护，控制中央；近期发展，南北延长，高新经济，曲江空港；功能整合，各有特长；卫星棋布，米字方向，户县周至，蓝田阎良，韦曲高陵，临潼咸阳；放眼关中，集群带状，九城之都，大市泱泱”。

“九宫格局”是对3100年来西安地区古都建设文脉的合理继承和发展，是对半个世纪以来西安现代化建设所形成的城市图式的高度概括，是对跨世纪城市发展方针的个体描述，也是新世纪现代西安大都会发展模式的最佳选择。

“九宫格局”的功能分区明确，每一宫格都有不同的定位，便于操作，包括中心的唐城、东部的国防科技区、西部的综合工业区、南部的科研文教区、北部的经济开发区、东南部的曲江旅游度假区、西南部的高新技术产业开发区、西北部的汉城遗址、东北部的浐灞生态区。

2．“棋盘路网”。规划使市区道路网继承了唐长安方格网、棋盘式格局，外围功能区结构也以棋盘路网为特色，形成一个明显的区级中心。

3．“轴线突出”。“长安龙脉”南眺终南山，北望渭水，是纵贯西安南北的一条城市主轴。同时，从大明宫含元殿到大雁塔这条盛唐时保留下来的南北轴线，在今天仍然作为西安重要的景观轴线。此外，还有一东西向垂直的轴线系统，即以钟楼为中心，东西大街的轴线与南北轴十字相交，形成的西安棋盘结构的“十”字形格局。因此，总体规划在城市空间布局中合理地继承和发扬了这一优秀的历史文化遗产。

4.“一城多心”。即在形成富有中国传统城市空间特色的“九宫格局”模式的基础上，沿城市放射状交通线向外发展功能区，形成多个城市副中心。

“一城”即西安主城，以占地84km²的唐长安城为核心区 ，以城市绕城线为基本轮廓，局部向外少量扩张。“一城”的范围是东到洪庆，西至纪阳，南至长安，北到渭河，包括城六区和长安区。

“多心”即在西南方向形成以户县为主的副中心，在东北方向形成以新筑、临潼为主的副中心，在北部方向形成以阎良为主的副中心，在渭北方向形成以高陵（跨过渭河）、泾河工业区为主的副中心，在南部方向形成以长安为主的副中心。

同时，城镇体系规划也注意从各城镇历史文化资源入手，加强城镇特色的挖掘，结合各城镇实际情况，重点发展周至老子文化城 、蓝田玉石城 、阎良航空科技城 、临潼国际旅游城 、高陵泾河产业城 、户县农民画城等。

在自然和历史文化的保护中创造城市特色

“山环水绕”是西安自然地理环境的主要特征。优越的自然地理条件，使西安具有以“沃野千里，四塞已固，开胜之地”为特点的帝王之都的气象，因此，历史上才会有13个王朝在此建都。西安3100多年的建城史和1100多年的建都史，实际上就是一部中国古代城市文化的发展史。

辉煌的历史给西安留下了丰厚的馈赠，遍布城郊的文物古迹、老城的历史街区是古老历史和城市文化的集中体现。西安，不仅保留着宗教性建筑的塔、礼制性的钟鼓楼，更多的是一些传统的历史街区，它们像城市的书卷一样传递着古城悠远的记忆。保护好这些文物古迹、传统建筑及历史街区也就是保护了城市的历史传统和人文精神，留住了古城的优势和文脉。

目前，老城区内还有北院门、三学街、竹笆市、德福巷、湘子庙街等独具关西文化特色的、以民居为主的街区。我们编制了《老城百年规划》、《老城顺城巷保护与整治规划》等，通过对历史街区内传统建筑内部设施的改造，力求赋予古建筑新的功能，实现传统建筑的再生，营造街区的历史氛围和环境；通过一系列的规划和城市设计、城市管理等手段，力求展示西安历史文脉，彰显西安城市个性，创造西安城市特色。

将传统文化与现代精神相融合，展现西安魅力

在城市总体规划的宏观指导下，要体现城市精神，就更加要重视对建筑风格和城市色彩的规划。一座城市的建筑最能反映其精神、气质，而建筑的色彩与风格则是其整体特色的灵魂。

从古至今，西安拥有众多优秀的建筑，这些建筑产生的时代不同，因而风格各异，色彩纷呈。它们坐落在不同地段，所以创造并影响着西安的整体形象。它们不但构成了西安市城市特色与建筑风格的基础，而且彰显了传统文明与现代精神相交融的特色，构筑西安城市区别于其他诸多城市的物质空间要素。

西安城市建筑的风格

我们将西安市中心区的建筑风格划分为汉唐风格区、明清风格（传统风格）区、风貌协调区、现代建筑区。

（1）汉唐风格区域主要以汉唐遗址和周代遗址为主，包括汉长安城遗址、唐大明宫遗址、唐小雁塔、曲江新区等。处于这一区域的各文物古迹及唐城绿带周边各100m范围内的建筑风格及体量应相协调，并结合现代建筑功能的要求，运用传统建筑符号，再现汉唐建筑古朴浑厚的风格，创造出独具特色、具有传统韵味的街道。

（2）明清风格（传统风格）区域以明清建筑（传统建筑）为主要特色，主要在老城区内。各文物古迹周边50m范围内的区域，建筑色彩与风格确定应充分尊重文物古迹本身的特色，慎重确定。建筑风格、建筑高度应符合历史文化名城保护的限高规定，建筑形式中可运用传统建筑语言，如坡屋面、墙线脚、挑檐等建筑造型构件，以白墙、灰顶为主，点缀以褐色比柱等造型构件，体现浓郁的历史文化气息。其中，沿街商业店铺或商业建筑，采用传统建筑的尺度，屋顶和门窗通过细部处理手法，营造历史街区氛围。

（3）风貌协调区域主要指一环至二环间的区域，其空间和风貌应充分考虑与旧城协调，以满足历史文化名城的高度控制要求。建筑风格应尽量将传统与现代语汇结合，创造出既有传统特点，又富有时代精神的建筑风貌，形成旧城与新区之间的过渡区。

（4）现代建筑区域主要是指二环至三环，以及三环以外的区域，其中还包括了中心城市周边的居住组团。此区域为新兴城区，处于此区域的文物古迹保护区及有必要进行保护的区域，故应充分尊重文物古迹本身的特色。在文物古迹保护区以外的区域，相对而言，建设可以不受太多的限制，应充分体现现代都市气息，以现代建筑风格为主，创造具有时代气息的新西安。

西安城市建筑的主色调

建筑色彩体现了城市的文化氛围与自然环境的和谐。西安是历史古都，地处黄河流域的关中平原，四季分明，古色古香的历史韵味、丰富的地域色彩和分明的季节、气候变化给西安建筑带来丰富的、耐人寻味的色彩变化，归纳起来就是以灰色、土黄色、赭石色为主色调的色彩体系。

（1）灰色系列的色彩体系。西安众多的历史遗存建筑中，灰色所占比重很大，如钟楼、明清传统民居、西安城墙，它们是构成西安城市特色的重要组成部分，符合西安的古都特色。在今后的城市建设中，应传承城市传统色彩，尤其是在历史地段，应以灰色为主色调。

（2）土黄色系列的色彩体系。西安地处黄河文明的中心——黄土地上。土黄色平和、稳重，是典型的关中地方色彩，也是西安人尊崇的颜色。大雁塔、小雁塔的墙面等都是土黄色，因此，西安市城市建筑主色调为土黄色。

（3）赭石色系列的色彩体系。在中国传统文化中，赭石色赋予建筑庄重、高贵、典雅的形象。赭石色是汉唐建筑的主色，形成了汉唐建筑庄重、典雅、鲜明的色彩特征。将西安市城市建筑主色调定为赭石色，目的是体现古都西安浓郁的历史文化氛围。

城市雕塑、景观小品

重视城市雕塑、景观小品的规划布局和创作，全方位、多角度地展现西安城市的精、气、神。

城市雕塑和景观小品在城市空间环境中占据着重要地位，它们是一座城市的文化品质的象征。城市雕塑和景观小品的存在，使城市充满了活力与生机。在挖掘西安历史人物、历史事件的基础上，我们编制了《西安市城市雕塑体系规划》，并按照规划，以每年5～10个的速度来设计和建设城市雕塑。

西安，这个既古老又现代的；既是黄土地，又充满绿色；既是遥远的，又是近距离的；既是厚重的，又是生动的城市，在西安城市总体发展战略规划指导下，定会建设得更加美好。

（作者系西安市规划局局长、教授、博士生导师）

新鸡鹤论
——现实主义的城市文物古迹保护策略试探

□ 王西京

现实

西安有一个20世纪50年代明城内（旧城区）的模型，基本体现了当时的原貌。城墙尚称巍峨，城内屋宇栉比，民房多为一、二层，模型虽未做树，但可以想像，按其高度当掩映在绿树丛中，钟楼、鼓楼等标志性古建筑彰显得非常突出，文物古迹如鹤立鸡群。

今日西安城内古建、古民居大为减少，高楼增多。人口、密度成倍增长。望着高楼夹峙中的钟楼及城门等，甚觉吃力，有鸡立鹤群之感。整体印象被人称之为有墙无城，不能表里如一。

我们的管理者大多去过国外，理论、经验精通，外国的好办法就是难以应用，西安如此，全国大多古城也如此，大家都在感叹：保护难、管理难。

形成目前状况的主要原因分析如下：

1.认识的误区。这方面各种书籍介绍已多，我们对文物古迹，对历史街区保护的意义、价值、方法等的认识受各种因素的制约，导致了目前的局面，回头看时，留下了许多遗憾，有人归结为经济发展的必然。

2.重文物古迹的保护，对历史街区、民居民俗、近代有文化意义的建筑保护不力，导致了城市整体文化氛围的破坏。

3.国人做人做事的态度，易走极端，当一种舆论兴起，尤其是这种舆论为领导者所赞同时，其他的观点就难以提出，也无法重视，说发展就无人再提保护，说保护时正常的发展也难以进行。

4.法规的无力。法规落实无细责，无责任，违规无查处，所以违规者比比皆是，人们熟视无睹，政府的信誉、执行力受到削弱。另一方面，法规多已制定较久，缺乏修正，科学性大打折扣。

反思

鹤立鸡群是理想主义的文物古迹保护方法，而鸡立鹤群是许多城市文物古迹、景点在今天面临的尴尬的现状。

1.土地的紧缺

过去许多文章在分析我国时，开篇总是人口众多，地大物博，现在已意识到应该是人多地少，资源稀缺。从现在对基本农田保护的力度，粮食生产的重视，可以看到，国家对土地的合理利用已提到了一个相当的高度。

拉大骨架、降低密度是我们良好的理想，家家有车，实现居住的郊区化是许多人追求的生活目标。但现实决定了我们不可能生活在欧美发达国家人们的那种居住状态中，紧缺得已接近国民经济底线的土地持有量，已使我们不能再靠大量占有土地，依固定资产投资的拉动来提升经济的发展。面对人口、面对土地、面对资源、面对就业，压力是如此之大，还不知在持续增长的人口中，未来的几亿人将如何生存？

充分利用现有资源，合理利用现有土地，在城市中建设城市，还会在我们的实践中大量存在。

2.情绪的体验——时间与节奏

过去做旅游规划时，曾有设想，在城市与古老的类似蛮荒世界的景区之间，做一时空隧道，作为情绪的过渡，现在想来，实在有几分滑稽。

当我站在滕王阁顶，极目远望，江滩裸露，高楼林立，我不止一次问自己，这就是王勃题记的滕王阁吗？怎么也无法体会"落霞与孤鹜齐飞，秋水共长天一色"的意境。

我后来相信了，这里在古时是有王勃所写的景色，也是有他那种的体验，而我，只能得到今天的体验，一千多年前的意境只能在幻想中了！

当我们在设立自认为相当宽的保护区、协调区、隔离带时，试图以此来形成情绪的过渡、景观的隔离，但在今天的节奏和速度面前，一切都已显得乏力。当童养媳、青梅竹马已被一见钟情甚至一夜情的事例代替，当闲庭信步、步移景异已被喧闹的古今混杂的一日游取代，单个景点的时空过渡还有多少人能够品味？

3.空间如何隔离

当我们站在西大街西望，城门外500多米远处西关正街上的某大楼高耸着，像剪影挂在城墙北角，极不协调；如果站在含元殿复原后的大殿宽大的基座上，放眼北望，5km外北二环处的高楼像一堵高墙，直逼眼前。

看着一例例符合隔离和保护带要求的建筑对文物古迹形成的视觉干扰，我们思考怎样才算合适，也有专家提出应加大到更大的范围，但这可能会带来更多的无奈。

4.对于和谐的理解

我们做事易瞻前顾后，所以每遇事力求稳妥，宁可无特色无人关注，也不愿露峥嵘毁誉参半，中庸主义便是极好的总结，大而化之，锐而钝之，凡事取乎中，不偏不倚。

建筑设计方面也是这样，凡说协调，无论环境、地域、特色，最简便易行之路便是模仿，从形式到材料到做法到色彩到装饰，统统模仿之，以致于真假难辨，混沌一片。

看国外、国内设计大师，如贝聿铭、张锦秋等，在文物古迹、名山胜迹之处作品也多，都鲜见模仿，而是讲求与环境有机结合，突出个性，使新旧相得，益显张扬。

突显古人而不失自我，营造和谐而不失创新，不拘一格而求大道，所以对和谐还不能简单化、概念化。

这一段说的是和谐，没有说模仿。

5.尊重历史

我们常感叹人难做，都爱非议他人，常庆幸自己欣逢盛世，就总点评前事。

建筑，无论模仿，还是创新，杰作还是劣作，其作为视觉的艺术，难免见仁见智，评价不一，都不可避免地打上时代的烙印，一地的经济、政治、地域的特性必然反映其中。城市，作为建筑的综合体，承载了大量的历史信息，是一部物质的人类文明发展史。一个历史文化名城，像西安这样的名城，更应注重保留其文化脉络，保护好历史信息，在空间上体现其城市历史的传承。

对策

鸡立鹤群模式——也是彰显。

当经济不发达时，宫殿等大型建筑以其雄伟傲视民房，巍然大观，建筑物如鹤立鸡群，是一种彰显，令人仰视，产生敬畏。而当经济发达、地价飞涨、高楼林立时，古老的低矮建筑以其静谧的神态、特致的形象、优雅的环境同样可以使人肃然起敬，虽如鸡立鹤群，仍不失其气质、其价值。在中外许多大城市中，也经常可以看到这种实例。

可以提出几种城市文物保护的想法，简述如下：

1.对文物景点按其重要性质及保护要求，设置好绝对保护区，在其周围确定适度的、比过去概念小的建筑协调区。由于建筑协调区较小，建议在绝对保护区与其之间，增加绝对隔离带，以绿地或绿带表现。虽然文物古迹的协调区减少，但增强了绝对保护的力度，无损其景观效果。

2.精心构筑城市设计。现在的文物保护区的周围，人们最易关注的是高度问题，实际上影响古迹的因素较多。以西安南门南边的建设情况为例，周围整体环境高度不一、色彩混杂、风格各异、密度过大、综合观感拥挤凌乱。

在文物古迹景点周边，通过精心构思的城市设计，对环境的整体空间进行正确的把握，在执行过程中严格按规划进行建设，确保整体环境形象的提升，从仅对高度的重视转向对整体环境的把握。

3.多重关注、多层次理解保护要素。文物景点是历史文化遗存的有形的体现，人们大多数重视了这方面的保护，对文物古迹存在的历史条件、历史环境都缺乏了解。古城的格局，历史街区的肌理，历史的环境地貌均传达出历史的信息，更多的大量文化方面的无形信息也是历史的景点的组成部分，也应进行充分的把握、整理和保护。

4.依文物现存状况的具体情况和其重要程度，确定采用协调或对比的周边处理方式，对已造成不良环境效果的，在整治和长远规划中，不宜一刀切式地只对高度提出问题，应一事一议，提出整体解决办法，使周边从无序到有序，达到净化、美化的目的。

以上观点无意否认现在的各种保护方法，仅就现实问题的解决提供一种研究思路，但作为一名建筑师、规划师，或者领导层的决策者，都应该站在自己的本土上，准确地把握自己的脉络，在保护与发展、继承与创新的碰撞中，摆脱千城一面的困境，走出一条符合自己特色的路来，真正让我们这座古城凸现自己的魅力！

（作者系西安市规划局副局长、副教授、一级注册建筑师）

荡荡八川蕴古城　厚厚台塬育民风

□ 惠西鲁

秦岭北麓的八百里秦川，东有函关，西有散关，南有武关，北有萧关。其中心地带，泾、渭、浐、灞、沣、滈、潏、涝等纡余委蛇，分流相背而异态（汉司马相如《上林赋》），白鹿塬、少陵塬、神禾塬、乐游塬、龙首塬、铜人塬、细柳塬、洪庆塬等，浑厚朴拙，雄居平川如龙舞。就是这块天工造就的山水形盛之地，蕴育出蓝田猿人和半坡先民，蕴育了周秦汉唐等十几个王朝，蕴育了西周青铜和汉唐文化，更蕴育了宽容厚仁的朴实民风。

"知者乐水，仁者乐山。知者动，仁者静"（《论语》）。智者之所以乐水，是因为水具有川流不息的"动"态，与"智者不惑"，捷于应对，敏于事功的智者行为特征相通。仁者之所以乐山，是因为山具有阔大宽厚，巍然不动的"静"态，与"静者不忧"，宽厚得众，稳健沉着的仁者品德相符。关中这片山水俱美的形盛之地，便蕴育了智者仁者，吸引着智者仁者，陶冶出智者仁者。你看关中人的心理气质：朴实、中和、平易、宁静、含蓄、深沉、内向、包容，这不正是黄土台塬的固有特征吗？你再看关中人的创造精神：好学、钻研、勤奋、努力，不正是荡荡八川的锲舍精神吗？民风、观念，渐渐地在蕴育和积淀过程中，形成了自己的文化。

建筑作为文化的一种形态，在文化的蕴育发展之中，西周形成了完整观念，隋唐达到创作高峰，明清更加丰富精致。在这个过程中，无疑与黄土塬川的精神积淀息息相关，正是黄土台塬的朴拙雄浑，蕴育了秦汉建筑的豪放朴拙，隋唐建筑的雄浑壮丽。

然而雄浑的台塬，也蕴育、培养、造就了"霸气"，在政治伦理上，造就了与西方截然不同的"皇权"大于神权、"君权"至高无上的伦理观，因而在建筑上反映出宫殿和都城规划的成就最高。

封建统治的中国强调的是"君权"，上天之子不过使君王的统治蒙上了一种"神授"的光环罢了，而西方强调的是"神授"，教皇是神的使者，国王的统治要得到代表上帝的教皇授权和荫庇才算合法。这种区别反映在建筑上就是西方建筑长期以来都是以神庙或教堂为主流，而中国建筑则始终以宫殿和都城为重心；城市中西方是以教堂和教堂前的广场为中心，中国则是以统治者的殿堂为中心；西方的街道多环状放射以示开放外向，中国的街道则方格规整以便于控制；西方城市中的市民是城市的主人，统治者往往隅居城堡，中国的都城中皇帝是主人，把城市变成城堡而少了"市"的气氛。正是在这种政治伦理观之下，都城规划的原则是"匠人营国"，"左祖右社，前朝后市……"。"祖"指宗庙，是祭祀祖宗的地方，"社"指社稷坛，是祭祀社稷神的地方，但必须分列于皇帝老儿的宫殿左右，拱卫皇宫，"君权"凌驾于"族权"和"神权"之上，这也只有黄土厚塬蕴育的霸气十足的"仁者"、"智者"做得出来。

"皇"乃是对最尊崇的天神之称谓，"帝"乃是对最尊贵的祖先之称呼，二字集于一身，何等的气魄，还要在前面再加个"始"字，谁敢为之？黄土台塬蕴育的秦始皇就敢为！看他所建的咸阳宫："北陵营殿"，"以则紫宫"；"渭水灌都，以象天汉；横桥南渡，以法牵牛"（《三辅黄图》）。阿房宫"周驰为阁道，自殿下直抵南山，表南山之巅为阙"（《史记》）。天文学上北极星是"帝星"，环绕北极星的十五颗星的总称为紫微宫，天汉即银河，从帝星向南渡过银河是营室星，天文学中称其为"离宫"。以渭水象征银河，河上架桥，直抵离宫阿房。这就是厚土台塬性格的秦始皇！

隋唐长安，郭城东西9721m，南北8652m，面积达84km²。从郭城而皇城而宫城，犹如一幅组织有序的巨大图画：城墙由低而高（郭城高5.3m，皇城高12m），布置由疏而密，建筑由小而大，色彩由淡而浓，节奏由缓而促，气氛由放而严，层层加紧，最后归结为太极宫这一着墨最浓的一点，城内各部都是这一点所晕发出来的渲染，对它起着众星拱月的烘托作用，广大的里坊相对平淡，一些寺塔楼阁打破着单调。网格街道如田园风光。郭城正好是制作精良的画框，恰当地收束整个画面并与中心的高潮相呼应。在凸出于夯土城墙之外的包砖城台上，立有高大的城楼，其形象、色彩和手法与大段平整的夯土城墙形成对比，不但是画框上的重点装饰，也与城内高大建筑一起组成了丰富的立体轮廓。整个画面置于以龙首塬、乐游塬为代表的六条塬岗之上，地形的起伏恰使这幅巨大的画面漂流在历史的潮流之上，碧波荡漾，在历史的长河中闪闪发光，丽彩照人。画面之外，滈、潏经其南，泾、渭流其后，浐、灞界其左，沣、涝合其右（清《西安府志》），组成了更大的画面。这一幅画面，没有荡荡乎八川、厚厚兮台塬之 蕴育，创作得出来吗？沣、涝合其右，组成了更大的画面。这一幅画面，没有荡荡乎八川、厚厚兮台塬之蕴育，创作得出来吗？

与西方的砖石结构相比，中国古建筑的单座建筑规模由于木材限制，不可能建得过大。但出于突出帝王权威之社会政治秩序和精神感染的需要，重要的建筑要像黄土台塬那样壮阔恢宏、豪健雄浑，众多的台塬启示了创造者在数量上体现宏大规模，以雄视他朝。如大明宫的麟德殿由四殿合成，底层面积超过5000m²，比紫禁城太和殿大了两倍半。

中国建筑的群体布局强调采用院落组合方式：普遍的一种是将单体建筑沿院落周边布置，所有建筑都内向，其中坐北朝南的一座最大最高，是构图主体，势态向前，其他三面建筑势态与之相抗而取得均衡，院落中心没有建筑，是"外实内虚"之组合。其他有"外虚内实"和自由式，用得较少。多个"外实内虚"组成的城市，以皇宫为中心，就变成"外虚内实"了。不管哪种方式，各建筑物的势态力量均在群体内部消融，院落以外则趋于平静（目前大小院落的临街门面房是趋于喧嚣），就像黄土台塬的宁静含蓄一样。这与西方建筑强调单体突出，完全外向，势态放射的格调大不相同。

在轴线处理上，"外实内虚"强调纵向轴线，可按需要和用途不同沿纵轴组成一系列层层串连的院子，或在此一路左右毗连其他院子。因而适应性很强，皇宫乃至民宅都广泛应用。

20世纪70年代，在陕西岐山凤雏村，发现了有可能在武王灭商以前的先周宫殿遗址，该遗址坐北朝南，东西32.5m，南北45.2m，取严格对称的由两进四合院组成的院落布局，前朝中堂后室。考古上称其为凤雏宫殿。"朝"在起初表示广场，唐以后"朝"才转指大殿。"宫"字屋顶下一窗一门，尤指居住建筑，秦汉以后才专属帝王。不管是官用还是民用，前朝后寝的格式已出现了。

西周成王时期兴建的洛邑王城宫殿，继承、发展、完善了前朝后寝。西汉时期的第宅（上层官僚的大宅称为"第"），是多重院落组成"前堂后寝"。皇家的宫殿，是前朝后寝，带上后花园，发展到极至。

延续了几千年，这种模式还在继续。我们现在许多单位前置办公区，后置住宅区，既方便职工，又缓解交通压力。这就是八川厚塬蕴育的模式！

还有四合院，由周至唐至清，大致相同，只是由于后来的风水之说，除大宅外，清代四合院宅门大都开在前左角而已。

以上拙释，是读书有感而发。想说明一点：传统建筑文化虽不能全盘照搬，但把传统形象中最有特色的部分作为母题，去发挥，去创造，这个母题绝不是某些符号就能代替得了的。民族特色，乡土风情，黄土文化，这些意境的酝酿创作需根源于传统文化，而不是把有些符号硬生生地栽植上去，这种植法，发不了芽，只是牵强附会的附加。

（作者系西安市规划局副局长、副教授）

保护西安老城的思考

□ 杨明瑞

西安是我国著名的历史文化名城，迄今已有3100多年的建城史，先后有周、秦、汉、唐等十三朝代在此建都，历时近1200年。尤其是汉、唐时期曾创造了我国古代社会上最为鼎盛辉煌的文化，是与古罗马齐名的世界历史文化名城。古老而悠久的历史给西安留下了丰富的历史文化遗产，包括古帝王陵寝、古都城遗址、古建筑、传统街区、传统民居、店铺、宗观寺庙、河湖水系、自然风景名胜等，内容十分丰富。可以这样说，保护西安现存的历史遗迹，也就是保护中国历史与中国的文化。

如何保护西安的历史遗迹是西安的规划和建设者肩负的历史责任

从20世纪50年代开始，西安的城市格局及其对老城保护的影响，共经历了三次城市总体规划。20世纪50年代的西安第一次规划中，对城市提出了五个功能分区，即：中心为商贸居住；东西两侧为性质不同的工业区；南郊为文化区；陇海线以北的北郊为建设不发展区域。这样形成的一个单中心区的城市空间结构，有效地保护了坐落在北郊的都城大遗址及城市规划范围之外的文物古迹及与之相关的文物因素，为下一轮规划打下了良好的基础。80年代的规划在全国首次提出了古城保护的口号，并以“保护明城的完整格局，显示唐城的宏大规模，保护周、秦、汉、唐的重大遗址”为宗旨，在明城墙上及城中明确列出18处文物保护对象。当时以一环、二环、三线为主，构成明城保护的主要要素。当然，那时的城市依然是单中心，圈层式形态。进入90年代，在城市进行第三次总体规划调整时，将历史文化名城保护作为城市规划中十分重要的组成部分，城市的功能与空间形态也因之相应调整。城市功能与以往的不同在于将原单一中心改变为以旧城为中心，以各区及各组团中心为辅的中心体系，并对城市各组团所承担的城市功能进行逐一分类，减轻原中心区的压力；而城市形态也将往日以“摊大饼”为主的形象改为“中心集团、外围组团、轴向布点、带状发展”的新格局。这一切使中心区与组团之间、组团与组团之间有大量的生态地带，使历史文化名城周边环境和内部环境得到进一步完善。三次总体规划为西安的历史名城保护奠定了基础。

旧城改造的思考

西安在历史文化名城保护也经历了一些值得深入思考的过程。20世纪90年代初期，为了改善低洼地区居民的生活条件，在旧城中进行了全面的低改。短短几年，西安失去了许多传统民居，这虽然使旧城中许多居民的住房问题得到了改善，但对古城风貌也造成了破坏。这样的问题，不仅仅是西安，几乎在全国也较为普遍。北京、上海、苏州、沈阳、福州等等区域，中心城区中成片的危棚、简屋被换成了一幢幢高大建筑，造成了城市空间尺度和城市形态的异化，这对中心城区历史人文环境的保持和建筑文脉的延续提出了严峻的挑战。像北京的胡同、上海的里弄、西安的四合院都离我们越来越远，凡此种种常常告诫我们：历史文化名城的保护是一项长期的工作，容不得半点疏忽和不科学，如若不然，历史留给我们的瑰宝将在我们的手中失传。

西安城市建设走新旧分制之路是根本之策

西安作为世界著名的历史文化名城，面临的主要问题之一就是如何在西部大开发的形势下，大力发展城市建设而又不伤害历史遗存。我认为西安的城市建设走新旧分制之路是根本之策。

1. 新旧分制构思的提出及理论基础

西安市第三次城市总体规划中确定的中心城市是西安历史文化名城中最主要的区域，它是由中心市区和外围十一个组团共同构成的。中心市区中老城区是文物古迹遗存较多的区域。西安的老城区占地13.7km²，边界线是明洪武年间所修的城墙，它是陕西省和西安市的政治中心，同时也是商贸、文化中心。由于老城区所承担的城市功能极度为重要和多样性，而导致了老城区中地价不断上涨：开发者被利益所驱使，均想在单位面积上争取最大的回报，所以对老城区造成了极大的破坏，老城中出现了各式高、大的建筑，与明城的风貌格格不入；同时老城区的位置居中，商贸、文化、医院等各种市政、公益和服务设施完善，也是人们不断“盘居”在老城的一个理由。据不完全统计，老城中居住人口已达40多万，居住密度远远超出了国家人均指标。而老城又是历史文化名城保护的重点区域，包括了城墙、标志性古建、传统商业街区、传统民居、宗观寺庙、革命纪念地等等内容。老城的不断建设，使人们的生存空间越来越小。减少旧城密度，降低高度，调整旧城功能以及避免老城内的大规模拆建已成为关注的焦点。

2. 文物保护单位保护要求的国际标准化

文物保护单位保护的国际标准化，使我们已不能像以前一样只注意个体的保护，国际法典的内容反映了当时学术界对有关问题的认识水平，其重要程序依次是宪章、建议和宣言。只涉及文物古迹保护的《威尼斯宪章》，是1964年5月在威尼斯召开的第二届历史古迹建筑师及技师国际会议上通过的；而1987年的《华盛顿宪章》已开始涉及历史地段的保护和周边环境的保护，古迹已经从保护的主要对象变为保护的主要对象之一，保护的含义已泛指整个保护活动和过程，对与古迹相关的历史地段、历史地区等也开始增加越来越详细的内容规定。新修订的《文物保护法》已于2002年10月28日颁布实施，并明确提出了对历史文化街区和历史文化名城要进行保护。如何在城市结构和空间组织上给它们留下足够的空间呢？这无疑给现代城市的规划者提出了新的要求。

3. 历史文化名城中的可持续发展理论

所谓可持续发展是指：“既满足当代人的需要，又不损害后代人满足其需要的能力的发展”。对我们来说文物古迹属不可再生资源，它可以为人们提供辅助记忆，使后世子孙更多的了解历史。早在1840年，法国政府制定鉴别民族建筑的纲领中认定：过去的景物，若或多或少保持原样，会给人们一种历史延续的表露。英国人认为：历史建筑不属于我们，绝不能按我们的喜好来处理对待，我们只是后人委托的历史建筑的保管人，它们是给后人展示完整历史画面的教材。西安经过前两轮总体规划，我们已经可以在城市的形态中看见古代的缩影，如旧城中的明清格局，中心城市中的唐时期路网格局，城市中主轴线与历史轴线的重合与再完善等等。但今后的工作还很艰巨，如果不引起高度的重视，我们的历史文脉将会淹没在城市建设的热潮中，那我们的后代恐怕只能在虚拟的世界中寻找旧时的一切。

4. 新旧分制构想所形成的城市新的格局

（1）调整老城区的城市功能

建国初期，我国百废待兴，发展经济为当务之急。因此强调因地制宜，大量的城市建设与原老城区相融合，并使老城区担负十分复杂的功能，如西安老城的城市功能有政治、经济、商贸、文化等等，使得旧城功能容量偏大，而导致交通拥挤、生活环境下降。随着城市经济的不断的发展，老城中还在改建或新建许多大型建筑，使得历史文化风貌遭受巨大的威胁，所以老城的功能重塑已成为当务之急。西安城以后的性质应主要以商贸、旅游休闲为主，将行政中心逐步迁出旧城区，减弱其政治职能，大大减少进入旧城的办公车辆。老城中保留原来的商贸规模，精修城市广场，大力发展步行和非机动车交通系统，建成古城全域旅游点。

控制老城建筑高度与容积率，并划出建审控制区、古都文化带等区域，对老城建设进行全面引导，使老城中文物古迹有一个良好的环境。

（2）增加新的城市功能

城市发达程度与其所担负的城市功能密切相关，越是发达城市，其功能就越单一。进入21世纪以来，西安在全国的战略地位发生了巨大的变化，她已成为西部大开发的最前沿，正被建成我国西北部的政治、经济、文化、科研中心，成为具有独特历史文化特色的世界一流的历史文化名城，所以她也应有相应的城市功能。为了保护祖先留给我们的文化遗产，为了继承城市的文脉，也为了适应新的城市建设热潮，我们必须开拓思路，寻找适应名城保护的路子，新旧分制的规划思路成为新城市格局的选择。也就是在减少老城功能的同时，在城市南北两郊各设立一个功能不尽相同的城市新区，与老区中心相互呼应，完善城市功能体系。如，在北郊的迎宾主轴线两侧、未央广场附近建立城市新区，主要以政治、经济、体育、城市枢纽交通为主，带动渭北区域，拉开大都市的框架；在南郊则应以电视塔广场中心，建立中央商务区（CBD）。这样就形成一轴三点的城市构架，为西安逐步发展成国际大都市留下足够的发展空间。如此一来，旧城中原有的城市功能将由这三个城市重点区域分别承担，这三个重点区域互为补充，依靠城市快速交通相连，使得城市的形态不仅只发展东西向，而且发展南北方向，并使旧中心与新中心之间有合理的距离，为名城保护留有空间。

（3）新旧分制构想与城市建设和经济发展的关系

城市如何更新与保护常常是许多历史文化名城所面临的共同课题，从现实中来看，虽然人们对它的保护认识越来越强烈，但效果却不理想，这不是一个简单的技术问题，更重要的是长期积累的社会、经济、政治问题。将老城建设的步伐放缓，加快新区建设，无异给城市建设开拓更广阔的发展空间。正如苏州，从建城到1984年，城址及城市规模2500多年未发生任何大的变动，而到了1997年，城市建设用地的发展却将老城牢牢地包围其中并使老城扩大3倍左右。尤其是新加坡工业园的兴建，古城区内大规模的拆建、新建，加上惟利是图的开发商们，已给古城区留下了难以弥补的创伤。现在，在保护与建设并举的时代，苏州已采用新旧分制的方式来解决这一难题，取得了良好的效果。西安也一样，现在对旧城建设进行各项严格指标控制，而对新区完善交通、市政配套设施，实施优惠政策，日后挤向旧城的局面将会得到根本改变。

新旧分制使城市的空间形态有张有弛，城市建设和经济发展都有了土地的保障。他们不再和文物古迹争抢土地，从而使我们的历史文脉得以保留，城市的建设和经济发展也走上正轨。

老城的功能更新及保护的实施措施

1. 城市职能区的再充实

首先所谓新旧分制的城市形态不是单一的个体，而是将多个有各自单一功能的区域用快速干道相连，将原先的功能加以增加充实，使得城市整体功能结构综合协调。其次，新旧分制是城市规划由原先单一体形规划走向综合系统规划。再者，它将推动公众参与城市建设的进程。

2. 城市保护的实施

历史文化名城保护由零星保护走向整体保护，充分调动了城市各方面相连，将原先的功能加以增加充实，使得城市整体功能结构综合协调。其次，新旧分制是城市规划由原先单一体形规划走向综合系统规划。再者，它将推动公众参与城市建设的进程。最后，也是关键的是，它使历史文化名城保护由零星保护走向整体保护，充分调动了城市各方面 西安的总体规划已涉及的城市面积为275km^2，而老城区只有13.7km^2，所以将老城区划为建设发展缓慢区对整个西安城市的建设来说，代价并不算太大，而老城中存在如地价过高、城市功能复杂、交通拥挤、生活环境下降、文物古迹遭到破坏等问题也将得以缓解。在老城保护中，我们应运用新的保护理论，更新城市结构，主要方法有：①通过城市新区中心区职能的扩充，减轻老城区所负担的城市职能；②将老城中的工厂逐步迁出，改为居住用地；③不再是统一的城市道路宽度，而对传统街区的道路红线应有科学统一的规划；④确认古城中城市总体风格；⑤增加旧城中建筑第五立面（屋顶）的统一要求；⑥发掘历史文化名人与名城之间的文化内涵；⑦完善城市规划法规；⑧成立专门机构，由专人负责有关事宜；⑨有专项资金支持。这样在政府、市民、城市规划者、文物保护工作者等到社会各界的协调下，老城区的保护将进入一个新的里程。

在保护老城区的同时，在远离老城区的区域进行新区建设，新区建设要多体现时代感，这样的城市才是一个成熟的城市，这样的城市才是一个有包容性的城市。

结论

城市的更新应当遵循内在的功能结构与外在形态之间的辩证关系，应当根据原有的城市结构特征，逐步有计划、有步骤地更新城市，使城市在不断的发展和建设的同时让古城风貌得以延续。

西安作为世界著名的古都，应对城市风貌进行全面保护，这也是我们城市规划工作者在工作中应遵循的原则。旧城已不堪重负，开辟新区，保护古城是促使其走向良性循环的主要方法。第二次世界大战之后，西方许多国家在城市迅速膨胀阶段都争取保存旧城、另建新城的方法，让新城渐渐取代老城成为经济、政治、商业中心，而老城则负担起居住、文化和旅游的功能，从而保持了古城的完整。像比利时的布鲁日、意大利的佛罗伦萨和威尼斯等古城，至今仍保持着原来古城的传统风貌，成为人们向往的地方。

西安名城要在今后的城市建设中继续发挥其独特的作用，必须吸取国内外历史文化名城保护中成功的经验，新旧分制是西安历史文化名城保护发展的必由之路。

（作者系西安市规划局副局长、副教授）

规划师永恒的课题

□王　桢

西安市作为中国西部大开发策略的重点城市以及中国历史上的十三朝古都(长安),如何针对西安历史名城进行保护、更新并赋予其新的生命是我们规划师和规划管理者在城市规划上不断探索和研究的永恒课题。"超前规划"、"规划先行"是我们感到了前所未有的压力与挑战。如何让我们这座城市更具有活力,我想从以上三个方面来谈:

城市定位、定性、定规模

从城市规划而言,西安市的城市定位应当是:国际旅游观光都市、生态型科教城市、西部商贸中心、枢纽中心城市等。在我们西安城市发展战略规划修编大纲中已明确了以下几个要点:

1.规划原则和发展目标

(1) 规划原则

坚持科学的发展观,树立国际化、市场化、人文化、生态化理念,实现西安建强创佳,全面建设小康社会的奋斗目标。

坚持五个统筹,更新规划理念,调整发展思路。

一要树立区域化的眼光,加快城镇化发展步伐,合理布局城镇体系,以城带乡,形成城乡联动、相互协调的均衡发展格局,依托关中城市群发展西安大都市圈体系。

二要优化城市空间结构和布局,完善城市功能,保护好人类历史文化遗产,改善人居环境,满足人民群众不断增长的物质和文化需要,坚持以人为本的城市建设、开发原则,促进经济、社会和人的全面发展。

三要在城市总体规划中统筹安排好资源开发、利用与保护的关系,优化各种资源要素,合理开发和利用土地,重视生态环境建设,构建人与自然和谐共生的生态城市。

四要树立全球一体化的眼光,将西安融于国际产业分工之中,积极参与国际经济大循环,前瞻性布局城市产业发展空间,提高城市竞争力。

(2) 城市发展目标

国际性旅游城市:西安应充分挖掘历史文化资源,丰富人文景观和自然景观,提升品质,建设成为国际性旅游热点城市。

浓郁文化特色城市:西安应尊重传统历史文化,继承发扬历史文脉,保护好千年古都历史风貌,通过传统格局的凸显、特色空间的整合、文化环境的营造来延续西安的城市特色,促进城市历史文化和现代城市的有机结合。

高效产业城市:西安要充分发挥科技、教育、文化及装备制造业优势和地区辐射能力,形成旅游、高新技术、现代服务业、装备制造业、文化等优势产业集群。建设国防工业、装备工业、高新技术研发和生产三大基地。

枢纽中心城市:西安是中国六大交通枢纽城市,要依托其优越的区位及交通优势,建成交通、通信、信息中心,商贸流通中心和西部重要的经济中心。

山水生态城市:西安充分利用秦岭北麓的绿色生态屏障,结合山、塬、河、田、城的自然地貌特征,建设颇具特色的现代山水城市。

最佳人居城市:城市发展的根本目标是建设与自然和谐统一的人居环境。西安将不断优化格局,提高城市服务功能,建成具有高质量的人文环境和生态环境,适宜人们工作、生活、交通、游憩的西部最佳人居城市。

2.城市的性质与规模

(1) 城市性质

西安城市性质的确定,需要从以下四个层面进行分析:

① 西安在世界历史文化中的地位

西安是"丝绸之路"的起点和我国最早对外开放的城市;大唐盛世,西安扮演着中国政治、经济、文化中心的角色,是当时人口最早超过百万的国际大都市;如今,西安以"科技、旅游、商贸为先导",主动把自己纳入世界城市体系之中,实现资源的有效配置,参与国际分工合作,重振国际化大都市雄风。作为世界历史文化名城,西安已具备了走向国际化的"可通达性"。

② 西安在中国网络型经济体系建设中的地位

西安位于我国大地基准点的附近,在我国区域发展网络型经济体系的"三纵三横"骨架中,位于二级增长极上,是我国东西两大经济区域的结合部,以西安为中心的关中经济区、成都和重庆为中心的成渝经济区、武汉为中心的江汉经济区是我国内陆最发达的区域。由于西安的历史、经济、文化影响和区位条件,西安业已成为我国内陆地区最有影响的中心城市之一,对区域和周边地区都有较强的辐射带动作用,既是该工区的产业、物流、交通、金融、信息和高新技术的中心带动城市,又因其科学、技术、教育、文化、卫生、体育等方面的条件而成为区域现代文明的策源地。

③ 西安在新欧亚大陆桥中国段和西部的地位

西安位于新亚欧大陆桥发展轴线和京九铁路发展轴线的交汇点上,居于新亚欧大陆桥的中点,是陇海兰新线上最大的经济增长点。同时310和312国道线(连云港天水、上海伊宁)从其间穿过,随着国家西康铁路,西安至合肥、南京铁路线的建设开通,西汉、西康高速路的建设等,西安与长三角地区、与西南地区的经济往来会进一步加强。在我国实施西部大开发战略和向中亚、西亚及欧洲的开放中,西安具有特殊的地位,可以发挥东联西进的桥头堡、西部对外开放的窗口、国家技术创新和开发人才智力资源的基地等作用。

④ 西安在陕西省的地位

西安是陕西省省会,是省内最大的核心城市。2001年科技部相继批准以西安为中心,以陇海铁路陕西段和宝潼高速公路为轴线,建设国家级关中高新技术产业开发带和星火产业带,即"一线两带",使西安获得了更为广阔的发展空间。根据《陕西省城镇体系规划》陕西省城镇体系的总体框架是"一线两带,一核多中心,带动南北两冀城镇发展"。西安与咸阳将逐步发展成为都市圈,使之具有核心的功能,形成人口和产业密集,大型基础设施建设和城镇建设一体化发展的地域,到2020年,成为全国经济发展水平居中上等,高新技术产业大规模聚集,充满创新活力的现代化的大都市地区。

综上分析,西安的城市性质为:

西安是世界闻名的历史文化古都、旅游名城;中国重要的教育、科研、装配制造业、高新技术产业基地和交通枢纽城市;新欧亚大陆桥中国段和西部及黄河中上游重要的中心城市;陕西省省会。西安将建设成为古代文明与现代文明交相辉映;古城区与新城区各展风采;人文资源与生态资源相互依托的国际性现代化大城市。

(2) 城市规模

2002年西安中心城市人口300万,流动人口100万,实际生活人口400万,占地约400km²。

本次规划确定西安城镇人口规

模1000万，其中西安中心城市人口600万，用地控制600km²，其余400万人口结合城镇体系建设，分布在中心城市外围的各副中心及建制镇内。

凸显城市特色、打造城市精品

1.凸显城市特色

城市特色是一个城市重要的无形资产，是城市生命力和竞争力所在，体现着城市的吸引力和凝聚力。西安的城市发展首先要尊重城市的历史和客观发展规律，以人为本，以改善人居环境，完善城市功能，提高生活质量为目标，逐渐形成富有西安地方特色的建筑风格和城市风貌。她的特色突出体现在：古代文明与现代文明交相辉映；古城区与新城区各展风采；人文资源与生态资源相互依托。是一座具有浓郁古都风貌的现代化大城市。

2.把握五个规划要点

为了突出体现西安城市特色，与西安前三轮总体规划和国内外其他城市比较，第四轮修编工作从以下五个方面进行了深入研究和探讨，力求形成本次规划的特点：

① 更新规划理念，划定城市不可建设区域。保护城市生态环境和人文资源，结合山、塬、河、田、城，恢复"八水"绕长安盛景，凸显大水大绿大环境。

② 继承发扬文化传统，形成九宫格局，棋盘路网，轴线突出，一城多心的空间布局模式；

③ 扩大保护视野，反映古都历史原貌，以关中历史文化带为背景，整合西安历史文化四大保护体系（城区历史名城保护带；中部历史地貌河湖水系保护带；古遗址、古陵墓保护带；南部秦岭北麓自然和人文保护带）。

④ 在古城保护和新区发展的战略部署上实行新旧分制，疏解老城功能，恢复明城文化特色，加快新城建设；

⑤ 以区域城市规划的新理论和新思路，构筑西安大都市圈，以米字形干道为基础，促进关中城市群的形成。

传承历史、文艺复兴

自从20世纪80年代开始，全国范围内的历史文化名城保护规划工作全面展开，而随之后起的城市更新浪潮更是强过前者，在城市建设大规模地向原有的城市中心外围扩张时，传统历史街区的保护也同时面临着前所未有的挑战；对于西安这座十三朝古都而言，规划的保护重点一直是历代王朝的宫殿、社稷以及位于城市建成区的传统街区及传统民居；而散布于城市外围郊县的传统民居大都疏于保护与修复；从形制上说，这此民居因未受大规模城市建设的影响，比之"城内"的传统民居建筑，保存得更完整、真实；但是，岁月的侵蚀，已使这些古建筑破败不堪，如果长此以往，这些民居会散失为历史的碎片，一旦如此，在中华民族的文化宝库中将永久失去这一页宝贵记录；在多年的实践中，我和同事们也在不断地研究、探索，如何让这一历史的文化瑰宝继承，发扬光大，同时也真诚地希望能够引起更大范围、更多领域的关注，并借此逐步来保护这些历史遗存，保护好我们这座古城宝贵的历史文化资源。

从世界各国建筑界对在城市设计中探索各自民族文化的传统应用上看，可以发现其中共同的特点，那就是深入挖掘传统建筑文化及民俗文化的精髓所在，分析其文脉沿袭足迹，从整体到局部地理解其中包含的重要理念，从而从来自传统文化及建筑的和谐精神中，将其神韵溶入城市设计创作过程的每一个整体构思与细部处理；其目的是，以传统文化的精神符号传统建筑文化与城市文化中独特的认知与理解模式；以传统文化的物质符号这里面包含传统建筑所特有的造型及构造手法等；来表达具有创新意识的、又是具有鲜明的文化传承关系的崭新观念；而且正是因为其创作的本源来自于传统，它所带来空间感觉会透过现代材料本身，最终阐述一个传统建筑学的，富于生命力的全新领域。

这种探索，从实质上讲是中国现代建筑学的文艺复兴，而其中所承载的文化信息也将随着传统建筑的理念复兴而逐步走向城市设计与城市文化的复兴之路，对于正在蓬勃向上的中华民族而言，传统建筑理念的复兴很大程度上影射着中华文化与艺术的复兴。而且这一复兴并不是照抄照搬，也不是修旧如旧，更不是从传统到传统，而是由传统、文脉、和谐、神韵等阶段性探索真正达到现代建筑的文艺复兴。

以上只是自己对西安的热爱，对自己生活在这座城市的感情，加之自己又从事的这门专业，担负着城市规划管理重托有感而发，有了几点初浅的认识。但作为一名规划师，一名规划管理者必须要有强烈的责任心，如何让我们这座城市更具有活力、魅力，就需要我们付出辛勤的劳动和聪明的智慧，采取高科技的手段，参考学习国内、外成功的典例，提出硬件与软件并重的规划设计模式，以发挥硬件结合之实质成效，针对历史空间脉络，考量西安整体发展，带动西安都市圈真正点亮中国西部我们西安的这颗明珠。

（作者系西安市规划局总规划师、副教授）

对西安城市建设的思考

□ 刘临安

唐代的长安城（公元618～907年）是我国历史上城市建设的杰作。作为隋唐两代的都城，盛时规模为83.1km²，居住人口近100万人。城墙厚重，宫殿巍峨，河渠通达，道路端直，里坊整齐，商市兴盛。唐长安城与世界其他几座著名的历史城市相比，例如罗马帝国的罗马城（公元3世纪）、拜占庭的君士坦丁堡（公元6世纪）、阿拉伯帝国的巴格达城（公元7世纪），其规模和人口都是名列首位的。不仅如此，唐长安城的规划理念、功能组织和布局方法曾经影响到日本的京都、奈良，韩国的庆州等东亚地区。

在汉字中，"城"与"市"的概念是不同的。"城"是指一种以防御为重的聚居地，与此同义的还有"廓"。例如"筑城以卫君，造廓以守民（《管子·度地》）"。"市"是指一种商品交易的场所，例如"列廛于国，日中为市，聚天下之货……，交易而退，各得其所（《易·系辞》）"。由此可见，古代城市的性质是与私有制的产生、阶级的分化和商品经济的出现相互联系在一起的。"城"是社会政治化的形式，而"市"是社会商品化的结果。我们今天称之为的"城市"仍然没有脱离这两种社会特征。物换星移，沧海桑田。历史上唐长安城的雄姿今已不存，留存至今的是为数不多的建筑和遗址，作为唐长安城世代流传下来的一份弥足珍贵的历史文化遗产。城市是社会文明发展的产物，集中体现当时社会的地理、政治、军事、经济等发展因素，是物质化的文化结晶。唐长安城的历史文化遗产增加了今天城市的历史积淀和文化品位，增强了城市的知名度和吸引力。历史文化遗产是城市发展的荣耀，而不是城市发展的包袱。保护历史文化遗产，是社会发展和文明进步的需要，是世界各国城市发展与建设的主流方向。

任何一座历史城市都经历了上百年的建设和发展，形成了一套完备的城市功能和成熟的城市形态，城市功能的良好作用促成城市形态的日臻完善，功能和形态相辅相成的运作机制则维系着城市发展的生命。毋庸置疑，封建社会盛期的唐长安城也具有这种城市机制。从理论上讲，城市功能的更新势必带来城市形态的变化，旧的城市形态在新的城市功能面前会逐渐丧失存在的意义，这就是城市生命的新陈代谢（Metabolism of the Urban Life）。今天西安的城市功能远非唐长安城的形态所能满足或承担的，因此唐长安城的形态存在（或保存）就面临着严峻的挑战。

那些留存至今的唐代建筑和遗址已不足以反映当时唐长安城完整的城市形态，而试图恢复或重建昔日辉煌的唐代建筑的做法不但要受累于建设资金的匮乏，也不是尊重历史文化遗产的真实性和严肃性所应取的态度。因此，如何做好唐长安城的保护和利用，激活（Revival）城市文化遗产在当今城市发展中的生命力，是我们努力寻求的答案。

历史文化遗产的保护，主要从遗产的真实性和完整性方面来制定保护策略和措施。西安市保留下来的唐长安城的历史文化遗产，其真实性是毋庸置疑的，其完整性由于历史沧桑的变化而难究其形了。但是，唐长安城的形态构架还是存在的，没有遭受到彻底的破坏和毁灭。根据唐长安城历史文化遗产的具体情况，可以在历史城市保护的原则下，利用凸显唐长安城历史节点即历史残片（Historic Fragment）的方法来展现唐长安城的历史形态构架。流传下来唐长安城的历史文献有唐代韦述的《两京新集》，宋代宋敏求的《长安志》和吕大防的《长安碑图》，清代徐松的《两京城坊考》，以及大量的考古报告和研究成果，都为我们凸显唐长安城的历史节点和展现形态构架打下了可靠的基础。

唐长安城历史形态构架的展现可以通过十个方面的历史节点来凸显。

1.城墙　城墙是城市发展的划时代标志。恩格斯说过："在新的城市设防的周围，屹立着高峻的墙并非无故，他们的壕沟深陷为氏族的墓穴，而他们的城楼，已经耸入文明的时代"。唐长安城的城墙是都城平面形态的基本构架。虽然，唐长安城城墙的地面部分已经毁圮不存，但是，城墙的基础轮廓和范围大体清楚。考古发现有外郭城墙遗址以及通化、启夏、明德等八座城门。皇城遗址和朱雀、含光等四座城门遗址。同时，城市规划的严格控制使得城墙遗址上面和周围没有大的建筑物覆压。城墙的发掘部分可以作为文物遗址来展示，未发掘的部分可以采取特色绿化等标示手段，使得唐长安城的城墙轮廓和规模范围作为城市的一种独有的文化景观显现出来。

2.宫殿　宫殿是唐长安城作为都城的最为重要的建筑，集中反映当时的礼制文化、国家精神、帝王权威和建筑成就。唐长安城的宫城大明宫的考古发现收获丰富，发掘有玄武门、承天门遗址，含元殿、宣政殿、紫宸殿、龙首殿、东西朝堂、麟德殿等遗址共计20余处。目前，已经建成含元殿和麟德殿两处遗址展览场馆。如有条件，可否借鉴国外人遗址展示场的方式，增加更多一些的城墙、城门、宫殿、道路等遗址展示场地，配合特色绿化，形成规模完整、内容多样的唐大明宫遗址博物苑。

3.街道　街道是城市的骨骼，反映城市的经济能力和城市格局，是古代城市规划的重要标志。西方城市的放射式道路和广场，中国古城的正交式道路和十字街，形成了两种截然不同的城市骨骼。所以，城市道路决定着城市的形态，反映城市文化的特征。唐长安城的考古发现有朱雀街、永崇坊等街道遗址，是否可以参考德国柏林的方式，用整齐的石块在新建道路和广场上面标示出当年柏林墙的所在位置，用地面铺装的手法形成地面景观。甚至采用北京明代皇城东安门遗址下沉式遗址广场的方式展示出来。目前，西安市还没有一处街道遗址展示场地。是否可以修建若干处唐长安城的街道遗址广场，让无声的遗址景观述说历史故事？这样既可以填补唐长安城历史形态构架的空白，同时也可以成为国内年代最早的街道遗址广场。

4.里坊　里坊既是唐长安城内民居管理的一种制度，也是民居的一种聚居单位。这种制度早在周代就出现了，实际上是社会政治化的初期形式，到了唐代逐渐发展成为最完整的里坊形制。唐代的里坊到了宋代就彻底变样了，所以说唐代的里坊是绝世形制。目前，在西安市的唐代遗址中，也还没有里坊遗址的展示，使得城市的历史形态构架缺少很重要的一个节点。唐长安城的考古已经发现有平康坊、永崇坊、崇化坊等里坊遗址。可否配合旧城改造，揭露和展示一二处唐代的里坊，哪怕是局部的遗址，为唐长安城的历史形态构架补上至为重要的部分。如果能够展示唐代名人故址的里坊，那就更为理想。

5.市场　市场是城市经济水平的体现。唐长安城内设置东西两市，隋代称都会市和利人市。当时的市场四周修筑市墙，市门朝启暮闭，商业活动深受政府监管。这种封闭式的市场形制到了宋代被废用，因此也是一种绝世形制。目前考古发现在东市、西市遗址上面都有较多收获。特别是当前的西市开发熟度甚炽，因此在西市开发的策略上应留有足够的回旋余地，尽可能地给西市遗迹一些立足或展示的空间，作为唐长安城历史形态构架的特色景观。

6.寺庙宫观　唐长安城的宗教文化是相当发达的，历史文献记载长安城有许多寺庙宫观，仅以清代徐松的《唐两京城坊考》为例，书中记载的寺庙宫观多达140多处。假如除去宫城的范围，长安城内的寺庙密度差不多每平方公里有两处。另外。佛教的不少宗教门派都发源于长安城及其附近。例如，城内的密宗祖庭大兴善寺、法相宗祖庭大慈恩寺、城外的净土宗祖庭香积寺、华严宗祖庭华严寺、律宗祖庭净业寺、三论宗祖庭草堂寺，在宗教文化史方面长安城也具有相当高的地位。今天，我们仍然可以看到的寺庙宫观有大慈恩寺、荐福寺、大兴善寺、青龙寺等。除此之外，考古发现有大安国寺(太华路立交桥东)、招福寺(文艺路东)、西明寺(白沙路北)等寺庙遗址，特别是西明寺的南殿面阔达15间，规模宏大。目前，只有少数寺庙作为旅游热点，而在显现唐长安城宗教文化的整体性和多样性方面还可以做更多的工作。

7.祭坛　祭祀是古代社会的一项重要礼仪活动，主要以天神、地祇、人祖为祭祀对象。祭祀的历史可以追溯到原始社会。《周礼·考工记》在“营国”中明确记载“左祖右社”的制度，因此，祭祀建筑在都城建设中是必不可少的。考古发现的唐长安城天坛遗址，位于明德门外东约1km，占地面积约1hm^2，三层夯土的圜丘相当完整。因此，天坛遗址的地点真实性完全应该展示出来，以反映唐长安城历史形态构架的一个重大内容。另外，像长安城内的孔庙、国子监、太学也完全可以标示出来。这样做，既是一种历史节点的凸显，也是一处旅游观光的吸引点。

8.河渠　河渠是唐长安城的漕运通道，也是古人建都选址的重要地理因素，即古代风水学说中的经典要义。唐长安城有“五渠八水”的说法，“五渠”流经城内，“八水”环绕城外，共同形成完整的河渠水系。五渠有龙首渠、黄渠、永安渠、清明渠和漕渠。清明渠和漕渠入宫城和皇城，永安渠由城南向城北注入渭河。八水分别是泾河、渭河、浐河、灞河、沣河、涝河、潏河、滈河。现在人们多知道“八水绕长安”，却很少了解“五渠贯帝都”。考古发现有清明渠、龙首渠的数处遗址，特别是清明渠遗址就在明城内。今天，在城市生态环境的重建中已经提出了恢复“八水绕长安”的自然景象，能否在这个思路的基础上考虑恢复数段“五渠”遗址。北京把长安街南池子段的河渠盖板扒开，重现当时的河渠面貌。号称“七大古都之首”的西安，也不是不可以这样做的。

9.宅第　唐长安城内住过许多历史名人，例如：光福坊的刘禹锡宅、靖安坊的韩愈宅。时至今日，那些名人的住宅早已毁圮不存。但是，名人宅第的地点是可以考证出来的，地点的真实性是可信的，这也是历史文化遗产。意大利佛罗伦萨老城就有但丁（公元1265～1321年）的住宅，甚至还有文艺复兴的建筑大师米开朗琪罗(公元1475～1564年)出生的房子，虽然经过多次维修(也可能不完全是原来的样子)，但是地点的真实性没有改变，让后人们真切地感受到文艺复兴发源地厚重的历史积淀和文化景观。假如西安能在城内某处看到标示某某名人宅第故址的碑刻、肖像以及后人凭吊缅怀的纪念品，无疑会深刻地加强人们对唐长安城地灵人杰的印象。

10.苑囿　在古代的城市营造中，城墙、宫殿、苑囿是一个整体制度。唐长安城除了有宫城的东苑和西苑以外，城墙北至渭河南岸一带还有广阔的禁苑。另外在城东有兴庆宫，城东南有曲江芙蓉园。考古发现有太液池、曲江池，芙蓉园、西内苑遗址。目前除了兴庆宫仍作为园林外，其他地点的园林已经难辨其貌了。曲江芙蓉园的建设可以展现皇家苑囿的风貌，在此基础上，可否再凸显几处苑囿遗址的地点。遗址的用地面积不必很大，但要有特点，成为唐长安城苑囿的历史证据。

综上所述，在凸显唐长安城的历史节点和展现历史形态构架上，除了大雁塔、小雁塔等历史实物外，目前，唐长安城的考古发现中，有城墙、宫殿、市场、街道、里坊、河渠、寺庙、祭坛、苑囿等许多遗址，它们都是珍贵的历史节点，只是宅第遗址有待进一步发现。因此，有计划地保护、发掘、修复、展示一些遗址，让这些遗址形成多样的历史节点群，从而构成较为完整的唐长安城的历史形态构架，形成可以让人亲身感受到的古都历史文化景观。这样做，无疑可以发掘历史名城的文化积淀、增加城市的知名度、进一步扩大旅游资源、提高市民的保护意识，推动历史名城的保护。

说到建筑与诗词的关系，人们便会自然而然地想起西方人对于建筑与音乐之间关系的认识。“建筑是凝固的音乐”，德国古典唯心主义哲学家弗里德里希·冯·谢林(Friedrich Von Schelling,1775～1854年)在他的《艺术哲学》中作出了充满浪漫诗意的论断。这个论断阐明了建筑与音乐之间的本质关系，成为一条公认的艺术真理。在这里，我们不妨来一个由彼及此的思考，中国古代的诗歌、诗词都是可以吟唱的，那么，建筑与诗歌、诗词之间是否存在一种内在的关系呢？对于这一点，古代的圣贤们似乎没有留下什么箴言睿语，但是，丰富的建筑遗产和诗词歌赋却能引发我们的联想，启迪我们的思考。

中国古代建筑的对称性可以说是无处不在，单体建筑有开间形式的对称，群体建筑有相向房屋的对称，至于建筑的装饰则更是充满了对称的构图和布局。建筑对称性的历史也很悠久，史前建筑考古发现不少具有对称性的建筑遗址。例如，西安半坡遗址、秦安大地湾遗址以及内蒙大青山祭坛遗址等。从商周时期的建筑考古资料中，可以看到更多的有关建筑对称性的实例。夏末商初的二里头宫殿遗址是一座面阔八间的对称式构架，盘龙城中商宫殿遗址也是一个对称式的平面，至于晚商时期的殷墟遗址，群体建筑都呈现出对称式的布局。最能说明这个时期建筑对称性的典型实例是岐山凤雏村发现的西周建筑遗址，这座占地面积约1500m^{2}的长方形四合院，布局完整，形制严谨，堂屋居中，面阔六间，对称式的木构架，两侧厢房相向布置，开间数目也相同。春秋时期的凤翔马家庄宗庙遗址，昭穆庙堂的对称式布局甚至成为一种礼仪制度。

除了建筑本身，古人的许多生活用品都可以看到对称式的图案，仰韶文化的人面纹、鱼纹、云纹，商周时期青铜器上的蝉纹、云纹、龙纹、饕餮纹、窃曲纹等，几乎都是左右对称的。更为有趣的现象是在“以象画形”的甲骨文和金文中，表示空间方位的文字，像东、南、西、北、上、下……字体结构几乎都是对称式的。

艺术创作是艺术思维活动的物质表现，艺术形式的相似性或一致性则反映了艺术思维活动的实质性规律。

在分析中国古典诗词的结构特点之前，先来认识一下《周易》中表达的对称性思想。大约形成于商周之际的《周易》被认为是中国传统思想体系的基础之一，它提出"物必有对"的观点，突出阐明阴阳对立而统一的思想，其思想核心就是基于对称性的认识观。《周易》有六十四卦象，对卦象意义的引申具有两个特点：第一是广泛性，八卦既象征八种自然物象，又象征人伦、器物、动物、植物、方位和时令……囊括万殊。第二是一致性，按照《易经》的解释，"作八卦以同神明之德，以类万物之情"。"以类万物"就是高度抽象并且概括归纳世间诸物的本质意义。从这个角度理解，对称性应该是大自然的一种基本规律和特征。

不惟如此，《周易》在语言表达上也大量采用对称(相偶)结构，即对偶工整的句式，不鲜枚举。

"女承筐，无实;士羊，无血"。《易·归妹》。

"仰以观于天文，俯以察于地理。"《系辞上·传》。

"居者观其象而观其辞，动者观其变而观其占。"《系辞上·传》。

上述实例说明，商周时期不论是建筑营造、青铜器皿、工艺制品，还是《周易》思想，对称（对偶）性已经成为一种相当普遍的艺术特征。

梁朝文学家刘勰（公元？~520）至为欣赏《周易》的对偶文句，赞美道:"易之文系，圣人之妙思也。序乾四德，则句句相衔；龙虎类感，则字字相俪；乾坤易简，则宛转相承；日月往来，则隔行悬合。虽句字或殊，而偶意一也"。他精心撰写的文学美学评论巨著《文心雕龙》就大量地采用这种对偶句式。

其实，早在春秋时代的《周诗》、《诗经》等诗歌中就已经出现了对称的用词方式，例如:

"王道荡荡，不偏不党；王道平平，不党不偏。"(《周诗》)

"窈窕淑女，寤寐求之；求之不得，寤寐思服。"(《诗经·关雎》)

两汉时期的文学风行平行句式，开骈体之先河。魏晋以来，骈体兴盛，凡辞文句式讲究字数工整，词义对偶，称之为骈偶。

"镂心鸟迹之中，织辞鱼网之上。"（刘勰《文心雕龙》）

"渔舟唱晚，响穷彭蠡之滨；雁阵惊寒，声断衡阳之浦。"（王勃《滕王阁序》）

"申包胥之顿地，碎之以首；蔡威公之泪尽，加之以血。"(庾信《哀江南赋》)

骈偶的句式特点是两两配对，相互对称。主谓对主谓，动宾对动宾，偏正对偏正，复句对复句。好像古代出行时两侧行进的仪仗队，所以骈偶也称对仗。

进一步讲，古典诗词除了用词对称，句式对偶，还讲究格律的"粘对"。即出句和对句在音韵上要求平仄相对，举李白《送友人》为例:

此地一为别，（出句）仄仄平平仄
孤蓬万里征。（对句）平平仄仄平
浮云游子意，（出句）平平平仄仄
落日故人情。（对句）仄仄仄平平

对于律诗还要求两联领联与颔联对仗工整，以杜甫《绝句四首其三》作例：

窗　含　西岭　千秋雪，
门　泊　东吴　万里船。

词为了便于吟唱，对仗虽然不像律诗那样严格，但是作为诗词审美的结构特征，用词对称、句式对偶、音韵粘对的手法仍然可见于诸多词家的作品中。

从艺术的角度讲，无论建筑还是诗词，或者其他艺术形式，它们在被创作的过程中都体现了创作者艺术思维活动的基本规律。基于这种理解，我们可以认为，中国古典建筑中的对称性的存在与发展不是孤立的、单源的，一定存在着与其他艺术形式之间的本质基础和广泛联系，才使得它方兴未艾。对称性是大自然万般造物中最为普遍的特征，是自然美的第一形式。对于这种自然美的形式，古代的艺术创作者通过长期的观察、模仿、理解、想像、发挥，甚至神圣化，把对称性逐渐演化为一种审美原则、一种衡量标准，至少应该是一种艺术品味，深植于审美意识之中，并且把它们娴熟地运用到建筑和诗词的创作中。当然，也许古代社会对于对称性有着更深更广的含义，这种未知的神秘产生的艺术推动力把对称性酣畅地表现了数千年。

中国古代建筑善用楹联作装饰，不论宫殿、衙署、庙寺，还是府邸、楼堂、馆舍，大抵有档次的建筑，都少不了配置楹联。篆隶行楷狂颠草，毫锋著笔力;金银朱绿雅乌墨，搭配总相宜。一幅幅对仗工整、堂煌雅致的楹联挂在对称而立的柱子上，既是诗词的表达，也是建筑的表现。形偶意一，相得益彰，建筑就有了几分庄重而儒雅的气质，这就是中国古代建筑有别于西方建筑的最大的艺术特点。可以说，对于中国古代建筑与诗词之间的本质关系，楹联作出了最为恰当不过的诠释。

（作者系西安建筑科技大学建筑学院教授、博士生导师）

第一章　前三轮城市总体规划

第一节　20世纪50年代西安市城市总体规划设计

本次规划是由西安市人民政府城市建设委员会于1954年8月编拟，确定西安的城市性质是以轻型的精密机械制造和纺织工业为主的工业城市。

城市现状

西安现辖市区，东至浐河，西至氵皂河长18km，南至曲江池，北至十里铺宽约13km，面积234km^2，其中建城区为16.87km^2，占总面积7%，郊区为217.13km^2，占总面积93%。

钟楼（20世纪50年代）

城市规模

市区内人口1949年为556，944人，解放后由于工业的恢复和发展，人民生活条件的改善与提高，卫生保健事业的发展，1954年增至800,000人，五年内增加243,056人，比1949年增加44%。其中城市人口约687，000人，占全市总人口86%。市民多为汉族，约占97%，回、藏、满等族占3%。居住情况，据不完全的统计，人口毛密度最大约每公顷600人，每人占建筑面积约5m^2。房子矮小拥挤，水、电、交通等公共设施不全，工厂与住宅混杂，严重影响着居民的生活与健康。这种情况反映了旧城市是不能满足人民的需要的，必须有计划有步骤地逐渐改善，增加住房，以满足劳动人民日益增长的要求。

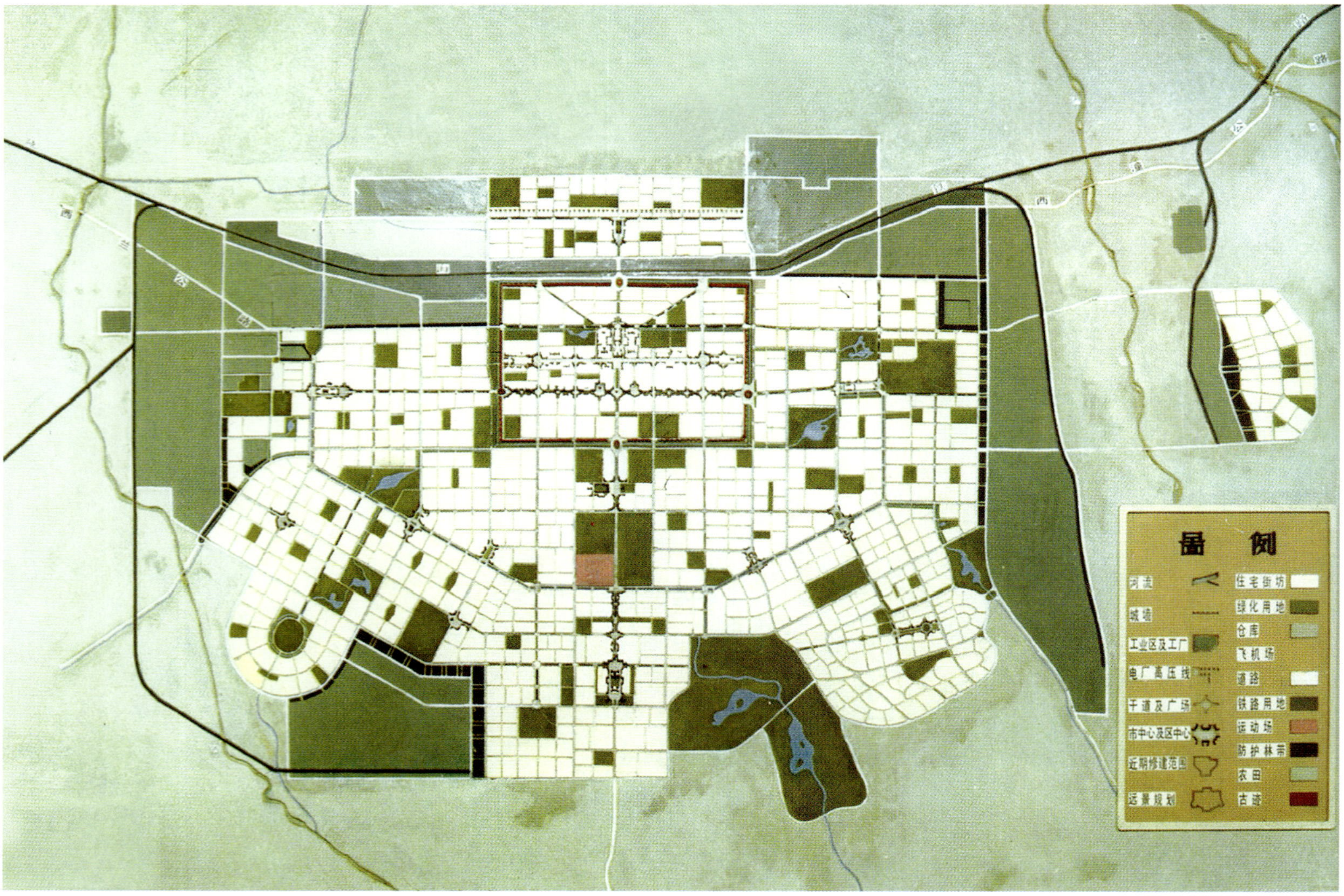

20世纪50年代西安市城市总体规划设计图

城市布局

在城市原有技术上发展，并在市区扩建过程中对旧城逐步加以改造，使适合于新的社会生活要求；要保证工业、企业有良好的生产活动和发展条件，同时要有方便合理的居住地区；为居民规划最美好的生活居住地区，有可能建设足够的社会生活和公共福利设施；为争取城市建设投资的充分经济合理；要能充分利用自然条件和建筑艺术来建设美丽的城市。

和平解放西安

西安是有悠久历史的古城，陇海铁路横贯城北，市区向北发展受到阻碍，因为城市若被铁路干线分割是极不方便的，也不经济的。且城北偏西部分为汉城遗址，中央文化部决定在未发觉清理前，不得进行建筑，在城南东自浐河西至洈河 160km² 扩大地区内，地形平坦，土壤最大承压力在每平方厘米 2.9～8.9kg，很适合于工业及住宅建设。且该地区处于东、南、北微有起伏的龙首塬、少陵塬与神禾塬的环抱之内，并南向终南山，前后左右都有良好的自然地形可利用作为园林风景地带。唐时长安城即建于此地区内。因此，确定市区在原有基础上首先在铁路与城区以南发展，东自浐河西至洈河之间为扩建地区，城北则作为发展备用地区。

近期建设规划

西安市第一个五年工业建设计划与将来发展估计，成为城市规划设计的经济基础。西安位于全国中心，是西北五省枢纽，地势广阔平坦，距离国防线约 1000km，与全国各地有方便的公路、铁路联系，有条件发展成为轻型的精密的机械制造与纺织工业城市，在第一个五年计划完成后，20 年期内将会继续发展。

在工业发展的同时，动力的需要也增加了，巨型的火力发电厂将随着工业的日愈扩大而建立起来。

由于大规模的工业建设，随之而来的交通、文化等建设亦将有相当的发展，由于需要大量的建筑材料，因此建筑材料工业也将扩大。

在第一个五年计划实施后，估计为人民生活必须的手工业如调味、副食品、家具、碗盏、衣服修理、缝纫等及特种工艺品的刺绣、雕刻、玩具制作等，将以合作社形式组织起来，随着劳动人民日益增长的需要而存在并取得一定发展。

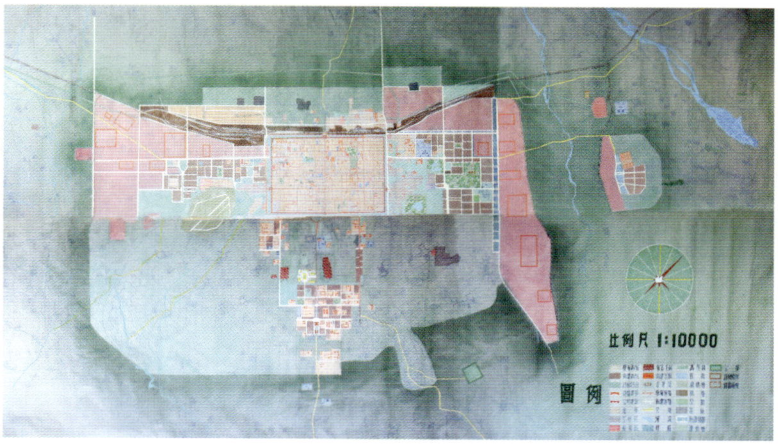

20 世纪 50 年代西安市第一期实施计划图（1955～1957）

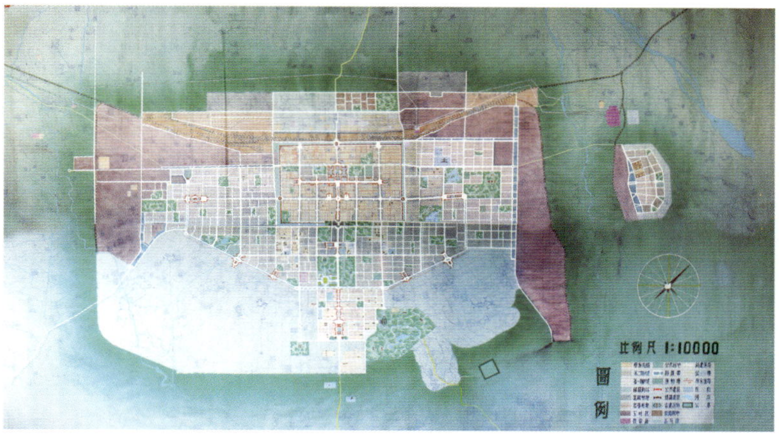

20 世纪 50 年代西安市第二期规划图（1953～1972）

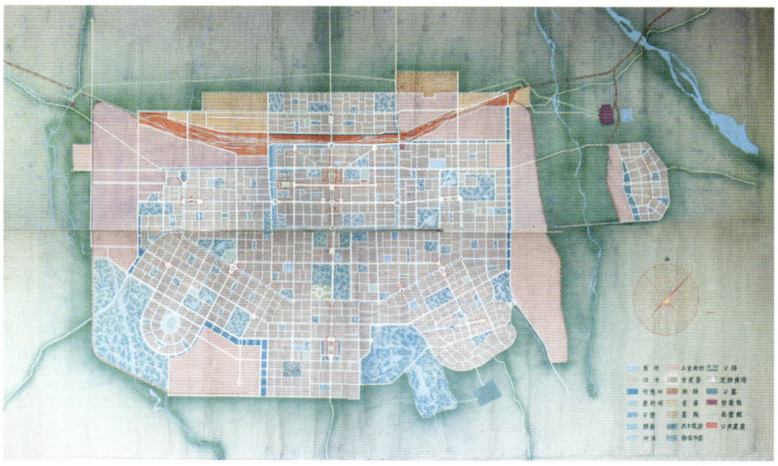

20 世纪 50 年代西安市总体规划图

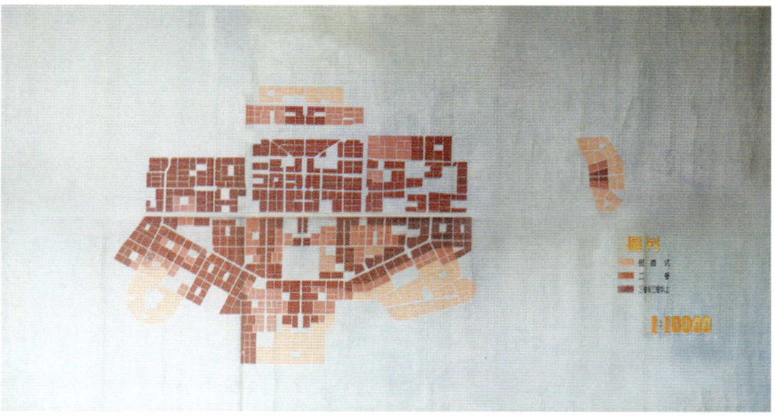

20 世纪 50 年代建筑层数分区图

50年代西安市城区影像图

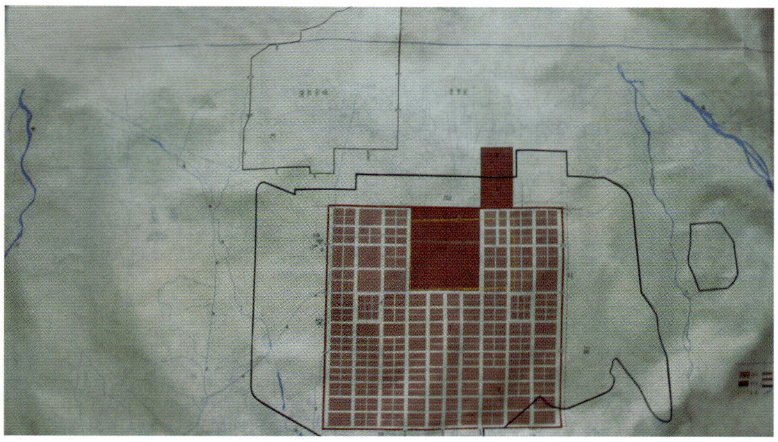

20 世纪 50 年代西安市历史沿革图

20 世纪 50 年代西安市雨水系统平面布置图

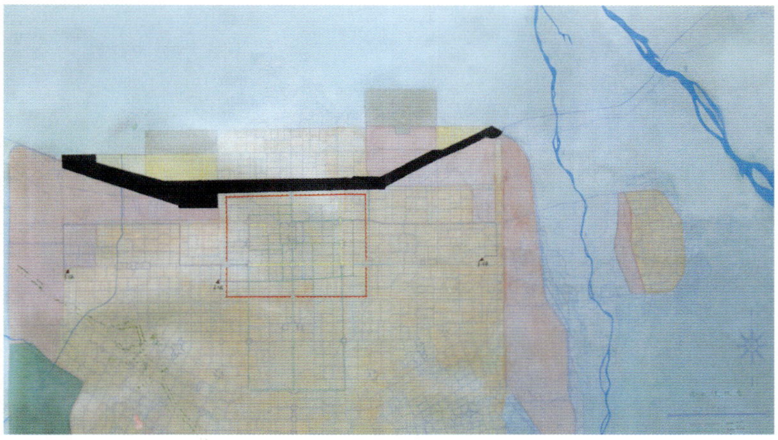

20 世纪 50 年代西安市给水现状图

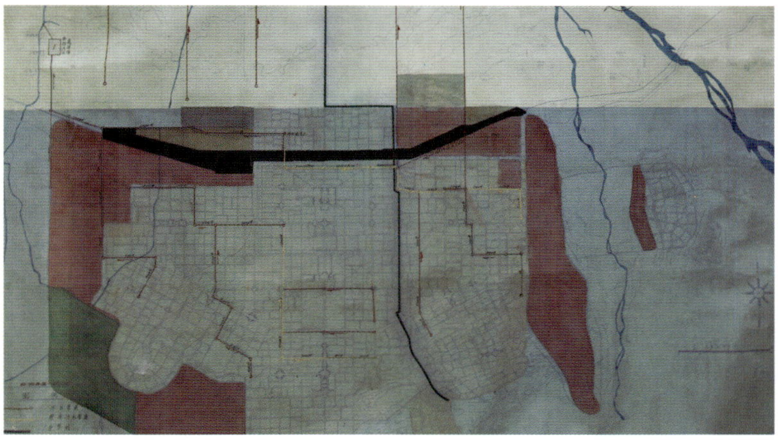

20 世纪 50 年代西安市污水系统平面布置图

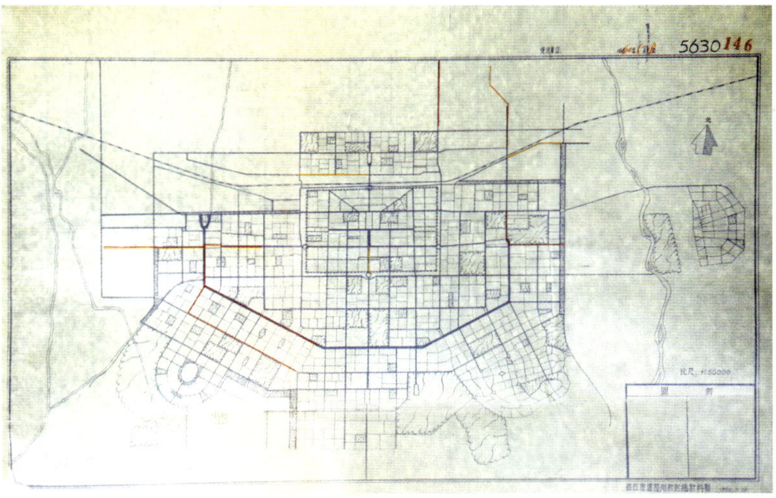

20 世纪 50 年代西安市排水工程示意图

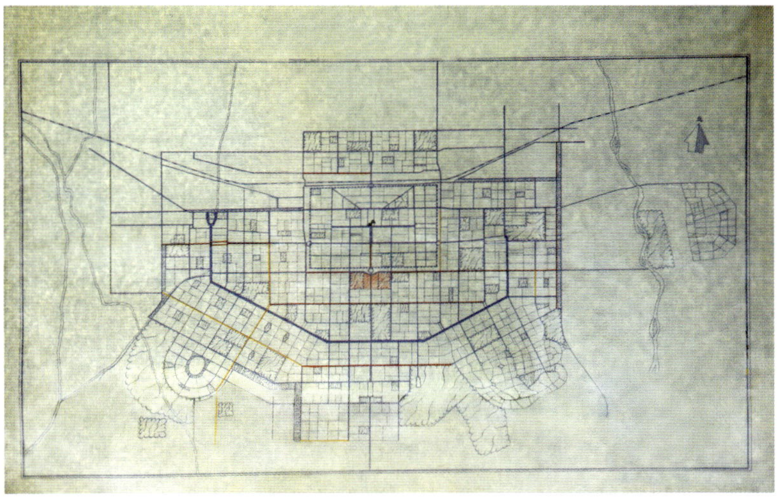

20 世纪 50 年代西安市道路工程示意图

20 世纪 50 年代邮政大楼（中）、东大街（右）、北大街（左）

第二节　20世纪80年代西安市总体规划

本次规划由西安市城市规划管理局于1981年8月编拟。确定城市性质是：我国历史文化名城，陕西省政治、经济、文化中心，应在保持古都风貌的基础上，逐步把西安建设成为以轻工、机械工业为主，科研、文教、旅游业发达，经济繁荣，环境优美，文明整洁的社会主义现代化城市。

城市现状

1.人口规模和发展范围，有所突破。

原定至1972年，人口为122万人。而实际已达130万，超出8万人。原因是：1958年以后，在“建立一个独立工业体系”的思想指导下，工业项目从精密机械、纺织行综合性工业发展。高等院校、科研、基本建设队伍也都超出了原来的估算。这就影响了原总体规划的城市布局和发展范围，致使1958年在规划区外增加了东北郊工业区、三桥工业区，并扩大了纺织城工业区，还在工业区内安排了一些有污染的工业。

和平门

由于城市人口规模和用地范围的扩大，“骨头”与“肉”的比例严重失调。“二五”以来，城市的供水、交通、住房、环境污染、孩子上学和文化生活等方面的问题日趋严重。

2.“左”的思潮，冲跨了原规则的某些布局。

由于批判马路过宽，就把规划的干道宽度作了压缩，特别是旧城内的干道改得更窄。而新的规划，又恢复了原来规划的宽度，这就造成干道两旁建筑管理的混乱。特别在“文化大革命”中，任意否定规划，变更规划，使规划成为“纸上画画，墙上挂挂”。比如，大庆商场就建在玉祥门里口的林荫带上，致使底下管道难以维修，特别是影响了交叉路口的交通和行人的安全。在南郊，利用撤消停办大学的校址，另行安排了一些工厂，使工厂、教学、居住混杂一起。同时，随便占地，乱建、乱挖现象也很严重。

3.部分工厂的生产与居住区距离较远。

1982年西大街

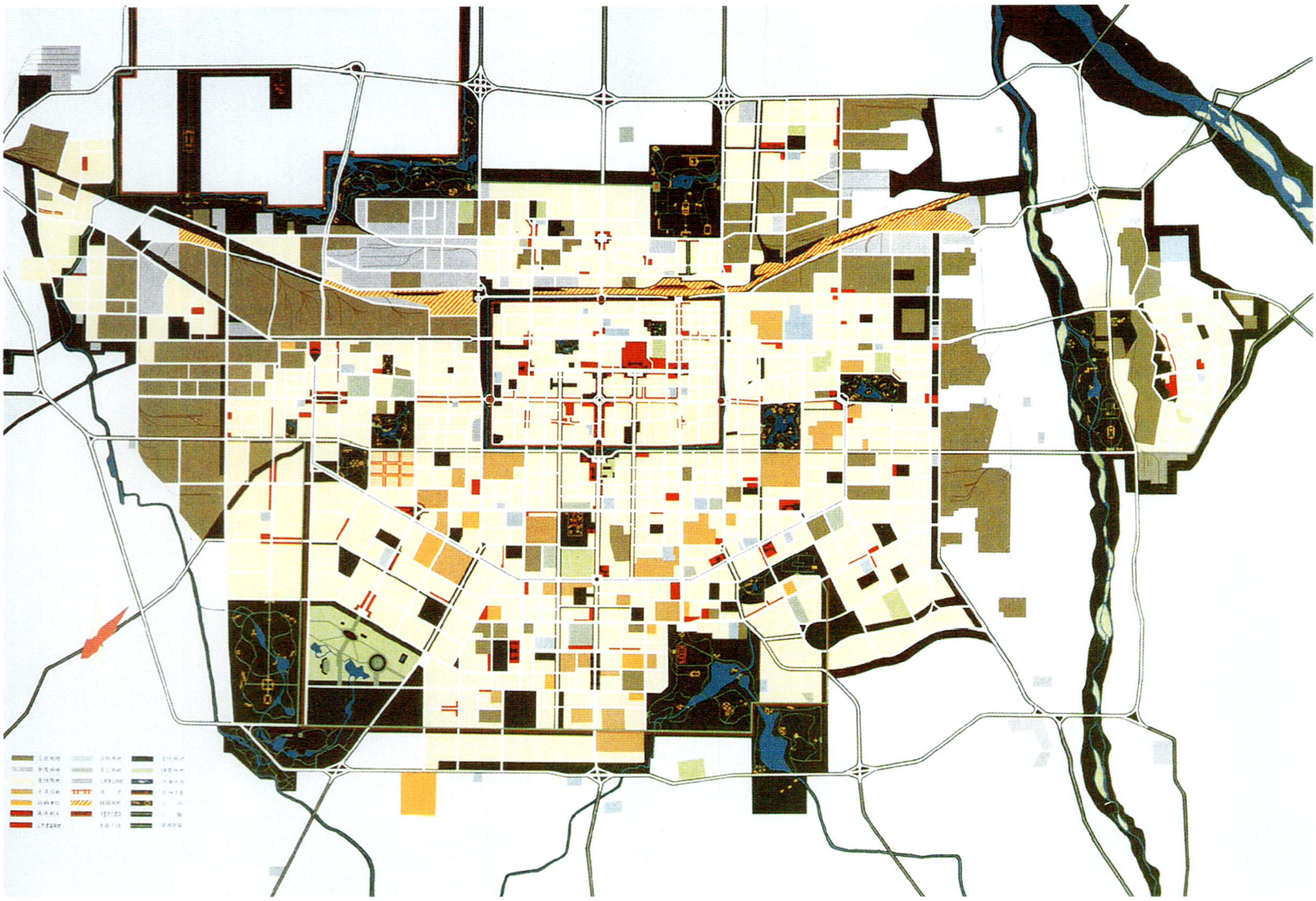

20世纪80年代西安市总体规划图

东、西郊工业区长达八、9km，工厂与居住区之间的距离较远，职工上下班不方便。有些工厂为了压缩上下班距离，在厂区内插建住宅。原来的总图中，只考虑了集中的工业区，没有规划小型工业街坊。在建设过程中，又没有及时作出分区实施规划，没有按不同的工业性质进行合理的布点，致使小工业建设的分散，有的工业安排在城市的重要地段和居住街坊内部，给居民生活带来了噪声的干扰和污染。

4.对城市交通问题注意不够。不仅有些干道分类不明确，而且逐渐形成过境交通进入居住区和市中心地带。实施中，没有按干道性质安排建设项目。将大量居住建筑，沿红线安排在交通频繁的干线两侧。对外交通出入口也考虑不够。对公用性的停车场和公共交通停车场，都没有规划。

5.文物保护，考虑不周。

原有规划对西安大量的文物古迹没有规定明确的保护范围。因而，在有些遗址的周围，修建了工厂和高大建筑物。如西安钢铁厂，就离阿房宫遗址过近。半坡村博物馆与混凝土预制厂和浐河化工厂只有一路之隔。大明宫仅保留了整个遗址的20%，既损害对文物古迹的保护，又给这次修改规划造成困难。

6.用地既有浪费，又有偏紧。

居住用地，原规划每人33m²，是大了，特别是居住建筑层数偏低，建筑密度偏小，建设初期给有些单位预留发展备用地较多，这就造成了土地的浪费。后来，又片面强调填空补实，紧凑发展，不注意合理布局，不考虑单位的发展和必要的公共建筑和住宅用地，又造成一些单位之间互争地皮。

7.对工农、城乡关系缺乏全面规划。

对规划区的村庄和农户，过去只是想移村并队，没有考虑农户转为城市人口。事实上，迁村并队，困难很多，特别是由于大量征用农田，每个农民的人均土地已有解放初期的二点七亩，下降为一点三亩。旧城周围与些生产队，人均土地还不到三分。建设要征地，农民要生活，这就出现了“征地难”。

城市规模：

城市人口的自然增长：市区现有育龄期妇女183000人。按国家规定生育率，90%育龄妇女生一胎计算，1985年，自然增长人数为25000人。到2000年，自然增长人数为96000人，平均自然增长率为3.1‰。人口的机械增长情况为：

(1)到1985年，近郊农民因土地被征收而转为城市居民的约8000人左右。到2000年约为80000人。

(2)各高等院校，除国家在本市招收的学生人数外，预计净增5万人。

(3)已批准进入市区的新单位，要增加人员和家属约24000人。

(4)现有工业也企事业部门人员的增长，除专业技术人员外，拟不再从外地调入，主要从本市人口内调整或招收。

(5)随着城市物质文化和旅游事业的发展，服务人口将大量增加。但现有人口中的劳动力潜力很大，到2000年，还将有所增加。按年龄估算，到1985年，新增劳动力218000人，2000年，将达到246000人。在农户转化中，也可转化一部分为服务人员。因此，人口估算中，不包括这部分人员的机械增长。

(6)人口的机械变动，有复转军人、随军家属等的迁入，也有征兵和退休人员回原籍等的迁出，增减大体平衡。

根据上述因素，1985年内净增人为102000人，人口总数将达1591000人，加上其他因素，近期人口总数为160万人。2000年内净增254000人口总数将达1742000人，加上其他因素，远期人口总数为180万人。

城市布局

原城市总体规划布局，是按社会主义城市原则，划分工业区与居住区，综合解决城市居民的工作、居住、交通和游憩。目前，城市布局的

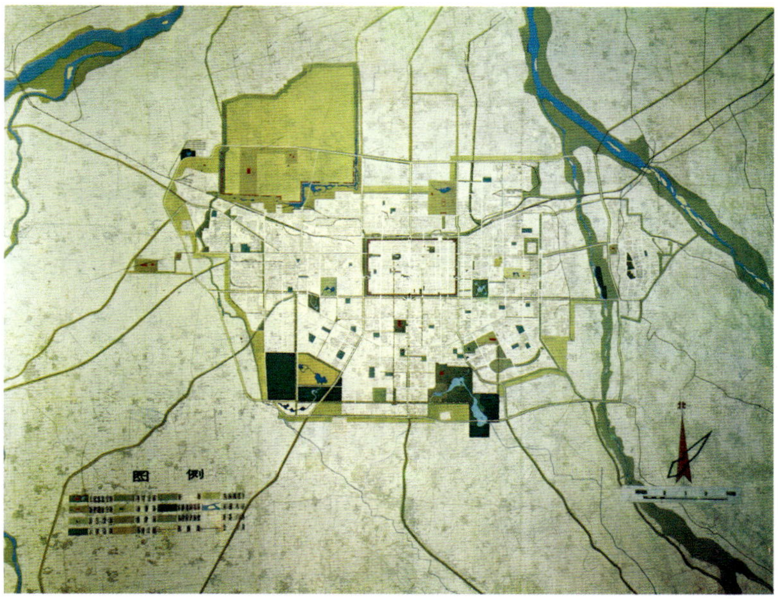

西安市绿化系统规划图（1980～2000）

西安地区旅游规划图（1980～2000）

1980年南大街

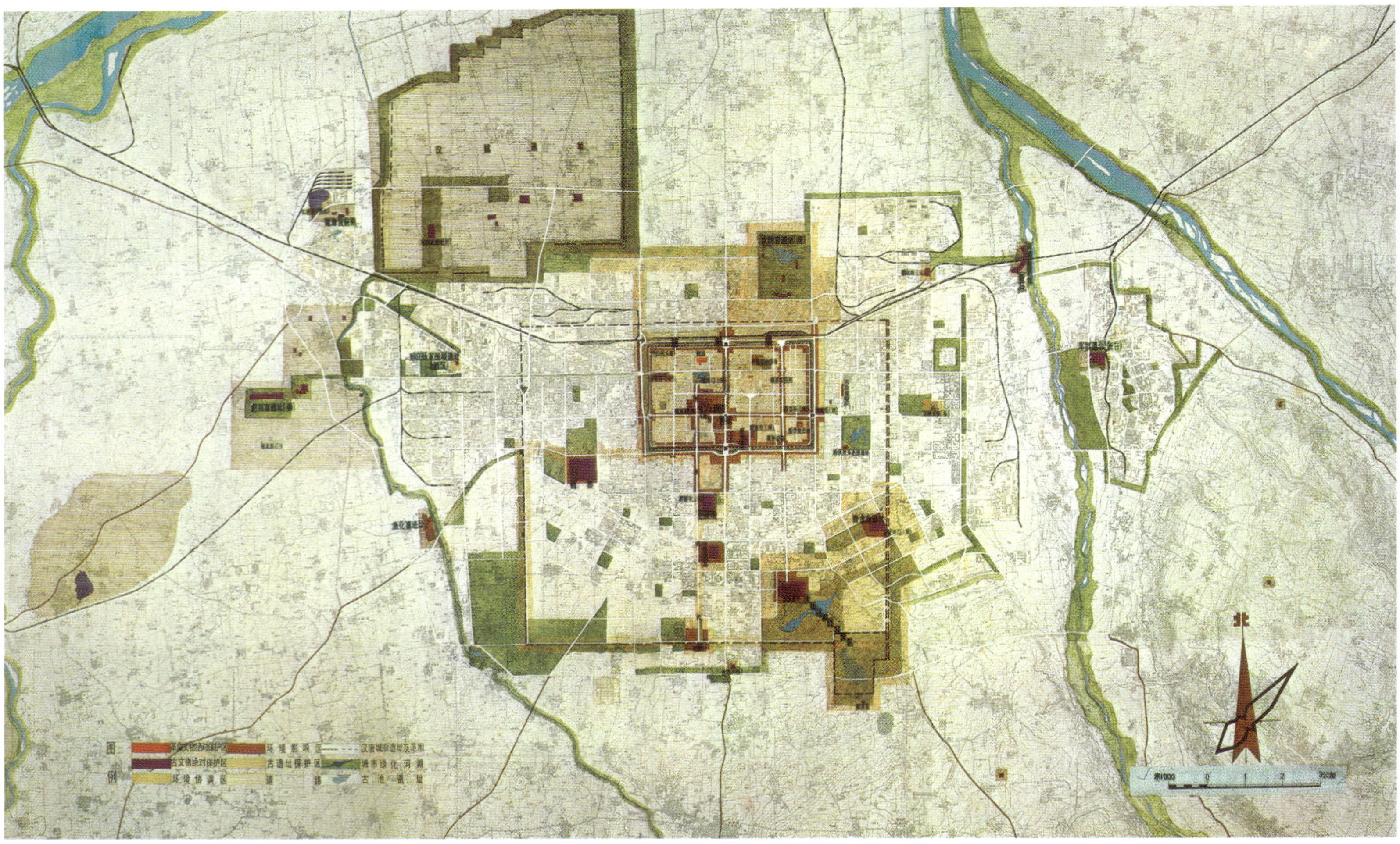

西安市文物保护规划图（1980～2000）

骨架已基本形成，这次只作局部调整。

1.工业区已基本建成。鉴于城市水源紧张，今后，不再在市区内新建大、中型工业。原规划的西南郊备用工业区，在唐长安城南城墙范围内，又处于城市上风向，新规划改为住宅用地。原规划的西郊金家堡工业区，因该地区居住用地紧张，改为居住区。原规划在西光厂以北的工业区，拟安排食品工业。西郊化工区，污染严重，必须严加控制，不再扩大，并加强“三废治理”，增设防护绿带。现沙坡的新安机械厂，紧靠青龙寺，位于居住区内，不应再扩大，要考虑迁移。俟砖瓦厂土源取完后，用地应逐步退让，作为居住用地。

1982年北大街

生活区内，目前有不少工厂和区、社工业，特别是旧城区内，工厂既无扩展用地，用影响居住环境，一般应搬迁或改变生产性质，按同类性合并组成工业街坊，避免与居住建筑混杂。在工业街坊内，可安排印刷、食品、工艺装潢、服装、电器修配、文教用品等无害工业。工业街坊尽可能靠近一级道路，与居住街坊相邻处，规划10～50m的绿化带，减轻噪音、震动等干扰。各工业主管部门，应根据城市规划和环境保护法，对“三废”污染严重和与规划有矛盾的工业，切实加以调整、搬迁、改造和治理。

对专业生产的铸造、电镀、和锻压中心，今后要在工业调整、改组中，以现有工厂为基础，逐步建成，不再开辟新的地区。

2.原仓库主要集中在陇海路北的城市西北区，现余地不多。目前，日用品仓库少。拟将新增仓库放在陇海路南，均衡分布，避免货运交通集中在一个地段内。在东站以南再开辟一处库区，安排食品仓库。为减轻城市北部地区的货运交通量，在外环路的西户铁路线附近，再规划库区一处。为节约用地，库房一般要建多层。现有平房库区，如再扩建，应首先在内部改造平房。易燃易爆、有害气体等危险品仓库，放在远郊浐河岸一带的沟道内。大型储备库，应建在远郊。

3.对外交通

（1）机场：现机场位于市区内，主航向经过市中心，噪声平均值最高达101dB，最低为86.8dB，严重影响城市居民的工作、学习、生活和安全。同时，机场还阻碍了城市西南区的发展，切断了两条规划的一级

道路。因此，不能扩建，必须搬迁。根据区域布局和机场技术要求，应迁到咸阳周塬。

（2）对外公路：目前，西安已有八条对外出入的公路干线，它是连接省内各县的主要公路中心，并有五条国家公路，将经过西安联结西南、华中、华北、华东和西北等地。规划中拟在城北、西南、东北方向增加五个对外出入口。并将各对外公路干线联结城市外环路，避免过境交通穿越市区。对外公路与环路相交处予留立交。

鼓楼

（3）铁路枢纽：现陇海铁路横穿市区，运输频繁，干扰极大。为减轻陇海路的压力，铁道部门拟从八府庄支线引岔，在龙首塬北建设北环线，行驶过境货运车辆。这个北环线，仍将穿越北郊生活居住区和城市干道，对城市干扰仍然很大。从长远看，近200万人口的特大城市，将出入铁路全部人流和货运集中在一个方向，既不合适，也不经济。因此，应在市区南部修建南环线，增加客运站。但这个方案，线路较长，需要进一步作经济分析。另外，当前还需扩建现有客运站、客技站，并结合南环线或有西户线在城市西南地区增加货场一处，将西站逐步改为集装箱及托盘运输。

（4）生活区布局

为便于管理，将按分区（区）、街区（街道办事处）、街坊（居委会）划分。

“分区”：是按一级道路“井”字形划分。每个分区，有居住和工作点，有相对的独立性，有配套的公共设施，并组成分区中心。全市分为旧城、城东、东南、城西、西南、城北、东北、西北、城南和纺织十个分区。每个分区人口在15～30万之间。

“街区”：是以一级道路与二级道路来划分。全市共划分108个街区（包括工业街区）。每个街区面积是40～180hm²。人口2万人左右。在街区内，有以街道办事处为中心的文化、生活设施。它类似唐长安城“里坊”的组织结构，城市一个安静的居住区。

“街坊”：原规划面积为2～12hm²，形成支路多，交通容易穿越，公共建筑不易集中，环境而已不安静等。对此，除以建成无法改变外，这次修改规划，拟扩大街坊规模为20～40hm²左右。一个街区一般划分为三至四个街坊。

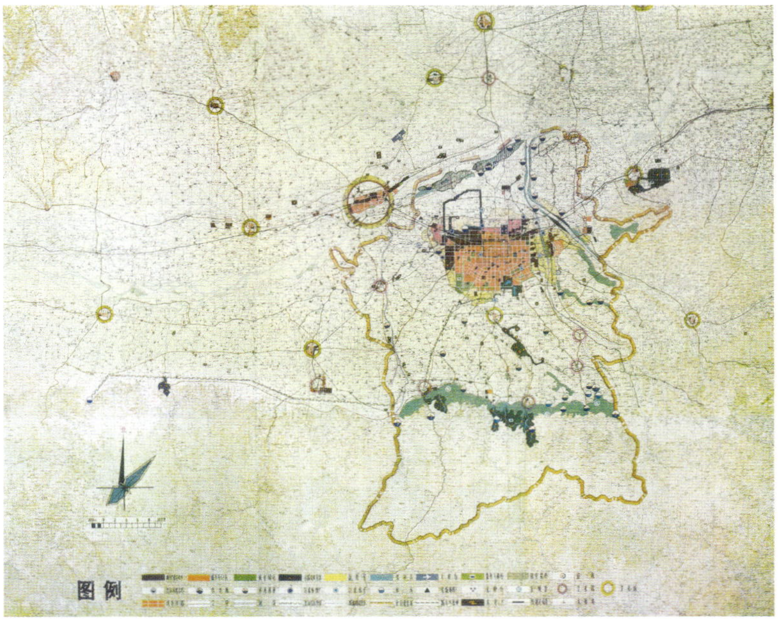

20世纪80年代西安地区规划图(1980～2000)

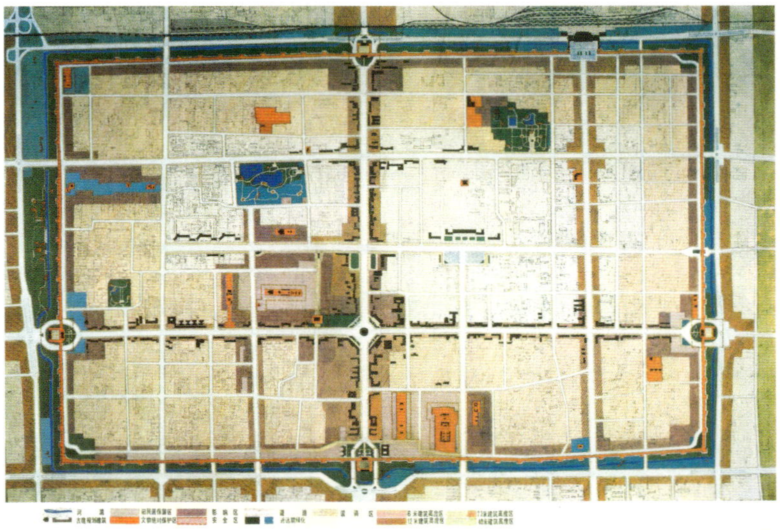

20世纪80年代西安市名城保护规划图

文物保护与旅游建设

西安，作为文明之都，有其悠久的渊源。而现今旅游行业的兴起，又为西安这座古老都市，增添了新的活力。20世纪80年代以来，西安城市规划中，已经将文物保护的比重进行加强。城市规划中，从金光门到青龙寺，以100m宽的林带和风景路，来显示唐城南半部的宏大规模。原唐城中的轴线——朱雀大街，从体育路、明德门遗址，到莲湖公园的承天门遗址，全线开拓为50m宽的林阴道。在明德门以北600m地段内，建立明德门博物馆。对慈恩寺、大雁塔、荐福寺、小雁塔、青龙寺、兴善寺、大明宫、兴庆宫等，将通过绿带和旅游风景路的联系，采取点、线、面结合的布局，来体现唐长安城的风格。

保持明城：将城墙、四门城楼、护城河、环城林构成一个完整的保护区。为保持城墙的完整性，除车站广场外，其余缺口，都拟重建城门洞。城墙内侧种植攀缘植物，既可以防止风化塌陷，又能增加大面积的垂直绿化。对钟、鼓楼、大、小清真寺、广仁寺、东岳庙、城隍庙、八仙庵、孔庙、碑林和卧龙寺等明、清建筑，要加强保护，并与公园绿地相结合。对北院门道路两侧，拟保留、重建明、清时代的店铺。从书院门到碑林西侧府学街，将保留有代表性的土坯墙、瓦屋顶、小院落。

对丰、镐两京，汉长安城和未央、长乐宫、阿房宫等遗址，按保护范围进行绿化，建立遗址公园。

对历史上的园林风景和史前遗址，如龙首塬、乐游塬、曲江池、芙蓉园、兴庆宫、半坡新石器时代村落、十里攀川、少陵塬、翠华山、南五台山等，纳入园林规划，力争显示古迹风貌。

革命文物，如八路军办事处、西京招待所、新城黄楼、张学良、高桂滋公馆等，也交恢复原有的环境和风貌。

对古遗址，划分为一般保护区

20世纪80年代大差市

和重点保护区。对古建筑，划分为三个保护范围，即绝对保护区、文物环境影响区、环境协调区。绝对保护区以文物单位现有地界或历史原有界线为限，严格保持古建筑的面貌、风格、环境和绿化等，严禁在保护区内新建其他建筑物。文物环境影响区，以文物古建筑的高度比例来具体确定，一般保持文物古建筑周围有较大范围的绿化。对环境影响区内新建的房屋高度形式、用途都必须加以限制，房屋高度不得超过23m，不得建设医院、工业和有噪音的建设项目。禁止存放易燃、易爆和一切可能危害文物安全的建设。环境协调区，是根据古建筑之间的空间联系和一定的视野要求来确定空间景观。严格限制高大建筑和构筑物，如水塔、烟囱等。

对历史上闻名的“曲江流饮”、“灞柳风雪”、“十里桃花”、“草堂烟雾”、“雁塔晨钟”等景观，拟作为旅游风景点。

按照现状，多数旅游宾馆，拟建在城市西南和市中心，少数分布在北区和东区，共建各类旅馆20处，床位9700张。各类俱乐部、友谊商店和网球场等，将分布在旅馆附近。

市外的旅游路线，以市区为中心，东至骊山、华山、秦陵遗址。西至乾陵、昭陵、大佛寺。北至秦咸阳遗址、黄陵和延安。南到翠华山、南五台、汤峪、楼观台和太白山等地。

近期建设规划

市政公用事业的投资，从“一五”到“四五”，越来越少。“五五”虽有上升，但相较于“一五”还是减少了2754万元，由此造成了比例的严重失调。因此，使市政工程、公用事业、环境卫生、城市交通、教育医疗商业服务业等，缺口很大。城市住宅建设，近几年虽有增长，但由于旧房不断倒塌，人口不断增加，加上低洼棚房，无钱改造，所以住房问题仍然困难。

1985年前，国民经济还处在调整时期，能用于市政公用事业上的投资对于急待改造的众多问题来说，无异于杯水车薪。因此要根据国家财力，物力的可能，逐步解决。近期主要解决城市无房户、拥挤户和低洼棚房，适当提高居民的居住水平。在给水、排水、道路交通等方面，按轻重缓急，统筹兼顾，量力而行。

为控制建成区的范围，对近期内的各种建设项目，一般都安排在建成区。对新区或旧城的住宅，要成街成坊，集中统建，或联建合建，尽量不再搞零星插建。

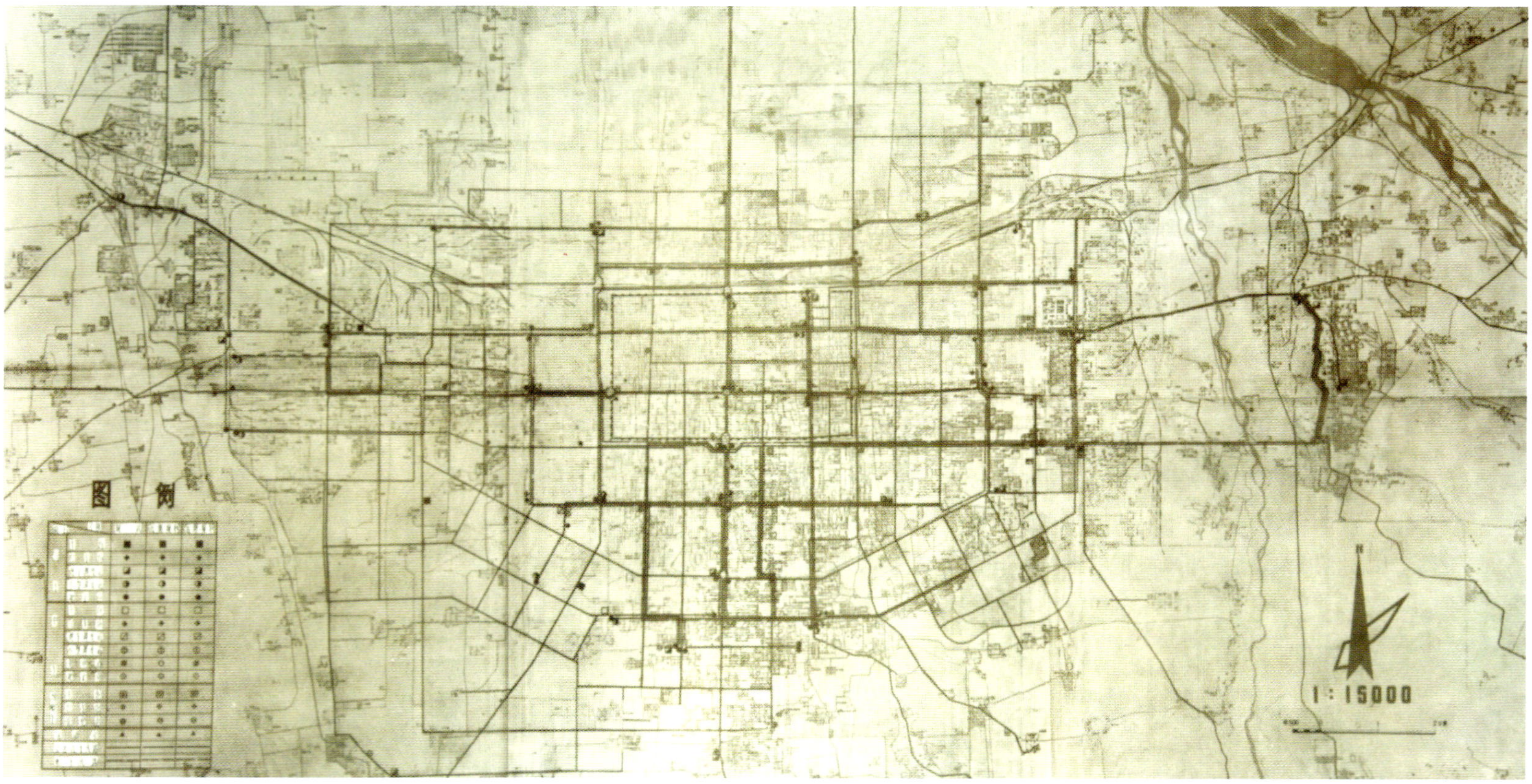

20世纪80年代西安市公共交通规划图(1980～2000)

20 世纪 80 年代西安市给水规划图(1980～2000)

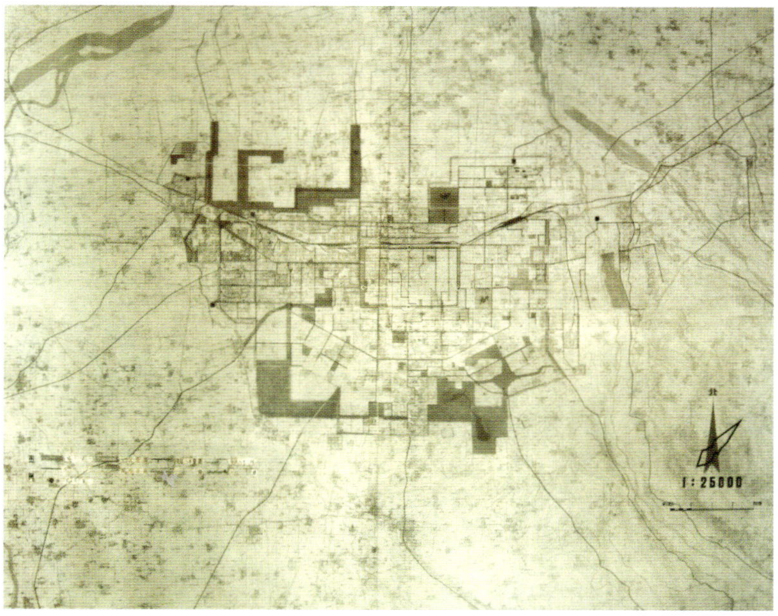

20 世纪 80 年代西安市污水规划图(1980～2000)

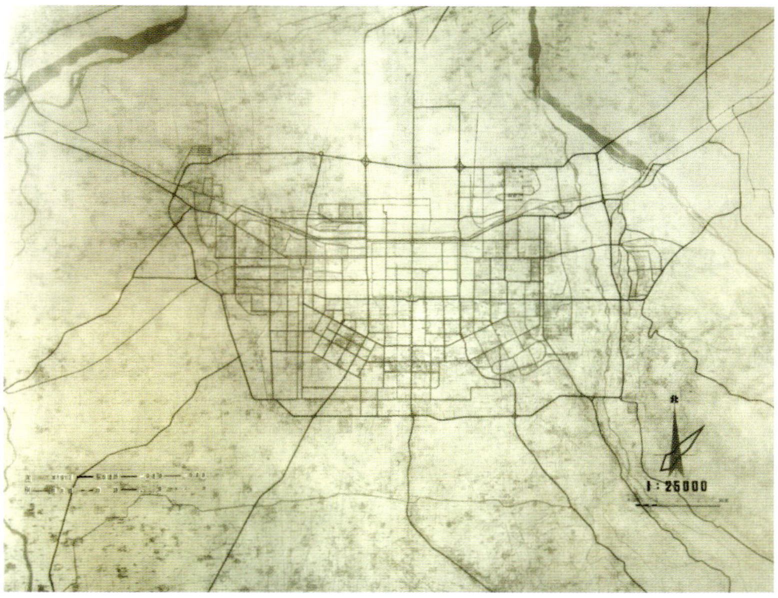

20 世纪 80 年代西安市道路网规划图

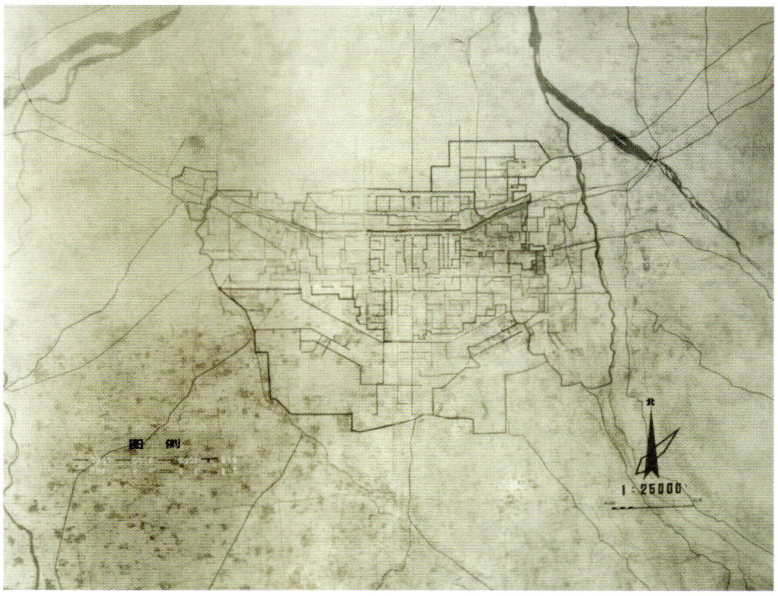

20 世纪 80 年代西安市雨水规划图

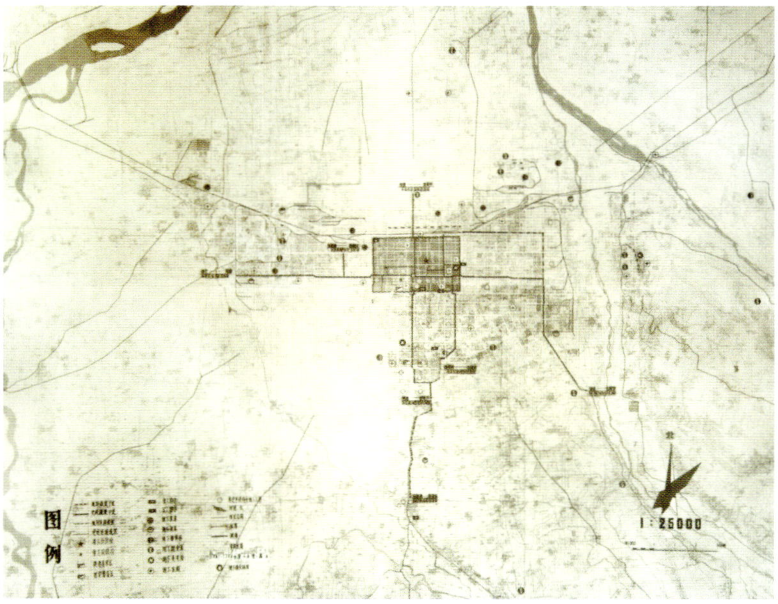

20 世纪 80 年代西安市人防规划图(1980～2000)

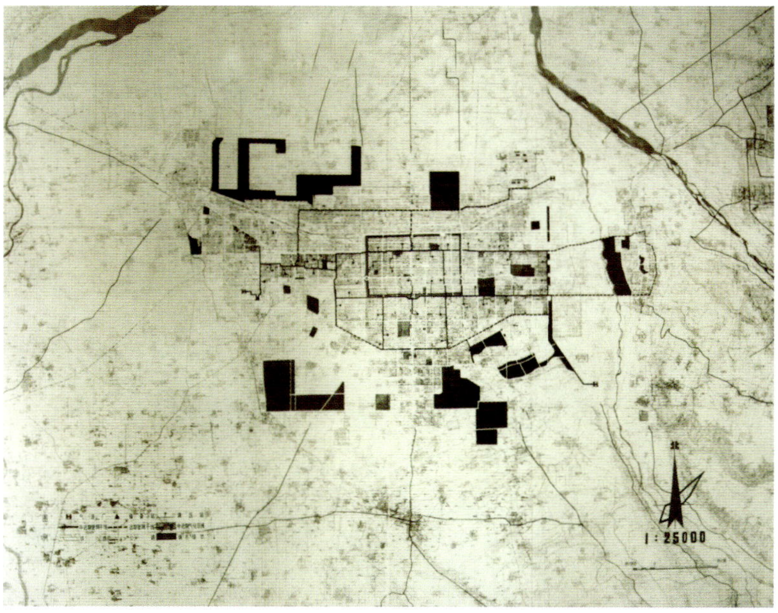

20 世纪 80 年代西安市煤气规划图(1980～2000)

第三节　20世纪90年代西安城市总体规划

20世纪90年代西安城市总体规划由西安市城市规划管理局与西安城市规划设计研究院于1993年8月共同编拟，确定城市性质是：西安今后的发展要在保护历史文化明城的同时，以科技、旅游、商贸为先导，优化经济结构，促进电子、机械、轻工等工业的改组改造，优先发展高新技术产业，大力发展第三产业，逐步将西安建成经济繁荣，功能齐全、环境优美、具有自己历史文化特色和现代文明的社会主义外向型城市。

城市现状

1983年国务院批准的《西安市城市总体规划》实施以来，对西安的社会经济发展和城市建设起了重要的指导作用。十几年来，西安的发展在保持古城风貌的基础上，向城市现代化迈进了一大步，城市的布局和功能逐步由封闭型向开放型转变，为历史文化名城的保护和城市现代化建设奠定了良好的基础。

为了指导和促进西安的社会经济发展，依据我国现代化建设发展战略目标，以及中共西安市委、西安市政府关于把西安建设成一个社会主义外向型城市的战略部署，对原规划进行调整和修编。

1.总体规划修编的宗旨是：保护古城，降低密度，改善中心，发展组团，基础先行，优化环境。

2.总体规划修编的重点是：

（1）调整城市发展规模，统筹兼顾，综合部署，开拓新的城市发展空间。

（2） 提高城市建设标准，优化城市布局，建立完善的城镇体系。

（3）保护和发展历史文化名城的珍贵遗产，以古长安的形象与现代城市风貌有机结合，充分体现西安历史文化名城和旅游城市的独特风貌。

（4）完善市域规划，根据各区县特色实行合理的地域分工和协作，构成城乡一体化经济网络，促进城乡经济和社会协调发展。

（5）提高城市基础设施现代化水平。

（6）优化环境，建设完整的城乡生态环境保护系统。

3.总体规划期限为25年（1995～2020年），若干重大问题考虑到21世纪中叶发展的需要。

近期建设规划期限为本世纪末。

城市规模

1. 今后25年西安城市人口仍呈持续增长的趋势。2020年西安全市城镇常住户籍人口（简称常住人口）将达到560万人左右，流动人口将达到90万人左右。

2. 对西安的人口实行有控制、有引导的发展方针，尤其要严格控制中心市区的人口规模。

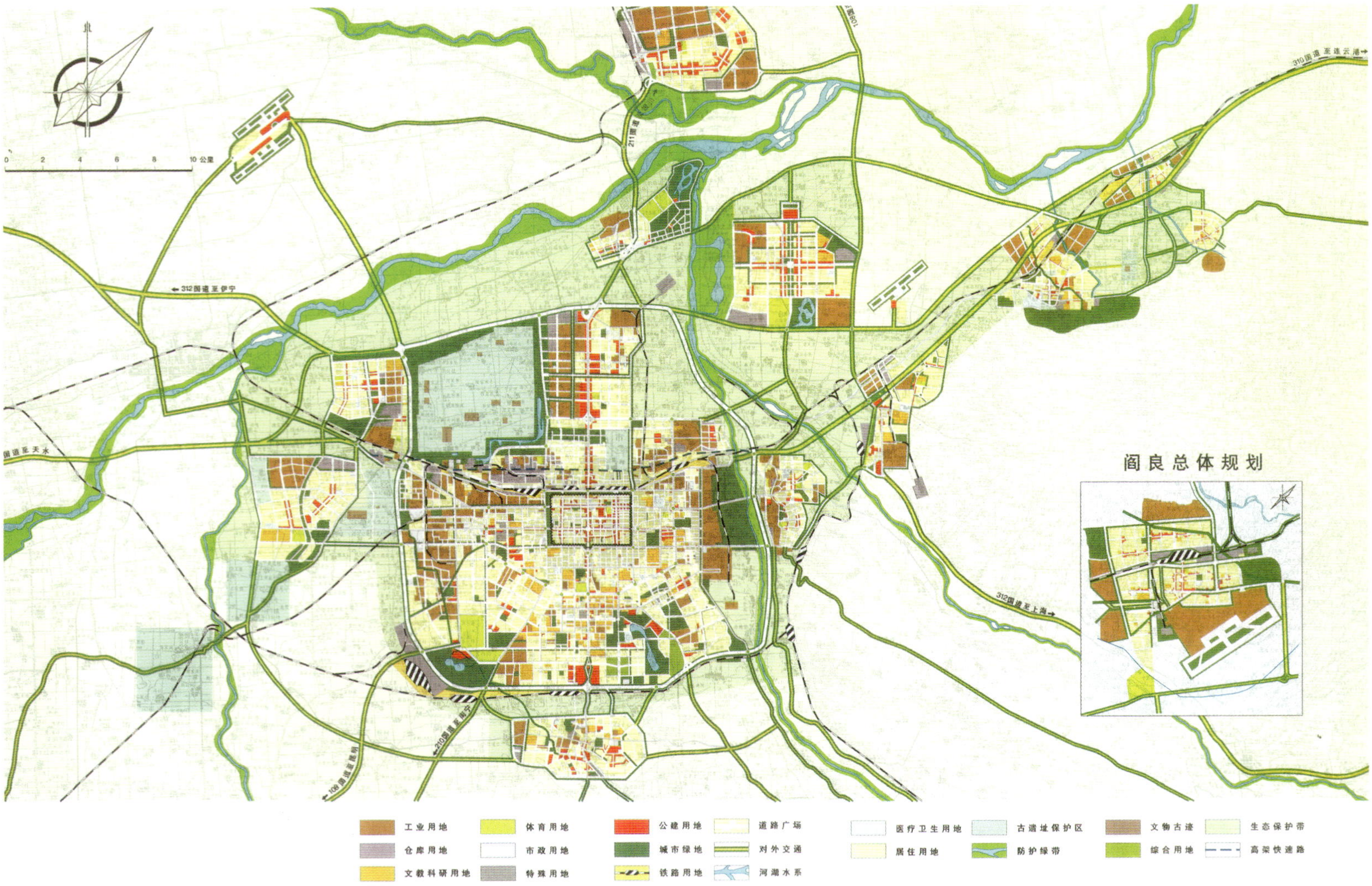

20世纪90年代西安市城市总体规划远景规划

20世纪90年代西安市中心钟楼盘道

（1）计划生育要严格依法管理，使自然增长率从20世纪80年代的平均14.84‰逐步下降到7.31‰～1.57‰。

（2）人口的迁移增长要通过指令性计划和经济手段严格管理，实行总量控制。

（3） 适应郊区经济发展和产业布局调整，制定和完善各项优惠政策，鼓励市区人口迁往郊区城镇。

3. 今后25年西安城市人口控制规模为：2000年全市城镇常住人口从1990年的227万人增加到316万人左右，2010年为390万人左右，2020年为560万人左右。中心城市的常住人口从1990年的184万人控制到2000年270万人左右，流动人口从60万人增加到70万人左右；2010年常住人口为320万人左右，流动人口为80万人左右；2020年常住人口为435万人左右，流动人口为90万人左右。

4. 城市用地规模要与人口和经济的发展相适应，贯彻紧凑发展、节约土地的方针。根据城市人口的发展规模估算，2000年全市城镇建设用地将从1990年的180km²增至270km²左右，2010年达到355km²左右，2020年达到555km²左右。规划市区城市建设用地将从1990年的162km²增至2000年的227.9km²左右，2010年达到295km²左右，2020年达到440km²左右。

5. 今后25年，每年竣工的建筑面积将维持在500万m²左右的水平，共建新房屋12500万m²。随着旧城区产业的疏散、近郊组团的建设和远郊城镇的开发，郊区每年竣工的房屋建筑面积占全市新建房屋总量的比重将逐步增加。

20世纪90年代西安火车客运站

城市布局

为合理分布生产力和形成城镇体系，有利于资源开发、生产发展和生态平衡，促进城镇建设和控制城市人口的增长，在西安市行政区划9983km²范围内，制定市域城镇体系规划。按照中心集团、外围组团、轴向布点、带状发展的形态布局，规划分为中心城市（中心市区和外围组团）、卫星城（含县城）、建制镇三级城镇体系。

（1） 中心城市是城市的主体，集中体现政治、经济和文化功能。按"中心集团、外围组团"布局原则，由中心市区（即城市三环以内）和环绕其周围的未央、洪庆、新筑、六村堡、纪杨、纺织城、草滩、汾河、韦曲、临潼和阎良11个外围组团所组成。2000年中心城市人口270万左右，用地227.9km²，其中：中心市区208.9万人左右，用地158.8km²；外围组团61.1万人左右，用地61.1km²；2010年中心城市人口320万左右，用地295km²，其中：中心市区214.5万人左右，用地175km²，外围组团105.5万人，用地120km²；2020年中心城市人口435万人，用地440km²，其中：中心市区213万人，用地129.4km²；外围组团222万人，用地247.6km²。到21世纪中叶，随着居住水平的提高和人口逐步向组团疏散，中心市区人口将得到控制，城市绿化用地将大量增加，近郊的大遗址将得到妥善保护，城市环境质量将显著提高。

（2）卫星城既承担由市区延伸的部分功能，又大部分是远郊县（区）政府所在地，是其所辖县（区）的政治、经济和文化中心，具有相对独立性。规划确定长安、蓝田、临潼、周至、户县、高陵6县为卫星城。阎良区为中心城市经济开发、国际航空特区，近期要加快发展。长安和临潼两县城至2000年将划入中心城市的市区。卫星城的建设要依据不同情况和条件，形成相当规模、相对独立、设施齐全、各有特色的新城。2010年以前人口规模一般各在10万人左右，保留发展为15万人左右的可能性，有条件的卫星城规模可能更大些。

（3）建制镇是所辖地区的政治、经济和文化中心。全市现已设有建制镇41个，今后25年规划增加到55个。其中除卫星城外，根据各建制镇的交通条件、经济发展水平、水资源和土地资源以及对周围乡、镇的辐射作用，选择在15个左右建制镇[平均每县（区）2～3个]重点发展。

（4）本次修编城市总体规划的中心城市规划范围：包括新城、碑林、莲湖、雁塔、未央、灞桥、阎良等七个区的全部行政区域以及临潼、

长安、高陵三个县的部分行政区域，总面积1532.4km²。因城市建设和发展需要实行规划控制的区域为西安市行政区域9983km²。

中心城市布局的基本方针是：改变人口和产业过于集中在中心市区的状况，以20世纪80年代规划区的范围作为中心集团（中心市区），人口规模应控制在210万人左右，调整、完善城市功能，改善环境；在中心集团的周围发展11个20万左右人口规模的组团。组团之间，以绿带隔离，用于道连接，沿关中地区的交通主轴，由近及远，主要向东、西两个方向带状延伸。以西安为中心，渭南、临潼、咸阳、兴平作为带状城市群，统筹考虑，协调发展。

历史文化名城保护

西安历史文化名城的保护，要从城市的发展战略、规划布局、城市设计等方面统筹考虑，采取综合措施，使保护与建设相协调，在有利于城市社会经济发展的同时，促进历史文化遗产的保护与继承。西安的城市建设，必须保护城市地上地下文物古迹，保护具有历史传统特色的地段，保护和延续古城的格局和风貌特色，继承和发扬城市的传统文化。

历史文化名城的保护在总体上突出：保护明城的完整格局，显示唐城的宏大规模，保护周、秦、汉、唐的重大遗址。名城保护以保护珍贵的文物古迹为重点，对文物保护单位，必须加强科学管理与合理利用，国家、省、市文物保护单位的绝对保护区、协调区和文物环境影响区周围的建筑，一定要与环境相协调。明城内和文物保护单位周围的建设和

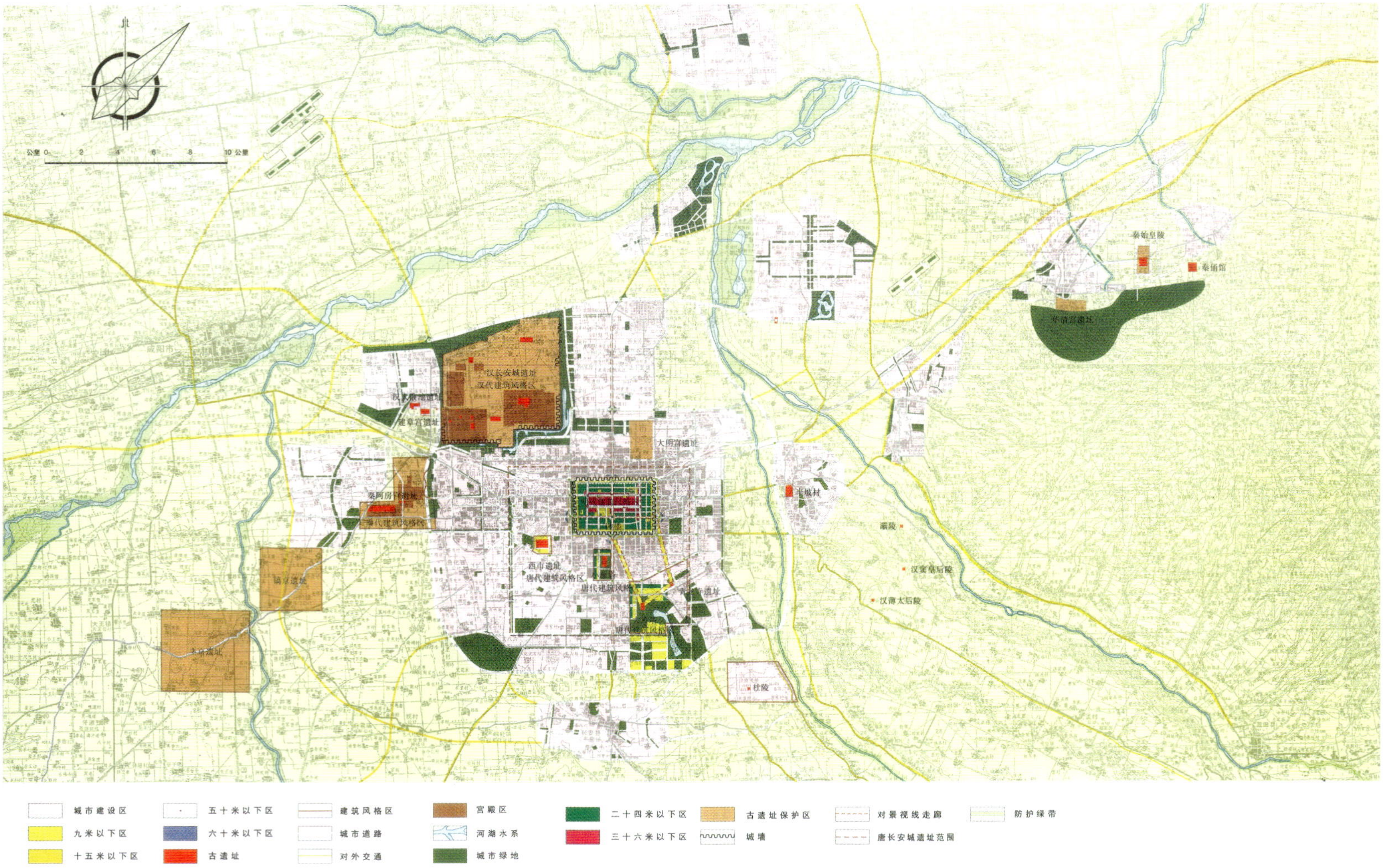

20世纪90年代西安市城市总体规划中心城市历史文化名城保护总图

20 世纪 90 年代南大街

改造应当保持古城风貌，要求新建筑较多地体现民族传统和地方特色；明城以外和远离重要文物古迹的地区，应当突出时代精神，展现21世纪现代化西安的都市风貌，确立新的城市建筑风格及其规划模式。

切实加强丰镐、阿房宫、汉长安城和唐大明宫遗址的保护。四大遗址是我国古代人民智慧结晶的代表，要坚持保护为主、抢救第一的方针，在严保护四大遗址的基础上，适当发展与其周围环境相协调的经济，认真做到保护和开发利用相结合，遗址保护区周边规划100m宽城市芦花隔离带。大遗址范围内的新农村建设应相对集中，建筑风貌应与古遗址相协调，大移植环境影响区域范围内禁止建设污染环境的产业。

丰镐遗址：划定保护区25km^2，修整车马坑博物馆，开辟宫殿遗址和墓葬遗址。

阿房宫遗址：划定保护区14km^2，保护前殿遗址，建立文物陈列馆。

汉城遗址：划定保护区36km^2，建立汉城遗址公园和遗址博物馆，完善基础设施，建设若干复原景点，选择适当位置兴建汉长安城旅游中心。

唐大明宫：划定保护区3.2km^2，复原含元殿基座和龙尾道，复原三清殿基座，修复麟德殿基座，整治大明宫环境，加强绿化，增加水面，建立唐大明宫博物苑。

继续完善唐城林带和风光旅游路，串联唐代著名遗址，体现唐长安城的宏大规模。

从唐长安城金光门到延兴门以150m宽的林带和风景路将唐长安城的宫殿、寺庙、古塔、风景区联系起来，沿途设碑刻、雕塑等纪念性小品建筑。

充实和提高重要遗址的保护和利用：2010年前全面完成兴庆宫公园、青龙寺周围的乐游塬公园、含光门遗址博物馆、明德门、承天门的建

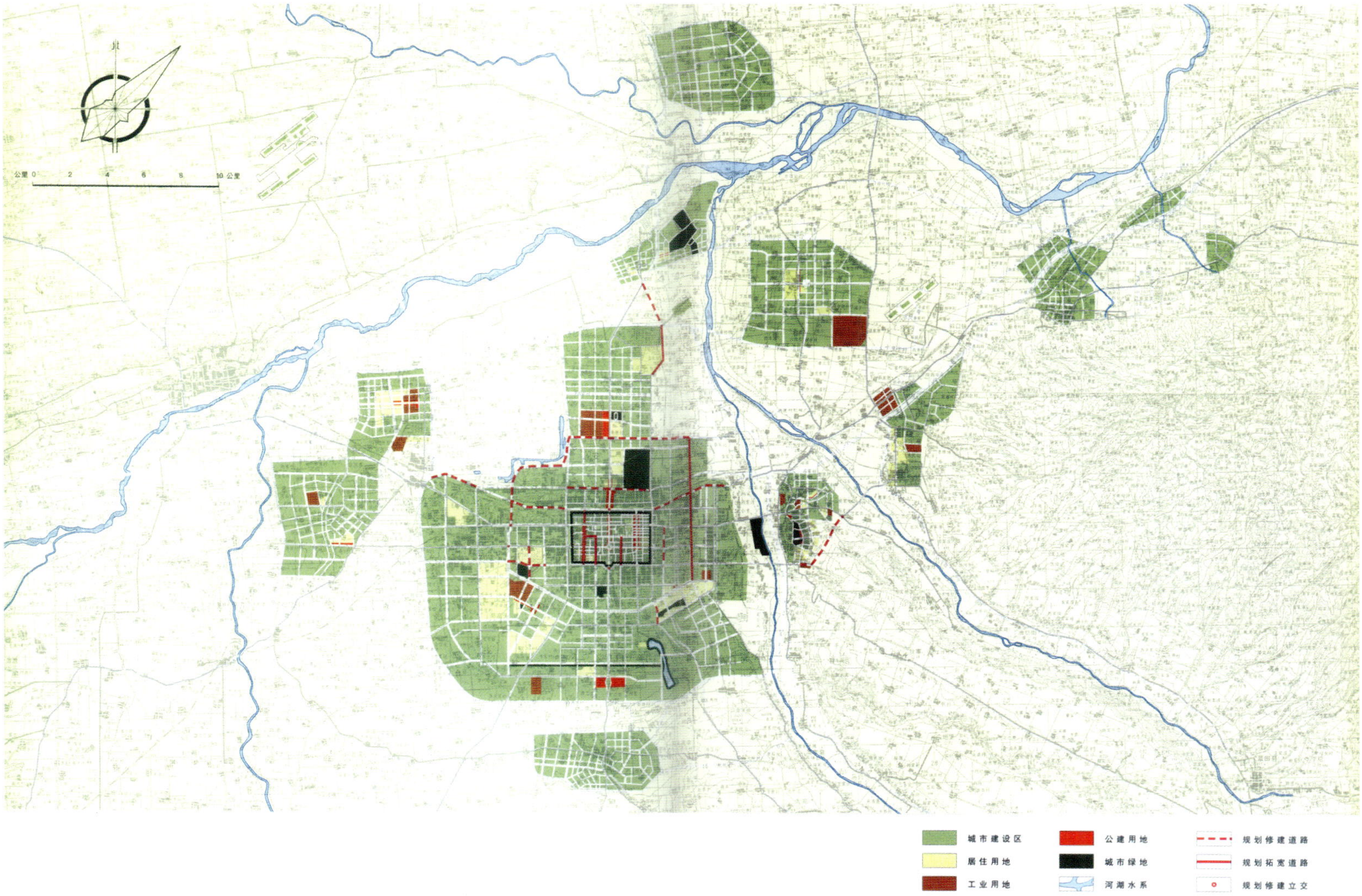

20 世纪 90 年代西安市城市总体规划近期建设总图

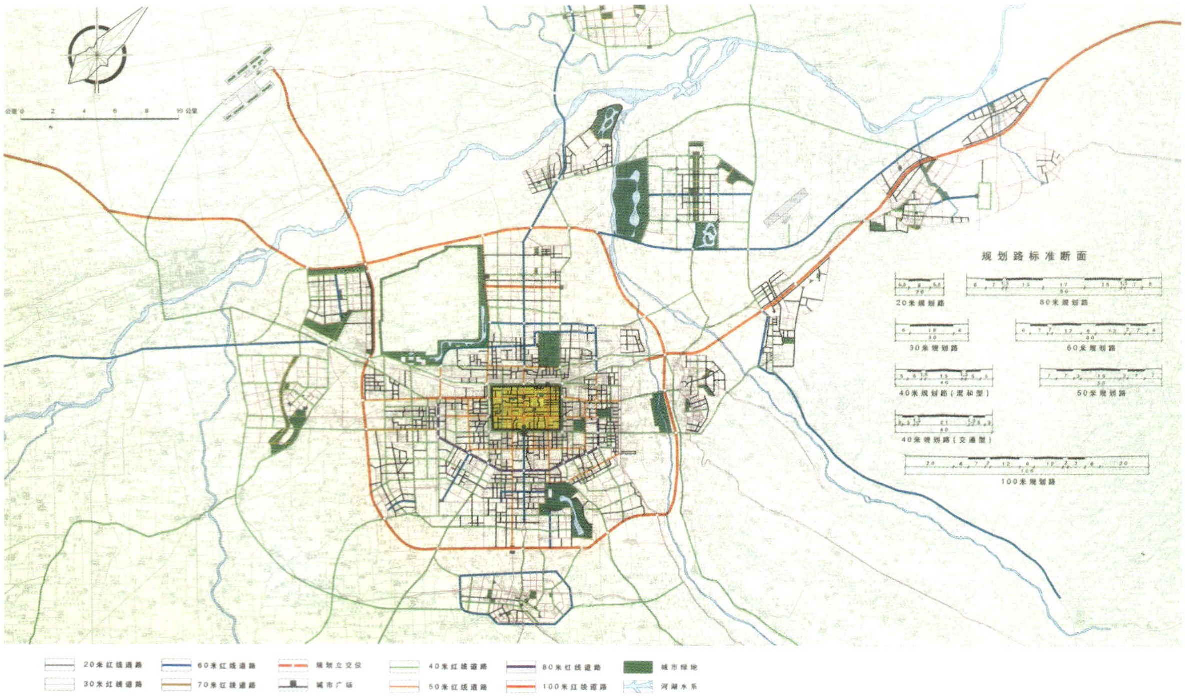

20世纪90年代西安市城市总体规划城市道路网规划图

设复原。

综合开发大雁塔曲江风景区：恢复曲江水面，保护大雁塔、春晓园、植物园、盆景园、牡丹园和三唐工程的环境，修建开发唐长安夹城、秦胡亥墓，沿曲江池修建各类旅游设施，将文物保护、景观建设与旅游开发相结合。

深化明城的保护与改造：继续完善14km路、城、林、河四位一体的环城工程，2000年前全面完成城河截污工程和四城门广场的开拓工程。严格保护钟楼、鼓楼、城墙四门等标志性古建筑及其周围的环境，保护和开发古城传统文化带，严格控制建筑高度，在明城总体上保持明清建筑传统风貌。

保护和完善明城内历史文化保护区：在明城内将具有某一历史时期传统风貌、民族特色的街区、建筑群，划定为历史文化保护区。划定北院门、化觉巷、书院门、三学街、大清真寺、杨虎城公馆、七贤庄等18处历史文化保护区的范围，确定其保护和整治目标。划定东到柏树林，西到广济街，南邻南城墙，北到东、西新街范围内为传统街坊保护区，并将北院门、化觉巷、钟鼓楼广场、竹笆市、德福巷、湘子庙街、书院门、三学街相联系，组成传统文化带。沿明城墙内侧100m范围内划定为传统民居保护圈。

历史文化保护区内的建筑物，其高度、体量、色彩、风格应与周围环境相协调，基本保持明清建筑传统；传统街坊保护区内和传统保护圈内的新建住宅，应采取低层高密度院落式、灰砖青瓦、绿化穿插，构成古城的基调。

严格执行明城区内街区详细规划，建筑风格总体上迎合古城风貌保持一致，单体造型要丰富多彩，避免千篇一律。

坚持控制明城范围内的建筑高度，在严格按照高度分区规划实施的基础上，通过城市设计，控制好环城路外侧的建筑景观和城内20个批准超高层建筑的轮廓线，使之与古城风貌相协调。

要从整体上考虑历史文化名城的保护，尤其要从城市格局和宏伟环境上保持古城风貌。

近期建设规划

◆供水建设

续建黑河引水工程。建成曲江净水厂和118km输水渠道、40km城市配水管网，实现引石砭峪、沣峪、田峪、黑河径流和石头河水库水进入西安，新增日供水35万~40万t。1996年开始砌筑金盆大坝，“九五”末开始蓄水，逐步形成2亿立方库容，实现调节供水。在此期间新建一座日净化30万t水的水厂，并完成现曲江水厂的改造，使净化水由60万吨提高到80万t。埋设60km城市配水管网，最终形成新增110万t的日供水能力。

续建段村水源工程建成第六水厂，日供水能力达到3万t。

为合理接纳新增水量，逐年改造现有供水管网和加压设施，增设供水管道136km。

◆供气、供热建设

新建天然气城市气化工程。利用三年的时间先后建成门站，敷设高、中压管道193km，建设四座1万m^3高压储气罐，四座高、中压调压站，建成调度指挥中心及通讯系统。力争1997年末或1998年上半年实现供气，逐步达到日新增天然气100.48万m^3。年供气总量达到3.67亿m^3。发展用户45万户，使城市气化率达到75%。

利用焦化厂的焦炉气，扩建50000m^3的干式气柜，使供电规模达到日供气15万m^3的规模。

扩建西郊热电厂。增设两台5万kW抽凝机组和三台电站锅炉，达到总装机15万kW的规模，使年发电量达到10.5亿度，年共热量达到1027万百万大卡，以解决环城西路以西地区的全部供热。

以西南郊徐家庄处建设太白热电厂，1997年建成并形成年发电

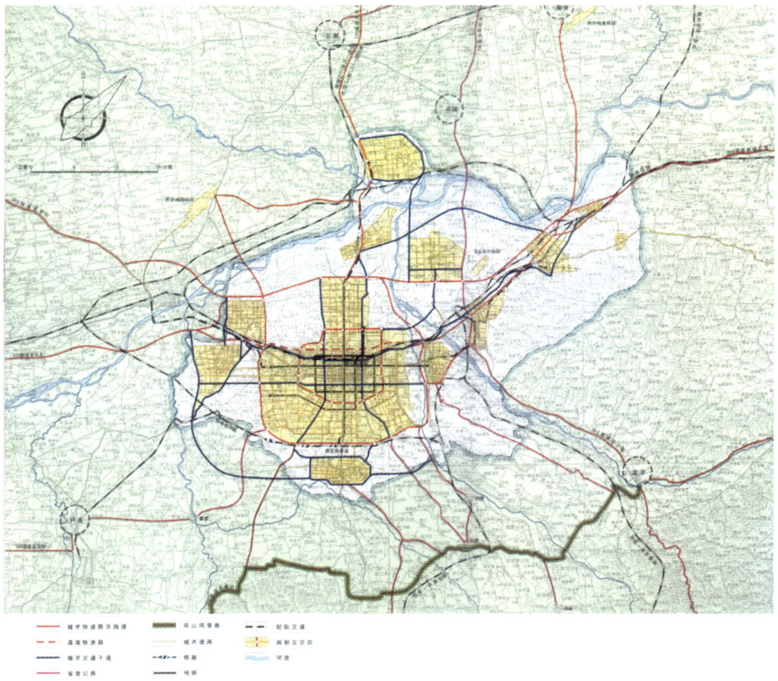

20世纪90年代西安市城市总体规划城市综合交通规划图

0.72亿度，供热57万百万大卡的规模，供热范围为7.4km²，解决电子工业和高新技术产业开发区的集中供热问题。

在小东门外建解和集中供热站，设四台热水锅炉，供热面积120万～150万m²，年供热量为147万百万大卡。1997年初建成，解决解放路、和平路一带商贸区的集中供热。在经济技术开发区北部新建北郊热电厂。该工程装机容量为10万kW，电站锅炉220T/H×3台，1996年启动，1998年末投入使用，解决西安经济技术开发区和北关地区的供热问题。

扩建灞桥热电厂五期工程，新增两台5万kW供热发电机组，将供热范围扩大到环城东路以东和高新技术开发区东区。工程预计1995年开工，1996年末投产。

◆道路建设

城市二环路建设。1997年贯通北二环路，改造东、西二环路并动工建设金花北路立交；打通与二环路尚未接通的路段，充分发挥二环路在城市路网中的作用。

城市三环路建设。从1995年开始着手进行前期准备工作，1998年开工建设。

为提高城区道路的通行能力，近期结合房地产开发和旧城改造，加快洒金桥大街、端履门街、北大街、解放路的扩宽改造，改变旧城区南北交通不畅的状况。结合房地产开发和商贸区建设，开辟地下停车场和地下人行通道。

◆对外交通建设（公路、铁路、航空港）

近期建成310国道临潼至渭南段15km的高速公路和市区北过境线官厅到后围寨21km的高架快速路。改建扩建区县级6条192km的公路网，并将铁路与公路平交的6个道口改建成立体交叉。

近期改建西安铁路枢纽，建设西安铁路南站，开通西安到平凉、西安到安康铁路线。

近期重点扩建完善西安航空港咸阳机场，建设规模约10万m²的第二候机楼，扩建18个机位的停机坪，并增开通往独联体、中东及欧洲国际航线。同国内各大中城市通航网点也增至50～60个。

实施措施

1.逐步的实施城市建设两个战略转移，尤其是城市建设重点从明城趋向二环沿线的转移，是实施总

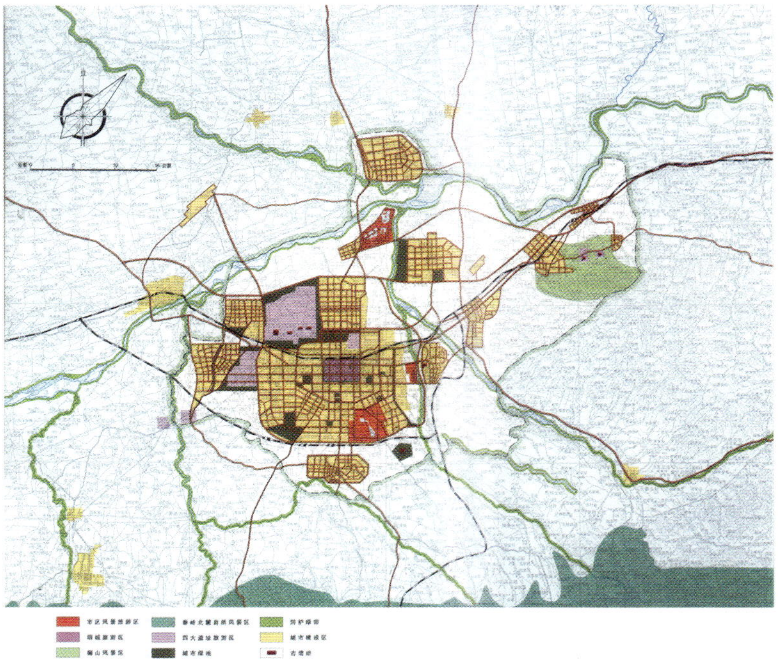

20世纪90年代西安市城市总体规划中心城市旅游重点建设图

体规划，控制市区规模关键的一步。必须从现在就开始起步，抓住促进两个战略转移的重点工程、集中力量付诸现实。

（1）要大力加强二环与三环之间城市交通、供水排水、电力、电信、煤气等各项基础设施的配套建设。布置成片居住区和大型公共建筑，巩固和发展从明城区向二环沿线转移的大趋势。

（2）抓好经济技术开发区、高新技术产业开发区、三桥、纺织城的配套建设，为发展组团迈出决定性的一步。

（3）制定和颁布吸引各方投资，支持发展经济，促进组团建设和吸引居民外迁等各项政策，尽快实现西安人口和产业分布的新格局。

（4）在今后年度建设计划中，逐步增加二环以外地区建筑量占全市建筑量的比重。

2.通过深化改革，以经济手段推动二环以外的开发建设和市区的调整改造，开辟城市基础设施建设的资金渠道。

（1）大力发展房地产业，积极推动城市建设。根据总体规划和近期建设计划的部署，选定开发建设地段，由市政府或各区、县政府直接组织土地的统一开发，根据土地使用权有偿出让的原则，吸引各方投资，把房地产业作为西安市地方财政自我积累的重要手段，开辟城市基础设施等建设的主要资金渠道。为此，必须在完成土地分等定级和评估地价工作的基础上，按不动产性质和收益标准制定土地使用税标准，对行政划拨的土地征收土地使用税。编制西安市基础地价和标准定价，制定土地有偿出让、转让的有关法规，通过清理整顿，防止土地出让的收益流失，逐步形成发育健全的房地产市场。

（2）采取不同的经济政策，引导按规划进行土地使用功能的调整。对于政府鼓励的开发地段与建设项目，采取一定优惠政策，促其实施；对于政府控制发展的地段与建设项目，则采取必要的限制政策。

（3）城市基础设施实行产业化经营和有偿服务原则，建立基础设施与城市同步协调发展的良性循环机制。

加强城市建设的宏观控制，进一步深化规划设计，强化规划管理。市人民政府应当加强对城市规划管理工作的领导，充实加强市、区、县规划管理机构人员，进一步完善规划编制和管理程序，提高规划设计水平。并加强西安市规划建设管理委员会的组织协调职能，在省、市政府的领导下，组织各方面的力量，保证西安市城市总体规划的实施。

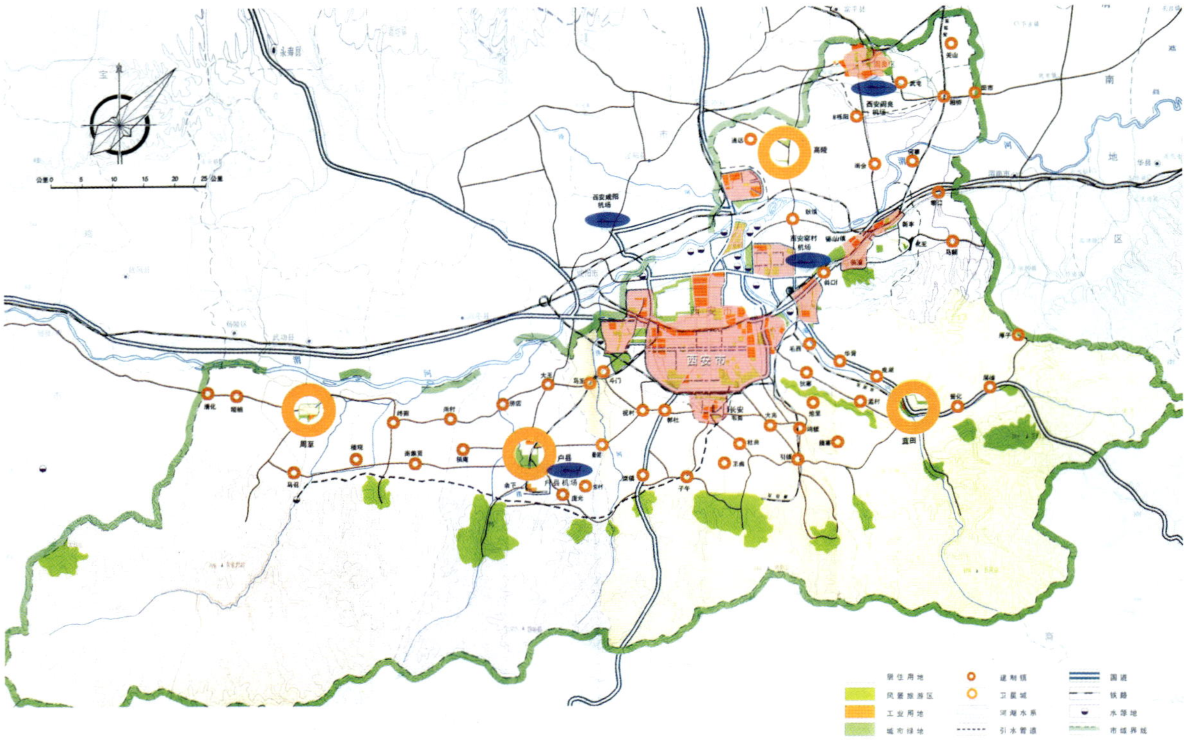

20 世纪 90 年代西安城市总体规划市域城镇体系规划图

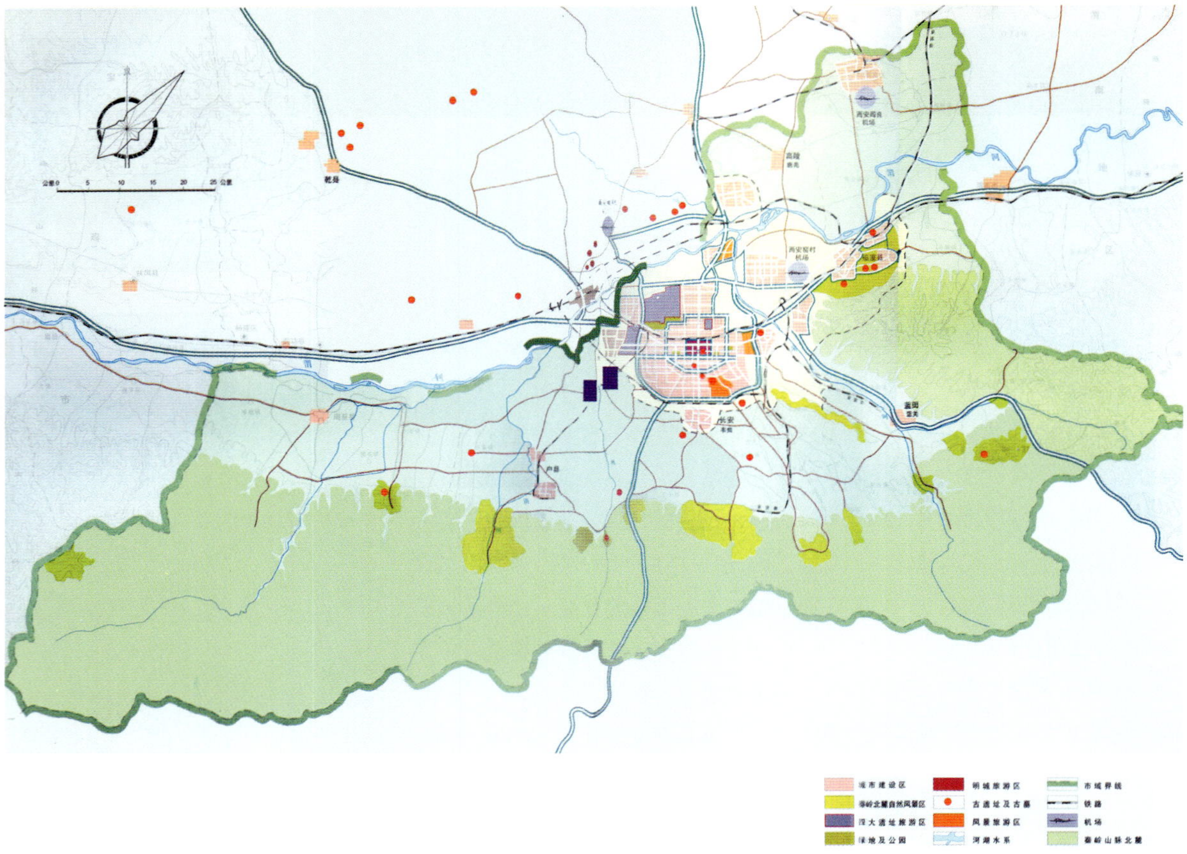

20 世纪 90 年代西安城市总体规划市域旅游规划图

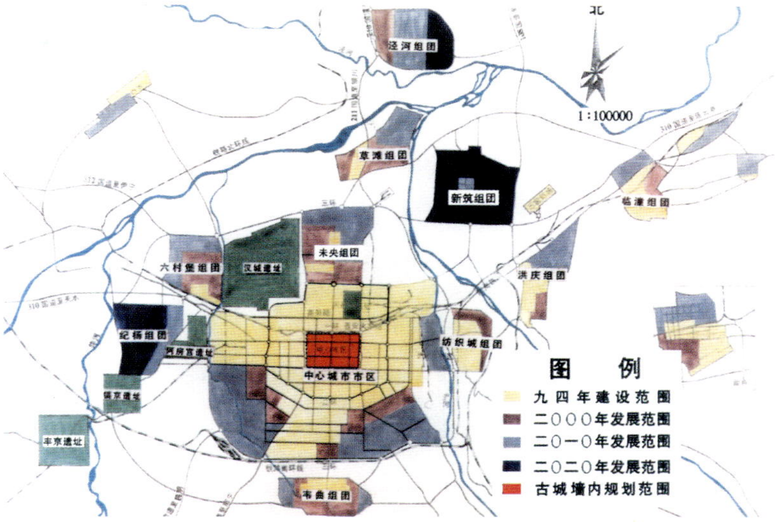

城市发展示意图

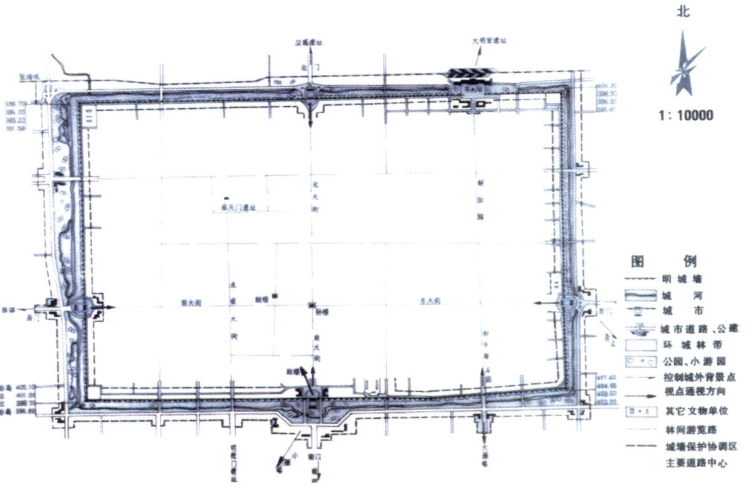

20 世纪 90 年代西安环城工程建设规划总平面图

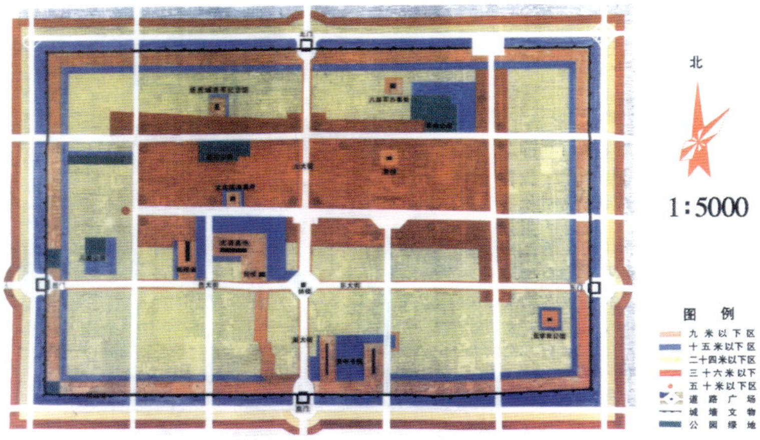

20 世纪 90 年代西安城市总体规划明城高度分区规划图(1995～2020)

20 世纪 90 年代西安市城市总体规划城镇发展轴示意图(1995～2020)

第二章　西安市城市发展战略规划

第一节　西安城市总体发展战略规划的总思路

西安市是全国第一批重点发展城市，总体规划一直受到党中央和国务院的高度重视。西安城市总体发展战略规划的总思路是在西安历次总体规划的基础上进行的第四次总体规划修编。为贯彻国家西部大开发战略决策，实现21世纪初西安市经济社会的发展目标，全面建设小康社会，依据《中华人民共和国城市规划法》等相关法律、法规制定了本次规划。根据西安的城市历史、区域环境，国家发展战略和历史文化名城保护要求规划共分五个部分，凸显七个方面的特点。

规划内容

1. 指导思想、性质、规模及其发展目标；

2. 城乡统筹与总体布局；

3. 城市特色与历史文化名城保护；

4. 基础设施、生态绿地、环境保护等专项规划；

5. 近期建设与规划实施。

规划特点

1. 公共政策，协调统筹

立足于全面落实科学发展观，坚持以人为本，依照“五个统筹”认真贯彻党的十六大提出的“要逐步提高城镇化水平，坚持大、中、小城市和小城镇协调发展，走中国特色的城镇化道路”的方针，并以此作为思想理论基础，认真研究在建立完善的社会主义市场经济体制过程中，西安城市发展所面临的矛盾和问题，正确认识西安城市发展在我国重要战略机遇期中的地位和作用。按照建立健全社会主义市场经济体制，建设和谐社会的目标，进一步突出城市总体规划的公共政策特征，强化城市总体规划的宏观调控作用，明确城市总体规划是政府实施项目带动战略的重要依据。

2. 有效配置，合理规划

改进编制办法，深入分析城市发展的重要条件，尤其是资源环境的承载能力，在此基础上明确城市发展面临的形势和要求，科学地确定城市性质、目标与规模，为有效配置城市发展资源，合理规划城乡发展空间，突出城市特色，保护历史文化名城，促进西安经济、社会和环境的和谐、可持续发展奠定基础。

3.“九宫格局”，虚实相当

站在新的高度，把西安的发展放在国际、国内及西部的大背景下来思考，明确了西安市的城市定位和未来发展目标。通过深入分析环境容量，确定了未来城市用地规模。结合西安城市历史文脉和传统布局特色，确定了“九宫格局”的城市空间布局形态，结合城池遗址、陵塬、水系，确定城市的生态、环境、景观保护区。形成了城市建设与生态、环境相结合的“虚实相当”结构模式。

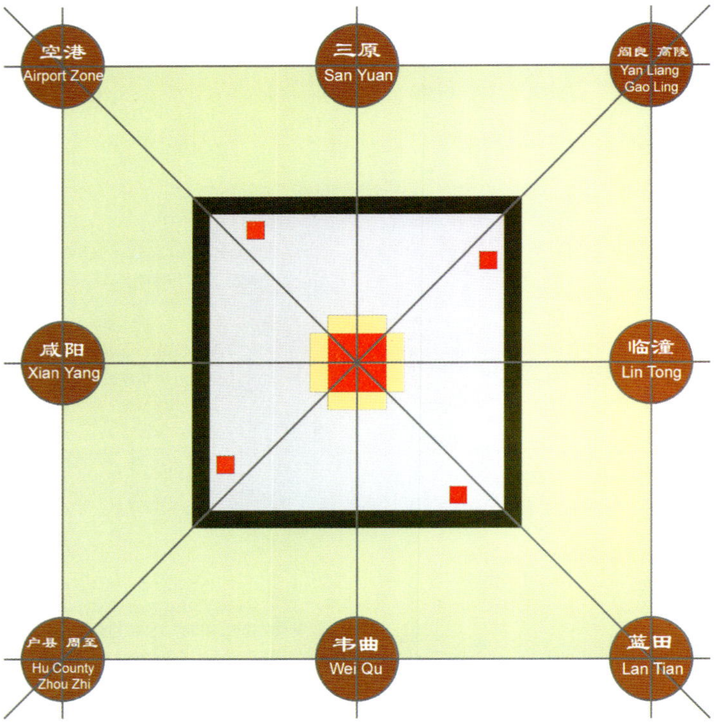

九宫格局示意图

九宫格局示意图

4.新旧分治，保护老城

充分认识老城保护和城市经济社会发展的关系，新城建设与旧城改造和老城保护实施联动机制，为老城保护从总体布局上创造有利条件。

5. 传承历史，突出特色

结合城市历史，传统文化和区域特征，明确城市个性，加强历史文化名城的保护，弘扬传统文化，打破“千城一面”，突出城市特色，使历史文化名城保护和西安城市建设与发展有机结合。

6. 人文生态，区域协调

规划注重保护生态环境，划定城市禁、限建区。强调城乡统筹、区域协调，充分考虑与咸阳城市规划的衔接。

7. 科学编制，持续发展

本次规划采取科学的编制方式，更加注重公众参与。采取了“政府组织、依法办事、专家领衔、部门合作、公众参与、科学决策”的工作方式。

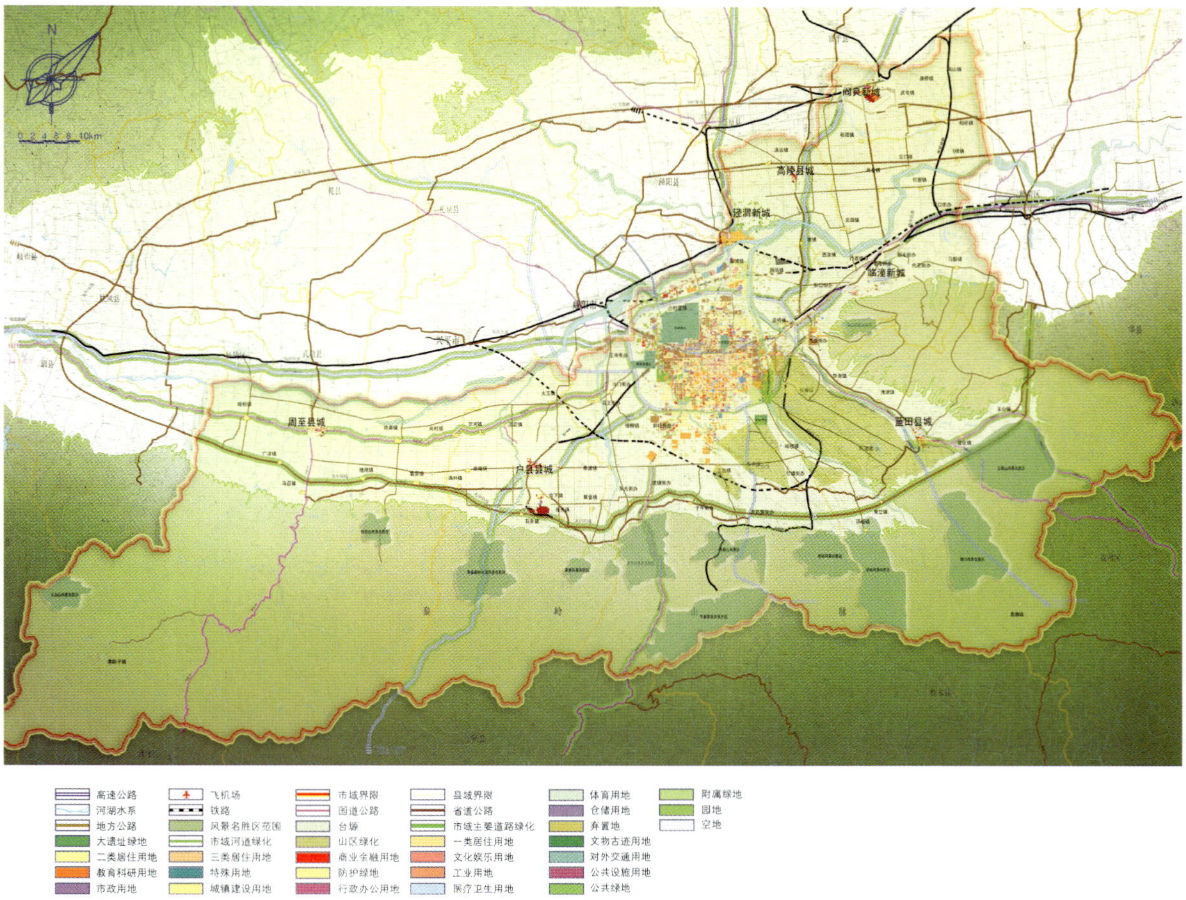

市域用地现状图

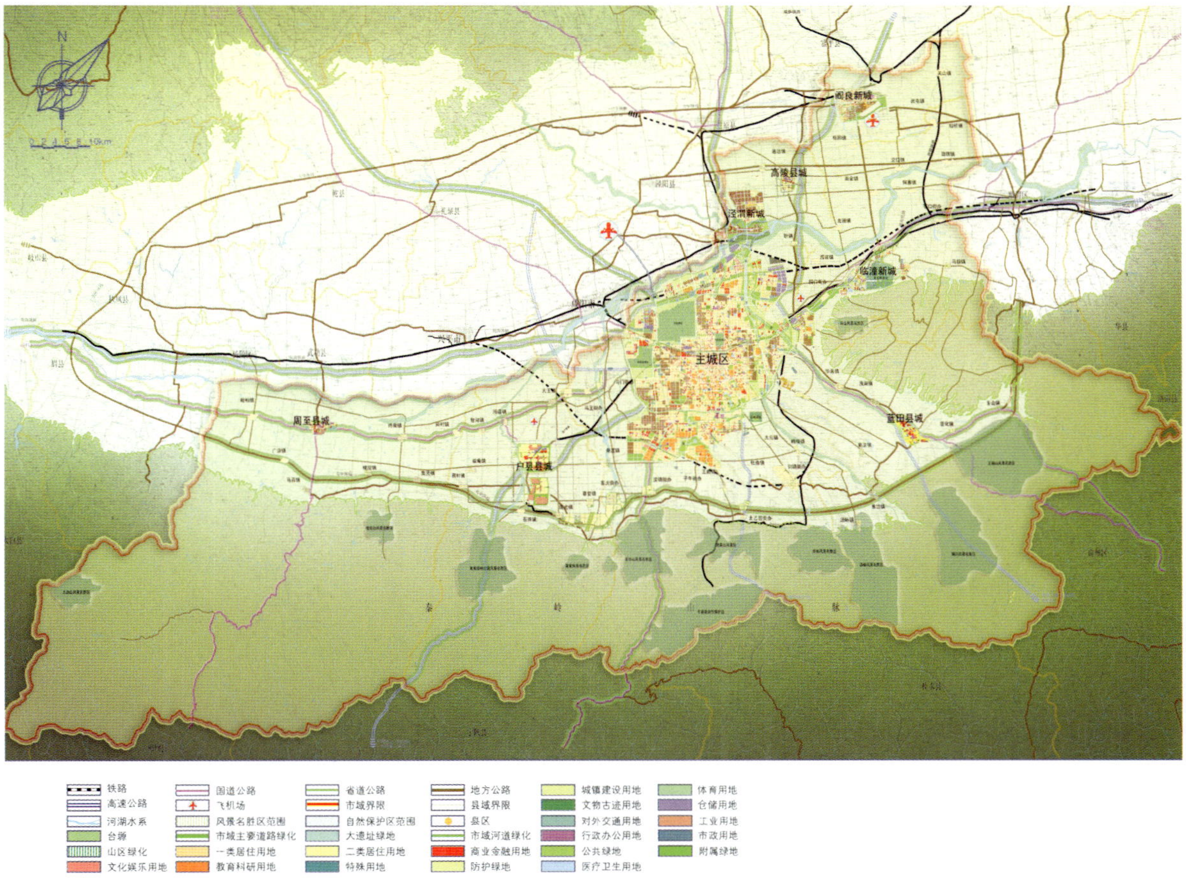

市域用地规划图

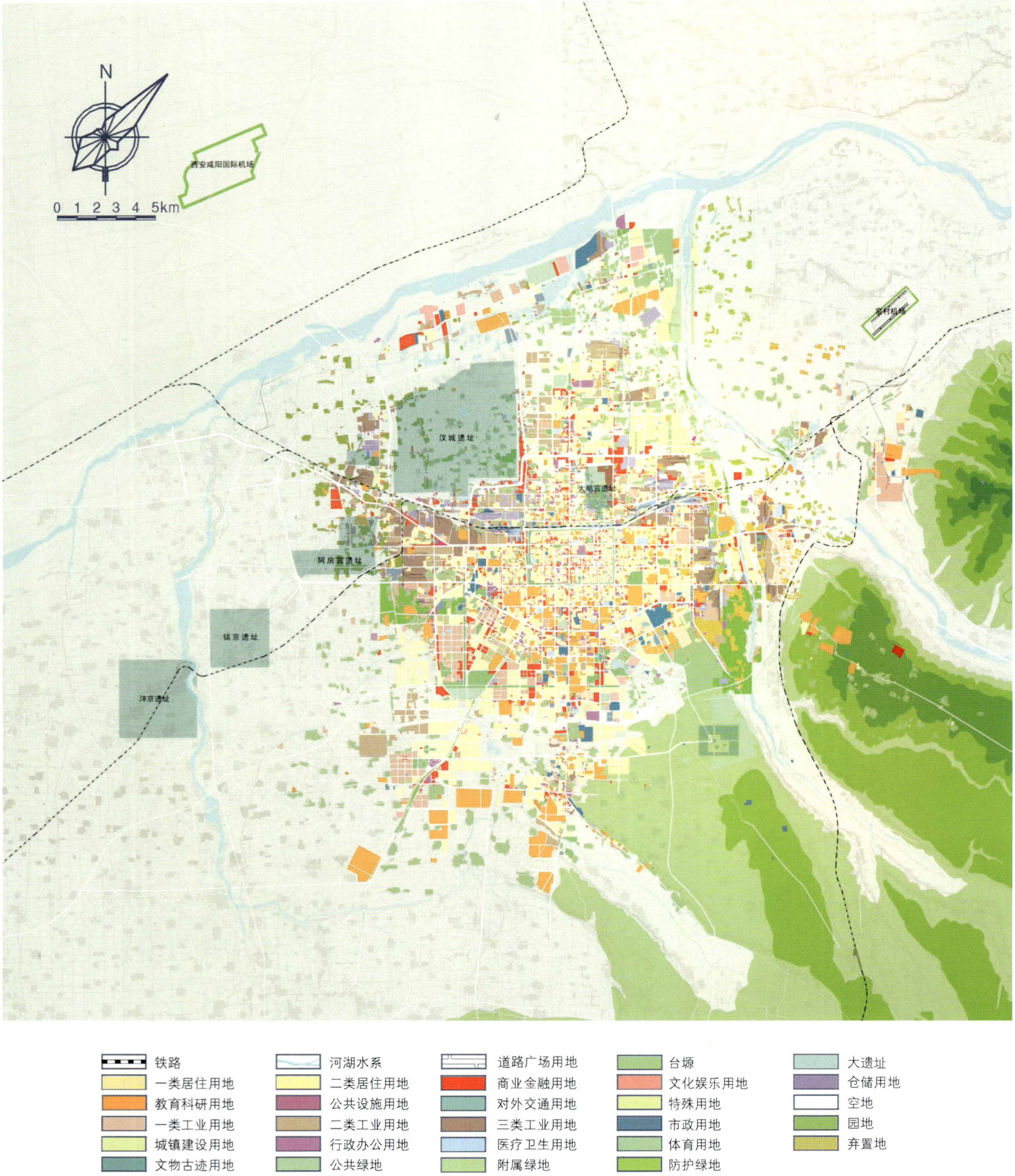
N
0 1 2 3 4 5km
西安咸阳国际机场
汉城遗址
大明宫遗址
阿房宫遗址
镐京遗址
沣京遗址
窑村机场
铁路
河湖水系
道路广场用地
台塬
大遗址
一类居住用地
二类居住用地
商业金融用地
文化娱乐用地
仓储用地
教育科研用地
公共设施用地
对外交通用地
特殊用地
空地
一类工业用地
二类工业用地
三类工业用地
市政用地
园地
城镇建设用地
行政办公用地
医疗卫生用地
体育用地
弃置地
文物古迹用地
公共绿地
附属绿地
防护绿地

主城区用地现状图

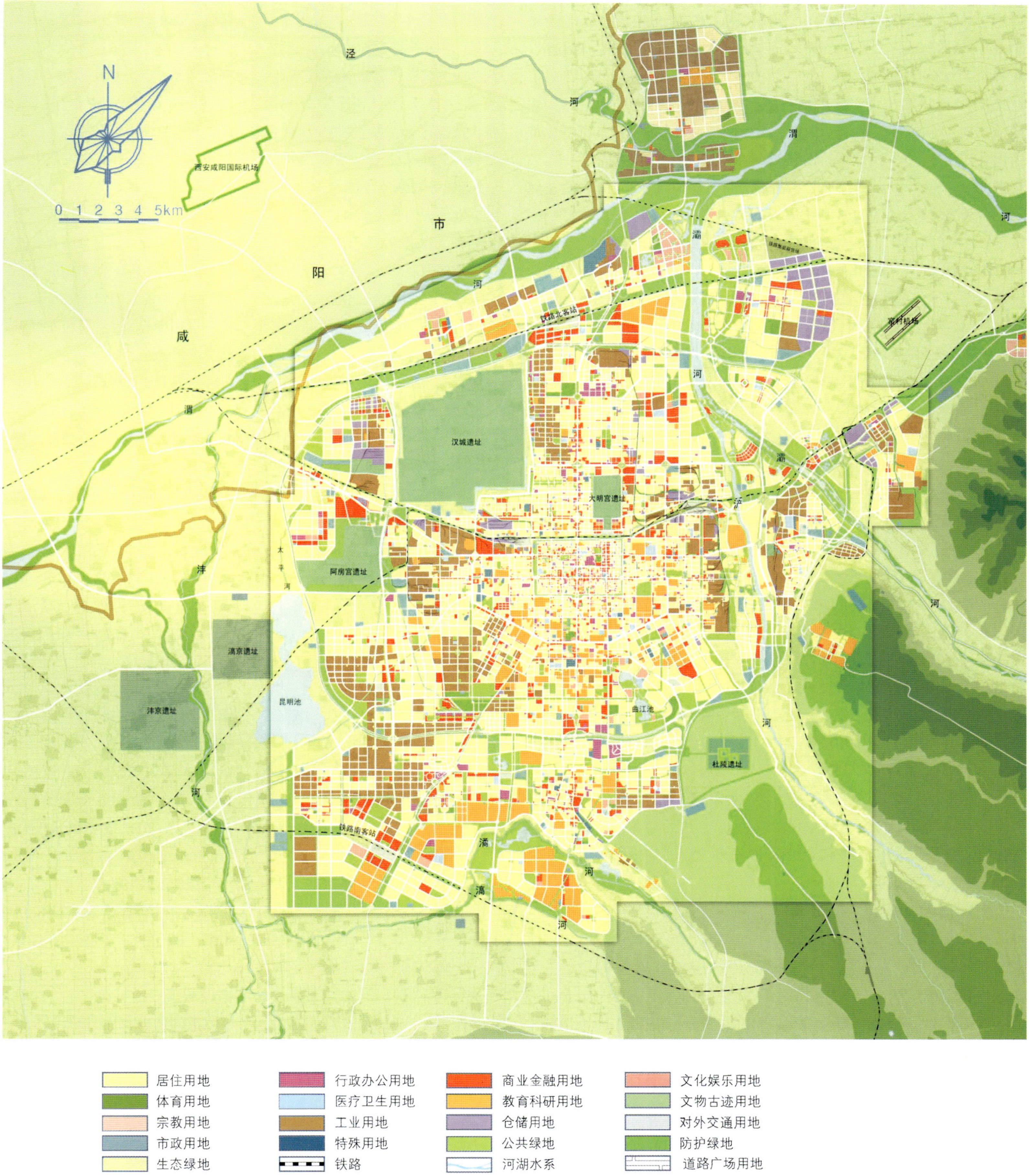
N
0 1 2 3 4 5km
西安咸阳国际机场
泾
河
渭
河
咸
阳
市
汉城遗址
大明宫遗址
阿房宫遗址
太
平
河
沣
河
滈京遗址
沣京遗址
昆明池
曲江池
杜陵遗址
铁路北客站
铁路南客站
灞
河
浐
河
潏
河
滈
河
居住用地
体育用地
宗教用地
市政用地
生态绿地
行政办公用地
医疗卫生用地
工业用地
特殊用地
铁路
商业金融用地
教育科研用地
仓储用地
公共绿地
河湖水系
文化娱乐用地
文物古迹用地
对外交通用地
防护绿地
道路广场用地

主城区用地规划图

第二节　专项规划

市域城镇体系规划

城镇化水平预测

根据西安市“五普”资料显示，2000年西安市城镇化水平为60.77%，从1990～2000年，年均增长1.08%。据此推算2003年西安市的城镇化达到64.07%，到2010年，西安市的城镇化水平为72%，2020年城镇化水平为80%。

分析国内外经济发展水平和城镇化率的关系可以看出，人均GDP在2000～5000美元时，城镇化速度发展较快。西安市未来的发展正好处于这个时期，城市建设飞速发展，大量的农村剩余劳动力需要转化，这就为西安城镇化的快速发展奠定了基础。在现阶段，城镇人口的增长主要是靠机械增长，而不同等级的城镇其人口机械增长来源不同。西安的主城区因其地位和性质，人口增长的来源应是全国、西部地区、省内和市域范围内；主城区以外的区、县政府所在地，其人口增长来源主要应是省内和市域内的农村剩余劳动力的转化；小城镇的人口增长来源主要应是市域内和镇域内及撤乡并镇后的农村剩余劳动力的转化。因此城镇化率和人口规模的预测应以区域为基础。依据西安市人口研究报告，预测2010年西安市市域常住人口为895万，城镇总人口约为640万；预测2020年西安市域总人口为1000万，城镇总人口约为800万。到2020年主城区的城市化率将达到100%，城市人口为600万人；主城区以外地区的平均城镇化率将为50%，城镇人口为200万人。

市域城镇空间结构

西安市域城镇体系规划的总体策略是：增强极化、扩展规模、轴向密集、带动侧翼。即强化以西安都市圈为核心的陇海线城镇空间轴带，以关中环线西安段为依托形成城镇发展环线，带动整个区域城乡协调发展。

综合西安的宏观地理区位、自然资源条件以及未来社会经济发展态势分析，西安市应以秦岭作为生态屏障，环山路以南以生态环境保护为重点，严格控制城镇的发展。环山路以北作为城镇布局和发展的主要地区，以市区为核心，中心城镇为节点，快速骨架交通体系为依托，构建西安都市圈和城镇发展轴，形成“一城、一轴、一环、多中心”的城镇总体空间结构，其中“一城”为市区，“一轴”为以陇海线为主轴的城镇经济发展轴，“一环”为以关中环线为纽带的城镇经济发展集群带，“多中心”为市区外围的四个中心城镇。

1.市区的空间结构

形成“一城多心”的空间布局结构。

2.中心城镇的空间布局

在市区外围，结合各个县城的资源条件和社会经济发展特点形成四个中心城镇。

西南片区以户县甘亭镇和余下镇为主结合高新区二次创业，形成户县中心城镇；北部片区以高陵鹿苑镇为主形成高陵中心城镇；西部片区以周至县城为主形成周至中心城镇；东南片区以蓝田蓝关镇为主形成蓝田中心城镇。

3.镇的空间布局

镇是以建制镇和街道办事处为主的小城镇，沿西安米字形综合交通干道形成的四条发展轴呈放射状向外发展，辅以沿环山路形成的生态轴，逐步形成点轴状城镇布局框架。

其中四条城镇发展轴为：沿陇海兰新铁路、国道主干线GZ45和310国道为主的城镇发展轴，包括了零口街道办、新丰街道办、骊山街道办、行者街道办、斜口街道办等城镇；沿国道主干线GZ45向霍尔果斯方向为主的城镇发展轴，包括了斗门、大王、涝店、尚村、终南、二曲、哑柏以及青化等城镇；沿国道主干线GZ40向二连浩特方向为主的城镇发展轴，包括了耿镇、凤凰路街道办、新华路街道办、振兴街道办、新兴街道办、北屯街道办和武屯镇等城镇；沿国道主干线GZ40向河口方向为主的城镇发展轴，包括了祝村、秦渡、甘亭镇、余下镇等城镇；沿西部大通道阿北线向包头方向为主的城镇发展轴，包括了泾渭镇、鹿苑镇、通远镇等城镇；沿西部大通道阿北线向北海方向为主的城镇发展轴和沿西部大通道银武线向武汉方向为主的城镇发展轴，包括了华胥镇、洩湖镇、蓝关镇等城镇；沿秦岭北麓环山路为主的生态轴，包括了马召镇、楼观镇、集贤镇、蒋村镇、余下镇、东大街办、滦镇街办、太乙宫街办、焦岱镇、洩湖镇、马额镇等城镇。

市域城镇体系等级结构

规划西安市域将形成市区、中心城镇、镇三级城镇体系。在规划期内，全市城镇规模等级体系趋于合理，逐步形成市区、中心城镇、镇的三级城镇体系。到2020年，市区、中心城镇、镇的数量之比为1∶4∶50。

市区：包括主城区和临潼新城、阎良新城、泾渭新城。

中心城镇：形成户县、周至、蓝田、高陵县城四个中心城镇。

镇：形成50个以建制镇和街道办为主的镇。

市域城镇职能结构

1.市区的职能结构

主城区是市域范围内的政治、经济、文化中心，是中国重要的教育、科研、装备制造业、高新技术产业、现代服务业基地和交通枢纽，国际旅游城市和区域性信息、商贸、金融中心。

主城区外围形成临潼国际旅游城、阎良航空科技城，泾渭装备制造工业城。

2.中心城镇的职能定位

从各县的历史文化资源入手，加强城镇特色产业发展，结合外围区县的实际情况重点发展：周至老子文化城，蓝田玉石城，户县农民画城。

户县中心城镇：是全国农民画创作交流中心，今后以高新技术产业、新型制造业和旅游业为主，是西安市新兴的健康居住区。

高陵中心城镇：以发展生态农业，高科技农副产品深加工及服务业为主，建成新型花园城镇。

周至中心城镇：全国有名的猕猴桃之乡，是具有发展旅游、轻工、商贸业广阔前景的现代化城镇。

蓝田中心城镇：是西安市的旅游、度假基地之一。

3.镇的职能定位

规划市域范围50个以建制镇和街道办事处为主的小城镇，其中工商贸型城镇18个、农工贸型城镇24个、旅游度假型城镇8个。

工商贸型城镇：斜口街办、马额镇、零口镇、相桥镇、关山镇、耿镇、哑柏镇、终南镇、马召镇、秦渡镇、大王镇、庞光镇、华胥镇、洩湖镇、普化镇、引镇街办、斗门街办、马王街办。

农工贸型城镇：西泉镇、油槐镇、何寨镇、交口镇、雨金镇、栎阳镇、北田镇、通远镇、集贤镇、广济镇、尚村镇、蒋村镇、石井镇、甘河镇、涝店镇、焦岱镇、前卫镇、滦镇街办、子午街办、杜曲镇、鸣犊镇、王曲镇、大兆镇、狄寨镇。

旅游度假型城镇：楼观镇、草堂镇、祖庵镇、汤峪镇、葛牌镇、玉山镇、东大街办、太乙宫街办。

市域城镇规模等级

规划到2010年市域城镇人口约640万，城镇建设用地规模约717km²；到2020年市域城镇人口约800万，城镇建设用地规模约900km²。

1.市区规模

规划到2010年总人口约571万，城市建设用地规模605km²，人

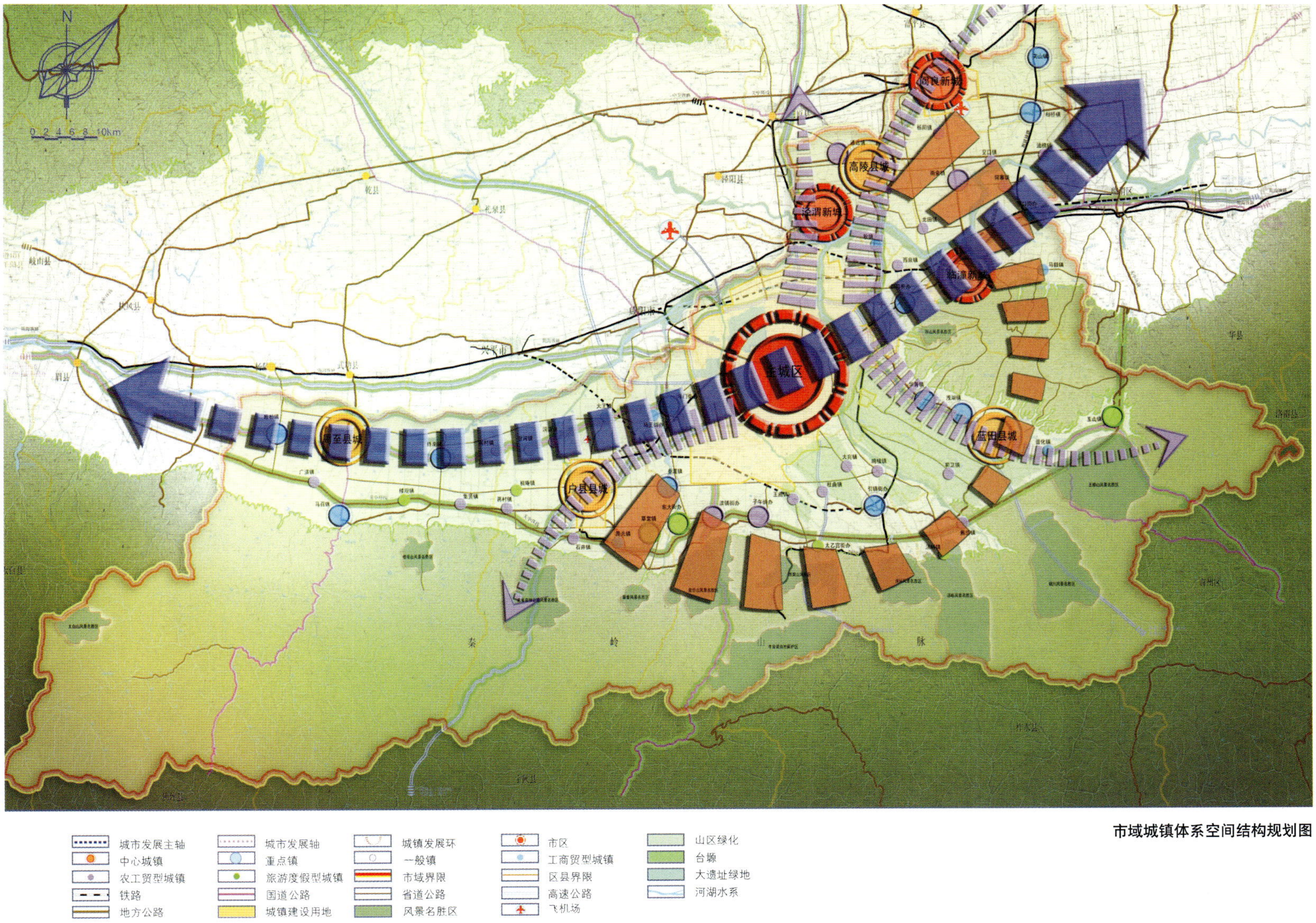

市域城镇体系空间结构规划图

均建设用地为106m²；到2020年，总人口约685万，城市建设用地规模约725km²，人均建设用地约105m²。其中：

主城区：2010年总人口约524万，城市建设用地规模524km²，人均建设用地为100m²；2020年，总人口约600万，城市建设用地规模约600km²，人均建设用地约100m²。

临潼新城：2010年规划总人口16万，城市建设用地规模控制在18km²。

2020年规划总人口25万，城市建设用地规模控制在30km²。

阎良新城：2010年规划总人口20万，城市建设用地规模控制在26km²。

2020年规划总人口30万，城市建设用地规模控制在60km²。

泾渭新城：2010年规划总人口10万，城市建设用地规模控制在12km²。

2020年规划人口30万人，城市建设用地规模控制在35km²。

2.中心城镇的规模

到2010年城镇建设用地约49km²，规划总人口41万人，人均建设用地120m²；2020年，城镇建设用地约70km²，规划总人口58万，人均建设用地约120m²。

户县县城：2010年规划总人口18万，城镇建设用地规模控制在22km²。

2020年规划人口28万人，城镇建设用地规模控制在34km²。

周至县城：2010年规划总人口8万，城镇建设用地规模控制在10km²。

2020年规划人口10万人，城镇建设用地规模控制在12km²。

蓝田县城：2010年规划总人口10万，城镇建设用地规模控制在12km²。

2020年规模人口12万人，城镇建设用地规模控制在14km²。

高陵县城：2010年规划总人口5万，城镇建设用地规模控制在7km²。

2020年规划人口8万人，城镇建设用地规模控制在10km²。

3.镇的规模

在50个以建制镇和街道办为主的镇中，重点镇18个，一般镇32个，到2010年城镇人口54万，建设用地75km²；到2020年，城镇人口约67万，建设用地约105km²。

重点镇：斜口街办、雨金镇、相桥镇、关山镇、通远镇、秦渡镇、草堂镇、终南镇、马召镇、哑柏镇、华胥镇、洩湖镇、玉山镇、引镇街办、斗门街办、滦镇街办、东大街办、子午街办。

一般镇：马额镇、西泉镇、油槐镇、何寨镇、栎阳镇、交口镇、零口镇、北田镇、集贤镇、广济镇、楼观镇、尚村镇、大王镇、庞光镇、蒋村镇、甘河镇、涝店镇、祖庵镇、石井镇、耿镇、普化镇、汤峪镇、焦岱镇、前卫镇、葛牌镇、鸣犊镇、马王街办、太乙宫街办、杜曲镇、大兆镇、王曲镇、狄寨镇。

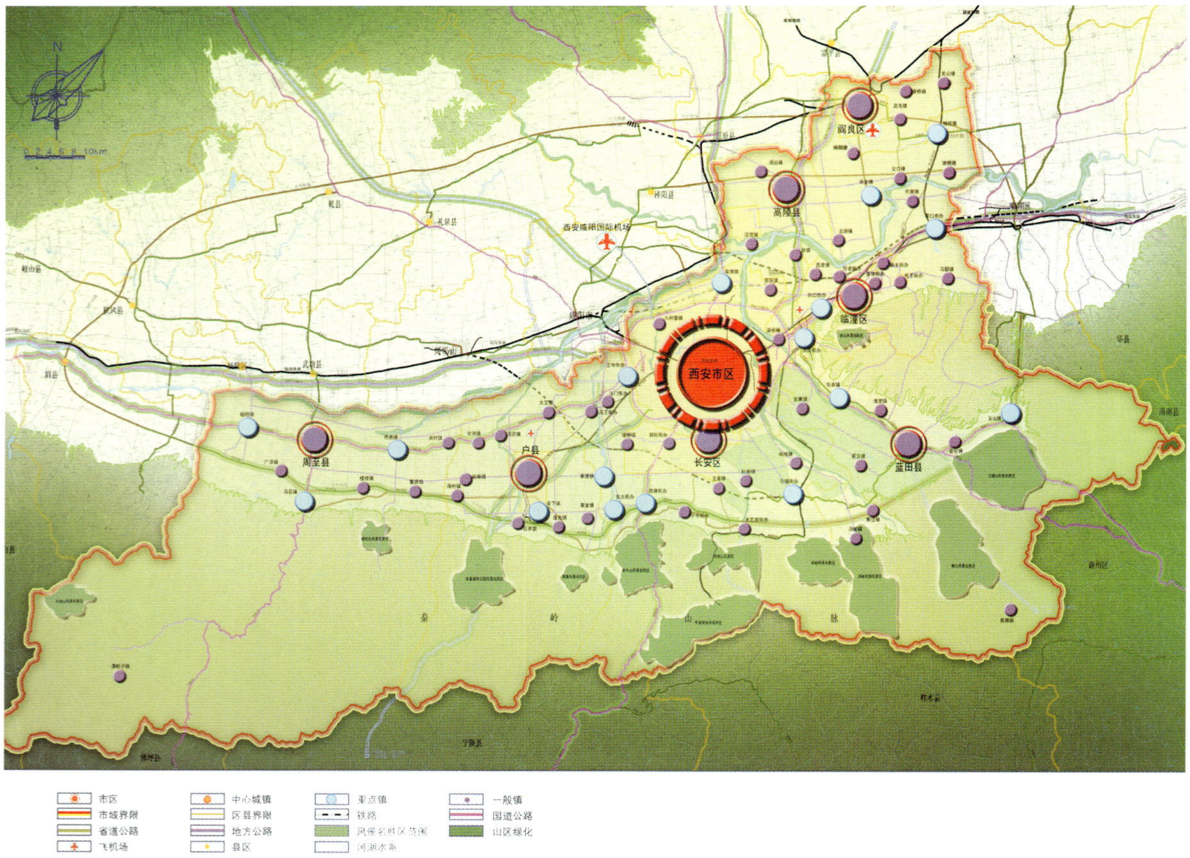

市域城镇体系现状图

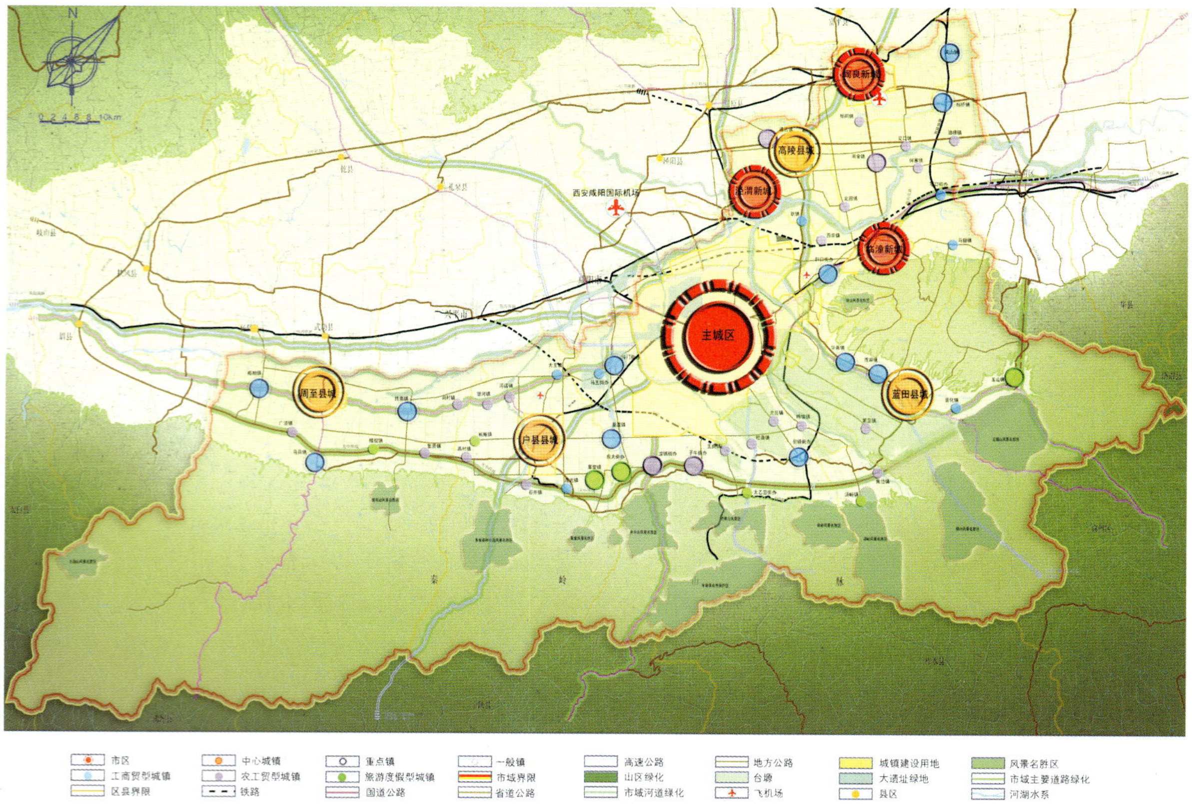

市域城镇体系规划图

历史文化名城保护规划

历史文化价值概述

西安是中国的千年古都，华夏民族的精神故乡，丝绸之路的起点，东方古都的典型代表。西安的历史文化遗产浓缩了中华文明相当长一个时期的精华，体现世界古代东方的先进文化，见证了东西方文明相互交融和碰撞的历史。西安与开罗、雅典、罗马并称世界四大古都，是人类历史不可缺少的重要组成部分和人类共同的宝贵财富。

西安历史文化资源特征

西安是世界著名的古都，1982年被国务院公布为首批国家级历史文化名城。自公元前11世纪中期西周建都丰镐算起，西安已有3000多年的发展历史。周、秦、汉、唐等十三个王朝在此建都，西安作为古代中国首都的时间约1200年。古老悠久的历史赋予西安极为丰富的文化古迹，使西安成为中国历史发展的缩影，堪称天然的历史博物馆。目前西安具有国家级文物保护单位34处，省级72处，市县级176处，各类文物古迹2944处，其中秦始皇陵被联合国列入“世界遗产名录”。

西安的地形地貌由山（秦岭、北山和骊山）、川（泾河、渭河、浐河、灞河、沣河、滈河、潏河和涝河）、塬（乐游塬、龙首塬、凤栖塬、少陵塬、白鹿塬、铜人塬、洪庆塬、高阳塬、细柳塬、咸阳塬和毕塬）和关（潼关、子午关、斜谷关、临晋关、蓝田关、武关、大震关、大散关、萧关和函谷关）共同构成，形成独特的自然特征。

西安城市结构继承了传统的布局模式。周代的都城采用《周礼·考工记》中的布局模式：“方九里，旁三门，国中九经九纬，经涂九轨，左祖右社，面朝后市，市朝一夫”。秦代形成了“渭水贯都，以象天汉，横桥南渡，以法牵牛”的城市格局。汉长安城也形成了“连金城其万雉，近周池而成渊，披三条之广路，立十二之通门”的雄伟气魄。唐长安城更是创立了中华文明的辉煌，形成108个坊和东西两市，规模宏大，气势雄伟，成为当时世界上最大的都城。明、清时期的西安城仍然采用传统的棋盘路网、轴线突出的城市格局。建国以后，经过三次总体规划和50多年的建设，西安现已形成了“棋盘路网、轴线突出”为特色的城市空间格局。

西安历史文化资源还包括重大遗址，历史街区，文物古迹，古树名木，戏曲、美术、工艺、民俗（信仰、语言、节庆、礼俗、游戏等）、地方名品、名牌、名店、历史地名及典故等无形文化遗产及年代特别久远、形态特殊或与重要历史人物和事件相关的生长环境。

规划指导思想

1.坚持西安历史文化名城性质，维护世界著名古都地位。

2.贯彻保护为主、抢救第一、合理利用、加强管理的文物工作方针。

3.继承前三次城市总体规划在保护历史文化名城方面的成功经验。

4.树立区域理念，整合历史资源，继承传统格局，划定保护重点。

5.遵循“可持续发展”的原则，突出古城精华，挖掘文化内涵，塑造城市特色，提升城市品质，重现古都辉煌。

规划原则

坚持“保护为主，抢救第一”的原则，整合历史资源，树立区域理念；坚持“真实性和整体性”相结合的原则，继承传统格局，划定保护重点；坚持“保护和利用相结合”的原则，挖掘文化内涵，塑造城市特色。

历史文化名城保护框架

市域划分为四个保护带：城区历史名城保护带，中部历史地貌、河湖水系保护带，南部自然与人文景观保护带，北部及东南部古遗址、古陵墓保护带；市区范围内保持老城严整格局，复兴皇城帝都气象；显示唐城宏大规模，彰显内外名胜古迹；保护四大国家级保护遗址，恢复八水生态环境。重新审视西安丝绸之路起点城市的世界价值，提升丝绸之路起点形象。

1. 城区历史名城保护带：以占地近14km^{2}的老（明）城保护为主，采用“新旧分治”的规划理念对老（明）城格局与建筑风貌进行保护：继承延续隋唐以来的城市棋盘式格局和唐城遗留的主要城市轴线及其与主要建筑的对应关系；保护性改造老（明）城主要历史街区及建筑，保护顺城巷沿线的文化遗址及街巷肌理。

2. 中部历史地貌、河湖水系保护带：唐长安城宏大规模的展示与重要遗存的保护。用城市绿带展示唐长安城的遗址，综合开发大雁塔曲江风景区，完成乐游原公园的建设。西安古有“八水绕长安”之称，四面有泾、渭、浐、灞、沣、滈、潏、涝等河流，市区内也有保存较完整的太液池遗址、唐曲江池遗址，兴庆湖、护城河等水系。综合治理河流污染，并在渭、浐、滗、灞的河道两岸栽植特色林木，提高城市环境质量。

3. 古遗址、古陵墓保护带：北部、东南部台塬古遗址、古陵墓保护带为秦、汉、唐古代帝王陵墓的主要分布区，是西安历史文化名城的辐射区。以四大遗址及古帝王陵墓的保护为主，采取“保护为主，抢救第一”的原则，在重点保护的基础上，结合旅游开发，进行合理利用。

4. 南部自然和人文景观保护带：以保护好秦岭山地森林、水系和人文资源为主，结合民俗文化和宗教文化，在该地区建立区域整体生态平衡系统，使之成为山青水秀、风景优美的西安市“后花园”，根据秦岭北麓地理环境、自然资源和人文资源的分布特点，将规划区分为生态保护区、生态控制区和生态协调区，正确处理严格控制和适度开发关系。

保护内容及措施

包括自然历史环境、城市历史格局、大遗址、历史街区和历史风貌区、各级文物保护单位、历史建筑及环境、名人故居、非物质类文化遗产、古树名木、文化遗产标识等十大类。

（一）保护自然历史环境

中部历史地貌河湖水系保护带包括渭河以南，南山以北地区。此区域为西安历史文化名城赖以存在的核心区，周、秦、汉、唐及明清等主要大城址和大宫殿均分布于此。区域整体八水环绕，呈南高北低态势层层展开。

保护“八水绕长安”的自然历史环境及台塬地形地貌；保护和凸显唐长安“六岗”自然形胜（九一之地龙首塬，九二之地大明宫高岗，九三之地兴庆宫南岗，九四之地东市高岗，九五之地乐游原，九六之地唐外郭城东南高岗）；保护和恢复历史兴庆池（今兴庆公园）、太液池（大明宫）、曲江池（芙蓉苑）、昆明池等“十一池”；保护明清西安护城河水系。

保护措施：制定自然水系保护条例，综合治理水体污染，禁止河床采石挖沙；种植河流生态保护林带和沿河公共休闲绿地；制定城市建筑高度控制规划和景观规划；种植生态保护林带，解决台塬水土流失问题。

（二）保护城市历史格局

——街巷格局：重点保护隋唐长安城的棋盘式格局和明清西安城街——巷——院历史格局。在隋唐长安城范围内，保证新开路采取棋盘式格局；在明清西安城范围内，保持原有街巷院的格局、走向、宽度、尺度和名称，新开路保持与历史路网在肌理和尺度的一致。

——景观走廊：主要由历史城市的城廓及重要城市历史轴线构成，主要包括：汉长安城城廓、汉长安城安门大街轴线、隋唐长安城城廓、隋唐长安城南北中轴线、隋唐长安城大明宫含元殿至大雁塔南北轴线、隋唐长安城东西轴线、明清西安城城廓；在老城区内要保持由钟楼到东、西、南、北城楼的四条通视走廊；在老城区外保持大雁塔至青龙寺遗址通视走廊，通视走廊宽度100m，其范围内建筑高度严格控制。

——标志性历史建筑及遗址：应结合城市具体环境考虑：(1)视域控制——保证在城市主要空间可以看到标志性历史建筑及遗址；(2)景观控制——保证周围景观环境与标志性历史建筑及遗址的文化内涵相一致；(3)建筑控制——控制周围建筑的性质、体量、高度、色彩等要素，保证标志性历史建筑及遗址持续发挥作用。

（三）保护大遗址区

大遗址是西安历史文化名城的重要文化资源，主要包括大城址、大宫殿和大陵墓三类。具体内容如下：周丰镐遗址、秦阿房宫遗址、秦始皇陵、汉长安城遗址、灞陵、杜陵、隋大兴城唐长安城遗址、唐大明宫遗址、明清西安城城垣。

保护措施：对大遗址保护应当依据《文物保护法》制定每个大遗址的保护规划，确定大遗址文物保护范围和建设控制地带，确定文物保护措施和文物保护工程；围绕大遗址建立遗址公园（遗址公园融大遗址保护、城市生态环境建设、城市居民休闲旅游和大遗址范围居民就业为一体，属于文物保护用地和城市公共绿地），遗址公园的范围应大于大遗址范围，要留有建设旅游服务设施的地段；在总体规划的基础上，进一步制定具体遗址公园详细规划，制定遗址公园管理条例。

（四）保护历史街区和历史风貌区

划定北院门和三学街两片明清历史街区。北院门历史街区位于西安古城北院门一带，东至社会路，南临西大街，西至洒金桥，北至莲湖路。碑林三学街历史街区位于西安南门至文昌门一带，东至开通巷以北，南至西安城墙，西至南门，北至东木头市。

保护措施：在进行历史街区保护立法的基础上，建立历史街区档案；完成历史街区保护规划；制定历史街区保护管理条例；成立专门的保护机构；有步骤进行历史街区基础设施改造；保护传统产业和历史风貌；制定历史街区保护拆迁安置办法。

（五）保护各级文物保护单位、保护历史建筑及环境、保护名人故居

对于国家、省级、市级重点文物保护单位，应明确标识文化遗产栖息地身份，并依据《中华人民共和国文物保护法》编制文物保护规划，划定文物保护范围和建设控制地带，确定文物保护措施及管理条例；对于历史建筑及环境、名人故居、传统建筑及其他，明确标识文化遗产栖息地身份，并根据具体环境制定详细规划，确定保护内容、保护范围、建设控制地带及保护和管理措施；围绕文化遗产栖息地建立博物馆，向公众开放，发挥文化遗产的教育功能及作用；将一批重要的近现代建筑公布为文物保护单位，如易俗社、人民大厦、人民剧院、电信局大楼等。

（六）保护非物质类文化遗产

西安无形文化遗产包含了地方历史文化和传统的最基本的方面。它的表现形式广泛而多样，如语言、口头传统、传统知识、物质文化的创造、价值体系及表演艺术。无形遗产同有形遗产一起，共同加强了文化认同、多样性和创新。无形文化遗产包括戏曲、美术、工艺、民俗、地方名品、名牌、名店、历史地名及典故等多种类型。

对无形文化遗产的保护，应进行大力宣传和传播；促进无形文化遗产转变为有形的形式；增进无形文化遗产的活力；建立和保护重要无形文化遗产栖息地；恢复传统节日；保护和恢复传统地名以及街巷历史名称。

（七）保护古树名木

对于所有古树名木应当在普查的基础上进行登记和注册，并针对每棵树的具体生长环境和观赏环境，确定其保护范围、环境控制地带和环境控制措施，并制定日常养护与管理的具体细则。

（八）保护文化遗产标识系统

历史文化名城整体即是一个博物馆，历史文化名城内的各类文化遗产是这个博物馆的藏品，文化遗产标识系统是这个博物馆的标签。历史文化名城的整体性和可读性与标识系统的完整性有密切关系。

城市文化遗产标识系统包括存在的文化遗产和业已消失的文化遗产两方面内容。具体包括：城市格局标识、城市街巷标识、重要历史建筑

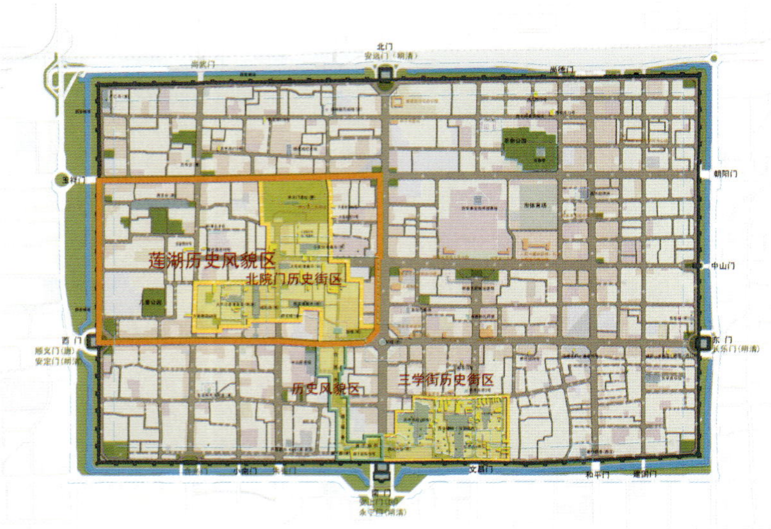

历史文化名城保护规划——老城保护体系规划图

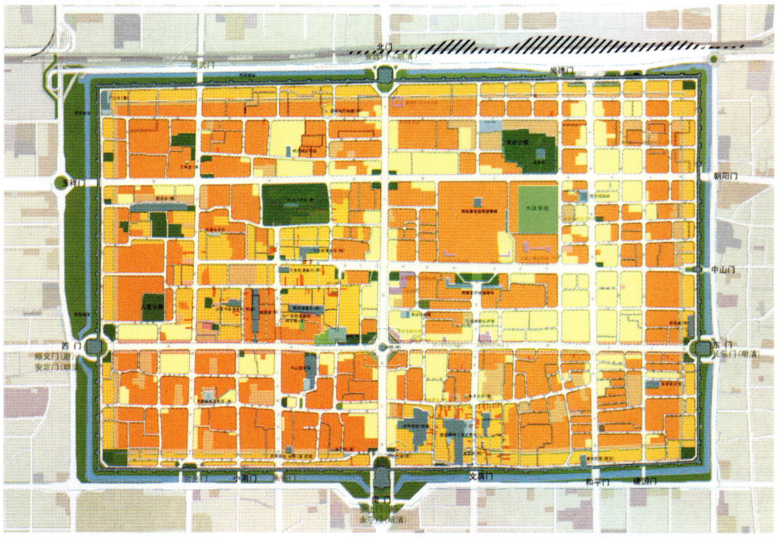

历史文化名城保护规划——老城高度控制规划图

标识、重要历史场所标识、名人故居标识、名品名店标识、古树名木标识及无形文化遗产标识，采取碑牌、绘制历史简图等形式，注明名称、类型、历史、人物等历史文化信息，树立在合适位置。

规划分期

（一）2004～2010年

1.修订《西安历史文化名城保护条例》，制定“唐皇城”复兴规划。

2.完成自然历史环境保护规划、城市历史格局保护规划、大遗址保护规划、历史街区保护规划、其他文化遗产栖息地保护规划和古树名木保护规划等详细规划。

3.制定《西安自然历史环境保护管理规定》、《西安历史文化通视走廊和地标保护管理规定》、《西安大遗址及遗址公园管理规定》、《西安历史街区保护管理规定》、《西安文化遗产栖息地保护管理规定》、《西安无形文化遗产保护管理条例》、《西安地下文物保护管理规定》和《西安古树名木保护管理规定》等法规。

4.确立和完善汉杜陵遗址公园、汉阳陵遗址公园、唐华清宫遗址公园、唐兴庆宫遗址公园、明清西安城墙公园。

5.搬迁遗址上村庄及企事业单位，初步建立秦始皇陵遗址公园、唐大明宫遗址公园和唐长安城南郭城遗址公园。严格保护和控制其他遗址。

6.建立和完善国家、省、市重点文物保护单位文化遗产栖息地，建设若干个博物院、馆。

7.完成其余所有文化遗产栖息地的评选和确认工作。

8.完成部分文化遗产标识工作。

（二）2011～2015年

1.完善秦始皇陵遗址公园、唐大明宫遗址公园和唐长安城南郭城遗址公园。

2.围绕秦阿房宫前殿遗址，初步建立秦阿房宫遗址公园。

3.打通汉长安城环城墙通道，展示一批主要遗址，建成未央宫遗址公园。

4.初步建立唐长安城外郭城遗址公园。

5.建立所有物质类非大遗址文化遗产栖息地，并部分向公众开放。

6.确定和建设一批无形文化遗产栖息地。

7.启动自然历史环境保护工程建设。

8.完成所有文化遗产标识工作。

（三）2016～2020年

1.完善秦阿房宫遗址公园、汉长安城遗址公园、唐长安城外郭城遗址公园。

2.建立周丰镐京遗址公园。

3.开放所有物质类文化遗产栖息地。

4.选择部分无形文化遗产栖息地向公众开放。

5.完成自然历史环境保护工程

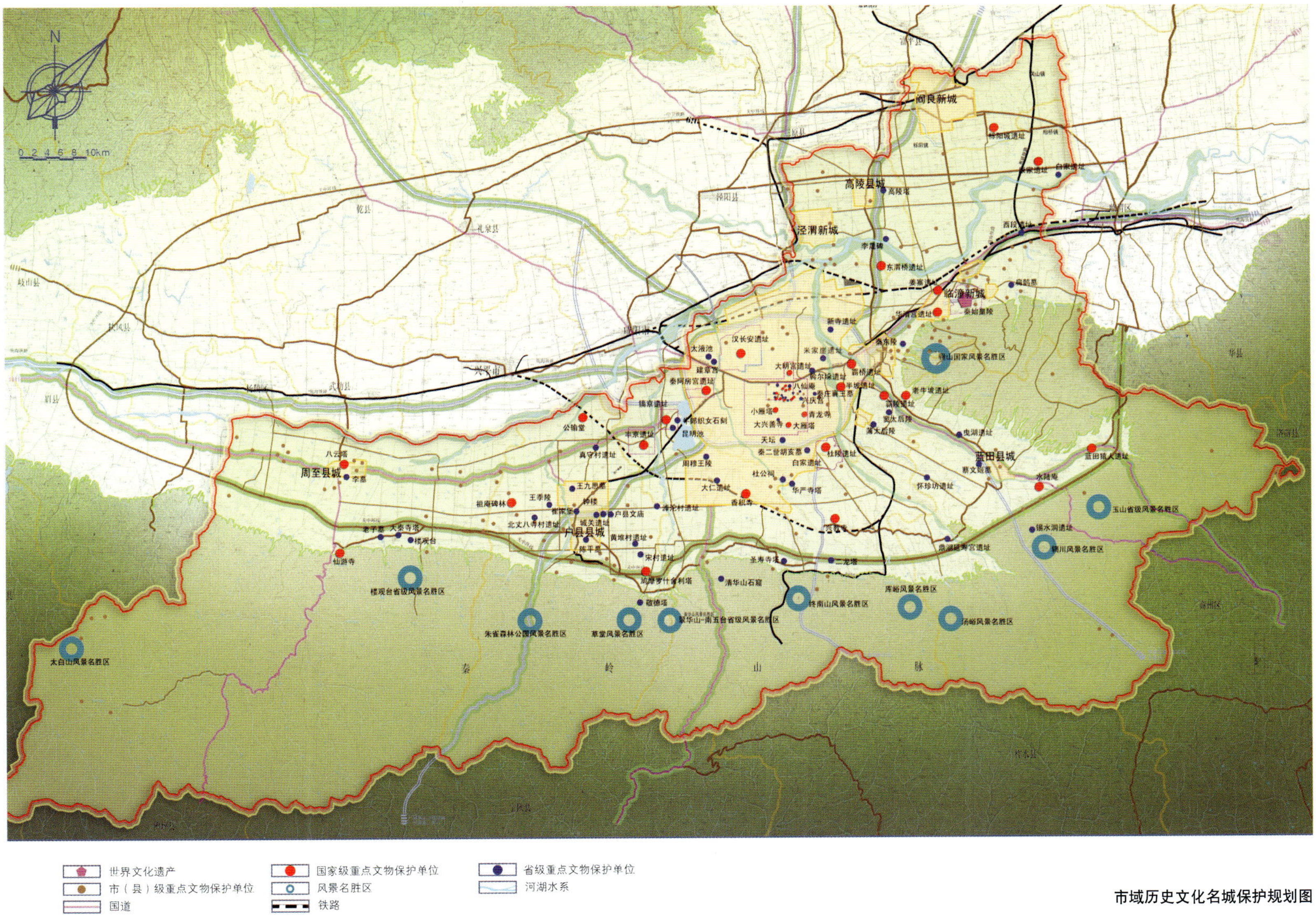

市域历史文化名城保护规划图

建设。

6.形成完整的历史文化名城保护体系。

保护管理措施

（一）加强历史文化名城保护宣传力度

组织社会各方面力量，加强对西安历史文化遗产内涵及价值的认识，加强对《西安历史文化名城保护规划》的宣传，增强历史文化名城保护意识。

（二）加速保护立法

完善现有法规，修订《西安历史文化名城保护条例》，制定《西安自然历史环境保护管理规定》、《西安历史文化通视走廊和地标保护管理规定》、《西安大遗址及遗址公园管理规定》、《西安历史街区保护管理规定》、《西安文化遗产栖息地保护管理规定》、《西安无形文化遗产保护管理规定》、《西安地下文物保护管理规定》和《西安古树名木保护管理规定》等法规，作为法律依据在城市管理工作中严格执行。

（三）深化保护规划

在《西安城市总体规划2004～2020年》及《西安历史文化名城保护规划》审批通过后，尽快编制相关专项规划，主要包括："唐皇城"复兴规划，自然历史环境保护规划、城市历史格局保护规划、大遗址保护规划、历史街区保护规划、文化遗产栖息地保护规划、无形文化遗产保护规划、地下文物保护规划、古树名木保护规划等。对各个层次的保护规划要通过一定法律程序予以批准，并制定相应的技术法规，使其具有法律效力，增强规划的权威性和可操作性。

（四）建立健全西安历史文化名城保护管理体制

设立包括城市领导、有关部门领导、专家、学者和市民在内的历史文化名城保护委员会，作为历史文化名城保护的领导、协调、监督机构。

（五）疏解老（明）城区人口

为保护历史文化名城和调整旧城功能创造良好条件，应积极推进城市近期建设重点向城区外转移，积极推进省市行政机构向老城外转移；研究制定历史文化名城保护的相关政策，主要包括：房屋产权改革和产权交易、人口外迁与疏散、房屋管理和修缮等相关政策。

（六）积极筹措保护资金

应将历史文化名城保护经费纳入西安市社会经济发展规划及市政府年度计划，保证保护工作的持续性和稳定性。

应广泛吸纳国际基金，用于文物古迹的维护和修复，以及直接与之相关的专项工程的建设。

应广泛吸纳国内各类民间资金，以合作的方式保护和利用各类文物资源，加速历史文化名城的保护与发展。

（七）积极探索文化遗产利用的新方式

在严格保护的前提下，结合遗址公园、文化遗产栖息地积极探索文化遗产利用的合理方式，赋予文化遗产以新的生命力。

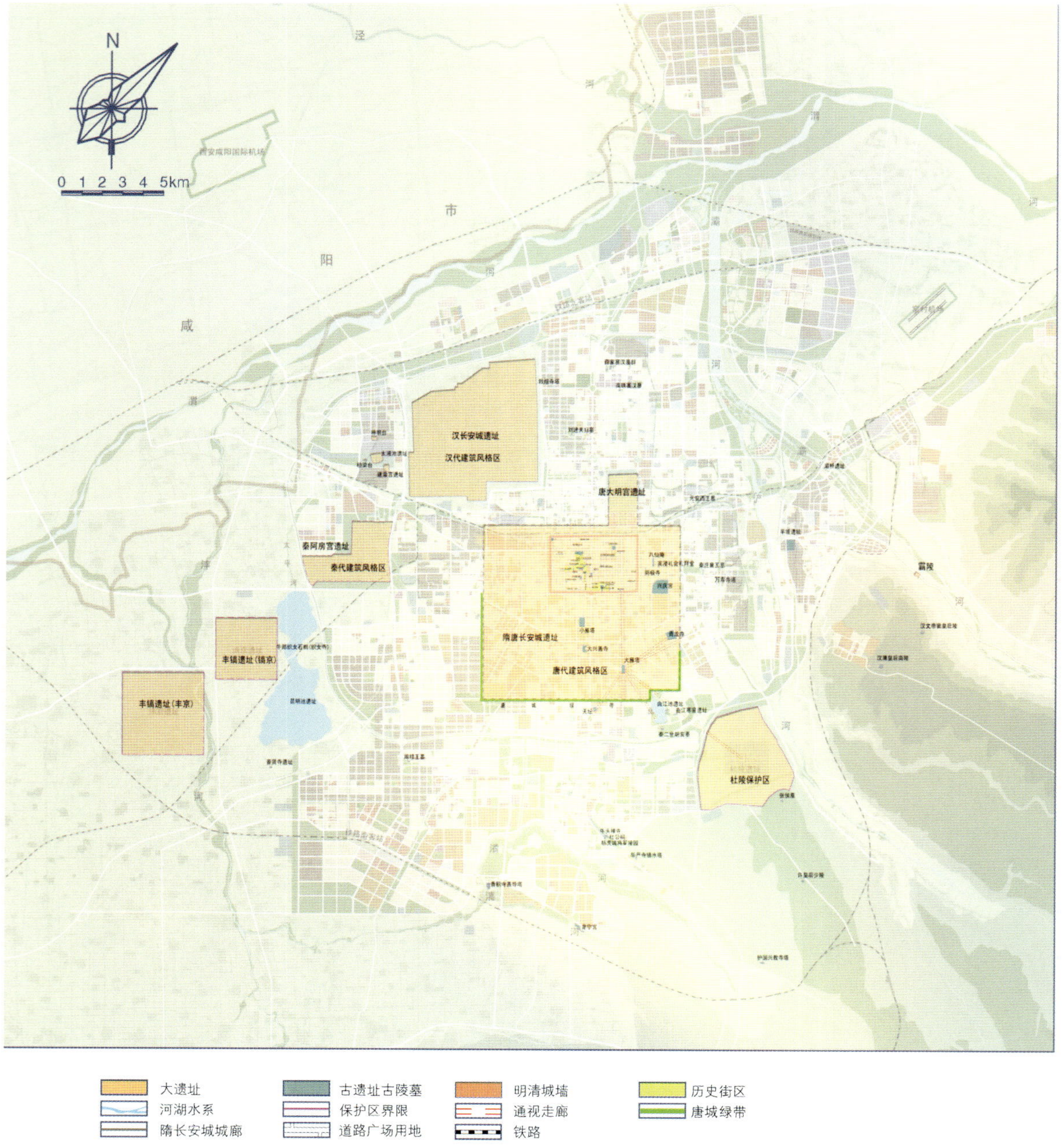

主城区历史文化名城保护规划图

城市综合交通规划

对外交通

（一）对外交通现状

1.公路

国家级公路："五纵七横"国道主干线及七条西部大通道中有两条国道主干线（GZ40和GZ45），三条西部大通道（阿北线、银武线、西合线）在西安交汇，形成了以西安为中心的米字形高等级公路干线网。另外还有五条国道（G108、G210、G211、G310和G312）经过西安，与陕西省"一纵三横两环"骨架路网系统共同形成快捷、方便的交通网络。目前除西部大通道阿北线的南段西安至安康段正在施工外，其余公路与西安衔接段已经全部建成。

省级公路：西安作为全省干线路网的中心，有六条省道由西安市向外辐射，S101、S102、S103、S104、S105、S106分别由西安通向潼关、镇巴、宝鸡、千阳、西安航空港咸阳国际机场、澄城等地，部分路段与国道及国道主干线重合。

地方公路：西汤公路；水安公路、雁引公路、半引公路、长鸣公路等，与国道、省道共同构成城市便捷的对外公路网络，促进区域经济的快速发展。

2.铁路

西安火车站是全国八大特等客运站之一，现除两条正线外有旅客列车到发线9条，机动车走行线2条，其他用途线7条，每天始发和到发客车已逾百列，日均发送旅客3万多人次。西安客运站目前办理枢纽各衔接方向全部旅客列车始发、终到和通过作业及机动车换挂等作业。枢纽内有各类车站35处，有陇海、西康、包西、侯西、咸铜和西户等六条线路七个方向引入，2002年完成客运量1997万人次，货运量3167万t。

3.航空

目前，西安市境内有咸阳、阎良、窑村、户县四个机场，其中西安航空港咸阳国际机场承担西安主要航空运输任务。西安航空港咸阳国际机场是1991年9月1日投入运营的国家一级民用机场。机场位于陕西省西安市西北、咸阳市东北面，距西安市中心47km，距咸阳市13km。场区占地500hm²，地势平坦，净空良好。与国内外26家航空公司建立了业务往来，国内通航城市68个，国际11个，并有通往日本、韩国、泰国等国的国际航线和香港、澳门的地区航线以及新加坡、阿塞拜疆的包机航线。2003年，机场共保障飞机起降6.8万架次，完成旅客吞吐量443.4万人次，货邮吞吐量6.5万t，综合业务吞吐量553万人次。为改善陕西投资环境、推动陕西对外开放和旅游、经贸及文化事业的发展做出了积极的贡献。

（二）对外交通规划

1. 公路

西安是全国国道汇集最多的城市，应继续加快米字形国道主干线和西部大通道建设，与陕西省"一纵三横两环"骨架路网系统共同形成快捷、方便的交通网络。实现西安通江达海、千公里一日交通圈，提升西安东连西进、辐射南北的公路主枢

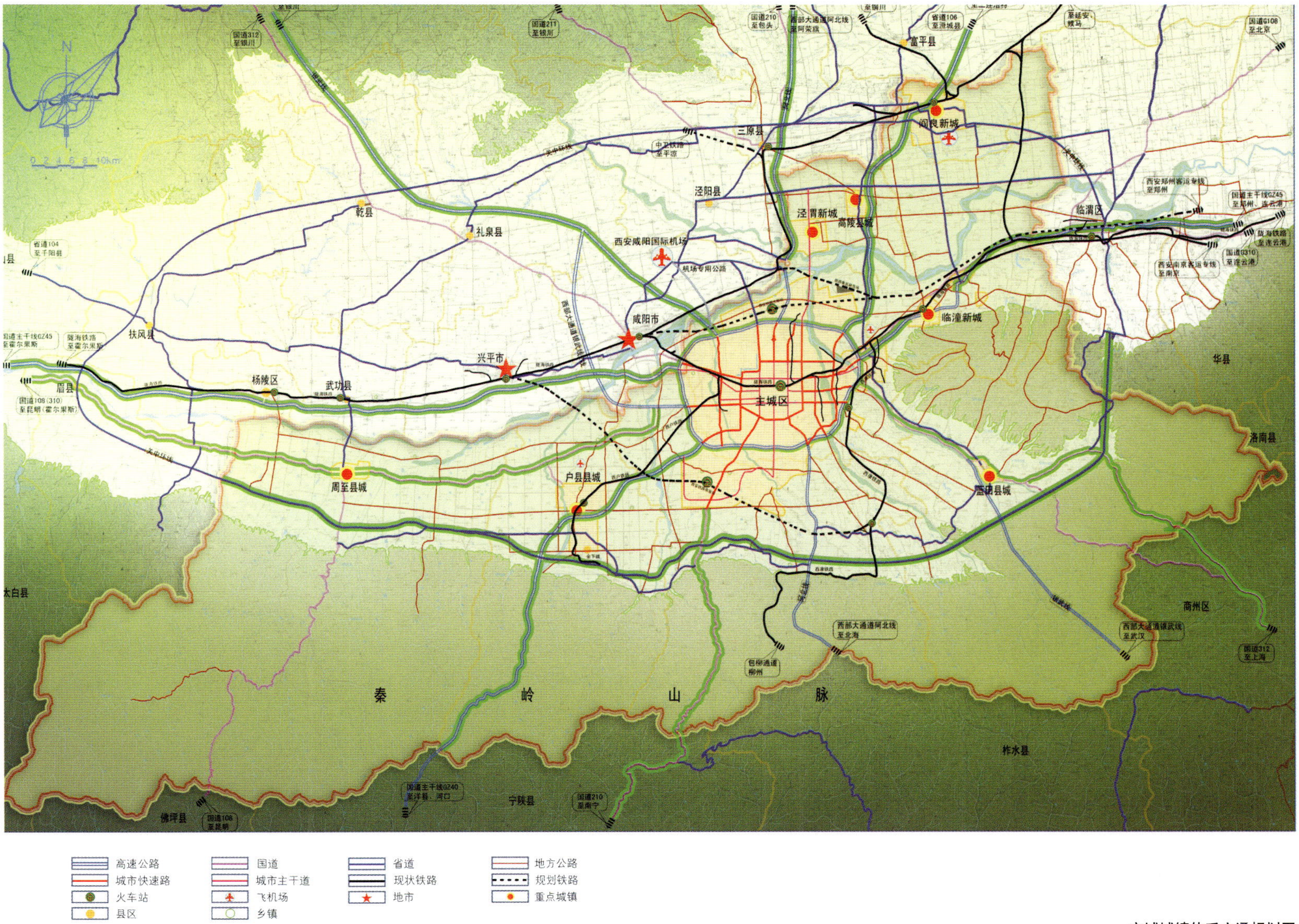

市域城镇体系交通规划图

纽地位。

加快建设城市出入口道路的快速化改造。尽快完成东、西三环路、北二环东延线、长乐路、太白路、科技八路等与外围高速公路衔接的城市道路的快速化改造，增加其疏散能力，加快城市快速通道建设，实现大型交通基础设施资源共享，改变现在出城进城难的问题。

对外公路今后除加快建设已规划的道路外，还要进行部分高等级公路的双向4车道改造为双向6车道，并针对部分交通事故频发路段及部分易堵车的咽喉路段进行工程改造。除已有的和规划的国道主干线外，建设一级以上高等级的地方公路网络，连通各个组团，并增加以辐射性道路为主的地方公路，增加旅游公路，远期作为快速路建设。最终形成以国道主干线为主骨架，其他国、省干线为次骨架，地方道路为补充，形成层次分明、功能明确的道路交通网络。

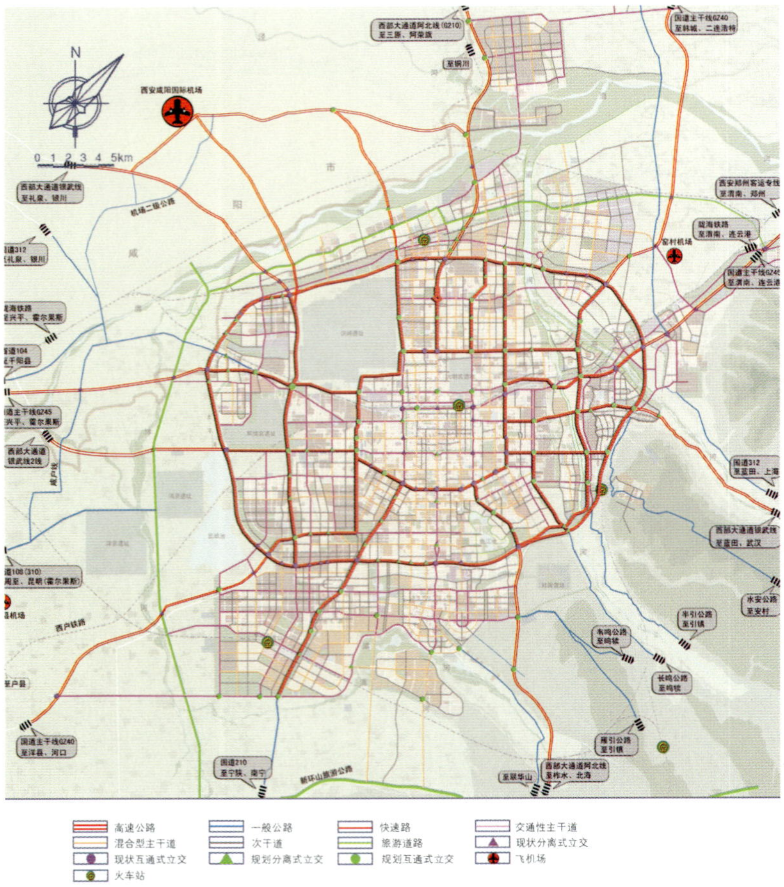

主城区道路系统图

城市客运枢纽发展规划：客运站的布局在符合西安市总体布局规划的基础上，以适应客流分布特点，站点的布局采用分散型与辐射型相结合的布局方案，尽可能接近对外交通通道。随着旅客中转换乘功能的完善，将可大大减少进入市区的外省车辆，避免客运车辆在市区的交叉运行，有利于城市交通流畅。

城市货运站场规划方案：根据对西安城市总体发展分析，以西安物流现状和交通发展状况为基础，结合铁路、公路、民航和城市公共交通规划方案，充分考虑运输方便性及与城市交通环境之间的协调性，城市货运站场布局采用分散型与辐射型相结合的布局方案，尽可能接近对外交通通道。本次站场规划预留了足够的场地，能满足站场建设的需要，具有适应未来发展的一定预留用地条件，即具有可拓展空间。

加快主枢纽建设：以公路主枢纽为龙头，以客货源集散地为依托，形成相互联结的中心城市运输网络，把西安建成信息灵通、连接东西、沟通南北、辐射全国的公路运输重要枢纽城市。

2.铁路

在全国“八纵八横”铁路网络中，西安铁路枢纽位于横穿中国大陆东西向的“欧亚大陆桥通道”与纵贯西部南北向的“包柳通道”的交汇处，是全国快速高速客运网中的一个重要枢纽，在全国铁路网中起着区域中心作用。

西安铁路枢纽将建设成为全国六大客运中心、十一大编组站和十八大集装箱运输中心之一。

铁路枢纽规划的总体思路为：“客内货外、客货分线、作业集中、能力配套”。规划新建西安铁路客货线路，本着可持续发展的原则，客、货完全分流；加快铁路集装箱中心站的建设和西郑快速铁路的建设。

具体项目实施计划如下：

（1）2006年：包西线延安北至新丰镇段、侯西线侯马至钟家村段完成扩能改建；枢纽内建成北环线（新丰镇—咸阳）；

（2）2010年前：陇海客运专线郑州至西安段引入枢纽，西安平凉线引入，西安安康线增建二线；

（3）2015年前：包西线全线建成双线；

（4）2020年前：西安南京线增建第二线，郑西客运专线向西延伸至兰州。

客运系统规划：根据枢纽既有主要站段及相关客货运设备的分布现状、性质和规模，结合西安城市总体规划和陇海线客运专线引入枢纽，以满足枢纽未来客货运输需求为目标，确定西安铁路枢纽总体规划设“三主一辅”四处客运站：西安、西安北、西安南为主要客运站，纺织城为辅助客运站；郑西客运专线引入西安北客站。远景在城市南部规划一条铁路客运线，并建设西安南站。在城市的四个区位分散布置城市客运站，以均衡城市的交通流，满足不同方向居民出行的要求，缓解城市交通的压力。

解编系统：设“一主一辅”两处编组站：扩建新丰镇为大型枢纽编组站；规划预留新筑辅助编组站。

货运系统：在新筑建设集装箱中心站，为西安、咸阳、渭南地区惟一集装箱办理站，吸引范围为陕西全省及甘肃东南部、山西南部、宁夏及内蒙中部等地区；规划期内考虑将西安西、西安东站货场逐步迁出，在咸阳北、柳树村、长安站设综合性货场，并在新筑规划建设西北地区最大的物流中心。枢纽内相关线路：新建枢纽北环线分流陇海线的货物列车，北环线东端自新丰镇编组站引出，西端接轨于既有咸铜铁路。

到2020年西安枢纽货运总量为22799万t，其中通过性运量17882万t；旅客发送量3000万人；开行客车200对/日，其中始发终到126对/日。

在城市道路网规划，特别是在城市公共交通规划和城市快速轨道交通规划中，注重与铁路客运站的紧密联系，在三处主客站附近规划三条轨道交通线，分别是：2号线经过西安北站、3号线经过西安南站、4号线经过西安站，在纺织城附近规划轨道交通5号线，服务于纺织城火车站，同时整合常规公交资源，方便出行及便捷换乘。

3.航空

规划西安航空港咸阳国际机场是全国第四、西北区域性枢纽机场，完善航空港配套基础设施建设，加强航空港与公路、铁路、城市道路、公交系统及快速轨道交通的便捷换乘，充分适应客、货运量增长的需求。

（1）西安航空港咸阳国际机场规划

航站楼、站坪以及货物航站

区：按2010年年旅客吞吐量1000万人次、高峰小时旅客流量4000人（高峰小时国内、外旅客人均面积分别按25m²和35m²计算）的要求，建设11.5万m²的航站楼。按2020年年旅客吞吐量3500万人次的使用要求，建设35万m²的航站楼。根据远期航空货运吞吐量的预测，建设约5万m²的货运仓库，规划货运区占地总面积约为15万m²。

跑道：将现有跑道延长至4000m，规划修建两条跑道，分别长3800m和3400m，三条跑道互相平行，可同时独立起飞离场。

（2）后备机场规划

根据西安以及关中地区旅游产业发展的需要，远期可考虑建设城市第二民用机场，以促进地方经济健康有序发展。

（3）配套设施规划

规划建设与朱宏路直接相连的第二条机场高速公路，与城市快速路体系连为一体，便捷联系城市交通与铁路北客站。

同时加强公共交通与机场的紧密联系，规划城市快速轨道交通4号线和5号线支线远期均可延伸到咸阳机场，近期沿朱宏路延伸线规划一条快速公交线路连接西安航空港咸阳国际机场。

道路交通规划

（一）交通发展战略

1.交通一体化战略：建立多种交通方式无缝衔接、都市圈内部城市交通与城乡交通协调运作的机构、制度与合作机制，建设高效快速的城市现代化交通体系。

2.分散老城区交通压力的战略：通过降低老城人口密度，减少老城区城市功能，加强基础设施建设，优先发展城市公共交通，减少老城区内的道路交通量，分散老城区交通压力。

3.支撑城市多心化战略：以西安为中心的都市化建成区规模将会快速成倍增加，通过优化城市空间结构，建设服务功能完善的城市新区，分解城市中心的交通压力。

4.老城保护的战略：在交通项目规划过程中，避开重大保护遗址，注重保护老城风貌，保护老城的现有传统路网格局和空间尺度。

5.实现西部交通最佳的可持续发展战略：西安市位于西安都市圈和关中城市群的中心地带和核心位置，"一线两带"所在的关中地区包含了西安都市圈中的西安、咸阳和杨陵，交通规划要为实现西安市提出的"中国西安，西部最佳"这一目标创造良好的交通条件。

6.公交优先战略：本着"以人为本"的原则，优先发展城市公共交通，为大运量、高效能的公共交通发展提供硬件、软件环境，方便居民出行。

（二）总体目标

加强西安全国重要交通枢纽的地位，构筑一个与大西安发展相适应的、高效、快捷、一体化和人性化可持续发展的绿色综合交通运输体系。

1.远期目标：建成面向国际的航空运输中心、国内重要的公路和铁路交通枢纽、西部最大的物流中心，构筑以高速公路、铁路、航空为骨架的陆、空综合交通运输网络，形成辐射全国的快速、便捷的客货运交通体系。

2.近期目标：适应城市机动化发展要求，满足大多数人出行需要，建立一个结构合理、等级分明、功能清晰、满足中心区和对外交通需求的交通网络，指导城市道路交通建设，为政府决策提供依据。

（三）交通需求预测

1.区域划分：共分为四个层次，对研究范围进行交通小区的划分和用地情况分析。

第一层次：西安都市圈。将主城区外围的新城、中心城镇作为第一层次的交通区划（包括临潼、阎良、高陵、户县、蓝田、周至、杨凌、乾县、三原、礼泉和渭南市区）；

第二层次：考虑到"西咸一体化"，将咸阳作为与西安并列的大分区进行分析；

第三层次：将市区和中心城镇作为第三层次交通区划。

第四层次：将三环范围内划分成17个交通大区，在此基础上将交通大区细分为83个交通中区和343个交通小区。

2.机动车保有量

采用增长率法对西安市分车型车辆数量进行预测和采用交通物理量向量空间非线性理论对西安市机动车总量进行预测的基础上，根据人口和GDP的预测值，分析得到西安市的预测值和三个层次（主城区、市区和西安都市圈）预测值的比例，并进行定性分析，最终得出三个层次的机动车拥有量。

（四）道路网规划

1.路网布局

路网格局呈："棋盘"加"环"加"放射线"的形式，主城区形成"两轴、三环、一高、一绕、六纵、七横、八射线加旅游环线"的道路网格局。具体为：

两轴：东西轴指大庆路、莲湖路、东五路、西五路、长乐路；

南北轴指：未央路、南北大街、长安路；

三环：城市一、二、三环路；

一高：高架路；

一绕：绕城高速；

六纵：尚航路—西宝疏导线—高新经二十五路；阿房路—经十二路；朱宏路—星火路—环西路—太白路；太华路—环东路—太乙路；泾未路—东二环北沿线—东二环—新安东街；幸福路（万寿路）—长鸣路；

七横：北客站站前规划路；广场东西路；红光路—西关正街—西大街—东大街—韩森路；科技路—

主城区综合交通规划图

小寨东西路—西影路；纬三路—丈八东路—水厂路；西部大道—环北路；韦郭路—友谊路—东长安街；

八射线：朱宏路、太华路、华清路、咸宁路、太乙路、太白路、丰庆路、枣园路；

旅游环线：草临路、东风路、尚稷路、沣河东岸规划路接老环山公路。

2.道路分级

将城市道路分为快速路、主干道、次干道、支路四级标准，结合我市旅游城市的特点和假日经济的要求，规划旅游线路。

规划城市快速路布局体系为“两环十四放射”，城市快速路与对外高等级公路便捷相连，在城市三环路建设时同步建设多处互通式立交，在现状绕城高速上增设互通式立交。近期强化城市交通与对外交通的便捷联系，在城市东西南北方向各考虑两条以上快速道路的建设，缓解城市交通拥堵的矛盾。

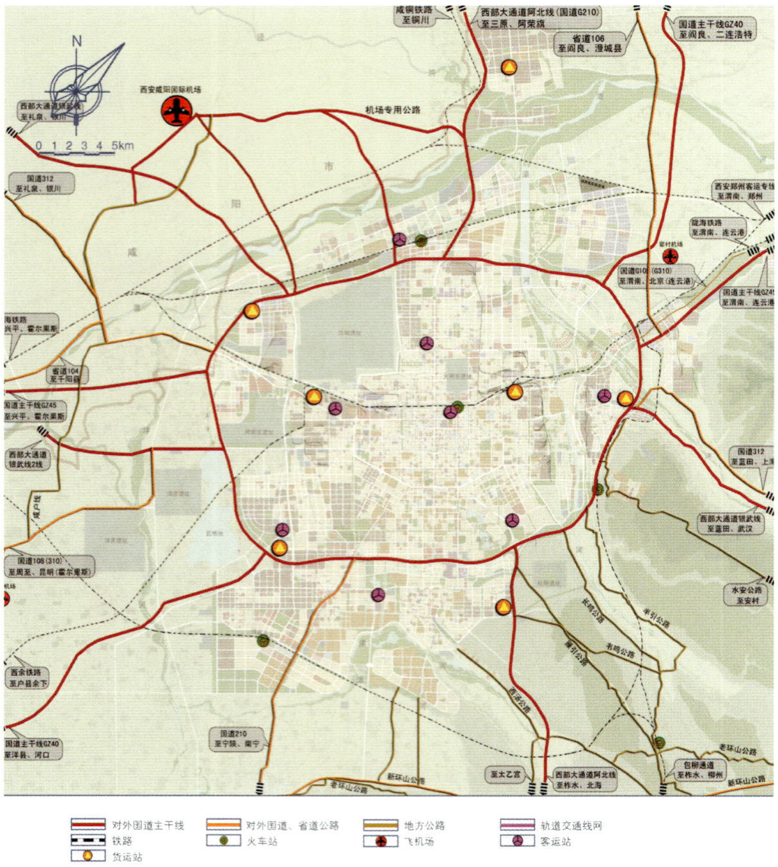

主城区对外交通规划图

3. 道路红线宽度

快速路：红线宽60～100m，设计车速80km/h，机动车道设双向六车道，与主干道相交设互通式立交，与次干道相交设分离式立交或采用右进右出形式。

主干路：红线宽40～60m，设计车速40～60km/h，机动车道设双向6～8车道。主干道与次干道相交设灯控，与支路相交采用右进右出，道路横断面采用三块板或四块板形式。

次干路：红线宽30～40m，机动车道设双向4～6车道，一、三块板形式，设计车速40km/h，为主要的生活服务性道路。

支路：红线宽15～20m，设计车速30km/h，设混合车道，一块板形式，2～4车道。

旅游线路：规划道路红线宽度为40～60m，道路横断面采用机、非混行两块板形式，注重环境景观效果。

4. 道路横断面

规划分为一块板、二块板、三块板、四块板四种类型。

5.规划道路指标

在本次规划主城区600km^{2}内，快速路184.5km；主干路717.7km；次干道917.2km；旅游线路约211.1 km；城市道路总长约2030.5km，路网密度（不含支路）3.34km/km^2。

6.交叉口

城市快速路与对外高速公路、主要干道、城市出入口道路相交处设置互通式立交，与其他道路相交设置分离式立交；规划铁路与城市道路相交设置分离式立交；其他道路相交交叉口均为平交，主次干道相交或次干道之间相交均设信号控制并进行渠化处理，次干道与支路相交设减速或让行标志。

7.停车场

停车场分为路外停车场和路内停车场两种，路内停车场是路外停车场的重要补充，发挥着重要的作用。

西安市停车供给的模式为以下3种：

模式一：大力发展公共交通，严格控制私人小汽车的使用，适度加强停车场建设。

模式二：加强停车场建设，加大交通管理力度，适度控制私人小汽车的使用。

模式三：大力加强停车场建设，改善交通管理，不限制私人小汽车的发展。

停车供给的原则：在老城内大力发展公共交通，严格控制汽车的使用，适度加强停车场建设；在老城外加强停车场建设，加大交通管理力度。

停车设施布局：在老城内严格控制路边停车，引导大众选用公交出行；在一环路以外，主要的城门外修建大型公共停车设施，引导老城出行方式的改变，保护老城整体风貌，提高老城的生活环境质量、促进旅游产业的良性发展；在一环路与二环路之间鼓励修建公共停车设施；在二环路以外的广大区域，大力发展公共停车设施。

停车场的面积：根据《城市道路交通规划设计规范》，以每人0.8～1.0m^{2}计算，在服务半径为250～300m的范围内需设置停车场约6000m^2。

8.广场

广场分为交通集散性广场和游憩性广场两种：交通集散性广场面积按城市人口每人0.1m^{2}计算，主要分布在车站等交通量较大的区域；游憩性广场面积按城市人口每人0.4m^{2}计算，可结合街头绿地分散布置。

（五）公共交通

为适应城市的迅速发展需要及城市交通发展战略要求，满足城市居民日益增长的公交出行需求，提供更为便捷、安全、舒适的优良公交服务，逐步缓解城市交通压力和改善交通环境，贯彻“优先大力发展公交”的城市交通政策，塑造合理的城市交通方式结构。

1.现状

截至2003年底，运营的184条公交线路运营线路网长度434km，营运车辆4245辆（其中民营小公共汽车865辆），年客运量约6亿人次，覆盖市中心区369km^2，初步形成了四通八达的混合型线网布局和多家经营的公交客运格局。

市区万人拥有标台数为10.6标台，低于规范推荐值，出租汽车保有量为10430辆。公交运营方式单一，公交专用道路、公交港湾、公交各类设施用地严重缺乏，服务水平较低，严重地制约了城市公交的良性发展。

2.公交规划

（1）近期规划（2004～2010）

规划目标：规划期内主城区线网密度将达到3.04km/km^2，出行耗时为50分钟；站点的服务面积显著提高；公交的出行比例达到总出行量的35%以上，基本达到规范的要求标准；初步形成“六纵、五横、一环、一放射”的公共交通网络体系；近期重点建设轨道交通2号线和1号线。

快速公交系统：考虑公交优先发展以及西安市发展快速公交的必要性，对西安市公共交通发展提出的公交线网主骨架“四横五纵一环”进行修正补充，主骨架线网向外扩展，引导并满足未来城市交通需求。

（2）中期规划（2011～2015）

在普通公交为主体，快速公交为补充的城市公共交通系统的基础上，进一步完善快速公共交通主骨架，为3、4号轨道交通线建设创造条件。

规划目标：公交优先策略的实施有明显效果，居民公交出行比较便利，公交线网覆盖率较高，线网密度为3.6km/km^2，大于规范建议中值；站点服务面积接近80%；出行时耗降低到45分钟。整体公交网络设施和公交出行服务指标在符合规范要求的基础上略有提高，达到国内中等偏上水平。使公交的出行比例达到总出行量的45%以上。形成“十纵、八横、三环、一放射”的公共交通网络体系。

（3）远期规划（2016～2020）

规划目标：建成以普通公交为主体，快速公交为补充，轨道交通为辅助的多元化，快速、高效、环保的西安都市圈的城市公共交通系统，实现公共交通的可持续发展。使公交的出行比例达到总出行量的55%以上，公交车万人拥有量达到12标台，公交站点面积服务率达到95%。

（六）轨道交通

1.规划目标

优先发展社会化公共运输体系并实施有效的交通需求管理政策，在提高城市居民生活质量的同时，通过引入快速轨道交通方式，优化交通出行结构，合理控制个体机动化交通的出行规模，建立以公共运输网络为主体、城市快速轨道交通为骨干，地面和地下交通协调配合的高效、便捷、安全、无公害的现代化城市综合运输系统，促进城市空间结构布局的形成和社会经济发展。

2.线网规划

线网方案由6条主线和1条支线组成。一条东西方向横贯线，该横贯线西延伸至咸阳，东延伸至临潼；一条南北方向放射线；西北－东南、东北－西南通过S形线路放射连接；六村堡至纺织城火车站、席王至长安科技产业园各设一条L形线；西窑头至纪阳设一支线。

主要指标

线网长度：一号线由后围寨到纺织城，全长23.90km，远期由后围寨延伸至咸阳12.50km，由纺织城延伸至临潼17.40km；二号线由韦曲到草滩，全长32.52km，其中一期由北客站到韦曲，长度26.40km；三号线由侧坡村到新筑，全长44.30km；四号线由韦曲科技产业园到草滩农场，全长35.20km，五号线由六村堡到纺织城火车站，全长35.77km，另外支线延伸至纪阳，长度为9.12km；六号线由高新二次创业区南区到纺织城，全长41.08km；线网总长度为251.80km。共设车站150座，其中换乘站为17座。

线网密度：老城区：1.146km/km^2；主城区：0.338km/km^2，其中三环以内区域：0.375km/km^2。

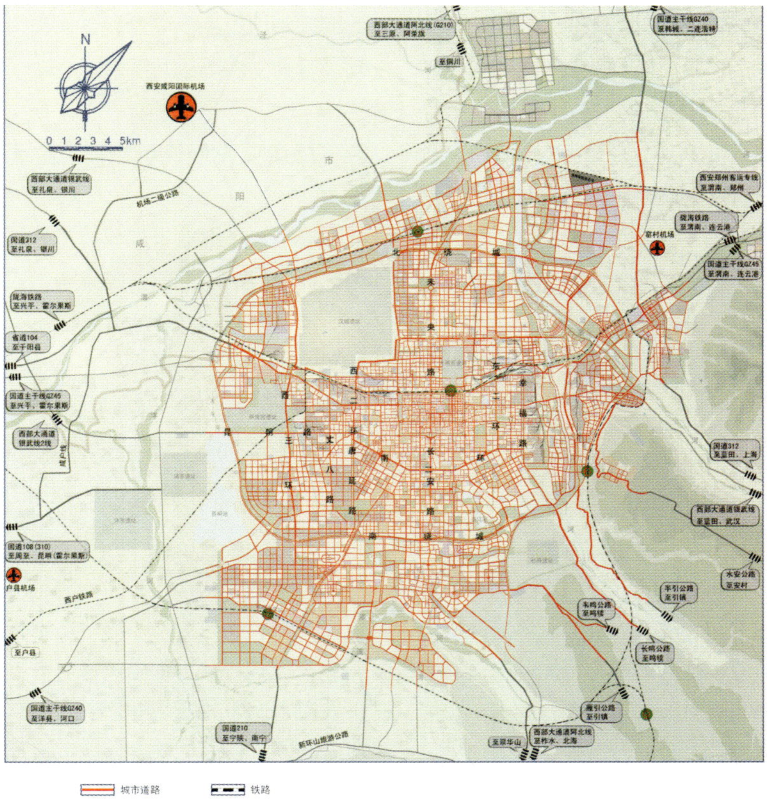

主城区道路网规划图

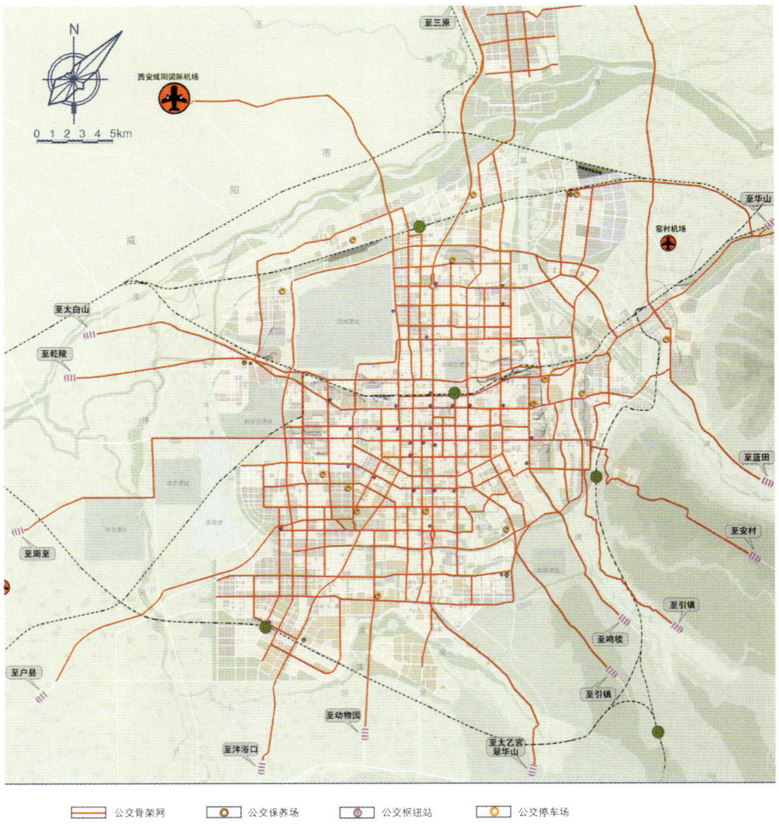

主城区公交规划图

旅游发展规划

西安旅游资源概况

（一）古迹遗存众多：深厚的历史文化积淀和浩瀚的古迹遗存使西安享有“天然历史博物馆”的美称；其文物古迹数量和价值位居全国前列。

（二）宗教文化旅游资源得天独厚：西安是中国北传佛教的主要发源地，有佛教六大宗派的祖庭（大慈恩寺、华严寺、草堂寺）；又是中国道教文化中心（楼观台）；并有中国伊斯兰教四大清真寺之一（化觉巷清真大寺）。

（三）自然景观丰富多彩：西安地处关中盆地，南部有雄伟峻拔的秦岭山地和北部一望无际的渭河平原相互衬托，形成独特的旅游自然资源。秦岭是我国南北自然地理条件的天然分界线。以其山地为主体的自然景观奇险峻秀，资源类型丰富多样，自然因素和人文因素和谐地融为一体，成为全国最大的古代皇家园林。目前，经过长期开发建设，境内有国家级风景名胜区1处；省级风景名胜区3处；有国家森林公园5处，省级森林公园6处，市级森林公园2处；有国家级自然保护区3处。

（四）地域文化资源丰富：西安作为中华民族和黄河文化的主要发祥地，其悠久的历史，形成了典型的东方地域文化特色，创造了丰富多彩的民俗文化，形成了自己的风土民情。

（五）现代文化发达：近年来我市业已形成的商贸、科技、城建、园林等现代都市风貌，为发展科技旅游、修学旅游、都市观光旅游等多种特色旅游提供了不可多得的资源。

目前，西安已有各类旅游景点170多处，其中年接待过10万人的景点有20多处。依托丰富的旅游资源和优越的区位优势，西安旅游业得到了快速的发展，旅游业现已成为西安市国民经济中发展最快、带动最强的支柱产业之一。

西安旅游业发展优势和存在主要问题

西安虽然有着发展旅游业的巨大优势，经过多年努力，也取得了较大成绩，积累了许多经验，形成了一些利于旅游业今后发展的有利条件。当然，西安也存在不少问题，制约着旅游产业主导地位的进一步发挥。

（一）优势分析

1.资源优势

黄土般厚重的文化和自然遗产，是西安现代旅游业的基石。丰富的人文资源和自然资源，构成极具世界影响力的品牌。其中，兵马俑、西安城墙、大雁塔、碑林、四大遗址与十三朝古都的历史文化（含非物质文化遗产，如长安古乐、秦腔、关中社火等），以及宗教祖庭等文化资源是西安最具竞争优势的资源。

西安秦岭段分布有多处国家级、省级、市级风景名胜区、地质公园、森林公园和自然保护区等。秦岭作为我国南北的自然分界线，其自然景观独特且变化多样，这一资源与佛教、道教等人文资源的结合程度亦较好，从整体上看是一处具有较强竞争优势的资源。

2.区位优势

西安是新亚欧大陆桥和陇海兰新经济带最重要的中心城市和旅游中心，丝绸之路的起点和龙头。自古以来，西安就是重要的交通口岸。伴随陇海兰新线和新亚欧大陆桥的贯通，西安成为这一经济带上中国段的中心，是最重要的中心城市和旅游中心。

3.交通可达性优势

西安航空港咸阳国际机场为我国四大航空港之一；以西安为中心的米字形高速公路体系初步形成；加上陇海、兰新等铁路交通，使西安成为能够非常便利进出的交通枢纽城市，其可达性非常优越。

4.人才和管理优势

西安完善的教育体系，众多的高校为旅游业的发展提供了雄厚的人才基础；发达的信息电子产业，完善的产业体系在旅游设备制造、高科技展示技术、旅游管理系统设计等方面具有很强的竞争力；多年来积累的旅游目的地管理与遗产保护经验是全国许多城市所不具备的。

5.外国消费者优势

西安旅游的入境消费者以外国人为优势客源。这些消费者具有文化遗产保护、可持续理念以及以人为本的消费观念，通过直接或间接的渠道使西安旅游管理者的发展理念居于领先水平。同时，外国人多为成熟的消费者，其挑剔的眼光有利于目的地服务质量的提高和维持。

（二）主要存在问题

1.城市旅游功能不尽完善，发展水平不高。国际国内的航空、陆路运输系统需进一步完善，市内交通拥堵现象严重，旅游车辆老化；缺乏足够、达标的卫生设施；旅游指示系统数量不足、不规范等，给游客的游览带来极大不便。

2.旅游产品以文物观光旅游为主，结构单一，不能完全适应现代旅游业发展的需要。

3.旅游市场开拓能力低，经费不足，宣传、开发力度欠缺。

4.旅游商品创意、设计水平低下，市场不规范，导致旅游产品效益差，创汇能力低。

西安市旅游业发展思路及措施

（一）扬秦兴唐、板块带动

西安的十三朝古都，当以周、秦、汉、唐的历史地位最为显赫。而周秦汉唐四大朝代的演绎更替，不仅铸就了西安与生俱来的性格气质，还更孕育了中华民族情感维系的精神纽带。

时序选择的标准，并不涉及四大朝代的文化孰优孰劣、孰轻孰重问题，主要在于市场认知水平、文化资源转化为旅游产品的适宜程度、城市总体形象的塑造、主流文化的弘扬传播以及文化工程的系统建设等的不同。规划以“扬秦兴唐”为主要发展战略。

（二）本土・国际化

建设具有强烈西安本土文化特征的国际旅游城市。主要策略包括：

1.鼓励并推动“扬秦兴唐”为主题的文化复兴工程的实施。

2.鼓励“本土文化形象工程”的建设，包括图书、音像、网络、影视、服饰等。

3.推动历史城市的全方位（包括旅游、文化、经济与历史文化名城保护等）国际交流与合作，建立与罗马、雅典、开罗等城市的伙伴关系。

（三）多元化旅游

以遗产旅游为主题，构筑文物观光、文化体验、生态旅游、都市旅游、祖庭朝拜、温泉度假、修学旅行、专门兴趣旅游（徒步游、红色旅游、美食游）多元化旅游产品体系，建设以遗产为核心、多元化产品为支撑的旅游城市。

（四）城市・旅游一体化

1.城市整体发展的战略高度，建立城市规划、旅游和文物保护等部门之间的密切联系，鼓励多向互动和沟通，促进城市各部门之间形成整体合力，推动城市和旅游业的共同发展。

2.加强城市在交通、接待设施、信息与服务等方面的综合旅游功能建设，提升城市的综合吸引力，推动城市旅游的发展。

3.加强对城市遗产的保存、保护和修复等工作，为发展文化旅游奠定基础。

4.在城市建设过程中，设计一批具有地方特征明显的标志性文化景观。

5.推动“软环境”建设，实行

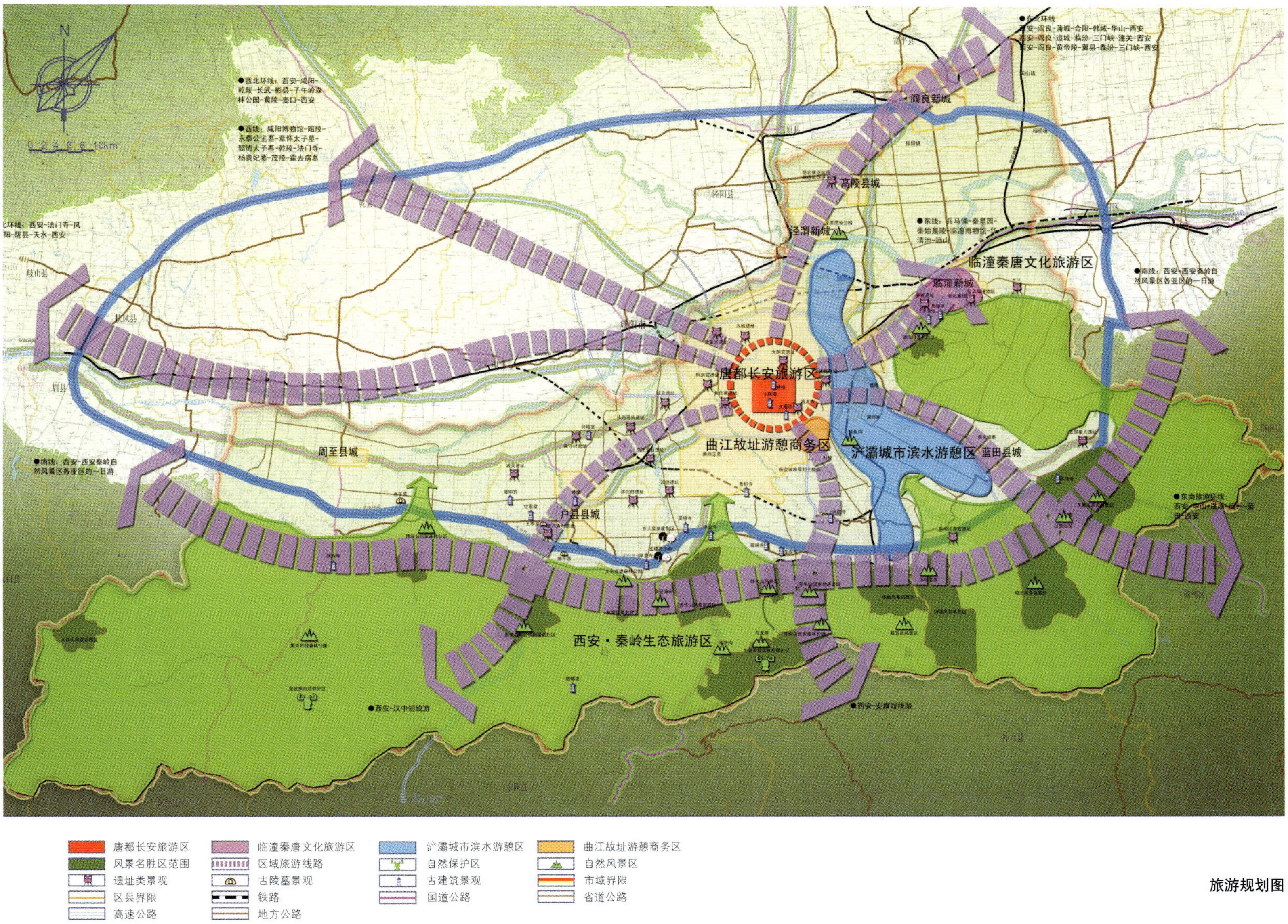

旅游规划图

服务增效计划。

（五）旅游中心城市

1.建设首位度高的旅游城市，组织省内、跨省域或跨国界（如丝绸之路）的旅游线路和旅游产品。

2.建设与西安互为对状型目的地城市之间的航空与铁路等交通枢纽和以西安为中心的旅游交通网络体系，发展对状型目的地产品和线路组合。

3.加强城市旅游信息、电子商务、酒店接待和便捷化旅行服务等在内的服务支持系统建设，扩大城市的服务和辐射半径。

旅游发展规划

（一）发展目标

1.总体目标

最具东方神韵的世界古都旅游目的地城市。

发挥西安作为“世界古都，华夏之根”的资源优势，以政府主导、市场驱动为主推力，着力打造以“扬秦兴唐”遗产旅游为主题的多元化产品体系，巩固旅游业作为西安市国民经济支柱产业，提升其在国家和世界范围内的旅游城市地位。到2020年，将西安建设成为最具东方神韵的世界古都旅游目的地城市，实现“西方罗马、东方西安”的宏伟战略目标。

2.基本目标与指标体系

到2020年，西安旅游发展的战略目标和具体指标归纳为“六加八”工程。

六个基本目标：

（1）遗产旅游国际典范城市。

（2）中国入境旅游首选城市之一、全国出境游西部门户城市。

（3）中国最佳历史文化旅游城市。

（4）旅游促进遗产（含非物质文化遗产）和历史文化名城保护模范城市。

（5）散客旅游最方便城市。

（6）全国旅游教育培训中心城市。

八项发展指标：

（1）接待入境旅游者200万人次，全国排名前五名。

（2）接待国内旅游者6000万人次，全国排名前十名。

（3）旅游总收入1000亿元人民币，相当于全市GDP的17.6%。

（4）旅游业直接就业人数20万人。

（5）每年为社会培训、输出旅游专业人才1万人次。

（6）以遗产旅游为主题的多元化产品体系基本形成，成为中国传统文化修学旅游最大目的地。

（7）建设完善的、多语种的、符合国际标准的旅游解说体系。

（8）旅游发展体制顺畅、社会与环境效应基本符合可持续发展要求。

（二）旅游区划分

综合考虑旅游资源地域分布特

征、旅游产品开发体系组合、旅游发展战略方向、重点及时空安排等因素，在规划期内将西安划分为以下六大旅游区：

1.老城旅游区

含城墙、历史街区、传统民居、古老建筑等旅游景点，形成巷、墙、林、园、河、路六位一体的西安旅游著名品牌。

2.临潼旅游区

包括临潼区以东秦始皇陵遗址及兵马俑博物馆旅游区，由此向西至华清池（唐华清宫遗址区）并延伸至其西的温泉疗养区。

3.秦岭北麓旅游区

秦岭北麓西安段，其南、北边界的大致范围是北至环山公路以南约1km处，南至西安市南界。以其独具特色的山水相映、田园怡然、寺院密布、生态多样的自然和人文景观为依托，与文物遗产旅游功能互补的自然生态型旅游区

4.曲江旅游区

即调整后的曲江新区所辖范围。集观光、游憩、会展、商务、度假、接待和购物于一体的唐风色彩浓郁的城市现代化商务游憩区。

5.泾渭浐灞滨水游憩区

泾渭浐灞滨水游憩区北起渭河南岸、南至白鹿塬、杜陵塬、东至灞河东岸，西至浐河西岸。结合城市滨水景观空间，以广运潭为重点，打造西部第一水城。

6.四大遗址旅游区

加大对周丰镐遗址、秦阿房宫遗址、汉长安城遗址、唐大明宫遗址等四大国家遗址保护区的力度。整理遗址内的环境，保护利用古建筑遗存，发展文物观光旅游。

（三）旅游资源开发原则

1.立足资源优势，合理进行功能区划分及建设。

每一区域内依照功能定位确定其开发建设方向、指导原则、建设重点，形成个性鲜明、互为补充的开发建设格局。

2.坚持可持续发展战略。

坚持合理利用与有效保护相结合，突出文化个性，优化景区布局，大力推行绿色开发和绿色经营，在保护生态环境良性发展的前提下，开发旅游产品。

3.科学划分旅游资源的空间层次。

合理利用旅游资源，按照不同的结构分区布置、建设旅游景点及其配套服务设施，实现旅游资源的科学布局。

（四）旅游产品开发规划

1.海外市场产品

（1）古都遗产旅游：世界级遗产旅游产品

十三朝古都兴衰，五千年厚重文化，为西安留下了大量宝贵的历史文化遗产，这些丰富的遗产资源，为遗产旅游开发提供了物质基础。

（2）御汤温泉度假旅游：国家级温泉度假旅游产品

依托盛唐历史文化底蕴，凭借华清宫丰富的温泉文化资源，在感受古老文化的同时，实现高尚的现代休闲度假享受。

（3）修学旅游：游学在西安，成功在全球

面向修学旅游市场，提倡游学在西安，成功在全球，将当今成功的心理诉求与西安内含的精神文化相呼应，使西安成为西方人学习东方文化最好的城市，以及中国人学习中国传统文化最佳的地方。

（4）祖庭朝拜：寻宗问祖，拜佛关中

关中地区佛教、道教在历史上均具有重要地位。其中，这里是六大佛教祖庭（全国共八大祖庭）所在地，具有发展祖庭朝拜旅游的极大向心力和吸引力。

2.国内市场产品

（1）面向全国市场的产品

民俗体验旅游：走近民间，体味三秦生活

陕北、关中、陕南三大地理分区具有多样化的民间风情，西安作为省会城市，有能力实现游客对不同格调民间文化艺术的体验与满足。

秦岭山水休闲游：探秘秦岭，亲近山水

秦岭是我国南北气候分界带，“一山有四季”的典型气候景象、文化遗存或遗迹、温泉资源和纯净、独特的山水风光，使这里极有潜力成为未来面向全国市场的旅游活动所在地。

（2）面向区域市场的产品

都市商务会展旅游：区域性商务会展旅行

以区域性的商务会议旅行市场为主，发挥区域性中心城市的辐射带动作用，推进城市会展产品的企业化运作体制和机制的建立，丰富会展旅游产品。

泾渭滨水休闲游：尽享水之乐

充分利用泾渭平原水体资源，满足近程游客和城市居民亲水近水的旅游需求。

夜间娱乐休闲旅游：不夜大唐

以游客可参与的、适合夜间开展的文艺活动为主题，营造西安浪漫、温馨的夜生活气息，实现游客多时间游憩需求。

购物旅游：西部购物天堂

以商业步行街、商场、大型购物中心等建设为契机，打造“西部购物天堂”形象。

3.专项旅游产品

包括自助旅游、古都步行旅游、古都摄影之旅、黄土塬自驾体验、军事科技旅游、红色之旅、工业遗迹旅游产品、宫殿陵寝建筑科考、考古专项游、寻访传奇人物足迹游、西安美食游、城市变迁科考游、周秦汉唐文化主题游等。

（五）旅游线路规划

根据旅游资源的特色和地域分布的特点，结合新建的快速交通体系，以市场需求为导向，构建跨区域的国际旅游干线，即国家重点对外推介的中国西部独具特色的“丝路之旅”（西安、兰州、嘉峪关、敦煌、吐鲁番、乌鲁木齐）。并加强与周边地区的合作，组合形成互为补充的环线旅游网络。

1.面向海外市场的线路规划

（1）近期（2004～2010）推广的主要新产品

丝路旅游路线：西安—敦煌—乌鲁木齐—伊朗—伊拉克—土耳其—欧洲古都

世界文化遗产之旅：北京－大同－西安－敦煌；西安—上海；西安—成都；西安—桂林等。

北纬34之旅：推出同处于北纬34度的西安—洛阳—开封等几大古都联合路线，体验奇妙历史感受。

东经109之旅：三亚－桂林－西安，推出同一经度的三大旅游城市联合路线，感受同一时间的不同气候季相。

唐风东渐国际旅游路线：西安—京都—奈良—东京；西安—济州—京都等。主要面向韩日入境游市场，根据中华文化向韩国、日本传播的历史，设计专门的解说和参观内容。

（2）远期（2011～2020）推广的主要新产品

东方古都之旅：日本京都－韩国庆州—中国北京—中国西安。四个古老的城市都展现了同本同源的东方文明魅力，但经过历史的雕刻各具特色、相互辉映，考虑面向欧美市场推出东方经典古都旅游线路。

西天取经之旅：根据唐玄奘取经史实，连接洛阳玄奘故里—西安—嘉峪关—喜马拉雅山—巴基斯坦—印度，考察沿途宗教、民俗、自然风光等，感受玄奘取经的艰难历程。

中华传统文化之旅：青岛－曲阜－西安。面向日本、韩国市场，联合入境口岸城市青岛、孔子故里曲

阜，共同推广中华传统文化（儒家、道家）之旅。

2.区域旅游线路:

（1）市内：

钟楼—鼓楼—西安城墙—碑林—陕西历史博物馆—大雁塔（大慈恩寺）—青龙寺—大兴善寺—小雁塔（荐福寺）—兴庆公园

（2）东线：

兵马俑—秦皇园—秦始皇陵—临潼博物馆—华清池—骊山

（3）西线：

咸阳博物馆—昭陵—永泰公主墓—章怀太子墓—懿德太子墓—乾陵—法门寺—杨贵妃墓—茂陵—霍去病墓

（4）南线：

西安—西安秦岭自然风景区各亚区的一日游

西安—汉中、西安—安康短线游

（5）西北环线：

西安—咸阳—乾陵—长武—彬县—子午岭森林公园—黄陵—壶口—西安

西安—法门寺—凤翔—千阳—陇县—天水—西安

（6）东北环线

西安—阎良—蒲城—合阳—韩城—华山—西安

西安—阎良—运城—临汾—三门峡—潼关—西安

西安—阎良—黄帝陵—冀县—临汾—三门峡—西安

（7）东南旅游环线

西安—华山—洛南—商州—蓝田—西安

3.主题线路规划

大唐历史追忆之旅：太原（龙兴之地）—西安（盛世唐都）—洛阳（女皇称制）—潼关（安史之乱）—成都（帝国余辉）的历史发展为主线组织线路。

贵妃寻踪之旅，根据贵妃东渡日本的传说线路，主要面向日本游客，选取沿途几个旅游城市组织旅游线路。

空海之旅：（福建）宁德－衢州－杭州－西安等空海入唐途经路线，面向日本1000多万的真言宗信徒市场进行推介。

中国历史修学之旅：陕西历史博物馆、周丰镐遗址公园、秦兵马俑、秦始皇陵遗址、阿房宫、汉长安城遗址、汉武帝茂陵、霍去病墓、唐大明宫遗址、昭陵、感业寺、青龙寺、华清宫、曲江大唐芙蓉园、西安唐都古城墙与明钟鼓楼、西安事变纪念馆等景点。

红色之旅系列产品：沿中国革命发展历史主线，依托革命公园、西安事变纪念馆、杨虎城纪念馆、骊山、八路军西安办事处纪念馆、延安、现代飞机城等景点，开发革命传统教育旅游产品。

秦岭生态科考探险之旅：以“秦岭”为整体品牌形象统领主题旅游线路，将秦岭自然风光带分成不同的特色、不同探险等级（如低度、中度、重度）的生态探险产品，如秦岭—翠华山、秦岭—太白山、秦岭—朱雀森林公园等逐步推向全国市场。主要景点包括西安母亲河探源（饮水思源）、秦岭生态博物馆（新建）、太平森林公园、朱雀森林公园、翠华山地质公园、南五台、太白山等。

（六）目的地营销规划

1.总体战略

对状目的地营销战略：与北京、上海、广州等城市两两组对，互为旅游目的地，结成目的地伙伴城市关系，联合对外促销。如新推出的西安—张家界、西安—九寨沟旅游产品等。

遗产旅游营销战略：以遗产作为垄断性产品吸引或招揽游客；注重借助公众对古都遗产的普遍关注，策划激发公众兴趣的新闻性营销方案；重视遗产公共关系，特别是各国政要人物游西安的公关促进活动。

高潜市场营销战略：在巩固传统市场并继续扩大其市场份额的基础上，西安旅游需重点突破高潜力市场，如国内的长三角、珠三角市场和海外的港澳台、东南亚等市场，以此推动西安旅游市场的结构转型。

电子营销战略：邀请专业旅游电子营销公司开发、提升西安旅游目的地信息网络，利用信息技术进行线上营销活动；建设多语西安旅游网。

2.旅游市场细分

入境市场细分包括：

待巩固传统市场：日本、北美、西欧诸国。

待开拓高潜力市场：韩国、东南亚诸国、港澳台地区。

可适度开拓市场：俄罗斯、澳大利亚等国家。

国内市场细分包括：

待巩固传统市场：陕西省内、河南、山东、四川等其他周边省份。

待开发高潜力市场：珠三角地区、长三角地区和北京都市圈。

可适度开拓市场：西南、东北以及中南各省份地区。

（七）城市旅游基础设施建设规划

1.航空与铁路客运服务

开辟新国际航线，发展中远程航线和中转联程航线，增加飞往发达地区或重要目的地的城市（如张家界、九寨沟、宜昌或重庆等城市）国内航班。

铁路提速、开设通往长三角、珠三角主要城市的铁路直达专线。

2.城市道路与交通组织的协调

主要措施：

（1）推进老城步行化工程

在书院门、北院门等特色文化街区逐步完全步行化。

（2）景区与主要道路连接计划

建设、完善连接主要旅游区（点）的城市道路。

（3）西安市游客服务中心

建设西安游客服务中心，完善游客服务体系，全面提高服务水平。

（4）旅游酒店与饭店

调整饭店结构，丰富酒店类型。增加度假公寓、汽车旅馆、家庭旅馆、农家旅舍等多样化的接待设施；鼓励社会旅馆星级化，实现服务设施标准化。

（八）近期建设规划

继续落实在建项目，建设以下16大项目：

1.兵马俑及秦始皇陵国家遗址公园

2.古都中心旅游区

3.唐华清宫御汤国家遗址公园

4.汉长安城国家遗址公园

5.祖庭朝拜系列

6.丝绸之路起点

7.欧亚论坛

8.草堂－东大旅游度假区

9.白鹿塬社火广场

10.隋灞桥遗址公园（送别公园）

11.中华财神故里

12.陕西历史博物馆数字化工程

13.《盛世传奇》大型史诗策划

14.长安古乐经典剧目

15.虚拟唐都

16.潜力项目

生态绿地系统规划

生态环境保护规划

（一）西安生态环境现状

1.气候与大气环境状况。西安地区属暖温带季风气候，夏季高温多雨，冬季寒冷少雨，年降水量3000mm。西安地区南有秦岭阻隔，大气环境受逆温层影响较大，大气中以黄土物质为主的自然飘尘和降尘对大气环境影响明显。

2.自然植被和人工植被状况。西安地区植被种类丰富，区系古老，森林覆盖率达38%。西安地区人工栽培植被主要有大田农作物、蔬菜、果园及公共绿地等类型。

3.水环境和水资源状况。西安属于资源型缺水区，全市水资源总量为26.66亿m^3。人均地表径流占有量310m^3，仅为全省的1/3，全国的1/6。

（二）西安生态环境存在的问题

1.山地、台塬、丘陵植被破坏严重，水源涵养和水土保持能力降低。

2.自然飘尘和二次扬尘严重，环境空气污染明显。

3.水资源短缺和水资源浪费并存，地表水利用率偏低，地下水开采过量。

4.河流水系污染严重，水利设施陈旧，水环境建设滞后。

5.城市生活垃圾处理落后，对环境的破坏和压力严重。

6.生态治理和建设步伐缓慢，边治理边建设边破坏的现象仍然存在。

（三）西安生态环境保护规划

1.规划原则

坚持城市可持续发展原则；坚持城市功能分区与生态环境相协调原则；坚持继承和发扬城市特色原则；坚持城乡生态协调建设发展原则。

2.城镇生态环境发展目标

水资源的供需基本达到平衡；平原区要基本形成点、带、片、网相结合的绿化林和防护林体系；山区和台塬、丘陵生态区全面实行林草植被覆盖；建设和恢复西安泾渭灞湿地；城市绿化覆盖率50%以上，主城区人均公共绿地面积大于9.5m^2；城市空气质量好于或达到二级标准；城市生活污水集中处理率大于85%，工业废水达标排放达到95%，工业用水重复率大于80%。

3.生态功能区划分

以人为本，以产业生态化为基础，建设园林化大都市。根据西安城市生态建设原则、目标和模式，可将西安市划分为三大生态功能区，即自然生态功能区；城市生态功能区和农业生态功能区。

（1）自然生态功能区：以西安市域为主体，包括秦岭山区、渭河与灞河、浐河、沣河、涝河等的下游河段。涵养水源是秦岭生态功能区的主导生态功能，以林草植被恢复和保护治理为主，严格控制开发，保证水源安全。

（2）城市生态功能区：以西安市区为主体，辐射高陵、蓝田、户县、周至等外围城镇；通过调整城市功能和产业布局，培育旅游、教育、商贸、会展及金融等环境友好产业和企业，实施清洁生产，控制污染，加大园林绿化及环保设施建设。

（3）农业生态功能区：主城区以外以农业生态系统为主体的平原与台塬区。严格保护基本农田，发展现代生态农业，大力营造水土保持林、水源涵养林，保护与合理利用水土资源。

4.生态格局

以秦岭北麓浅山丘陵地带、关中平原综合发展地带、渭河干流河谷低洼地带、渭北黄土台塬地带，构成东西方向的横向地域特征带和以灞、浐、泾、沣、涝、滈、潏等南北方向的纵向水系特征带，构成纵横交错的网状生态格局。

（1）遗址保护系统：主要是丰镐遗址、阿房宫遗址、汉城遗址、大明宫遗址和唐华清池、曲江池、秦始皇陵及众多的汉陵遗址等，通过绿化形成景观突出、气度恢宏的大遗址保护区域。这既是对西安历史文化遗产积极有效地继承与保护，同时也构成西安生态城市独具特色的组织部分。

（2）林带绿地系统：主要包括明城垣林带、唐城林带、二环绿化带、三环绿化带、绕城高速公路绿化带、铁路沿线林带等，同时包括曲江林带、兴庆宫公园绿地、乐游塬绿化工程等在内的汉唐园林绿化带，以及神禾塬、白鹿塬、少陵塬等在内的九塬绿化带，形成点线面结合，集中与分散结合的绿地系统。

（3）山水景观系统：西安目前已形成秦岭北麓浅山丘陵地带的森林公园、风景名胜等大型自然游乐区和沿渭水干流的旅游度假区、观光农业区等游览休憩区，规划突出生态效益，保护自然资源的永续利用，将人文景观和自然景观有机融合。

5.生态建设重点

（1）秦岭山地生态环境的保护：搞好秦岭天然林保护工程，提高森林覆盖率，提高山区森林的生态功能；加快秦岭中高山区及浅山区25度以上的陡坡耕地的退耕还林还草，有效控制水土流失工作；有计划地引导山区居民实行生态移民；搞好自然保护区建设，加强自然保护区管理；以生态环境保护为主，合理开发旅游资源。

（2）河流湿地生态系统的保护：实施西安市河湖水系生态化综合整治，加快皂河治理，积极实施产河、灞河城市生态区工程以及泾渭河湿地保护项目，通过对河流河道的改造，使其与城市水体相互联系，形成完整的城市河湖水系，逐步恢复“八水绕长安”的历史景观和河流沿岸的绿化防护林带建设。

（3）环境污染的防治治理：以防治水污染、大气污染、固体废弃物为工作重点。加快水环境污染防治，实施碧水工程，限期减少排放量，提高工业废水治理水平，使排放达标率达到95%以上；加强大气污染的防治，实施蓝天工程，加快天然气汽化三期工程；加大固体污染物防治，改进城市生活垃圾分类收集、回收和处理工作及大型垃圾填埋工程和焚烧综合利用工厂建设；全面推进城市无害化处理设施建设和郊区垃圾处置设施建设；完成江村沟垃圾填埋场二期工程、西安生活废弃物改善工程及中心城市和市区外围的垃圾收集站点建设。

6.河湖水系治理

（1）加强对秦岭水源地、涵养林的保护和建设，提高森林覆盖率，加快秦岭山区退耕还林还草工作。

（2）积极保护沿河水源地，加强河流湿地保护，扩大水域和湿地，形成完善的生态系统。

（3）加强沿河各种污染源的治理，改善水质，恢复和形成完整的城市河湖水系，再现“八水绕长安”的景观。

（4）加快沿“八水”河岸的防护林带建设，建成曲江、浐河城市段、浐灞三角洲交汇区水面、昆明池和各大公园内的人工湖，并沿渭河城市段打造20～30km河岸景观。

绿地系统规划

（一）绿化现状和制约因素

近年来，西安城市绿化建设和生态环境保护工作得到了长足的发展，但是距离国家园林化城市标准尚存在一定的差距。截至2003年末，市区包括现有及在建的公园59个（包括部分绿化广场），公园总面积1143.7hm^2，城市公共绿地面积1267.56ha，年末人均公共绿地面积5.31m^2/人，年末绿化覆盖面积5260hm^2，建成区绿化覆盖率30.06%。

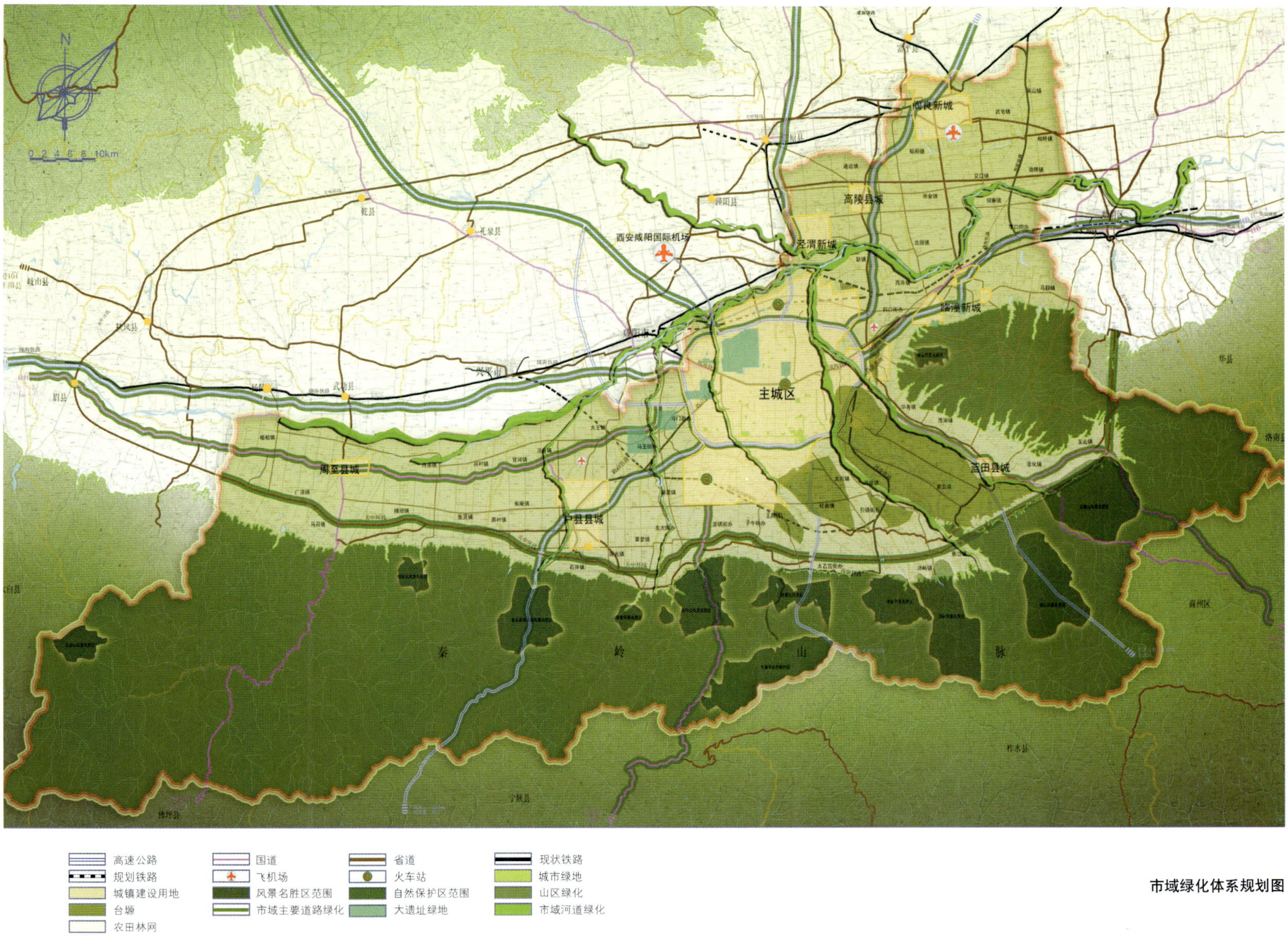

市域绿化体系规划图

西安虽然有很多自然资源方面的优势，但由于城市的发展历史很长，多年的消耗，人口的剧增，城市建设用地的发展，与原有历史自然格局的保护和发扬之间产生了愈来愈多的矛盾，对生态及园林绿地系统的建设产生许多制约因素，主要体现在：

1.西安市域范围内的主要城镇由于近年来城镇化进程的加快，用地日趋紧张，人口密度加大，加速了城市生态环境的恶化。

2.近数十年，城镇建设越来越逼近河岸，沿河湿地大量被蚕食，破坏了周边河流流域的生态基质。

3.城市绿地的增长速度远低于城市建设用地和人口的增长，人与绿化争地的矛盾突出。

4.主城区内绿地匮乏、分布不均、类型不全，周围绿地斑块之间缺乏有机联系，不能形成完整的绿化网络。

5.主城区与城郊自然生态基质的联系通道未得到良好的建设和维护。

（二）市区绿地分类

本次规划中的绿地分类分为公园绿地、生产绿地、防护绿地、附属绿地、其他绿地五个大类。

（三）规划原则和目标

1.规划原则：以前瞻性、系统性、生态性、完整性、均衡性、文化性和可操作性为原则，形成完整的绿地系统规划。

（1）坚持科学合理性的原则，综合考虑、全面安排。

（2）坚持生态优先性的原则和强调可操作性的原则。

（3）强调近期安排与远景目标相结合的原则。

（4）绿地分布均衡，比例合理，形成完整、统一、有机的绿地系统。

（5）园林绿化风格，体现地方文化，强化区域特色。

2.规划目标：到2010年，市区建成区绿地率达到35%，绿化覆盖率达到45%，人均公共绿地面积平均达到10m²；主城区绿地率达到31.7%，绿化覆盖率达到40%，人均公共绿地面积平均达到7m²，进入国家级园林城市行列；到2020年，市区建成区绿地率达到45%，绿化覆盖率达到55%，人均公共绿地面积平均达到12m²；主城区绿地率达到38.5%，绿化覆盖率达到48%，人均公共绿地面积平均达到9.5m²，进入最佳人居城市行列。

（四）规划总体构思

切实保护和改善生态环境，完善城市生态绿化系统，逐步恢复“八水绕长安”的景观：

1.建立外围生态区，加速秦岭北麓绿化，逐步建设秦岭生态区；

2.加强河湖水系周边的绿化带建设，结合八条水系建设绿色廊道，形成城市绿色生态保护带；

3.加强市区公园建设，将文物古迹保护和绿化建设结合起来，凸现古城特色，以多种形式增加绿地景观。

4.加强城市道路绿地系统特别是绿化广场的建设。

（五）绿地系统结构布局

为统筹解决城市规划区内的绿地建设、环境保护与城市发展的矛盾，根据西安城市用地发展条件及特点，规划从："市域—市区—主城区"三个层次构架西安城市绿地系统。

1.市域绿化网络

依托占市域面积45%的南部秦岭山地，建设绿色生态保护区；在主要河流的交汇处划定湿地生态保护区；在北部沿渭河及塬坡建设泾渭林带；在东部临潼以北、渭河以南建设渭河林带；建设洪庆塬、白鹿塬、神禾塬、少陵塬等生态保护区；形成依山抱水的良好生态基质。

从生态环境保护的角度出发，充分利用西安地区的地貌特点，结合城郊旅游业、农业的发展，在区域内建立以水源保护区、自然风景区、各类大中型公园、农田、林地等为主的面状绿地；在主要河流、公路、铁路等沿线开辟带状绿地；完善城、镇、村内部的绿地系统，形成区域的点状绿地。

2.市区绿地系统

以城市三条环路、八条主要河流、十条对外主要交通干道两侧的绿地为主，形成"三环八带十廊道"的绿化主骨架。在主城区与各新区之间建设绿化隔离带。建设以唐城绿带为标志的城市林地系统。规划根据西安市区地形条件以及不同的功能要求，将整个区域划分为风景绝对保护区、风景协调区、城镇建设区、水源涵养区以及绿色生态控制区。

（1）风景绝对保护区：以围绕西安市区的数条河流为中心，沿水边形成自然绿化为主的沿河绿化带，绿地率控制在75%以上；在市中心区的河段，两侧绿带以精致的绿化及城市小品营造大地景观，绿地率控制在65%以上。水源地也属绝对保护区范畴。

（2）风景协调区：是城镇建设区与绝对保护区之间的过渡地带，对其中的人工建设活动加以严格限制，形成高绿地率的区域，绿地率控制在65%以上。

（3）城镇建设区：指分布广泛的建设用地，应通过合理的规划控制其发展规模。加强区内的绿地系统建设，将该区的绿地率控制在35%以上；

（4）水源涵养区：本次规划中在城市水源所在地划定保护区范围，并在保护区周边建设防护林带。在区内实行封山育林，恢复山林植被，严格限制工业发展，积极发展高效生态农业，使森林覆盖率达85%以上。

（5）绿色生态控制区：在城市建设用地的周边，同时又是城乡结合部的敏感地段，建立生态农业和观光农业，结合市域范围内的农田及防护林网等的建设，共同构成市区良好的生态基础。

3.主城区生态绿地系统

主城区内以唐城林带和环城绿带为框架，以水道、绿道将公园、游园、林荫道、专用绿地等串联起来，构成"生态基质—绿色廊道—绿地斑块"相互叠加的复合生态绿地系统格局。在城市不同的功能区之间用绿化带隔离。

（1）依托城市自然山水，营造绿色生态基质

依托城市自然山水，建设"面山环水"的良好生态基质，恢复"八水绕长安"的景观，针对主城区边缘及外部的生态敏感区，营造主城区外围连续且不规则的绿色生态背景。

（2）构筑主城区绿色廊道网络

从西安城市形态结构出发，确定"三环八带"的廊道绿化骨架。三环：指西安市的一环、二环和正在建设的三环绿化景观带，是主城区生态绿地系统的重要组成部分。八带：指依托围绕西安市区八条河流建设的生态林带。

（3）依托主城区整体景观格局，开辟绿地斑块

依托主城区的整体景观格局，均衡布局块状绿地，形成遍布城市的"内小外大、内密外疏"的绿地斑块系统。包括风景公园、市级公园、若干区级公园以及居住区公园、街头绿地、广场、小游园和专用绿地等，共同构成"珠落玉盘"的大地格局。

（六）城市绿地规划

1.公园绿地规划

公园绿地是城市中向公众开放的、以游憩为主要功能，有一定的游憩设施和服务设施，同时兼有健全生态、美化景观、防灾减灾等综合作用的绿化用地。

西安市公园绿地分为市级、区级、居住区级公园三级以及综合性公园、专类公园和开敞绿地三类：

（1）市级公园规划：规划期末，市区内新建设大型综合性公园共10个，包括大雁塔曲江风景区（含曲江旅游度假区、大雁塔广场及大慈恩寺）、汉城水上公园、南郊森林公园、长安芙蓉园、体育文化公园、文景公园、草滩生态园、曲江南湖、大明宫皇家遗址公园、西安生态博览园（含西安市秦岭野生动物园、秦岭植物园、园艺博览园）规划绿地率应不低于75%；

（2）区级公园规划：规划建设若干区级公园，包括（西郊公园、动物园原址改建为综合性公园、纺织城公园、革命公园、儿童公园等）；

（3）居住区级公园规划：建设若干居住区级公园；

（4）专类公园规划：规划建设7个古典园林花园7片（含八仙庵、广仁寺、西五台、卧龙寺、东岳庙、大清真寺及城隍庙）规划绿地率应

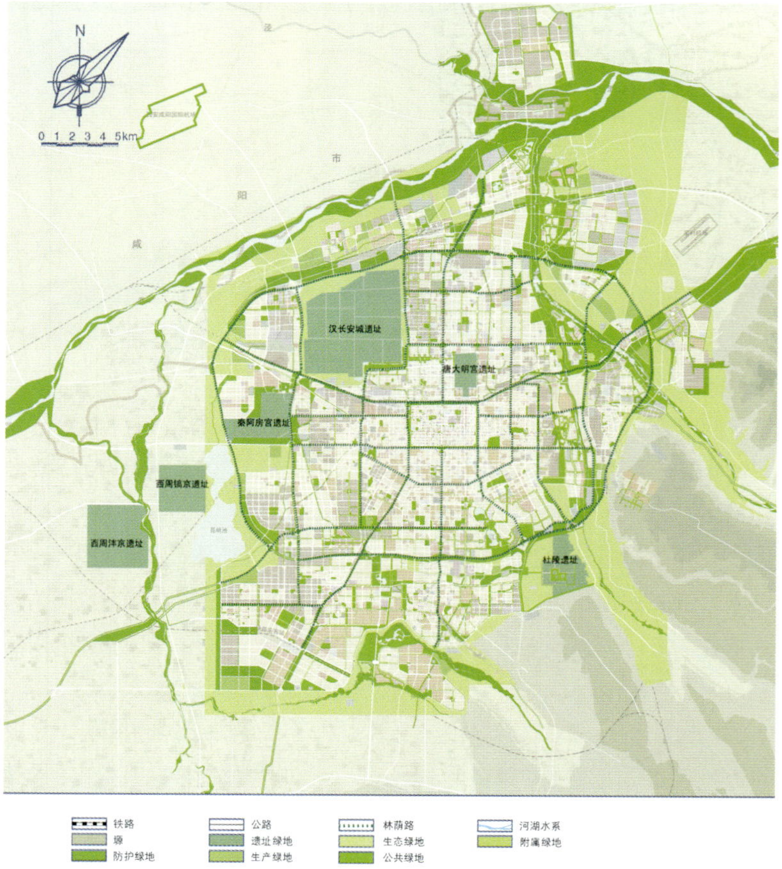

主城区绿地系统图

不低于60%；建设7座历史文化公园（含汉长安城遗址公园、大兴善寺、半坡遗址公园、阿房宫公园、唐城遗址公园、小雁塔历史文化公园、青龙寺遗址公园、阿房宫公园）规划绿地率应不低于75%；

（5）广场规划：在现有城市广场的基础上，新增广场绿地80处。

（6）带状绿地规划：在区域之间、各个片内主要道路两侧，建30m宽带状绿地；沿大庆林带、二环绿带、三环绿带、幸福林带、唐城林带、丰庆路林带、渭河风情线、灞河风情线等建设宽度为200～500m的绿化景观廊道；沿八条河流两侧建设绿化景观廊道。

（7）街头绿地规划：在城市主要道路两侧，按照服务半径的规定，建设若干街头绿地。

2.生产、防护绿地规划

（1）生产绿地规划

生产绿地是指为城市绿地提供苗木、草皮、花卉和种子的圃地。根据《国家园林城市标准》的规定，城市生产绿地的面积应占城市建成区面积的2%。2020年，西安市区生产绿地面积应达到14km²，主城区生产绿地面积应达到12km²，结合植物园和苗圃的建设形成大型苗木基地，同时在周边郊县农村等发展苗木生产，满足城市绿化的苗木供应。

（2）防护绿地规划

防护绿地是城市中用于隔离、卫生、安全和减轻城市公害的防护林带及绿地。2020年，西安市区防护绿地面积56km²，主城区防护绿地面积48km²。

3.附属绿地

旧城区内的绿地率应不低于30%；规划的"高绿地率"地区（高教用地、部队用地、行政办公用地、旅游度假区）应不低于40%；一类居住用地（低层别墅区）应不低于45%；二类居住用地（新建多、高层居住区）应不低于40%；三类居住用地（旧区改造）应不低于30%。

4.道路绿化

注重发挥道路绿化的综合生态效益。城市道路、广场、停车场等绿地率应达到20%～25%以上，道路绿化覆盖率应达到30%～50%。林阴道是城市的"绿化景观骨架"，绿化占道路红线内总宽度的比例，应达到25%以上，宜在25%～40%之间配置。道路绿化覆盖率应达到40%～60%。

5.文物古迹绿化

《西安市历史文化名城保护规划》中涉及的各级文物保护单位及传统街区等应加强绿化，保护古树名木，使其绿地率达到40%以上。对涉及风景名胜区以及人文遗址，绿地率达到70%以上。

6.滨水绿化

在建设区域内水系的两侧，建设宽度30～100m不等的防护绿带，结合湿地保护，同时发展滩涂绿化，形成以防护林带为主，兼有乔、灌、草结合的多层次滨水生态绿地，使绿地率达到65%以上。

7.其他绿地

加强城市生态区、水源涵养林、风景名胜区的绿化建设，在此类绿地的规划中，应着重考虑其与城市建设用地的相对关系，使其对不断扩展的区域类型有较大的覆盖面。

（七）实施绿化规划具体措施

1.法规性措施：西安市关于城市绿化建设的规范性文件，起到法律保障和法律监督作用。

2.行政性措施：明确管理主体、设立专职执法队伍，加强"绿线"管理工作的落实。

3.技术性措施：设立"园林绿化专家顾问组"；提高从事园林事业职工的科研水平和业务素质；建立"园林绿化信息库"。

4.经济性措施：认清园林绿化性质，制定经济对策；在投资体制方面，一方面要充分调动社会各方面的积极性，拓宽融资渠道；培育园林市场，发展园林绿化产业；根据相关绿化生产单位的单位性质、效益状况，采取不同的经济目标和承包方式，以调动基层单位和职工的自主性和积极性。对新建的生产绿地和防护绿地制定优惠与倾斜政策，扶持其发展。

划定禁止和限制建设地区

（一）合理利用土地，建设禁限建设地区

为科学合理地布局城市建设用地，综合生态适宜性、工程地质、资源保护等方面因素，规划将明确划定禁止建设地区、限制建设地区，城市建设用地原则上应在两类用地以外安排。

1.规划将河湖湿地、地表水源一级保护区、地下水源核心区、山区泥石流高易发区、风景名胜区和自然保护区的核心区、秦兵马俑等文物地下埋藏区、四大遗址等保护区、大型市政通道控制带、城市绿线控制范围、河流、道路和农田林网以及城市楔型绿地控制范围等划入禁止建设地区。

2.规划将地表水源二级保护区、地下水源防护区、蓄滞洪区、山区泥石流中易发区、地质环境不适宜区、风景名胜区、自然保护区和森林公园的非核心区、秦岭北麓生态保护区、基本农田保护区、机场噪声控制区等划入限制建设地区。

（二）禁限建设重点区域

1.基本农田：指《西安市土地利用规划》所确定的基本农田；

2.湿地：指浐灞三角洲、泾渭三角洲、沣渭三角洲等两河流域交叉地带；

3.秦岭自然保护区：指按照《全国生态环境保护纲要》和《西安市加强秦岭北麓生态环境保护工作的实施意见》所划定的生态保护范围；

4.生态绿地、河湖水系及历史地貌：指湿地和生产防护绿带、河湖水系的防洪线以内区域、自然塬坡等；

5.大遗址和重点文物保护单位所界定的保护区域：指四大遗址、古陵墓区、寺庙院落等和各级文物保护单位的绝对保护区；

6.地质断裂带：指不适合城市建设的地裂缝和断裂带。

区县规划

蓝田·山水玉石城

蓝田县位于西安市东南，距西安40km。因境内南山产玉，次等美玉称蓝，故名“蓝田”。面积1969km²。辖10镇12乡，519个行政村，5个居委会。人口62.87万。

1.自然状况

地势：由东南向西北倾斜。东南部为秦岭山地，中西部川塬相间，北部是横岭。山地和丘陵分别占总面积的59.7%和20.7%，其余为台塬和河川。县城海拔469m。

气候：蓝田县属温带半湿润大陆性季风气候。年平均气温13.1℃，极端最高气温43.3℃，极端最低气温－15.8℃。年均降水量720mm。无霜期212天。冬春雨量少，夏季常有伏旱，秋季阴雨较多。

河流：境内有灞河、浐河两大水系，两河均呈西北流向，交汇后注入渭河。此外还有清河、辋峪河、汤峪河、岱峪河、库峪河等，皆属灞河、浐河支流。

矿藏：蓝田的矿产资源丰富，主要有钨、钴、铜、金、铀、钛等金属矿产。非金属矿产有煤、泥炭、石棉、石英石、石炭岩、玉石、大理石、白云石等，其中大理石藏量大、品质优，为主要开采、加工对象。而蓝田玉质地坚硬，纹理细密，色泽艳丽，久负盛名。

2.经济

有耕地5.51万hm^2，在抓粮食生产的同时，大力发展油料、瓜果、蔬菜等经济作物。山区发展牛、羊、猪畜牧业，建立商品基地，其中焦岱猪、金山羊名扬关中。有林地面积5.78万hm^2。辋川乡的白皮松是我国名贵风景树种之一，已被移栽北京颐和园、中南海，并东渡日本。中药材有五味子、猪苓、党参、杜仲、柴胡等1100多种。山区有国家重点保护的獐、麝、白鹭等稀有动物，有野猪、熊、豹、狼、野山羊等野生动物。

工业有机械、建材、木材加工、玻璃、光学仪器、食品、造纸等门类。县汽车传动轴厂是中国汽车工业公司定点生产企业，为西北仅有的两个厂家之一，产品行销全国25个省、市。蓝田西安汽车转动轴厂、县饮食服务公司已改制为有限责任公司；县玉石厂，县粮油贸易公司、县食品厂、县招商商场、县木材公司、县面粉厂改制为股份有限公司。蓝田玉享誉中外，近年已成为蓝田的重点开发资源。县工业园区“露特锶”牌矿泉水，水质清澈，甘甜纯正。

3.交通

交通运输以公路为主。西蓝高速公路已建成通车。

4.名胜古迹

主要有蓝田猿人遗址、水陆庵、辋川溶洞、汤峪温泉、蓝关古道、玉山风景名胜区、怀珍坊遗址、鼎湖延寿宫遗址、蔡文姬墓。其中蓝田猿人遗址位于公王岭和陈家窝，1964年被发掘，轰动世界的“蓝田猿人”头骨化石，比北京猿人还古老，距今约90万年到100万年。1982年被列为全国重点文物保护单位。

蓝田玉雕

蓝田玉雕

水陆庵

水陆庵

位于蓝田县东约10km的王顺山脚下，为六朝名刹，以保存古代精巧罕见的彩塑而闻名。水陆庵大殿内的彩色泥塑最为引人注目，有山水桥梁、园林瀑布、亭台楼阁和殿宇宝塔等建筑，有诸佛菩萨、二十四诸天、五百罗汉过海、千人听经图、释迦牟尼涅槃塑像，还有鸟、兽、麒麟等。整体布局严整，惟妙惟肖，充分显示了我国古代巨匠丰富的想像力和高超的雕塑技巧。

壁雕

蓝田规划

城市性质

蓝田县是西安市的旅游度假基地，西安市引进外资的工业基地之一。

城市规模

1. 人口规模：近期人口规模为6.5万人，农业人口为2.6万人，暂住人口为0.3万人，远期为9万人（其中非农业人口为5.4万人，农业人口为3.0万人，暂住人口为0.6万人）。

2. 用地规模：城市建设用地为6.2～6.8km^2，规划区总用地保持在12km^2左右。

规划年限

近期 1998～2002；

远期 2002～2010；

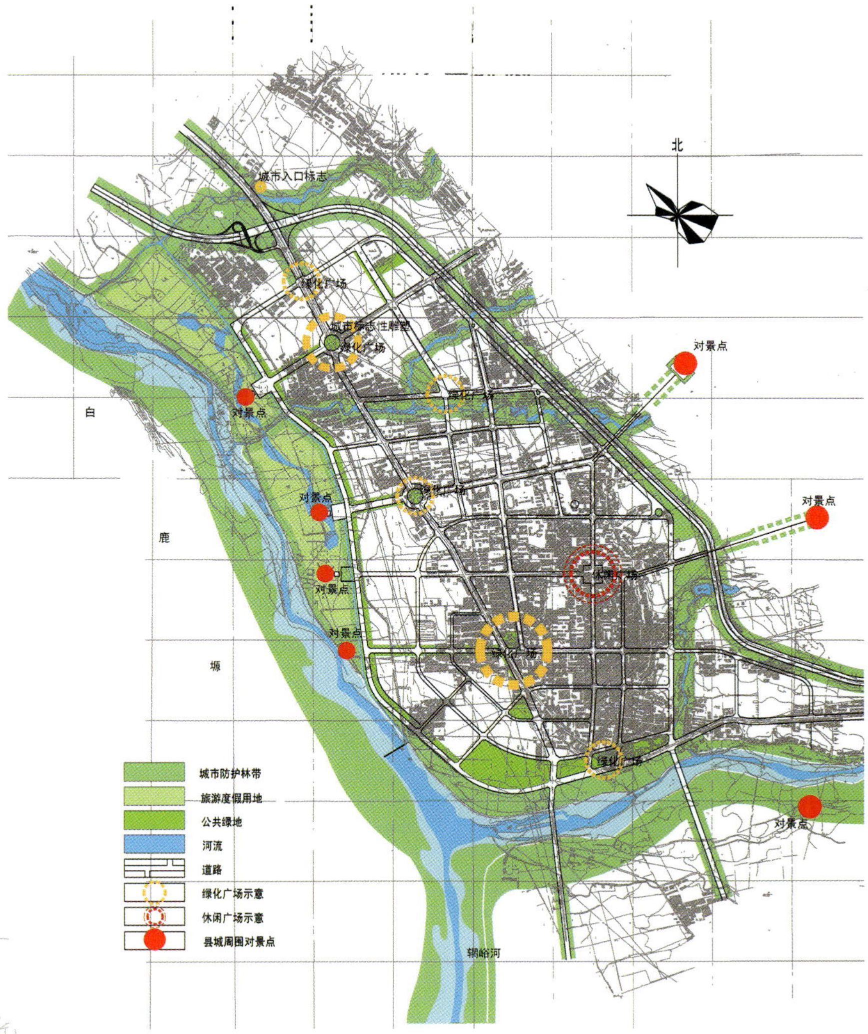

蓝田县县城绿化系统图

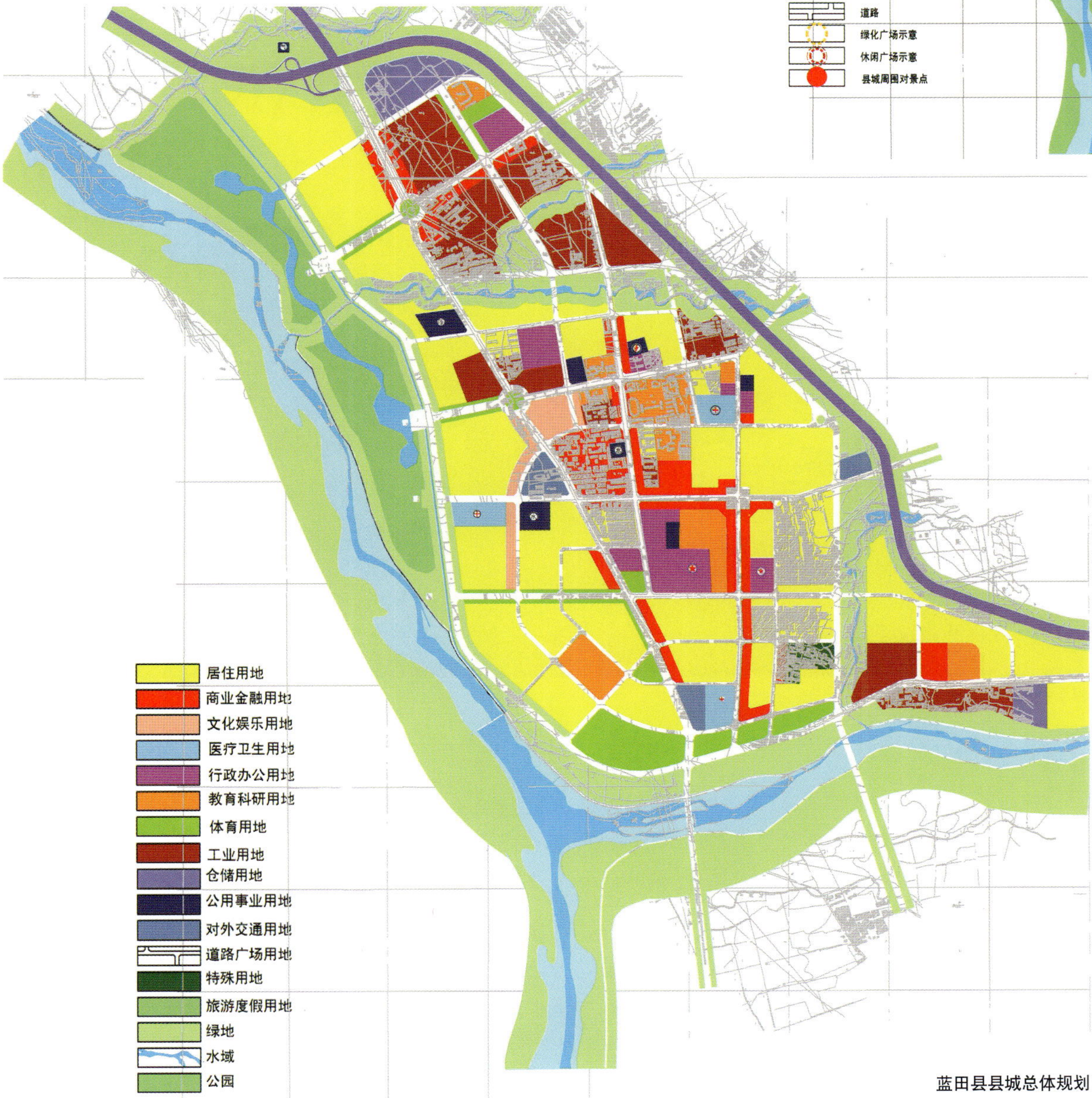

蓝田县县城总体规划

金周至・老子文化城

周至县位于关中盆地南部，南依秦岭，北濒渭河。境内山环水复，迂回曲折。古云："山曲曰盩(音周)，水曲曰厔(音至)，故名"盩厔"。因二字生僻，1964年改为周至。面积2974km²。辖29个乡镇，376个行政村，8个居委会。人口61.6万。

地势：南高北低，跨三个自然地貌单元，依次为秦岭山地、黄土台塬、渭河平原。西部太白山海拔3767.2m，为秦岭第一高峰。县城海拔434m。

气候：属暖温带半湿润大陆性季风气候。因地形高差悬殊，南北气候差异较大。山区属湿润区，平原属半湿润区。年平均气温为13.2℃，极端最高气温42.4℃，极端最低气温－18.1℃。年均降水量650～800mm。无霜期225天。适宜于多种农作物生长。

河流：境内河流密布，较大的有黑河、田峪河、西骆峪河等15条，多为西南东北流向。最大河流黑河，从源到尾都在境内，是本县独具的水系。已建成的黑河引水工程，将黑河水引进西安城区，解决了城市供水问题。

名胜古迹：楼观台位于县城东南18km处的秦岭北麓，是我国道教发祥地之一。台殿内存有唐、宋以来许多著名碑刻。此外，还有仙游寺、法王塔、八云塔、大秦寺塔、老子墓、李颙墓等。仙游寺法王塔因孕育白居易诗作《长恨歌》而闻名遐迩，为全国重点文物保护单位。地处黑河引水工程中心地带，因施工需求，于1998年7月17日国务院副总理李岚清签署首例国家重点文物法王塔整体原样搬迁令。其中大秦寺塔迄今有1300年历史，塔身偏斜，500个风雨春秋不倒，号称"东方斜塔"。

经济：境内有西(安)宝(鸡)、周(至)城(固)、周(至)户(县)、周(至)武(功)4条干线公路和32条县乡公路，总长544.2km。

有耕地4.87万hm²。物产丰富，以"金周至"著称。粮食作物主要是小麦、玉米、水稻，辅以大豆。经济作物主要是棉花、油菜。蔬菜主产辣椒、莲藕。果品主产苹果、猕猴桃。是我省粮棉和土特产的重要产区之一。周至是农业部列为全国惟一的猕猴桃农业标准化示范县。周至猕猴桃远销乌拉圭、巴西、阿根廷、智利等国。全县建成水库8座，机井5334眼，整治河道12条，平整土地约8667万hm²。林地面积15．9万hm²，广布于秦岭山区。主要树种有华山松、冷杉、桦、杨、漆等。山货土特产主要有生漆、漆木油、桑蚕茧、蜂蜜、松香、橡子、百合、木耳和扫帚，以及潼蒺藜，党参、山萸肉、大黄、黄连、天麻、柴胡、伏苓等210多种中药材。金丝猴、羚牛产于太白山区，为国家保护的珍贵动物。

周至地方工业已形成造纸、机电、化工、食品、建材五大支柱产业，并以市场为导向，陆续生产出一批独具地方特色、走俏海内外的名优产品。周至县已跨入全国黄金生产百强县。

楼观台

楼观台

楼观台

陕西省重点文物保护单位。位于西安城西南周至县楼观台乡终南山北麓。是全国著名的道教胜迹。相传周大夫、函谷关令尹喜曾在这里结草为楼，精思至道，称"草楼观"。后来老子西游入关，在楼南高冈筑台，讲授《道德经》，故又称"楼观台"、"说经台"。唐武德七年(公元624年)李渊改楼观台为宗圣宫。唐玄宗尊崇道教，把宗圣宫改称宗圣观，大加营建。唐代修筑的台、殿、阁、宫、亭、塔、洞、池、泉等有50余处。北宋端拱元年(公元988年)改称顺天兴国观，元中统二年(公元1261年)改称宗圣宫。金、元、明屡有修葺，清康熙二十年(公元1681年)重建。现存说经台、炼丹炉、吕祖洞、宗圣宫、显灵山、衣钵塔、化女泉、仰天池、老子系牛柏和银杏树等。并有石牛、石狮，碑、碣70余通，欧阳询的隶书《大唐宗圣观记碑》、苏灵芝的行书《唐老君显见碑》以及米芾行书"第一山"最为著名。唐宋以来文人学士如欧阳询、岑参、王维、李白、白居易、苏轼、韩琦、米芾、赵孟頫等均在此游历并题咏留念。

周至规划

城市性质

周至县是全国著名的猕猴桃之乡，西安的卫星城，重要的旅游产业发展区，具有发展轻工、商贸业广阔前景的现代化城镇。

城市规模

（1）人口规模：县城人口规模近期为7.0万人，远期为8.5万人。

（2）用地规模：用地规模近期为630hm^2，远期为765hm^2。

规划年限

1998～2015年

城市职能

（1）周至县城是县域中心城市，是全县的政治、经济、社会、文化、科技、教育、信息、交通、通信发展中心，是推动全县工业化市场化和城镇化的基地和主要载体。

（2）周至县城是西安市域西部重镇，有西宝南线与108国道在此交汇，为西安外环线的重要组成部分，是通往陕南、川陇的交通门户之一。

（3）周至县城是西安市的卫星城市，直接受西安经济的辐射和吸引，承担疏散市区工业企业，供应市区农副产品的职能。据对周至县城每天发往县内外客车班次的调查，县城每天共发车417.5班次，其中县外292.5班次，占70.06%。县内125班次，占29.94%。每天发往西安客车高达248班次，占发往县外班次数的84.79%，可见其与西安市的联系紧密程度。其余客车发往眉县20班次，发往咸阳、宝鸡、户县各6班次，武功5班次。

（4）周至县城在县域经济社会发展中，发挥着多种产业化的指导和服务基地的职能。“四大”优势资源的开发、利用，县城为领导指挥中心，矿产品深加工，旅游服务，果品营销，水资源保护管理，科技信息服务的基地。

（5）周至县城是县域工业企业的重要集中地，除现有工业外，具有发展保健食品、旅游商品、医药化工和高新技术产品的良好前景。

周至县县城总体规划总平面

银户县·农民画乡

户县位于西安市辖域西南部，县城据西安市中心36km。汉代始设鄠（音户）县，1964年因"鄠"字生僻，改为"户"。面积1174km²。辖11镇5乡，512个行政村，29个居委会。人口56.47万。

地势：南高北低。地貌分为两大区。南部秦岭山地占全县面积的56.1%；北部平原占全县面积的43.9%，分为秦岭北麓山前冲积扇、扇缘洼地、黄土台塬、渭河阶地及河漫滩地，是户县的农作区。

气候：属温带半湿润大陆性季风气候，四季冷暖干湿分明。年平均气温13.5℃，极端最高气温43.0℃，极端最低气温-16.9℃。平均降水量627mm。无霜期219天。光、热、水资源丰富，适宜发展农业生产和多种经营。

河流：境内有西南东北流向的涝峪河、新河、太平峪河、高冠峪等4条较大水系，为平原地下水补给形成水网，有利于农业灌溉。

矿藏：有金、银、铁、铜、锡、水晶、石灰石、石墨等。

经济：有耕地4.1万hm²。以粮食作物为主，小麦、玉米是当家品种。户县农业综合开发工程被推荐为国家和省级优良工程。开发吨粮田1.26万hm²，吨粮乡镇6个，推广良种3667hm²。粮食总产达31.62万t。"户单"系列玉米良种获科技进步一等奖。经济作物以棉花、花生、烤烟、蔬菜为主。同时，大力发展养殖业，1987年该县被定为全国商品瘦肉型猪基地县和省笼养鸡基地县。通过治山治水和农田基本建设，已建成水库、池塘、抽水站多处，水田及水浇地占耕地面积的90%。平原地区基本实现了水利化。林业发展迅速，基本形成平原以营造方田林网为主，山区以封山育林、造林和抚育相结合的生产体系。中药材110余种，是我省附子的主要产区之一。主要野生动物有羚牛、苏门羚、青羊、林麝、黑熊、野猪等。户县素有"银户县"之称，以"农民画乡"饮誉中外。户县农民画1998年再度进京展出，其中3幅作品作为礼物分送中央电视台和文化部。农民画受台湾同胞之邀，首次赴台展出，深受欢迎。

工业门类有电力、机械、化学、建材、食品、造纸等10余种。既有中央和省属的化工、热电、仪表等厂，又有县办的农机、氮肥、建材、玻璃、面粉、电子、造纸、制药等厂。

交通：境内除西户、咸户公路南环（周至县—户县）和西户（下）铁路外，还有纵横交错的主干公路，工厂、科研单位专线和县乡公路、生产路，交通十分方便。西户高速公路正在建设之中。

名胜古迹：祖庵镇重阳宫内有元代石碑31通。县城东南的草堂寺保持着唐代修建的鸠摩罗什舍利塔和圭峰禅师碑等珍贵文物。著名风景名胜有渼陂湖、高冠瀑布、九华山、万华山、清凉山等。名胜古迹还有王季陵、陈平墓、王九思墓、敬德塔、文庙、钟楼、公输堂、太史桥和黄堆村遗址等7处遗址。

户县农民画

户县农民画

户县规划

城市性质

户县城区是全国农民画创作交流中心，西安高新产业西南方向的集合地，西安市中心城市新兴的健康居住区。

城市规模

（1）人口规模:近期人口规模22.8万人，远期人口规模38.0万人。

（2）用地规模:城市建设用地为35.5km²，规划控制面积为112.7km²。

规划年限

近期 2003～2008年;

远期 2008～2015年。

发展目标和战略

（1）发展目标：国内生产总值年均递增14%，全社会固定资产投资增长30%，地方财政收入年增长10.1%，社会消费品零售总额年增长10%，城镇居民可支配收入和农民人均纯收入年分别增长5%和6.3%，符合政策生育率98.5%。

（2）发展战略:立足西安，深化改革，扩大开放，科教兴县，合理布局，协调发展。充分利用户县现有工业优势，提高工业整体水平，重构工业新格局，发展高科技农业；建设“三区四带”，培育“六大经济支柱”，高举工业振兴大旗，以沣京工业园发展为重点，以秦祖路城镇经济带为轴线，以草堂旅游度假区和渭河现代生态农业示范区为两翼，非公经济、旅游三产、高科技现代农业、城乡建设四轮驱动，三个文明和社会各项事业统筹发展。努力实现经济运行质量有新的提高，投资环境有新的改善。解放思想，求真务实，真抓实干，为全面建设小康社会而努力奋斗。

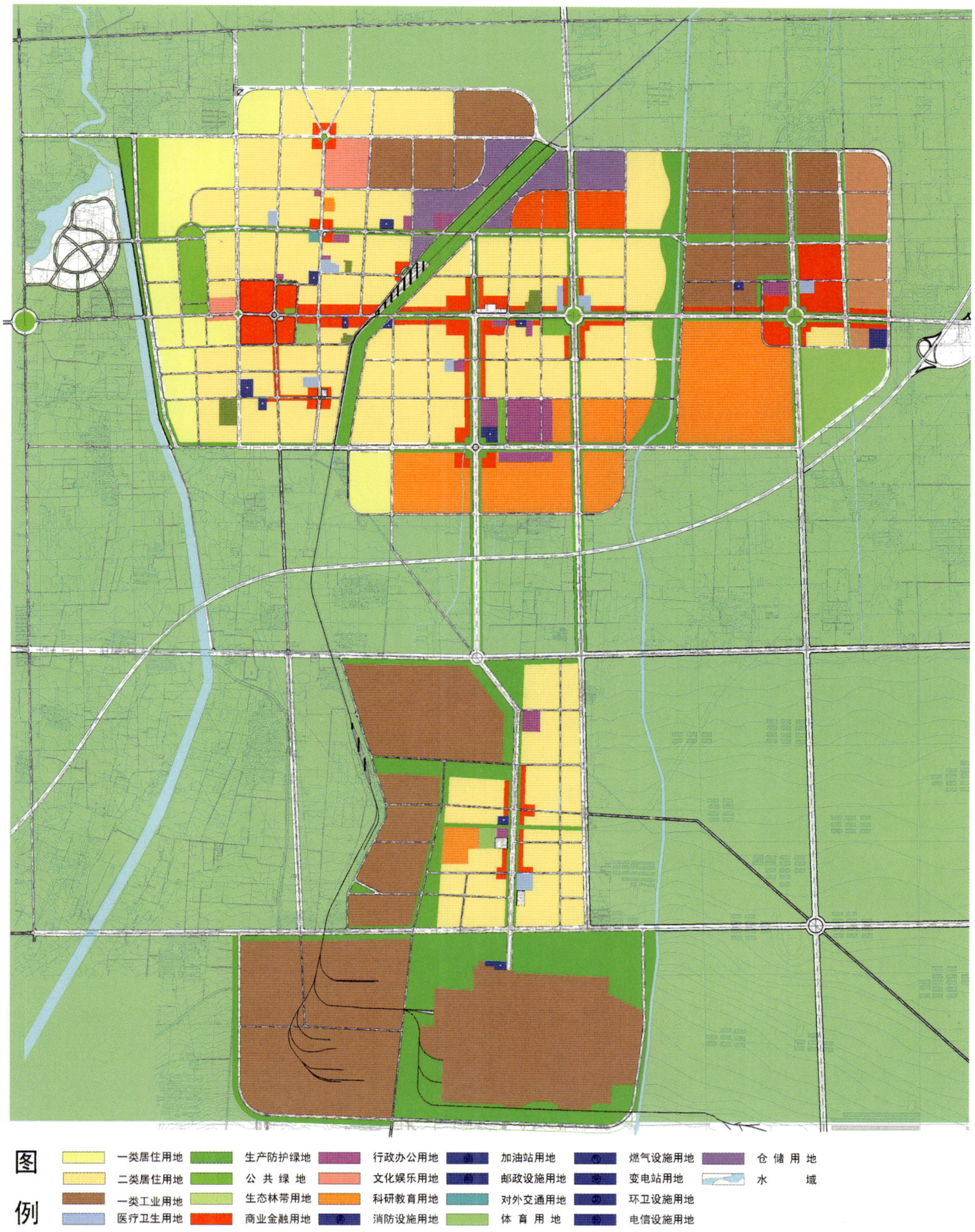

户县城区土地利用规划

高陵·泾河产业城

高陵县位于关中平原腹地，西安市辖区北部，县城距西安市中心33km。高陵县名始于周代。因境内有奉正原，横亘于南，原体高隆，状若土山，故名高陵。面积290km²。是我省面积最小的县。辖4镇4乡，87个行政村，1个居委会。人口23.38万。

地势：宽阔平坦，自西北向东南倾斜。海拔最高414m，最低357m。县城海拔380m。

气候：属暖温带半湿润大陆性季风气候。年平均气温13.2℃，极端最高气温41.4℃，极端最低气温-20.8℃。年均降水量537mm，多集中于7～10月。无霜期212天。作物为一年两熟或两年三熟。

河流：县境南部有泾河与渭河，均由西向东流。泾河流经县境13km，渭河在境内流长22.5km。境内再无其他河流，大部地区为人工渠。地下水丰富，是本县农田灌溉和人畜用水的主要来源。

经济：有耕地2万hm²。粮食作物以小麦、玉米为主，高粱、红薯次之。经济作物有棉花、油菜、麻、蔬菜、瓜果，以棉花为大宗。畜牧业形成以养鸡为龙头，多品种饲养的格局。高陵县是陕西省粮食生产基地，属省市蛋、肉、奶商品生产基地。被誉为“三甜”的土特产有耿镇的大西瓜、杨官寨的“豁口桃”、尖滩的红萝卜。全县果林面积达2906hm²。已建成较完善的排灌系统，抽水站11座，灌溉井3166眼，排水干支渠22条，总有效灌溉面积占耕地面积的96.9%，旱涝保收面积占耕地面积的94.5%，属全省各农业县之首。同时，因地制定，积极改进耕作技术和耕地管理制度，引进优良品种，粮食亩产超过千斤，为国家做出了贡献，是全省农业生产较好的县之一。近几年，高陵县大力调整农业生产结构，全身心发展新产品新品种培育，努力提高农民收入。2002年高陵县梨枣大面积喜获丰收，形势看好。

工业已形成食品、纺织、缝纫、化学、机械、家具制造、造纸及纸制品等门类。主要产品有食油、饮料酒、化肥、机砖、水泵、电动机、滚动轴承、脱粒机、和面机、粉碎机等。泾河工业园区是高陵县实施开放带动和经济发展的重点，已投资800多万元。加快基础设施和配套服务设施的建设，为引资企业入区创造和提供良好保证。

交通：境内道路四通八达，交通方便。西有咸铜铁路和西三一级公路，咸阳机场专用路，东有西禹公路穿过。以县城为中心有高（陵）三（原）、高（陵）永（乐）、高（陵）茹（家）、高（陵）交（口）柏油公路多条。西阎（良）高速公路已建成通车。

名胜古迹：昭慧寺塔位于县城东南塔底田家。县南渭桥村有唐西平王墓碑（三绝碑之一）。此外，“泾、渭分明”的自然景观闻名遐迩。名胜有唐代李晟碑、唐代高陵塔、唐代东渭桥遗址等。

高陵规划

城市性质

高陵县是西安以化工、旅游、城郊型农业为主导产业的卫星城。

城市规模

（1）人口规模：2020年末人口发展规模达到84728人。

（2）用地规模：城市建设用地为10km²。

规划年限

近期 2003～2010年；

远期 2010～2020年。

发展目标和战略

（1）发展目标

土地利用目标：珍视现有土地资源，强化农村土地集约化利用，保持城市土地相对集中，提高土地资源和建设资金的使用效率。根据城内各段的用地条件，合理布置各类城市用地，最大限度地利用土地资源。

住房发展目标：住宅区建设应高标准、高起点，严格控制人口规模和用地规模，重视各类配套设施的建设。新区建设和老区改造相结合，尽可能依托老区既有的设施和发展条件，加快新区建设，农村居民点尽可能就地改造，全面完善市政设施，社会服务设施。注重环境建设，突出田园风光。

（2）发展战略

经济发展策略：建立以工业和生态型农业为主导产业，并具有发展农副产品加工业、旅游业、服务业、食品制造业良好前景的现代产业体系。

社会发展策略：提高城市化水平，优化人口结构，提高人口素质，发扬传统民族文化，培育现代城市文明，依法治市。

环境发展策略：以回归大自然为目标，以可持续发展为原则，调控人与自然的关系，使城区和自然环境相互交融，城市建设在不损害生态环境的基础上，进行资源与环境最有效、最合理的分配和利用。

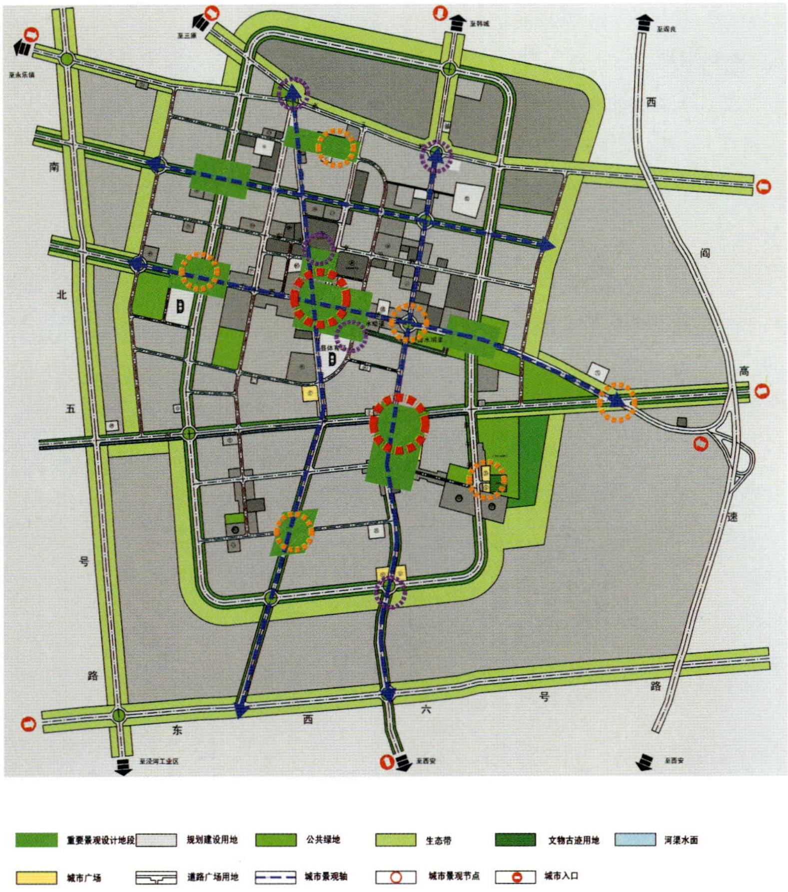

高陵县城绿化系统及景观规划图

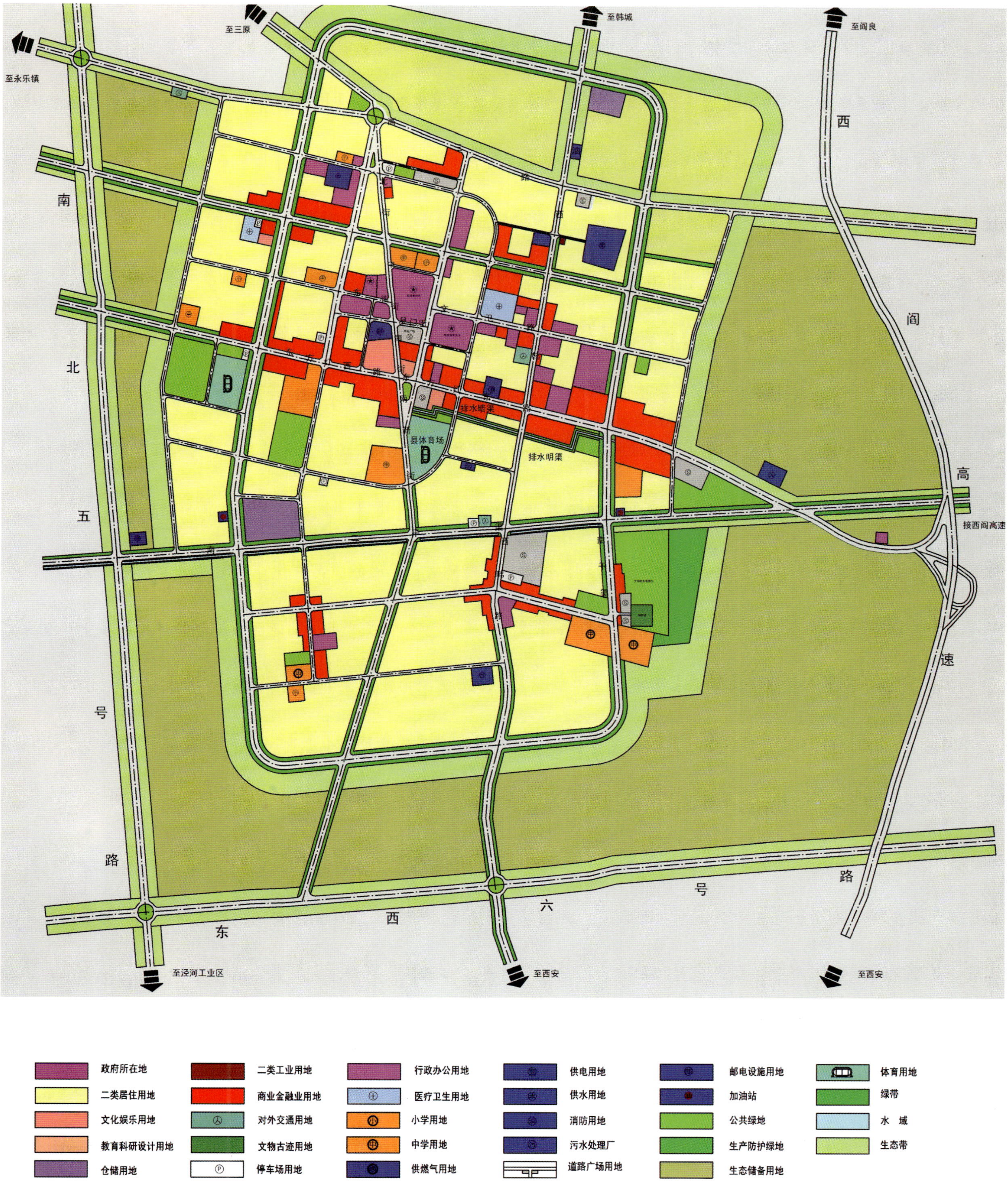

高陵县城土地利用规划图

临潼·国际旅游城

临潼区位于渭河平原中部，西距西安市30km。因城东有临河，西有潼河，故名临潼。面积892.5km²。辖10镇7乡，6个街道办事处，285个行政村，7个居委会。人口67.10万。1997年撤县设区。

地势：南高北仰、中间低。境内有山、有塬、有川，以川为主，分为骊山丘陵区、渭河南黄土台塬区、山前冲积扇区和渭河冲积平原区四类。南部骊山最高处海拔1302m。城区海拔500m。

气候：属暖温带半湿润大陆性季风气候，四季干、湿、冷、暖分明。年平均气温13.1℃，极端最高气温41.9℃，极端最低气温-17℃。年平均降水量555mm。无霜期219天。适宜于多种农作物种植。

河流：渭河境内流长36.5km，主要支流，北有石川河（含支流清河），南有零河、戏河、玉川河、沙河、五里河，临河（含支流潼河）、三里河、韩峪河。

矿藏：骊山自古有“山阳产玉，山阴产金”之说。主要有铁锰矿、黄金矿、长石矿。此外，还有石英岩、冰川石、白云母、高岭土、石墨等。骊山西麓温泉发展沐浴、疗养事业得天独厚。

经济：有耕地7.4万hm²。粮食作物以小麦、玉米为主，次为谷子、豆类、红薯等。经济作物以棉花为主，芝麻、花生、大麻次之。农业生产的迅速发展，使临潼区成为陕西省商品粮基地之一。养殖业以养牛、羊、猪为主。渔业发展较快，成为陕西省养鱼基地之一。在农田建设中，修成零河、戏河等水库，农业机械化和农田水利建设都有很大发展。境内有天然林580余hm²。所产石榴、柿子、枣号称临潼“三宝”，以历史悠久，品质优良而誉满中外。农业产业化趋势开始显现，形成以粮、石榴、草莓、菜、奶牛、肉牛羊、瘦肉型猪、笼养鸡、鱼、蔬菜种植为重点的十大产业基地，出现了“公司+农户”和“产供销一体”的外向型产业。中草药有柏子、柴胡、黄芩、苍术等，近年引进的薏米、川芎、白术、除虫菊等生长良好。

工业门类有建材、电子、机械、食品、化工、针织、木器制造、金属制品等。一些电子、机械产品和美术工艺品，已进入国际市场，许多轻工业产品和食品在全国和省市获得名优产品称号。

交通：境内交通方便。有陇海线、西（安）韩（城）线两条铁路过境。公路有国道西（安）潼（关）公路，省道渭（南）富（平）公路，区道临（潼）马（额）公路，区乡公路254条。西潼高速公路310国道并行穿越临潼区而过。

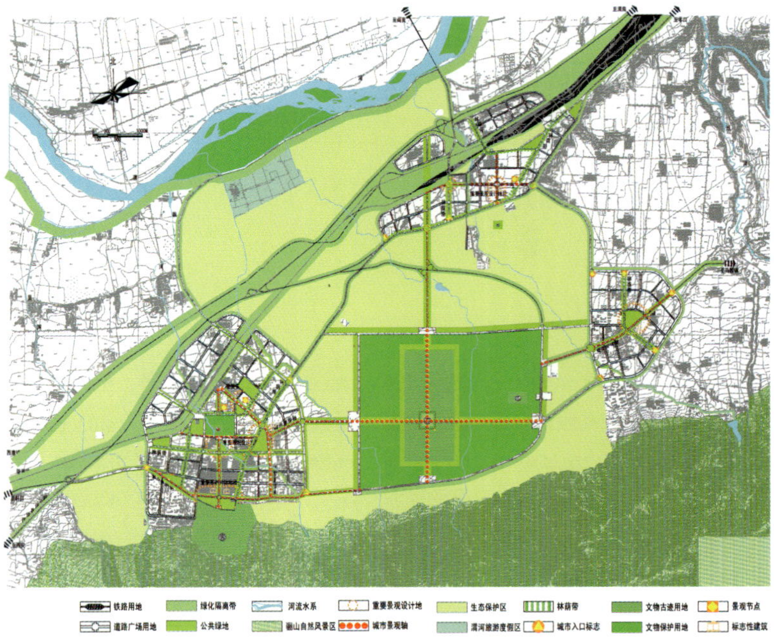

名胜古迹：骊山风景名胜区位于城南0.5km处，是全国十大风景名胜区之一。华清池位于骊山北麓，是中外游客的避暑胜地之一，系陕西省重点文物保护单位。秦始皇帝陵在城东4km处，陵高76m，周长2000m，系全国重点文物保护单位，1978年被联合国教科文组织列入“世界文化遗产名录”。陵区东部有规模宏大的兵马俑博物馆，又被誉为“世界第八大奇迹”。

古迹还有姜寨遗址、唐代华清宫遗址、西安事变旧址、白家遗址、康家遗址、西段遗址、扁鹊墓、秦东陵、鸿门宴遗址等。

临潼规划

城市性质

临潼是世界著名历史文化名城西安的重要组成部分，以自然风景、历史文化及文物旅游为特征的现代化国际旅游城市。

城市规模

（1）人口规模

近期人口规模12.3万人：其中骊山分区7.5万人，代王分区2.1万人，新丰分区2.7万人。

远期人口规模19万人：其中骊山分区11.4万人，代王分区3.3万人，新丰分区4.3万人。

（2）用地规模

2005年城市建设用地为15.41km^2：其中骊山分区8.29km^2，新丰分区4.83km^2，代王分区2.29km^2。人均建设用地110m^2。

2020年城市建设用地为24.56km^2：其中骊山分区13.7km^2，新丰分区6.96km^2，代王分区3.9km^2。人均建设用地指标控制在119m^2。

发展目标和战略

通过合理规划和建设，将临潼区建设成为历史文化内涵深刻，自然环境风貌独特，生态环境良好，用地布局合理，基础设施完善，城市特色鲜明的开放、文明、富裕的国际旅游城市。

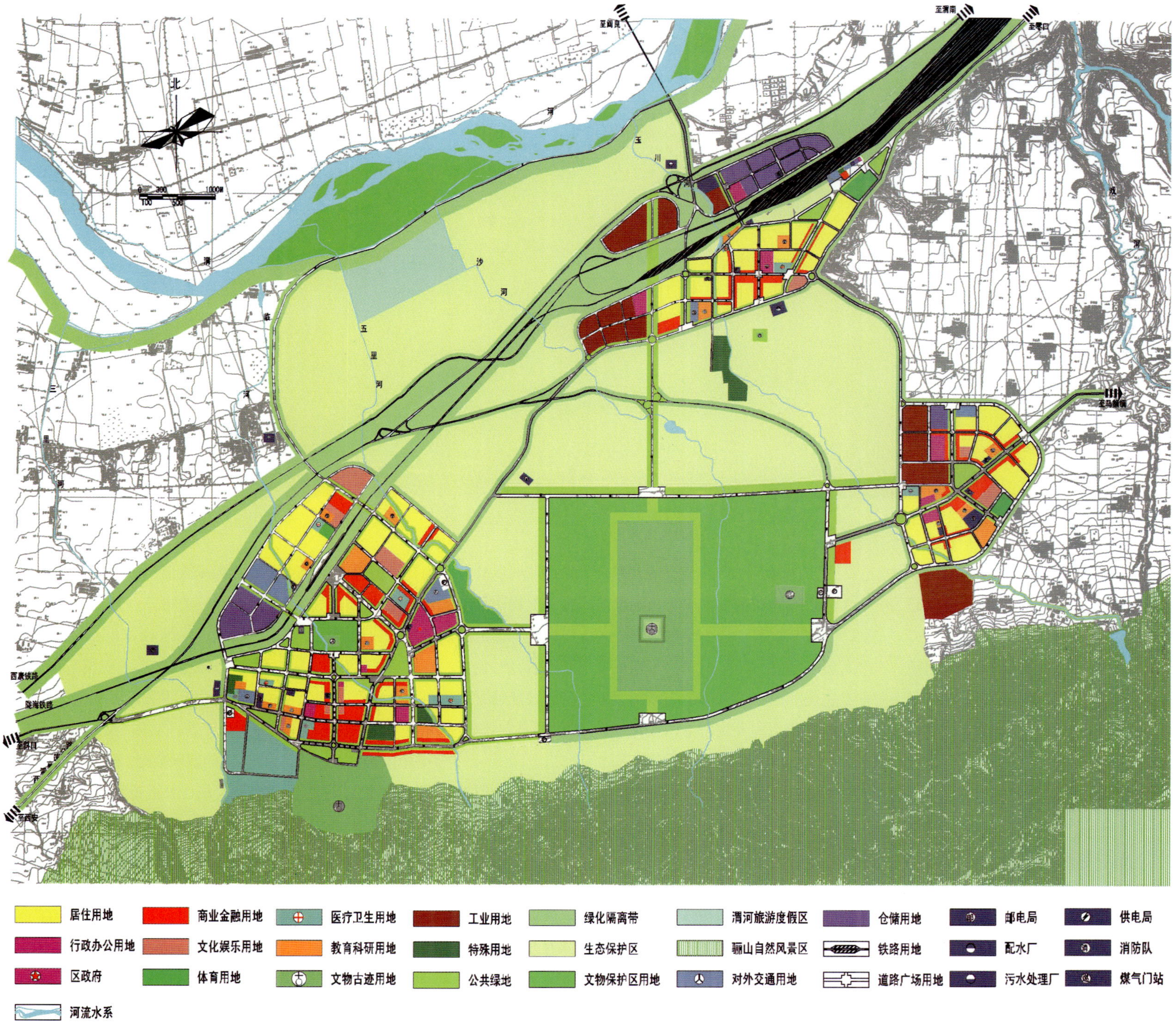

临潼区总体规划

"四区一基地"规划

综述

科技陆水景

2004年，西安市开发区建设按照"国际化、市场化、人文化、生态化"的发展理念，加大了招商引资力度，加快了园区建设步伐，全面超额完成了各项目标任务。为加速浐灞河治理开发，成立了西安市浐灞河综合治理开发建设管理委员会，阎良国家航空高技术产业基地也获得国家发改委的批复设立，加上西安曲江新区和原有的国家级西安高新技术产业开发区和西安经济技术开发区，形成了"四区一基地"的开发区新格局，成为西安科技成果转化的中心基地、对外开放的窗口和促进经济发展新的增长点。

西安高新技术产业开发区1991年3月经国务院批准为国家级高新区，并被科技部评选为全国十大先进高新区之一，是国家"十五"期间重点建设的5个国家示范高新区之一。1997年，国务院批准西安高新区为我国首批4个对亚太经济合作组织（APEC）成员特别开放的高科技园区之一。2002年，西安高新区被联合国工业组织考察认定为中国6个最具活力的城市区域之一。近年来，高新区加快新兴工业园、国际软件产业园、科技创业研发园和中央商务区等园区建设，抓紧启动龙头企业培育计划，努力吸引高端人才，重点发展以高技术为核心的电子信息、生物医药和光机电一体化等优势产业，促进了高科技产业集群的形成。目前，西安高新区已成为中国西部地区最大的集科研、生产、商贸、居住、文教、娱乐于一体的高科技工业园区。已有美国IBM公司、荷兰飞利浦公司等46家世界500强和世界著名企业进驻高新区；西安经济技术开发区于1993年9月正式开工建设，2000年2月被国务院正式批准为国家级经济开发区。经开区重点发展交通运输设备制造、机械电子、包装印刷、石油化工和生物医药等优势产业，区内拥有西北地区惟一的国家级出口加工区，是西安市对外开放的窗口，已有日本三菱、美国可口可乐等12家世界500强企业在区内投资，在招商引资、产业发展和环境建设等方面，实现了新的突破；曲江新区实施"文化立区、旅游兴区"的发展战略，积极推进以大雁塔北广场、大唐芙蓉园、不夜城、国际文化论坛等设施为载体的一批文化工程的建设，加快基础设施建设，已成为西安新的旅游亮点；浐灞生态区是西安市加强城市生态环境建设、拓展新的发展窨、完善城市形态的一项重大举措。近年来，浐灞生态区围绕建设生态西安、绿色西安的总体目标，加紧制订区域发展规划和相关政策，依托浐灞河流域丰富的水资源、生态资源和人文资源，高起点、高标准、高质量地建设了一批重大生态和基础设施项目，形成了新的生态、旅游、会展、居住新区；阎良是我国惟一的航空高技术产业基地，有我国最大的军民用飞机研制生产基地 — 西飞集团公司及我国最大的飞机设计研究院 — 中国第一飞机设计研究院。阎良国家航空高技术产业基地基础设施建设的全面启动，将成为西安经济新的增长极。

“四区一基地”作为西安新的城市形态的重要组成部分，在西安经济社会发展中的作用已经日趋显现。它不仅对全市的经济增长有拉动作用，而且对全市的经济贡献也显著增强。从空间布局上看，“四区一基地”覆盖西安东西南北四个区域，其加速发展而形成的增长极，将使西安在各个方向的发展得以带动和辐射。在西南方向发展高新技术产业，加快新兴工业园、国际软件产业园、科技创业研发园和中央商务区四大园区建设；将北边的经济技术开发区建成环境优美、功能齐全的西部现代制造业基地、出口加工基地和经济繁荣的城市新中心；在城市东南部，形成以唐文化和中国传统文化为主题的曲江文化旅游区；在城市东部，依托该流域水资源、生态资源和人文资源，建设一批重大生态和基础设施项目，形成浐灞生态区；在城市东北部方向，建设阎良国家航空高技术产业基地。

近年来，西安贯彻科学发展观，确立了把西安建设成为具有历史文化特色的国际性现代化大城市的奋斗目标，为西安的对外开放注入了新的活力。今年全市安排在建项目120个，年度计划投资200亿元；前期重点项目80个，总投资990亿元。加快工业发展、“四区一基地”建设，是西安市未来发展的增长极与新的城市形态的重要组成部分。高新区重点发展知识密集型的高新技术产业，实现生产总值同比增长30%；经济技术开发区重点扶持商用汽车、机械电子、食品饮料、新材料等支柱产业的龙头企业，生产总值同比增长35%；曲江新区加快以唐文化和地方民俗文化为主题的文化板块建设；灞生态区实施3000亩绿色生态再造工程，启动广远潭二期工程。

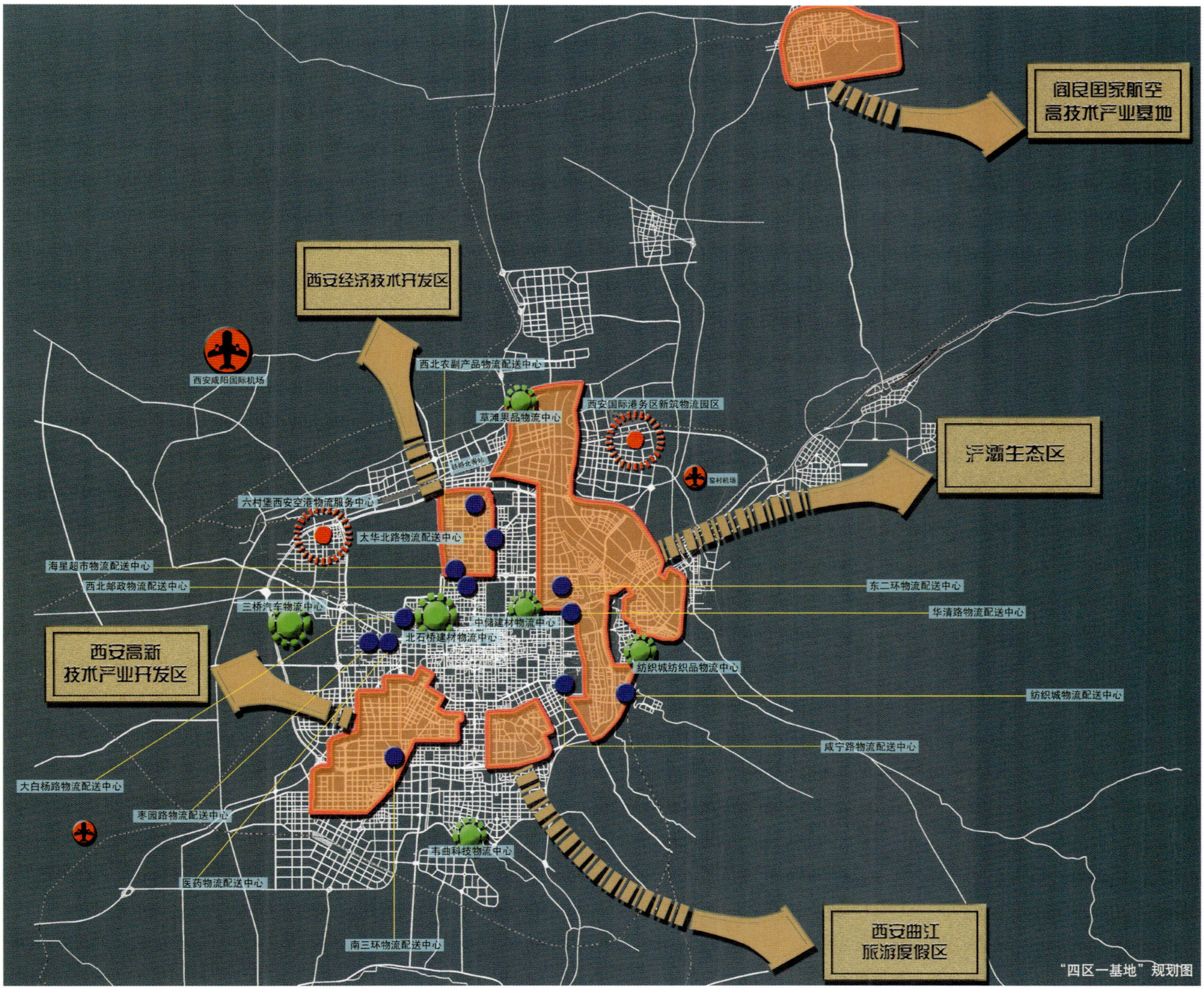

“四区一基地”规划图

西安高新技术产业开发区

西安高新区是1991年3月经国务院首批批准设立的国家级高新技术产业开发区。1994年以来，西安高新区的综合指标一直位居全国53个国家级高新区的前列，多次被评为全国先进高新区，并于1997年经国务院批准率先加入了APEC科技工业园区组织网络；2001年，西安高新区被科技部列为"十五"期间重点建设的五个国家示范高新区之一，并被西安市民以高票推选为"二十世纪西安十大历史事件"之一；2002年12月，西安高新区被联合国工业发展组织考察认定为六个"中国最具活力的城市和地区"之一；2003年12月，西安高新区被评为"中国50家投资环境诚信安全区"。经过十几年的建设与发展，西安高新区成为我国中西部地区人气最旺、环境最优、发展最快的区域之一，并被誉为"关中第九景"。

西安高新区坚持和落实科学发展观，坚持"国际化、市场化、人文化、生态化"理念，各项工作取得显著成效，经济社会发展实现预期目标并保持良好的势头。2003～2005年，西安高新区克服了前所未有的困难，坚持内涵式与外延式并举的发展道路，二次创业取得了较大进展，主要经济指标继续保持了30%以上的发展速度，对西安市经济社会发展做出了新的贡献；高新区产业结构不断优化，主导产业和骨干企业蓬勃发展，企业上市及创建中国名牌取得了新进展；创新了招商体制，壮大了招商队伍，超额完成了市委、市政府下达的招商任务，伊顿、IBM、和记黄埔等30多家世界著名企业成功引进；实施了彩色点亮、立体美化等十项工程，通过了ISO14000国家示范区验收，环境品位大幅提升，园区现代气息、人文特征日趋浓郁，对项目、资金、信息、人才等资源的聚集效应更加明显；科技创新能力进一步增强，成果转化、企业孵化再上新台阶，创业研发园再次受到科技部表彰，软件园荣获"双基地"，航空园被批准为全国惟一的航空高科技产业基地。胡锦涛、江泽民、吴邦国、贾庆林、曾庆红、吴官正、李长春等党和国家领导人曾先后到西安高新区视察。

2005年，在市委、市政府的正确领导下，西安高新区坚持以邓小平理论和三个代表重要思想为指导，用科学发展观统领经济社会发展全局，认真贯彻党的十六届四中、五中全会精神，坚持"国际化、市场化、人文化、生态化"发展理念，按照"招商第一、产业第一、服务第一"的要求，进一步理清发展思路，明确发展方向，采取有力措施，狠抓大项目招商，狠抓产业促进，狠抓开工建设，狠抓自主创新，狠抓人才年活动，在招商引资、产业发展、园区建设、环境优化、自主创新、和谐社会建设等方面取得显著成就，全面出色地完成了市委市政府下达的各项任务，主要经济指标继续保持了30%以上的高速增长。

——据快报统计，全年实现营业收入1042.3亿元，同比增长30.13%；

——实现生产总值270.11亿元，同比增长30%；

——完成工业增加值215.38亿元，同比增长30.53%；

——完成固定资产投资106.25亿元，同比增长32.8%；

——完成合同外资4.16亿美元，同比增长37%，占全市实现合同外资总额的34.2%；

——实际利用外资1.984亿美元，同比增长38.6%，占全市实际利用外资总额的34.7%；

——实现全口径出口创汇5.27亿美元，同比增长31.6%；

——企业实缴税金总额35.66亿元，给全市财政贡献9.17亿元。

14年来，西安高新区按照高新技术成果商品化、产业化和国际化的宗旨，凭借西安的综合科技优势和基础工业优势，从实际出发，大胆探索，通过体制创新和技术创新，有效激活了本地的科技资源，形成了突出的技术创新能力和资源聚集能力。西安高新区已成为基础配套设施完善、运行机制先进高效、技术创新成果显著、生产力要素市场活跃、科技产业蓬勃发展的现代化新城区，成为陕西省建设"一线两带"的创业先锋、西安最大的经济增长极和对外开放的窗口。

一期鸟瞰

一期鸟瞰

高科夜景

西安高新技术产业开发区二次创业总体规划

1.规划目标

根据“二次创业”总体方案，“二次创业”的总体目标是要把西安高新区建设成为：国际知名的科技园、国内一流的高新区、中西部最大的科技产业城。为了实现这一目标，规划确立了以下的目标：

（1）规划目标一：最具活力的城市地区之一

①开放的城市

主动参与国际分工，功能定位高起点，按照国际化标准建设高新技术产业区以及各项城市设施；

②创新的城市

塑造开放的城市形象，打造区域文化与城市品牌，创造激励创新的物质环境。

（2）规划目标二：最吸引投资、人才和技术的城市地区之一

①适宜居住的城市

创造以人为本的居住环境，吸引高层次人才创业定居；

②高效的城市

提供高效率的城市运行机制与高标准的基础设施，吸引技术与投资。

（3）规划目标三：可持续发展的城市

①生态的可持续发展

保护生态环境，利用山水资源，重视绿化建设，实现生态的可持续发展；

②经济的可持续发展

高效利用土地资源，培育产业集群，实现经济的可持续发展；

③文化的可持续发展

延续千年古都精神，挖掘西安城市文化品格，创造独特城市魅力，实现文化的持续发展。

2.发展规模

高新区现状用地规模约为$19km^2$，根据概念规划中的预测，高新区为了在二次创业中实现其经济目标，需要新增用地$45km^2$左右。另外考虑到安置农民所需要的居住和产业用地，因此到规划期末，高新区二次创业新增用地约为$57.26km^2$。

3.规划年限

西安市委市政府决定从2003年开始，用八年左右的时间在西安高新区开展“二次创业”，本规划的年限应当与其衔接。但是考虑到“二次创业”所涉及的用地范围较大，难以在2010年以前全部纳入城市总体规划并实施，而且规划应当具备一定的前瞻性和弹性，因此本规划适当延长了年限，以2006年作为近期，2010年作为中期，2020年作为规划期末。

4.规划职能

（1）高科技制造与研发职能

作为国家级高新技术产业开发区，西安高新区的主要职能是高新技术的研发与应用，在电子信息产业、软件产业、生物医药产业、光机电一体化及新材料产业等领域，承担高新基础产业研发创新、孵化创业、转化辐射等职能，是我国中西部重要的高新技术研发中心、成果转化中心和高新技术产业化基地。

（2）金融商贸和产业服务职能

作为城市发展的主要方向，为了和城市中心商务区形成集合与互补优势，西安高新区将以现代金融、中介、咨询、国际会展等生产服务业为主导功能，既为高新技术产业发展提供完善的服务体系和创新环境，又可以促进西安市第三产业内部结构的完善和提升。

（3）居住与社会服务职能

作为西安城市的结构性拓展，西安高新区还承担着引进人才和新增人口、疏散旧城人口的居住功能，并且为居住其中的市民提供文化休闲和商业服务等社会职能。

丰庆公园

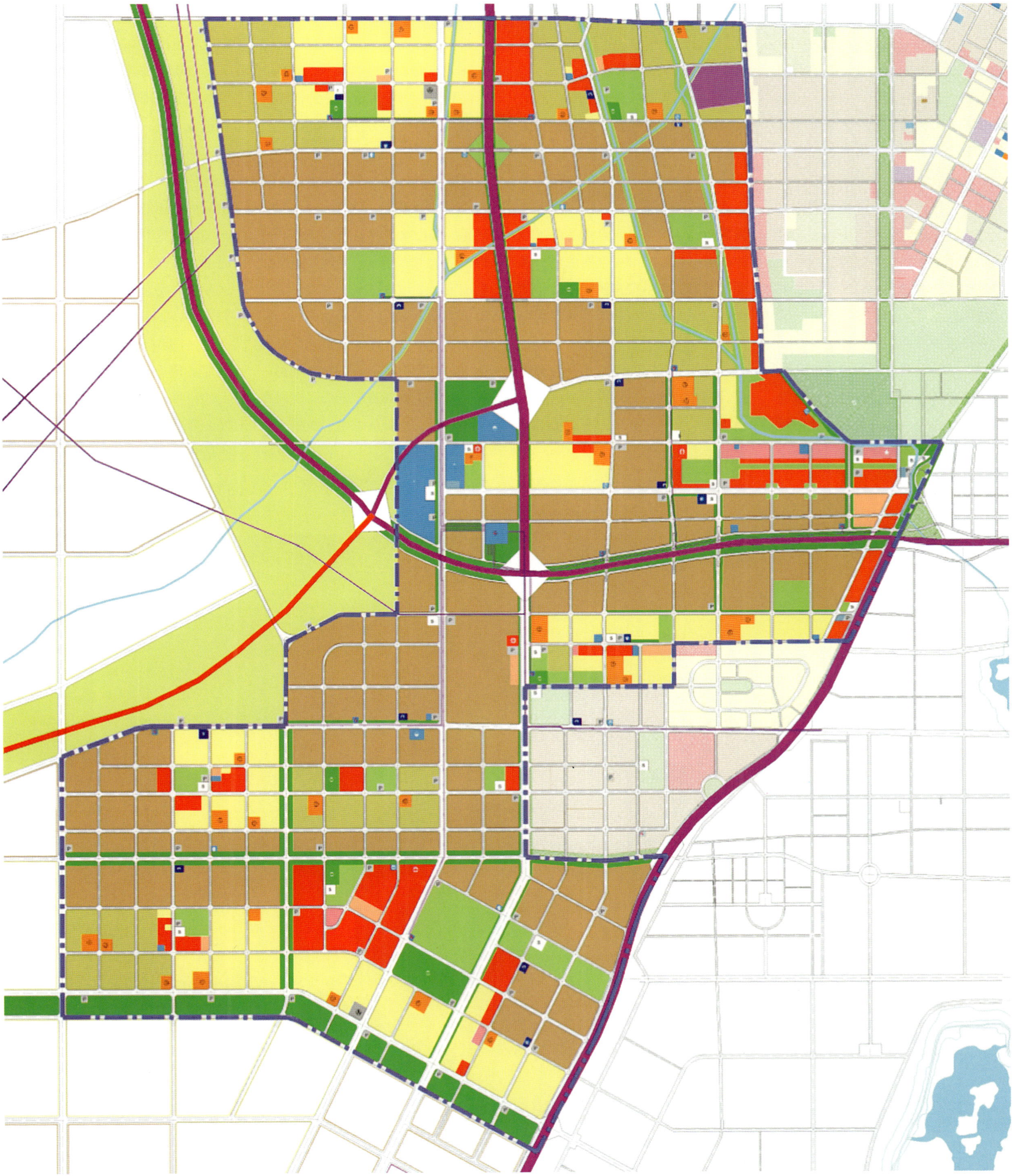

高新技术产业开发区土地利用规划图

西安经济技术开发区

西安经济技术开发区成立于1993年，是西安市成为内陆地区开放城市后，西安市委、市政府为加快改革、扩大开放而设立的，2000年2月被国务院批准为国家级经济技术开发区，2002年6月设立国家级陕西西安出口加工区。西安经济技术开发区位于西安北绕城高速与北二环之间的城市南北中轴线迎宾大道两侧，由中心区、泾渭工业园、草滩生态产业园和出口加工区四个功能园区组成，总面积为71km²。区内基础设施日趋完备，工商、税务、金融、居住、教育、医疗等配套服务体系逐步完善，目前已基本形成了以机械电子、轻工食品、生物医药、新材料为支柱产业和以高新技术产品为主导的工业体系。

根据市委、市政府建设“国际化，市场化、人文化、生态化”大都市的要求，开发区不断强化城市功能，努力打造“西安经济社会发展的第一阶梯和桥头堡”。经过10余年的开发建设，西安经济技术开发区现已初步成为了一个外向型的现代化工业园区和城市新区，成为海内外投资商关注的热点。区内的各项经济指标一直保持40%左右的增长速度，主要指标不仅在西安市历年经济目标评比中名列前茅，而且在中西部地区同类开发区中也居于前列，充分展现了西安经济技术开发区快速、稳健的发展态势，发挥了国家级经济技术开发区聚集产业、吸引外资的示范带动作用。

2004年，西安经济技术开发区围绕市委、市政府将经开区建设成为西安经济社会发展“第一阶梯”和“桥头堡”的总体定位要求，以产业发展和招商引资为重点，加快园区基础设施建设，改善投资环境，经济和社会事业迎来全面进步。全年实现地区生产总值71亿元，比上年增长41%；实现技工贸总收入270.5亿元，增长40%；实现工业总产值171亿元，增长40%；实现工业增加值51亿元，增长40%；完成外贸出口9239.4万美元，增长105%；实现固定资产投资45.1亿元，增长91%，4项经济指标均比2000年翻一番。先后完成草滩区域总体规划修编和泾渭工业园总体规划调整及城运村周围400公顷土地的规划设计和中心区城标识、街景规划设计、未央大道两侧拓宽改造控制等工作，综合实力排名中西部开发区前三位。

2005年以来，西安经济技术开发区又紧紧围绕打造中国西部现代制造业基地、建设西安城市新中心的宏伟目标，以前所未有的力度推动区内全面建设的新跃升，以创新招商引资体制和方式实现招商引资新突破，提升了产业聚集优势。同时，开发区以完善基础设施、加快园区配套为先导，突出重点地段，加大投资力度，为产业发展创造更优良条件，仅前三季，投资道路建设就达15亿，成为该区成立以来投资量最大的一年。大建设带来大发展。到2005年11月底，全区累计完成生产总值91亿元，实现财政收入2.4亿元，为年目标的107%。预计到年底，

全区生产总值可达到100亿元，工业增加值71.5亿元，外贸出口1.5亿美元，固定资产投资63亿元，财政收入3.1亿元，将全面超额完成年度各项目标任务，并有望连续第三年保持40%以上的高增长率。到2005年10月份，在区内的陕西西安出口加工区实现外贸出口7989.5万美元，排全国39个国家级出口加工区第14位，名列中西部第一，年底有望跻身全国出口加工区前10名。国家商务部近日公布，在16个中西部国家级经济开发区中，该区工业总产值、工业增加值实现数排名由去年的第4位升至第2位，税收收入由第4位升至第3位。西安经开区在中西部经开区中总体排位再次前移。

西安经济技术开发区不断强化开发区的城市功能，以产业功能定位城市功能分工。区内通过总体规划建设了4个特色鲜明的产业功能园区，承载全新的发展定位：中央商务区，重点发展商用房地产、金融保险、商贸中介、体育健身等现代服务业，提升区域整体服务水准，支撑产业集群。出口加工区，是西北首家、中西部出口额最大的国家级出口加工区；泾渭工业园重点发展重型汽车制造、零部件加工及物流，着力打造西部乃至国内最大的重汽生产零部件加工基地；草滩生态产业园重点引进和发展绿色食品加工、生物制药、文化产业等。依托4大园区的产业板块功能，目前西安经济技术开发区已经或正在形成足以领跑西部的商用汽车产业、机电电子产业、食品饮料产业、出口加工业等7大产业集群。此外，西门子、日立、ABB等一大批国际知名的机电电子企业、可口可乐、顶益、乐百氏等为核心企业的食品饮料重点企业已成为区域经济增长的脊梁。

经过13年的发展，目前西安经济技术开发区已经是拥有1700多家入区企业、17家世界500强和国内众多大型知名企业的西部现代工业重镇。在全国中西部国家级经济技术开发区排名中，西安经济技术开发区工业总产值、工业增加值的增加额等6项重要指标跃居第一，外贸出口等3项排名第二，增幅均在40%左右，甚至高于33个东部沿海经济技术开发区的整体发展速度，西安经济技术开发区已开始向中西部首位发起冲刺。随着西安城市重心北移，火车新客运站在开发区定点，国家渭河综合治理项目启动，北城经济带初步形成等一系列重大机遇降临，西安经济技术开发区担负起新的历史使命，依托四大功能园区，坚持“招商第一、产业第一、服务第一”的发展理念，继续保持经济快速发展的良好态势，实现支柱产业向产业集群跃升、产业开发区向城市新区跃升，打造西部最大的先进制造业基地和出口加工基地，建设西安新城市中心。

西安经济开发区街景

经济技术开发区规划

1.规划目标

通过对开发区二期用地的合理布局以及与一期用地现状的有机衔接，进一步优化开发区的整体结构，明确其区域地位，完善城市功能，强化城市形象，将开发区建设成为一个功能完善，城市形象鲜明，生态环境优良的国家级经济技术开发区和城市新区。

2.发展规模

（1）人口规模：根据开发区总体规划资料，2000年末开发区总人口为13.9万，至规划期末2010年，人口规模达到25万，其中二期用地的人口规划规模为14.5万人。

（2）用地规模：根据开发区总体规划，确定二期用地规模为11.23km²。

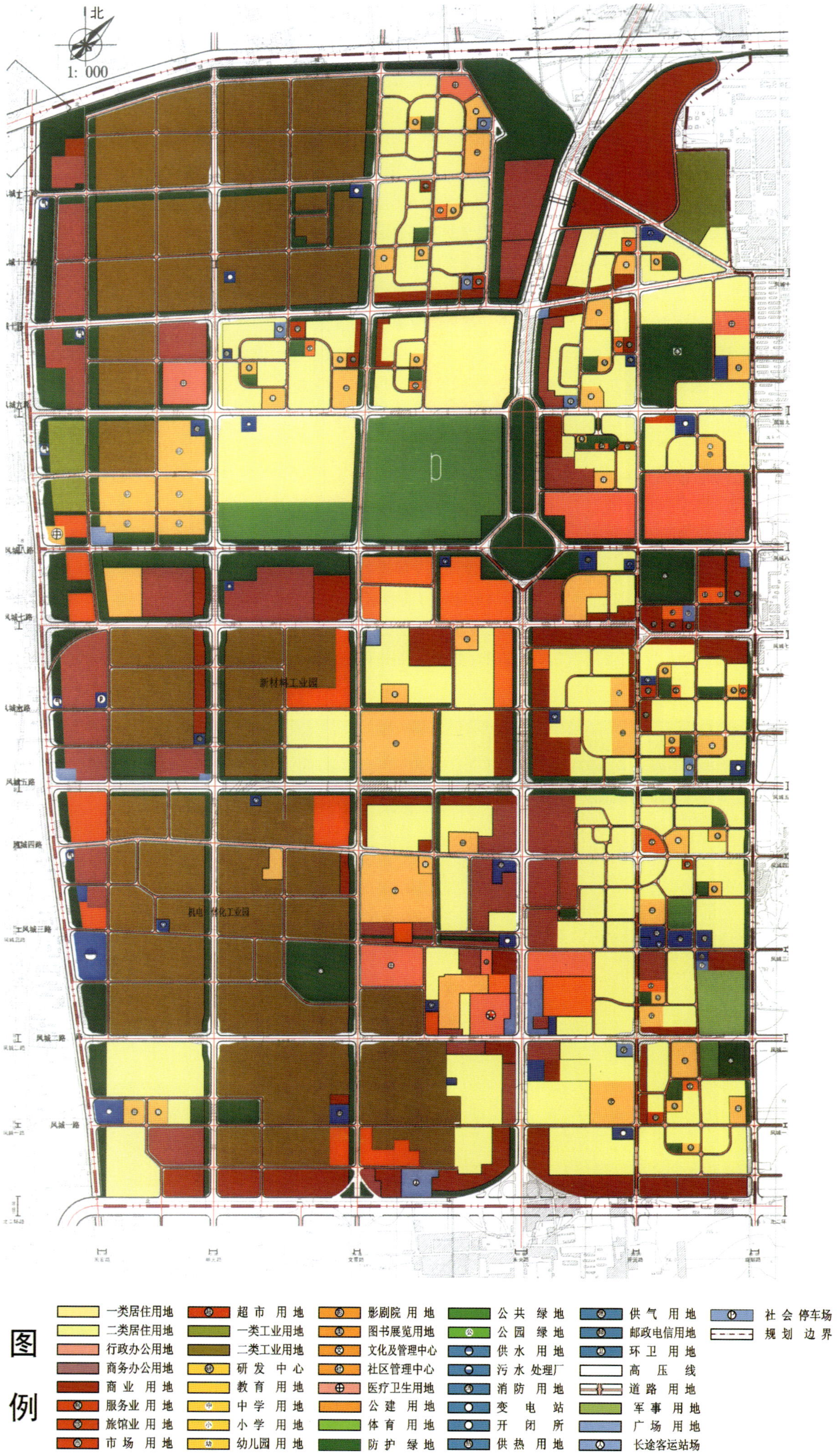

西安经济技术开发区土地使用规划

长庆大厦

西安曲江新区

西安曲江新区原名西安曲江旅游度假区，是陕西省人民政府于1993年批准设立的省级旅游度假区，2003年7月，经西安市政府批准，更名为“曲江新区”。曲江新区位于西安城东南，以闻名中外的大雁塔和曲江皇家园林遗址为中心，规划面积15.88km²，其是西安市城市中心区的重要组成部分，也是未来五年西安城市建设的重点区域。区内有大雁塔、大唐芙蓉园、曲江海洋世界、大唐不夜城等景点，历史文化积淀深厚，名胜古迹众多，是自然风光、人文景观、民俗风情及现代都市文化的荟萃之地，旅游资源十分丰富。

曲江新区自1996年启动建设以来，先后投入资金30亿元用于基础设施建设,基本完成了10km²区域的市政配套。修建开通了雁塔南路、雁南一路、雁南二路、芙蓉西路、环湖路等城市道路，其中，雁塔南路是贯穿度假区南北的景观大道，全长3.2km，其北端连接闻名中外的大雁塔风景区，南端连接曲江宾馆——国际会议中心和西安会展中心及中央商务区，道路两侧规划高尚住宅区和旅游商贸设施。目前，这一区域已成为中外客商投资的热点。

近几年来，曲江新区依托区内丰富的旅游文化资源，先后累计投资30多亿元，进行了大雁塔北广场、大唐芙蓉园、西安海洋馆等一批重大旅游项目的建设，形成了一系列的“旋风式”旅游亮点。2002年，又投资5亿元，启动大雁塔北广场及周边改造工程，对大雁塔周边1000余亩景区进行整体改造，建成了世界最大的唐文化广场，并围绕大雁塔形成了近500亩的开放式公园，使大雁塔景区道路畅通，环境优美，被誉为西安的“城市客厅”和“旅游名片”。大型的文化旅游生态项目建设，不但凸现了曲江的历史文化特色，同时还成为城市建设的巨大推动力。2004年，西安曲江新区按照国际化、市场化、人文化、生态化的发展理念，以“文化立场、旅游兴区”为发展总思路，大力实施“经营城市”和“重大项目带动”战略，加快基础设施建设，文化旅游产业初具形态，城市建设跃上新台阶，各项事业呈现出快速、健康发展良好势头。全年完成基础设施投资6.7亿元，比上年增长142.8%，完成年计划的121%；重点项目投资15亿元，完成年计划的120%；新批入区项目15个，全年税收完成5931万元。曲江新区也因此荣获“西安市2004年度经济社会发展重点工作落实先进单位一等奖”，管委会主任段先念荣膺“中国第二届策划最高大奖”和“中国十大城市运营杰出贡献人物”奖。

2005年，曲江新区打造“中国西部第一文化品牌”战略全面启动，通过首届曲江文化旅游艺术周的成功举办、曲江海洋世界如期开业、大唐芙蓉园盛大开园、首届曲

江论坛隆重开坛、盛世嘉年华强势登陆以及成功承办世界古迹遗址大会、欧亚经济论坛等系列旅游文化工程。曲江新区跃然成为世人关注的亮点和热点，宛如一颗盛世明珠，释放出异样的光彩。曲江文化旅游艺术周——掀起古城旅游热潮，展现了曲江的文化魅力；大雁塔北广场——亚洲最大的矩阵喷泉广场，被誉为"西安的会客厅"，众多国内外重要国家元首及近千万人次游客造访；曲江海洋世界——西北首家现代高科技体验式海洋主题公园，犹如黄土地上一片蔚蓝色的海洋，为古城旅游文化市场增添了一股海洋文化气息；大唐芙蓉园——2005年4月11日盛大开园，中国第一个唐文化主题公园，因成功接待了连战、宋楚瑜、萧万长，先后成功承办了世界古遗址大会、首届欧亚经济论坛、曲江论坛等重要国际会议而声名显赫，被誉为中华传统文明集大成者和陕西旅游的标志性景观，目前正申报国家5A级旅游景区。大唐不夜城——由国际知名的建筑规划公司担纲设计，将成为西安乃至中国最具特色的集文化、商贸、休镕、娱乐为一体的文化商城；首届曲江论坛——以"文化多元与城市未来"为主题，吸引了全国人大常委会副委员长蒋正华、国际营销大师科特勒等知名专家开坛论道，在中国城市营销和文化产业发展领域引起了轰动效应。此外，西北首家具国际一流水平大型现代娱乐园——欢乐世界，大唐文化艺术长廊，大唐素食斋等在国内外极具影响力的文化项目均开工建设。重大的文化项目和精品文化活动展示了曲江深厚的文化底蕴，打造了曲江文化品牌。

2006年元月，曲江新区又迎来招商引资又一重大成果——香港连捷国际投资公司与曲江新区合作投资曲江南湖综合开发。该项目涉及基础设施和整地迁移费用达42亿元，合同签署后，曲江南湖项目的建设将全面展开，曲江新区将出现近千亩水面。

"三春车马客，一代繁华地。"特殊的人文、政治和地理因素，使曲江成为唐诗重要的发祥、兴盛之地。今天的曲江，已成为古老西安城里的一道新的旅游亮点。西部大开发和西安市"建强创佳"和"经营城市"战略的实施，为曲江新区实现跨越式发展提供了极好的机遇。随着一批重点项目的开工建设和旅游配套设施、房地产项目的建成，度假区集"行、游、住、食、购、娱"诸要素齐全的产业体系已初见雏形，西安曲江新区，一个设施齐全、环境优美、功能配套、项目众多、充满活力的旅游新区正在西安崛起。

曲江新区规划

1.规划目标

符合西安市“建强创佳”和“经营城市”战略的要求，符合西安市新的发展规划的要求。

突出风景名胜的主体位置，充分体现唐代文化特色。

继承、保护和开发、利用并重，充分体现西安旅游资源的优势与特点。

坚持社会效益与经济效益并重，确保整体开发在经济上切实可行。

妥善处理与城市功能的过渡与衔接，充分利用地形、地貌特征，突出园林风景区的特色。

既要体现各个区位和园区的特色与个性，又要考虑相互间的有机联系，形成各功能区的有机联动，达到整体功能最佳。

2.发展规模

（1）人口规模：15.6万人，平均人口密度98人/公顷。

（2）用地规模：15.88km^2。

3.规划年限

近期：2002~2005年，

远期：2006~2010年。

4.总体布局原则

曲江旅游度假区是西安市城市中心区的重要组成部分，也是西安未来5至10年城市发展的重点区域。其南部是曲江二期，也是西安市的高尚住宅区；东部是科研文教区；西部是西安市南郊商业中心区和西安市总体规划所确定的中央商务区（CBD）；北部是城市建成区。在总体布局上，既要考虑区域所处的位置和周边环境，又要体现园林风景区的特色，使二者相互区别又自然结合；既要注重历史文化资源的保护、利用和开发，又要满足现代旅游度假的需要；既要考虑各个项目开发建设的需要，又要合理利用现状地形、地貌。因此，规划在度假区形成“一心、两轴、两带、三个功能区”的结构形态。

“一心”：以大雁塔——枣曲江为整个旅游度假区的核心区；

“两轴”：即雁南路——终南山、大雁塔——曲江池——枣杜陵的历史文化轴线；

“两带”：即贯穿整个度假区的100m宽唐城绿带，分布在绕城高速两侧共100m宽的绿化景观带；

“三个功能区”：即旅游景园区、旅游度假区和综合开发区。

大唐芙蓉园夜景

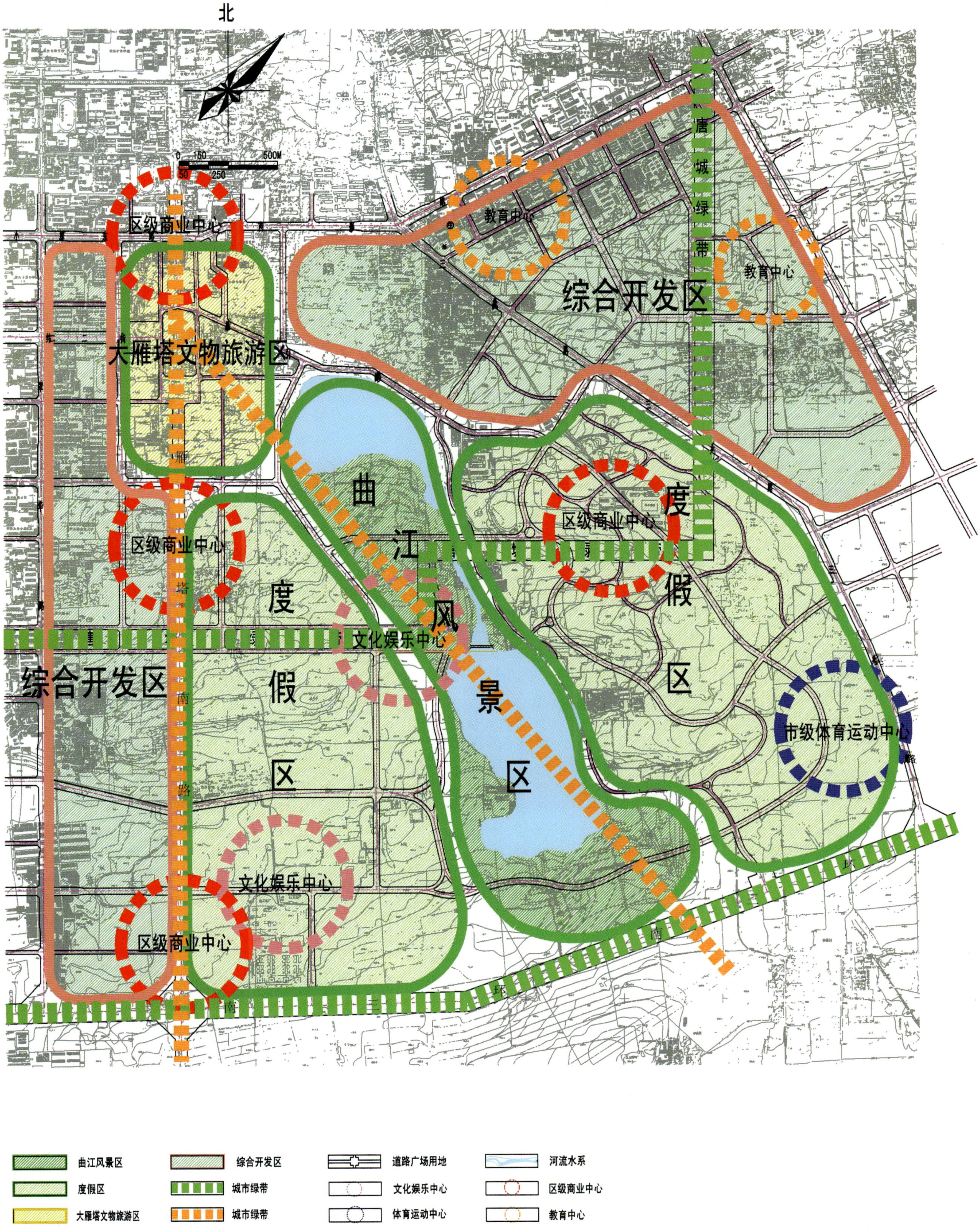
北
0 150 500M
50 250
区级商业中心
教育中心
教育中心
综合开发区
大雁塔文物旅游区
唐城绿带
区级商业中心
度假区
曲江风景区
区级商业中心
度假区
文化娱乐中心
综合开发区
市级体育运动中心
文化娱乐中心
区级商业中心
曲江风景区
综合开发区
道路广场用地
河流水系
度假区
城市绿带
文化娱乐中心
区级商业中心
大雁塔文物旅游区
城市绿带
体育运动中心
教育中心

曲江新区功能结构图

西安阎良国家高新产业航空基地

西安阎良国家航空高技术产业基地是2004年8月经国家发改委批准建立的集航空技术研发、航空人才培养、航空装备生产及整机制造、零部件加工、航空服务为一体的国家级高技术产业基地。基地总投资210亿元，主要以航空制造为核心，重点发展大中型飞机、通用飞机、航空发动机改装及新型材料、航空旅游服务等。该基地由核心区和扩展区两部分组成，核心区即阎良区城区，规划面积40km²，规划有飞机研发制造区、相关产业区、航空人才培养培训区、商务及生活区四个功能区。

西安阎良国家航空高技术产业基地自2005年3月正式启动建设以来，即按国际水平的规划全面启动基础设施建设，通过加大资金投入、加快基础设施和公共配套设施建设，大力向符合国际标准的国际化航空城市迈进。基地首先启动建设的5km²起步区，规划有飞机制造、研发创业、航空服务、主题旅游、航空教育、商务生活等功能区。目前，起步区已完成了5300亩建设预留地审批手续，其中2300亩批准为建设用地；国际孵化器、阎良应急供水工程、5条市政道路（共计10km）等项目开始动工建设；航空科技走廊、110kV变电站等一批基础设施项目设计方案已经确定。在40km²建区规划内，一期5km²的投资建设现已热火朝天地展开，注册企业已达30多家。中国新一代支线飞机ARJ21的设计工作到2005年3月底全部完成，开始进入新的试生产阶段，计划于2006年年底投入使用。来自美国、德国、法国一批航空动力、维修项目也进入实质性洽谈阶段，支线及通用飞机的整机制造项目也在洽谈策划之中。等等各种信息表明，目前这个坐落于西安阎良的中国惟一的国家级航空产业基地正在以鲜明的航空产业特色，吸引国内外航空工业投资者的目光。

近年来，国家航空产业基地的建设得到了国家领导人及省市政府高度重视和支持。2005年2月，陕西省成立了以陈德铭省长为组长的航空基地建设开发领导小组。3月18日召开了基地建设领导小组首次会议，西安市政府也将国家航空产业基地定位成航空卫星城，确定为西安市“十一五”期间重点发展的18个项目之一。省市政府已按计划开始在政策、融资方面提供强有力的支持，并协助通过国家开发银行、商业性银行进行融资。2005年11月6日，国家副主席曾庆红前来视察时指出，国家航空产业基地的建设符合我国航空建设需要，是很必要的，也是有很大前途的，要把它的发展纳入国家整体产业布局来建设。科技部部长徐冠华也表示将全力支持国家航空产业基地的建设。

在国家相关政策的鼓励下及陕西省和西安市政府的大力扶持下，阎良国家航空高技术产业基地正在大踏步地前进，现已成为辐射陕西周边乃至全国的航空企业，带动我国航空及相关产业发展的重要航空产业基地。西安阎良地区作为我国航空工业最为集中的地区，拥有全国惟一的大、中型军民机设计研究院——中国一航第一飞机设计研究院；全国最大的大中型军民机制造企业——西安飞机工业（集团）有限公司；全国惟一的飞行试验研究、鉴定中心——中国飞行试验研究院。是全国惟一的集飞机设计研究、生产制造、试飞鉴定为一体的完善的航空产业体系。“十一五”期间投资8.1亿元人民币的中国飞机强度研究所试验中心扩建项目也将落户阎良，这将会使阎良的航空产业体系更为完善。未来，该基地将努力实现宏伟目标：成为中国最具实力的航空产业发展基地；国家航空高技术研究、设计、试验中心；国际性的航空产品加工制造中心；亚洲最大的航空旅游、会展中心！预计到2010年，阎良国家航空高技术产业基地将累计完成基础设施投资20亿元，产业投资50亿元，实现工业产值30亿元，GDP10亿元，初步建成在航空电子、航空新材料产业方面具有一定国际优势，有一定商业、服务支撑，有一定规模的航空产业相关项目入驻的专业高科技产业基地。

“要看飞机到阎良，要看航空高技术产业到阎良”，阎良展示给人们的是航空特色，就连神五、神六、飞豹飞机等尖端航空航天器研制都凝结着阎良航空人的技术和智慧。良好的基础，难得的机遇，是阎良展现出广阔的发展前景，随着国家西部大开发战略的实施，西安阎良国家航空高技术产业基地，一个集飞机研究设计、试飞鉴定、生产制造、航空博览、航空教育、航空运输于一体的现代化飞机城建设，必将引起世界的关注。

阎良皇城丽都小区鸟瞰

阎良国家高新产业航空基地规划

1.规划目标

进一步深化城市土地利用和城市基础设施配套，提出详细的土地开发控制指标，为航空产业基地的形成和城市新区的开发管理，提供决策性依据，为航空产业基地创造一流的发展环境提供保障。

将城市开发区域环境保护有机的融合为一体。建设环境优美的航空产业基地，体现城市新区的新形象，创造适于人居和工作的城市环境。

2.发展规模

航空产业基地总人口数约6万人。

3.总体布局原则

（1）三大组团五大功能

规划用地自东向西分为三组团，他们分别是东部工业区，中部核心区，西部研发区。

根据不同的功能具体分为居住区、核心区、工业区、研发区、教育区五大功能区。

（2）五轴一带多节点的城市景观空间

五轴 ：城市景观轴

以四条20 ~ 50m宽的生态通廊和一条多媒体走廊为依托，形成城市主要景观轴。

一带 ：园景水景走廊

以贯穿整个基地的东西向绿化带为依托，规划一系列的园景水景语言南北向城市道路的绿化带共同构成绿化网络。

多节点：多种类型的景观活动节点

以东西向绿化带及城市景观轴为依托，形成多个丰富的节点空间。

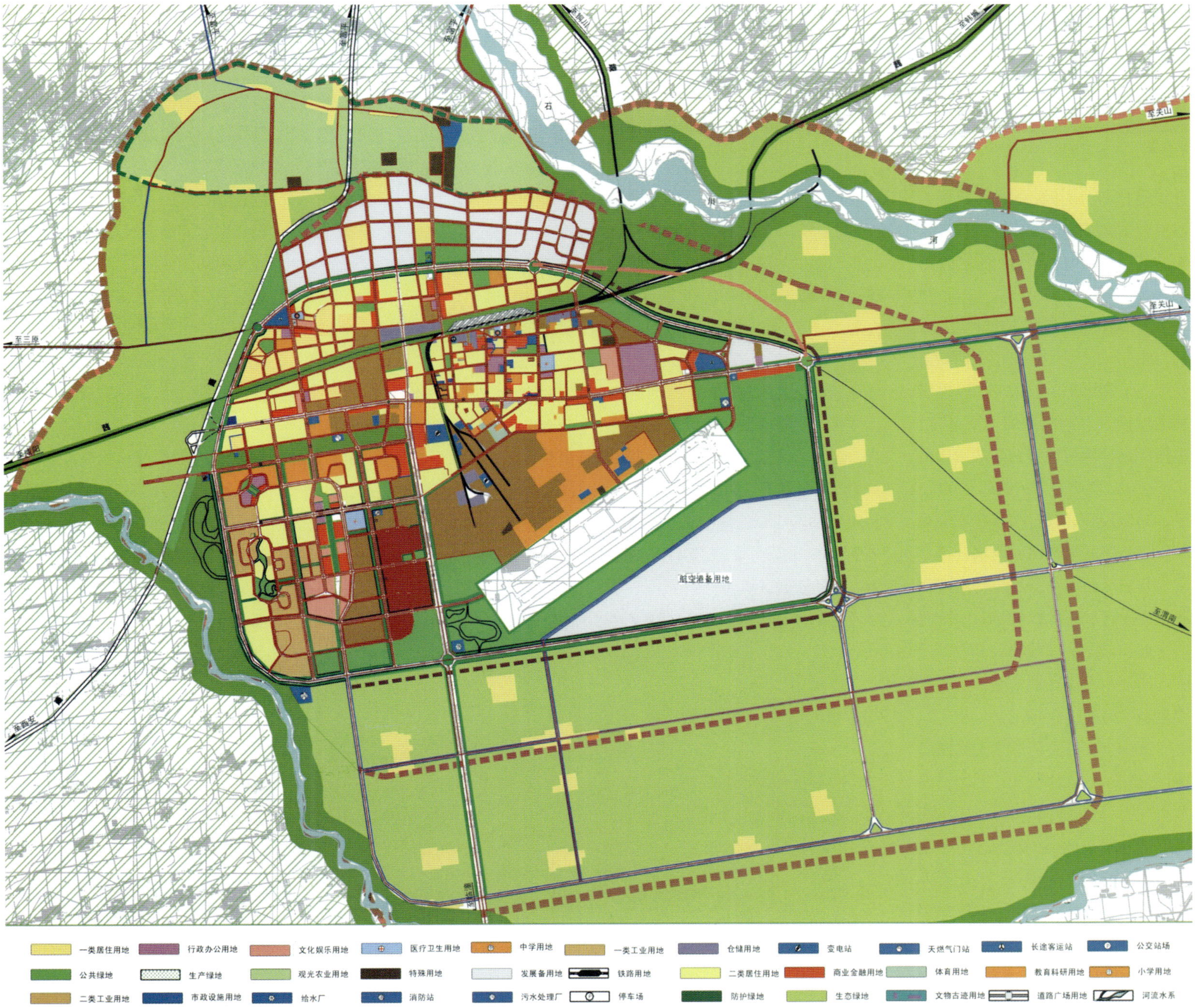

阎良国家高新产业航空基地总体规划图

西安浐灞生态区

逐水而居，是历来城市形成与发展所遵循的一条法则。西安城市发展战略规划修编中提出了拉大城市骨架，发展外围新区的布局原则。在这些理念的支撑下，西安市计划用15年的时间，逐步将浐灞河流域建成西安的生态带、景观带、旅游带、经济带，着力打造西部第一水城。

米家崖

浐灞生态区是西安市重点发展的“四区一基地”之一，位于西安主城区正东，距市中心约7公里，是吸纳老城区人口和职能的主要区域，包括浐河、灞河两河四岸的南北向带形区域；地跨未央、灞桥、雁塔三区，北起灞河入渭口，南抵绕城高速与长鸣公路立交，西起西铜公路及幸福路东至西康铁路，综合治理和开发建设区域总面积129km²。区内有半坡、隋灞桥、广运潭、灞陵、杜陵等遗址和大量风景名胜，具有建设生态区的独特优势。

2004年，西安浐灞生态区围绕“打造西部第一水城、创立新区建设范式”的总体目标，初步形成生态区发展的基本思路。浐灞生态区区域规划为渡假区、大学园区、物流中心、生态园区、湿地保护区、城镇建设区和城市水源地七大功能区。按照规划，生态区工程分三期开发，15年完成，总投资约500亿元。一期主要包括浐灞河城市段的综合治理和以浐灞河三角洲为核心的45km²中心区的建设，在未来的三年里，将完成浐灞河城市段的堤防整治、道路建设浐和灞河三角洲8km²的开发建设，建成后将形成以滨水生态住宅及旅游度假产业为主，综合现代商贸、会展、物流、教育及科技产业的生态型滨水城市副中心；二期是建设“两塬夹一川”的南区(杜陵塬、白鹿塬夹浐河川道约10km²)。从2008年到2015年基本完成；三期为绕城高速以北的北区和浐灞河沿河经济带。生态区分期建设采取递进式，在中心区建设形成一定规模和积累时，即着手二期，三期的建设，2020年基本建成浐灞生态新区，形成集生态、商务、景观、居住等功能为一体的新城区。

针对区域实际，结合区域发展战略研究，浐灞生态区进行流域治理和生态建设，主要通过修路、疏河、固堤、筑坝、植树等方式，达到增水、扩绿，体现了“大水大绿”的特点。通过一年的建设，基本建成位于灞河上蓄水能力达7000亩的三座大坝，完成浐灞河20.6km长的堤防工程。三座大坝建成蓄水再加上灞河原有两个坝的蓄水面积，使得浐灞河城市段实际水域面积超过10000亩，使浐灞河流域综合治理工程初见成效。与此同步，浐灞河中心区域的城市基础设施建设也被列入了第一建设序列。如今，基础设施建设已初具规模，浐河滨河西路道路建设超过计划达到11.04km，浐河滨河西路全线基本贯通。近期，浐灞三角洲区域16.2km道路，横跨浐灞河的四座桥梁亦已全面动工建设。以绿为脊，给西安造一个“绿肺”，是浐灞生态区的基本理念。目前正在实施的浐灞生态区一期绿化，将为浐灞披上一件美丽“绿衣”。该工程总长12.3km，总面积约50万m²，投资3000多万元。绿化完成后，浐灞河大堤披上绿装，绿色浐灞将从梦想变成现实。作为重点工程的广运潭景观区一期工程已经完成，二期工程正开工；西安国际化开篇之作欧亚经济论坛的永久性会址于9月开工建设；投资30亿元的西安国际博览中心落户浐灞生态区。

随着陕西省“一线两带”建设和西安市拉开城市骨架发展外围新区的战略，被誉为西安“东花园”的灞桥区正逐渐融入西安的中心城区。去年11月份，随着浐灞河广运潭生态景观区项目一期工程的破土动工，西安市打造“西部第一水城”序幕正式拉开。广运潭生态景观区整个项目建成后，将成为西北乃至国内最大的集生态湿地保护、河道景观、动态旅游为一体的水上生态景观公园。2006年，浐灞生态区建设又计划投资近40亿元，重点打造“十大工程”。主要包括：3亿元修路，打通浐灞三角洲与外界的交通联系；2.8亿元初步完成三角洲内的水、电、气、暖等管线建设；3.1亿元，完成河道治理和水系建设，从而形成15000亩的水面；1.6亿元在浐河、灞河上建4座桥；广运潭动态游览区、米家崖景区年内初步完成人工岛的道路和景观建设，力争对外开放运营；2亿元基本完成西安国际博览中心主体建设；西北地区最大的活水生态公园建设正式启动，年内完成一期主体；欧亚经济论坛永久会址和配套项目建设，全年争取完成投资21亿元。浐灞区域最终将在突出商务、生态、景观三大城市主体功能的同时，通过建设特色产业、特色文化、特色生活质量提升吸引力，构筑西安新城，实现市区东移。

广运潭

浐灞生态区规划

1.规划目标

传承历史，开拓未来，疏解西安老城压力，为西安城市发展开辟全新领域。

通过对现有河道水环境的整治与科学的开发利用，营造人与自然和谐共生的山水城区。

通过科学合理的土地分配与使用，进一步完善西安市东部地区的城市布局结构。

通过对现有历史人文资源和自然资源的挖掘整理，使新区成为市民乃至游客休闲度假的目标区域，进一步完善西安市旅游的布局结构。

2.发展规模

（1）人口规模：在规划末期，规划区总人口约在55万人左右，人口毛密度将控制在每平方公里4200人左右。

（2）用地规模：浐灞河生态区规划区域总用地面积129.1km^2，其中集中建设区为89km^2。地跨目前西安市未央、灞桥、雁塔三区，其中包含未央区47.1km^2，灞桥区71.8km^2，雁塔区10.2km^2。

3.规划年限

近期 2005～2010 年；

远期 2011～2020 年；

远景 2020 年以后。

4.总体布局原则

以全球一体化的眼光，坚持科学发展观。在新区规划中树立国际化、市场化、人文化、生态化的理念，科学规划、科学建设、科学管理，实现西安建强创佳，全面建设小康社会的奋斗目标。

规划必须在符合西安市总体规划的前提下，统一布局，宏观上符合西安市整体规划城市框架的功能要求，微观上自身形成完善的分区结构，利于城市各项功能的正常运转。

规划应重点保护和挖掘区域内的生态资源、保持生物的多样性，并努力丰富物种种群，从而构建新型生态城区。

丰富的历史人文资源大大丰富了新区建设的历史文化内涵，充分尊重历史是新区规划的主导思想，也是彰显新区地域特色所必须。

本规划以科学发展观的思想构建人与自然和谐共生的城市环境，打造西安东部的山水城市新区。

通过便捷的交通系统和多元化的公共交通规划，使新区与老城之间建立十分便捷的通勤交通系统，同时服务于旅游、会展、总部经济等产业。

三角洲商务区

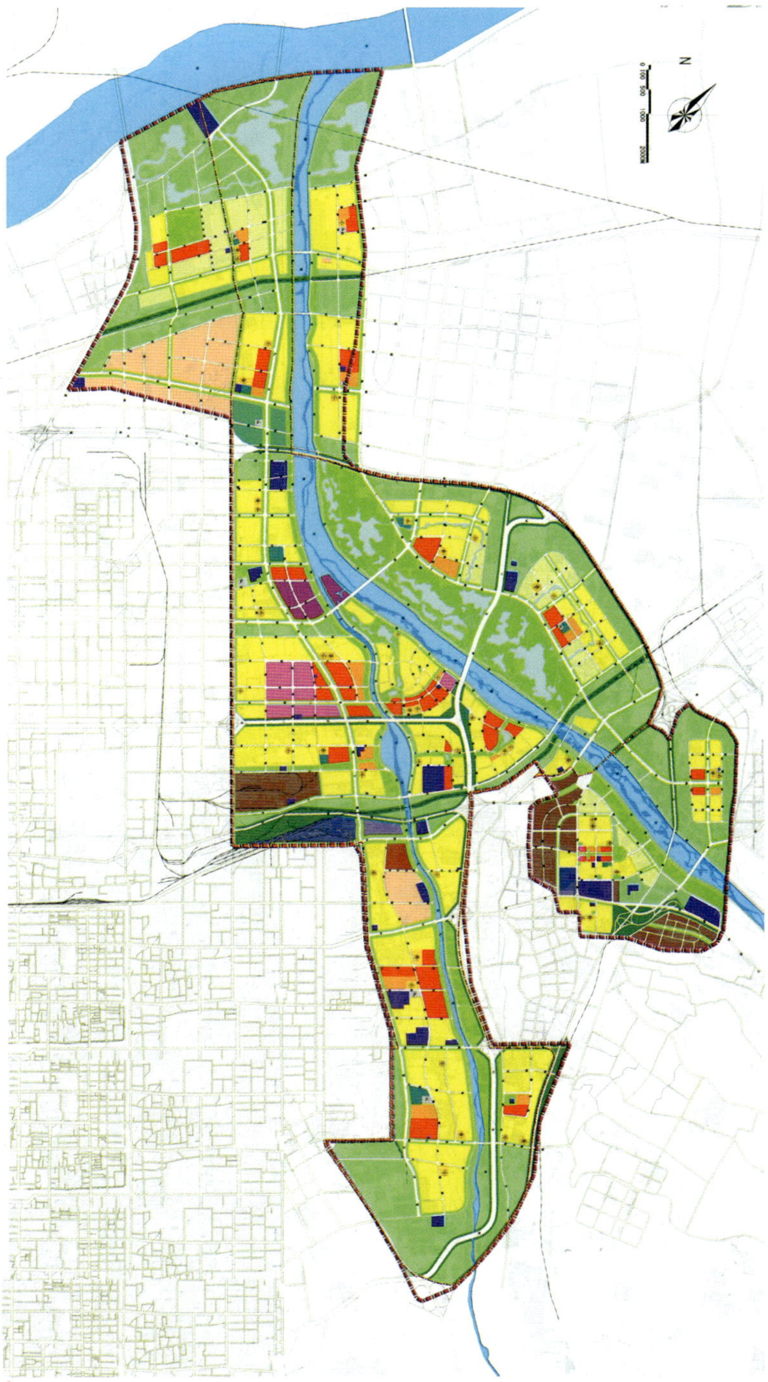

浐灞生态区景观系统规划图

浐灞生态区鸟瞰

PART 3
CITY CHARACTERISTIC

第三篇 城市特色

长安寻梦，愿西安模式能在探索中成为现实

一个历经十三朝的古都，承载着千年的中华文明。回眸历史，一个隐约记忆，孕育出城市的灵感光华。文化穿透遥远时空与现代结缘，历史赋与你我城市的古迹表象，透射着精神的承继。“西安走自己的路”，绝非一句空话，它是一种“精神”，一种赋予我们使命的精神，使生活在这座城市的人们真正体会到自己的家园的个性与特色的集中展现。

一个城市需要保持自己的特色、形态、性格以及特定的城市意向，也需要自己的精神，一个城市的特色失去了，它的灵魂也就丧失，城市的精神和特色是一个城市的无形资产和财富。埃及金字塔的永恒，古希腊柱式的经典，中世纪教堂的压抑与沉重，文艺复兴建筑中叹咏的人文情怀，巴洛克的光芒以及古典主义的理性等都是她们历久弥坚的深刻印痕。

现代建筑在社会的飞速前进中拥有了纷繁多变的现代表情，再没有一种风格能够涵盖整个时代的潮流。而随着中国经济的持续增长，城市建设大规模地向城市的外围扩张，如何真正以城市规划及城市设计为手段，从城市整体入手，走出一条自己的路来，如何打破千城一面，挖掘地域文化，突出古城特色，实现城市文化及经济的复兴，实现古城的活力复兴，一直是潜在的、深刻的课题。

众所周知，城市的特色是由人文景观和物质景观两部分组成的。一方面，在现代城市建设中，我们已经将城市建设的中心进一步移向了与人相协调的问题上。即所谓的“以人为本”的人文思想。它不仅仅只是保障城市空间的安全性，更重要的是在此基础上，为人们提供高质量的环境和设施，满足人们物质和精神方面更高层次的要求。而另一方面，城市建设的主色调及建筑风格也对城市特色有着极为重要的影响。新的发展规划中，西安的主色调被确定为灰色、土黄色以及赭石色，分别代表了西安古老的城墙、明清民居与孕育了它们的黄色的土地以及作为承接与调和二者的赭石间色。在这样的规划中，我们不仅能够感受到以人为本的人文思想在城市中的释放，更重要的是，能够从这大块大块的色彩中找寻到城市文化的统一与特色魅力的深刻体现。

吴良镛老先生曾挥笔题词“长安寻梦，愿西安模式所在探索中成为现实”。

城市文化是城市的灵魂，城市特色是城市文化的标志。西安就是要通过城市规划、城市设计入手，从理论上深刻探讨研究，挖掘历史内涵；通过实践对城市建筑的主色调与建筑风格达到和谐、统一，打破“千城一面”，让“西安模式”真正落到实处，真正达到社会经济的可持续发展，充分体现出人性化、人文化、特色化特点。

以凸现西安古都文化、营造现代城市精神为目标，西安的明天必定更加辉煌。

注重城市设计中的地域特征

□ 张锦秋

地域特征是形成城市特色的一个重要因素，在众多城市迅速发展的今天，它对于创造丰富多彩、风格各异的城市形象，更有重要的现实意义。城市设计是城市规划的有机组成，它贯穿于总体规划、详细规划的全过程，当研究城市的景观环境、空间形态、视觉形象、城市肌理，乃至材料、色彩时，地域特征理应渗透其中。忽视地域特征的城市设计一旦实施，必然导致"千城一面"和"特色隐没"。这方面的教训实在不少。

改革开放以来，西安规划建设在城市设计中比较注重地域特征，取得了一些成绩，但按高标准要求，还有不少值得改进提高之处。

在突显传统格局时，要正本求源

古都的传统格局不但记录了它的营建形制、规划特征，而且还包含了城市与自然、社会、人文等多种关系。不能只看外在形式，而忽略了历史文化内涵。西安的传统格局是由一系列自成体系的轴线系统所控制的。秦汉的都城主轴通过遗址，地貌依稀可见，隋唐长安的主轴更为明确，宋、元、明、清的轴线系统都保存至今。规划工作者已经关注到这个问题，在规划结构上也有一定的考虑，我想这是一个良好的开端。古都的轴线体系是一份传统城市文化的珍贵遗存，是西安得天独厚的历史财富。它们是贯通山、水、城的命脉，具有很高的功能价值和美学价值，也蕴涵了丰富的文化哲理。在城市设计中继承和发扬这一优秀遗产，那才是古树新花、别具一格。

保护历史风貌要风格纯正

古都的历史风貌由诸多要素构成，而建筑、街区和风景园林为其主体，它们的风格体现了不同年代的历史与多彩的地域文化。西安是十三朝古都，就建筑风格而言，有周、秦、汉、唐、宋、元、明、清等若干类型。就以西安旧城为例，现存古建筑大都是明清时代的遗存，但旧城又是在唐皇城基地上续建的，于是旧城的历史风貌、建筑风格多有争议。我个人倾向于旧城的新建筑应该是现代建筑传统风貌。在特定的地段、特定的建筑，明清就是明清、唐风就是唐风，建筑风格纯正，不能非驴非马。从规划上来讲，一条街、一个地段，文化定位十分重要。提倡组织多学科研究，通过科学的论证，不能领导一个人说了算。从建筑上来讲，风格的把握，体现了一个城市、一个地区的专业和文化水准，含糊不得。

整合特色空间要一脉相承

西安历代古都，都是在轴线与轴线、轴线与山水及地形变化的交汇点上选择标志性地段，布置标志性建筑。这些交汇点在现代城市设计中称之谓"节点"，有的已列为城市规划保护与发展的重要地段。例如：西安城墙的四门广场、大雁塔南北广场、明德门遗址公园等等。在城市现代化进程中，城市空间的重构与整合是不可或缺的规划手段，而利用古建筑、古遗址组织特色空间，对于突显古城形象往往具有事半功倍的效果，但一定要牢牢把握好，这是一个保护与发展的过程。这些特色空间的整合应该"从历史走向未来"，保持和发展原有的意境、格局，继承历史文脉，而不是"改天换地"面目全非的"大变样"。

营造文化环境要讲品位

西安是十三朝古都，又是周、秦、汉、唐中华民族的盛世之都。但唐以后中国政治重心东移，西安由都城变成府城，以致近代西安的传统文化环境正如作家所描绘的"废都"，就像一个大县城。按这个路走下去，就不是"古都风貌"而是"小城遗旧"了。当然营造文化环境远远不只是规划师、建筑师的事，这依赖全社会的努力。但是，在城市设计上，立意古都，求其品位，重振汉唐雄风，应该是我们坚定不移的指导思想。这里就有一个对古都光辉历史再学习、再研究、再认识的问题，特别是在建筑文化方面，我们对周、秦、汉、唐的研究还是很初步的。随着考古发掘的进展和历史文献研究的深入，我们对古都的认识和理解都将会有一个深化的过程，规划师和建筑师的文化素养也会有一个不断提高的过程。

地域特征除自然因素之外主要是地域文化的外在反映，注重城市设计中的地域特征，说到底首先要进一步提高我们规划师、建筑师自身的建筑文化素养。

（作者系中国建筑设计大师、中国工程院院士、中国建筑西北设计研究院总建筑师）

西安，走自己的路

□ 和红星

"长安寻梦，愿西安模式能在探索中成为现实"。这是在2004年两院院士、清华大学教授吴良镛先生到西安考察时所作的题词，老一辈专家为西安走自己的路、建设具有古城特色的新西安指明了方向。

一个历经十三朝古都，承载着千年的中华文明。回眸历史，一个隐约记忆，孕育出城市的灵感光华。文化穿透遥远时空与现代结缘，历史赋与你我城市的古迹表象，透射着精神的承继。打破"千城一面"，西安走"自己的路"绝非是一句空话，更不是随便说说而已，它是一种"精神"，让人们更加去接受它，负有一种责任去关心它，使生活在这座城市的人们去热爱它，真正体会到自己的家园确有自己的个性和特色，和别的城市就是不一样，生活在这座城市的人们一提及到西安，就感到自豪……

然而说起来容易，做起来就太难了……

城市的个性、精神、特色包罗万象，首先从我们作为一名规划师，建筑师或者作为城市规划的管理者来说，责任就更大了……

今天在谈论打破"千城一面"，走"自己的路"就是让我们西安，这座世界名城、十三朝的古都更富有朝气，给我们的后人留下历史的遗迹，真正成为人文之都"富有自己城市的个性和特色。不论从城市的建筑风格还是从建筑的主色调及城市设计的方方面面，走出一条富有西安自身发展的路来，让生活在这座城市的人们更加喜欢它，热爱它，真正成为中国乃至世界的一颗明珠。

我们需要努力，需要奋斗，更需要责任，城市的创建原本就是人为创建的。始建之初都有其背景和因缘。一般而论，它离不开对地理环境、区位优势、自然特征、经济基础诸因素的挑选。不过，条件相当的常不止一处且各有优势，因此其最终定点往往就取决于决策者的胆识和决心。成功的城市奠基大多经由领袖个人或他人的经纬学识，审时度势，因势利导的推敲，也可以说是地缘政治权衡的结果，所以今天我们探讨一座城市特色时人的因素是我们不得不研究和考察的因素之一。城市特色往往随人为导向而发生变化。中华人民共和国建国56年来，城市建设经历了各个历史阶段，期间人为导向给城市特色打下了重重的印记。众所周知，城市的特色是由人文景观和物质景观两部分组成的。前者决定后者，后者是前者的物质载体。在这里，人的因素又成为了首要因素。事实上，景物与人文是不能截然分开的，它们互为渗透互为影响。景物体现着人文的同时又影响着人文。以人为中心，是当代城市设计的核心内容。它不仅仅只是保障城市空间的安全性，更重要的是在此基础上，为人们提供高质量的环境和设施，满足人们物质和精神方面更高层次的要求。

城市建设的主色调及建筑风格对城市特色影响很大，但城市的环境设计不可忽略。良好的环境设计不仅能吸引人们驻留，还能促进人与人之间的交往，无疑增添了城市的活力。无论窗外街道还是广场，还是人工控制环境的室内街和中庭、草坪、花卉、树木、小品以及座椅、电话亭、小卖亭和垃圾箱等等，都是人类美好城市生活的载体和道具，应力求以人性化的尺度和较高的艺术品位来进行设计，力求塑造出亲切怡人的城市环境。香港在城市设计方面作出了榜样，真正体现了"以为人本"。那么除此之外塑造城市的个性、特征、提高文化艺术品位，在此同时千万不敢忽略了地方特色，地域文化和历史积淀来对城市的个性进行表述和体现，这不仅是历史文脉和场所感的延续，也保证了城市文化发展的可持续性，也就更能体现城市空间的人性化思想。

"建筑贵在创新"。这是中国建筑20多年来所喊的口号，过分强调形式或者构思上的新颖，害怕平淡无奇，以新奇求得创新成为衡量新建筑优劣的标准……今天，许多建筑师才感觉到走了弯路，对"千篇一律"重新有了新的认识，更加体会到云南丽江古城正是由于其"千篇一律"的历史形态成为人类共同的文化遗产。20多年来，中国建筑打破了"千篇一律"，个体建筑千姿百态，而却以城市的"千篇一律"的趋同化为代价。如果我们每一座城市都有自己的风格和特色，在今天的城市建设中"千篇一律"地建设一种风格的建筑，那么明天也将是一笔丰厚的历史遗产。

"大拆大建"从北京到全国，西安也不例外，其历史人文特征都在迅速消失，其根本原因，是我们从来没有对自己城市的文化特征进行过研究和认定。在过去的以阶级斗争为社会生活主题的漫长岁月里，城市里古典民居与历史街区都没有做过任何调查，而且一直都是当作过时而待拆的"危房陋室"来对待的。我国在20世纪80年代的旧城改造就是在这种"文化背景"下进行的，这种背景实际上是一片文化的空白。从20世纪80年代中期到90年代中期，"旧城改造"的大潮十分迫切与迅猛，根本谈不到对这些成片的破烂的老房子进行文化鉴定。只是除旧更新，一推了事。所以城市的许多文化支点——无论是作为历史街区的文化板块，或者作为单体的古老建筑的历史象征，都已失去了。到了20世纪90年代后期，当人们想去表现自己城市的个性形象时，这些文化支点都不存在。没有文化支点，城市的历史人文特征自然也就无迹可寻。这种惨痛的现代化教训只能"永垂青史"了。应该说，80年代以来的"旧城改造"确实给城市居民解决了现实的困难，但人文遗存上都是一场毁灭性的破坏。好就好在我们西安遗存的较多，但千万不能再继续了……城市不仅是物质性的，还是精神性的，它是历史的记忆，情感的载体，以及一方水土特定文化的执有者。如果仅仅是功能性的规划和再造，势必对其历史人文构成破坏。西安城市发展战略规划修编中在历史名城保护上已深刻认识到这一点。虽然20世纪的"国际风格"在很大程度上抹杀了城市的特色，但是，每个城市仍然由于其独特的自然、人文和历史背景而各不相同，今天我们在研究西安的主色调与建筑风格，它和其他城市有所不同，西安到底要走什么路？尽管肤浅，却给我们带来了许多知识和思考，去做的事情，更给我们带来的勇气和乐趣。1998年美国总统克林顿到中国来第一站是从西安的大南门入城，也就是说西安代表了中国的国门。这说明了什么？说明了西安这座城市本身总是在有意或无意地展示自己的魅力，有时简直到了可以对话的地步。越是珍惜自己特色的城市，这种对话性也越显得强烈。相反在当今城市规划与建筑设计中，那些盲目追求"现代化"国际化的城市，却只能给人以一种文化的失落感。每个人对自己的城市，自己的家乡都怀有深厚的热爱，独到的见解和美好的追求，这也正是通过城市规划、建筑的创作来达到一种风格与特色的自我，使艺术与人类历史形影相伴的原因。人们更愿意去接近它，欣赏它，喜欢它，那这份热爱无疑会更深，更执着。

一个城市需要保持自己的特色、形态、性格和特定的城市意向，也需要自己的精神，一个城市的特色失去了，它的灵魂也就丧失，城市的精神和特色是一个城市的无形资产和财富。埃及金字塔的永恒，古希腊柱式的经典，中世纪教堂的压抑与沉重，文艺复兴建筑中叹咏的人文情怀，巴洛克的光芒，古典主义的理性，18世纪之前的建筑一路走来，脉络清晰得可以让那些美丽的词汇作为历史坐标，代替枯燥的数字。后来的建筑在社会的飞速前进中拥有了纷繁多变的现代表情，再没有一种风格能够涵盖整个时代的潮流，浮光掠影的回顾，已经让我们对历史的色彩有些应接不暇。随着中国经济的持续增长，城市建设大规模地向城市的外围扩张，与此同时，传统历史街区保护也面临着前所未有的挑战，对于西安这座古都而言，规划的保护重点一直是历代王朝的宫殿、社稷以及位于城市街区的传统街区及传统民居，而对于城市总体格局的沿袭也只是流于形态上的保存，如何真正以城市规划及城市设计为手段，从城市整体入手，走出一条自己的路来，如何打破千城一面，挖掘地域文化，突出古城特色，实现城市文化及经济的复兴，实现古城的活力复兴，一直是潜在的、深刻的课题。

城市文化是城市的灵魂、城市特色是城市文化的标志，如何凸显西安古都文化，营造现代城市精神？我们应当通过城市规划、城市设计入手，从理论上深刻探讨研究，挖掘历史内涵，通过实践对城市建筑的主色调与建筑风格达到和谐、统一，打破“千城一面”，具有我们自己的个性，让“西安模式”真正落到实处。“规划立市”、“科学规划大于市长”，我们有责任有义务使这座古城重新焕发活力，真正达到社会经济的可持续发展，充分体现出人性化、人文化、特色化特点，让我们相信我们自己这座既是古老的，又是现代的；既是黄土地，又充满绿色；既是遥远的，又是近距离的；既是厚重的；又是生动的城市必定会走出一条古代文明与现代文明交相辉映，古城区与新城区各展风采，人文资源与生态资源相互依托的国际性现代化大都市的路来。

回顾是建基于深厚传统之上，更加指向现代和未来的展望。千百年的积淀，每一瞬间的感动，都是一个或沧桑，或雄厚，或凝重，或清新，或委婉，或妙逸的音符串成的一曲曲从遥远走来，又走向遥远的悠悠长歌……建筑师、规划师奏起你我城市空间的音乐，流淌的节奏熔铸长安古文化的血脉，与现代文明的完美，使古之悠悠更显凝重，今之勃勃更有生气，更加人性化的西安的明天必将光辉灿烂，具有古都特色的城市一定会展现在世人面前。

（作者系西安市规划局局长、教授、博士生导师）

从传统走向未来 让建筑融于城市

□ 赵元超

我们所处的时代是在城市中建设城市时代。任何建设活动都应考虑其所处的场地、场所和将要产生的场景。

城市不仅是物质的，也是精神的，一座充满魅力的城市必然是和谐与富有特色的城市。建筑、园林的设计是局部和单项的，是通过对环境的兼顾影响某个区域，孤立、单纯的建筑设计是狭隘的，无数建筑、园林的叠加构成了一个城市的整体和特色。

城市设计架起了城市规划和建筑设计的桥梁，它是以一种整体的概念研究城市和建筑方法。城市设计以一种综合的方法探讨建筑，是对以往的城市社会学、经济学、文化学、人类学、历史学、景观学、生态学等学科进行综合，在更加宏观的领域和范围内总结出将城市整体作为研究对象的综合科学。

城市设计首先是一种观念，这种观念是整体和全局的。我们研究任何建筑，绝不能就建筑而建筑，任何建筑都从属于城市，从属于自然。设计建筑都应把它所处的区域放大10倍来研究，建筑设计从某种角度来说就是一种研究关系的科学，如建筑与土地的关系、建筑与建筑的关系、建筑与人的关系。

中国传统环境观所提出的“天人合一”的观念就是正确处理建筑与自然关系的朴素的空间思想与生态观念，建筑与土地的关系就是这一思想的具体化。让建筑锚固在大地上，强调了建筑与环境的有机性，如澳大利亚堪培拉的议会大厦、悉尼歌剧院就表现了一种出于土地、生于阳光的环境观；而赖特的流水别墅，墨尔本的现代博物馆，让建筑轻柔地触摸土地则表现了现代的生态观。

我们正处在一个在城市中建设城市的时期，对于任何建筑师最难的是处理建筑与建筑的关系，尊重周围的建筑环境是一个建筑师的职业美德。

整齐一律、风格统一是一种协调，变化丰富、风格对立也是一种协调，关键在于建筑是融于城市，还是突出于城市，主要取决于新建建筑的尺度和色彩以及它所担负的适宜角色，不恰当地强调建筑的标志性和新奇、创新无疑是城市的灾难。

柏林在统一后建设了一系列新建筑，著名的菩提树下大街更是面貌一新，但涛声依旧，新老建筑彼此尊重、和谐，反映了德国理性、严谨的城市个性。这种尊重城市的态度丝毫没有扼杀建筑师的创新，位于历史街区威廉大街的英国大使馆，立面的设计与周围建筑保持着统一的尺度和风格，但立面上独特的开口使该建筑卓而不群，使其在周围中性化的建筑群中间保持了独特的个性和重要性，新的英国大使馆呈现出现代化的尊贵典雅的个性，也表达了对城市传统的尊重。

索尼中心不单是传统意义上的独立建筑物，而是城市的一部分。其外部是真实的都市，内部是虚拟的城市，是充满了传统气息的城市街道和城市空间，一个新兴的城市广场演绎着时代的变迁和社会的互动。尽管这座建筑采用了最新的技术和材料，突出了建筑对新技术的应用，表现了建筑的透明、轻盈和层次，却丝毫没有影响他对城市的敬意。

法国尼姆市的现代美术馆，对面是古老的古神庙，新的建筑采用了老建筑的尺度，它们之间不仅取得了形式的协调，丰富了城市空间，而且使城市更有活力和朝气，完成了新老建筑千年的对话。

建筑本质和目的就是为人提供生活的空间和场所，建筑与人的关系最为密切，所有的空间及环境均应真正地以人为本，城市设计的最终用户是生活在这里的人民。

城市设计是研究城市外部空间及环境的一种方法。建筑设计的基本成分是由体量和空间构成，以往我们更关注建筑本身的体量，采取的是一种从内向外的设计方法，其结果是城市公共空间被不同的建筑体量所分割。用城市设计的观点设计建筑则采用“逆向设计”或“地图逆转”的方法设计建筑，从城市到建筑、从外向内的设计建筑。

西安正处在城市建设的高速发展时期，城市发展呼唤城市设计，不仅老城更新需要城市设计，新开发区需要城市设计，新旧结合部更需要城市设计。应使城市设计的思想贯彻到城市建设的各个环节，成为建设城市的行动指南。

（作者系中国建筑西北设计研究院总建筑师、教授级高级建筑师）

"皇"中之黄
——西安市城市主色调研究

□ 王严明

全世界有一个很大的危险，我们的城镇正趋向同一个模样，这是很遗憾的。因为我们生活中许多快乐来自多样化和地方特色，其中色彩就是重要因素之一。

——前英国皇家建筑学会会长Parkinson

城市的色彩，是在新的时期中对城市规划所赋予的新的含义。城市的色彩并不单纯只是色彩的体现，它所蕴含的还有城市历史与城市文化相结合的深刻内涵。早在20世纪80年代，就有学者提出了城市色彩的意义，其中罗马、佛罗伦萨、威尼斯等都拥有着自己城市的色彩。而在这一时期，城市色彩也进一步被我国个城市提上日程。

在经济飞速发展、城市建设加快的今天，每个城市都有属于自己的基本色调，青岛是海滨城市，站在青岛的海边遥望青岛，呈现一片美丽的红色，所以红色成为青岛的主色调；而威海市，城市颜色较为单一，以暗色调青、灰色为主；苏州则是灰白色，江南的老建筑颜色；广州，以浅色调为主，比较活跃，还有就是玻璃色居多，建筑高耸挺拔；上海：外滩老建筑多是灰色，显示出历史的沧桑。但是新建筑没有主色调。较为杂乱；北京主体颜色为灰色，显示了北京作为首都的庄重。如此多的城市色彩，无疑构成了一幅祖国辽阔的画面。

西安，一个黄土地上响亮的名字，一个被关中平原与秦岭山脉呵护着的千年都城；一个被母亲河养育着的文明之花，曾经拥有着无数荣耀与辉煌。因此，西安的城市主色调既为"皇"色，也为黄色。

西安自古帝王都，从西周起至唐朝结束，西安历经了十三个王朝的更替，建城3100多年。其中所孕育的皇家气概与风范是任何一座城市都无法比拟的。在西安城辉煌的时期，又对其进行了新的规划与扩建，隋代将朱雀大街南北郭城的六条高坡以周易中乾卦为定义。象征阳性、刚健。于是，"于九二置宫殿，以当帝王之君"；并广泛借鉴了1000多年来中国社会在城市建设方面的经验。建成了规模宏大、分区明确、街道整齐的新都城，为发展成为世界著名大都市奠定了坚实的基础。所以说西安城的城市主色调应以"皇"色为主。她所体现的是一种皇天后土、皇家气派的精神。

而黄色在中国文化中是红色的一种发展变异，如旧时人们将宜于办大事的日子称为"黄道吉日"，但是它更代表权势、威严，这是因为在古代的五方、五行、五色中，中央为土黄色。黄色象征中央政权、国土之义，所以黄色便为历代封建帝王所专有，普通人是不能随便使用"黄色"的，如"黄袍"是天子的"龙袍"，"黄钺"是天子的仪仗，"黄榜"是天子的诏书等。由此可见黄色在皇权中占有的无可替代的地位与重要的内涵。而西安作为古都其皇家风范也是除去黄色的其他任何一种颜色都无法表达的。

西安的古遗址如半坡、姜寨等是黄色；古建筑如大雁塔、小雁塔是黄色；古陵墓，如乾陵等唐十八陵也是黄色。这种黄色，代表了黄土高原，代表了孕育我们的滔滔黄河，代表了炎黄的血脉，也代表了黄土儿女朴实坚毅的性格。所以说，西安是孕育在黄色之中的辉煌文明，是华夏的根之所在，因此以黄色来体现皇色就显得格外的重要。所以，在今天研究城市特色就是延续历史的文脉。在城市复兴中通过我们的城市规划来创作出具有西安这种大气和皇气的建筑，用一种能够充分表达"皇色"的黄色主色调来反映西安建筑的本来面目与精神。使西安在发展的大潮中重新迸发活力与青春。

（作者系西安市规划局纪委书记）

尺度的记忆
—西安明清旧城区保护中的尺度问题研究

□ 刘克成　何 哲

导言

一个城市的特色是历经千百年的积淀而形成的，其中以城市形态最为重要。城市形态是历史信息的载体，是城市文化、经济以及社会生活丰富多样性的真实写照。城市形态涉及诸多方面，尺度是其中一个重要内容。正如城市的发展是不可避免的，城市的尺度也在变化，它反映了不同时期人与城市的相互关系，体现了这个城市的历史记忆。西安自西周始，已有3000多年的悠久历史，其间有13个朝代在此建都，历时1066年，是我国历史上建都时间最长的城市，拥有丰富的历史文化遗产。其中明清旧城区是西安历史文化名城保护的重要组成部分。

本文试图从研究西安明清旧城的尺度及其变迁入手，探讨西安历史文化名城保护。

历史城市中的尺度概念

尺度是人类自身（包括肢体、视觉和思维等）衡量客观世界与主观世界相互关系的一种准则，[①]也是人类认识世界的一种评价方式。

尺度是每个事物都具有的基本特征，尺度的差异形成事物的多样性。尺度的本质是物与人的关系。"人是万物的尺度，是万物存在的尺度，也是万物不存在的尺度。"古希腊哲学家普罗塔哥拉如是说。古希腊人认为，要获得建筑物美的秩序，就必须具备符合人体美的比例关系。古典柱式的型制就是在古希腊人的这种观念之下按照人体尺度建立的。

城市与建筑的使用者是人，因此人的绝对尺寸与活动尺寸是城市设计与建筑设计的依据与基础。托伯特·哈姆林在《建筑形式美的原则》一书中提到："在一个建筑中，与个人的活动和身体的功能最紧密、最直接接触的部件乃是建筑尺度最有力的部件。""建筑的尺度感，能在人体尺寸或人体运动尺寸的体会中，最终分析清楚。"[②]因此，尺度的实质是反映人与建筑之间关系的一种性质。

总的说来，尺度的概念本质的就是与人发生关系，城市与建筑的尺度都是相对于人而言才有其意义。

那么在历史城市中，"尺度"到底是一个什么样的概念呢？通过以上的分析，我们可以这样来定义：尺度就是在长期生产、生活的过程中所形成的物与人的一种相对的空间关系。这种物与人之间的合理的空间关系是在各种因素的影响下形成的，而在本文中"物"主要指的是城市与建筑包含的诸多内容。历史尺度则是在特定历史时期所形成的这么一种物与人的相对空间关系，其具体的表现就是城市与建筑在各个层级与人的一种尺度关系系统。由于各个时期人们的生产、生活模式不一样，不同历史时期的城市与建筑的尺度也是不一样的。

一个发展了上百年、甚至上千年的古城其尺度也是在漫长的时间里慢慢发展变化形成的，是城市历史的一部分。当一个城市作为历史文化名城需要加以保护的时候，尺度作为历史文化遗产的一部分，其发展变化就要受到控制。那么新建的街道与建筑是否具有"历史尺度"就成了评判它是否适合于历史城市，是否会对历史城市造成破坏的一个重要标准。历史城市在长期的发展中形成了自身的一个完整的尺度系统，在名城保护的时候，各个层级的尺度都是我们应该加以保护和延续的对象。

1.尺度的形成与变化

一个城市的尺度是如何形成的呢？可以这么说，尺度作为城市历史的一部分，是随着城市形态的演变，在各种因素的作用下经过上百、上千年的时间积淀而成。城市的历史尺度是城市历史记忆中的很重要的一部分。"具有良好形态、人性空间和地方特色的城市，无一不是经过漫长的历史阶段生长形成的，从建筑群到城市广场、乃至整个城市都在历史岁月中生长形成，留下了丰富的历史文化积淀。"[③]

在漫长的历史进程中，城市的形成过程同时也是城市尺度的形成过程。

（1）尺度与城市形态演化

城市形态是人类社会、经济和自然三种环境系统构成的复杂空间系统。它反映了过去和现在城市文化、技术和社会行为的历史过程，是城市历史文化的综合表征。它的构成要素可概括为道路网、街区、节点、城市用地和发展轴等可见物质实体以及其他不可见的非物质因素。[④]

城市形态由于其组成内容的不同的尺度和不同的密度会形成完全不同质地的肌理，或细腻，或粗糙，或清晰，或模糊。"聚落各个组成部分的规模大小是其纹理或细或粗的一种作用或附属物。"[⑤]城市形态的各部分比如街道、建筑等都有其自身的尺度，它们共同构成了城市的整体尺度特征。在城市形态的长期演化过程中，尺度也作为其特征之一发生着相应的变化。

在城市形态的内容中，建筑的风格与样式是比较表层的，它们的变化可能没有特别明显的连续性（尤其是西方的建筑的断代尤为明显，不过在中国古代的建筑风格是很连续的），而城市尺度与建筑尺度是相对比较深层次的物质内容，是真正与人发生关系的内容。它们与传统的生活方式、观念以及街道的土地利用方式等社会、文化、经济等内容有着更为密切的关系，是城市在长期的历史发展过程中慢慢演化形成的，因此，在城市形态中尺度相对来说具有一定的稳定性与连续性。

（2）尺度与城市个性的形成

城市的历史特色与个性是其经历上百、上千年所形成的，是该城市政治、社会、经济与文化生活的历史积淀，它反映了在过去的历史当中人与自然、人与社会的一种内在关系。例如东西方对待自然的态度"天人合一"与"以人为本"的截然不同也导致了城市尺度特征的截然不同，前者偏向水平向与两向度的尺度特征，而后者偏向垂直向与三向度的尺度特征。

城市的尺度是城市个性形成的一个非常重要的方面。就拿西安和平遥来说，同样是明清时期的城市，但由于其形成与发展的历史不同，城市的性质以及社会文化等因素不同，形成的城市尺度也不尽相同。城市与建筑尺度最基本的是与人发生关系，不同的城市的政治、社会、经济、文化背景不同，人们的生产、生活模式不同，对尺度的观念和认识

图1 漫画——千城一面的景象

也不同，所形成的城市与建筑尺度也就大不相同了。

现代历史城市个性的缺失与城市尺度的改变不无关系。尺度的严重混乱造成对传统城市形态与风貌的破坏，导致千城一面，名“城”实亡（见图1）。

2.历史尺度形成的相关因素

历史城市的尺度的形成，与人自身的生理与心理需求关系最为密切，但同时又是其他各方面的因素相互作用的结果，是诸多看不见的作用力在城市物质形态上的一种反映。

（1）政治因素

在中国大部分的城市是由于政治与军事的目的统一规划建设的，因此政治制度与封建礼制制度对城市规划的影响是很大的。儒家提出“礼”制是维系天地人伦上下卑贱的宇宙秩序和社会秩序的准则，历朝历代都利用礼制来进行他们的政治统治。《周礼》是儒家经典，《周礼·考工记》中有关都城规划的原则，一直是封建社会中都城规划的指导思想。

在周代，城市的大小规模及类型形式被纳入到“礼制”中去，按照规定，天子三城方九里，公爵三城方七里，侯爵与伯爵的城方五里，子爵的城方三里。并且都城规划中的皇宫和地方城市规划中的衙署都在规模与尺度上远远大于其他的民宅部分，据《尚书·大传》“九里之城，三里之宫”的说法，皇宫区占城区的比例高达三分之一。建筑组群的规模、殿堂数量与大小、建筑单体的庭院尺度、台基高度、面宽间数与大小、进深架数与大小等各种规格都有严格的等级规定，等级越高的建筑尺度也就越大，明洪武时就有规定“庶民所居房屋从屋，十所二十所，随所宜盖，但不得超过三间。”（《宋史·舆服志》）而帝王的殿堂可以到九间，公侯的厅堂可以到七间，一、二品的官员可以到五间。可见平民住宅是城市当中尺度最小的建筑。

（2）经济因素

在春秋战国之际，由于城市工、商业经济不断发展，周初营建的城邑和所建立的营国制度已不能适应新的发展形势。由于“市”渐渐成为城的主要组成部分，城市的性质随之也由以往的政治城堡，转变为有经济职能的政治经济中心。旧有的城市城郭部分作为经济活动中心范围也不断扩大。由此产生的新的规划制度更多的与经济联系起来，如城市的规模是考虑城市经济发展的要求，结合封建政体的城市建设体制来制定的。另外，在城市当中，由于商品经济的进一步繁荣，各种手工业作坊日益增多，市场在不断扩展，闾里及工商业用地迅速增长，而宫室用地则相对减少。[⑥]换句话说，尺度等级较高的建筑在城市中的比例减少了。

到了唐末宋初，由于商业活动的进一步发展自发冲破了“坊墙”，商店和住宅面对街巷开门，“城市的建筑由‘内向’向‘外向’进行转变”，“城市的组织由‘面’变为‘线’”[⑦]（见图2）。古典的“里坊”制，转变为更为自由的“坊巷”制。虽然组织的形式变了，但是街区仍延续原来的坊的尺度，街道也保留了下来，只不过部分坊内部的十字巷道成了城市的街巷，间距尺度不变。因此城市在街区层面的尺度没有太大的变化，但是在下一个层次的街道尺度由于坊墙的消失而有了变化，建筑直接面向街道并影响了街道的尺度。

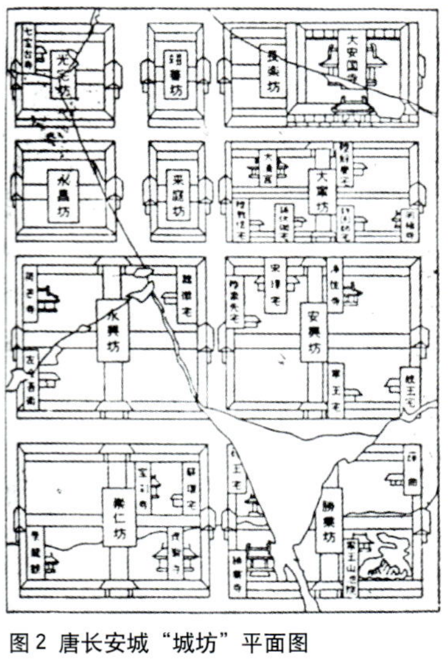

图2 唐长安城“城坊”平面图

（3）文化因素

中国自古讲求“天人合一”，古代的建筑以“两向”（two dimension）的“平面的”形式来布置，尺度主要向水平方向展开，高度一般都在一层左右。这与西方的大多数建筑物以“三向”(three dimension)的“塑像体”（plastic）的形式有所区别。[⑧]当然这还和中国人传统的“四方”观念以及“宇宙图案”的思想有关。另外，基于阴阳和谐观念的“便生”思想与“适形”论与古代建筑的规模与尺度也不无关系，前者的基本观点是宫室建筑是为现世的人建造的，“夫宫室之制，本以便生民”；后者的“适形而止”指的是建筑不宜建造得过分高大，适度即可。[⑩]这都使得中国古代的建筑尺度比较适中，与人体的尺度比较接近。其中风水理论对城市与建筑的尺度影响也是很大的，尤其是其中的“形势”理论。中国古代城市的外部空间与建筑的尺度大都将“百尺”与“千尺”作为其不同层次的衡量基准，一般来说，“形”是指对建筑单体层面尺度的控制，而“势”是指对建筑群体层面尺度的控制。“形”和“势”有利于从远近不同的层次来审视建筑，以便可以充分把握建筑的总体与各细节的各种关系。

另外，在中国文化中数、象思维中对数字的特殊含义以及“五行八卦九宫”的宇宙图式都影响到了城市与建筑的尺度，如“九”是数之至尊，因此代表皇帝的地位，故“九”数之能用在宫殿建筑里，如开间、进深等。而且建筑的各种尺度与数字大多都是阳（奇）数，有出现偶数的二十四、三十六等（如天坛）也都与时令、天象有关。

（4）自然地理因素

城市所处地段的自然环境对城市尺度的影响也是有的，古代很早就有“因天材，就地利”（《管子·乘马》）的城市规划思想。北方的地形平坦，所以城市比较规则，以方形和长方形居多，街道比较平直，但实际上受很多自然因素如河流等的制约，会有一些不规则的形状出现，尺度也就产生变异。在南方常有山地和水域，城市按照地形进行不规则自由布置，街道弯曲多变。因此，特殊的地形往往会成为城市发展不可逾越的障碍，成为城市的边界，并一定程度上决定了城市的形状与规模。

另外由于气候的原因不同不同的地域出现一定的尺度差异，如北方城市的街道比较宽，建筑的院落进深也比较大，而南方气候炎热，街道宽度较窄，建筑的院落（天井）进深比较小。

3.尺度的变化

城市尺度的变化是一个城市新陈代谢与发展所必需的，是不可避免的。

尺度就是在长期生产、生活的过程中所形成的人与物的一种相对的空间关系，那么当人们的生产、生活方式改变的时候，人与物的空间关系也就随之发生了变化，也就是尺度发生了变化。现在的城市主要表现为一种自由的发展，城市形态受政治与社会制度的影响还是有的，但相对比较小，更多地与经济因素联系在一起，房地产开发的利润成为建筑规模与尺度的主要标准。另外，技术的发展也是一个不可忽视的因素，由于框架结构与钢结构的出现，柱网间距、层高以及可以达到的跨度与总高度的增大，建筑构件与材料大小的变化等也会导致人们对于建筑的尺度观念发生变化。而且随着时代的变化，人们的时空观念在改变，对尺度的观念自然也在改变，这是不可回避的。

用柯布西耶的话来说："一种尺度即代表一个时代，它是精神的标尺"。尺度与它所在的时代相对应，与该时代的技术手段等物质内容以及精神需求等相关。

从另一个方面来讲，由于人的生理与心理方面的基本要求以及视觉美学要求在某种程度上是比较稳定的，因此城市与建筑尺度的变化是在一定范围内的，而且在相当程度上是在传统继承的基础上的变化。尤其在历史城市的历史地段中，本着保护的目的，为了延续城市的历史记忆和特色，我们应该在允许现代化发展的基础上尽可能地去控制尺度的不合理变化，纠正过于激进的、不合时宜的尺度观念。

中国人自古追求人与自然的和谐，城市与建筑以一种平和的低姿态出现。传统城市的窄长街巷空间尺度比较小，建筑基本以一层的合院的木构建筑组成，高度适宜，加上坡屋顶柔美和匍匐状的曲线、山墙有节奏的轮廓、木构架丰富的细部以及精致的木雕、砖雕等，都形成一种极为亲切的尺度，并与人体尺寸形成一个比较合理的关系。李约瑟也在《中国建筑的精神》中说到中国古代建筑"以增加重复单位（repeating units）来解决人所需要的尺度与规模"，符合人体尺度与比例的重复单位在重复中将人体的尺度渗透到了整体的建筑中去，从而使整体的建筑也具有比较人性的尺度。

西安明城区历史尺度的形成与变化分析

明城区作为历史文化遗产的定性为明清城市，城内的文化遗产诸如城墙、钟鼓楼以及其他文物建筑等基本上都是明清时代的，城区主体民居建筑也是明清时候在历代的基础上逐渐形成的。因此，西安明城区的历史尺度也可以说就是明清时期的城市与建筑尺度。

我们试图对西安明城区的历史尺度进行一个比较系统的分析，包括城市层面、街道层面以及建筑层面的，从而建立起一个相对比较完整的历史尺度的整体印象。由此建立起来的历史尺度系统是明城区尺度的保护与控制所应该参照的一个基准点。

1.明城区历史尺度的形成

西安明城是在唐末新城的基础上，把西安城墙分别向东、向北扩展约三分之一，扩大了城区的范围，平面形制为一横长方形。全城面积包括城墙厚度在内较原隋、唐长安皇城扩大了一倍有余。城市面积扩展为7.9km²，形成延续至今的明城城市格局。当时为西安府的府城，其规格自然不能与汉唐长安城相提并论，城区的规模与尺度相对较小（面积近8.4km²，只是隋唐长安城的1/10）。从图3我们可以看到，明城的道路结构与原来唐长安皇城之间明显的延续关系，街区基本是按照原唐长安城的"坊"的大小（大坊为南北长660～838m，东西宽1020～1125m；小坊南北长500～590m，东西宽1020～1125m）来建设的，尺度没有太大的变化，但在布局上是街巷式的，"城市主体结构上的礼制传统风格在继承中又进一步的发展，城市要素布局上出现了较为自由的街市巷里体系。"[11]

明城的街道宽度较唐长安城有了明显的变化。唐长安城的宫城与皇城间的横街宽度200m，南北主干道朱雀大街宽150m，东西主干道宽120m，其他的街道东西向的40～75m不等，南北向的47～68m不等。居民坊里内道路约15m。而明西安城的南大街总宽度不到20m，车行部分只有8m。小的街巷宽度9～15m，基本延续了原来里坊内道路的宽度。[12]

由于不是都城，明城内建筑包括钟、鼓楼等其形制与规模都不是很高，原有的秦王宫其尺度与规模也无法与唐长安城的太极宫、大明宫相比。

2. 明城区历史尺度的特征分析

明清西安城的尺度有其自身的特征，特征的形成与当时的政治、社会、经济、文化以及人们的生活方式密切相关，同时也与人自身生理方面的基本属性密切相关。

（1）"人性化"特征

与人体尺寸的关系

历史尺度的人性化指的是与人体本身的尺寸以及人体活动的尺寸之间所形成的一种合理关系，前者为人的静态尺寸（又称结构尺寸），后者为人的动态尺寸（又称功能尺寸）。在建筑的局部空间设计与家具设计的时候与静态尺寸发生的关系比较密切，在建筑整体的空间及其组合中又与动态尺寸关系比较密切，也就是人使用空间时的尺度要求，不同的功能使用对建筑空间的尺度要求不甚相同。

人作为步行活动时，一般心情愉快的步行距离为300m左右。明城的主要街道间距也在300～400m之间（见图4），与此基本吻合。[13]公共建筑院落总进深也基本控制在该

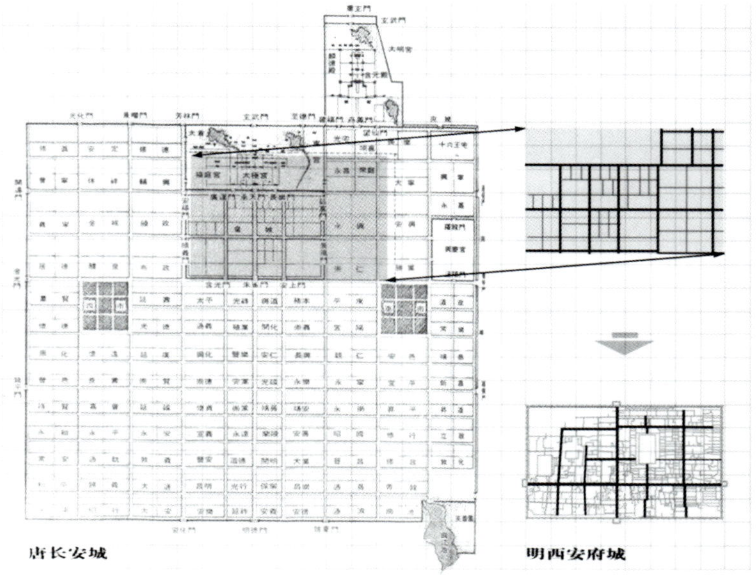

图3　唐长安城到明西安府城的演化（方格为500m见方）

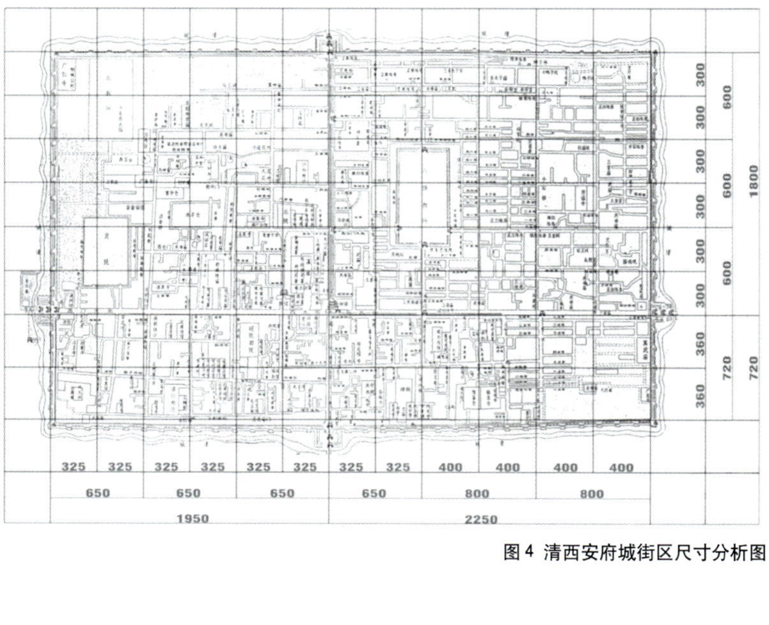

图4 清西安府城街区尺寸分析图

尺寸以内（最大的为250m）。超过这个距离人徒步就有可能疲劳。

芦原义信提出外部空间可以采用20～25m的行程模数，这同时与可识别人脸的距离（70～80英尺）相吻合，这样的外部空间能给人以亲密感。而以此模数进行扩展，最合适的规模为50～100m之间。[14]明城的最小街区的宽度为南北60m东西120m左右，居住院落总进深在20m到70m之间，基本符合芦原义信所说的行程模数，院落进深虽然不能算作完整的外部空间尺度，但作为人的一个行走和感知的整体尺度来说应该是相一致的。

中国古代的建筑在组合上呈水平方向发展，单体的建筑一般为一层，少数的为二层或多层。西安明城中的建筑同样是如此，居住建筑单体的檐口高度在4～6m之间，与人体身高比例为2到4之间，属于比较合理的范围之内。开间一般在3m左右，进深在5～9m之间，按照日式房间的算法就是开间一席半，三开间就是四席半，进深则在二席半与四席半之间。而四席半在日本是作为亲密性空间来认可的，就如所谓的"四席半文学"所描述的那样。[15]一席的尺寸大致为0.9m × 1.8m左右，与人体的尺寸基本吻合。

(2)"模数化"特征

中国从很早就开始在城市与建筑的建造中使用模数的方法，由此形成倍数的尺度关系。西安也不例外，模数在城市层级的应用可以从前面图4的清西安府城街区尺度分析、图5的清代明城府云龙当巷与大莱市地街区尺度分析图以及图6的历史街区平面肌理的模数化分析中很明显地看出来。这与原来的方格网式的里坊制规划方式有着直接的联系。

单体建筑在明代的时候沿袭宋代以"材"为模数，到了清代，模数制由"材"变为"斗口"。而在没有斗栱的建筑中开间、构建规格以及门窗等装修都以檐柱柱径为模数。另外还有"扩大模数"、"分模数"、"模数网格"等方法在单体设计与群体布局中的应用。陈明达在《营造法式大木作制度研究》一书中研究了建筑大轮廓如铺作间距、间广、椽长、柱高、檐出等的模数值，并发现柱高与房屋轮廓尺寸有关，也就是檐柱高是房屋立面的"扩大模数"。

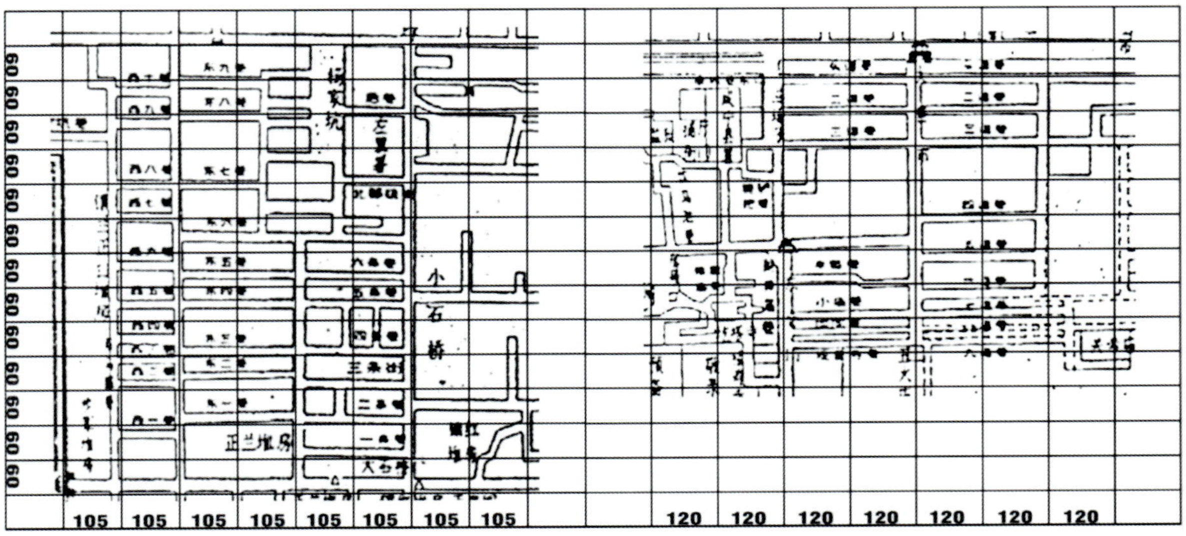

图5 清代明成府云龙当巷与大差市地街区尺寸分析图

傅熹年对西安化觉巷清真寺以及钟、鼓楼和城楼进行了模数化的分析（如图7，图8）。化觉巷清真寺使用方3丈网格，面宽5格，进深26格，其中一进院4格，二进院与三进院5格，四进院至月台2格，月台2格，礼拜堂4.5格。各院落的横墙、月台前沿、月台台阶以及侧门都刚好落在网格上，也说明了布局与3丈模数的密切关系。另外，一、二进院为一体，对角线交点落于大门中心，二、三进院的对角线交点落于二道门，四进院的对角线交点落于礼拜堂的边界，表明其为院落的中心[16]。布局上对模数网格的运用，在大进深的群体建筑布局上很好地把握了建筑之间以及建筑与人的尺度关系。

北院门某地块肌理（方格为9米见方）

碑林柏树林某地块肌理（方格为10米见方）

图6 历史街区平面肌理的模数化分析

也就是说，模数制是城市与建筑在整体上关系合理和谐、比例适当，同时模数使城市与建筑形成了一个比较人性化的尺度，就如上面所说的，城市与建筑规模大了还能有一个可控制的尺度和比较小的单元尺度，这就保证了城市、街道与建筑与人的一种基本的合理的尺度关系。

而在当前西安明城区发展与保护矛盾突出的情况下，尺度作为城市形态中比较深层次的物质内容，能在现代建筑与历史城市形态之间建立一座桥梁，能让我们在享受现代化便利的同时在一定程度延续城市给予我们的历史记忆。

如果我们对明城区的城市尺度加以控制，有可能在一定程度上协调发展与保护之间的矛盾，从而延续西安作为历史城市的个性与特质。控制的方法就是建立一个可行与有效的城市尺度指标控制体系，使明城区新的规划与建筑设计的尺度尽可能地限制在历史尺度的范围内。

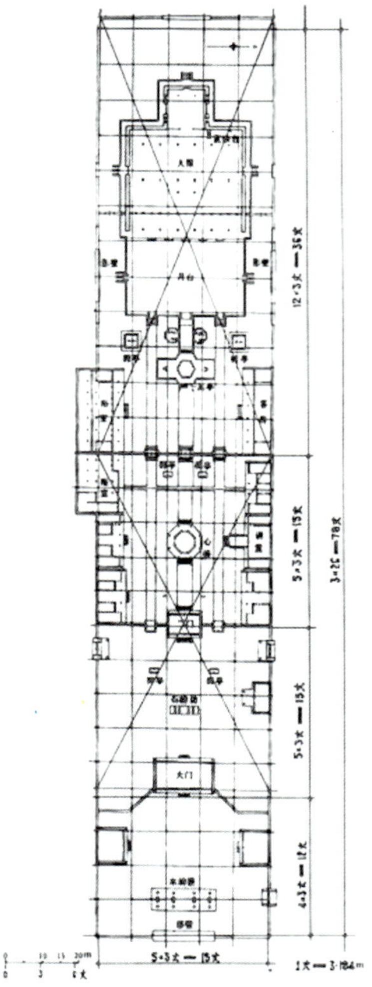

图7 化觉巷清真寺总平面布置分析

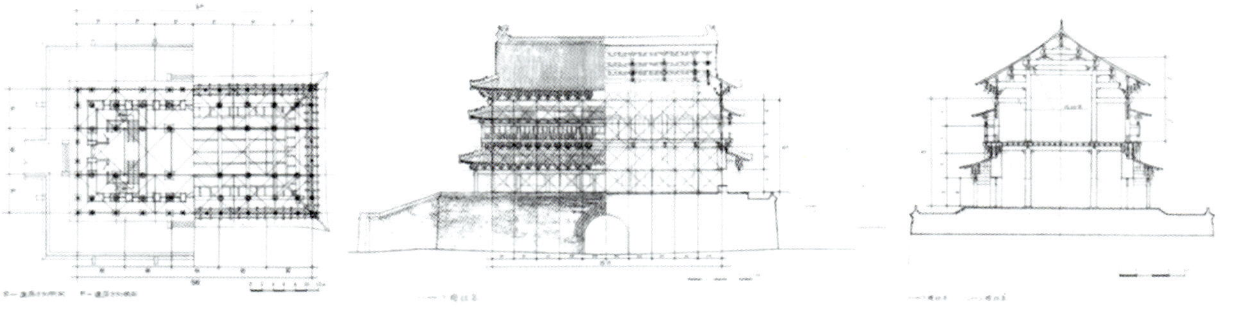

图8 鼓楼平、立、剖面的模数分析

也只有更深入地了解尺度所发生变化的方面以及变化的程度、速度等才将有利于我们分析出尺度的那些方面是对历史城市的尺度影响最大的，控制那些尺度特征的指标可以有效地控制尺度的大小，从而为最终我们进行总结一个相对比较完善的指标控制体系打下坚实基础，最终达到保护明城区物质空间形态的目的。

尺度变化的现状总结

从现今格局上看，西安明城区在整体格局上的保护做的还是比较到位的。较大层级街区的尺度变化也不是很大，而最小层级的街区尺度变化相对比较大，这是因为很多街道被拉通了，很多小的巷道消失了，小街区合并成了大街区，这也间接导致了建筑地块尺度的变大。街道层级的尺度所发生的变化也是很大的，尤其是四条主要的大街以及另外几条贯通全城的主要街道，宽度增加到原来的约三倍以上，高度的变化则约在五倍以上，部分等级较小的街道宽度变化相对较小，但在高度的变化却非常大（不同地段变化差异较大）。有部分的街道位于重点保护地段内，尺度变化相对较小，但高度还是有不同程度的增加。建筑地块规模由于多个地块合并不断变大，现在的地块尺度不仅远远大于原来的居住地块，而且超过原名称内最大的公共建筑院落地块（如大清真寺）尺度的地块也越来越多。还有同样大小的地块原来容纳的是建筑群，慢慢地变成只容纳一个建筑单体了，前者因为是群体式布局所以单体尺度变化相对较小，而后者为单体式布局，建筑单体尺度变化相对要大得多。地块的变大又间接地导致了建筑尺度的变大（当然两者是互相影响的）。建筑尺度在整体层级与细部层级上相对于历史尺度所发生的变化比较大（这在近十年中表现得尤为明显），而在中间层级上变化相对较小。在建筑整体尺度的各指标项中，变化最为明显的就是面宽了，其次就是总建筑面积（它代表了建筑的总规模），进深的变化相对较小一些。

总的来说，在明城区中城市整体尺度以及大的街区尺度层级还是有一定的延续性的，而越小的层级的尺度变化越大，延续性越差，街道尺度与建筑尺度在大多数的层面的变化对于明城区的历史形态来说都是具有破坏性的。

把尺度的变化尽可能控制在历史尺度的范围内，或者说是使新的尺度能与其历史尺度相适宜，这应该是我们保护城市历史空间形态的一种有效方法。尺度是一个综合的概念，有不同的层级，这为我们寻求一种既能适应现代生活又能适合历史环境的适宜尺度提供了可能。

另外，尺度也是城市历史记忆的一种方式，它记载了城市与人的一种历史的空间关系，一旦历史尺度被破坏了、消失了，人们对城市的记忆就有可能中断。虽然明城区在城市整体的尺度上没有太大的改变，但是尺度作为一个完整的系统，各个层级的尺度都是同样重要的，微观层级的尺度被破坏而只留下宏观层级尺度的城市形态只是一个空架子，它所能承载的信息与记忆是非常有限的。

所以，一座城市的历史与规划保护是息息相关的。而且，在规划保护时所掌握的尺度也同时决定着规划保护的成败。本文试图从尺度的层面来入手寻求解决发展与保护矛盾的方法，并通过对历史尺度及其变化的系统化分析来研究明城区在尺度层面的历史特征以及至今所发生的变化与由此产生的问题，并由此探讨在城市发展的同时如何通过尺度的保护与控制来进行城市历史形态的保护。

（作者刘克成系西安建筑科技大学教授、博士生导师；作者何哲系西安建筑科技大学研究生）

①段汉明，建筑的尺度与时空特征，新建筑，2000，NO.5

②托伯特·哈姆林，建筑形式美的原则，邹德侬译，北京，中国建筑工业出版社，1982

③张松，历史城市保护学导论，上海，上海科学技术出版社，2001

④武进，中国城市形态：结构、特征及其演变，南京，江苏科技出版社，1990

⑤凯文·林奇，城市形态，北京，华夏出版社，2001

⑥贺业钜，中国古代城市规划史论丛，北京，中国建筑工业出版社，1986

⑦李允钚 编著，华夏意匠，香港，广角镜出版社，1982

⑧李允钚 编著，华夏意匠，香港，广角镜出版社，1982

⑨王贵祥，建筑如何面对自然东方的追求与西方的抉择，建筑师，1990，NO.7

⑩王其亨主编，风水理论研究，天津，天津大学出版社，1992

⑪、⑫ 西安市地方志编纂委员会编，西安市志（第二卷，城市基础设施），2000

⑬、⑭、⑮ 芦原义信，外部空间设计，尹培桐译，建筑师，1980

⑯傅熹年编著，古代中国城市规划建筑群布局及建筑设计方法研究，北京，中国建筑工业出版社，2001

“规划师”与“建筑师”

□ 陈道麟

对于一个建筑，决策者关注的是能否代表这个城市的形象，规划师思考的是是否与城市整体协调，建筑师关心的是个人作品的纪念碑，而投资者关注的则是利益的最大化。这四个方面不同程度地体现在中国的现代建筑上，作为城市建设的主导力量，四者出发点往往并非一致，关注的焦点也难以形成共识。中国现代城市就是在这种背景下畸形高速地发展，从而导致城市意向的混乱和城市特色的丧失。

长期以来在中国建筑界形成了一大误区：尊重时代的精神比尊重地域特色更为重要，强调创新比强调协调更值得推崇。建筑师常常从建筑个体本身来思考建筑，创作的方法常常是忽略周围的环境、排除制约在理想化中的创作，表达的手段也常常是一张或数张缺乏真实感的表现图，而很少采用模型来推敲建筑，表现出一种惟我独尊的英雄主义，尽管单体创作水平似乎达到了一定的水准，然而城市空间却差强人意。严格来说，创造一个优美和谐统一的城市空间比妙笔生花的单体建筑更为重要。

尊重建筑所处的环境，保持视觉和文脉的连续性应该是建筑师的一种职业美德。同时一个城市应该保留不同时期的建筑作品，应该有足够的文化深度丰富其历史厚度。我们不能像农民起义领导者或者像农民烧草芥一样拆掉不符合我们时代要求的建筑，相反20世纪五六十年代有一批现在看来都是很有水平的建筑，它们真实质朴，少有现代的“脂粉气”。欧洲能够保护他们几百年前的建筑，我们为什么容不下几十年前的建筑，改扩建应该是一种重要的设计类型，也是保护城市文化延续的一种方法和手段。

我们对“千篇一律”、“方盒子”的盲目批判持续了几十年，这同样也是城市建设中一大误区，全民族的集体无意识更是一个悲剧。丽江古城正是由于其“千篇一律”的建筑形态成为人类共同的文化遗产，如果今天我们在城市建设中“千篇一律”地建设一种风格的建筑，那么明天也将是一笔丰厚的历史遗产。20年来，中国建筑打破了千篇一律，个体建筑千姿百态，但却以城市的千篇一律的趋同化为代价。

一个城市需要保持自己的特色、形态、性格和特定的城市意象，也需要有自己的精神，一个市的特色如果失去了，它的灵魂也将丧失，城市的精神和特色是一个城市的无形资产和财富。建筑师要有甘当配角和“壮士”断臂的勇气，要有“惜墨如金”追求平凡的大度，紧密和规划师配合，真正创作出具有和外部环境和谐统一的特色建筑。

（作者系西安城市规划设计研究院院长、高级规划师）

底图之间
——从城市到建筑

□ 王树茂　赵元超

城市的魅力来自于建筑文化的多元化、城市生活的多样性，也来自于不同时期建筑矛盾统一性。好的城市应该是人类“灵魂的家园”，是能给人留下深刻而长远记忆的空间。

随着全球化的到来，城市文化也正在同一化，地域正被网络取代，不可否认的事实是强势的“国际化”正将“弱势的“地域化”一一取代。多少年来，我们高举创新的大旗，横扫千篇一律的方盒子，建筑个个欲求新求变，栋栋想卓而不群。可悲的却是造成今日城市杂乱无章、千篇一律与特色的丧失，中国各地的城市建筑文化正逐渐脱离它固有的社会文化语境，转而成为一种时尚，直接与不同地域的城市文化相对接，并迅猛融入全球一体化的浪潮之中。

我国城市现代化浪潮是在各方面还未来得及准备的情况下迅猛发展起来的，“在城市中建设城市”，特别是在历史文化名城中建设一个现代化城市，保护城市特色已成为规划设计的一条重要原则，但如何保护城市特色，特别是在新的建设过程中保持文脉仍是一个亟待探索的课题。

构成一个城市特色的建筑要素主要以标志性建筑为主，但同样也包括大量的背景性建筑。以往我们过分重视城市标志性建筑的建设，而忽视对原有标志性建筑的保护及大量背景性建筑的建设，缺乏对建筑场所的理解与不同历史时期建筑的尊重。城市特色的保护，不是一个思潮，而是指导城市建设的重要原则，是20世纪正反两方面经验对城市建设的重大理论贡献。本文结合在古城西安的几项背景性的建筑创作，试图从大处着眼、小处着手，从城市设计的角度探讨建筑与建筑之间的关系，并唤起人们对背景性建筑设计的重视。

任何建筑创作都受特定场所的制约，对环境及周边建筑的尊重是建筑师的职业美德。从规划到建筑的设计观点就是一种城市设计的观点，从某种角度上讲：城市设计就是以整体的观念处理建筑关系的设计。城市中任何建设地段的建设，我们都可以把它抽象为图形与背景的关系，在总体布局及形象处理方面均可应用格式塔心理学底图逆转原理处理新老建筑的关系。

城市群体建筑协调的重要要素是体量和尺度。著名的威尼斯圣马可广场建设历经千年，其风格迥异，但各建筑之间体量和高度互相呼应，比例与尺度均系精心推敲，取得了协调一致的整体效果。因此，在大多数情况下，作为图形背景的“底”的造型处理，没有必要简单重复“图”的造型元素，形式可更中性一些，平凡而不张扬，折衷而不纯粹。

西北大学自然科学馆地处西安明城墙西南角，西北大学主教学楼一侧，可用地仅60m × 90m。从城市设计的观点来分析，它应是从属的、过渡性的、背景式的“底”的建筑。在整个设计过程中，我们始终以平和的心态处理“底”与“图”的关系，在矩形空间中大胆做减法，变体为面的单元重复使简单的立方体丰富有趣，远观为底，近看成图。尽管没有采用任何传统的符号，依然表现了对城墙的尊重，取得了和谐一体的整体效果。

处于城市标志性建筑旁的新建筑，如果在建成后，人们“视而不见”，从城市设计来说就是一个好的建筑。纽约古根海姆美术馆的扩建就是一个很好的范例。陕西省自然博物馆设计最大的挑战是如何与现已存在的电视塔成为有机的整体。设计的基本理念是让新建筑消失，形成一个没有“形式”的建筑，并突出原电视塔。以电视塔为中心做一椭圆形构图，不仅保护了原有地貌，呼应了菱形城市广场，而且也突出了自然博物馆的特征表现了生命的诞生。以电视塔为中心南北布置自然馆和科学馆，月牙型的自然馆以楔型嵌入高地，坡向电视塔；科学馆及辅助部分利用地形高差单层与高地相连，穹幕影厅以透明的球体突出大地，表现了自然界日月同辉的永恒。建筑立面在这里成为地形的一部分，整个建筑看起来像从地面上生长出来。众星捧月般地规划设计更加突出了原有地标性建筑。

西安交大科技园博通软件园的设计同样也遵循底图原理，低调处理作为背景建筑的形式，在朴素、现代的外形下，其内部却表达了中国传统空间的宁静和序列。

总之，在城市建设中我们始终应坚持从城市到建筑的思想，坚持城市设计的原则，重视城市，淡化建筑，重视基本原理，淡化风格与时尚，在重视城市标志性建筑设计的同时，绝不能忽视大量的背景性建筑的设计。在城市设计中，应用“底图逆转”是一个整体思考的方式和一个行之有效的方法。

（作者王树茂系西安市规划局建审处处长、西安市城市规划设计研究院总工程师、教授级高级建筑师

作者赵元超系中国建筑西北设计研究院总建筑师、教授级高级建筑师）

城市更新的下一轮螺旋
——我、我的城市与《北京宪章》

□ 张 宁

"圣人抱一为天下式"

(——《道德经》二十三)。

现实已经说明，飞速发展的电子科技正如城市发展的高速催化剂，创造出有些甚至逃逸于物理表象(physical appearance)的建筑形态(image of building)；并且恰似电子网络所表现出的纷繁复杂，由这些超然的和富于个性的建筑及环境、经济现象、意识形态、美学观念等综合构成的城市形态也复杂或日趋复杂起来。"城市革命"的高光后，并存的是人口、能(资)源、经济等诸多问题的灰色调。这是城市在高技术促动下潜在的"危机"(crisis)[①]。在这种"危机"的客观影响下，造成城市总体效率(efficiency)可以暂定义为城市机能所达到的经济、社会、美学等方面的综合收益与为使这一机能运转所消耗的资源、能源，甚至包括思想强度总和的比值)的低下。在熵(entropy)[②]值逐步走低的全球大条件下，发达国家在各学科及研究领域早已展开了以"可持续发展"(sustainability)为主题的探索，力求在更为广阔的视野下寻求本领域的前进道路；而发展中国家所面临的问题则更为严峻，学界、业界渴望一种远超之于"可持续"能量的思想方式，以期为解决城市"困惑"(perplexity)带来曙光。在传统的思想框架中，建筑学应当是促成城市规划形成的诸多因素之一、并最终是归属于城市规划学的龙头学科。而在"困惑"的今天"可以发现，对建筑学有一个广义的、整合的定义，是新世纪建筑学发展的关键。"[③]。当我们思索新的"老"问题时，不妨以"整合"求得"广义"的思想，回到螺旋状发展的原点，寻本溯源、"抱一"而式"天下"，借以完成6000名建筑师在北京面临的使命重建现代建筑学的神圣地位。

在日本，人们自豪地称私人拥有的轿车为"my car"，并将每年的一天法定为假日"my car day"。怀着同样的自豪及强烈的责任感，我的城市、"my city"面临的挑战与我们的任务又是什么呢？

浪潮

1.城市建设迅猛发展

20世纪80年代中期以来，全国范围内的城市建设拉开了序幕，实际上这也是继大唐帝国之后，中国城市建设史上规模最大的城市更新运动；而"土地有偿使用(paied using)"观念及法规的出台，更使得在社会主义经济体制下，本应属于政府行为的建设活动，掺入了以赢利为最终目的的房地产开发活动；当由政府投资完成了某个区域市政设施(道路、通讯、管网等)的整备(reorganization)或建设后，亦将资金的信风标指向了那里，"主渠道"一旦开通，来自不同权属的资金蜂拥而至，密集资金令不久前依然是城乡接合部的城市区域，很快变成"新城"、"开发区"。而对经济发展的高需求客观上使各级政府的行政管理者鼓励城市建设的这种"轰动效应"，与建国初相比较，这一次的城市建设"革命"规模更大、速度更快，同时，其潜在问题及"危机"又无不时刻困扰着管理者与专业人士。

2."老"城市在"新"建设洪流的夹缝中生存

中央"经济特区"的圈定及"发展中小城市"战略的确立，为全国范围内的城市化运动指明了道路，而具有一定城建基础的特大及大型城市(在这里暂统称为"老"城市)，则面临新建设项目与既成区域的接合、融入问题。在很多历史文化都市，传统街区、历史遗迹、观光景点等具有文化及民俗(folklore)积淀的城市区域，其历史正在被新区吞噬，早在《北京宪章》颁布之前的1992年"92旧城改造高级研讨会"上，便建立"一个明确的概念"，即"旧城改建与历史文化名城保护的关系的处理，是一个非常复杂的问题"[④]。鲁迅先生《文化偏至论》曾言："借曰非乎？请循其本。"只有使我们时代建筑学植根其理论、实践的本生土壤，顺应于整体经济环境，调动更为广泛的他专业思想，才能改变历史文化区域"夹缝"状态。

人类价值观的"广义"追求

1.人类心灵的"回归"

我们正处在"城市时代"，原本因"个性"促发的交流渴望被信息涤荡得愈来愈淡漠， 人类在"孤僻失落"(anomie)的状态下，开始厌恶那些"舍本逐末"建筑学所臆造的城市，涌向欧洲的罗马、巴黎那里洋溢着充满"价值"的哲学气息，涌向云南丽江，那里是东方的心灵故乡。

当城市的人群在短暂的、或是意念的"回归"之后，建筑学的人们能够让他们在"城市革命"中体会到"回归"吗？看来正在充当"上帝"的我们是时候走出"圣殿"，作一次"回归"了，回到大江之源，回到巨木之本，回到建筑学最原初的理想。

2.人类对"生生不息"的追求

低"熵"[⑤]社会的到来，即使是水这种资源亦已不再用之不绝，然而面向21世纪，人类依然向往地球的"生生不息"。

地球正是在过往的千百万年中，历经若干个地质年代、无数个物种的生灭更迭才实现了这种"进化"(evolution)，实现了自身生态体系的延续；与之对应，地球正在经历另一种变化，既由城市及形成它的建筑构成的"人工自然"(artificial nature)一步步扩张，带来的是城市的"进步"(advance)和"变化"(alter)，与动态体系中的自然"进化"相比，城市的改变需要向"生命体系"(life system)学习，开发灵活和适应性强的研究及设计思想，掌握其动态属性与运转规律，形成一个"循环体系"；利用"新陈代谢"降低整体运转的"熵"损耗，也只有依此，才能在不破坏自然界的"生生不息"的前提下，实现人类自身及生存环境的"可持续发展"。

3.美学的追求

虽然可以说将美学价值时刻渗透于人类历史发展的各个阶段，并以此为中心研究人类的行为是不全面的，但是我们至少可以说对美学的追求，无论是出于"自然崇拜"(natural idolatry)，还是心灵对慰藉的渴求，自始至终地伴随人类历史而存在。

仅从艺术门类这一领域看：文学艺术、电影艺术、绘画及雕塑、建筑艺术等都从各自的角度专业化于其他艺术，来满足人类对美的追求。而且建筑学所创造的建筑艺术几乎是所有其他门类艺术的载体，而且较于它们，建筑更具参与性；因此人们对其的批评也更为直接、真实，以至于形成了一个多层面、广角的审美评价标准。这种社会学范畴的建筑"审美评价"正随着全球中产阶级社会及经济地位的不断壮大，而变得举足轻重；建筑创作已不能仅依靠几个专业的配合甚或仅屈从于本专业的表现欲望。"未来建筑学"所提倡的正是不断加强各艺术门类的"相互作用"，进而将这种联系和作用推广到其他更为基本的要素，重组一个"有机的"思想框架以期形成为达到"泛美学"标准而再次升华的现代建筑学理论"建构"。

人类的追求是多方面的，在建筑创作中巨细靡遗地予以满足是不可能的，然而至少以综合的视点尽量多地考虑、满足来源于自然及社会的客观要求，是非常必要的。

MY CITY的城市更新取向

正如《周礼》所述“天子之国，地平天成”，位于关中盆地的西安（古称长安），但唐之后，西安总体上进入了“巅峰效应”。城市建设如同社会经济一样，随着国都的迁徙而逐渐衰落。

站在螺旋状发展的波峰间；在“城市活力”的客观要求下，我们将传之于后世的城市依然“长安”（changannise）吗?

对历史都市更新中“下一轮螺旋”的思考

（1）保留历史文化都市“记号”

西安自周镐京始，便依礼制建都。以后，随城市中轴线逐步由西至东的平行移动[⑥]，城市格子状道路格局遗存至今。从文化学而言，这一理念是“易学”对阴阳的推演而成；在这里，自然界（包括人工自然）的合理性完全反映于事物的内在和谐[⑦]。

由四边形——适于建设的最简单图形并列、分割、演绎而成的都市，在历史上曾充任过帝国之都。

从行政建筑到民居，中国的城市及建筑在向平面展开的同时，无一例外地引入了“院”空间；它不仅是对自然的空气、湿润与绿色的主动导入，也是家族生活中等级制度对生活私密性及交往性的制约产物。应当说，西安传统建筑同中国其他地区的传统建筑具有相同的特性，即循从于社会、人文及文化意识形态的客观要求，且将由此积淀而成的“有形文化遗产”（如雕塑雕刻、手工艺、民俗仪式等）始终渗透于城市生活中。

很明显，它们共同构成了历史文化都市的“记号”（semiotic），而以“广义”的思想对其进行保存、修复及整理是“古城保护”的未来取向；亦乃使其“历史形态”更加丰满、更具说服力与透射力的必由之路。

（2）追寻“理性”“本源”

从《北京宪章》至理若拙的阐述，可以领会其“整合”及“回归”、“至一”中宏大的哲理思辩。

①城市及建筑的基本形“理”

中国传统城市及建筑以四边形（近四边形）为基本形单元构成、重组后，一方面引入自然的“地景象征”（自生形态的石、路、水、树木等），使其具有自然意念的空间与使用空间均衡布局；另一方面柔和的天际线错落有致、内外空间层层穿套。这就如同围棋对弈时产生的“黑白”、“气”空间[⑧]。

形依“理”而生，有别于地中海沿岸强烈阳光下，为产生美丽光影而创作的建筑雕塑；在这里，通过空气的过滤、内外空间光照强度的变化，创造出了包括基地周遭环境在内的、与建筑“融通”、“共生”的、大一统的空间综合“雕塑”。

②形“记号”的空间概念

虽然说宏观的国土经济区划将不同的城市及地区进行战略的布局，使之承担相对独立的功能，但是就历史文化都市而言，随着城市化程度的提高，在其传统区域外围仍然存在着为密集人口解决生存空间的问题；而在使用空间膨胀的前提下，如何延续“传统”，将是更具挑战性的问题。

平面（plan）、立面（elevation）是为解释空间绘制的不同片段(fragment)；将传统空间在平面上的精辟演绎，推之于“立面”，便形成了空间上“内”与“外”、“人工”与“自然”的交叠与渗透。

面向21世纪，应当从城市设计出发，探索传统城市、建筑、乃至园林在不同的空间“片段”所具有的意匠之“理”；以“发散”、“广义”思维作为寻求空间逻辑的根本基础，集中于特征“片段”进行缜密的“收敛”创作、并将其以“形”“记号”引申至空间中；创造饱含传统意念的、“空间的”城市（图四）。借此提高空间“容积”（volume），使传统及“地区性”得以延续和发展。

③保存传统的“社会行为方式”

“广义建筑学”学说的建立，涉及到了建筑学的根本目的为人类服务。

我们可以通过考古学的论证，接近于准确地了解到大部历史时期城市及建筑的形象，但是欲求知与彼同时的“社会行为方式”（behavior pattern），则需要以更为广阔的视角详加考证。城市与建筑归根到底是服务于人类的，然而往往“空间主人”（master of space）的行为模式，具有很强的自发性;其中有一部分经历史的研磨,形成了独具传统特色的空间使用范式,这些使得城市与建筑的整体空间氛围各不相同;因此要求我们对空间主人的生活方式、心理模式（psychological pattern）加以分析、整理。在公众参与过程中，来源于不同阶层的思维“碎片”通过城市及建筑设计者的综合与引导，反过来对城市与建筑本身产生深刻的影响。

“社会行为方式”与文化一样，是决定城市客观形象的根本层面上的因素；对“空间主人”的尊重，表面上看，使本已很复杂的建筑学现象更加莫衷一是；然而，惟有从综合的角度努力去解决这种“社会要求”，才能创造符合于本土（本区域）传统现实的城市及建筑，这一点的重要性并不亚于对传统文化体系的尊重与承袭。

我们已经做了很多有益的尝试：古文化园、影视城的“有形”历史再现，已使公众更加真切地了解传统文化的灿烂；文化及传统的延续，如果自始至终地指导从构思框架的形成、到施工工程作法这一完整的过程，并在过程中“整合”广泛的、社会领域的（包括权力等）因素，将会创造更加美好、更富于活力的“历史文化都市”的明天。

《北京宪章》的颁布，无疑是建筑界世纪之交的盛事，而且它所指引的方向将为世界的建筑学打开全新的视野，其视野所达当遍及全球范围内建筑学领域，而不仅仅是西方发达世界。作为中国人，这是学界的骄傲与自豪，以此为路标，认真反思城市更新中的若干问题、以“广义”探索正确取向，势在必行。我们的目的正如梁思成先生所说“要创造适合于自己的建筑”[⑨]。

（作者系西安市建筑设计研究院副院长、西安市城市发展研究中心主任、高级规划师）

① 吴良镛：《世纪之交展望建筑学的未来——国际建协第20届大会上的主旨报告》，1999

②熵是不能再被转换作功的能量总和的测定单位《日本大百科全书》

③《北京宪章》3·从传统建筑学走向广义建筑学

④ 周干峙：《在'92旧城改造高级研讨会闭幕式上的讲话》

⑤［英］里夫金（JEREMY RIFKIN），霍华德（TED HOWARD）：《熵：一种新的世界观》

⑥ 韩骥：《长安龙脉》

⑦ 参见 明 朱熹《周易本义》伏羲六十四卦生成图

⑧ 李昌镐 刘昌赫 第33届王位战棋局

⑨ 梁思成《中国建筑学》

第一章　城市复兴

随着中国经济的持续增长，城市建设大规模地向城市的外围扩张，与此同时，传统历史街区的保护也面临着前所未有的挑战；对于西安这座十三朝古都而言，规划的保护重点一直是历代王朝的宫殿、社稷以及位于城市建成区的传统街区及传统民居；而对于城市总体格局的沿袭也只是流于形态上的保存，如何真正以城市规划及城市设计为手段，从城市整体入手，实现城市文化及经济的复兴，实现古城的活力复兴，一直是潜在的、深刻的课题。

在西安的历史进程中，周、秦、汉、唐四个王朝的实力最为雄厚，也给西安留下了丰厚的历史遗产。其中，周王朝建立了在中国延袭数千年的礼教制度及传统哲学思想，其都城建立更是为后来中国传统城市的建设奠定了坚实的基础；秦王朝统一了中国，统一了文字及度量衡，秦“兵马俑”直到今天仍然为世人瞩目被誉为“世界第八大奇迹”；汉王朝开辟了古代丝绸之路，从而建立起东西方文明联系的桥梁；在四个王朝中，唐王朝是最为辉煌的时期，其都城建设、经济实力和文化艺术在当时与欧洲的罗马相齐名，今天的“大明宫遗址”、“唐大雁塔”、“曲江”都是那一时期繁荣的印证，可以说，唐王朝所创造的历史是独一无二的，而唐长安所在之地西安，因此也具有了非常强的独特性。西安不仅是中国的西安，也是世界的西安。我们所说的城市复兴，就是要打造“华夏千年的古都，民族精神的故乡”。

从世界各国建筑界和规划界对在城市设计中探索各自民族文化的传统应用上看，可以发现其中共同的特点，那就是深入挖掘传统建筑文化及民俗文化的精髓所在，分析其文脉沿袭足迹，从整体到局部地理解其中包含的重要理念，从来自传统文化及建筑的和谐精神中，将其神韵溶入城市设计创作过程中的每一个整体构思与细部处理；其目的是，以传统文化的精神符号，传统建筑文化与城市文化中独特的认知与理解模式；以传统文化的物质符号里面包含传统建筑所特有的造型及构造手法等，来表达具有创新意识的、又是具有鲜明的文化传承关系的崭新观念。而且正是因为其创作的本源来自于传统，它所带来的空间感受会透过现代材料本身，最终阐述一个传统建筑学的，富于生命力的全新领域。以城市这一概念而论，城市建筑所能承载的美学概念和文化概念是最直观的，也是最能振奋人心的。

所谓城市复兴从实质上讲重要的一点就是中国传统建筑学的复兴，而其中所承载的文化信息也将随着传统建筑的理念复兴而逐步走向城市设计与城市文艺的复兴之路，对于正在蓬勃向上的中华民族而言，传统建筑的复兴很大程度上影射着中华文明与文化艺术的复兴。这一复兴它并不是照抄照搬，也不是修旧如旧，更不是从传统到传统，而是由传统、文脉、和谐、神韵等真正达到城市的文化复兴。

实际上，在北京召开的“中英城市复兴高层论坛”所提出的课题，西安在几年前就展开了广泛的探索与实践。一直在研讨这座古城从城市规划角度如何把握古城的复兴，中国城市规划学会和英国皇家城市规划学会共同主办的这次会议，为西安如何实现城市复兴、借此产生更大的经济、文化与社会效益，体现以人为本，达到“市场化、人文化、生态化、国际化”的城市建设目标，提供了非常有价值的资讯。我们期望这一复兴理念能够运用到西安的实际工作中。

西安作为一座具有千年建都史的世界级历史文化名城，其历史遗存下来的皇都气势与源远的历史文化积淀已广为世人所知，然而，在城市建设迅猛发展的今天，我们注意到一个令人怅然的现象，那就是：在西安这样一座千年古都里，其可以展现给世人的、直观的显性历史文化风貌已少之又少。除了兵马俑与碑林博物馆等几处历史文物古迹，厚重的历史文化底蕴几乎只淡淡蔓延在包围古都的空气之中，吐露于陕西方言的乡音中，隐藏在西安人民憨厚的个性中了。然而，经过周、秦、汉、唐几个历史时期的繁荣昌盛，产生过无数位对中国历史产生重大影响的人物，发生过很多决定民族命运的历史事件，谱写过大量壮丽辉煌盛世篇章的西安，可用于城市建设中加以表达的题材是众多的。如何将西安丰富的隐性历史文化以各种表达方式显现出来，整合城市的历史风貌，提升古都的旅游文化品位，提高市民的文化修养，并承载古城历史文化精神，将是古城西安文化复兴的核心内容。

西安的历史文化背景

翻开历史的巨卷，早在公元前11世纪，西安从周王朝建都丰、镐二京开始，就揭开了她作为千年帝都的辉煌史，至公元9世纪末，先后有周、秦、汉、唐等13个王朝在此建都，长达1100余年之久。西安长期都是古代中国的政治、经济与文化中心。尤其在距今1200余年的盛唐时代，长安城无论在人口、规模还是繁荣程度都堪称世界之最，在当时的历史舞台上，长安城不仅是一座人人向往的东方大都市，更是东方文明和中华民族精神的象征。古往今来，多少伟人名家对这座城市倾注了极大的关注和热情，他们用最美好的、如诗如画的语言赞美她、讴歌她。

西安在其发展过程中所建构的城市格局，积淀的优秀传统、蕴含的文化精神演化成西安的城市文脉和灵魂，无论是显形的存在还是隐形的文化，都透射出辉煌的华夏文化之光。八水绕城、天人合一、经纬龙脉、汉唐精神，这些千百年来所形成的城市文脉既是西安独有的古城特色又是西安城市发展的基因和载体。

1.山水格局

历史上的长安城，泾、渭、浐、灞、沣、涝、滈、潏八水环绕，故有“八水绕长安”之称，唐长安城的湖泊泉池处处可见，无论是曲江池、万花池、龙首池、太液池、兴庆池还是太极宫中的东、西、南、北四大海和山水池等都大大改善了城市的环境面貌。延绵数百华里的关中平原，素有“八百里秦川”之称，“四关之固”确立了总体上四面峻岭环抱的格局，可以想像，在当时的社会条件下，进可旱水两路并行，退可依地势严守，实为“天子之国，地平天成”。城市的山水格局与城市建筑布局相得益彰，景色绮丽。

2.平面布局

从城市区域地理因素上讲，西安“南浸终南子午谷，北踞渭水，东临灞、浐，西枕龙首”，其周围的龙首塬、青龙塬、少陵塬及曲江洼地的天然地貌，也就形成了它四周的界限。汉之前，古匠人依天上星宿为对位关系，以“象天法地”来布局城市重要设施。就整个唐长安城的整体布局而言，按传统九宫格之构图，皇城正好处在其“九五之尊”的最佳位置。

3.轴线特征

西安从周人的丰镐二京开始，其城市规划布局就运用纵横交错的“井”字形经纬布局体现等级和秩序，到汉唐更是发挥得淋漓尽致。而将正南正北的经纬格局统一在一张蓝图上的，正是“龙脉”，它是对“象天法地”的传承，也是封建王权制度在城市布局上的直接反映。唐长安城的道路系统形成经纬交错的严谨方形网格，唐长安城每面三门，四面十二门，乃承袭《周礼》“旁三门”的传统数字。唐长安城以宫城和皇城居城北中央，依中轴线两侧对称构图，以经纬交织的道路格局作均衡的街坊划分，是中国农耕时代都城规划思想的典型体现。

4.文物古迹

西安是中国历史文化名城中文化遗存最多的城市之一。有全国重点文物保护单位23处，古遗址、古陵墓4000多座，现存出土文物百万余件。

秦宫、汉阙、唐时殿。西安古城及宫殿建设遗存，既有周丰镐京城、秦阿房宫、汉长安城、唐大明宫“四大遗址”，更有明代西安城的城墙、城楼、城门。现存的西安明城墙以及钟楼、鼓楼、护城河都保存完整，使得600多年前的城市格局，到今天仍能清晰具体地展现在世人眼前，明代西安古城称得上是中国所保存的、规模最大的、最为完整的古代城市。

西安的老城历史的遗迹众多，有被誉为“中国最大的石质书法宝库”的碑林，有雕栏楼阁、青石铺路的仿古一条街书院门，有典雅的建筑形式与时尚建筑风格相融合的德福巷，和具有原汁原味明清建筑风格的北院门，以及革命纪念地“八路军办事处”、“西安事变旧址”等。

西安城东的华清池、兴庆宫遗址是唐代帝国生活奢华的缩影。城南的陕西历史博物馆，陈列的3000多件文物都是从陕西出土的近百万件文物中精选出来的，大多为国宝级稀世珍品，见证着西安悠久的历史和灿烂的文化。

西安名刹古寺众多，慈恩寺大雁塔气势雄伟，荐福寺小雁塔古韵悠长，西安大清真寺乃是中国建筑史中规模最大的一座伊斯兰教寺院。西安市周边更以寺院众多闻名，唐玄奘陵地兴教寺、青龙寺、草堂寺、重阳宫、香积寺、佛骨舍利之所法门寺，道学“第一福地”楼观台……建筑规模宏大，宗教文化源远流长，远播四海，其中六处寺院为佛教的六大祖庭（大慈恩寺——法相宗、香积寺——净土宗、大兴善寺——密宗、华严寺——华严宗、净业寺——律宗、草堂寺——三论宗）。

5.长安文化

应当说，长安文化最为辉煌的时期是周、秦、汉、唐四个朝代。西安作为十三朝古都，尤其是汉唐时期的长安，在城市建设过程中所显示的高超技艺和精深思想，表现出一种吸收型、开放型、进取型的主体意识，这种既包涵着周秦时代那种雄伟、强劲的力度又融汇着汉唐时代的那种奔放、和谐气氛的内在精神，潜在地影响着城市的各个方面。半坡和姜寨的彩陶，显示着远古长安艺术生机勃勃的童年气质，那些人面鱼纹、人面蛙图腾渗透着原始社会时期的自然崇拜意识。周代的青铜器，其造型铭文、纹饰、都包含着东方古国的神秘气质，反映出当时人们对暴力的敬畏和对神力的崇拜。秦代的兵马俑、汉代的石刻艺术，是那个蓬勃向上时代关于气势、运动和力量的讴歌，简洁、粗豪、形神兼备，有极为强烈的艺术感染力。唐代的诗文书画，是用笔墨描绘的大唐盛世的壮丽画卷，而无论是建筑，还是其他艺术门类都充满着生动而奔放的内涵，其中那种雄壮的力度、奔放的情感以及浑厚的气势，既是汉唐时代中国的时代风貌，也正是长安文化蕴含的内在精神。

西安市总体战略发展规划对城市复兴的考虑

每个城市的每一轮城市规划修编都有其历史背景，西安也是如此。从目前西安发展的现状来看，上轮规划的各项主要指标，如用地指标、人口规模等已经基本完成，城市发展已经产生了新的需要和新的动力，适时进行第四次城市规划修编有利于西安的快速发展。另一方面，西安目前正处在一个快速发展的阶段，原来仅局限在三环以内的城市总体规划已不适应城市发展的需要。

新一轮总体规划在着重挖掘城市特色的基础上，确定了西安的城市性质、城市规模及空间布局等重大问题。在总体规划的制定过程中，我们以城市复兴作为城市发展的目标之一，并在总体规划的各专业规划及分区规划中予以落实。总体说来，新一轮的城市总体规划有两个核心内容，一是城市向现代化发展，二是复兴古城西安的传统文化。

突出城市特色

城市特色是一个城市重要的无形资产，是城市生命力和竞争力所在，体现着城市的吸引力和凝聚力。西安城市的发展首先要尊重城市的历史和客观发展规律，以人为本，以改善人居环境，完善城市功能，提高生活质量为目标，逐渐形成富有西安地方特色的建筑风格和城市风貌。她的特色突出体现在：古代文明与现代文明交相辉映，古城区与新城区各展风采，人文资源与生态资源相互依托，是一座具有浓郁古都风

中英城市复兴高层论坛

中英城市复兴高层论坛会场

貌的现代化大城市。

城市规划严格控制，为传统建筑创造生存空间

西安市《历史文化名城保护条例》及《旧城区高度控制规划》，从城市平面的功能布局及空间占有量两个角度，划出历史街区的保护范围及重点历史建筑周边的保护范围及高度控制指标。

《西安市城市空间发展战略规划》中，更是从战略高度再一次确认了以西安明城区为中心形成古文化旅游及传统民俗文化区域，提出在明城墙所围合的老城区内，以“多拆少建”与“只拆不建”作为今后规划审批的控制性原则。

使传统建筑的精髓能够成规模、成体系地在旧城区得以体现，同时以旧城区为中心，为传统风貌建筑创造广阔的生存空间，并以此带动西安市城市特色的持续创造，形成能够实现城市复兴理念的建筑和环境氛围。

在城市规划、城市设计与建筑设计中不断探讨城市复兴

如何探讨并深化城市复兴，一直是我们研究的课题。自唐代一直驰名至今的大雁塔及周边地区，已经开始了大规模的保护式开发、作为其中很重要一部分的道路拓宽及改造工程已初具规模。现在，以大雁塔及慈恩寺为中心，已形成了南北有城市广场衬托，东有三唐工程相伴的大格局，但作为其两侧对景街道的雁塔西路却一直存在着与大雁塔周围环境缺乏呼应的问题。因此，在我们规划部门组织并参与了这条道路的城市设计中，将这条道路的整体铺装作为城市整体空间的一部分来考量，考虑到关中地区目前保留的唐代民宅已不复存在，因此从唐壁画、石刻中汲取信息，以唐民宅的尺度与大气来进行建筑创作；同时，为体现大雁塔景区及曲江风景区西入口这一空间属性，在此街上以“城市家具”的概念创作尺度亲切、适于游人使用的建筑小品，目的是使这一区域的空间感受更加丰满、更加完整。

对于成片建设的居住区及相关的公共建筑，如“锦园五洲风情”项目，因其毗邻西五台古建群，因此也就对其空间的性格有了很多制约要求，在组织城市设计及建筑设计时，我们更加注重其文化内涵及建筑风格的正确表达，其中一类方案是在控制模式上较为完整地传承了关中传统民居的特点，从屋顶、风火墙到外装材料都力求与传统民居保持风格上的一致性；另一类则是挖掘民居中特有的造型手法，但并不是以固定的坡屋顶等具体形式来表达这种文化信息。首先建筑群体的色彩应等同或接近于传统民居的青砖色彩；其次是外部材料的铺装肌理应具有传统民居的特色；最后是利用相当于“小木作”的构件，运用传统符号，如窗棂、建筑间通道的扶手花饰、檐口处理等；从总体形象上让人们感受到传统民居的理念。

探索城市复兴的现实意义除了是对历史的重新认知与分析，还应当在城市设计中不断地予以发展，只有这样才能逐渐在西安的城市设计理念上，实现中华文明及文化艺术的复兴，也唯如此，才能在反映“城市特色”与“城市个性”过程中从根本的基质上做出探索与努力。

这些年来，在城市复兴这一综合课题下，以城市总体规划作为最高的指导纲要，深入进行各专项规划、分区规划等方面的研究与实践：

西安历史文化体系概念规划——城市建设文化体系规划：

（1）规划范围

本次城市建设文化体系规划范围以西安中心市区(由未央、新城、莲湖、碑林、灞桥及雁塔六个区组成)为重点，并包括长安区、临潼区、阎良区、户县、周至县、蓝田县，高陵县等外围县区。

西安市中心市区历史文化区域分为三类：古遗址区域、古城墙及其以内区域、历史文化风貌区域。古遗址区域指被列为文物保护单位的古代所遗留下来的村落、城苑，宫殿等基址保护区域，主要包括周丰镐遗址、秦阿房宫遗址、汉长安城遗址、唐大明宫遗址。古城墙及其以内区域指明洪武年在隋唐皇城基础上扩建保留至今的明清西安城墙区域和城墙以内区域；古城墙区域包括城墙、护城河和环城林带，古城墙以内区域的北院门、三学街，竹笆市、德福巷、湘子庙街为历史街区。历史文化风貌区域指以文物古迹为依托，所形成的体现文物景观、环境风貌和其所在历史时期文化特色的一定范围的区域，主要包括大雁塔、小雁塔，大兴善寺、青龙寺、八仙庵等。

（2）目标定位

西安素有“西安一日，中国千年”的历史文化资源，依据西安要建成世界一流的历史文化名城和旅游胜地，以城市文化复兴为起点，以点、线、面结合的形式形成立体、丰满的城市建设文化体系，进而实现建设现代化国际旅游观光城市的目标。

具有历史文化特色的文化之都

城市文化是塑造都市意象的积极手法。城市文化体系因其自身的艺术性和独创性，有利于个性化城市特色的形成。西安作为故王城已有千年的历史，历史与文化的积淀十分深厚。在文化体系规划中可大量采用汉、唐王朝灿烂辉煌文化为主题的创意，以表现繁荣、统一、开放的主题，形成一个具有西安地方特色的由文化体系组成的城市诗篇。

高质量的市民艺术氛围

“人居城市”是现代城市建设的重要理念之一。因此，应当大力强调城市文化发展的公众文化路线，塑造为广大市民所接受的城市文化整体形象，提升城市空间环境艺术水准，为广大市民提供适宜居住和工作的艺术化优美环境，进而对市民进行潜在的美学教育，推动城市的道德文明建设。

文化体系发展措施

现代城市文化体系的建设涉及多阶层和机构，需要政府、历史文化学家、城市设计师(主要包括规划师、建设师和景观设计师)和公众等方面积极参与和紧密合作。

城市文化体系的发展措施应具有较高的弹性和灵活性，以适应其多样化的要求，城市文化体系发展进程中西安市政府的各个主要参与部门在这一进程中各司其职，共同推动城市文化体系的发展，进而推动城市环境艺术品质的提升。

唐“皇城”复兴概念规划(老城规划)：

（1）“皇城”（老城）历史文化名城的保护

在全球一体化浪潮迭进的今天，迈进新世纪的西安伴随着西部大开发的热潮，迎来了大开放、大发展的良好机遇，同时亦使西安历史文化名城的保护面临着巨大的挑战，文化的趋同强势正冲击着民族和地域文化的特色。高科技支撑的信息网络已成为一种整合因素，对城市的形象、空间肌理以及人们的生活都产生了巨大的影响。房地产作为一个新兴产业所带来的建筑商品化和标准化使城市特色逐渐消失，城市文化出现趋同现象，在大开发的经济大潮中，西安的城市建设所面临的保护与发展、传承与更新、回归与超越的矛盾日益突出。

如果城市更新过程中，任由缺

乏控制的城市建设不断在城市版图上扩张、千奇百态的建筑形象不断涌现，那么城市将以失去特色为代价，悠久的文化逐步失去城市这个最大的载体。

因此，有效地通过历史文化名城的保护及建筑风格的规划控制，是逐步恢复形成西安城市特色的基础，也是实现城市文化复兴的基本手段。而老城（也是唐代的“皇城”）的保护与再开发，是历史文化名城保护的重中之重。

（2）“皇城”（老城）规划的目标

西安市作为中国西部大开发战略的重点城市以及中国历史上的十三朝古都(长安)，如何针对西安历史名城进行保护并赋予其新的生命力是规划上永恒的课题。而“皇城”（老城）作为西安中心市区的心，丰富的商业活动为西安带来生机，但改造和建设脚步的加快也为传承历史名城带来危机。随着开发和改造的进行，建设密度增大，环境质量日趋降低，老城脉络也在消失当中；同时在一些未改造的地区，由于高度限制，又造成了改造与保护的冲突。明城的更新再造，建立有特色的城市影像，对于创造西安国际形象，有正面而重要的作用，从而可以吸引观光及投资，振兴城市经济发展及城市建设；对内可以提高居民生活品质，凝结居民共识及对居住环境的认同。规划将针对老城地区拟定百年计，以可持续经营城市的观念，针对未来老城区可能的经济活动型态，结合科技及旅游商业，保护及恢复历史街区，进行城市改造，逐步恢复西安历史名都风貌，缔造绿色商机。

本次老城规划不仅涉及到老城保护体系、历史街区，而且对今后的西安市历史文化名城保护工作的开展有着极其重要的作用，此次规划不仅要借鉴以往老城保护、改造与再开发的经验和教训，并且要结合现状情况，对历史文化名城保护工作做进一步研究和探索。

（3）“皇城”（老城）整体规划范围及发展远景

西安老城是历史文化名城保护的主核心区，是西安古城的“精神”所在，老城规划就是要充分体现西安的传统格局、保护历史风貌、建立历史街区，通过对文物的保护，保护历史风貌、保护近现代特色建筑及具有不同时代、不同风貌的民居来体现。通过对传统建筑的内部设施改造，赋予古建筑新的功能，实现传统建筑的再生，使得传统文化的复兴具有深厚的根基。在近期逐步实现老城传统区域的风貌恢复与历史文化保存，远期辐射老城之外的唐长安城遗址区，使西安市整体实现城市复兴目标。

老城规划发展战略及控制范围

西安老城的传统空间格局包括城市的平面形状、方位轴线以及与之相关的、继承了唐长安城的均衡对称的路网格局等，即方正、完整的城墙、城河系统，正南正北的城市方位，以钟楼为中心，东、西、南、北四条大街形成的城市轴线，以及由街、巷、院、坊构成的空间层次体系，都是老城空间格局保护的内容。包括近现代建筑在内的大型的历史建筑遗存仅是一部分，而大量的传统民居像城市的书卷一样传递着古城悠远的记忆，保护古民居，就是保护城市的历史传统和人文精神，留存住古城的优势和文脉。

项目研究与对策分析再现历史风貌

要遵循各方面的调查依据为准则，针对道路系统、城市尺度进行调整，并从历史角度出发，进行景观与环境工程的改造，以都市视觉意象概念重新塑造视觉空间。

A）降低老城中心密度：要与西安市的整体发展相配合进行详细的拆除与重建计划，重点将老城区发展为旅游观光与商业区域。

B）西安的可持续发展战略：重点在于对老城内古迹价值的再现、生态绿化带的扩大，以及城市风格、特色的塑造，引进观光旅游产业的系统化，对环境容量在遵循各方面法律法规的情况下进行严格限制。

1.唐西市规划：

珍贵的历史文化遗产为今天西安的发展奠定了良好的基础。但是，在充分开发历史文化资源，服务于现代经济，满足市民精神文化需求方面，西安仍有很大的不足。比如汉代和唐代是中国封建王朝的鼎盛时期，这两个时期的中心地带就是西安。然而西安至今还没有既能充分展现汉唐文化氛围，又能满足现代社会中市民精神物质文化需求的场所。作为西安重要经济支柱之一的旅游业也存在游客过境天数少，娱乐、购物费用低的情况，制约了西安旅游业向高层次的发展。其中重要原因，就是西安不能向游客提供带有古都浓郁历史文化特色的文化消费场所和文化产品。

在目前市场上产品严重同质化的背景下，消费者的实际物质需求基本饱和。因此，凸现产品的文化含量，不仅可以满足消费者的物质需求，更能满足其心理上的审美需要，无疑可以提升产品的价值，吸引消费者。伴随着我国经济的发展，国民消费能力的提高，人们的注意力开始更多地转移到文化消费方面，国内也正在出现自宋代、民国以来第三个收藏高峰期，这些都预示着人们对传统文化的关注会越来越多。因此，“大唐西市”项目恰恰可以依托于西安浓厚的历史文化氛围，结合现代化的经营理念，填补目前西安市场上的这一空白。

（1）唐代西市的文化

“大唐西市”项目是在唐代西市遗址上修建的。唐代西市是世界上重要的国际贸易中心，是唐长安城的经济中心，是长安市民和外地游客日常购物、休闲娱乐的中心地带。唐代西市文化的精髓就在于将商业和休闲紧密地结合在一起，这恰与今天“大唐西市”项目的定位相吻合。

唐代西市的另一个特点就是它更多地体现了一种市民文化。与曲江皇家苑囿性质不同，日常活动在西市更多的是普通市民、远道而来的书生和四面八方的商人。因此，唐代西市体现的是市民文化、世俗文化、商业文化。它与人们的日常生活息息相关，繁华、热闹、轻松，有时神仙鬼怪夹杂其中，还有些荒诞。

唐代西市的最后一个特点就是它的国际性。作为丝绸之路的起点，它以大唐特有的博大胸怀海纳百川，吸收了来自世界各地的文化，无论是美食还是宗教信仰，都包容其中，使西市文化多姿多彩。

（2）“大唐西市”项目的文化定位

唐代长安城已经是一个国际化的大都市，市民生活富裕，商业极为发达，它的国际性、商业性、市民性等诸多特质与现代商业的运作模式有着不少共同点，无疑是今天“大唐西市”项目可以借鉴的。

因此，“大唐西市”项目可以定位为：展示盛唐长安的城市风貌、市民生活和商业文化，满足顾客和旅游者的文化和商品消费需求。它既不是纯粹的旅游休闲项目，也不是单纯的现代商业形态。

其主要功能为：购物（日常生活用品、旅游纪念品）、游览（外地游客）、休闲（西安及周边地区市民）、展示（唐长安西市历史、典故）。

其目标人群主要锁定在两类：一是由外地来西安游览的观光客。他们的目的主要是感受悠久的历史文化，体验地道的唐风唐韵。特色景观和具有本地特色的旅游纪念品、饮食对他们会具有相当的吸引力；第二类是本消费辐射区内的市民。他们主要目的是购买日常生活用品。但可以通过不断推出有吸引力的系列后续节目，如饮食、传统节日游艺活动等满足其家庭休闲需求。

2.锦园长安坊

锦园长安坊位于西安北二环与大明宫环道西北角。南临北二环，东临大明宫家具市场，北临雅荷南路，与唐大明宫遗址遥遥相望。

（1）寻找文脉与和谐：

传统建筑随着时间的流失经历了沧桑巨变，但中国本土文化讲究集聚氛围和个体随意性相互交流，能聚能分的生活形态却一直在延续，体现在建筑脉络上就是“宅院建筑”。古城西安淳朴的民风和素雅的民居，积淀着传统建筑深厚的历史文化底蕴。新的建筑创作，从传统建筑中去寻找古城建筑素朴的文脉与苍古的意境，挖掘和提炼出建筑文化及建筑符号的逻辑元素，将这些资源通过剖析、割裂、连续整合到现代建筑中形成新的秩序，并从现代建筑中折射出传统建筑的神韵，追求神似，使建筑的总体构思、空间序列、建筑尺度、单体风格以及材料肌理与传统建筑相和谐，在尊重历史而不是模仿历史的同时，赋予它新的气质和涵义，延续好西安的建筑风貌。

（2）把握空间及尺度

锦园长安坊在设计中通过青砖、白墙的单体元素，采用民居中空间尺度较小的街坊的手法，将每组民居组合成院落群组建筑，围合成尺度适宜的巷道，每组公寓采用民居空间院落的手法，设前庭后院，空间有收有放，建筑高低错落，不仅很好的解决了人流组织和空间尺度问题，也为构思建筑空间造型和景观序列创造了条件，使建筑布局与古城建筑格局相吻合。

为了使商业建筑从远处看在室外较大的空间内有一定的建筑尺度，并反映出古城西安建筑的简约、粗犷、纯朴、苍古的气势和特定场所精神，采用内街和内庭院的手法，形成室内步行街和中央共享大厅。

为了保持整个区域的完整性，在节点上通过连廊、牌楼等中国传统手法，使之成为一个整体，同时围合出小区内部的过渡空间氛围。

（3）展示风格与肌理

在建筑风格上，将传统建筑的文脉、神韵、符号、材料、肌理用新的建筑语言，整合到现代建筑之中，采用简约的手法与传统建筑精神共存，而不是将传统建筑形式简单的装饰在新建筑的表面。新的建筑，以传统青砖白墙为基调，与现代建筑玻璃、黑灰色金属窗格的构成。在造型上，采用几何块体相互组合，高低错落；在材质上，采用玻璃与砖墙的虚实对比，相互借景；在色彩上表达出传统民居黑、灰、白基本色调，青砖墙面的厚重，白墙面的素朴、纹理清晰的木材，清澈透明的玻璃，金属材料的精美，民居窗格的裂变。使整个建筑组群在保留了传统建筑材料的同时，赋予现代新材料的肌理，新旧材料的融合，相互对比、相互映衬，塑造新的建筑形象，将我们所熟悉的生活和传统文化填充到建筑形体中去，在建筑构架体系中营造人文气息。从建筑外观反映出西安所特有的个性和气质，同时又不过分炫耀，清新典雅、超凡不俗。

我们的目标正是要以城市规划与城市设计为先导，为与传统建筑相同文脉的现代建筑创造更为广泛的生存空间，这一点涉及到的领域是跨越建筑学本身的、将会牵涉到经营活动及城市规划主管部门的审批行为等诸多因素，这些仍然是建筑师、规划师需要不断了解与学习的。在不断的努力研究下，她所蕴含的丰富信息会促进建筑创作与城市设计的不断发展，用规划立市的理念来真正打造城市的复兴，而古城西安的“城市复兴”在西安这片热土上也终将会实现。

第一节：西安唐皇城复兴规划

城市的记忆与梦想

“唐皇城复兴规划”在2004年初已经受到关注，经过一年多的努力，提出了初步的规划方案，该方案将保留城市的记忆，跨跃时空的延续历史文脉，打造城市梦想；以城市规划为科学手段经营好城市的空间，建设自己美好的家园，使西安真正成为游人向往的地方，成为城市的品牌。这样，西安这座城市将不仅仅是一个行政区域，也将成为一个巨大的艺术品及城市经济的起搏点，随着“唐皇城复兴”建设的不断推进，必然会吸引人们对西安的再次解读与认知。

翻开一部人类文明的历史，惟有城市，是人类在这个世界上打下的最深的烙印，犹如俯卧着的巨人，城市的历史越悠长，巨人的身躯就越庞大。今天我们研究“唐皇城复兴”，就是要带着愿望、想像、疑问和热情去寻找人们最喜欢接受的从古至今的一切人文活动与成就，当你徜徉在对城市的记忆与梦想中时，你将发现历史的美感，在城市布满古迹的大街小巷中，弥散着化不开的古风和遗韵，中国的北京、西安、洛阳、日本的京都……令人情不自禁地梦回前朝；在这里你将发现历史的厚重，从野蛮到文明，从衰弱到盛世，政治、艺术、人文的厚重遗存随着时间的推移而积淀成巨大的财富。遥想当年的情景，勾画当时的繁华，任历史与现实若即若离地在眼前交错叠映。

以史为鉴，可以知兴替。用心阅读城市的历史，总会得到一种答案：那就是城市的发展文脉及其宏大的遗存，寄托了世人对城市辉煌的梦想，也深深的包涵着生活在城市中特定民族的根系。“唐皇城复兴规划”以“唐”作为其时间座标，力求复兴自周以来，直至明清，贯穿近现代的城市历史的完整链条，它的实施将敲开长安古都盛世的记忆与今朝的梦想。巴黎流淌的浪漫、耶路撒冷倾诉的信仰与苦难、佛罗伦萨闪烁的艺术之光、唐长安城的恢宏大气……有无数的光焰照亮我们的心灵。在突飞猛进的21世纪，作为经济保持持续增长的发展中国家，中国正以坚忍不拔的精神经营不同领域的国际化品牌，而作为积极上进的各级决策者及城市建设工作者也在以城市为舞台，经营着城市的品牌形象，目的是让城市的精神融化到城市的每一个社区，融化到每一幢建筑之中，让竞争力、生命力与这个城市共存。随着时代的进步，城市规划工作更加强调以科学发展观来实现城市资源配置的最优化以及城市效益的最大化，在城市的良性发展过程中实现城市的自我滚动、自我积累、自我增值，也在发展的进程中，不断探索新的城市建设和管理模式，真正做到五个统筹，用经营城市的理念来实现健康有序的可持续发展目标。

在西安新一轮城市总体规划中，进一步明确西安的城市性质是世界著名古都，中国中西部重要中心城市，并将逐步建设成具有历史文化特色的国际性现代化大都市。同时，作为古帝国的都城它也是中国最强盛时代的政治中心，也曾经是世界中心之一。曾几何时，历代的征战，政权的更替，再加千年的岁月，西安在中国和世界的地位和意象除了片段的记忆和地下考古的不断发掘外，能彰显那个时代的风华与魅力的景象已不复存在。

经过改革开放以来近30年的发展，国家经济以极高的速度持续增长，城市化进程超乎我们预计，随之带来的现象是人口加速集中，城市的风貌一夕数变，蓦然回首，过去的历史意象已被高楼林立、尺度巨大的现代都市丛林所淹没。许多中外游客常受古城墙的风采及神秘感吸引而欣然入城，但很快的就会让扑入眼帘的景象震得发懵，有古城墙无古城的失落感，让游客或匆匆一游即离去，或很快就忘记了唐长安城的存在、忘记了盛世唐朝所曾拥有的荣耀与辉煌。

所幸的是，历经千年的历史涤荡并未有将古城中深厚的人文气息冲刷殆尽，并没有淹没古城墙、古钟楼的夺人风采，并没有将质朴的古城民风掩埋在历史的尘埃当中，这些近乎深刻的遗存常引发我们无穷的暇想……

在名城保护条例实施之后，城市的保护已获得一定共识；相关配套措施如行政区域的外移计划，旧城区人口的向外疏散，城市功能区划的调整均已进入了实施的阶段，其中西大街、顺城巷规划和改造，不但营造了老城意象，更是跳出了明清风貌与现代城市发展窠臼，更为成为世界性的西安确立了新的远景与方向。

唐西安的意象是中国的、也是世界的。从“唐皇城复兴规划”开始之初，我们就取得了共识：应当站在更高的平台上，以更为广阔的视角来攫取唐代盛世的精神，发掘历代城市肌理，恢复古城风采与魅力。

目前，已对唐代以来西安城的历史肌理进行深入的发掘与研究，并对现有史迹和有价值的建筑与街区进行调查与评估。希望能透过整体的规划，逐步恢复古城应有的空间形象及文化氛围，并以旅游经济作为基本着眼点，重新整合旅游资源，为古城区旅游经济的适宜开发创造条件，以期形成古代文明与现代文明交相辉映，老城区与新城区各展风采，人文资源与生态资源相互依托的鲜明的城市特色。在此基础上，将研究制定解决老城区内高大建筑的改造及更新策略，制定相关的控制性法规及条例，以可持续发展战略为指导，持续地完成“唐皇城复兴规划”；这些工作是一种探索，也是面对辉煌祖先的一份答卷。希望能够通过此规划，恢复以唐皇城为代表的古都西安的历史与人文风采、恢复世人对古都辉煌的记忆、进而实现中华民族优秀古都的未来梦想。

规划概论

唐长安的城市建设中，唐皇城与宫城位于唐长安北部中央位置，总面积约9.41km²；现存的西安老城是在唐皇城与宫城的基础上扩建而成的，老城范围的三分之二为唐长安皇城与宫城的所在。“唐皇城复兴规划”是指复兴自唐以来，直至明清，包括近现代城市建设成就的完整链条，是指复兴以盛唐为代表的，极具地方文脉特征的古都风貌，是超越考古学意义的，具有历史延续性的历史文化版块概念。

规划范围

本计划范围以明城为主体，包含明城墙，以环城东、西、南、北路外200～500 m，北接大明宫东接兴庆宫并与外界联系，主要干道包括东大街、西大街、南大街、北大街、解放路、和平路等。

规划定位

西安是世界著名古都，我国重要的科研、高等教育及高新技术产业基地，中国中西部重要的中心城市，陕西省省会。老城区位于西安中心城市的核心位置，具有带动全区发展的关键地位，因此本计划推动老城区之发展定位如下：

· 成为中国重要的历史地标；

· 重塑西安重要精神象征；

· 整合西安历史脉络肌理；

· 发展文化古都旅游服务事业；

· 再造西安旧城新风貌；

· 生态建筑可持续发展都市意象。

规划目标

于2054年前将老城区建设为具有“唐皇城历史盛世意象”的功能完备、环境优质的现代城市，作为西安可持续发展的城市核心区，相关具体目标如下：

· 使西安成为西部大开发的中心城市；

· 保护历史文化名城，建设现代化国际大都市；

· 引导大西安整体发展；

· 挖掘历史文脉，重塑古都风貌；

· 发展文化观光事业增添城市魅力。

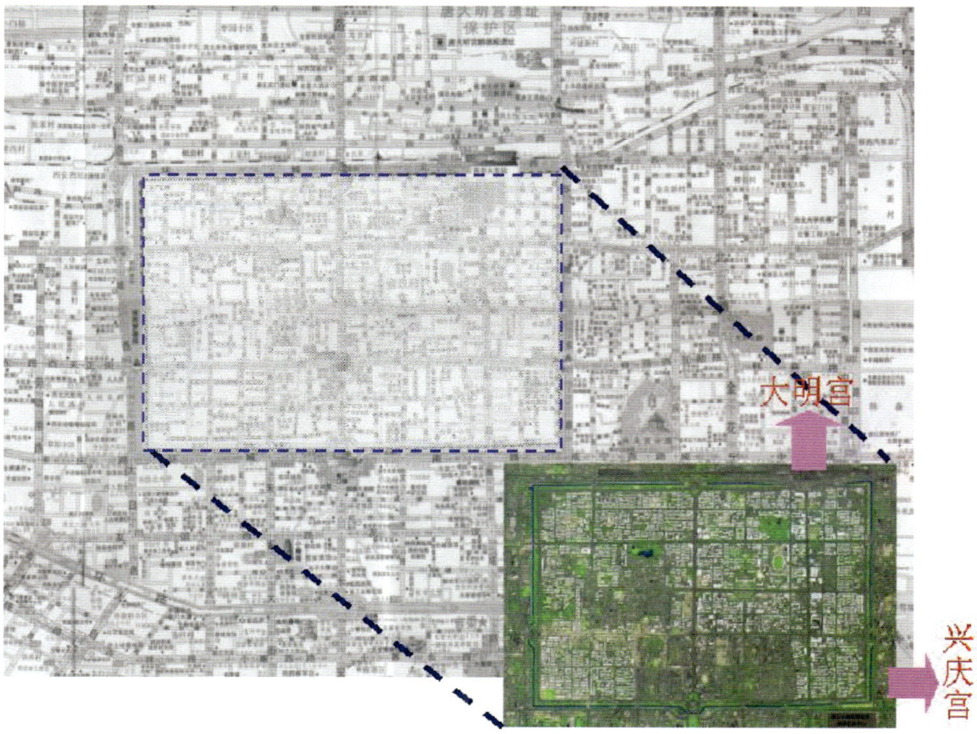

规划范围图

规划理念

规划方法

依据《西安市历史文化名城保护条例》中《保护历史文化名城、发展旧城的商贸、旅游业，提高居民的生活品质》的总体要求，以概念性规划为先导，超越传统规划方法，回顾历史文脉，整合历史遗存与现有资源构建唐皇城远景意象。

以远景意象再次审视现行法律法规，整合各历史阶段的城建文化遗存，编制规划方案，制定相关的规划管理条例，并以此成果指导近期示范区的规划与建设。

规划原则

保持旧城传统的空间格局，在保护和恢复旧城历史风貌的同时，建立较为完整的古城保护及城市复兴实施体系，使古城风貌在可持续发展的策略下，得到良好的保护与发展。

在动态开发的过程中，提高公众参与度，增加规划透明度，进一步完善旧城保护论证机制。坚持依法规划，依法保护，依法建设，依法行政。突显西安古城可持续发展的、人文化、生态化、市场化、国际化的发展方向。

相关规划依据如下:

· 坚持对文物古迹历史街区的保护，彰显古都历史风貌；

· 坚持以城市更新的渐进式手法，改善市民生活品质；

· 坚持生态城市发展方向，维持环境可持续发展；

· 坚持旅游业发展与生活品质提高并重，提升城市总体竞争力；

· 坚持维护古都风貌，重塑具唐皇城意象的现代城市。

规划策略

今天的西安老城已完成政治、文化、教育现代化的阶段性任务，展望未来，应更上一层楼，以恢复东方文化中心的历史地位为目标。本规划提出下列规划策略，指导唐皇城（老城区）的未来发展。

1.确定城市功能分区，合理布局城市土地使用；

2.强调历史资源保护与利用，发展休闲旅游服务产业；

3.有效控制人口与建筑密度，人口减量至20万人；

4.减少城市中心环境压力，建议行政中心外迁；

5.逐步解决交通拥挤问题，建立智能化绿色交通体系；

6.构建蓝线与绿线系统，创造可持续发展基础；

7.改善现有城市景观，推动旧城建筑立面改造；

8.塑造具唐皇城特色的城市形象。

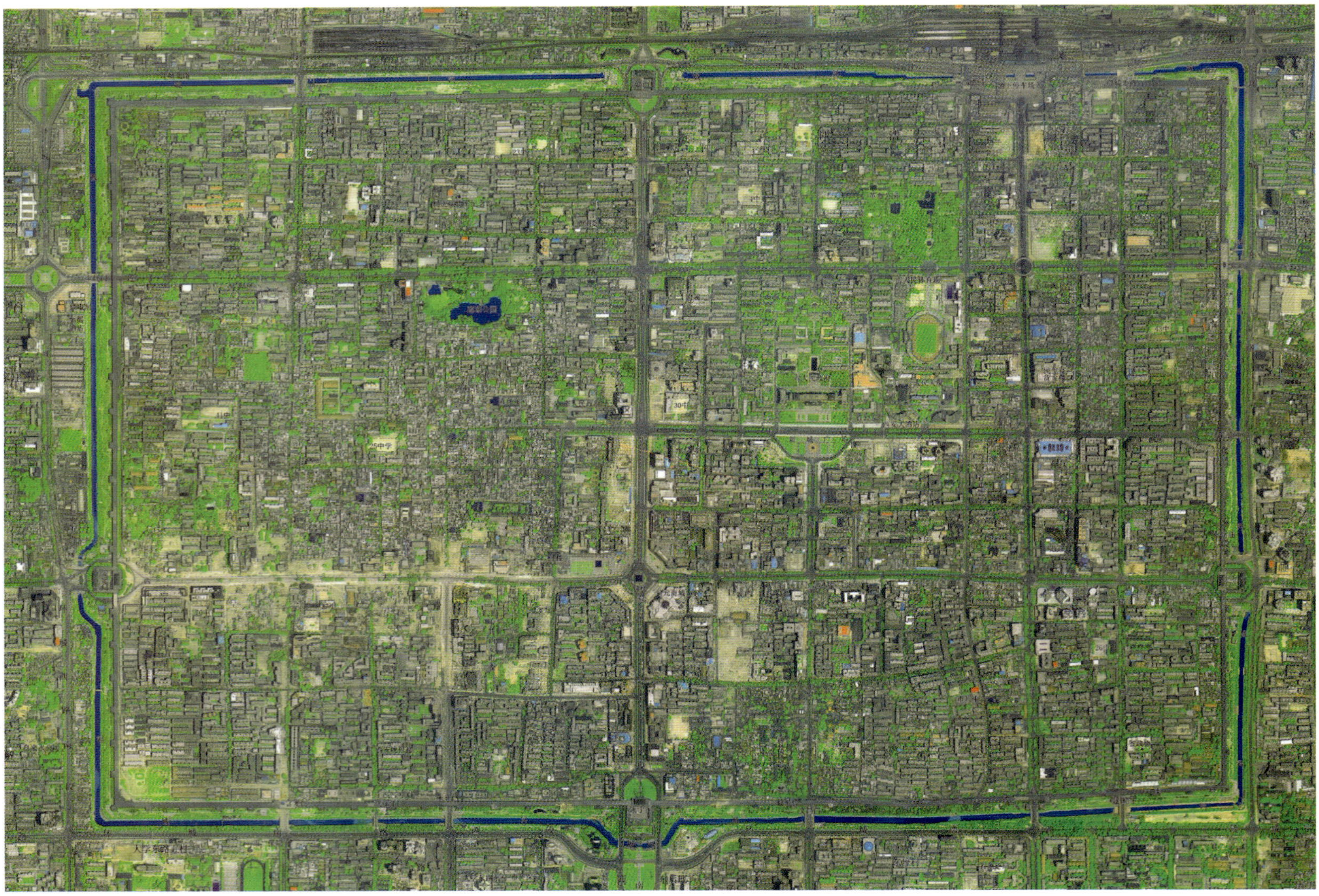

西安城现状图

规划构想

规划设计原则

1.保留历史街区、文物古迹、当代优秀建筑、当代城建地标；

2.保护原有城市肌理、寺庙学府、社区中心、开放空间；

3.使交通线路能够实现逐步封城的目标，人车分离；

4.形成能彰显唐皇城气势的城市景观；

5.建筑及环境小品造型风貌应与历史文物古迹相协调；

6.植被应延续原有环境肌理；

7.生态环境应符合都市可持续发展的要求。

总体布局构想

古迹与历史街区的保护：保护城内所有古迹建筑与历史街区，并划定高度控制与风貌协调区，改善外围环境，促进历史遗产的风貌再现。

唐皇城历史意象再现：延伸朱雀门通向城内的历史纵轴，塑造如过去唐皇城御道之宽180 m的开放空间(朱雀广场、太极公园)，以今西五台为横轴恢复原界定皇城与宫城的城市肌理。并以建筑风貌的分区，体现唐皇城历史风貌。

轴线景观道路：轴线连续的空间体验、构成了指认城市空间的历史构架，包括朱雀路、莲湖路、东西大街、南北大街、含光路、柏树林路等。

入口节点：展示城市内涵主要门户，火车站，东、西、南、北大门、各城门。

城市地标：老城地势平坦，营造古城墙、城楼、钟楼、承天门等为唐皇城地标意象。

城市活动场所：老城不仅是中国人的集体记忆，也是西安市民人文生活的具体象征，是集体生活记忆的组成部分，包括环城园林、东、西、南、北大门广场、天街广场、横街广场、太极广场、钟鼓楼广场、革命公园、莲湖公园、新城广场沿线等。

现代里坊单元：住宅用地更新原则：推动以传统里坊概念结合邻里单元之模式，每一单元20～25 hm^2，容纳5000居住人口，范围内保留原有小学、中学，并设置邻里公园、社区中心，并规划人车分离交通线路。

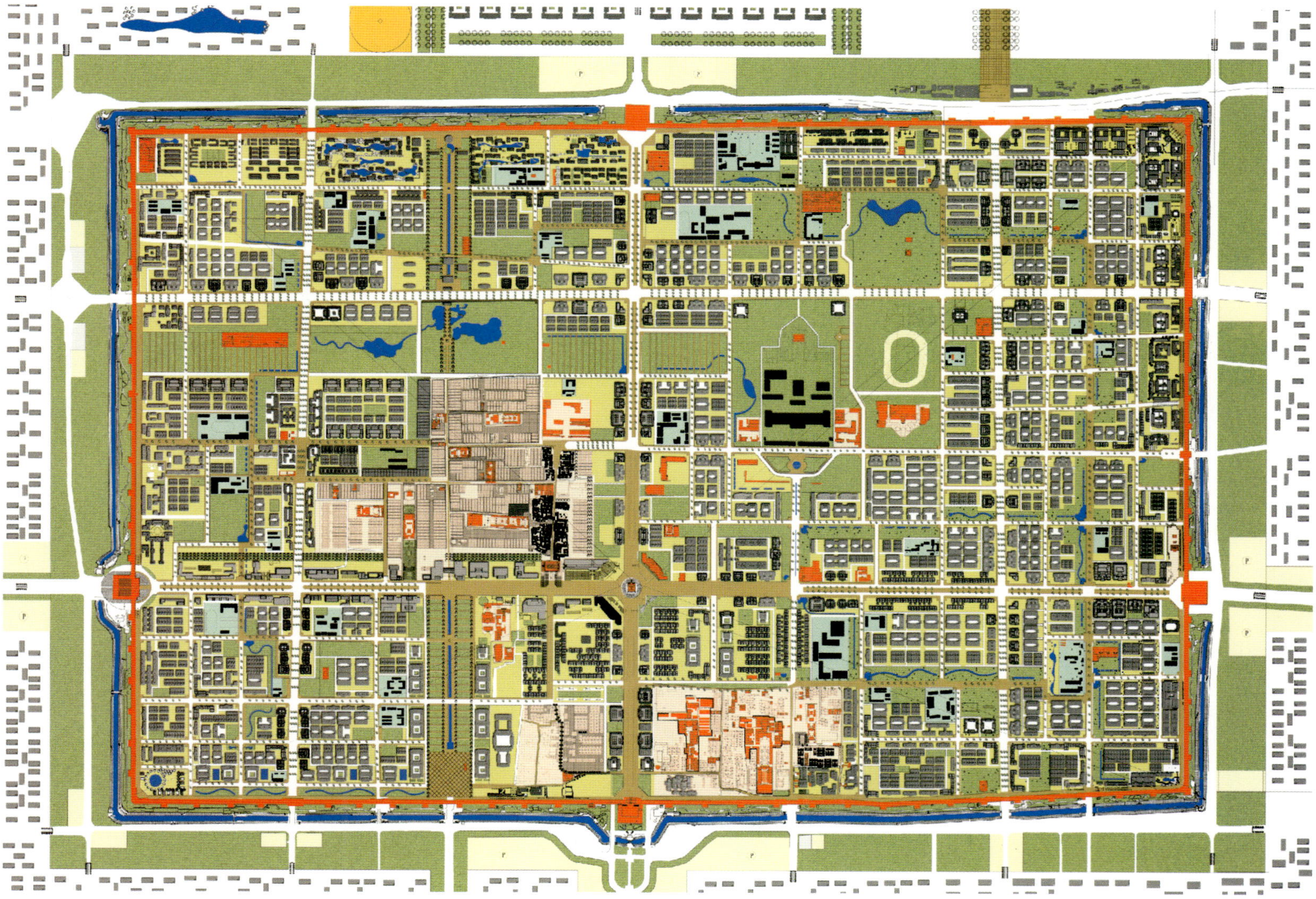

总体布局分析图

土地使用规划

西安旧城远期土地使用规划将结合旅游产业开发，创造新的经济增长点，整个空间轴线规划充分体现公共性广场，凸显皇城主题与都市意义。形成平面动线与垂直动线的连续系统，以此为骨架，在交会处配置广场与休闲步道。

整个旧城区规划有下列五区：

1.旅游服务区（以顺城周边建设吸引人流降低皇城中心压力，增加游程内涵）；

2.历史街区（北院门、三学街、湘子庙街，彰显古城意象，延续历史文化脉络）；

3.史迹保护区（国家、省、市级及现代优秀建筑及1949年以前建筑无条件保留）；

4.城市发展区（城市发展用地，蕴含城市机能）；

5.可持续发展区（涵养老城的生态及景观保护，降低都市建设冲击、保留封城的基础条件）。

土地使用分区图

交通运输规划

综合分析目前城内交通混乱的因素为：政府机关多、人口密集以及南北向穿越性交通频繁等，分别拟定改善对策为：政府机关外迁（同时进行用地置换，调整城市机能）、常住人口减少（减量从40万到20万）、建设环城地下快速道路。此外，整体交通运输计划如下：

1.城外道路系统

（1）环城地下快速道路(单向逆时针，城外500m外人车分流)

（2）原地面道路改以公共运输为主

（3）城门入口为交通转乘点，营造入城过渡空间

2.城内道路系统

（1）道路分级：

◎主要道路——东西南北朱雀大街；

◎次要道路——西新街、东新街、解放路、和平路、莲湖路、西五路、东五路；

◎景观道路——顺城巷、南广济街(朱雀大道)、社区里坊内设自行车专用道、西新街、东新街；

◎社区服务性道路。

（2）街道配置原则：整齐方正、历史街区保存原有肌理。

3.停车场设计

（1）中心地标发展区：除部分道路弹性设置服务性停车场功能及环保型观光运输工具外，一律禁止停车；

（2）城市发展区：除配合时段全面步行禁止停车外，应能自给自足设置停车场；

（3）城墙周边旅游发展区：除配合时段设置临时服务性停车及环保型观光运输工具外，一律禁止停车；

（4）城外换乘区：以外环道及邻近地区配合入城系统设置停车场。

4.相关配套策略

（1）城内以公共运输系统为主；

（2）设置步行街，以慢速无污染运输工具替代汽车；

（3）对部分道路车辆进行时段管制。

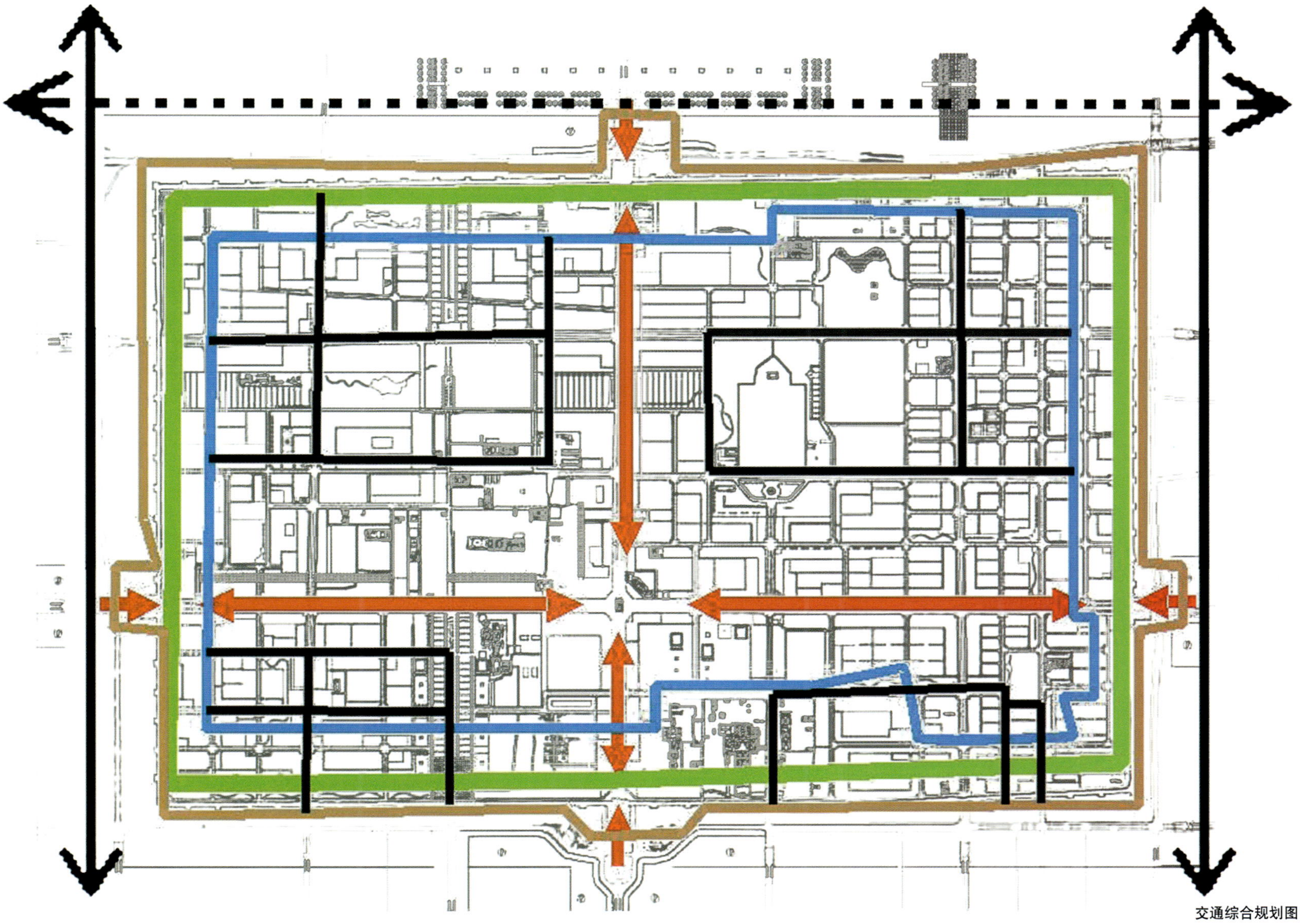

交通综合规划图

建筑造型规划

1.建筑配置原则

（1）南北朝向（创造良好日照采光条件）；

（2）合院式（考虑建筑物理环境，利用中庭，以利通风、采光）；

（3）里坊单元（降低街坊单元居住密度，界定使用分区，并配置公园绿地、学校于里坊中心）；

（4）对称配置（创造传统建筑意象）。

2.屋顶形式

现代建筑引用中国传统建筑屋顶样式，塑造城市风格，并依不同建筑使用类型，使用不同屋顶形式：

（1）公共建筑：宫殿样式；

（2）住宅：民居样式；

（3）特殊状况须经规划部门审批。

3.体量：

沿街面单一体量长度以不大于10.5m为原则，超过时予以分割处理，并设置裙楼前低后高，以调和整体城市尺度。

4.色彩：

配合风貌分区、并使用代表西安风貌的：

灰色（城墙、钟鼓楼、明清传统民居的主色）、土黄色（黄土高原的地方色彩）、赭石色（介于两者间的调和色），作为城市的主色调。

5.材料：

以古朴、自然，表现厚重、沉稳为原则，避免高反光、高彩度材料。

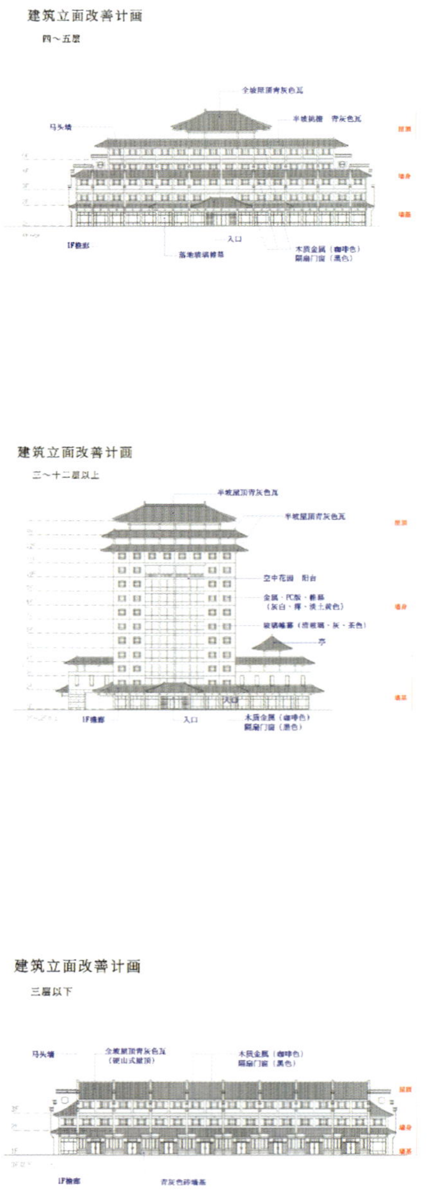

第五立面改造示意图

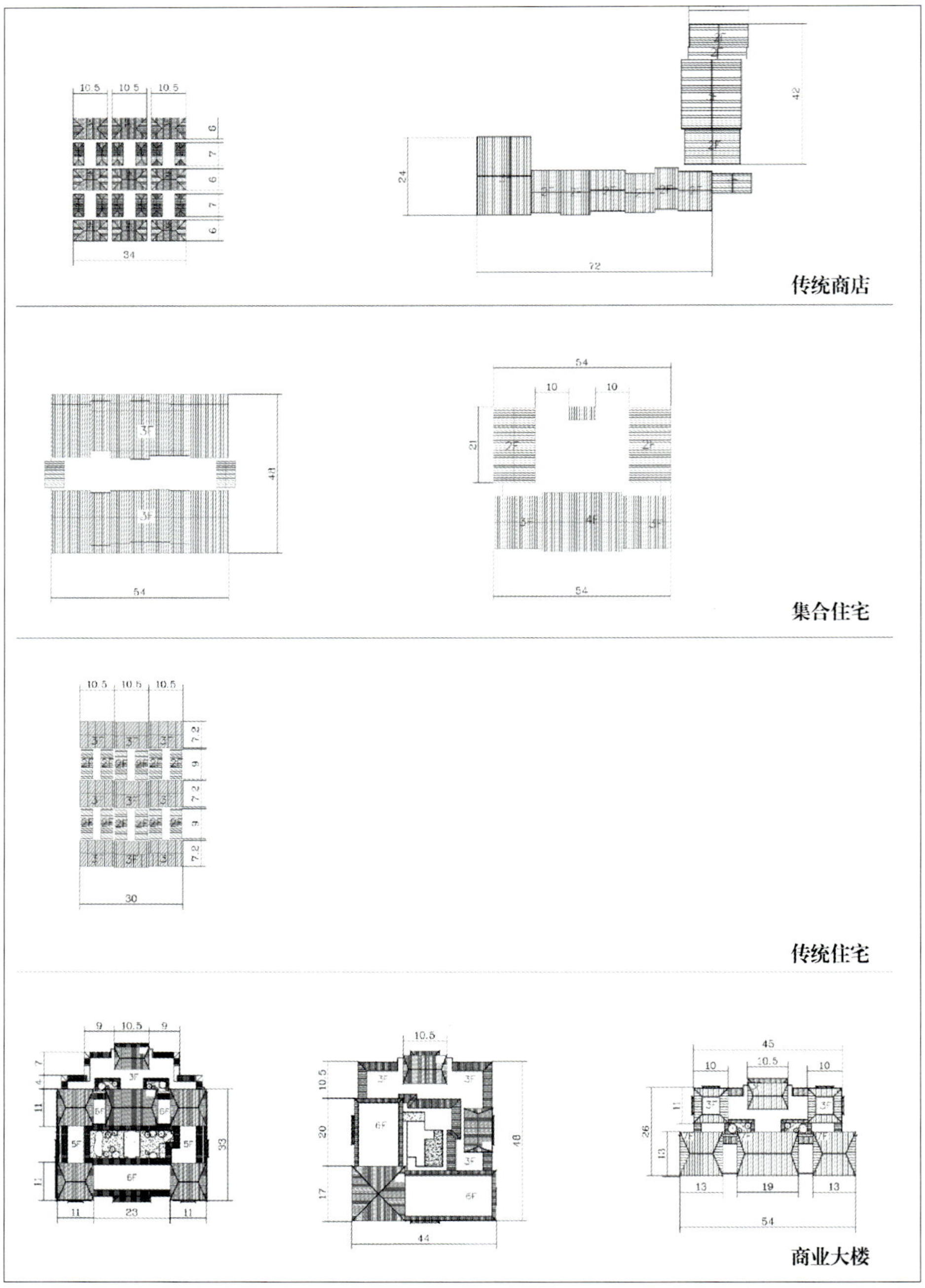

标准模拟示意图

高度控制规划

为维护老城整体天际线风貌，与古迹保护区外围景观协调，拟定高度控制计划，相关控制内容如下：

1.钟楼放射城市轴线高度控制

东西南北主轴线视域控制道路红线以外30m内檐高不得超过9m，屋顶突出物不得超过16m且不得大于30m内之建筑1/5。

2.城墙内侧顺城巷高度控制

视域控制邻接城墙150m范围内，檐高不得超过9m，屋顶突出物不得超过16m。

3.文物古迹外围高度控制

周边10m范围内不得高于古迹主体，周边10～50m范围内檐高不得超过9m。

4.钟楼至城墙四隅视域控制

为维持城墙四偶与钟楼之视域联系，范围内建筑物檐高不得超过9m，建筑物高度不得超过16m。

5.分期落实计划

近期通过建筑形式的改造来改善城市风貌，中期以重点区域建筑减量、拆除为手段，远期以全面更新老城区都市风貌改造为目标。

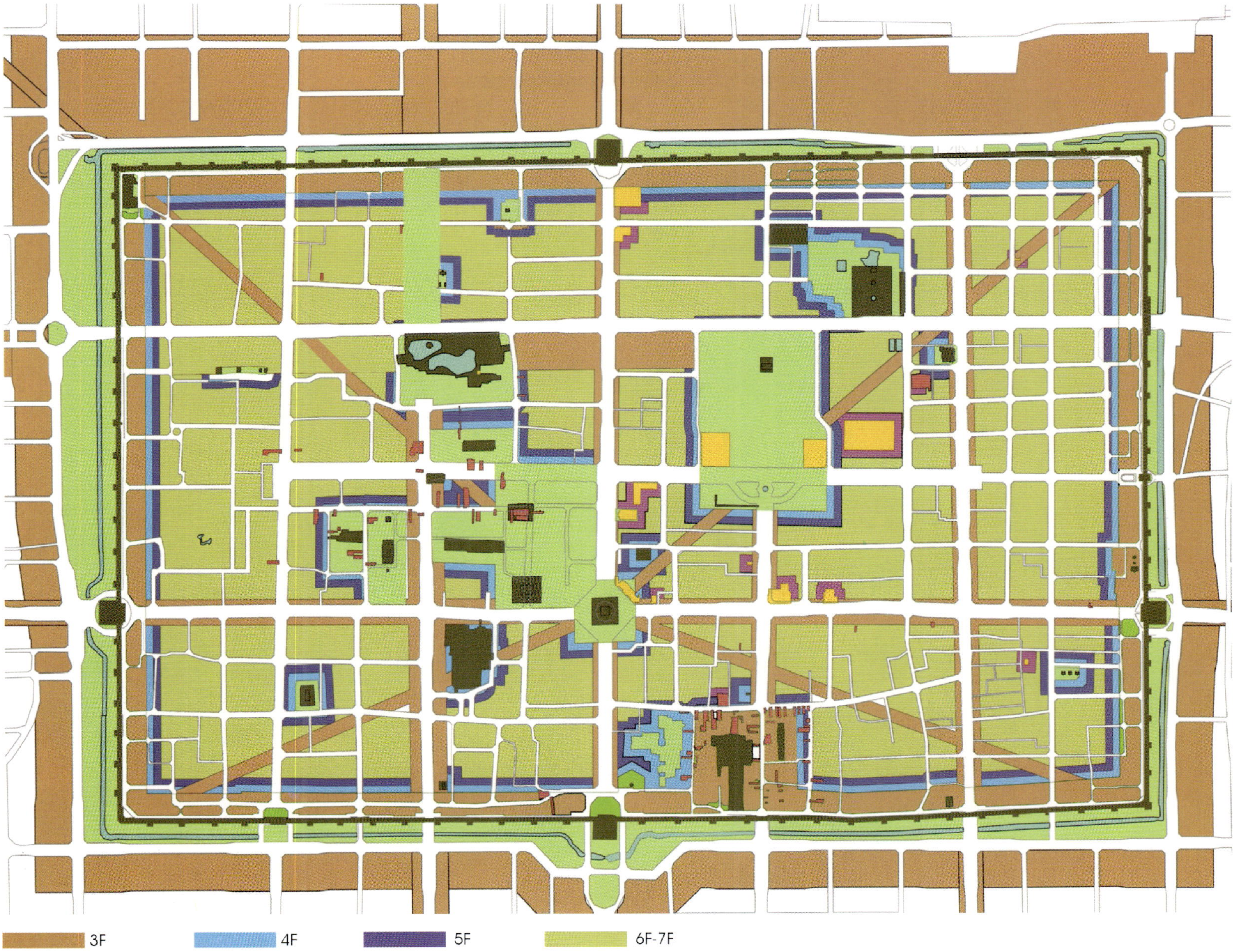

高度控制规划图

城市风貌规划

西安老城的风貌，除文物古迹周边以历史风貌协调外，另外依照唐长安城配置等历史意象，拟定唐皇城风貌区、唐宫城风貌区、明清风貌区等风貌特色分区，近期规划并辅以景观街道风貌，传达唐皇城复兴历史意象：

1.唐皇城风貌区

以唐风为主，方正对称配置、历史轴线、城市轴线，公共建筑以宫殿式为主，高台起屋、气势宏大、出檐深远，其余以民居简朴雅致为原则。

2.唐宫城风貌区

以唐风为主，以休闲浪漫园林意向配置、轴线及公共建筑以宫殿式建筑为主，余以传统民居简朴风格为原则。

3.明清风貌区

以明清风貌为主，以街坊邻里单元配置为主，轴线对景处及公共建筑以宫殿式建筑为主，其余以传统民居简朴风格为原则，明清建筑特色：清砖灰瓦、坡屋顶、格状窗、青石铺地。

4.古迹外围

划定管制范围，风貌以配合古迹时代风格为主。

5.景观街道风貌改造

东大街、东西新街定位为城市时光轴景观道路，分别以唐、宋、元、明、清风格街道景观，分段处理。近期以街道风貌改善为手段，远期以整体建筑风貌控制为目标。

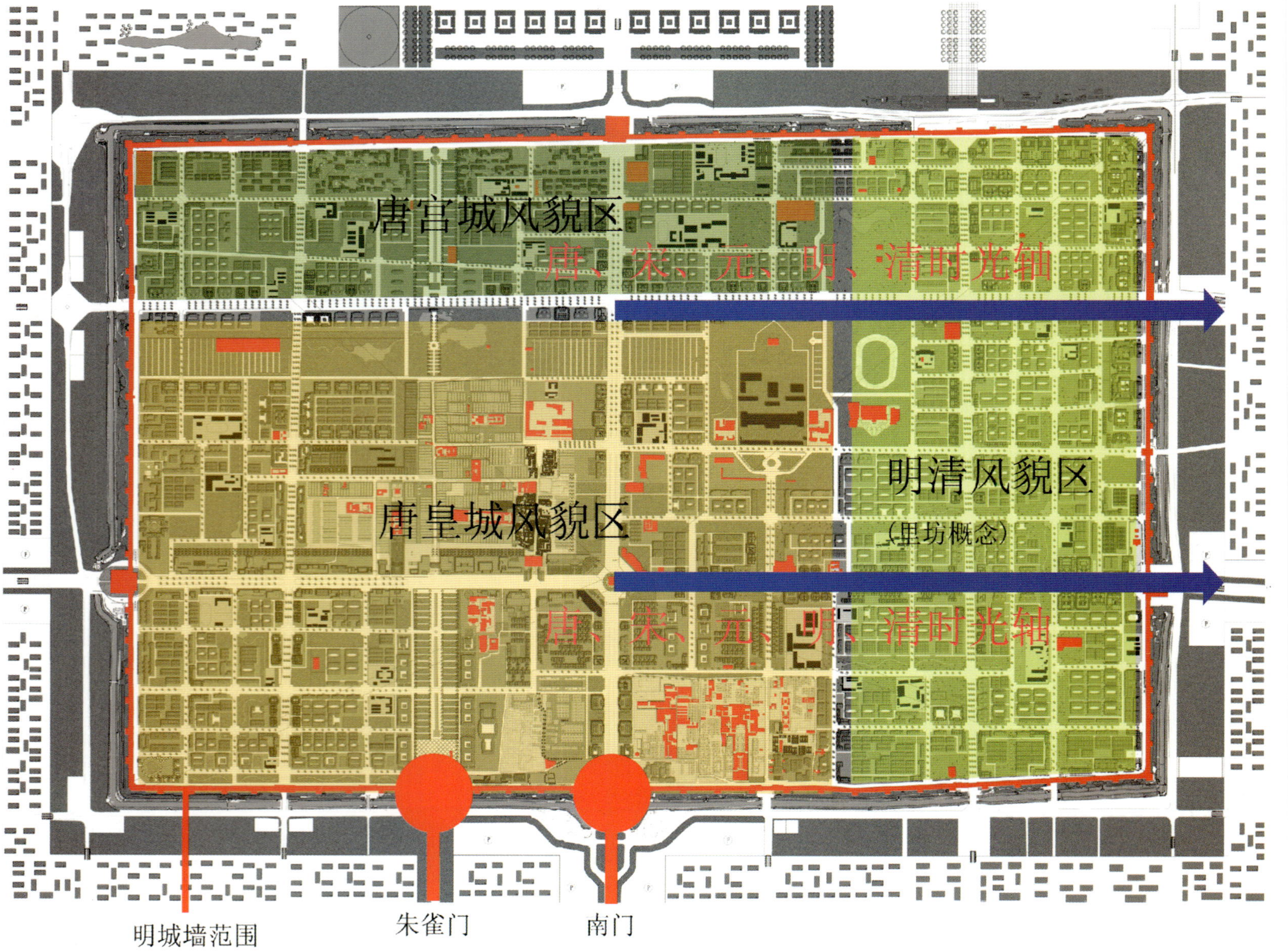

城市风貌分析图

观光旅游规划

旧城区内主要的规划路线以环城为主，亦即城墙、顺城路、环城绿地三条立体大环线为主体。明城墙13.7km长，墙、林、河、路四位一体。通过顺城巷、城门、城墙马道，有多处能够使游人在游览时方便地上下城墙，形成了古朴宜人、出入便捷的、层次分明的传统文化景观系统。

唐皇城规划以恢复唐历史格局、尺度及名称，整合街区特性，创造主题街道，增加地域自明性，强化与旅游景点的结合；结合环境及市政公用设施的改造，设置景观道路及步行街及商业街，把历史遗迹、文物景点、地方民居，传统商业街串联成系统，整合老城内的旅游资源，全面整顿老城内空间秩序，提升环境质量，利用改善视域的方式，引导行人视线，体现古城风貌；调整产生结构，促进产业升级，促进旅游事业的发展。

此外，将旅游线路和旅游购物相结合，利用旧城作为西安市商贸中心的优势，使莲湖历史街区、西五台、北院门历史街区、三学街历史街区与旧城商贸中心相结合形成钟楼广场、开元商城、洒金桥精品商街、骡马市步行商业街等；使游客在游览中既可方便地到达咫尺之遥的商业中心，又可享受购物的乐趣，从而了解当地的市容市貌。

发展城区观光的预期效益，增加旅游资源，提高观光产值，减缓城区压力，并以观光旅游的产值及活力调整城区发展压力。

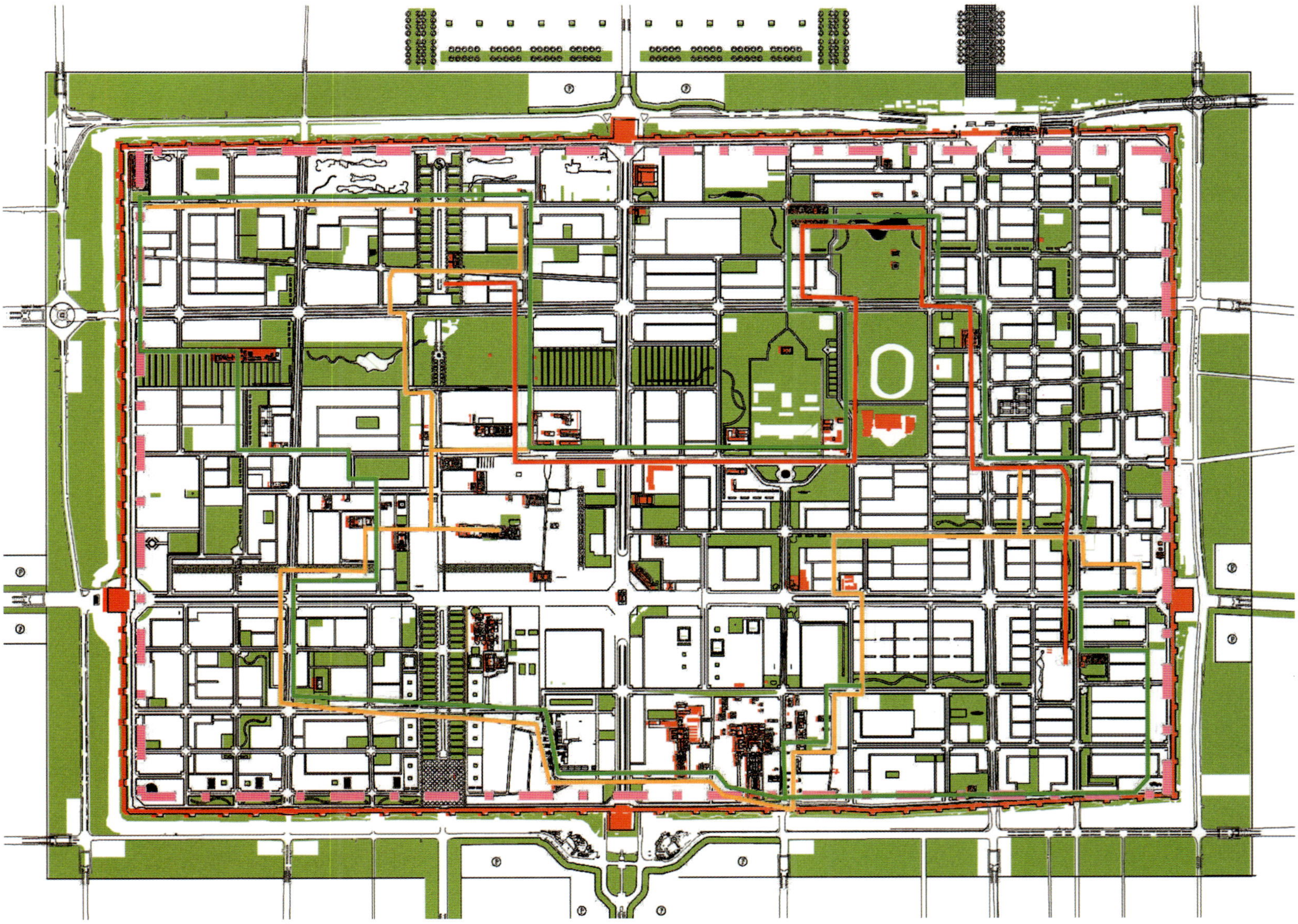

旅游发展规划图

可持续发展的生态城市规划

为维持城市可持续续发展，公共绿线及水域的构建，是规划重要的一环，目的除了生态的平衡，亦在于改善人类生活环境，其对于都市环境品质与都市景观，甚至都市居民休憩场所的需求皆有影响。因此，计划增加老城内公共绿地及增加绿化覆盖率，达城区总面积的35%，以老城区作为西安市的中央公园为概念，相关构想如下：

1.生态城市构想

（1）增加自然景观体验，塑造绿与生态的城市风格；

（2）连续绿带规划并促进物种多样配置，促进城市中人造环境与自然生态的融合；

（3）推广生态绿色建筑，并结合传统建筑特色，赋予既有历史格局新生命；

（4）依靠绿色技术（如透水铺面、雨水储留）的逐步推广，改善都市微气候；

（5）结合轻轨及公交系统，减少汽车使用量，推广绿色交通，配合游憩路线的设计，降低能源消耗量；

（6）针对再生能源利用与雨水回收再利用等项目，制定技术规则，改善街道铺面、屋顶等，迈向生态可持续建筑及循环生态都市排水系统的新纪元。

2.蓝线系统

（1）护城河；

（2）城内水域景观(广场轴线意象、人工河湖造景、传统园林景致)；

（3）引渭水入城，创造城内活水(由城墙东南角向西北角流动)；

（4）利用雨水储存再利用系统供应。

3.绿线系统

（1）环城公园与既有绿地保留（如：莲湖公园、革命公园）；

（2）历史轴线绿化广场；

（3）邻里公园；

（4）道路景观绿轴；

（5）对老树、名木制定保护规则；

（6）以连续配置、物种多样

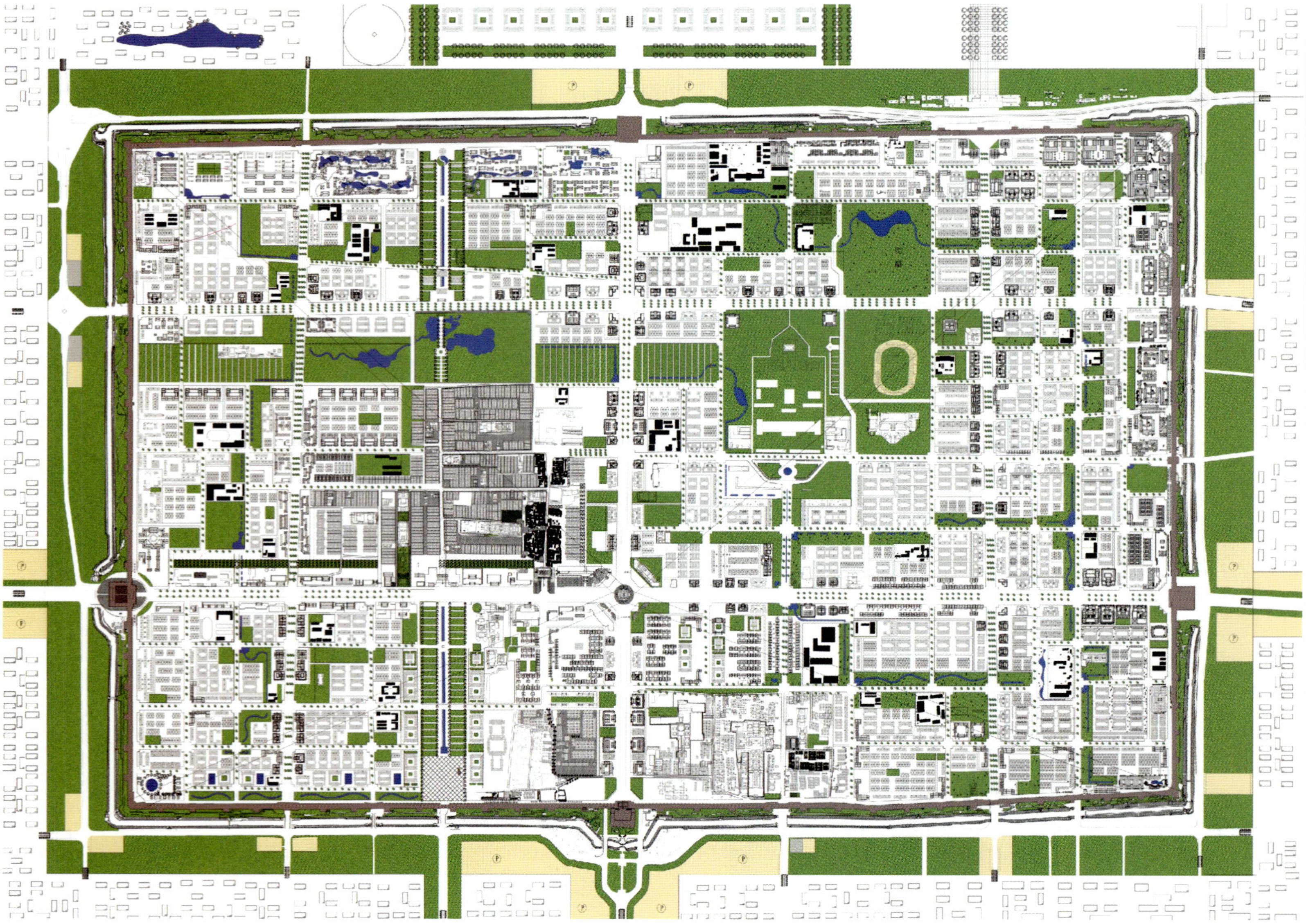

生态可持续发展图

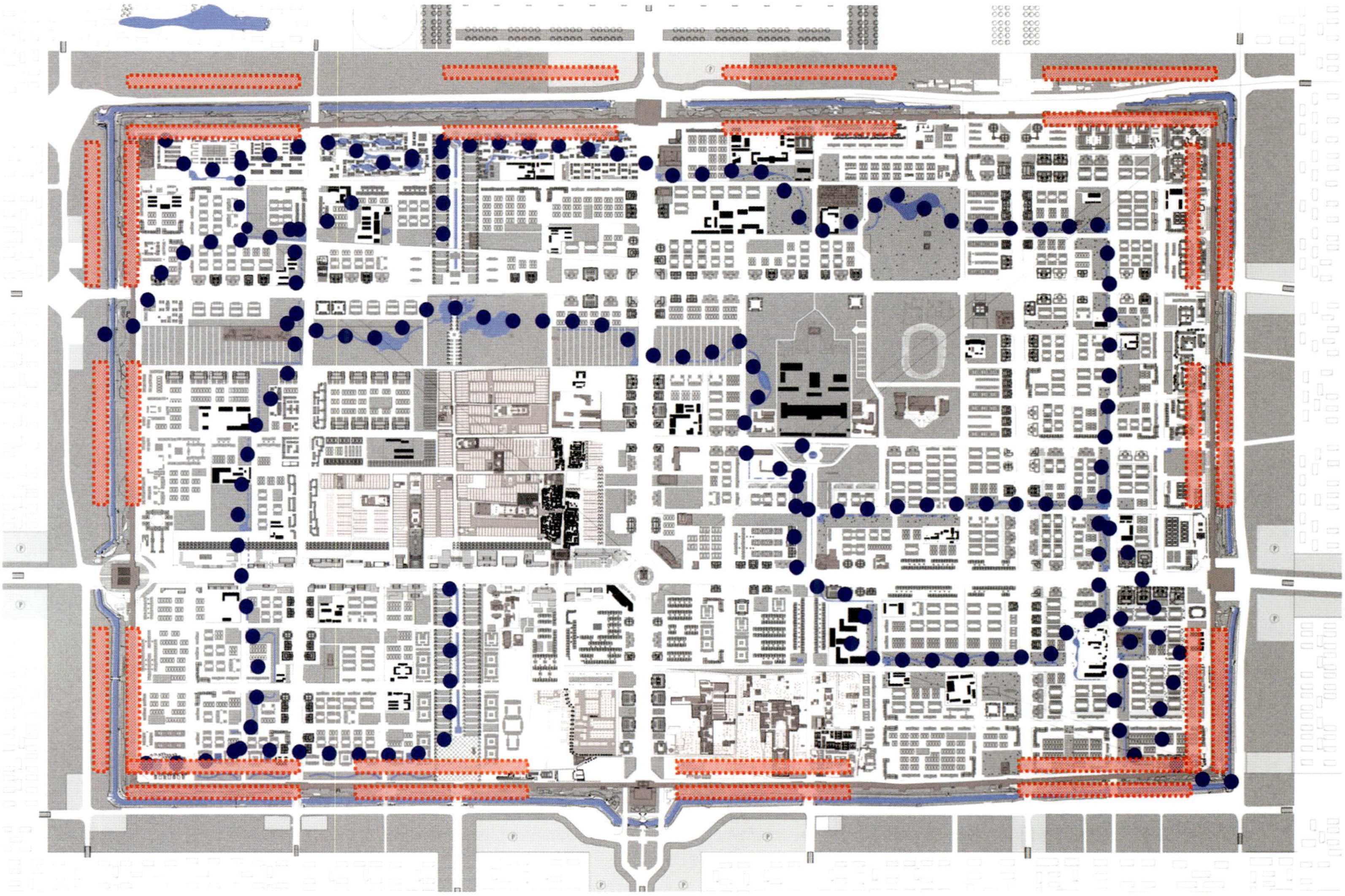

蓝线系统规划图

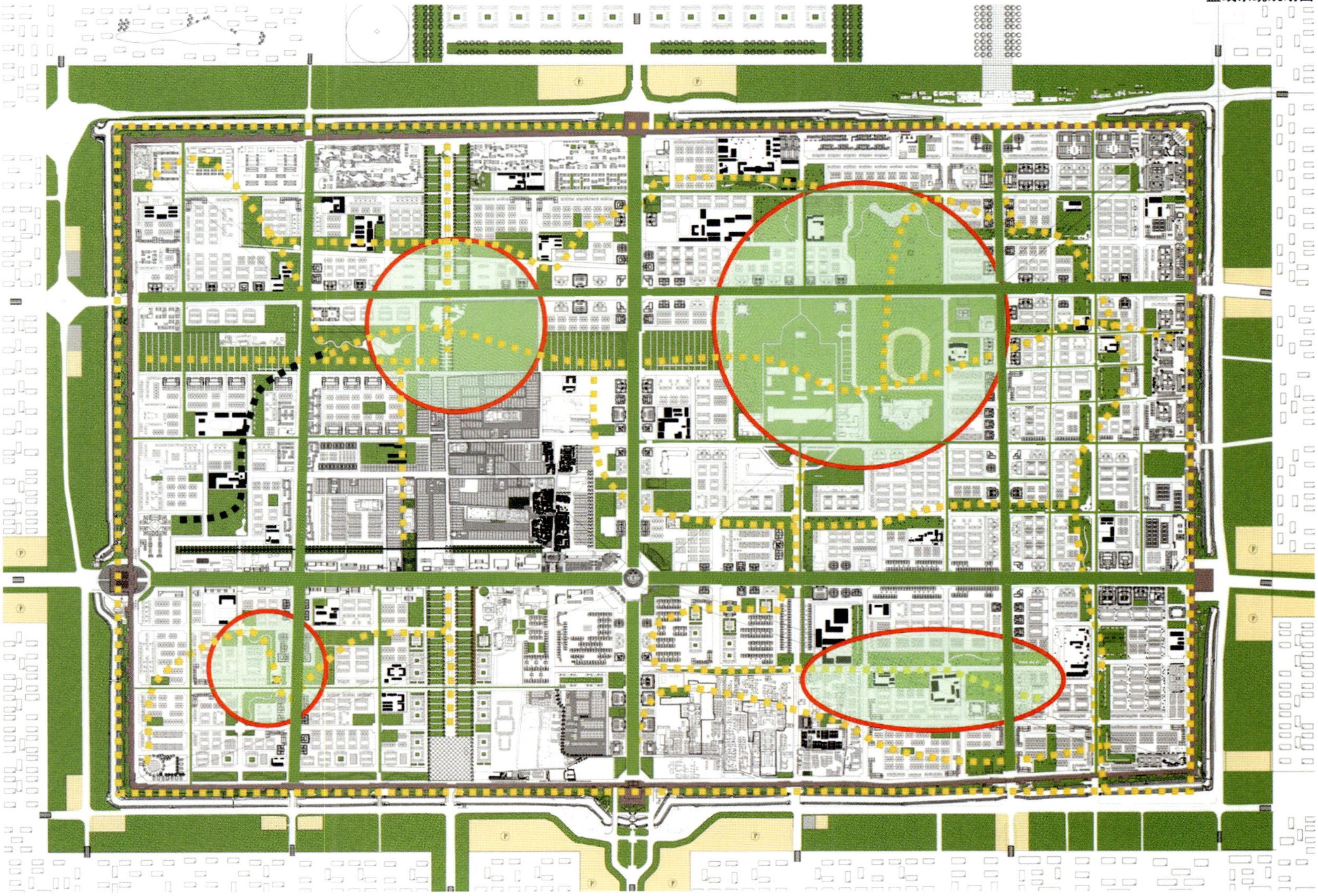

绿线系统构想图

为原则。

唐皇城总体配置结构

融合老城现有环境资源与整体规划构想，唐皇城规划的配置结构可总结如下：

一心：中心发展区

天街、东新街、柏树林、顺城巷的中心范围，包涵三个历史街区与多数的文物古迹景点。

二轴：历史轴线、城市轴线

天街（朱雀路）横街（西五台南侧）为历史人文轴线，东、西、南、北大街为城市中心轴线。

三片：北院门、湘子庙、书院门三片历史街区。

四区：东北、东南、西北、西南发展区四个核心发展区。

五环：可持续发展环、古城环、顺城环、里坊环、中心环。

可持续发展环：以环城路外侧200～500m为范围，保留皇城未来发展的生态空间。

古城环：以城墙、环城公园、环城河等为范围，保护并营造皇城地标意象。

顺城环：以顺城巷向城中心延伸150m为范围，配合城墙及资源特色，提供观光旅游多元活动为主要内涵。

里坊环：以串联里坊间的开放空间为结构，提供皇城生活休闲的生态网络。

中心环：以钟楼、鼓楼为核心，三片历史街区为主构，提供多元皇宫之商业旅游活动，进而塑造皇城的中心意象。

六园：革命公园、莲湖公园、太极公园、环城公园、西五台横街公园。

七线：湘子庙、北院门、书院门、承天门、顺城巷、红色之旅、庙后街。

八节点：天街广场、东、西、南、北广场、新城广场、火车站前广场、钟鼓楼中心广场。

九区域：东岳庙、大清真寺、小清真寺、南天主堂、湘子庙、城隍庙、广仁寺、卧龙寺、西五台。

十端景地标 地标为城墙，端景有东、南、西、北城楼、钟楼、鼓楼、省政府、火车站、西五台、承天门。

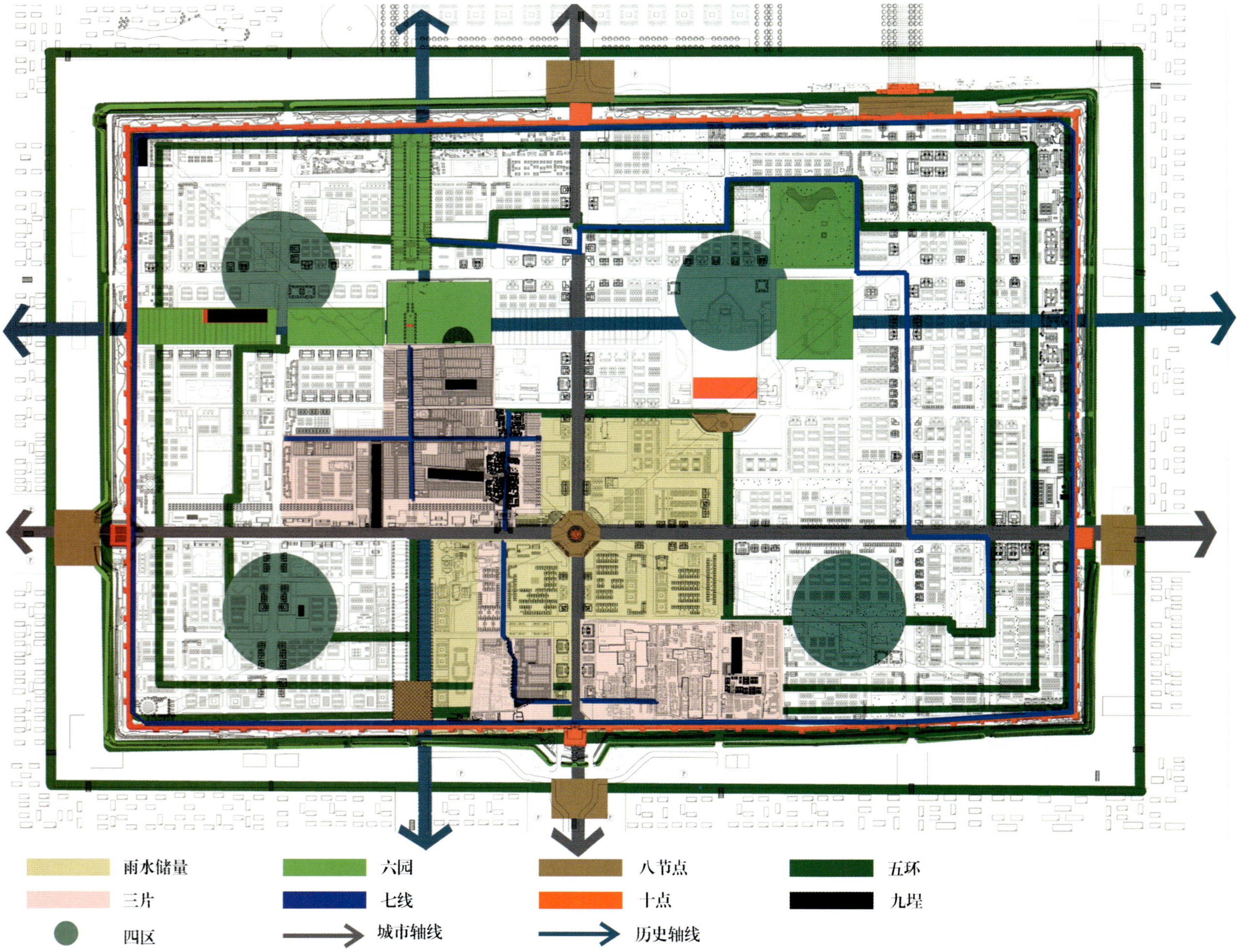

整体布局图

唐皇城里坊配置构想

推动里坊邻里单元概念为主的开发模式。

有关住宅用地的更新原则，应推动以邻里单元里坊概念的模式，每一个单元20～25hm²，可容纳居住人口约5000人，范围内尽量保留原有的小学、中学、并建设邻里公园、社区服务等。单元内一方面以小学、社区中心、邻里公园为中心，一方面以人车分离概念，营造现代化里坊邻里单元意象。

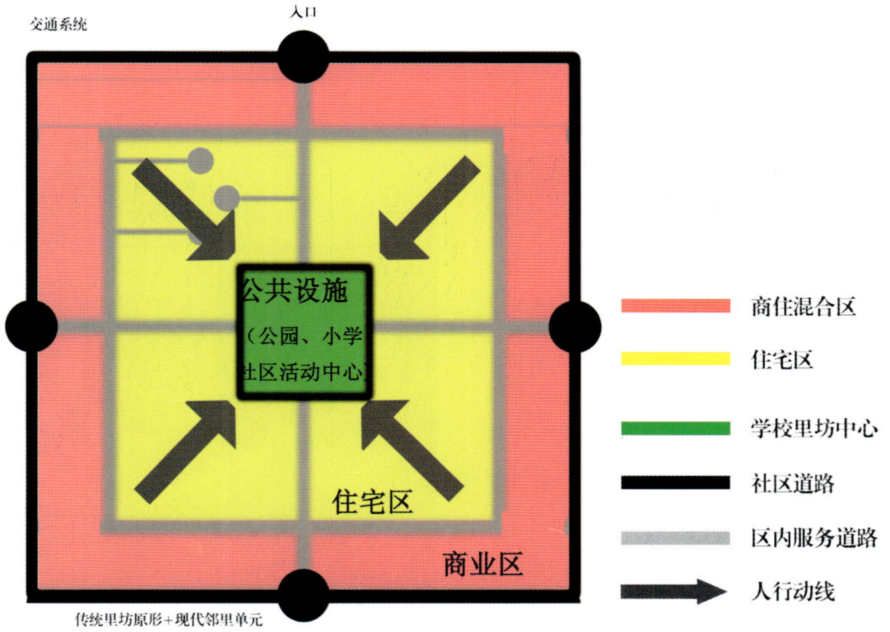

里坊概念图

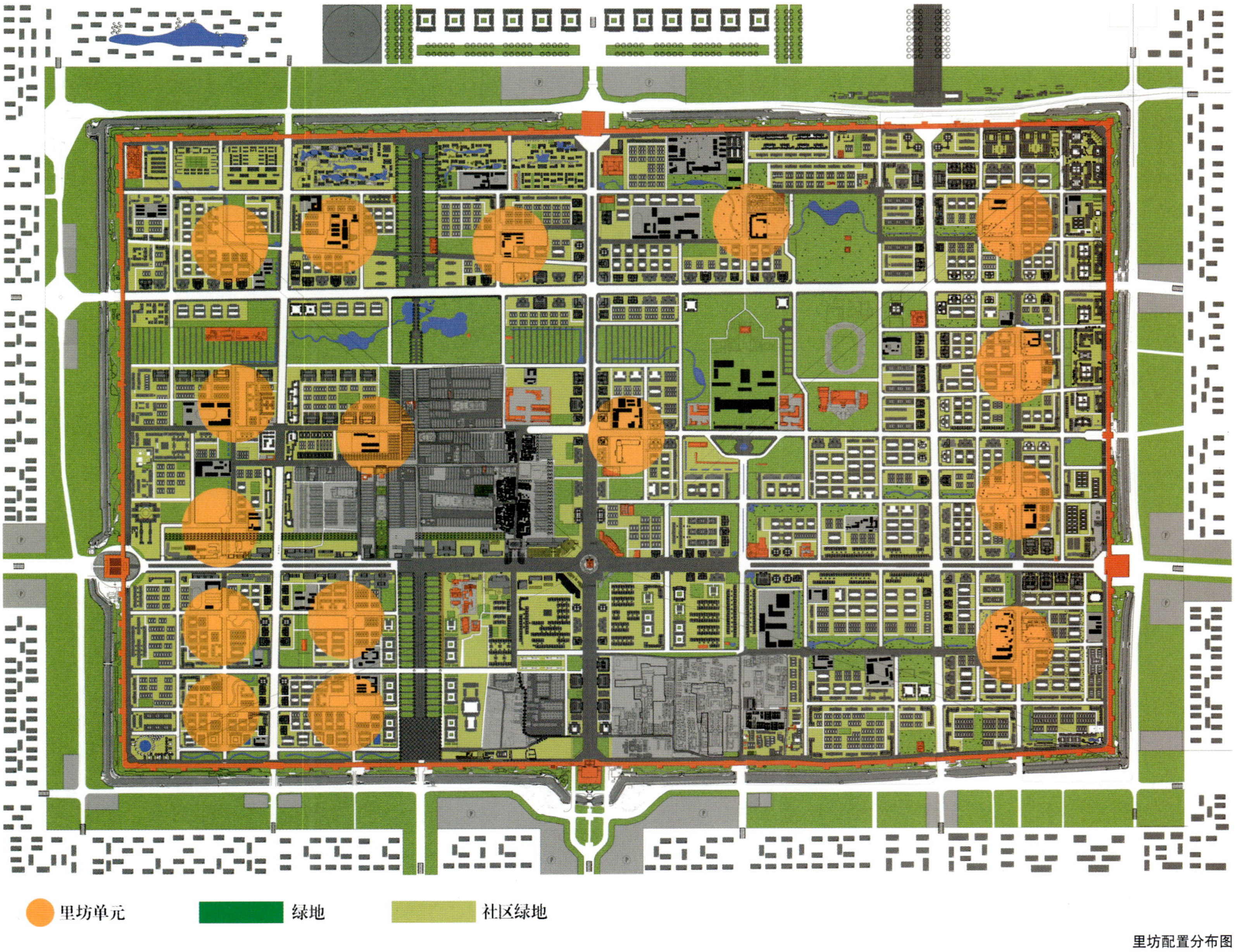

里坊配置分布图

建筑及街道小品规划

街道小品除依各区风貌协调设置外应以下列原则规划设计：

造型应能配合城市整体风格意象及分区特色为原则。

建筑小品与公用设备之设置除解说设施外，应以集中于邻近车道1m范围内为原则。

规划区的建筑小品造型与材质、色彩应共同设计以展现西安独特地方风貌，适当引用玻璃、金属材质（但应避免造成眩光）及砖材，并以灰、红、白色系为主色调，塑造朴素明亮之都市风格。

规划区建筑小品的设计应于适当位置标示全区性统一意象符号。

建筑小品的设置内容，应配合整体环境景观及人行功能，以整体共同设计为原则。

建筑小品设施应设置于容易到达便于使用的地点。

建筑小品需考虑使用的耐久性、维护的方便性、替换的供给性。

电话亭、候车亭、座椅、垃圾桶等各式户外家具设计应具有特色，增进都市风格。

街道小品依唐风格适用于唐皇城、宫城风貌区，传统风格适用于明清风貌区、史迹保护地区周边。

分两类设置如下：

1、唐风格 （唐皇城、宫城风貌区）

2、传统风格 （明清风貌区、文物古迹保护区）

东岳庙前广场意象

柏树林意象

南大街意象

文艺新区意象

东大街商业区

青年会馆意象

第二节：西安建设文化体系规划

规划背景

文化是城市的本质和灵魂所在。中国城市在经济建设取得巨大成就的同时，文化需求的增长和文化对于城市发展的重要意义都使得文化在城市发展的核心地位日益突出。

城市建设文化是指能以城市建设的具象手法，来表达潜藏于城市历史沿革过程中，曾经出现过的文化存在和文化现象；在这一认识框架下，对仍然存在的历史文化遗存加以认知与保护；对于遗失的文化以城市建设方式加以铭记与告白。

城市建设文化规划是针对建设文化资源和建设文化需求的规划方法。“城市建设文化规划”是“城市建设文化资源规划”，主要包括建设文化资源定位、策略、空间布局及结构设计等方面。

探索如何更好地运用西安城市建设文化资源，强化城市文化特征以增强城市的竞争力，建设宜人的人居环境，促进城市的和谐发展，引导城市向更高层次目标发展，是本次城市建设文化体系规划的主要任务。

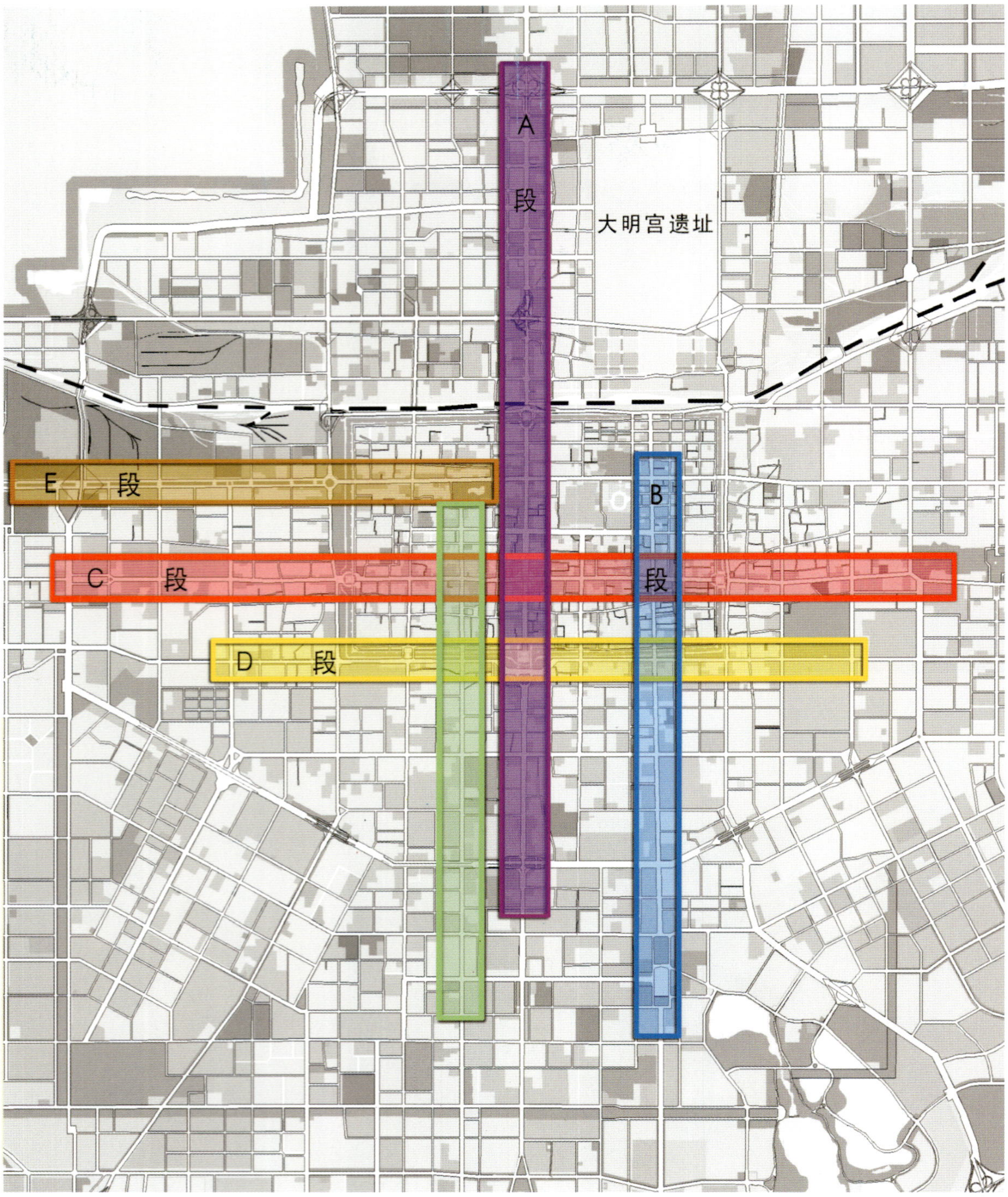

西安城区现状分段示意图

西安市建设文化体系策略

西安建设文化体系定位

目前，世界上众多国家的城市开始转向自己的历史和传统，寻求自己的文化特色（或文化个性，Culture Identity），试图在文化上从新自我定位，这是一个非常重要而显见的国际现实。在这样的背景下，越是民族的，具有独特个性的，就越受到尊重与瞩目。

西安城市文化资源的构成大致可以分为四类：1. 丰富的历史文化资源；2. 先进的近现代革命传统资源；3. 雄厚的现代工业文明资源；4. 突出的现代科技、教育、旅游文化资源。

西安悠久的历史积淀，现代大工业体系的建设和科技、教育、旅游的率先发展，兼有古代文明和现代文明的双重优势，使西安城市的整体文化资源丰富而厚重。

西安的文化资源具有源头性与多样性，传统性与创新性并存的特征。

西安的城市建设文化体系规划将西安定位为“人文之都”。“人文之都”的内涵具体体现在三个方面，即“世界千年古都、华夏精神故乡，两翼文化熔炉”。这三个方面，分别从世界城市文化发展历程、中国历史文化发展渊源与中国东西部承接三个层次体现“人文之都”的内涵。

首先，西安与雅典、罗马、开罗、伊斯坦布尔、耶路撒冷并称为六大世界文化古城，”“世界千年古都”表明西安在世界城市发展中的非常重要地位。其次，西安是中华民族文化的发源地，并且是在世界文明中惟一保持一脉相承的文化。从中国历史文化发展渊源上，西安成为民族的精神故乡。从中国东部与西部的承接上来看，汉代中国的大地原点距西安仅20余公里，当代中国的大地原点距西安也是20余公里，西安是中国人心目中的人文地理中心。

同时西安在横贯中国东西的交通干线上处于咽喉位置，可以通过这条交通线对全国实施向东向西的双向影响。西安是中国古代丝绸之路的起点，也是西域文化起点，西安真正成为东西文化交汇点。

由此，"世界千年古都、华夏精神故乡，两翼文化熔炉"具体体现出西安作为"人文之都"的文化内涵。

西安市建设文化体系整合的指导方针

根据西安城市建设文化体系定位，在世界千年古都方面，应将西安建设成为中国历代文化的博物馆、教科书；在华夏精神故乡方面，将西安建设成为中华文化、哲学思想和民族精神的百科辞书；在两翼文化熔炉方面，将西安建设成为东西文化交汇的展示馆。

由此，应挖掘、梳理、整合所有相关西安的历史文化，将分布全城的雕塑、路名、铭牌及有代表性的建筑物或博物馆，作为城市文化历史的点；各区的一条街，几间屋，几家店等形成城市的文化艺术的线；将各区特色定位，用文化艺术的特色来划分街区，构成历史文化的面，最终形成的点，线，面组成有高品质文化内涵的西安。

西安文化体系整合策略

根据西安文化体系的特点，文化体系整合的策略应为：在时间纵轴上，十三朝古都的文化史的街区与标志型建筑组成的文化展示形成中华文化的发展史；在同一时期节点上，深度挖掘各类文化形式，实现其渗透和衍生的发展策略。在纵横两个方向形成有序的网状系统，充分展现西安深厚的历史文化底蕴和丰富的城市人文景观，使西安成为文化功能分区明确、空间特色鲜明、景观序列丰富的有机整体。具体分述如下：

1. 文化体系总体上采用"保存历史，重现历史，应用历史"的整合策略。保存历史是对于有保护价值的历史文化现场的整体保留，包括城区历史保护带和城外历史遗存；重现历史是对于曾经发生的重要史迹、文化典故、民风民俗的再现，应用历史是对于现有历史文化遗产的创造性运用，实现城市历史文化的超越的同时，也为城市带来了经济效益。

2. 整体保护西安古城，减少中心区密度，对古城功能重新界定，把行政、交通、经济、居住等功能加以剥离，逐步形成风格浓郁的文物保护、历史街区、传统民居、专题旅游服务和美化、绿化地区，恢复古城的格局和风貌，使得老城和新城明显不同。城墙内侧重点整治，如顺城巷景观道改造和城墙外侧林地系统规划，分别指导。

3. 西安建筑风格定位为历史为表、现代为里。不应简单用水泥建筑复古历史，而是在建造水泥建筑的同时，融合进历朝历代的色彩、风格、文脉、符号等一些元素，还考虑到生活、消费和旅游的需要，形成西安特有的文化走廊。西安作为世界历史名城，城市颜色规划应以灰色、土黄色、赭石色作为主色调。在此基础上，作同色系的变化，如灰、白、黑等色彩，再适当增加一些鲜艳的色彩，体现西安十三朝古都的皇家风范、皇家气魄。

4. 应注重城市文脉，建立城市文化地标体系，建立城市历史和文化纪念碑体系，收集整理与古代长安有关的各类文化资源，包括诗词歌赋、文人逸事、故居等，并映证到城市空间上，借助城市地标体系、雕塑体系、纪念碑体系以及其他表现手法作为载体，增强城市文化的可读性，增加城市景观的标识性。

5. 西安应该大力发掘民俗文化价值，启动民俗文化保护工程。在城乡社会急剧变迁，各种民俗在其原生地岌岌可危的形势下，西安作为大都市要担负起抢救、保护、延续城内及周边地区民俗的历史责任，以维护文化的多样性。要抓紧对秦腔艺术、关中民居、地方戏曲、长安古乐、泥塑彩绘、剪纸皮影、社火锣鼓、节令游娱、地方小吃、方言歌谣等民俗文化进行系统的发掘、整理、展演，兴建专题民俗博物馆。

6. 保护发掘宗教文化资源。古长安是中国古代佛、道及伊斯兰教的集中地、融合地、传播地，保护、发掘、利用西安有益的宗教文化资源具有政治、经济、文化多方面的积极意义。制定宗教文化资源保护政策及地方法规，采取综合保护措施，对宗教祖庭及庙宇遗址集中的宗教文化带，要确保历史环境的完整性；对名刹古寺的文化遗址保护用地要从城市规划上予以保证。支持祖庭大寺开展宗教朝觐旅游、文化交流和正常的法事活动。

7. 重点保护周、秦、汉、唐重大遗址和陵墓保护区域。统一划分城市功能区，把周丰镐城遗址、秦阿房宫遗址、汉长安城遗址及唐大明宫遗址等作为城市组团间的隔离绿地。结合古遗址的特点和地理环境，用不同的绿化手段来标识曾有的宫殿、城墙，建设遗址公园、博物苑，再现不同历史时期的城市风貌。陵墓要实行严格保护，在控制性保护区内，严禁挖塘取土和进行与文物保护无关的建设；在相对保护区，可根据城市规划进行与文化主题及周边环境相协调的主题园区，探索保护与利用良性互动的途径。

8. 西安文化氛围浓厚，应注重现代文化建设。现代文化建设该加强特色，在宏观研究的基础上，要确定一些战略性项目，并长期延续下去。要充分发挥科技、教育、文化及装备制造业优势和地区辐射能力，形成旅游、高新技术、现代服务业、装备制造业、文化等优势产业集群。建立国防工业、装备业、高新技术研发和生产三大基地。

9. 改变以往城市建设重物不重人的倾向，将广大市民作为建设西安文化体系的主体和主要工作对象。提升现有的西安人文研究机构的工作能力、研究水平。建立一批西安历史名人纪念馆、开设市民讲座、学校开设乡土教育。

10. 西安的每一个区应拥有自己的文化的特色。对于西安而言，在穿行历史的长廊中不同的街区和不同景点之间应产生一种探究寻真的精神。

城市空间规划设想

西安市建设文化体系规划结构

随着不同时期长安城选址位置的变化及所带来的不同时期轴线关系的变化，把不同时期长安城各主轴线相互叠加，再结合现今西安城的城市格局，然后进行分析，便不难得出西安三横三纵的发展格局。其中三纵：居中的是一条明轴，是长安城的龙脉，在明清时期为长安城的中轴线，也为现今西安城的中轴线。明轴的两侧为两根唐轴，是隋唐时期长安城的两根轴，现可利用其充分展示大唐文化。三横：从上到下分别为主要绿化景观带横轴、历史文化过渡横轴和古城天际线过渡横轴。

由城市历史发展的渊源分析，西安从周朝开始，经历十三朝古都的发展，各朝城市布局互不重叠，直到明朝的都城才与今天的西安城市核心城区相一致。上世纪50年代以来，特别是改革开放以后，西安开始以明古城为中心，向周边区域大规模发展。西安虽经历了从分散到集中，又从集中向周边发展的历程，宛如宗教的轮回一般，但城市文化九宫格发展的格局并没有整体上破坏。未来西安城市文化体系发展应延续西安城市文化发展的文脉，通过核心的形成、衍生、演变、发展、成型，最终形成九宫格网络化城市文化格局。

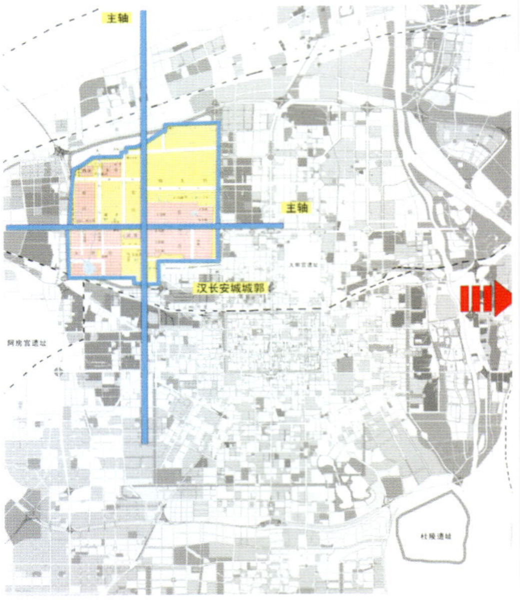

汉长安城轴线分析图

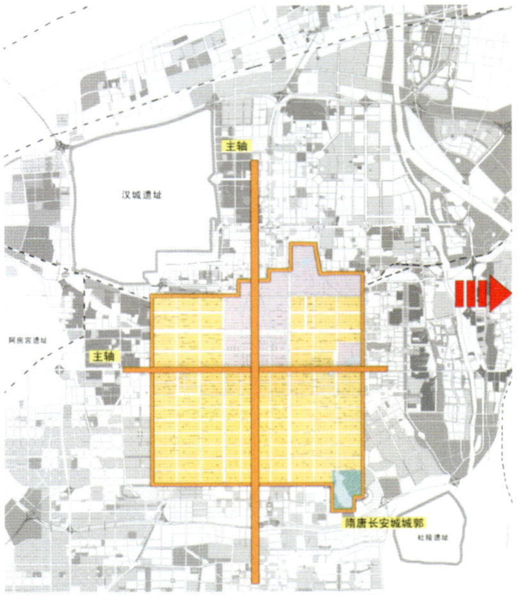

隋唐长安城轴线分析图

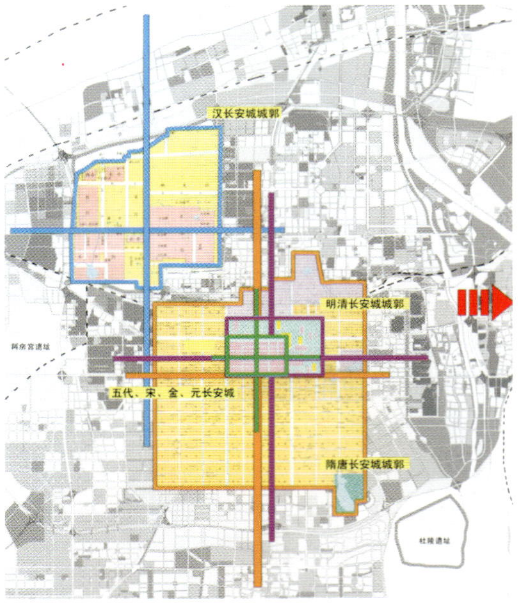

五代、宋、金、元及明清长安城轴线分析图

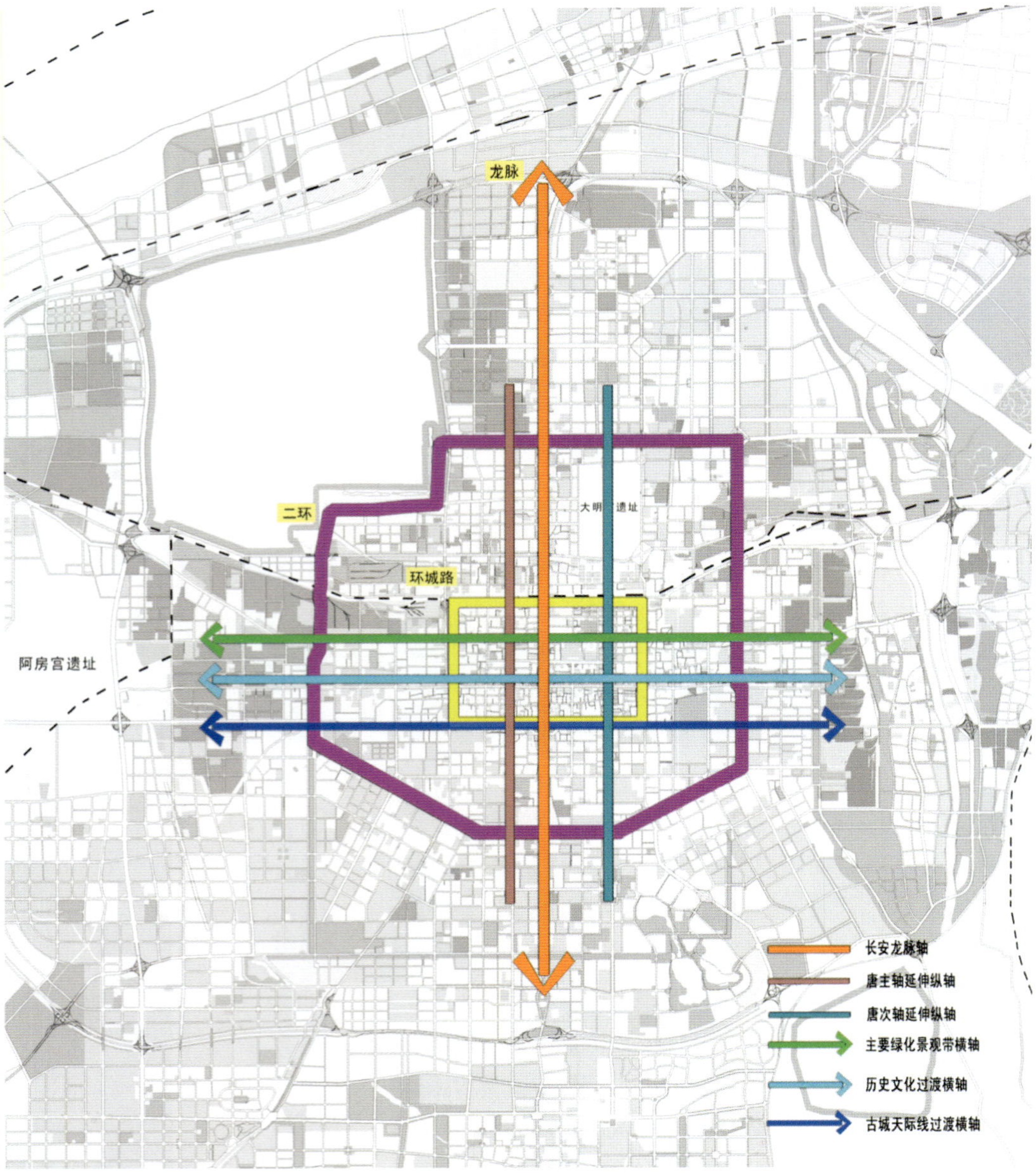

西安规划发展轴线图

1.核心的形成

在城市一环即古城墙以内，应以“三纵三横”为主要结构，纵轴为代表历史延续的时间轴，由西向东依次为唐历史文化轴，明代轴和唐历史空间轴。横轴为代表城市精神的文化轴。在横轴与纵轴交汇形成节点，节点处局部放大，做一些标志性的景观物。纵轴与横轴的相互交错构成整个老城区的文化网络。

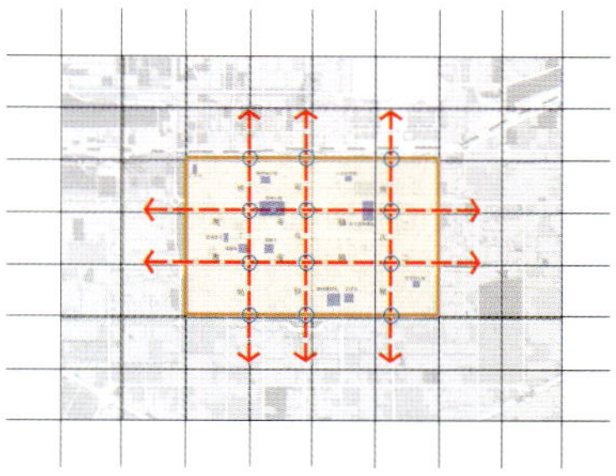
城墙内三纵三横结构图

2.衍生

一环城墙内的三根纵轴不断成长衍生，西边的唐轴向北延伸到安礼门，并以此为轴线的北端尽头；向南越过朱雀门直至小雁塔。东面的唐轴向北通过尚德门到达大明宫元殿遗址，向南一直延续到大雁塔。中部的明轴为长安城龙脉，由钟鼓楼向南北两端延伸穿过安远门及永宁门并无限延伸，就像一根有机的生长线，孕育着新的生机，新的动力，从而带动整个城市的发展。

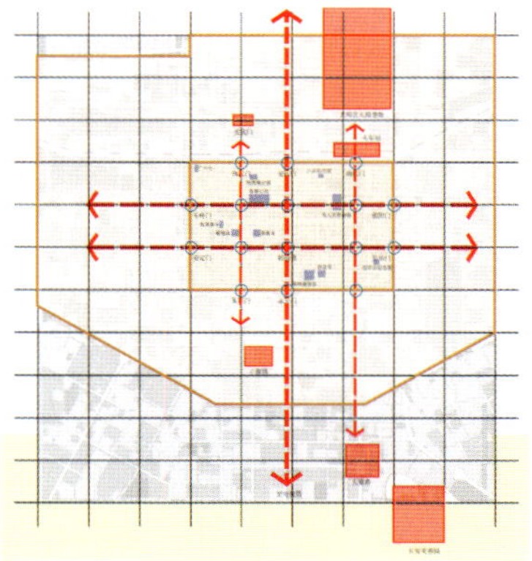
城墙内轴线衍生示意图

3.演变

城市继续以网络结构的形式不停的生长，逐渐演变形成了“金字塔”的结构，左支点是位于唐长安城西南角处的“高新新区”，代表着西安经济发展的亮点和希望。右支点为位于唐长安城东南角的“曲江旅游度假开发区”。顶点位于唐长安城遗址皇城，为经济技术开发区。这样，新西安的城市空间布局，便以一个更大的“金字塔”结构构架在唐长安城遗址上。

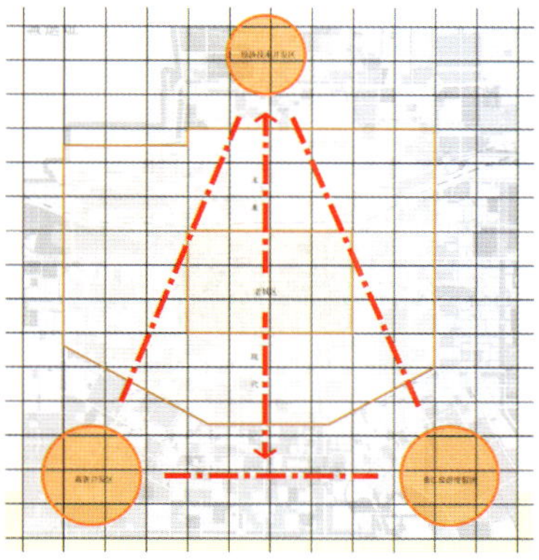
城市空间布局中的“金字塔”结构

4.发展

在城市的三环内外散布着许多的历史文化遗迹，在城市不断地以网络化形式发展的过程中，这些名胜古迹，文化遗产逐渐被纳入到网格体系中，在这个阶段，如汉城遗址、阿房宫遗址、沣镐遗址、杜陵遗址等已经作为西安城市的一部分共同发展。位于城市的北部的渭河与东部的灞河和浐河在此时也应该融入整个网络结构的规划中同步考虑，形成浐灞生态区。

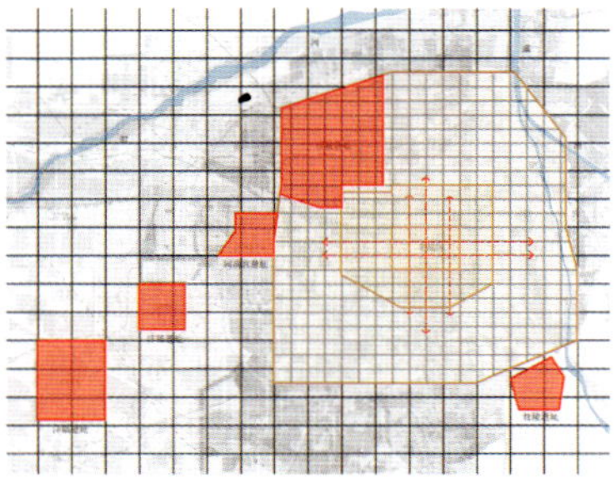
历史文化遗产网络结构图

5.成型

未来西安的格局是中央旧城，东郊工业区，西郊工业区，南郊文教区，北郊经济开发区，东南郊曲江旅游度假区，西南郊高新技术产业开发区，西北郊汉城遗址，东北郊浐灞生态区。

未来西安的的发展空间：将延“米”字形轴向延伸，总体布局仍然保持了九宫格形态，即：西安为中心，东有临潼，西有咸阳；南有韦曲，北有高陵。东南是蓝田，西南是户县、周至；西北是空港，东北是阎良。

基于对传统历史文化的发展和延续，西安老城应保留城市传统的历史格局，向周边成网络状发展。这是九宫格的演化和延伸。城市周围的环城绿带可以与楔状绿地有机地结合，向外伸展，即可以防止城市的无限蔓延，又可以改善城市的环境质量，使西安在整体上呈现一城、二环、三区、六线、三河、八点。

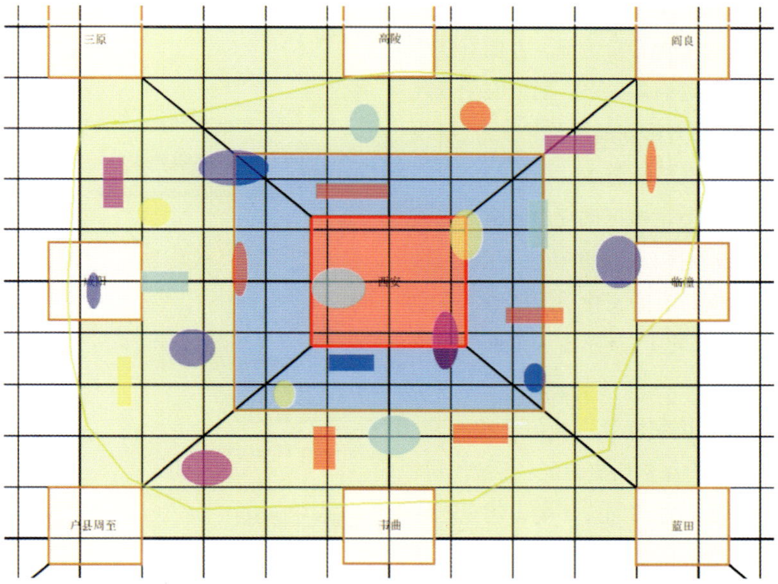
未来西安城的米字型延伸轴

西安市建设文化体系节点设计

1.“一城”——老城规划

西安老城即明城，指环城东、西、南、北路环绕的古明城。周边城墙保存完好，绿化系统比较完善。

本次规划中，主要强调的老城是三横、三纵的规划理念思想。根据现状，适当规划出A、B、C、D、E，钟楼轴线相交的设计节点，在此6处节点分析西安古城内在联系，空间形态。

在结构功能规划设计方面，应在南北大街原来商业中心基础上，周边扩大其规模，开辟北院门，竹笆市为商业步行街，在粉巷交叉口作绿化景观作为收尾，以节点景观，绿化联系碑林博物馆。 在历史文脉构思方面，应挖掘唐、明轴的历史底蕴性，使其在商业文化基础上，提升历史价值。如朱雀路、解放路、雁塔路的唐轴设计，南北大街的明轴设计。

在景观设计方面，在原有绿化植被覆盖面基础上，加大绿化景观利用率，开辟新的绿化景观带，展现西安的自然资源。

随着老城区向周边网格式的演化，古城核心结构的衍生与渗透，形成西安特有的文化功能体系，在空间上、文化上，展示古老璀璨的中华文明。

保护和恢复古城街、巷、院、铺，着力保护历史街区、传统民居、古老建筑及其周边环境，建立隐性文化资源的解说与标识系统，修建一些能反映历史文化并与环境相融合的雕塑及亭、楼、牌、碑。充分利用西安古城墙的独特资源，形成巷、墙、林、园、河、路六位一体的西安旅游著名品牌。

文化主题设计：

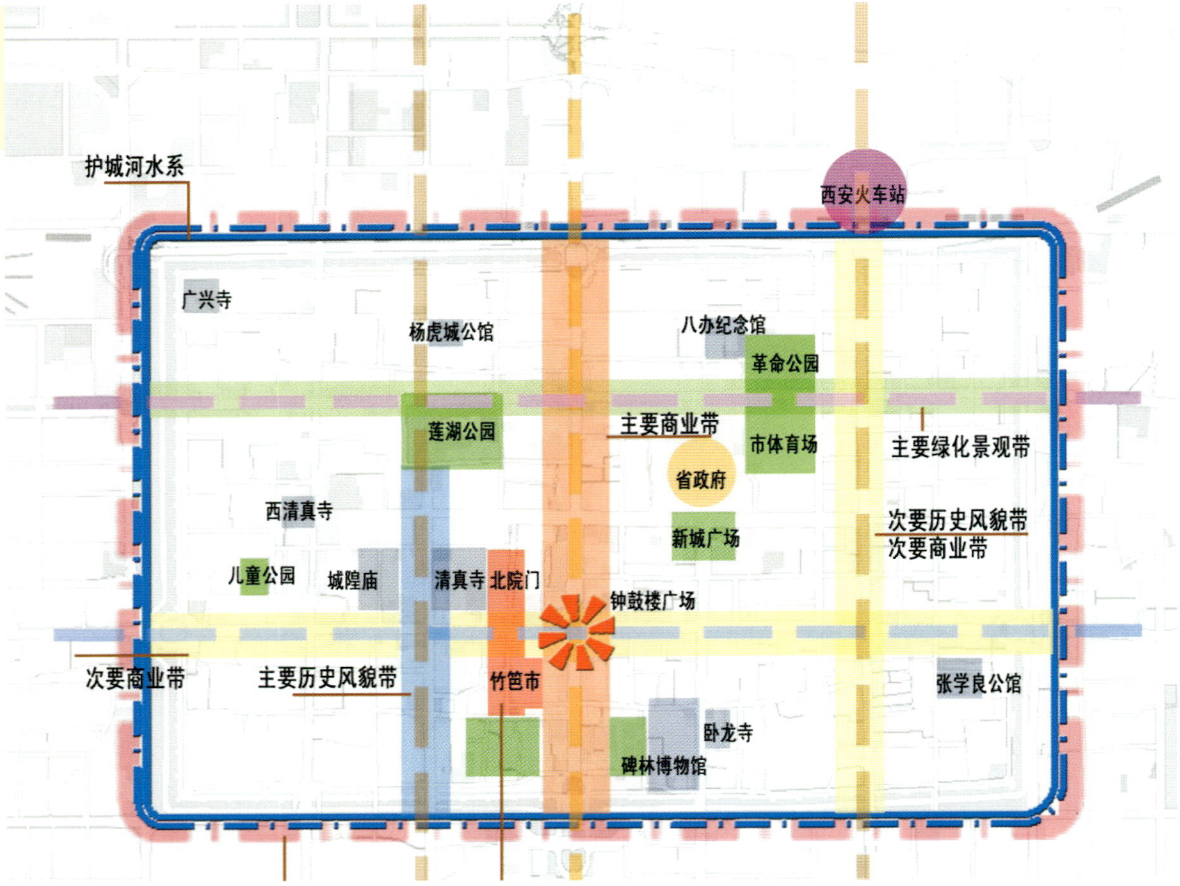

文化体系老城文化片区分析图

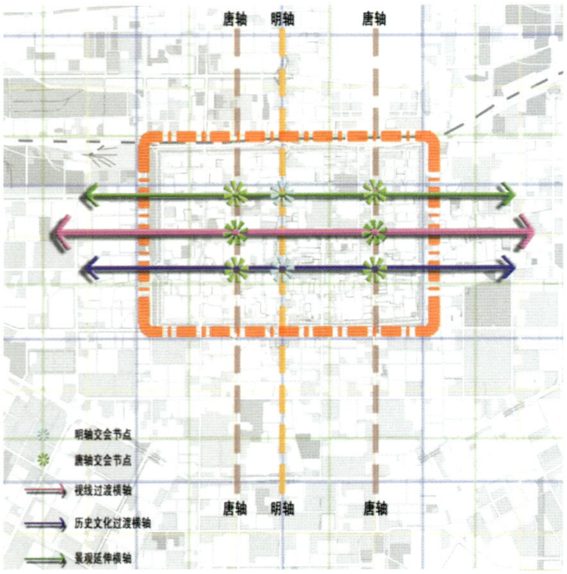

老城区文化分析

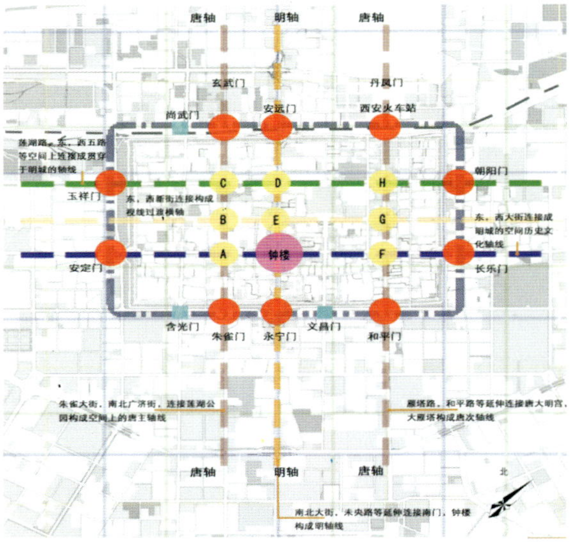

老城区结构分析

在人们眼中，东方古国——中国是神秘的，千年古都——西安是神秘的。为了加强古都西安的神秘感，把国人脑海中非常神秘的《周易》，从书中转化到现实中来。作为对西安城市“九宫”格局的呼应，在四四方方的西安旧城墙环城绿带的东、西、南、北、东南、西南、东北、西北这八个节点上引入后天八卦表示方位的概念，加上与八个卦象相对应的八种动物的雕塑，做成城市景观小品，其形式可以类似图腾柱或神道石柱。

老城里面，加强城市文化的解说系统，唐诗宋词，或者汉代的赋，用这种方式来尊重文化，尊重艺术，凸显城市的文化的氛围；可以用碑、石刻、铜雕等种种办法组成城市文化的解说系统。

对于传统的历史街区，在古城墙内重要街道、有典故的地方建立城市文化地标系列;在历史地段建立一些小型广场空间，增加雕塑、小品、标识物等，给人停留空间，渲染古文化氛围；建立历史构筑物，提示人们进入历史性空间;在重要古建筑周围留出驻足空间，供人观赏。

2.“二环” ——二环结构规划

在二环结构规划方面，环城路内部为明清时期的城墙，保存完整，城内拥有大量明清风格建筑，有着深厚的文化底蕴。目前，在环城路与二环路之间缺乏有效的、合理的文化衔接，因而必须在两者之间找到一系列的线，然后再在线中提炼相关的文化点，从而起到连接两个环的纽带的作用。而在二环之间的其他区域则作为风貌协调区，以烘托整个二环区域的文化氛围，乃至提高整个城市的文化品味。

二环周围地区，孕育了周、秦、汉、唐丰富的文化历史，挖掘历史名人典故，以此为题材，采用城市设计手法，运用雕塑等形式，放于二环路于三纵三横交汇点的绿地之上。

西周

题材：姜太公钓鱼、文王演周易、二进制的师祖、烽火戏诸侯等

城市设计举例：在三环与往宝鸡方向去的高速路的交汇处附近，以“周公勤政，周公吐哺，制礼作乐”作题材，用文化公益广告牌的形式，每间隔100m做一个，连续重复4个成一组，再连续做三组，间隔500m左右；重复以加深印象，作成一系列宣传城市文化历史渊源和地位的大型广告牌。

秦

题材：秦统一中国、隶书的出现与推广

城市设计举例：在东二环与长缨路、长乐路、咸宁路交汇点设置三个文化节点，以秦统一中国为主题具体可将统一文字、统一货币、统一度量衡为内容，邀请专家进行抽象立体设计，使人们追忆历史，激发爱国之情。

汉

文景之治

选址：未央收费站

主题：汉朝繁荣稳定的社会局面

表现形式：选取几则汉朝能突出“文景之治”的历史事件或风土人情，以陕西的特色艺术“剪纸”来表现，做成现代手法的金属雕塑。放置在高速路隔离带的绿化中，隔而不堵。雕塑和绿化红绿辉映，十分醒目。车辆在排队缴费的同时，即能欣赏到陕西的民间艺术，又能了解历史，还能缓解长时间驾车视觉疲劳。

文帝籍田

选址：北二环朱宏路立交桥

主题：君主贤明

表现形式：汉文帝前元二年(公元前178年)正月，文帝在汉城籍田门外籍田上扶耕三推，以为亲耕，以示对农业的重视。以此典故为题材，做成雕像，置于绿化带中。

贾谊过秦

选址：二环路东北角

主题：秦朝是一个非常强大的国家，然而统一全国后在短短十几年中就走向灭亡，贾谊著《过秦论》，言秦政之失，取秦二世灭亡的教训，以为汉鉴。

汉世三杰

选址：北二环未央立交桥

表现形式：选取汉朝最为杰出的三个人物萧何、韩信、张良，做成联体雕塑。用陕西特有的岩石砌筑而成，雕刻手法粗犷有力，体量宏伟，气势磅礴。

司马迁治史

选址：北二环太华路立交桥

主题：内修政史，使统治者吸取前朝好的经验，牢记前朝灭亡的教训，是国家繁荣发展的必要因素。

表现形式：以司马迁伏案著史的情景为题材，做成雕塑。

金戈铁马

选址：北二环西北角

主题：外抗匈奴为汉朝创造了一个安全稳定的环境，也是国家繁荣发展的必要因素。

表现形式：选取汉朝抗击匈奴的战争中杰出的将领如卫青、霍去病、李广为原型做成青铜人物群雕，营造出一个金戈铁马的战争氛围。置身其中仿佛听到旌旗猎猎，马蹄声急，冲回到那遥远的古战场。

唐

西安市南二环位于西安南郊文化城范围之内，有众多高校环绕，文化氛围浓厚。在南二环文化体系规划中选取唐代文学与书法艺术作为主题，不仅反映了唐代文化的重要特征，也与南二环高校环绕的书卷气相呼应。

唐代是我国封建社会历史空前强盛和繁荣的时代，也是我国古代文化获得迅速发展、古代文学大放异彩的时代。唐代文苑，百花竞放，数量众多，题材广泛，内容深厚，艺术成就高。先后出现过王勃、杨炯、骆宾王、王维、孟浩然、李白、杜甫、白居易、柳宗元、韩愈、杜牧、李商隐等等著名文学家，也留下过众多的脍炙人口的诗句。唐代书法艺术也达到了一个相当高的境地，行、楷、隶、篆、草各书体均达到了很高的造诣，也涌现了欧阳询、柳公权、怀素、张旭等等众多的书法大家和著名碑帖。

“两点一线”的规划布局

两点在南二环路的东西两头的两个端点，即劳动路交叉口和东二环交叉口。表现唐代书法艺术，将书法与剪纸结合，运用大型雕塑形势，通过剪纸的表现形式，反映唐代书法艺术，烘托文化氛围。大型红色墙板，中心镂空的书法雕刻，既具民间特色，又表现书法艺术集地方性、艺术性、文化性、景观性、路标性于一体，充分体现了文化特性。

一线指从兴庆路交叉口到含光路交叉口一线，共六个交叉节点，即上页老城区结构分析图A、B、C 、D、E、F点。表现唐代文学的主题，通过浅色花岗岩整石雕刻，将诗人、诗句、书法，绘画共同表现于其上。人、诗、书、画交融一体，共同营造文化氛围，充分体现唐代文学特征。人物的选取也尽量选取著名的文人，以引起更多人的共鸣。人物选取从西向东按时间顺序依次为：

A)含光路交叉口，选取“唐初四杰”的王勃作为主题。

B)朱雀路交叉口，选取中唐田园诗人王维作为主题。

C)长安路交叉口，这个节点是长安龙脉和二环路的交叉点，是众多节点中最重要的节点，因此在选材上选取盛唐被誉为诗史上“双子星座”的李白和杜甫做为主题表现。

D)雁塔路交叉口，在雁塔路西侧，选取白居易作为主题，雁塔路东侧选取柳宗元作为主题。

E)太乙路交叉口，这个节点为高架穿过二环路，因此在高架下方取一块绿地，以晚唐诗人杜牧为主题进行表现。

F)兴庆路交叉口，这个节点位于青龙寺附近，由于晚唐诗人李商隐在这里曾写下了流传千古的名句“夕阳无限好，只是近黄昏。”因此这里就以李商隐为主题进行表现。

3.“三区”——三区规划

根据西安文化结构体系框架分析，在原有城市空间形态基础上扩展为不同的文化交融关系。在空间体系上以古城区为中心，周边历史文化保护区为载体，以“高新新区”，“曲江旅游度假开发区”和“经济技术开发区”为支点，构成西安城区建设文化空间上存在的隐形“金字塔”，形成西安独特的文化机构体系结构框架。

金字塔恰鼎立城中，熠熠生辉。左支点是位于唐长安城西南角处的“高新新区”，高楼林立，西风浓郁。右支点为位于唐长安城东南角的“曲江旅游度假开发区”。

三个新区代表了现代的文化体系，老城区则代表了古老璀璨的中华文明，在整个文化体系的规划中应以开发老城区中和新区周围的历史文化资源为重点，以新区的现代文化资源为辅，新旧两种文化资源相互交融，相互补充，有机地融合在一起。与城市的以九宫格局演化发展出来的网络化城市机理相互融合，形成未来西安的有机文化体系。

高新区要结合高新区文化资源分布和产业发展现状合理构建高新区文化产业的空间布局，以数字文化产业园为核心进行建设。其建设目标是利用高新区数字软件园为平台，充分发挥高新技术产业的优势，将现有的文化产业门类尽可能多地联为一体，实现文化产业的信息化管理。使高新区尽快适应国际上以信息与文化产业为核心的新一轮产业结构调整，广泛运用信息技术，通过卫星通信、有线电视网络、互联网等进行有偿文化或教育节目的制作和传送，进行互动双向式的传播交流服务。

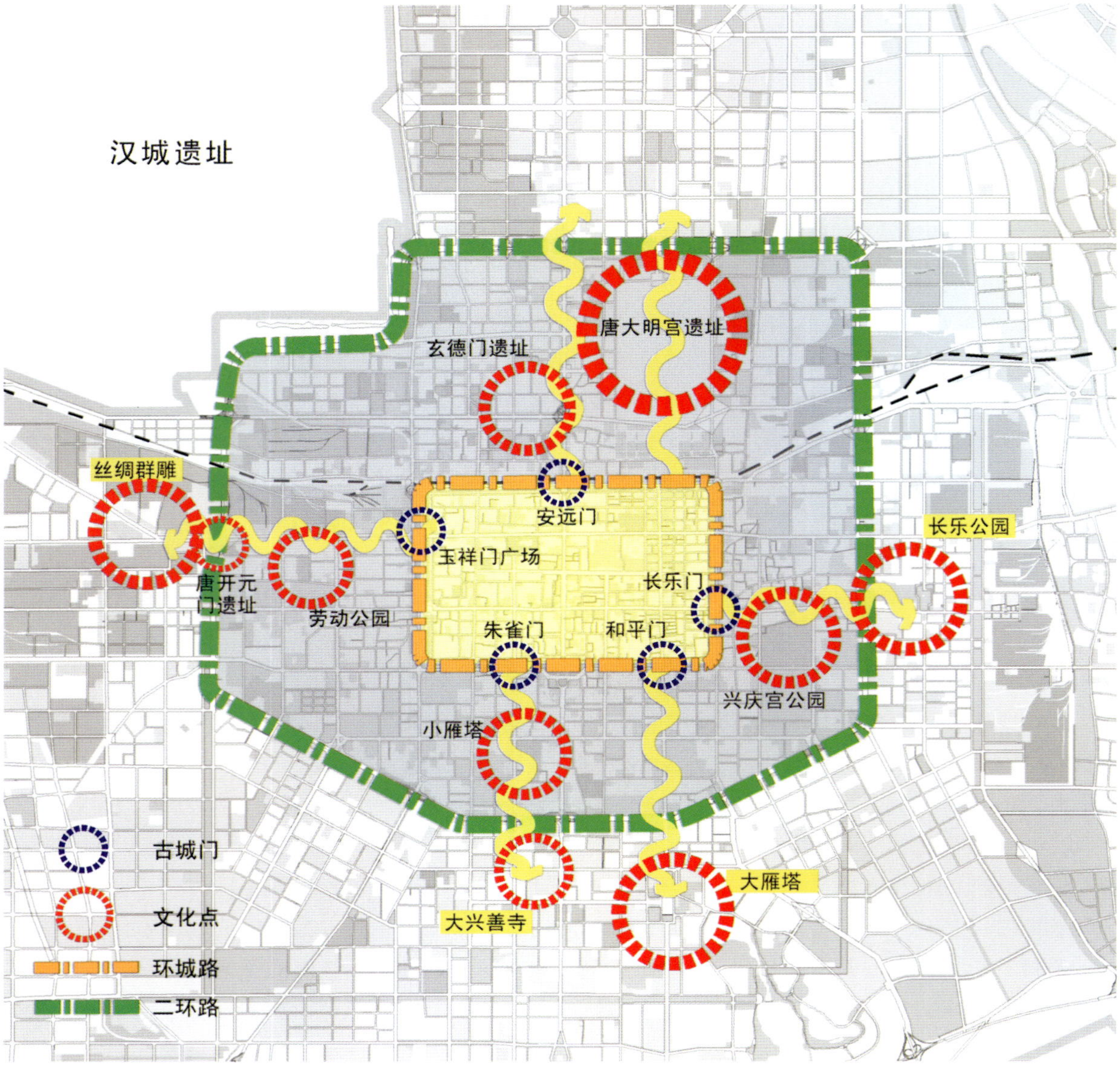

西安古遗址及文化示意图

建立文化娱乐区、动漫游戏区、休闲健身区、中央商务文化区。文化娱乐区要引进一大批文化产业项目，重点发展媒体传播、广告咨询、饮食文化、休闲娱乐等产业；动漫游戏区利用国家级软件园的人才、技术和设备优势，加速文化软件制作企业的孵化，扶持一批从事电脑特技制作、电脑三维动画制作、电脑游戏软件设计制作的专业公司，培植1～2家产值过亿元的动漫、游戏软件生产企业，使高新区成为全国重要的游戏软件供应基地；发挥现有的数字化电视、模拟演播的研发优势，建设数字化影视产业基地；同时建设游戏、动画文化馆和虚拟文化主题游乐设施；举办经常性的电子竞技活动、软件人员培训等。休闲健身区是以奥林匹克体育中心、体育运动公园、新纪元俱乐部、妇女儿童活动中心为主，定期举办一些文化体育和文化演出活动。中央商务文化区要建设一批集商务和工业科技旅游、商贸购物、休闲为主要功能的大型设施，有五星级酒店、商业社区、国际会展和演播中心、科技公园等。重点发展媒体传播业、文化娱乐业、教育培训业、休闲健身业、文化产品流通业和广告咨询业。

曲江新区是以旅游文化产业为主导的省一级经济开发区和西安市重要的城市功能区。曲江新区以闻名中外的大雁塔和曲江园林遗址为中心，拥有丰富的旅游文化资源和广泛的社会影响。曲江新区文化产业的发展必须以旅游业的发展为先导和依据，曲江新区文化产业的发展要按照现代文化产业的发展方向，以旅游与休闲、教育与科技、行政与会展、商旅居住和生活居住等功能为发展切入点，构建涵盖众多文化行业门类的文化产业总体框架。在重大文化产业项目建设方面，要运用城市经营手段，拓宽投融资渠道，开发建设一批精品旅游文化产业项目，构建曲江新区旅游文化产业的主体框架。

（1） 以大雁塔（大慈恩寺）——大唐芙蓉园为核心，以唐文化为主旋律的传统文化系列工程。包括：大雁塔——大慈恩寺及其周边改造工程、大唐芙蓉园及其内部系列景观设计建设、唐城墙遗址公园、乐游塬与青龙寺景区建设、秦二世墓景区改造工程和曲江寒窑的保护与开发工程。以上工程将在保护古迹风貌、遵重历史传统的前提下，综合运用现代科技、工艺进行保护和开发，以满足现代人的文化体验和游览观光需求。

（2）为满足更多的不同层次人群旅游文化消费的需要，开发建设一批现代娱乐观光项目，包括：西安海洋世界、曲江欢乐世界、高架观光游览轨道车等项目。

（3）建设完全异域风情的欧洲城项目。在保证曲江唐文化主导地位的前提下，重振唐人雄风，吸纳世界性文化资源，在曲江东南一隅，由国外商家主要投资，开发建设完全欧陆风情的综合旅游文化社区，以此为龙头，促进西安对外开放，加快西安国际化进程，扩展曲江文化的内涵。

（4）建设以大唐不夜城为主导的文化商业街区及文化产品市场。大唐不夜城是集历史街区、旅游观光和商贸、文化设施为一体的旅游景观步行街，建设内容主要是六个仿唐商业街区。其独具特色的建筑风格和优越的区位条件为西安文化产品的展示和销售提供优越的硬件基础设施条件。

（5）曲江系列文化产品的开发。组织人力、物力、财力创作与开发一批具有浓厚“曲江味”的文化精品，形式涵盖影视、歌舞、音乐、精品图书、民俗工艺品、高档休闲设施等众多文化产业门类。

（6）以历史文化为主题，创办“曲江论坛”，发挥西安世界历史文化名城的影响力，利用曲江的独特历史文化背景，运用多种促进手段，将“曲江论坛”办成旅游文化界的“博鳌论坛”。

北郊市体育中心休闲健身娱乐产业开发园区要积极筹备建立西安休闲健身娱乐产业开发园区。这一产业开发园区的建设要争取吸引全国乃至世界与体育健身娱乐产业有关的知名商家、厂家来西安投资；进一步加大对各种专业俱乐部的吸引力，“筑巢引凤”，增加赛事；开办体育学校，培养体育人才；同时策划成立体育健身产业股份制公司上市，争取在短期内融入较多资金，直接进入资本市场，支持体育健身产业发展。

这一产业开发园区的建设，首先要将西安体育中心及体育广场所有项目建完，这些项目共有体育公园、足球场、游泳馆、网球中心、高尔夫训练中心、体育健身俱乐部、体育超市及体育产品市场等；要积极引进若干名牌休闲健身服装厂家、健身器材厂家和俱乐部；再陆续建设体质检测医院、健身宾馆、健身大厦、健身学校；同时扩建奥林匹克花园。要按照最佳的创意对项目进行商业包装，积极招商引资，争取创建大型连锁超市、休闲健身会所、高尔夫训练中心、西安体育健身公园等一系列产业化项目。

4.“六线”——轴线规划

根据西安历史的演变及现状的研究，在现状基础之上合理的延伸，形成西安城区主要“六线”的概念。

横轴：西安古城天际线轮廓过渡轴，历史文化演变过渡轴，主要绿化景观带轴。

纵轴：长安龙脉轴，唐历史文化延伸轴，唐历史空间延伸轴。

长安龙脉轴：寻找它的发源时间，结合西安不同年代在轴线上的变化关系来研究其历史内涵，通过各个角度反映龙脉的历史文化底蕴。

规划设计上采用不同的节点。

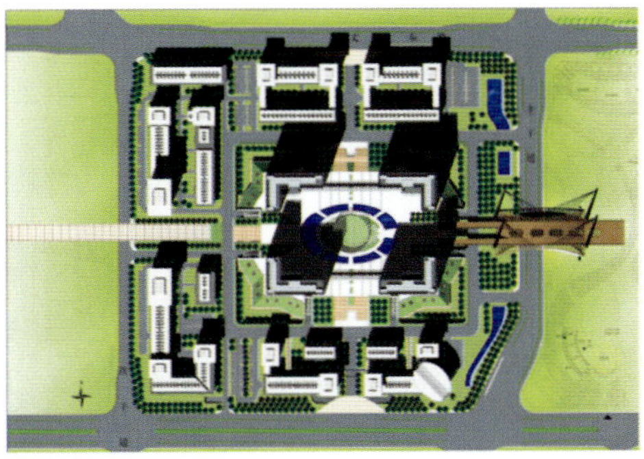

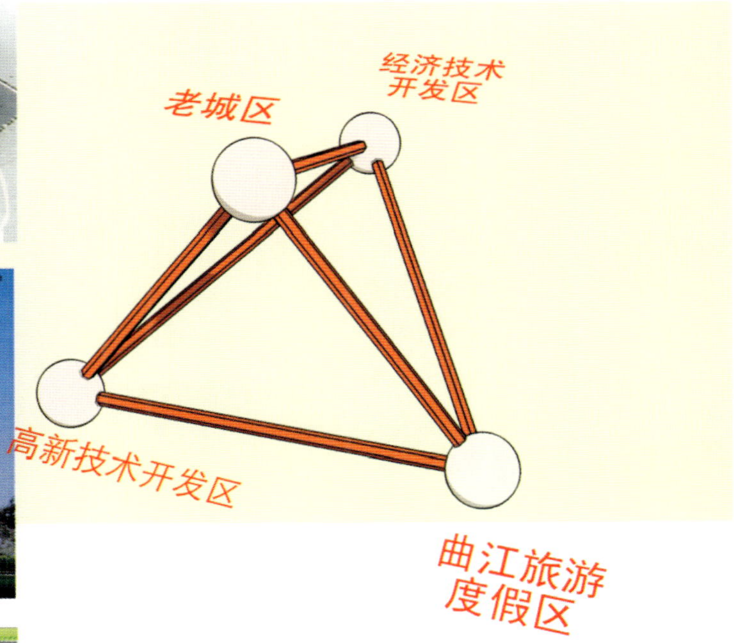

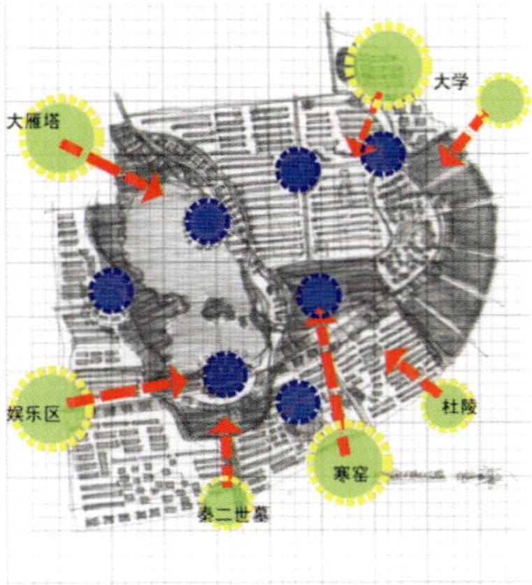

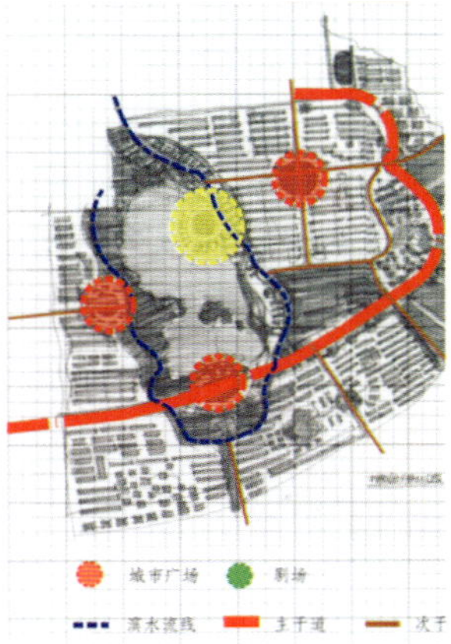

三区

反映历史过程之过渡。

唐轴延伸轴：充分挖掘大唐文化街，从各个角度了解这些街道的故事，对存在的历史差异，应通过软处理对其文化作一些弥补，以达到与历史和谐。

三条横轴为辅助历史文脉发展的轴线，在规划上应体现其现代科技文明的西安风貌，又应与历史文化相融合。主要以民众生活、商业、交通，绿化为主设计点，注重各个结构的联系，展示横向的文化资源纽带。

玄武门遗址玄武门周边城市设计构思：作为大唐贞观之治开始的历史诗篇，玄武门在政治上或者是历史文化象征上具有无可替代的作用，是大唐振兴的起点。拆除周围保留度不高的建筑物，使玄武门周边具有整体性。根据历史资料，尽可能的复原玄武门原貌，作旧如旧。在周边设计步行广场，辅以绿地，纪念碑石，石刻，雕塑，水景，小品等反映玄武门历史文化气息的元素，再现历史故事，使其为唐代风貌展现丰碑般的轮廓。

朱雀门：作为朱雀大街通道的重要节点，也是反映古城风貌的重要窗口，在规划设计上强调的是景观表示性，可以根据朱雀门现有情况，适当修缮。作为代表整段街区的一种标志性景观来设计，其内涵也融汇于唐代的文化体系，又不与其他城门风格相逆悖。

小雁塔历史文化保护区规划设计：作为唐朝文化的保留与延续，与大雁塔统属大唐文化之元素，因此在周边城市设计上尽量使小雁塔、荐福寺周边用地完整，使其可以有足够的驻留空间吸引人群，在环境小品设计上可以与大雁塔一脉相成，在设计手法上有借鉴的意义。

唐明德门：复原明德门的风貌，使其在规划上使唐轴完整构成宏观的唐城复兴规划体系。

唐丹凤门：作为大明宫的重要入口，在城市设计上复原丹凤门的原貌，辅助以景观，诗话题词等，引入历史故事元素。

西安火车站：作为现代西安城市的门户，规划其城市广场。引入绿化，休闲等辅助设施，展现现代西安的风貌。

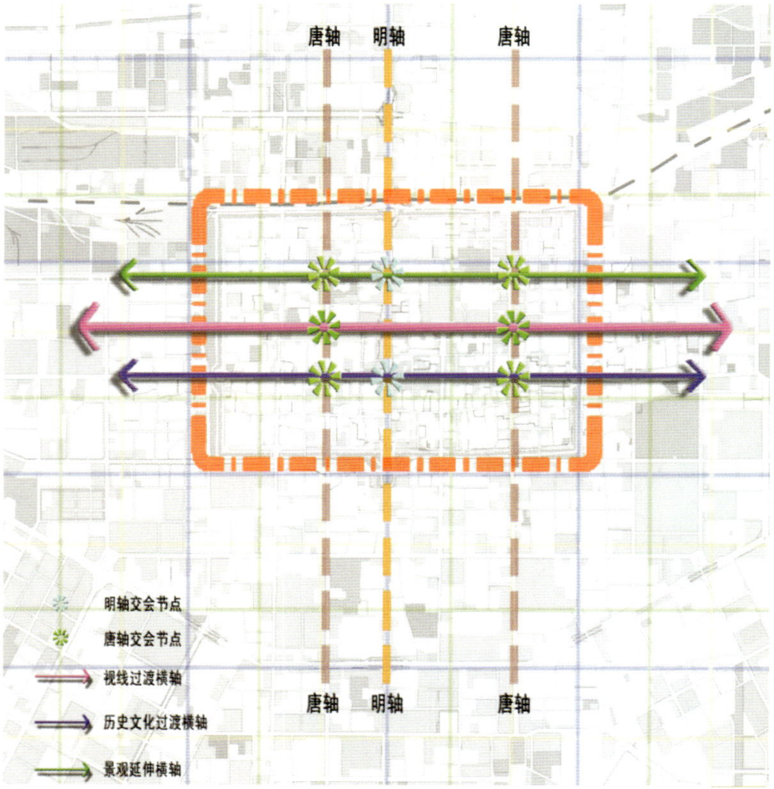

西安城区"六线"图

和平门：西安古城在雁塔路上的窗口。也是城市古城墙历史景观，在规划中拆除其周边非保留价值的建筑，作其周边大面积绿化，修缮城墙不与历史风格相逆背，达到修旧如旧。

老城节点城市设计：由于老城解放路、和平路为商业路段，拆除其周边建筑物难度较大，为此在每个道路交叉口及景观节点作以唐元素小品或图案。展现唐街的历史风貌，并自然地融于西安的现代经济发展之中，彼此和谐共生。

安远门：作为北部进入老城的重要入口，使其具有老城明轴文化的窗口作用，在规划设计上主要以保护现有城门为主，适当在其周围补充绿地设施，对周边无保留价值的建筑物拆除，对城墙墙体修缮，达到修旧如旧，还原古城门的历史文化景观，展现明轴北部的原始起点。

钟楼：可以说是西安古城标志性的建筑，作为规划设计之中历史文化轴与明轴的交点，也是明轴的核心。在城市设计上修缮钟楼周边整体风貌，拆除不必要的建筑，扩大它的用地范围，在其上作广场、绿地等驻留人群设施，使其成为整个中心区核心中的核心。

南门：作为南部进入老城的重要入口，也使其具有老城明轴文化的窗口作用，在规划设计上主要以保护现有城门为主，适当在其周围补充绿地设施，对周边无保留价值的建筑物拆除，对城墙墙体修缮，达到修旧如旧，还原古城门的历史文化景观，扩大用地范围，展现明轴南部的原始起点。

明轴周边采用步行道路为主，辅助于明轴的历史文脉，在步行路上采用明代图文、图说等元素，交代明代以来的文化历史，传奇传记，深显古城的文化底蕴。

钟鼓楼节点设计：钟鼓楼历史文化保护节点，主要以步行广场为主，扩大历史保护的资源，在周边辅助以广场，绿地等用地，扩展文化资源的规模，如钟楼、鼓楼进行修缮保护，加强与历史之间的联系。开辟碑林博物馆作为周边步行道路的节点，改造北院门大街，拆除无保留价值的建筑，使其成为餐饮文化步行街，延伸鼓楼南面的竹笆市街，使其民俗文化得以发掘，与湘子庙街交叉口辅助以大型绿化景观作为结束，提高老城区节点的环境质量。

5."三河"——三河规划

三河是指：渭城北的渭河，城东的浐河、灞河。目前两河流域恰各有一开发区：泾渭流域为"西安现代农业综合开发区"，灞浐流域为"西安浐灞河综合开发区"，这样两河就交相呼应，相映成辉。两河流域的卓越自然景观优势结合或商或政的功能区，从而形成人文与自然相统一的黄金搭档，势必会提升周边的地产增值，引来人气及商机无限，因此可以说开发价值潜力巨大。无论是从人文景观角度还是经济发展角度必将对西安产生深远影响。

整体风格定位：三水环绕之处是表现渭河、浐河、灞河与城区内外环境的有机融合，展现大气、活泼、亲和自然的旅游风貌的重要窗口，也是展示城市建设成就和历史文脉的天然舞台；区内整体风格应是现代与传统相结合，富有动感、丰富、

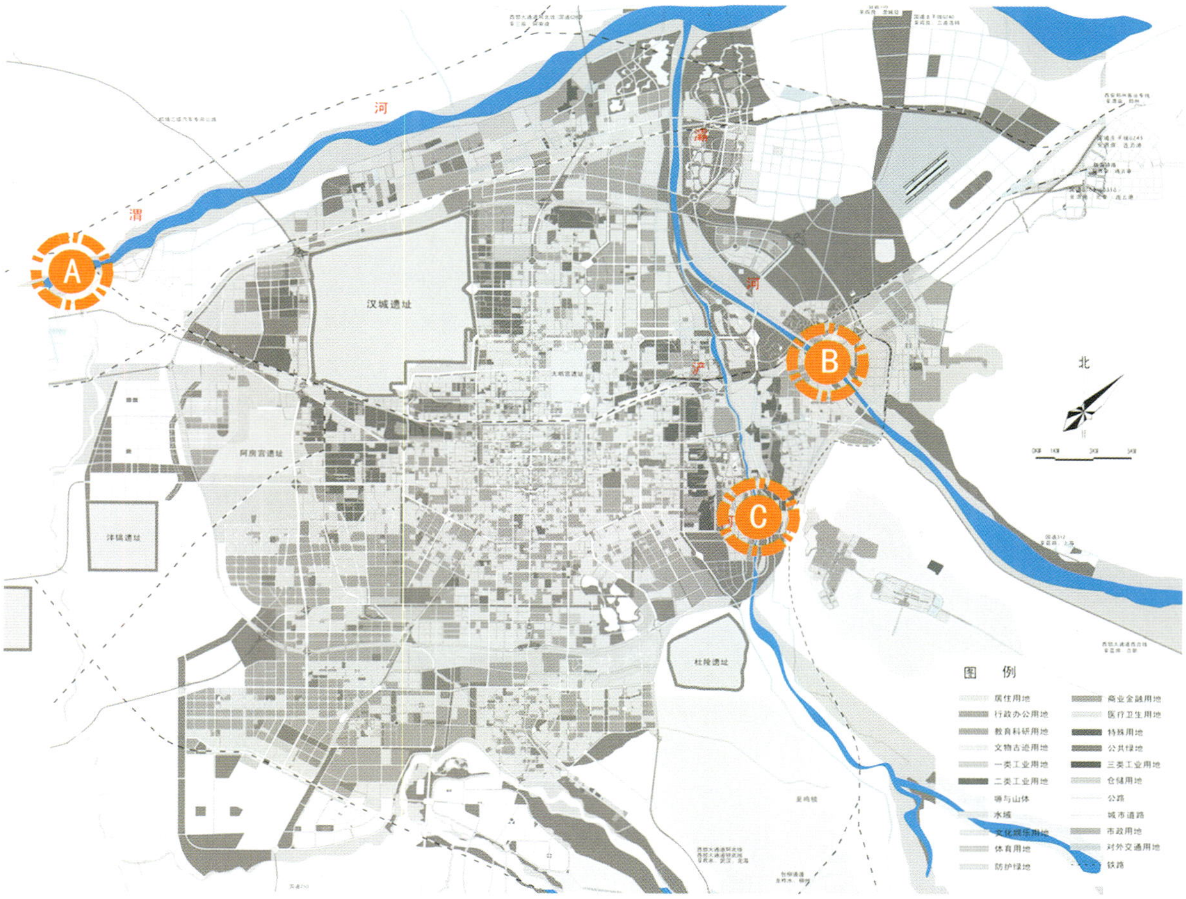

西安市“三河”规划示意图

轻松、宜人而品质卓越。

其中三河沿线包括河滩岸线风貌、水上娱乐、滨水游憩等内容，定位在发展具有浓厚历史人文气息的水上游乐、生态森林绿地和服务设施。强化滨水旅游区沿岸线地带为旅游服务的设施设计，处理好建筑群落与岸线、水面之间的的视觉关系。增强绿化配置和岸线整治，创造优美开阔的具有浓厚历史文化气息的滨水旅游区形象。

6.“八点”——八个重要节点规划

在文化体系规划之中，根据现状确定现阶段八点，八个重要节点：

城外：大明宫遗址，玄武门遗址，小雁塔历史文化保护区，大雁塔历史文化保护区。

城内：张学良公馆，杨虎城公馆，八办纪念馆等发掘近代革命历史爱国主义旅游路线，发掘碑林博物馆地区文化旅游路线。

（1）玄武门遗址节点：在其周边以高科技手段再现唐太宗称帝的历史故事，复原玄武门昔日景象，作为老城外唐城规划中的一重要景点。

（2）大明宫遗址节点：作为唐朝王都的宫殿区，发掘其深藏的历史价值。力作复兴规划复原古皇宫及周边环境，作为西安老城外重要的景观节点。

（3）杨虎城公馆：可以发掘为中国革命历史及爱国主义教育基地，启思后人。辟为近代旅游线路之节点，以纪念爱国将领杨虎城将军。

（4）八路军办事处纪念馆：更新规划为爱国主义教育基地，近代旅游线路景点。

（5）张学良将军公馆：更新规划为爱国主义教育基地，纪念张学良将军，成为近代旅游线路景点。

（6）碑林博物馆：历史文化与现代文明的融合，展示新西安与古老中华历史文明和谐的交融共生。

（7）小雁塔历史文化节点：根据现有现状，进行更新规划，作为唐代历史景观。周边设施设计借鉴大雁塔周边唐元素环境设计。

（8）大雁塔：作为历史文化的重要保护遗产，它所承载着丰富的历史信息，文物保存完好。因此在城市规划设计之中，以保护现存景观为主，引入大量的历史参考资料，成为老城外重要景观节点。

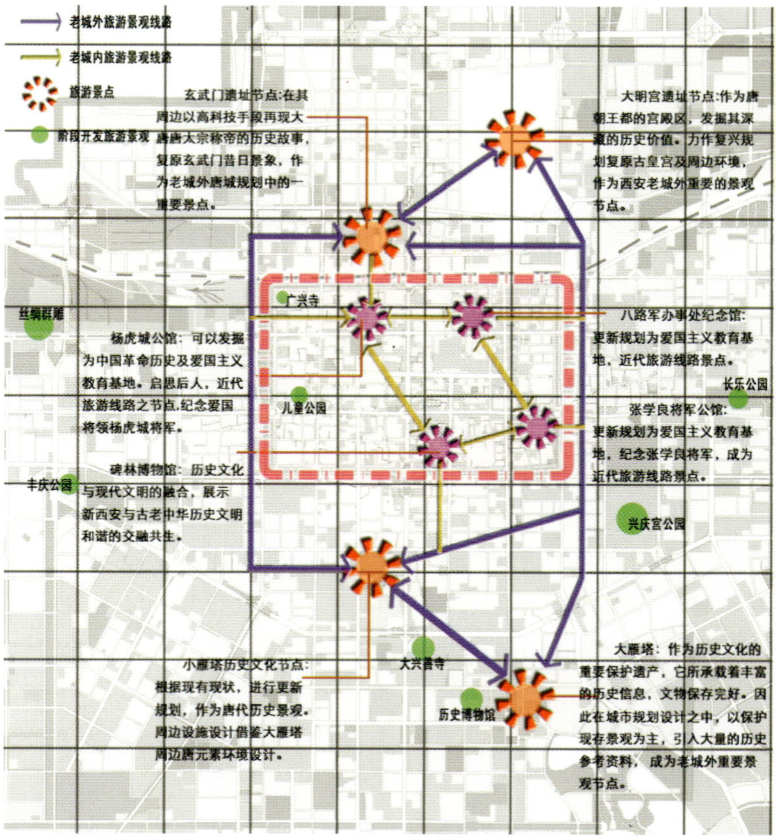

西安“八点”文化体系规划图

第三节：西安城市雕塑体系规划

城市雕塑是城市精神的重要载体

雕塑的产生历史非常悠久，在奥地利曾发现了一件约为公元前3万年的高约10cm的石雕，后被学者们命名为《威廉道夫的维纳斯》，而古埃及与古希腊在雕塑上的惊天之作更为今人所传诵。当雕塑艺术走向城市空间的广场、公园、街头时，它所承载的不仅仅是人们对艺术及美学的追求，而是更多地容纳了一座城市乃至一个民族的人文精神，它是"城市精神"最直观的文化表达形式。

雕塑历经数千年的发展，时至今日，已从神坛上走了下来，其发展的场所也从教堂、殿堂走向城市空间。在城市设计师、建筑师与景园设计师的共同工作下，雕塑创作更加富有人文与人性化精神，更加重视人文景观和公共群体的需求。由这些城市雕塑综合产生的影响，已表现为公共艺术这一文化现象。所以，对于我们普遍定义的"城市雕塑"这一概念，在雕塑创作领域，更多的专家将其称为"环境雕塑"与"景观雕塑"，其意义在于将雕塑这一艺术形式划定为既可以摆放于私人领域空间，又可以摆放于公共领域的空间艺术品，也就是说，在"景观雕塑"与"环境雕塑"这一大概念下，城市建设与雕塑才真正有了城市空间这个结合体；同时，如何以城市雕塑来展现地域文化特色与城市精神这个极具代表性的问题，也愈来愈受到我国的各级政府、城市规划建设管理部门及雕塑家的重视。

西安，一座世界闻名的古都，一座富于个性的城市，要规划好、建设好这座城市，就要从城市个性与城市特色上下功夫，找准定位，增强城市的活力和吸引力。任何一座城市如果能在人们心目中留下深刻的印象，其关键就在于独特的城市个性与鲜明的地域、人文特征。有人这么说：城市雕塑是城市之"魂"；是城市画卷的"眼睛"；是镌刻于立体艺术品上的"历史"。西安的城市雕塑应在展现"城市精神""古城特色"上精雕细刻，多出一流精品，再现古城风采。

城市雕塑建设势在必行

1.道路的拓宽改造，大、中、小型城市广场的兴建，一方面使城市交通更加便捷；另一方面为城市提供了更加舒适的公共空间。古城保护战略的持续推进逐步将西安建设成为以旅游、商贸为先导的社会主义外向型城市。西安市城市建设在总体规划确立的都市格局下，在经营城市的理念指导下，仍将继续向更为广泛、更为深入的领域发展。

自上世纪90年代始，西安市的城市建设在国家经济持续发展的大环境下，有了长足的进步，可以说，通过城市规划与建设这一手段，西安市的硬质环境（此处特指由建筑、广场及道路所形成的城市空间）有了很大的改善。

2.作为13朝古都的西安，无论从其丰富的地下历史遗存，还是汉都唐宫所遗存下来的古迹，在全国乃至世界范围内都是非常珍贵的文化遗产，除这些有形的文化遗产外，历史上传承下来的诗词歌赋、名人典故更形成了古都西安足以傲视群僚的深厚文化低蕴，这些丰富的文化内涵如果能够以城市雕塑（包括唐诗、诗碑等有形雕刻及其他塑形艺术）这种直观的表现形式加以体现，对于在城市建设中融入文化因素，反映主旋律，体现大时代精神，弘扬及复兴中华文化，都具有举足轻重的意义，已建成的丝绸之路雕塑、唐玄奘像等雕塑都已起到了极佳的作用。

景观雕塑体系规划的控制作用

1.为实现城市总体规划及城市建设与城市雕塑艺术的科学衔接，城市规划主管部门与西安社会各界人士，尤其是艺术界的专家学者，经过多次的探讨与研究，并广泛地听取了市民通过各种渠道反映的意见和建议，通过综合论证，目的在于，使雕塑这一以自由创作艺术为其主要行业特征的空间造型手段，能够服从于城市物质空间的总体规范；能够反映社会主义新时代的蓬勃气象；能够体现不同城市区段的空间性格和特征。

2.在西安的总体规划中，西安作为历史文化名城已经具有其各历史时期的专项规划。这一系列的规划及文本为西安的城市建设奠定了良好的城市骨架。根据文化部、建设部1993年颁布的《城市雕塑建设管理办法》的精神，城市雕塑的布局及建设应当纳入城市的总体规划和详细规划，使城市雕塑借助于城市格局的主控作用在整个城市范围内形成影响。

鉴于这种认识，在城市雕塑建设的前期，我们组织编制了《西安市景观雕塑体系规划》，其要点是以两套"体系"进行交叉控制及定位。一方面，在由城市道路、广场及不同功能区域形成的城市格局基础上，对其布局进行规划控制，使城市雕塑能够在合适的城市环境及适当的选位上建设；另一方面，为便于今后规划工作中的审批及管理，结合雕塑创作的职业特点，将雕塑的主题分为三大类，即标志类、主题类及装饰类雕塑，目的在于，在合适的城市地段上建设题材与之呼应的城市雕塑。以上两个方面基本上实现了从布局体系及主题体系共同实现规划控制及引导的作用。

3.在市委市政府的统筹布置及直接领导下，在各相关部门的共同努力下，我们提出了西安市城市雕塑体系规划，并在此基础上，首先布置一次城市雕塑方案展览，请雕塑家做了一些方案，并组织这次会议，目的是广泛听取领导及专家学者的意见，进一步统一思想，力促西安市城市雕塑能够符合城市总体规划的大局，在一个较高的起点上全面展开。

首次筹备的方案展览邀请在全国范围内卓有影响的创作团体及雕塑家，在西安市域范围内选择一些实施可能性较大的区位，作为雕塑创作的环境条件，进行具有针对性的雕塑设计与创作，并且这些区位都具有相当的代表性，虽未覆盖城市的每个区域，但是以体现对这种城市建设与雕塑创作相衔接的努力探索及有意义的尝试。

对西安市城市雕塑建设的省思

1.城市雕塑是文化

无论我们到埃及去参观胡夫金字塔的狮身人面像，还是去希腊看雅典娜神庙，或是通过兵马俑神游大秦帝国，雕塑在传达了不同历史时期美学概念的同时，还传承了一个国家、一个民族的传统文化。我们从西安附近的昭陵六骏，从乾陵甬道两旁摆放的石像生，可以极为真实地阅读到唐时代的服饰文化与礼仪文化、殡葬制度等等信息。从某种角度而言，雕塑因其具象与仿真的特点（即便是现代雕塑中的抽象雕塑，亦是以具体的空间形体来表达一个特定的构思，亦同样具有形象语言的能力），它所传达的信息更为准确、更为直观、也更不易被误读。

西安这座城市，既有周、秦、汉、唐时期遗留下来的大气与皇气，亦有明、清时期保留下来的真实的城市建设遗迹，而在这些物质环境之下，所包含容纳的历史事件与人物则更是多如繁星。实际上，以这些具有历史文脉的固定题材作为城市规划控制的指针与雕塑创作的源泉，所产生的效果也必将是非常具有冲击力的，只有以历史文化作为大主题，才能使西安的城市雕塑表达较完整的地域特点与地域文化特征。

可以想见，也许我们在极力控制抽象雕塑在古都频繁涌现的同时，会在表面上失去张扬和活力的因素，但是只有在全西安市城域内，以具有历史文化脉络的雕塑作为城市雕塑建设的主线，才能使西安整体的文化风貌个性鲜明，才能真正地体现雕塑就是文化这个主题，也才能通过城市雕塑传承复兴古城西安的城市文化。

城市雕塑是城市精神的重要载体之一

一座城市，从物质层面看，它是由城市建筑、城市道路、城市公园绿地以及山川水体等形体单元组成的。但是，我们明显地可以感受到江南水乡的周庄、绍兴与意大利的威尼斯之间的差别，这种差别不仅体现在每一种存在形态的外形相异，能够给人带来最深异乡感觉的，还在于存在于城市空间中的生活形态。于是乎，我们也就很难想象刚朵拉在苏州河上随波漂移的情景，也就无法在威尼斯的花园里见到“雨打芭蕉”的诗情画意。文化与文化在历史进程中的不断更迭与演变在每座城市打下了深深的烙印，也对城市生活的每个层面产生了根深蒂固的影响。我认为城市建筑也好，城市雕塑也好，建造、塑铸其外形是表层的东西，而其中内涵的精神实质才是灵魂，正是一座座建筑、景园与雕塑所表达的灵魂深处的优秀品质，构成了城市空间的精神，这便是城市的精神。

世界级建筑大师贝聿铭曾到访过西安，在参观过兵马俑等文物古迹，参观过西安的城市后，颇有感慨地说：我深深地感受到西安的古文明与现代的莫名。当我看到这段消息时，专业灵魂被深深刺痛了。回想起曾经到访过的日本京都市，在鸭川附近的岚山上有一座雕塑，说是雕塑，实际上是一个自然的石字刻，朴实无华，未经雕琢的天然石块宽约3米，厚约2米，高有2米左右，上刻周恩来总理旅日时的诗词《雨中游岚山》，诗的笔调亦如总理为人一般朴实无华。然而，仔细品位这块石刻，会发现它的每一处凹陷，每一处凸起与石纹都宛若人工雕刻般精致细腻，但的的确确从细节上可以看出它是天然琢成，一块吸纳天地之灵气的美石配上总理朴实无华的诗篇，不正是总理的生平写照吗？我不知道它是由哪位艺术家创意的，但是岚山因为总理曾经游历过，而在其闻名的历史上又添加了浓浓的一笔；而且，在京都市的街头公园或是城市绿地上时常可以看见一些雕塑或者小品，人们如果不经意，几乎无法感到它的存在，但是它们确实融入了城市环境，已经成为了表达城市精神的一个有机组成部分。正是这些物质表达形态的点点滴滴的积累，才造就了京都市这座游人流连忘返的文化古都。

让雕塑成为城市建设的点睛之笔

为使城市雕塑成为点睛之笔，为让这些文化之眼亮起来，我们希望城市雕塑能够与城市总体这个大有机体共同生长、发展，我们希望雕塑成为城市的眼睛，而在城市建设中应让这些“眼睛”亮起来。

在“创西部最佳”的战略部署下，在“西部大开发”的国家政策环境下，各级政府领导愈来愈关注雕塑的建设，其取城市雕塑的象征意义，并借此弘扬地域文化，宣传大时代精神的伏枥之意，是我们在城市建设中最应遵循的本质要素，也许城市雕塑就个体体量而言、就投资而言，都远小于大型建设项目，但是作为城市环境中不可或缺的文化品质象征，它所能带来的社会效益及良好的城市经营意识，又是城市物质空间中的客观必然。正如前文所提及的，在城市空间诸要素中，雕塑因其创作本身就带着艺术家对城市空间的理性认识与提炼，因此它所具有的文化感召力、政治影响力，都非其它空间要素所能替代。

漫步于曼哈顿岛，遥望自由女神像，可以感受到西方同行们在城市规划中布点的匠意，更可透过这些，体会到美国人引以为傲的“美国精神”；而从那时起，笔者一直在思索一个问题，那就是，在城市日益发展的大时代背景下，如何以城市雕塑这一艺术形式体现“西安精神”，适逢“创西部最佳”的政策契机，又如何能进而鼓舞市民的进取精神，歌颂社会主义时期的盛世繁荣？

“城市雕塑建设要符合城市规划要求，纳入城市的总体规划和详细规划，有计划地分步实施”（文化部、建设部：《城市雕塑建设管理办法》1993）。对于城市雕塑的布局，一方面应当考虑其性质、种类；另一方面应当考虑其布局在城市总体规划中的相对位置，这些关系到城市总体规划所确立的城市格局以及如何在最适合的地点及区位兴建城市雕塑，以期带动更广泛区域内城雕建设，使城市雕塑与城市建设相得益彰，在有序的环境下逐步发展起来。

城市雕塑的形态是丰富多彩的，在标志类、主题类、装饰类雕塑中从形式上分，又可有写实风格、抽象风格及超现实风格等等，正是因为如此，城市雕塑具有很大的文化及信息的包容量；又因中国文字的书写本身就是一种艺术，若能以书法的镌刻展现历史上的文化遗存，于城市的公园而言，就如同一个小型的书法及文学室外展览馆，于城市本身而言，就是一个文化的都市。在文学诗词异常繁荣的唐代，仅《全唐诗》就载录了四万余首诗歌，而其中咏长安的，便有两千余首，涉及到四百余名诗人的作品，若从其中选择数十首，以“诗碑”的形式，或镌于景观石上，或结合写实雕塑一并表现；若以大木深雕，置于街头绿地，便可通过诗歌生动再现大唐气象及其积极向上的文化精神。这对于表现地域文化及城市个性、弘扬传统文化、建设现代精神文明无疑是个有益的尝试。

城市雕塑是一个横跨很多行业及领域的课题，欲使之有序健康地发展，需要社会各界的广泛支持与理解，而艺术家的参与与直接创作更是缺之不可的因素。实际上我们这个城市有着在全国乃至世界著名雕塑家，在大西安的城市建设中，有了他们的鼎力扶助，相信西安市的城市雕塑一定会蓬勃发展起来。

“花萼楼前雨露新，长安城里太平人……”太平盛世当写盛世文章，愿城市雕塑这一艺术形式能为我们描绘更加美好的古都新形象，咏叹更加灿烂的西部明天。

规划概论

一、雕塑分类

1.按题材模式分有标志类雕塑、纪念类雕塑、主题类雕塑、装饰类雕塑。

标志类雕塑：在城市重要地段上，常以体量巨大或群雕形式，形成城市地标性雕塑。

纪念类雕塑：在城市的历史地段附近，反映具有纪念性历史题材的雕塑。

主题类雕塑：注入内涵的具有一定主题思想的雕塑。

装饰类雕塑：结合绿化或广场，对环境有一定装饰美化作用的雕塑。

2.按风格分有具象雕塑、抽象雕塑、意象雕塑。

3.按造型形式分有群雕、单体雕、圆雕、浮雕、透雕。

二、规划结构

规划确定中心市区雕塑体系"二轴三环十六区"的结构框架。

两轴分别为中心市区东西、南北主轴线。三环分别为中心市区的一环路、二环路、三环路。十六区指中心城区内布置雕塑的重点区域，分别为：现代农业综合开发区、大学城三处、未央湖旅游度假区、浐河旅游度假区、曲江旅游度假区、古城区、汉城遗址、大明宫遗址、阿房宫遗址、经济技术开发区、高新产业技术开发区、东北郊居住区、南郊文教区、中央商务区。

三、城市空间雕塑设计原则

城市雕塑的形体语言与其周围环境直接发生关系，因此，城市雕塑的选题与设计必须结合选址的空间环境来特定完成。规划对不同类型的空间，提出相应的设计条件及设计意向，以便为雕塑的具体设计提供有效的指导。

1.城市主入口

◎标识性原则：目的就是使外来人员有明确的进入城市的意识，并对城市形成良好的第一印象。

◎尺度适配性原则：城市主入口雕塑应结合周围环境，尽可能选择大中型雕塑。

◎视觉可达性原则：城市入口雕塑应布置在可视开阔地带，便于人们发现欣赏。

2.城市广场

城市广场是城市最具公共性、最富有魅力的开放空间。在广场中布置雕塑时要遵循以下原则：

◎空间形态整体性原则：雕塑在设计时主要考虑广场环境的时空连续性、整体与局部、与周边建筑的协调和变化等，以取得一个统一的环境整体效果。

◎尺度适配原则：根据广场的功能、规模和主题要求，雕塑的尺度和体量应充分考虑与广场周边建

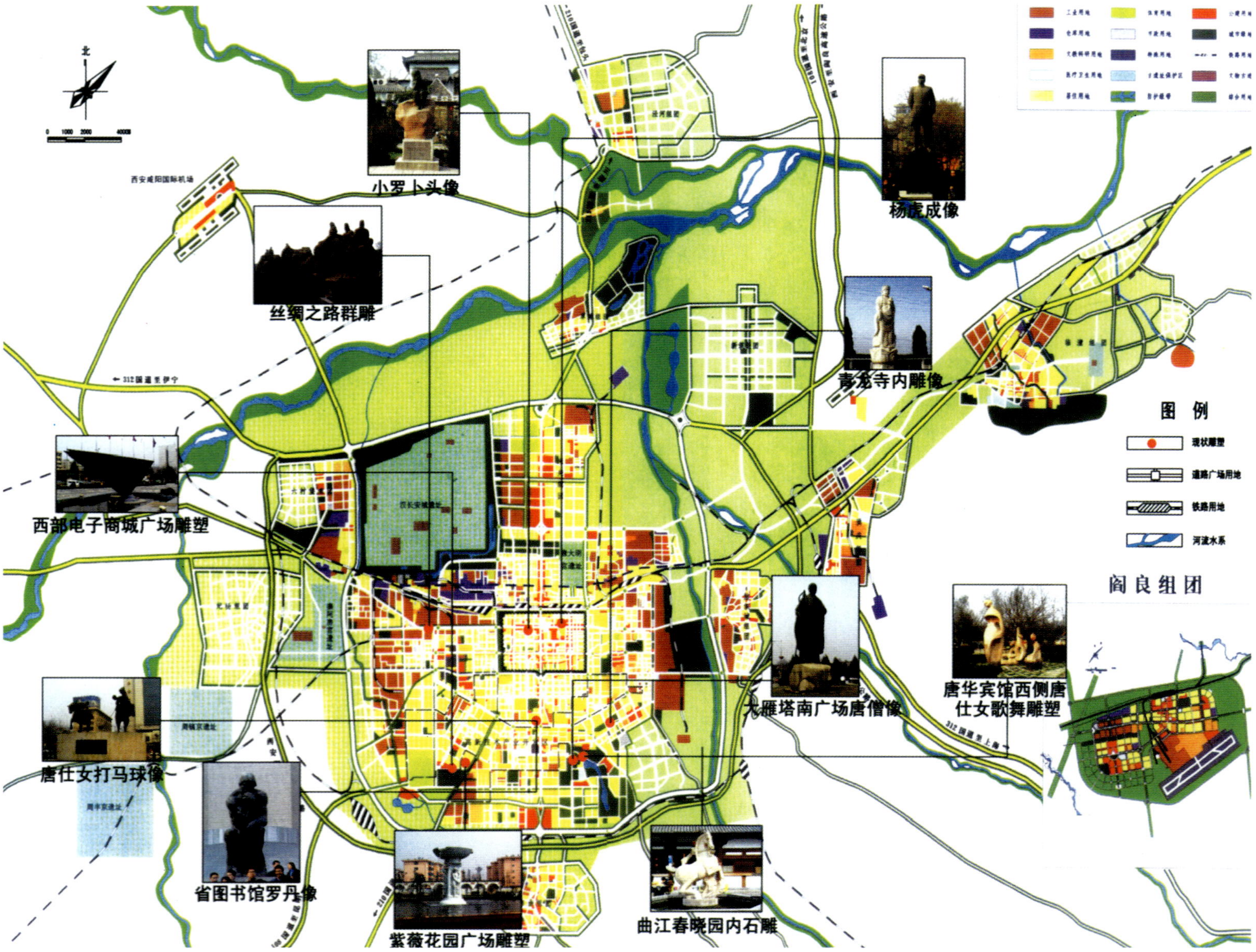

西安城市雕塑现状图

筑物的协调，以达到不同角度的最佳视觉效果。

◎标识性原则：在尺度合理的情况下，广场雕塑体量可以相对突出，增强广场的标识性和区位特征。

3.街路空间

在街路空间布置雕塑主要是布置在道路两侧绿带和绿化分隔带上（包括街心公园），街路空间布置以装饰性雕塑为主,并遵循以下原则：

◎适用、美观、宜人、小体量、便于观赏的原则。

◎情趣丰富、多样化、大众化原则。

◎以绿化为主，少而精的原则。

4.公园绿地

公园绿地是游人休憩和娱乐的场所，也是雕塑布置的理想空间，一般在公园绿地布置雕塑应遵循以下原则：

◎功能性原则：在公园中布置雕塑，必须结合公园的性质（如主题公园、儿童公园、综合公园、动植物园等）来设计，同时要结合公园的功能分区。

◎布局自由随意原则：雕塑在公园布置中应自由随意，减少人工痕迹，尽可能接近自然。

◎丰富、情趣、宜人的原则，视觉可达性原则，便于游人观赏、拍照。

5.滨水空间地带

◎布局自由随意原则。

◎丰富、情趣、宜人的原则。

◎以装饰性雕塑为主，采用中小型尺度的原则。

6.庭院（企事业单位内部空间）

◎布局严谨的原则。

◎教育、鼓励人的原则。

◎视线可达性原则。

7.立交桥

◎以装饰性、主题性雕塑为主的原则。

◎尺度、体量不宜过大的原则。

◎整体性原则，与立交桥和周围环境相协调统一。

8.文物古迹

◎文物古迹内以主题类和纪念类雕塑为主，其内容应反映一定的历史人物或事件。

◎文物古迹内材料宜采用大理石、花岗岩等自然材质，以取得与周围环境的协调统一。

雕塑总体布局规划

一、规划重点

建立以城市门户、城市广场、重点地段为核心，以城市轴线和环线为纽带，以重点雕塑布置区为基础的总体布局框架。

二、总体布局

1.城市门户

指西安市区的主要交通出入口，具体位置为张家堡广场、十里铺广场、长延堡广场和后围寨立交。

张家堡广场拟采用历史题材的群雕，体现秦汉唐的历史渊源，重点强调古都的历史文脉。十里铺广场规划采用大型现代题材雕塑，渲染城市入口空间的主控力及感染力，反映西安在新世纪繁荣向上的宏大气势。长延堡广场规划采用历史题材雕塑，体现古都历史文化底蕴和对长安主龙脉的延续，体量适中，避免与电视塔在空间上产生冲突。后围寨立交东南角以“秦皇一统”为题材，规划一大型群雕，体现秦统一六国的壮观场面。

2.城市广场

西安市主要的广场有钟鼓楼广场、南门广场、玉祥门广场、土门广场、西华门广场、北大街广场、北门广场、新城广场、火车站广场、大雁塔广场、飞旋广场、小寨绿化广场等，在进行雕塑布局时，形式可灵活多样。在处于重要历史地段的广场中，以布置纪念类雕塑和主题类雕塑为主，使其在内容上反映特定区域的文化底蕴，在形式上应与周边环境相一致。对于一些市民活动性广场，雕塑立意可轻松活泼，并与其他绿化小品共同形成富有情趣的市民游憩空间。

3.重点地段

主要包括青龙寺保护区、书院门传统文化街区、北院门传统文化街区、碑林博物馆、革命公园、莲湖公园、儿童公园、兴庆公园、东门、西门、浐灞河流域、渭河流域、唐城绿带、幸福林带、大庆路中心绿带、汉城遗址与大明宫遗址间的绿化视廊、东西南北大街及西郊雕塑公园等。在重点地段进行雕塑规划时，必须认真研究城市雕塑的位置、尺度、文化内涵、精神象征，使之与周边环境特点、内涵、尺度相协调，成为体现人类文明的精品雕塑，成为所在地段的点睛之笔。雕塑公园位于雁塔区西三环以东1100m、昆明路以南800m处，占地面积34hm²，河从公园内穿过；规划公园依据不同雕塑风格进行分区，如“唐风雕塑区”、“汉风雕塑区”、“现代雕塑区”等，通过规划设计使雕塑与广场、绿化、水系等有机结合，形成一处充分反映西安辉煌历史和灿烂明天的富有文化内涵的雕塑公园。

4.城市轴线与环线

西安市的南北轴线、东西轴线及一环线、二环线，是城市主要交通干道，也是城市的景观干道。规划雕塑主要布置在道路的绿化分隔带上和两侧绿化带中，在与城市主干道相交形成交通岛时，可在交通岛中布置对景雕塑，使整个景观流线有一定的序列感。西安市的南北中轴线是西安市的“龙脉”，雕塑布局以历史题材为主，形成对城市总体风貌的引导作用。二环线内侧环城公园，规划形成唐诗公园，雕塑题材以诗人雕像或诗词意境提炼而来，结合公园原有叠山理水，作带状布局，营造一处历史文化气息浓郁的游园空间。二环路中间的绿化分隔带及立交桥附近布置雕塑时，应充分考虑它的交通功能，避免对驾驶者产生视觉影响。可在道路调速段即转弯道、十字口等处，适当控制留出较大用地，以便布局大型或群雕，创造一个绿化与雕塑和谐共存的、富于节奏和感染力的空间景观体系。

5.重点雕塑布置区

即十六处功能区，每个区依据不同的区位定性，在雕塑布局中也应有一定的区别。

◎在古城区、汉城遗址、大明宫遗址、阿房宫遗址内以布置纪念类或历史题材的主题类雕塑为主，如汉城遗址内可以“赵飞燕歌舞”、“昭君和亲”、“贾谊过秦”等题材塑造雕塑，大明宫遗址内可以唐末诗人韩愈为题材塑造雕塑，在阿房宫可以“周穆王西游”为题材塑造雕塑，在古城区内可以“魏征讽谏”、文成公主、书法家柳公权、林则徐等人物事迹为题材塑造雕塑，结合古迹保护规划，创造出具有人文特质的城市景观。

◎在现代农业综合开发区、高新技术产业开发区、经济技术开发区、中央商务区内，以主题类和装饰类现代雕塑为主，运用高科技或新型材料，反映开发区“创新、进取、开拓、务实”的精神。

◎在未央湖旅游度假区、浐河旅游度假区内规划以主题类和装饰类现代雕塑为主，以反映“自然与生命”为主题。在曲江旅游度假区内以纪念类和装饰类雕塑为主，纪念类雕塑可以唐书法家欧阳询、唐训诂学家颜师古，“曲江会”等为题材塑造雕塑，装饰类雕塑可以“空气、森林、水”为立意反映世界可持续发展的生态主题。

◎在三个大学城内可布置以“教育、科技、文化”为主题的主题类雕塑，或布置一些尺度宜人的装饰类雕塑，创造一个文化气息浓郁、团结进取的环境氛围。在东北郊居住区内以布置反映都市人生活情景的主题类雕塑和美化环境的装饰类雕塑为主，尺度宜人，风格比较亲切，努力形成一个舒适优美的人居环境。

6.本次规划对西安市外围县区进行了意向性总体布局规划，规划重点区域为城市门户、城市广场和绿地等城市公共空间。

7.本次规划中心市区共规划雕塑196处，其中标志类4处，纪念类51处，主题类56处，装饰类85处，长安区、临潼区、阎良区、蓝田县、户县、周至县、高陵县共规划雕塑392处，其中标志类20处，纪念类24处，主题类72处，装饰类276处。

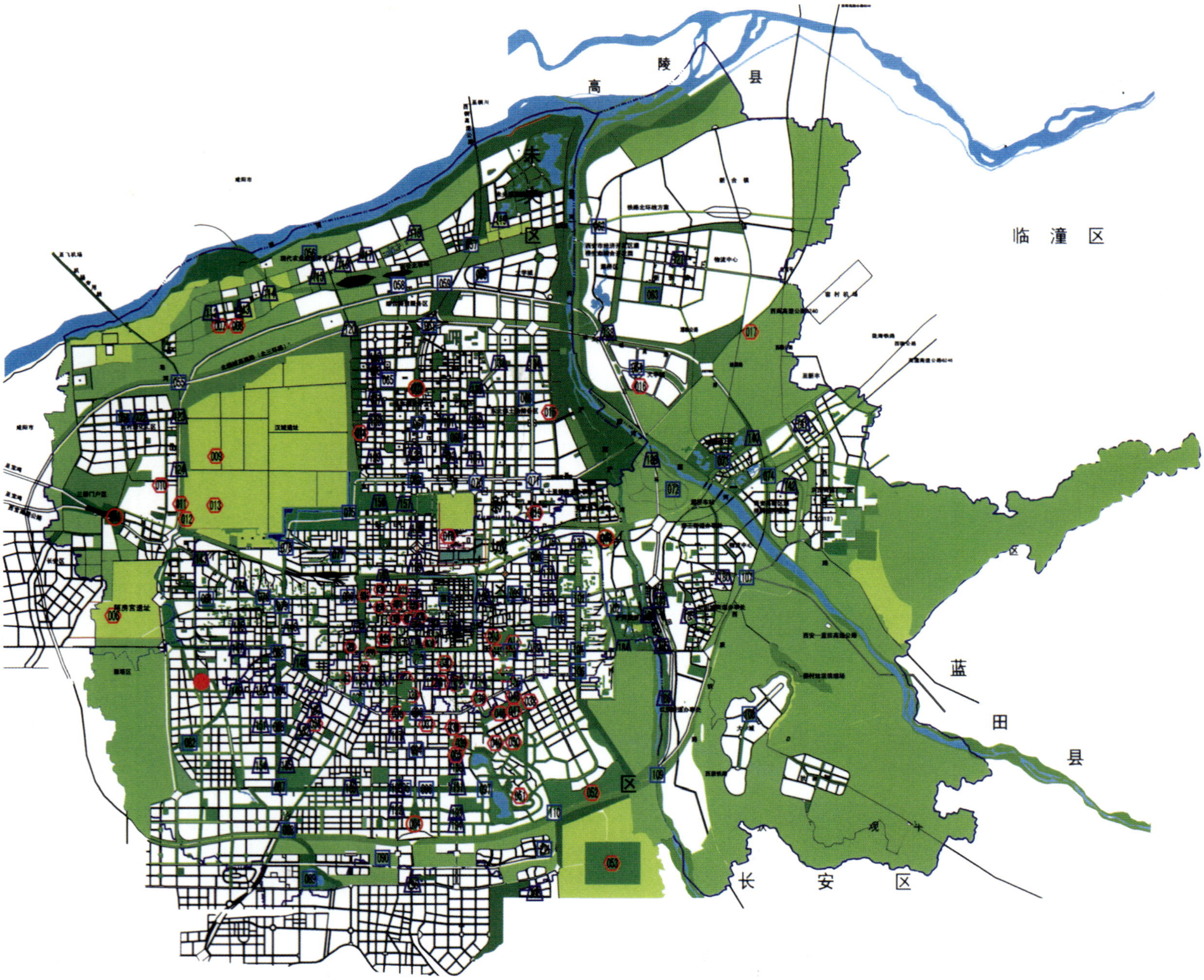

西安城市雕塑体系规划

第二章　城市设计

西安的城市色彩与建筑风格

一个民族的凝聚力来源于她的民族精神，一个城市的吸引力来源于"城市精神"。城市精神是一座城市社会及文化生活的核心精髓。从城市的物质环境而言，城市的建筑风格与色彩承载着城市的生命力，并影响着城市经济文化的发展。

梁思成先生曾讲过："不同民族的生活习惯和文化传统又赋予建筑以民族性，它是社会生活的反映，它的形象往往会引起人们情感上的反映。"可以说，一座城市的建筑最能反映其精神气质，而建筑的色彩与风格则是其整体特色的灵魂。

任何一座城市如果能在人们心中留下深刻印象，关键就在于其独特的城市个性与鲜明的地域、人文特征。城市个性既有其自然景观基础，也有因人工创造所形成的物质化环境，是"天人合一"的杰作。城市色彩和建筑风格对一个城市的形象、个性有着最直接的影响。过去，城市建设者往往只把目光集中于某一个单体建筑，而脱离了建筑本身所处的环境来进行前期设计与后期建造，对建筑色彩考虑甚少。所以，长期以来西安市城市建设存在着整体色彩和建筑风格较为混乱、不能充分展现西安古城特色等问题。长此以往，古都风貌将逐渐丧失，而建设具有文化特色的城市这项工作必将成为无本之木。从城市特色与建筑风格这一视角来看，我们可以得出这样一个结论，那就是加强建筑风格的整体协调而不强调个性张扬，这将会促使西安城市整体风格与特色的形成。鉴于这种认识，研究城市风格、特色的基本立足点在于研究城市的色彩与建筑风格。

从古至今，西安拥有众多优秀的建筑，这些建筑产生的时代不同，因而风格各异，色彩纷呈；加之，它们又坐落在不同地段，所以创造并影响着西安的整体形象。它们不但构成了西安市城市特色与建筑风格的基础，也是西安这座城市独特于诸多城市的物质空间要素。但是，随着社会的发展，新建设不断扩张，大幅度地改变了城市的空间肌理，同时也给当代的城市规划工作者和建筑设计者们带来了新的课题，即以后的规划、设计及管理工作应该怎样科学地运作，才能更合理、更充分地突现西安的城市个性？

早在大学任教期间，我就对城市设计抱有浓厚的兴趣，并写过一些专业文章。目前，随着城市建设的蓬勃发展，城市设计便显得更为重要。

我们研究西安的城市色彩与建筑风格，目的在于以点带面、切实地促进城市特色的形成。本书综合了城市色彩与建筑风格的具体技术控制手段、优秀建筑实例分析以及城市规划法规、规章等方面的内容，以系统的观点来探索西安城市建设中出现的问题，以便为今后西安城市规划、建筑设计等方面的工作，提供一个可以参照的框架性研究成果，使我们的城市规划工作能深入地、切实地做好，不辜负历史赋予我们的重任。下文笔者将从一个较为宏观的角度来展开观点，作为这个研究框架的导引。

城市及建筑的发展总是处在时间、空间、人间的坐标系上。城市既是地域的产物，又是时代和文化的产物。城市的气质来自于历史与文化的积淀，城市的魅力体现了不同时代建筑的有机结合。因此，要科学、合理地设计西安的城市色彩和建筑风格，首先必须了解西安的自然地缘、历史文化和环境形态，在此基础上才能逐步形成科学的、切实可行的研究体系。

影响西安城市色彩与建筑风格的主要因素

1.自然地缘影响着城市的色彩

自然地缘既是城市形成的基础和源泉，也是城市色彩和建筑风格设计的依据和前提，同时，也是城市个性差别的本原要素。因此，我们在进行城市色彩和建筑风格的规划、设计时，恰当地强调城市的地缘识别性，能增强城市形象的鲜明个性。

西安位于黄河上游，关中平原中部，秦岭北麓，属温带半湿润季风气候。在西安南侧的东西几百公里间，秦岭山脉峰峦叠嶂、逶迤相连。这一道天然屏障，使得西安拥有得天独厚的地理位置。自然地理因素直接关系到城市的空气、日照等天然条件，这些因素不仅对城市建筑的兴建产生影响，而且也影响当地居民的审美意识。西安位于东经107° 40'～109° 49'北纬33° 39'～34° 45'之间，建筑风格不像地中海沿岸的建筑那样追求强烈阳光下的建筑雕刻艺术，而是根据其地理因素，对建筑作平面上的院落划分，借此来达到庭院空间的层次叠加与渗透关系。

西安的另一个重要特点是该地区河流众多，河网密度较高，绝大多数属黄河流域的渭水水系。古代即有"八水绕长安"的胜景。在古代科技和交通不发达的情况下，许多城市都依傍于河湖而建，一则可顾及居民生活，得以就近饮水之便，二则可充分利用水运的有利条件，发展商业。自古以来，水就影响着城市的形象。水对一个城市建筑风貌的形成和城市文化传统的保护，都起着重要的作用。古时历代对长安城的规划、设计就已经认识到这一点，并达到了城市与自然水系和环境有机共生的状态，也使城市空间格局与建筑风格呈现出独特的征象。目前，西安市城市规划主管部门主持编制的《大水大绿规划》重在体现历史上西安曾经有过的山水格局与大气磅礴，当然这也是研究城市特色时应考虑的宏观因素及规划依据。

古代长安城的规划建设把环境建设放在首位，城市的地面供水顺应自然地形由南向北供给，沿岗塬之间的低地布设，并利用凹地开凿湖、河，克服地形上的不利因素。曾自城南引水入城的永安渠、引水入城的清明渠、自城东南引水入城的龙首渠。永安渠在香积寺西南，引水西北流，在安化门西入城，北流至景耀门以东出城入苑，注入渭水。清明渠引水北流，在安化门之西入城折东流入皇城，又北流入宫城注入南海、西海和北海。龙首渠引水北流，到长乐坡分为二渠，东渠从通化门附近入苑；西渠从通化门入城再北流入宫城，这也是解决城东北隅用水的主要渠道。到了唐代，又有引义峪水入曲江的黄渠，黄渠流入曲江后，又从曲江分出二渠：一渠向西北流往慈恩寺，一渠向东北流入龙华尼寺。漕河从含光门折东入城，在西市东北角折向北流，绕皇城、宫城北流入苑。另外，唐代还从河西渠引同一渠至兴庆宫注入龙池，又引了另一渠汇为东市放生池。像这样的湖泊泉池在唐长安城中处处可见，无论是曲江池、万花池、龙首池、太液池、兴庆池，还是太极宫中的东、西、南、北四大海和山水池等都大大改善了城市的环境面貌。水系的发达影响到了城市的总体风格与印象，由西安市规划局编制的《曲江新区规划》与中建西北设计院设计的"芙蓉园"，都是极好的例证。主持这一项目设计的张锦秋先生曾说："中国传统建筑具有了对不同地区和不同功能的广泛适应性……符合中国人情趣的庭院式的布局和手卷式的空间部署、利用地形、因地制宜等从总体到局部的艺术规律和手法都是值得借鉴的优良传统。"探讨西安的城市色彩与建筑风格，不能脱离特定的自然地缘。我们通常所说的"江南水乡"、"苏杭天堂"，无论是其城市色彩还是建筑风格，都是依托于它们各具特色的地缘而存在的。西安则更应依托于自身地缘，运用古朴、沉稳的传统色彩，体现雄浑、大气的风格。

古时流传的“八川分流绕长安，秦中自古帝王州”，既是对古代长安自然环境的描述，也是对西安城市地位与风格的宏观定位。公元前11世纪的西周王朝曾建都于此，其后秦、汉、隋、唐，代代相继，朝朝鼎盛，成就了古代中华文明的顶峰。这大都基于西安占尽天时地利，拥有丰富的自然资源。当代西安的发展要充分利用这些有利的天然因素，在风格与色彩研究中体现古国大都的精神气质，为城市的建设注入鲜活的力量。

2.环境形态是城市肌理形成的广义基础

城市形态是指一个城市在地域空间上的分布构成，如城市与自然环境的关系、城市的几何形状、城市的格局、城市的交通组织功能分区、城市历代的形态演变等等空间布置形式。这些形态的形成，一方面受城市所在地环境的制约和影响，另一方面受不同文化模式、历史发展进程的影响，形成了城市文化景观上的差异。它是反映城市整体特色的最主要的内容。不同的城市形态，影响到城市内部的功能分区，同时决定整个城市的色彩和各个区域的建筑风格。城市总体格局是在满足城市功能要求的前提下，在自然条件基础上，根据城市政治社会的需要对城市所进行的艺术再创造。例如，北京城之美是举世公认的。它有一条长达8公里的城市中轴线。城市的主要建筑排列在这条中轴线上，或者在它的两侧。在城市中心的重要建筑群的西侧，设计了什刹海、北海和中南海这样一组迂回曲折、生动活泼的园林和水面，使城市风貌既严整又不失于呆板。北京古城的房屋建筑平缓，呈水平发展的状态，但又高低错落，和谐有致。城市的主要建筑突出，一般多数建筑平淡，有主有次，主次分明。城市空间开朗，绿树成荫，从高处往下看，低层房屋加丰茂的绿树，也是北京古城风貌的一大特色。这个实例不仅能让我们感受到一座城市的独特风貌，而且也印证了在环境形态制约下形成的城市肌理是城市风格的首要控制因素。

西安与北京有相似之处，二者均为古代都城，即使在今天它的城市格局也受到古代城制遗存的影响。从地理因素上讲，西安“南浸终南子午谷，北踞渭水，东临灞浐，西枕龙首”，其四周的龙首塬、青龙塬、少陵塬及曲江洼地形成了它的界限。中国古代的城市规划思想实质是儒家文化在王城规划上的反映，如规划方正、均衡对称、经纬方格等等，体现出中国古代传统的审美观。西安从周代的丰镐二京开始，其城市规划布局就运用纵横交错的井字形经纬龙骨体现其等级和秩序，到汉唐更是发挥得淋漓尽致。唐长安城的道路经纬交错，形成严谨的方形网格，犹如棋盘。承天门街，经朱雀门街，连通宫城门、皇城门、廓城门的中轴线，将长安城分成东西两半；由南北十一条街，东西十四条街，将全城划分为108个坊及东、西两市。所以，长安城总体也好，局部也好，都是些大大小小的长方形。唐长安城以宫城和皇城居城北中央，依中轴线两侧对称构图，以经纬交织的道路作均衡的布局，以及宫城、皇城、市场、里坊的明确分区，东西市的设置和里坊的形制等都是中国农耕时代都城规划思想的典型体现。我们在探索城市色彩与建筑风格时，必须关注西安市的总体形态。如果说一座城市的色彩与风格是血脉，那么这座城市的形态则是骨骼。

城市形态是在漫长的历史演进中逐步形成的城市整体风貌的感官特征，是历次城市建设活动在时间维度中的沉积。从城市形态结构来说，古代的西安城呈现为“山水城”的模式。山水城相得益彰，具备了一种独特的布局和文化。如果在今后的城市设计中继承和发扬这一优秀遗产，精于相地、因山就水，因地制宜安排城市功能分区和布局，则会使西安的城市特色具有更高的功能价值和审美价值，也将继承和发扬中国传统文化的哲理和内涵，而其最终的结果将是: 以完整的、保存良好的都市形态来为城市色彩与建筑风格提供良好的发展与展现平台。

目前，随着改革开放步伐的逐步加快，“建筑贵在创新”的口号颇为盛行，标新立异越来越成为衡量新建筑优劣的标准。20余年来，中国的建筑打破了千篇一律的局面，个体建筑千姿百态，与此同时导致城市风格走向趋同化。我们从城市形态着手，从城市的大肌理着眼，目的就在于更好地研究城市建筑的风格和色彩，以探索出一条符合于当地地域文化及城市肌理特征的关于风格与特色的可行之路，并逐步予以推广，最终实现城市整体特色鲜明的目标。

3.历史文化是城市色彩与建筑风格的深层依据

历史文化资源是一个城市文化品位的重要表现，是一个城市文化个性的生动体现，也是一个城市成为文化名城的一种最独特的文化优势。它更是在研究城市色彩与建筑风格时，需要挖掘与探寻的深层依据。

西安作为世界历史文化名城，之所以令人神往，皆因其独具的历史文化积淀和因这一积淀而形成的个性特色。城市的历史、文化、民俗等是长期沉积的结果，是一种历史性的遗产，而当代城市人的现实生活必须与历史性的人文遗产共存。事实上，今天的所谓历史文化名城，就是以历史性的人文特征来命名的。城市是文化的载体，综合反映着各个方面的成就。历史文化名城沉积了丰厚的历史文化遗存与结晶，具备了形成城市特色的基础。

西安作为十三朝古都，它在人类物质文明和精神文明发展过程中所显示的高超技艺和精深思想，表现出一种吸收型、开放型、进取型的主体意识。它既包涵着周秦时代雄伟、强劲的力度，又融会了汉唐时代奔放、和谐的气度。半坡和姜寨的彩陶，显示出远古艺术的童年气质，人面鱼纹、人面蛙图则渗透着远古人类的图腾崇拜。周原的青铜器，其造型、铭文、纹饰都包含着东方古国的神秘气氛，反映出当时人们对暴力的征服和对神力的崇拜。汉代的石刻艺术，是那个蓬勃向上时代关于气势、力量的讴歌，简洁、粗豪，形神兼备，有极为强烈的艺术感染力。唐代的诗文书画，是用笔墨描绘的大唐盛世的壮丽画卷。无论是建筑、石刻、诗歌、舞蹈，还是音乐、书法、绘画、雕塑，它们都充满了生动而奔放的内容，而其中那种雄壮的力度、奔放的热情以及浑厚的气象，既是中国汉唐时代的风貌，也是长安文化蕴含的内在精神。就建筑而言，从“骊山北构而西折，直走咸阳，覆压三百余里”的阿房宫，到“金铺玉户，华榱璧珰，雕楹玉碣，重轩镂槛”的含元殿；从“六飞南幸芙蓉苑，十里飘香人夹城”的太液池，到“汉家城阙疑天上，秦地山川似镜中”的兴庆宫……似乎都能感受到长安文化雄壮之风、恢宏之气和灵秀之神。明代，西安既是蕃封重地，又是西北政治、经济、文化的中心，城市建设一度出现新的高潮。在唐皇城的基础上兴建的城墙、钟鼓楼等著名建筑，均为当时建筑艺术的精品。

一个城市的历史环境代表了该城市的价值和文明的价值。文化遗迹是一座城市的一种无法再生的文化资本与资源。经济有落还会有起，但城市的文脉断了就很难恢复。一个无视历史文脉的继承和发展，文化含量和文化品位不高的城市是没有生命力的。当今的西安拥有大量的文物古迹，距今约6000年左右的半坡遗址——黄河流域一座较完整的、典型的母系氏族公社的村落遗址，被誉为“世界第八大奇迹”的秦始皇兵马俑，唐代的大雁塔、曲江池、小雁塔、大兴善寺，明代的古城墙、钟鼓楼，以及清代的清真寺、传统民居等等。这些文物古迹对西安来说是一笔丰厚的历史文化遗产，在当今的城市建设过程中，我们要树立继承和发扬古代文化传统的思想，在保持历史的继承性的前提下，对城市的色彩和建筑风格进行科学地规划和设计。由此可见，西安的城市建设不但关乎西安的未来，而且将在传承中华文明这一伟大事业中占有举足轻重的地位。

西安曾是周、秦、汉、唐的国都，对这一史实的重申，将引起城市建设工作者的重视，提醒他们在进行城市规划、城市设计、建筑设计时，要深入挖掘历史文化遗产中可以再生的资源。然而，就西安的实际情况而言，地面遗存的古建筑已为数不多，既使是包括文物保护单位所涵盖的古建筑在内，也大都是明、清两朝的遗存，周、秦、汉、唐时代真实、完整的建筑也已不存在。这就要求我们一方面要从现实中存在的少数古建筑中汲取营养，另一方面要求相关的工作者通过对历史资料如壁画、遗址、绘画、诗歌等进行交叉分析，来探索符合西安市特征的城市色彩与建筑风格，以城市设计与建筑设计为手段，来实现城市及建筑的文化复兴。

城市色彩与建筑风格研究框架的形成

在城市规划总体的研究与控制框架下，西安已经形成了自城市总体规划始，直至城市分区规划与城市节点详细规划的多层次设计与管理框架。但是，要真正能够指导城市建设的每一个细节，我们仍然需要进行更为深入、细致的工作，而城市色彩与建筑风格则是诸多细节中一个较为重要的环节。

在现代城市文明的发展过程中，人们已开始意识到非理性地运用色彩，对塑造城市形象来讲，无疑是一种灾难。如果不进行科学地管理和控制，长此以往就会导致城市色彩混乱、建筑风格杂乱无章，甚至会影响到一座城市原有的历史、文化风貌。色彩污染不仅损害城市面貌，还会对人们的心理乃至生理造成危害。因此必须及早加以控制。以日本东京为例，由于人口剧增，楼宇林立，市民生活节奏紧张，生存空间狭窄，每天面对黑漆漆的柏油马路、粉红色的立交桥、四处晃动的色彩斑驳的出租车以及杂乱的公寓住宅门窗涂色等等，不少市民感到头晕目眩、心绪烦躁，于是纷纷向有关部分投诉，对混乱、刺激的城市色彩所造成的干扰表示强烈不满。这使得城市色彩学专家们不得不出面来帮助收拾这种被称作是“色彩污染”的局面。色彩污染的出现，主要是由于

实例 1　明清建筑　大雁塔

基本建筑风格：砖构楼阁式塔，气派宏伟，方整规则

色彩分解：

塔体

实例 2　明清建筑　小雁塔

基本建筑风格：密檐式砖石塔，平面为方形，外轮廓柔和、挺拔、俊逸

色彩分解：

塔体

实例 3　明清建筑　钟楼

基本建筑风格：形制规整，庄重典雅

色彩分解：

柱子、门窗

点缀色

墙

实例 7　当代建筑　人民剧院

基本建筑风格：采用传统圆柱、木雕、阁窗，古朴典雅

色彩分解：

柱、门窗

屋顶、墙

实例 9　当代建筑　人民大厦

基本建筑风格：中西合璧，古今相融，比例严谨，装饰精美。

色彩分解：

屋顶、墙

点缀色

实例 8　当代建筑　邮政大楼

基本建筑风格：简化的传统风格，比例适度，简洁明快

色彩分解：

柱、门窗

点缀色

实例 11 当代建筑　历史博物馆

基本建筑风格：新唐风建筑，造型宏伟，布局严谨，浑厚大气

色彩分解：

柱、墙体

玻璃

屋顶

缺乏科学合理的色彩规划和强有力的管理措施。另外，少数人在色彩搭配方面的无知也是造成色彩失调的重要原因。要避免色彩污染现象的发生，关键在于健全色彩规划设计与管理机制，并制定相应的法律、法规加以保障和监督。关于这方面的工作，西方及日本开展得较早，已经取得了一些成绩和经验。仍以日本为例，京都从1972年起就对城市建筑、道路设施等的颜色，以本地古建筑群色彩为基调作了限制性的规定，使城市传统风貌得到了很好的保持，古今、新旧便显得和谐一致。其他先进国家的重要历史文化名城也在这方面做出了相应的努力，这里不一一赘述。

近几年来，西安逐渐展开对城市色彩和建筑风格的研究，并且取得了一定的理论成果。因此，无论从国际的研究状况来看，还是从西安城市规划工作的发展历程来看，进一步加强对城市色彩和建筑风格的研究符合时代的要求，是历史的必然，它将为西安的发展、为中国传统文化的继承与复兴建立基础、锦上添花。同时，也是深入切实地保护城市风貌的一个重要工作组成部分。

本次研究的范围为以西安市中心区为主，涉及周边9区4县。主要将城市三环以内的各类建筑，根据西安城市结构和历史特征划分区域，并在每一个区域内，根据城市功能和地域特色，再进行细划，然后确定其色彩和风格。

在建筑色彩分析中，应用CMYK色彩系统，对建筑色彩进行量化分析，给出推荐用色及搭配示例，为建筑色彩设计与规划提供可供参考的选色范围。

为了避免色彩污染和建筑风格杂乱，形成良好的城市景观，在完善相应的法律、法规和管理措施的同时，还要努力提高广大市民的欣赏水平和素养，引导市民自觉参与管理与监控，使创造良好的城市环境色彩和建筑风格成为一项意义深远的社会工程。

西安城市色彩与建筑风格研究概述

1.研究西安城市色彩与建筑风格的意义

城市色彩和建筑风格具有特殊的历史意义和发展特质，而且，通常城市的色彩和建筑风格就是城市历史的写照。中国传统城市给人们的印象是飞檐、斗栱、高台、亭、榭、殿、阁和四合院，这些特点是自然的延伸和自然对社会生活的介入。西方的城市传统景观是“文艺复兴”后对古希腊罗马文化的张扬与重塑，并成为西方城市景观的灵魂。

城市是人类创造的一件艺术品，城市本身即是文化景观的集合体。在城市形象建设与设计运作体系内，城市所有的要素都应具有景观性，而城市色彩和建筑风格的设计和研究则是其中起决定性的因素。

西方一些城市很早就已开始对城市色彩进行整理。1850年后的40～50年间，意大利都灵建筑师协会将城市建筑中使用频率最高的一些颜色（大约20个左右）涂在了市政大楼院子里的一面“样本墙”上，将城市“色谱”公诸于世。这些颜色均标有号码，为房主、粉刷工及规划设计人员提供了参考。从那时起，都灵的政府文件就直接采用相应的号码来标示颜色。1978年底，都灵工艺大学建筑学教授乔凡尼·布里诺正式向政府提议对都灵城市色彩进行规划，这个提议很快得到了批准，布里诺被官方指定为色彩顾问，负责对每年1000例左右的立面粉刷工

实例 4 明清建筑 鼓楼

基本建筑风格：形制规整，庄重典雅

色彩分解：

柱子、门窗

点缀色

墙

实例 5 明清建筑 清真寺

基本建筑风格：规模宏大，手法多样，严谨庄重

色彩分解：

柱子、门窗

点缀色

屋顶、墙

实例 6 明清建筑 传统民居

基本建筑风格：灰砖、青瓦、坡屋顶、传统木格门窗

色彩分解：

门窗、柱

点缀色

屋顶、墙

实例 10 当代建筑 三唐工程

基本建筑风格：规模宏大，手法多样，严谨庄重。

色彩分解：

柱、门窗

点缀色

屋顶、墙

实例 12 当代建筑 城堡大酒店

基本建筑风格：仿唐屋顶，体量巨大，气势宏伟

色彩分解：

墙

屋顶

实例 13 当代建筑 陕西省图书馆

基本建筑风格：具有古典韵味的现代建筑，简洁明快，浑厚大气。

色彩分解：

主体

点缀色

实例 14 当代建筑 群贤庄小区

基本建筑风格：低顶、砖砌墙面、灰色外观文雅安逸。

色彩分解：

主体

点缀色

程进行指导。

20世纪80年代以来，亚洲国家也已开始着手城市色彩的规划工作。如日本京都、大阪等城市就有较为系统的色彩规划方案，科学的规划使得这些城市呈现出和谐有机的整体面貌。这些成功范例的普遍做法是：在进行城市规划与建筑设计时，最后一个环节是关于色彩的专项规划与设计，这项工作完成后再提交主管部门审批，通过了方可交付实施。

我国关于城市色彩问题的研究起步较晚，很多方面都还处于探索阶段，缺乏规范的操作方式和相关的法规制约。令人欣慰的是，从20世纪90年代开始，首都规划委员会就开始对北京新建的规划小区提出了进行色彩规划的要求。而自2000年8月1日起开始实施的《北京市建筑物外立面保持整洁管理规定》，则标志着我国在城市色彩规划与管理法规的制定方面迈出了可喜的第一步。

西安作为一座千年古都，城市的色彩和建筑风格对城市的形象有着最直接的影响，同时它也给生活在古城内的人们以不同的视觉及心理影响。然而长期以来，人们对城市整体色彩与建筑风格的研究比较欠缺。要做好城市的色彩设计，必须在进行城市总体规划的时候，将色彩作为一个单项列出，进行专门的规划，使之在城市详规和具体的城市设计与建筑外观色彩设计中得到落实。同时，必须制定一套完整的切实可行的管理措施，对按规划实施后的城市环境色彩进行监控，以免破坏城市环境色彩整体和谐的现象发生。只有这样，城市色彩才有可能走上良性的发展轨道。

概括起来，研究西安城市色彩和建筑风格主要有以下几方面的意义：

（1）促进城市形成和谐有机的整体面貌。过去西安对建筑风格提得较多，但对建筑色彩涉及甚少。20世纪90年代，我国建筑科学研究院等单位合作完成了“建筑色彩体系和建筑色卡”研究，促进了建筑色彩体系的标准化。我们希望通过对西安建筑色彩的研究，提出科学的策略，创造与古城风貌相协调，且富有个性的城市色彩环境。

（2）充分体现地域文化和城市特色。西安从古至今拥有众多的优秀建筑，现存的建筑如唐代的大雁塔、小雁塔，明清的钟楼、鼓楼、清真寺和传统民居，民国时期的张学良公馆，当代的钟楼饭店、三唐工程、历史博物馆、陕西图书馆，美术馆等，但同时西安也出现了建筑风格与古城环境不协调，设计样式简单，色彩单一等现实问题。因此，我们需要分析西安各个地域的文化特色，提出具有针对性的建议，使旧城区和重要文物古迹周围的建筑发扬民族传统和地方特点，新区的建筑充分体现西安的地域文化。

（3）避免不和谐的建筑色彩对城市形象产生干扰。色彩给人们以不同的心理感受，如黑色给人以肃穆的感觉、红色让人觉得热烈、白色让人感到恬静、紫色给人以神秘感，颜色本身对人就有一种吸引力，然而，混乱的色彩搭配让人感到浮躁。建筑离不开色彩，建筑色彩对它的风格、美观有直接的影响。建筑作为城市的主要构成元素，良好的建筑色彩对美化城市形象有事半功倍的效果。

（4）提供科学合理的审批依据。谈到城市色彩与建筑风格，人们对它往往只有直观的感受，而缺乏标准化的色彩体系和具体的建筑风格指导原则，但是这些正是规划审批者所需要的依据。因为每个人有不同的审美观，而且一栋看上去很好的建筑不一定适合它所存在的地域。20世纪90年代的西安市总体规划对建筑高度实行分区控制，这种量化的指标是一种具有可操作性的依据，但是，对设计人员、规划审批者和实施单位来说，需要更全面、更系统的依据。

总之，对西安城市色彩和建筑风格的研究与设计，不但可以完善城市形象，提高人们的审美情趣，而且它可以为建设工程的审批提供科学依据。

2.城市色彩的研究与设计

城市色彩是指局限于一个城市范围内的色彩，它涉及了城市生活的方方面面，涵盖了历史、气候、植被、建筑、产业、文化等诸多因素。从建筑的角度细分，城市色彩又包括居住建筑的色彩、商业建筑的色彩、办公建筑的色彩、景观建筑的色彩、文化建筑的色彩等等，它是一个集中的、完整的建筑色彩生态体系。

城市的色彩因国家、民族、信仰、地理、气候、风俗的不同而相异。不少城市都有自己独特的色彩，如巴黎以黑色屋面、灰白色或淡茶色墙为基本色调；佛罗伦萨以红色屋面、白色或淡黄色墙为基本色调；希腊人用色彩去加强大理石神庙的视觉效果，把群像雕塑装饰的山墙正面涂成浅蓝色或赭石色，给城市增添幽深的意境；意大利圣索菲亚和圣马可教堂上的马赛克与大理石，在阳光下闪闪发亮，这种色彩效果带给人轻快的空间感受；我国南方城市惯用冷色，北方城市惯用暖色，内蒙古呼和浩特市为表现草原城市的特征，城市色彩大部分施蓝色，象征着粗犷浩森的草原风光，所有这些构成了丰富多彩的城市面貌与风格。

西安的城市建设坚持在保护古都风貌的基础上，进行现代化发展。从发展战略、规划布局和城市设计等方面统筹考虑，采取综合措施，使保护与建设相统一，继承与发展相统一，使城市现代化建设与历史文化遗产浑然一体，交相辉映，使城市发展走上重生态、讲景观、讲文化的轨道，以形成独具特色的城市风格。这是我们进行西安城市色彩研究的大背景和前提。

对城市色彩的研究主要集中在建筑和环境两个方面，其中建筑色彩由于具有较强的可操控性并且对城市整体面貌的形成起着重要作用，一直受到人们的关注。根据建筑的性质或特点划分出不同的区域，逐一对每个区域进行调查和分析，最后再将结果综合起来，找出整体的色彩规律，化整为零，易于操作，是一种行之有效的研究方法。

城市色彩除了自身的客观规律，还存在着一些可变的主观视觉因素，这是由色彩本身的特性决定的：一方面，它的形成机理是客观的；另一方面，人们感受它的过程又是主观的。这项研究侧重于分析不同的自然条件下，城市色彩所表现出的不同视觉效果。其中一项是调查日光及气候条件对城市色彩的影响。另外，在实地调查的基础上，从面积对比、明度对比、色相对比、彩度对比、补色对比，冷暖对比等诸多角度，对城市的建筑色彩进行详尽地剖析。同时，结合物理手段，测量一部分具有代表性的颜色，在感性认识的基础上融入了色度学的理性成分。

要特别强调的是，构建城市标准色，不是仅仅给城市一种颜色，而是强调一种色彩风格和色彩系统，城市复杂性、城市社会内部文化多元性和城市市民的异质性决定了城市色彩的多元性，也决定了城市中的色彩对于城市中的市民来说，需求是多元的，喜好是多层次的，只有创造具有独特风格意义并能够体现市民共享性的城市色彩，才是最重要的和最有意义的。因此，在进行城市色彩设计时，要遵循以下原则：

（1）标准色应符合城市自然山

水特色、历史特色和文化特色。

（2）标准色也要与城市理念相一致。

（3）城市色彩应与城市市民的色彩心理习惯与心理文化结构相适应。

（4）标准色与相关辅助色之间要构成某种结构性关系。这是由城市的复杂性所决定的。我们反复强调，城市的标准色不可能由单一色彩构成，因此，城市色彩的构成、结构性关系，应该集中体现城市的整体性特色，创造与城市整体形象相一致的差异性和独有性。

（5）城市色彩应具有广泛的适应性。城市色彩具有普遍意义的应用，即有可能在不同的环境下、不同的色彩关系中、不同的时间里获得可应用性，因而要求色彩的设计必须强调应用的广泛性，即在不同环境下的色彩关系，都应该具有鲜明、明快、愉悦的感觉。

（6）主色调与辅助色科学搭配关系要合理。丰富有序、具有特色的城市色彩，是城市生命的一部分。

3.建筑风格的研究与设计

当代社会，随着全球经济一体化的发展、科技信息的飞速发达，城市的建设更是日新月异。然而，目前很多城市的建筑可谓“千城一面”，如火柴盒式的房屋、线条式的立面、同样的窗户、同样的屋顶、同样的结构、同样的颜色等等，缺少了地域性、文化性，导致了城市建设的“城市形象危机”。究其原因，主要在于城市建筑风格的逐渐衰微。建筑风格与城市色彩密不可分，建筑风格是指建筑所表现出来的区别于其他建筑的特点，它是通过建筑色彩、建筑屋顶形式、外墙材料、细部处理等表现出来的特色。建筑风格的形成与它所在地域的历史、自然环境、人们的生活习俗有密切的关系。

西安具有深厚的历史文化背景，其建筑风格更应因地制宜，彰显独特的城市风貌。作为中华民族文化的发祥地，自3000多年前的西周开始，先后有秦、汉、隋、唐等13个王朝建都于此，特别是汉、唐时期的长安城，在当时只有欧洲的罗马可与之媲美。作为世界上最大的都市，汉、唐长安城在规划和建设上，功能区分明确，道路宽阔平直，成为中国古代城市规划的典范。明清的城墙、钟楼、鼓楼、清真寺等保留至今，堪称古城西安的独具特色的一道风景线。

建筑是城市形象的主角，每一座城市都应有与其城市特色相适应的统一而又多元的建筑风格。当代西安的建筑创作，从20世纪50年代开始，经过几代建筑师的不断探索，出现了一大批优秀的建筑作品，如人民剧院（参见实例7）、人民大厦（参见实例9）、报话大楼、钟楼饭店、三唐工程（参见实例10）、历史博物馆（参见实例11）、凯悦饭店、城堡大酒店（参见实例12）以及邮政大楼（参见实例8）、秦始皇兵马俑博物馆、陕西省图书馆（参见实例13）、陕西省美术馆、群贤庄小区（参见实例14）、钻石广场等带有鲜明的地方特色及文化特征的建筑成果。

根据西安历史文化名城的定位，结合古城保护、场地环境以及项目特点，建筑创作采用与传统建筑的表现形式和特征直接关联的手法，对传统建筑视觉形象、结构布局关系进行提炼简化、转化、优化和再创作，以达到新旧建筑共生的目的。这种新古典主义风格的形成一方面取决于建造环境是否处于地域建筑传统构成的核心地带；另一方面则取决于对作为模拟对象的地域传统建筑表层形态的慎重选择，二者缺一不可。三唐工程的设计充分尊重大雁塔风景区的历史文脉，从总体策划到整体把握，使唐华宾馆、唐歌舞餐厅、唐代艺术博物馆及曲江春晓园与大雁塔慈恩寺浑然天成，建筑形象运用现代技术通过对唐代建筑法式的优化，创造出浓郁的历史文化氛围，总体设计中还充分结合园林景观的手法，表现出具有艺术感染的空间效果。西安的钟鼓楼广场通过城市设计，充分考虑其所处的历史环境，结合地下商城、仿古街式的设计，创造了一个富有历史文化内涵，并直面未来的城市公共空间，再现了晨钟暮鼓的城市景观，保护了城市风貌，提高了城市品位。当代西安的建筑创作，应实现传统建筑的现代化、现代建筑地域化。在设计手法如果仅限于对传统建筑式样的生搬硬套，则会陷入不切实际的复古思潮中去。通过对地域传统建筑的结构、空间、形态所包含一般原则、原理，以协调关联的方法应用于新建筑创作。

西安建筑风格的创造不仅表现在外在形式上，而且亦表现在内在精神上对地域传统文化的深层把握，即通过对地域传统建筑的形象构成和空间模式的分析，提取与之气韵融合的表征性，在新功能、新技术、新载体的情况下，摆脱与之相悖的载体形式的羁绊，解放创作思想，挖掘隐藏在建筑传统物化形态背后的价值观念、思维方式、文化心态、审美情趣、建筑观念、建筑思想和建筑方法等，紧紧抓住其神之所在，在深层领域取得与历史传统、地域文化和内在精神的结合，拓展建筑表现的深层结构，开创高层次的地域新建筑、新风格。

4.研究方法

在研究过程中，主要运用以下的研究方法：

第一，选取每一区域内具有代表性的建筑，对其建筑色彩与风格进行剖析，提炼出建筑风格构成要素，找出整体色彩规律，提出建筑色彩要求和建筑风格建议以及与古城风格相融合的设计要求。

A. 旧城内	A-1：指北院门、三学街、竹笆市、德福巷、湘子庙街区。北院门街区东至社会路、西至早慈巷、北至红埠街、南至西大街，三学街街区东至开通巷、西至南大街、南至城墙、北至东木头市。
	A-2：建设控制区，指文物保护单位周边50米范围内的区域
	A-3：风貌协调区，指旧城内1、2区域以外，以及各级文物保护单位所划定范围以外的区域
	A-4：明城墙内外各100米范围内的区域
B. 唐长安城	B-1：唐长安城所在范围
	B-2：唐城绿带及长安龙脉两边各100米范围内
C. 旧城至三环内的区域	C-1：高新开发区
	C-2：经济技术开发区及周边区域
	C-3：汉城遗址保护区周边100米范围内
	C-4：曲江新区
	C-5：风貌协调区
D.三环以外的区域	D-1：长安区
	D-2：灞桥区
	D-3：临潼区
	D-4：秦岭北麓自然生态保护区
E.	文物古迹保护区周边100米范围内（即城市紫线周边100米范围内的区域）
F.	其他区域

西安城市色彩与建筑风格分区

第二，进行实地调研，对建筑进行分类，如划分为商业建筑、居住建筑、工业建筑等。由于在城市建设中居住建筑所占比重大，而且能直接影响城市的主色调，所以在本次研究中以公共建筑和居住建筑为主。

第三，从历史的角度切入，对城市色彩及建筑风格进行研究，理清城市色彩与建筑风格形成的脉络，总结唐代、明清时期、民国时期以及当代建筑的特点。

西安城市色彩与建筑风格实例分析

该部分主要从历史和现代两条主线分析西安建筑色彩与特色，总结出具有规律性的特色要素，有机地应用到建筑色彩与风格指导原则当中。

1.历史建筑

（1）汉代建筑

普遍采用斗栱，还发展了砖石结构和拱券结构，宫殿建筑雕梁画栋，色彩丰富，民居常采用“一堂二内”的住宅型制，平面呈方型。建筑用色上沿袭了周秦以来的色彩等级制度，宫殿的屋顶铺灰色瓦，墙壁砌砖，砖瓦都有雕花，施以彩色。台基、台阶用白色石材，地面铺砖并着色。柱、枋以红色为主，偶尔贴金；斗栱等有各种题材的彩画。汉代住宅采用梁柱式木结构，木构件上施彩并加以油漆。

（2）唐代建筑

唐长安城的布局与建筑主要具有以下特点：

第一，规模宏大，规划严整。唐都城长安原是隋代规划兴建的，唐继承后又加以扩充，使之成为当时世界最宏大繁荣的城市。长安城的规划是我国古代都城中最为严整的，它甚至影响到渤海国东京城、日本平成京（今奈良市）和后来的平安京（今京都市）。唐长安大明宫规模也很大，遗址范围即相当于清明故宫紫禁城总面积3倍多。其他府城、衙署等建筑的宏敞宽广，也为任何封建朝代所不及。

第二，建筑群处理愈趋成熟。隋唐时，不仅加强了城市总体规划，宫殿、陵墓等建筑，也加强了突出主体建筑的空间组合，强调了纵轴方向的陪衬手法。

第三，木建筑解决了大面积、大体量的技术问题，并予以定型化。如大明宫麟德殿，面积5000m^2，采用了面阔11间进深17间的柱网布置。定型化反映了施工管理水平的进步，加速了施工速度，对建筑设计也有促进作用。

第四，设计与施工水平的提高。掌握设计与施工的技术人员，专业技术熟练，专门从事公私房设计与现场指挥，并以此为生。

第五，砖石建筑有进一步发展。主要是佛塔采用砖石者增多。目前我国保留下来的唐塔均为砖石塔。

第六，建筑艺术加工日趋成熟。唐代建筑风格特点是气魄宏伟，严整又开朗。现存木建筑物质反映了唐代建筑艺术加工和结构的统一，斗栱的结构、柱子的形象、梁的加工等都令人感到构件本身受力状态与形象之间内在的联系，达到了力与美的统一。而色调简洁明快，屋顶舒展平远，门窗朴实无华，给人庄重、大方的印象，这是在宋、元、明、清建筑上不易找到的特色。

在色彩方面，唐代建筑的基本色调是朱、白两色，木架部分多用朱色，墙面部分用白色，但柱、枋、斗栱的彩画主要为青绿色，并大量采用褪晕技法，使画面色彩更趋和谐。如敦煌唐代壁画中的房屋，木架部分用朱色，墙面用白色；门窗用一青绿色和金角叶，金钉作为装饰；屋顶以灰色和黑色筒瓦为主，有的配以黄绿简边；室内铺青绿色地砖，台阶和外廊采用青色和深褐色的铺地。

归纳起来，唐代城市特点主要为：①建筑特点：高台起屋、气势宏大、出檐深远、尾高昂。②布局特点：轴线明确、工整有序、廊院环绕、建筑居中。

（3）明清时期

明清建筑采用青砖灰瓦，坡屋顶，规整的格状窗，金字黑底的牌匾，青石铺地等。

明代建筑采用灰色调，四合院在正房、走廊及入口处的木架部分施以红漆和青绿彩画，色彩端庄凝重。建筑的装修、彩画日趋定型。彩画以旋子彩画为主，构图丰满活泼；砖石雕刻吸取了宋以来的手法，日渐圆和纯熟，花纹趋向于图案化和程式化；琉璃砖、琉璃瓦由于采用白泥制胎，质量上有了很大提高，其色彩、纹样也更为细致，不仅用于屋顶装饰，同时也广泛用于塔、门、照壁等建筑物。砖已普遍用于民居砌墙，大量应用空斗墙。

清代建筑大体上因袭了明代旧制，建造了大规模的帝王宫殿、离宫别馆、园林苑囿等。清代宫式建筑被用规范的形式固定了下来，风格日趋严谨，装饰日渐繁琐。长期以来，统治阶级对建筑用色有着严格限定，如作为皇家象征的黄色，历来就被视为平民百姓的禁色。色彩表达上的局限性使人们转而利用其他形式抒发着自己对建筑的情感，如各种题材、内容、形式的精美复杂的木雕和砖雕的创作就充分表达了人们对居所的眷恋、自豪和夸耀以及对美好生活的向往。

正是这些优秀的传统建筑遗存为我们提供了城市色彩研究的范本与样板。

2.现代建筑

(1) 20世纪50年代建筑

工业建筑大力推行标准设计，推广装配式建筑方法。居住建筑主要是多层砖混结构住宅楼，有时成片为居住小区、工人新村等。有时见缝插针，偶为高层，住宅标准极低，设备简陋，小厅小卧室或居室兼卧室、居室兼厨房等。普通公共建筑在传统的领域中萎缩，而在特定的领域中发展，与当时的社会状况及计划经济下的低工资、低消费有关。受苏联的影响，50年代的建筑多用大屋顶。

（2）20世纪60～70年代建筑

顶升法及无梁楼板在多层厂房中使用。将居住建筑的抗震与安全问题提到日程上，按地震设防烈度设计，砖墙转角加构造柱。60年代在大跨民用建筑上取得突破。“文化大革命”时期，建筑多采用平顶。

（3）20世纪80年代建筑

工业建筑出现以工业园命名的环境整洁优美、设施先进的工业区，建筑材料工业发展，钢结构及现浇钢筋混凝土结构增多。夹芯彩钢板在工业建筑中大量使用。大跨度的立交桥中双向预应力厢式结构推广，航空站则直接与国际“接轨”，采用各式新型钢架和钢管等结构形式。居住建筑标准逐渐提高，通用设计改进，对家用电器的使用纳入设计考虑中。公共建筑中，商务办公楼即写字楼，则是80年代发展最快的建筑类型之一，使用大空间、低隔断，办公设备多，效率高，空调、电梯在多数地区进入办公建筑，智能建筑出现，包含各种服务的综合办公楼日益增多。自改革开放以来，建筑风格百花齐放，出现了一些优秀建筑，但同时也有大量设计简陋的建筑。

（4）20世纪90年代以后的建筑

居住建筑注重大起居室、小卧室，较大的厨房与卫生间，出现双卫生间，注意了日照、防火等质量和安全的要求，作为房地产开发，公寓之外又有别墅、度假村之类的建筑。高层日渐增多，物业管理逐渐推入社会。90年代以后的公共建筑中，膜结构在体育、交通和展览建筑中开始使用，产生了新的视觉冲击。

西安城市色彩与建筑风格建议

1.西安城市色彩基调

建筑具有地域差异性，但是在科技高度发达的今天，先进的生产技术和便利的交通条件使自然环境对人类的局限越来越显得微不足道，就地取材的传统民居在材质上所表现出的特色正逐渐削弱，城市变得越来越相似，城市建筑变得大同小异。然而，精神的需要又促使我们去留住一些美好的、能够增强自我认同感的东西，使我们所生活的环境更加多样化。

因此，在建筑色彩设计中恰如其分地引入地方特色十分必要，它可以提高建筑色彩文化的丰富性和趣味性，塑造城市形象的个性魅力，增强人们对居住环境的心理认同感。在一个城市中，不同区域之间应该进行统一的色彩规划，以形成良好的富有秩序的城市景观。

2.西安建筑风格特色

西安是一座历史悠久的古都，至今仍遗存有不同历史时代的文物古迹和楼宇建筑，我们应该根据不同区域的特点来设计周边建筑群体的风格，以达到古今和谐统一、相宜得当的效果。同时，西安又是一座现代化的中心城市，新城区的建筑风格既要体现时代气息，又要体现地域特色。

总体而言，西安市整体建筑风格的控制原则为“新旧分制”，在西安旧城内、重大遗址保护区及文物古迹保护区周边，应保持建筑的传统风貌、传统色彩基调，突出地域文化；在城市新区，应突出西安建筑物的厚重感，不追求“形似”，但一定要“神似”，形成与古城相融合的文化气息。西安作为一座千年古城，建筑既要体现传统的“神韵”，又要符合现代城市发展的潮流，要有活力和现代感。

3.西安城市色彩与建筑风格设计要求

建筑形象是城市空间的环境主角，构成城市特色的重要组成因素。今日西安的城市建设可以说是良莠不齐，虽不乏优秀作品，但大量的建筑依然乏善可陈。其原因多为对流行的盲目追求以及建筑师一味追求标新立异，从而产生建筑设计整体上缺乏城市环境观、缺少城市设计观念，往往导致左右相邻的建筑色彩混乱，风格不一，毫无协调的美感，严重影响了西安的整体城市形象，必须加以改正。

所以，今后的建筑设计审批应该依据易于操作的技术规定，按地段分区域，从建筑色彩、形式、高度等方面明确提出城市建设的要求，改变目前较为混乱的状况。

下面主要根据西安的城市格局和特色要素，将西安城市按照分区组织、有机整合的原则，划分为A、B、C、D、E、F共6大区域，并且根据每一区域的具体特点，对A、B、C、D区又进行了细划：

A. 旧城区；

B–1. 唐长安城；

B–2. 长安龙脉及唐城绿带（西安南北主轴线及唐城绿带两侧各100m范围内）；

C–1. 高新开发区；

C–2. 经济开发区及周边区域；

C–3. 汉城遗址保护区周边100m范围内；

C–4. 曲江新区；

C–5. 风貌协调区；

D–1. 长安区；

D–2. 灞桥区；

D–3. 临潼区；

D–4. 秦岭北麓自然生态保护区；

E. 文物古迹保护区周边100m（即城市紫线周边100m范围内的区域）

F. 其他区域。

本次研究主要从建筑风格、建筑色彩两方面，对各个分区分别制定适应于各区的控制指导指标系统。

在具体设计要求中，将建筑外观色彩分为以下3类：

（1）基本色：建筑的基本色调，也就是建筑外立面中应用范围最大的颜色。

（2）搭配色：与建筑基本色搭配，共同构成建筑立面基本色调的颜色，应用面积小于基本色。

（3）点缀色：对建筑基本色调影响不大，应用面积小，对建筑起点缀作用的颜色。

结论

一、西安城市建筑的主色调

一个城市的环境色彩是由城市的硬质环境和软质环境所组成的，它包含城市里的方方面面，如自然景色、文物古迹、建构筑物、市政交通与管线设施、小品等构成。而建筑做为城市的主要构成物，对一个城市的色彩主色调的确定起到至关重要的作用。

各个地域各个时代的建筑色彩都有着鲜明的特色，西安作为十三朝古都，有着丰厚的历史文化遗产。周秦汉唐是我国封建社会历史上的最辉煌时期，半坡遗址出土的人面鱼纹彩陶是人类早期文明中使用矿、植物颜料装饰美化自己的经典；周代时就已出现砖、瓦，并规定在建筑上以青、赤、黄、白、黑为正色；而秦兵俑身上的彩绘则表现张扬了秦人气吞河山、横扫六国的英雄气概；唐代的大小雁塔、明清的碑林、大清真寺、钟鼓楼等，建筑色彩绚丽灿烂，几千年来，延绵不绝，形成我们西安独特的建筑色彩传统。中国古代思想家庄子曾经说过“一生二、二生三、三生无穷”，色彩中最变换无穷的是中间色彩，即灰色系列，这符合中国人的传统中庸思想。而西安市地处中华黄河文明的中心，皇天后土，养育了西安人尊崇黄色的习惯，至今仍有继承和借鉴的意义。

过去我们习惯于从视觉艺术方面来认识、应用和评价建筑色彩设计，也就是对色彩的理解多为定性，而忽视了定量，不能准确地把握建筑色彩，完全凭借经验和感觉，设计师最关心的是建筑的色彩协调和表现力，现在我们应改变观念，对整个城市的色彩予以关注和明确。

色彩定量的理论基础有国际照明委员会（CIE）标色体系、奥斯特瓦尔德(W·OSTWALD)标色体系和孟赛尔(A·H·MUNSELL)标色体系，孟赛尔标色体系是在建筑色彩设计中通用的标色体系，国际照明委员会标色体系和奥斯特瓦尔德标色体系由于在建设色彩设计中应用不多，就不一一介绍。孟赛尔标色体系将心理上感觉到物体表面的色彩由色相(H)、明度(V)、彩度(C)三个属性来表示，这三个属性构成了圆柱坐标体系，其中垂直轴与明度，偏角与色相，动径与彩度相对应。色相沿水平面各个方向包括5种主要色相{红(R)、黄(Y)、绿(G)、蓝(B)、紫(P)}和5种中间色相{黄红(YR)、绿黄(GY)、蓝绿(BG)、紫蓝(PB)、红紫(RP)}，每一种色相还可细分为10个等级，这样全部就分成100种，每一种主要色相和中间色相的等级都定为5，对每一种色相便有2.5、5、7.5、10四个色相组，总共40个。明度是以在垂直轴的底部定为黑色，顶部定为白色，黑色为0，白色为10，由0到10共分成11个等级。彩度是表示明度的颜色离开中性灰色的程度，垂直轴的中性色的彩度定为0，离开垂直轴越远，彩度数值就越大。在孟赛尔标色体系中垂直轴上没有黑、白、灰等色相的色彩称为无彩色，有色相的色彩称为有彩色。

为更方便的满足广大读者和参考本书的设计人员，我们用四色配色手册对西安建筑色彩进行标注，供审批管理人员和设计人员在工作中参考。

我们认为西安的建筑色彩应注意考虑以下几个因素：

（1）. 民族传统特性；

（2）. 地域文化特性；

（3）. 历史因素；

（4）. 建筑材料；

（5）. 经济原因；

（6）. 气候因素；

（7）. 心理因素；

（8）. 功能因素。

后五个因素是共性的，任何一个设计师在色彩设计时都必须予以考虑，而前三个因素则是在西安做城市设计和建筑色彩设计时都必须重视的特性。

建筑的色彩必须与自然环境的色彩相协调，突出地域特色，西安地处黄河流域的关中平原，四季分明，故在色彩设计时应考虑地域色彩和季节、气候变化而带来的色彩变化；建筑的色彩必须与周围的建筑相协调，古都西安保存有大量的优秀古代和近代建筑，我们应在继承传统的基础上，在新建筑的色彩设计中协调新与旧的关系，提炼创造西安的城市建筑主色调。

通过深入细致的调查摸底，我们将西安市城市建筑主色调定为灰色、土黄色、赭石色为主调的色彩体系。

1. 灰色系列的色彩体系：秦砖、汉瓦是传统的灰色，灰色也是我们西安的背景色，如大量的民居、城墙等，因此西安市城市建筑主色调定为灰色，表达了我们对城市传统的尊重，为了展现时代风采，可将色彩的明度和彩度提高，使色彩比传统的青灰色更加明亮。

2. 土黄色系列的色彩体系：土黄色是西安人尊崇的颜色，也是一种暖色，西安的大雁塔、小雁塔的墙面等都是土黄色，我们又处在黄河文明的中心黄土地上，因此西安市城市建筑主色调定为土黄色，将色相级数扩大，使色彩从深到浅，如浅土黄色、米黄色、浅沙漠色等。

3. 赭石色系列的色彩体系：赭石色是汉唐建筑木作色彩的主色，形成了汉唐建筑庄重、典雅、鲜明的建筑色彩，西安市城市建筑主色调定为赭石色，表达我们对传统古建筑的尊重，也能体现古都西安浓郁的历史文化氛围。

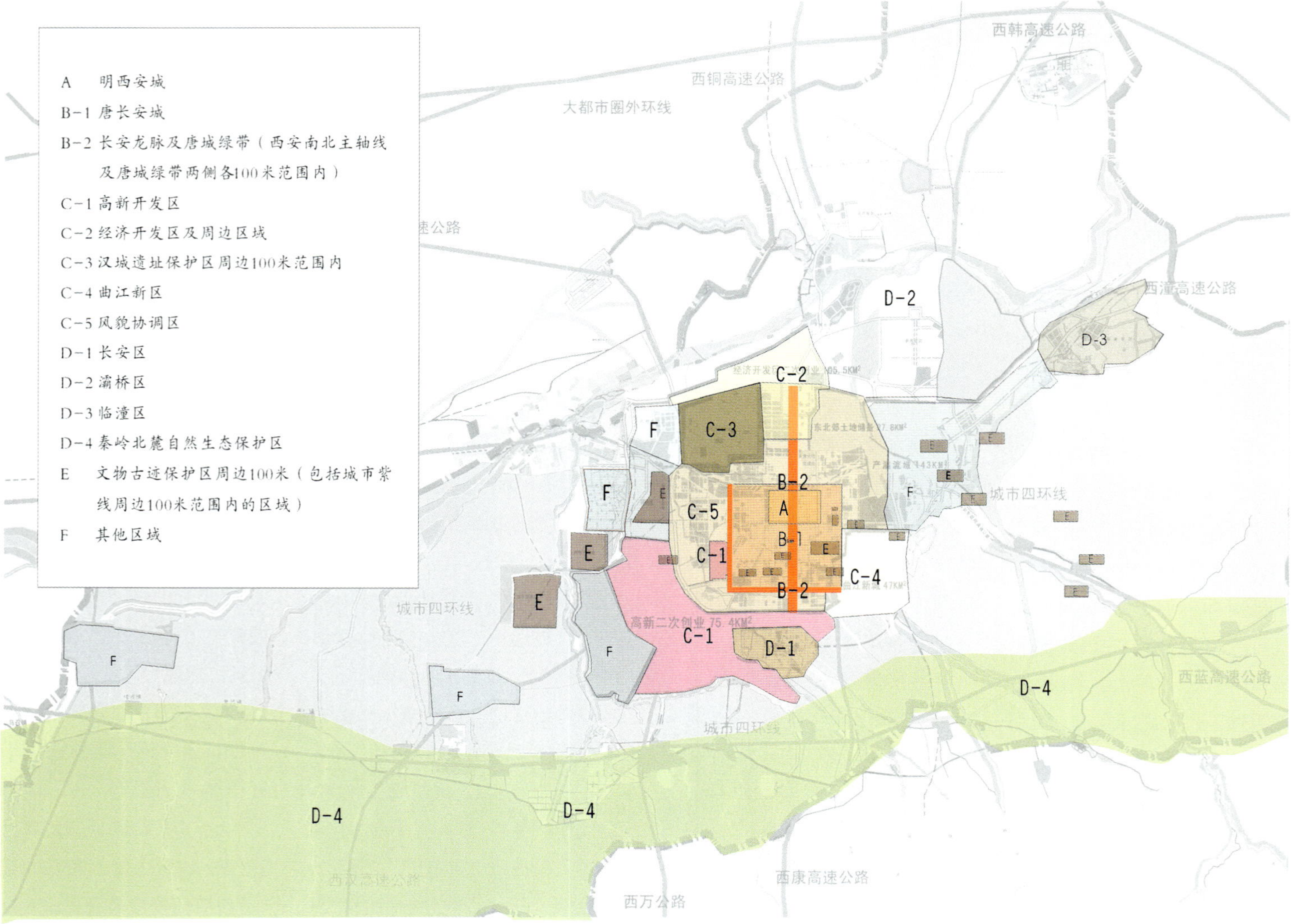

建筑风格与色彩研究分区总图

灰色

西安作为中国的十三朝古都，拥有众多的历史遗存建筑，而这些建筑中，灰色所占比重很大，如钟楼、鼓楼、明清传统民居、西安城墙，它们是构成西安城市特色的重要组成部分。灰色让人感到厚重、沉稳，体现出浓郁的文化气息，符合西安的古都特色。在今后的城市建设中，应传承城市的传统色彩，在历史地段，应以灰色为主色调。

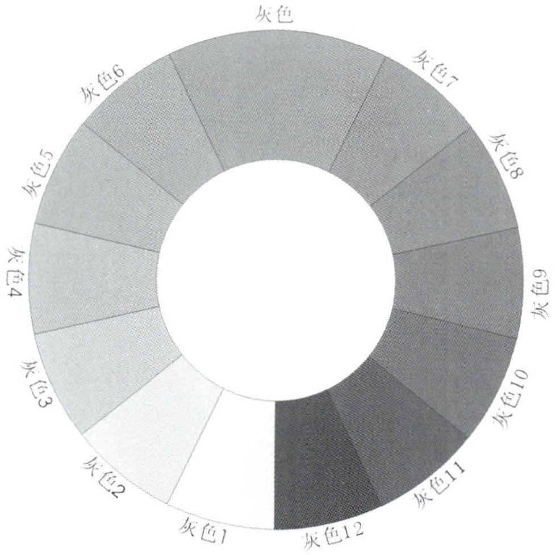

灰色1	灰色2	灰色3	灰色4	灰色5	灰色6	灰色	灰色7	灰色8	灰色9	灰色10	灰色11	灰色12
C:0	C:0	C:0	C:0	C:0	C:0	C:0	C:0	C:0	C:0	C:0	C:0	C:0
M:0	M:0	M:0	M:0	M:0	M:0	M:0	M:0	M:0	M:0	M:0	M:0	M:0
Y:0	Y:0	Y:0	Y:0	Y:0	Y:0	Y:0	Y:0	Y:0	Y:0	Y:0	Y:0	Y:0
K:5	K:10	K:20	K:25	K:30	K:35	K:40	K:45	K:50	K:55	K:60	K:70	K:80

群贤庄小区

金石大酒店

陕西历史博物馆

秦始皇兵马俑博物馆

土黄色

陕西黄土高原沟壑纵横，人们发展了与之相适应的窑洞民居，窑洞或挖或筑，保持着与地貌一致的黄土色。土黄色令人感到平和、稳重，是典型的关中地方色彩。为了促进色彩的多样化与丰富性，我们需要对地方色彩加以提炼，从中找出设计元素，并将之谨慎的运用到当前的环境设计中去。

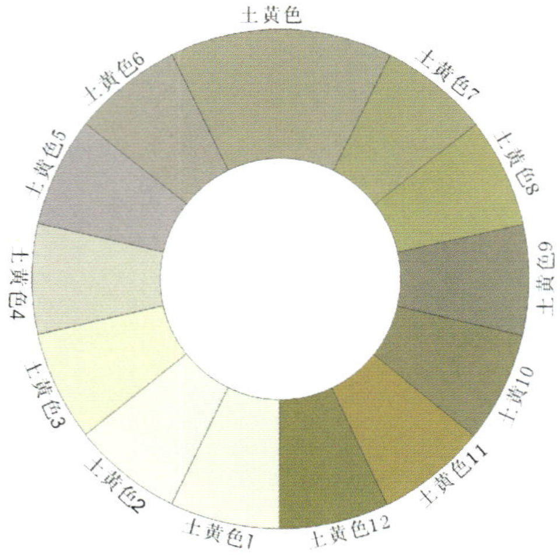

土黄色1	土黄色2	土黄色3	土黄色4	土黄色5	土黄色6	土黄色	土黄色7	土黄色8	土黄色9	土黄色10	土黄色11	土黄色12
C: 0 M: 0 Y: 10 K: 5	C: 5 M: 5 Y: 10 K: 0	C: 5 M: 5 Y: 20 K: 0	C: 10 M: 10 Y: 20 K: 0	C: 20 M: 20 Y: 20 K: 0	C: 20 M: 20 Y: 30 K: 0	C: 20 M: 20 Y: 40 K: 0	C: 20 M: 20 Y: 50 K: 0	C: 20 M: 20 Y: 60 K: 0	C: 30 M: 30 Y: 50 K: 0	C: 30 M: 30 Y: 60 K: 0	C: 20 M: 30 Y: 70 K: 0	C: 30 M: 30 Y: 70 K: 0

钟楼饭店

唐乐宫

南洋大酒店

陕西省图书馆

赭石色

在中国传统文化中，赭石色赋予建筑庄重、高贵、典雅的形象。在现代建筑中，应用赭石色不但符合西安厚重的历史氛围，而且能创造出具有时代气息的建筑。赭石色与灰色、土黄色协调统一，共同构筑西安的城市主色调。

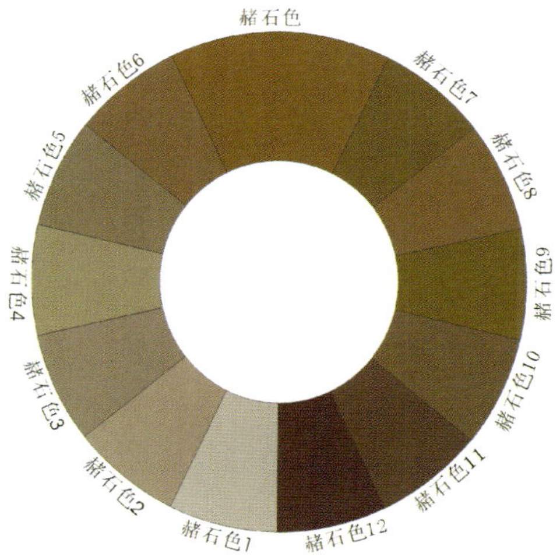

赭石色1	赭石色2	赭石色3	赭石色4	赭石色5	赭石色6	赭石色	赭石色7	赭石色8	赭石色9	赭石色10	赭石色11	赭石色12
C: 20	C: 5	C: 5	C: 10	C: 20	C: 20	C: 30	C: 40	C: 30	C: 40	C: 40	C: 50	C: 60
M: 20	M: 20	M: 20	M: 20	M: 30	M: 40	M: 50	M: 50	M: 50	M: 50	M: 50	M: 60	M: 70
Y : 30	Y : 30	Y : 30	Y : 40	Y : 50	Y : 60	Y : 80	Y : 80	Y : 70	Y : 90	Y : 70	Y : 70	Y : 70
K : 0	K : 30	K : 40	K : 30	K : 30	K : 30	K : 20	K : 20	K : 20	K : 20	K : 20	K : 20	K : 20

陕西省农村信用社联合社

皇城宾馆

天翼大酒店

王子饭店

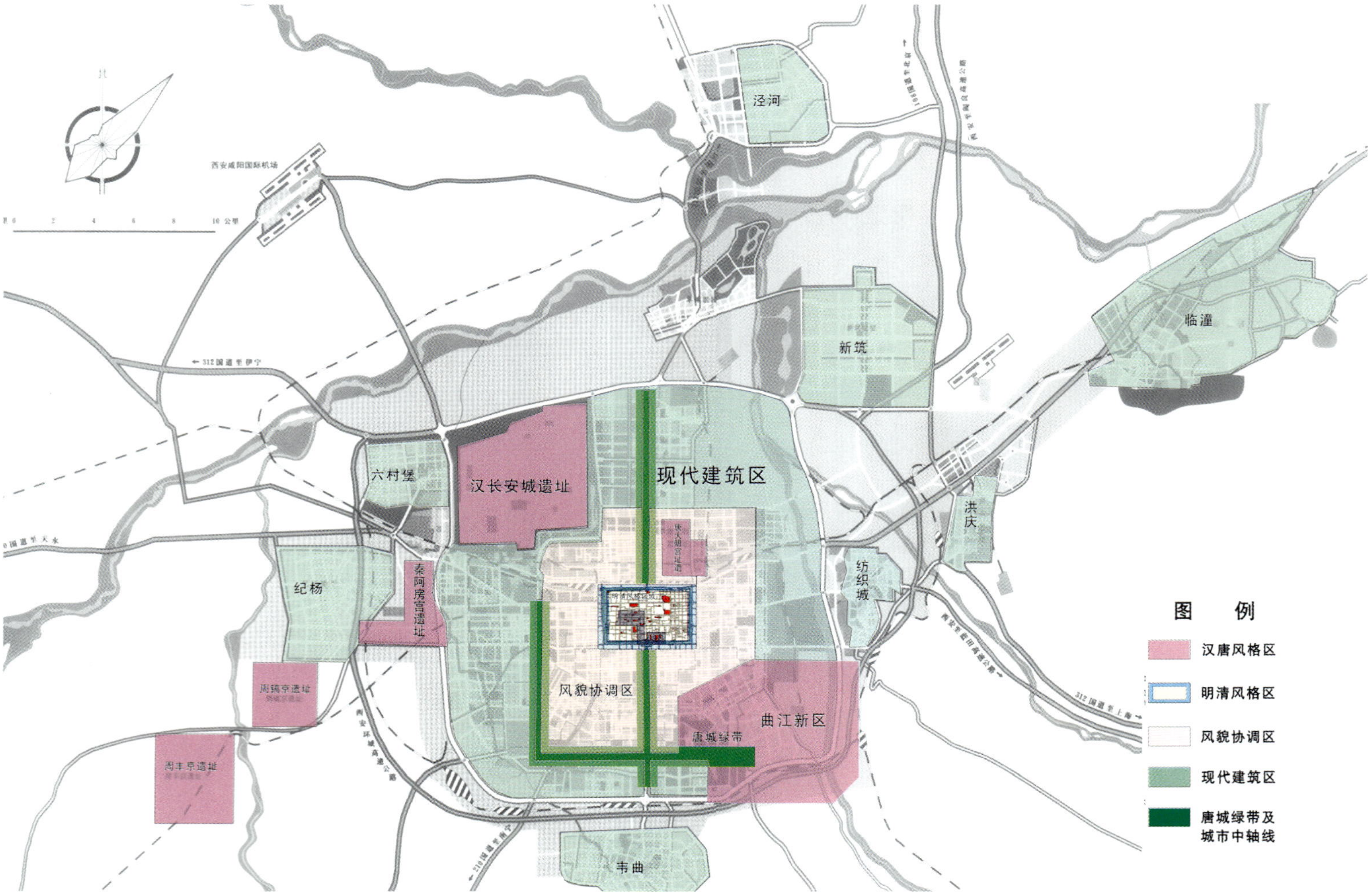

建筑风格分区总图

二、西安城市建筑风格

1.影响西安建筑风格的地域文化综合因素

西安的地域文化同其他地域文化的形成一样，自然赋存条件，传统文化，历史上占主导地位的生产、生活方式，重要的社会文化变迁过程等，都对地域文化及文化精神产生着或强或弱的影响，即使是久远的历史文化，只要还被人们记忆、认同、珍视，那就构成现代文化的结构要素。西安和其他城市的不同之处，主要在于它有着厚重的历史积淀和比较复杂的现代文明影响，简要地说，影响西安既有地域文化的有以下综合因素。

（1）远离江海、先荣后衰的地理区位；

（2）千年古都的文脉和周、秦、汉、唐封建帝国文化；

（3）内陆农耕文化；

（4）封建宗法及儒家正统文化的长期统治地位；

（5）北方游牧民族及其“胡文化”；

（6）近代旧民主主义革命文化；

（7）“延安精神”及现代革命传统；

（8）计划经济时代的管理观念及企业文化；

（9）现代科技、商贸、旅游文化；

（10）外地企业及外资企业携带到西安的商业文化。

正是这些不断地影响着西安市的建筑风格。

2.千年古都曾经孕育产生过的强势文化精神

周、秦、汉、唐的文化传统和文化精神，构成了中华民族传统文化的主干，在这些封建帝国兴盛之时，其文化精神的影响是全国性乃至世界性的，在这些帝国湮灭之后，其文化精神中优秀、精萃的东西仍被整个民族继承，它对西安产生的影响是最为深刻、最为复杂的。过去，我们总在泛泛地提及周、秦、汉、唐，对其文化精神并未作过结构性的分析概括，现在我们根据西安专家学者的研究，对周、秦、汉、唐的文化精神分别提出一个初步的归纳概括。

西周：崇德尚礼

食货为本的治国理念，敬德保民的为政意识；

周详有序的礼乐制度，敦厚诚信的处世情怀。

秦：崇法尚勇

严刑峻法的治国方略，注重事功的价值观念；

雄视天下的创造志趣，尚勇好武的性格特征。

西汉：崇儒尚功

注重五常的道德教化，弘毅自强的人生态度；

追求功业的价值取向，雄浑苍茫的审美情调。

唐：崇大尚新

兼蓄并容、德义日新的治世思想；

融通华夷、锐意创新的开放胸襟；

气势恢弘、追求极致的审美标准；

有容乃大、务存会通的文化方针。

3. 保护历史建筑要风格纯正

古都的历史风貌由诸多要素构成，而建筑、街区和风景园林为其主体，它们的风格体现了不同年代的历史与多采的地域文化。西安是十三朝古都，就建筑风格而言，有周、秦、汉、唐、宋、元、明、清等若干类型。就以西安旧城为例，现存古建筑大都是明清时代的遗存，但旧城又是在唐皇城基地上续建的，于是旧城的历史风貌、建筑风格多有争议。我个人倾向于旧城的新建筑应该是现代建筑传统风貌。在特定的地段、特定的建筑，明清就是明清、唐风就是唐风，建筑风格纯正，不能非驴非马。从规划上来讲，一条街、一个地段文化定位十分重要。提倡组织多学科研究，通过科学的论证。另一方面，从建筑上来讲，风格的把握，体现了一个城市、一个地区的专业和文化水准和建筑的审美素质。

4. 整合特色空间要一脉相承

西安历代古都，都是在轴线与轴线、轴线与山水及地形变化的交汇点上选择标志性地段，布置标志性建筑。这些交汇点在现代城市设计中称之谓“节点”，有的已列为城市规划保护与发展的重要地段。例如：西安城墙的四门广场、大雁塔南北广场、明德门遗址公园等等。在城市现代化进程中，城市空间的重构与整合是不可或缺的规划手段，而利用古建筑、古遗址组织特色空间，对于突显古城形象往往具有事半功倍的效果，但一定要牢牢把握好，这是一个保护与发展的过程。这些特色空间的整合应该“从历史走向未来”，保持和发展原有的意境、格局，继承历史文脉，而不是“改天换地”面目全非的“大变样”。

5. 构成一个城市特色的建筑要素包括标志性建筑，同样也包括大量的背景性建筑。

以往，我们过分重视城市标志性建筑的建设，而忽视对原有标志性建筑的保护及大量背景性建筑的建设，缺乏对建筑场所的理解和不同历史时期建筑的尊重。城市特色的保护，不是一个思潮，而是指导城市建设的重要原则，是20世纪正反两方面经验对城市建设的重大理论贡献。本文结合在古城西安的几项背景性的建筑创作，试图从大处着眼、小处着手，从城市设计的角度探讨建筑与建筑之间的关系，并唤起人们对背景性建筑设计的重视。

任何建筑创作都受特定场所的制约，对环境及周边建筑的尊重是建筑师职业美德。从规划到建筑的设计观点就是一种城市设计的观点，从某种角度上讲：城市设计就是以整体的观念处理建筑关系的设计。城市中任何建设地段的建设，我们都可以把它抽象为图形与背景的关系，在总体布局及形象处理方面均可应用格式塔心理学底图逆转原理处理新老建筑的关系。

城市群体建筑协调的重要要素是体量和尺度。著名的威尼斯圣马可广场建设历经千年，其风格迥异，但各建筑之间体量和高度互相呼应，比例和尺度精心推敲，取得了协调一致的整体效果。因此，在大多数情况下，作为图形背景的“底”的造型处理，没有必要简单重复“图”的造型元素，形式可更中性一些，平凡而不张扬，折衷而不纯粹。

经过研究，我们对西安市中心区的建筑风格进行了分区，目的是使西安市的城市建筑能够从整体上表达西安地区将有的文化脉络与风格，我们将西安市的建筑风格划分为：传统风貌区、风貌协调区域、现代建筑区域。

其中传统风貌区又分为：汉唐以及之前的建筑风格区域（简称汉唐风格区域）和明清建筑风格区域。

汉唐风格区域

汉唐风格区域主要以汉唐遗址和周代遗址为主，其中包括：汉长安城遗址、唐大明宫遗址、唐城绿带、唐

小雁塔、曲江新区、周沣京遗址、周镐京遗址、秦阿房宫遗址。在周沣、镐二京及秦阿房宫遗址区域可适当进行周、秦风格建筑设计探索，但此区域仍以汉唐风格为主。处于这一区域的各文物古迹及唐城绿带周边各100m范围内的建筑应该结合现代建筑功能的要求，建筑形式中可以运用传统建筑符号，再现汉唐建筑古朴浑厚的风格。其中唐城绿带及城市中轴线两侧的建筑风格及体量应相协调，创造出独具特色、具有传统韵味的街道。

明清风格（传统风格）区域

明清风格区域主要以老城区为主。建筑风格以明清建筑为主要特色，建筑高度应符合历史文化名城保护的限

玄奘纪念馆

陕西历史博物馆

唐华宾馆

大唐芙蓉园

高规定，建筑形式中可运用传统建筑语言，如坡屋面、墙线脚、挑檐等建筑造型构件，以白墙、灰顶为主，点缀以褐红色比柱等造型构件，体现浓郁的历史文化气息。其中，沿街商业店铺或商业建筑，采用传统建筑的尺度，屋顶和门窗以细部处理手法，创造历史街区氛围。

风貌协调区域

风貌协调区域主要指一环至二环间区域。应充分考虑与旧城的空间和风貌协调，满足历史文化名城的高度控

鼓楼

长安城堡大酒店

顺城巷

西大街百盛

制要求。建筑风格应尽量将传统与现代语汇结合，创造出既有传统特点，又富有时代精神的建筑风貌，形成旧城与新区之间的过渡区。

明清风格区域内各文物古迹周边50m范围内的区域，建筑色彩与风格的确定应充分尊重文物古迹本身的特色，慎重确定。

陕西省图书馆

古都大酒店

唐乐宫

秦朝瓦罐

现代建筑区域

现代建筑区域主要是指二环至三环，及三环以外区域。其中还包括了中心城市周边的居住组团。此区域为新兴城区。处于此区域的文物古迹保护区及有必要进行保护的区域应充分尊重文物古迹本身的特色，在文物古迹保护区以外的区域，可以不受旧城保护的限制，应充分体现现代都市气息，以现代建筑风格为主，创造具有时代气息的新西安。

雅荷春天接待中心

怡合国际

紫薇山庄

金石大酒店

八、结束语

以上研究是一个框架性体系，今后需要更深入、更系统的工作。在框架体系中所确定的西安城市色彩与建筑风格是一种控制性的体系，它是西安城市色彩与建筑风格的导向性研究，在实际应用中要做到“控而不死，活而不乱”。一方面，要对城市色彩与建筑风格严格控制，使其符合西安古朴厚重的特点，体现西安的传统特色；另一方面，商业、文化等建筑要灵活应用传统建筑符号，反映当代建筑文艺复兴的基本理念，同时要突出西安传统建筑的“神”，而不能无原则地应用外地及西方的建筑要素，以至破坏西安的城市特色。

第一节 建筑特色

具有汉唐风貌的建筑

“汉唐风格”作为城市建筑的一种分类，严格来说概念的外延并不一定准确，但是基于西安这座特定的城市，我们希望能在城市设计及建筑设计中体现大气与质朴的风格。那么，在西安“新唐风”的探索过程中，我们希望以“汉唐风格”来概括那些在延续历史文脉、进行现代建筑创作中的这一类优秀作品。

华清池、唐代御汤博物馆

华清池位于骊山北麓，紧倚临潼城区，其历史悠久，堪称为“中国现存最古老的园林”。相传周幽王最早在骊山建骊宫，秦始皇时改为“骊山汤”，汉武帝时扩建为离宫，唐太宗贞观18年（公元644年）营建宫殿取名“汤泉宫”，唐玄宗天宝6年（公元747年）再次扩建取名华清宫，相传杨贵妃常在此沐浴。因以温泉而著名，又称华清池。

唐代御汤博物馆是一组保护和展示华清宫内唐代御汤遗址的建筑群。设计非常谦虚地融入整个华清宫的历史环境之中，并刻意保留地形的高差，以反映历史的变迁。设计手法简约洗练，内外风格统一协调。

陕西历史博物馆

在空间构图上，讲究"主轴对称、主从有序、中央殿堂、四隅崇楼"的章法。屋面坡度平缓、出檐深远、翼角舒展，体现唐风特点。采用灰色、白色，庄重典雅，宁静深远。巧妙地采用斗栱突现了从现代主义柱子到传统屋顶的过渡，将中国唐代风格的形式与现代主义完美地融合在一起。

建筑设计：中国建筑西北设计研究院总建筑师、中国工程院院士、中国建筑设计大师 张锦秋

画外余音
—陕西历史博物馆的创作经验

□ 张锦秋

1994年6月20日是陕西历史博物馆落成开幕三周年纪念。三年来，这座唐风浓郁的现代化大型博物馆受到各界人士的关注，给予了高度评价。联合国教科文组织确认它为世界一流博物馆之一；西安的公众引以为自豪，誉之为“古都明珠”；中国建筑学会在1993年授予建筑创作奖。鼓励之余，许多同行和文化界的友人表示希望多了解一些建筑创作的情况，特别是造型立意、建筑风格、古今结合这些方面。本来，建筑作品作为大型空间艺术，在供人观赏时并不需要那么多旁白和说明。它的艺术韵味和精神作用自会由观众切身体验和感受，仁者见仁、智者见智。现在写一篇文章谈个人的创作体会，也许是切题的补白，也可能会成多余的话，故而选用了“画外余音”为题。

尊重环境 发扬唐风

在陕博设计时我们首先考虑的是要使它具备当代新型博物馆的主要特点：如文物保护、展示、研究及管理运营的现代化先进技术手段，防灾、防盗的可靠装备。同时还应该突破仅仅作为文物陈列和保护机构的模式，而兼有文化交流、教育服务和科学研究的设施和作用。要十分重视对人的关怀，在各方面考虑观众的认识心理和行为模式。但是，仅此还远远不够。我们所追求的是建筑形式要体现浓郁的民间传统、地方特色和鲜明的时代精神。不仅要反映出近年来国际建筑界对建筑风格、形式的重视及其对环境文脉的关切，而且要求体现对我国建筑文化传统的深刻理解与合乎逻辑的运用。我们认为，陕博的建筑形象应具有古都西安历史文化名城标志性建筑的气质和品格。

在设计过程中着力于传统的布局与现代功能的结合，传统的审美意识与现代的审美观念相结合。根据以上两个结合的要求，我们认为唐风现代建筑具有突出的典型性和多义性。在一次回答记者提问时我曾说过：“在西安这样一座历史文化名城，凡是遇到像我们今天的时代，精神是一脉相通的。”

陕博设计成一座具有唐风的现代建筑从它所处的建设基地考察，也具有许多有利条件，馆址在大雁塔曲江旅游路线上，与大、小雁塔均有较好的通视线。馆址周围大多是灰瓦青砖的三、四层楼房，背景统一而色调稳重。这些都利于陕博主唐风造型在统一中又突出自己的个性。

以意造象 得于寰中

政府下达的设计任务书明确要求“陕西历史博物馆应具有浓厚的民族传统和地方特色，并成为陕西悠久历史和灿烂文化的象征”。方案探讨紧紧围绕着“象征”二字不断深化，经历了一个“以意造象，得象尽意”到“超以象外、得于寰中”的发展过程。

在13个方案中进行比较，经过两次国内专家评议，一次国外专家咨询，意见都倾向于选这个布局相对集中、与院落式相结合并具中国传统宫殿特色的方案。有的专家认为：大陆历代都城都以宫殿为中心经营城市。西安是一座有十三个王朝建都的古都，以宫殿作为象征比较确切。有的专家认为：陕博是国家级的大馆，所收藏的珍贵文物都是国之瑰宝。陕博本身就是一座民族文化殿堂，采用宫殿式十分得体。也有专家说西安虽然是千年古都，但是宫殿全都荡然无存，如果陕博设计反映传统宫殿之精华，无疑将为古都增色添彩，能更好地发挥建筑的精神功能，由联合国教科文组织邀请前来咨询的建筑专家、加拿大国家博物馆设计人也十分赞赏这个宫殿式的方案。总之，以宫殿式的形象作为陕西悠久历史和灿烂文化的象征就这样确定下来了。“以意造象，以象尽意”，这是探索“象征”的一个层次。

我对选定宫殿式的方案一则以喜，一则以忧。因为，我深知传统的宫殿建筑对于现代生活是一种好看不好用的形式。在洋楼之上加大屋顶的作品很少受到赞赏。运用宫殿式究竟难在哪里？中国的宫殿建筑是一种水平展开的群体组合艺术。这种平面格局用在现代城市型建筑上，很难符合功能、技术、用地等多方面的要求。

我们进一步研究了中国的宫殿，解析了它的空间布局，发现宫殿本身来说是典型宇宙象征主义的代表作。古代的建筑师用尽一切可能来完成这一象征宇宙的设计。从唐至清许多皇宫都有四隅崇楼的运用。宫殿那中央殿堂、四门四楼布局的空间环境所形成的气势，隐喻着千百年来潜入中国人空间意识的宇宙感。我们终于“超以象外、得于寰中”把握了中国传统宫殿空间构图的要领，决定走相对集中、院落布局的路，以反映宫殿群体的“宇宙模型”。我们在空间构图上确定了“中轴对称、主从有序、中央殿堂、四隅崇楼”的章法。“超以象外、得于寰中”这是探索“象征”的第二个层次，从而使空间布局具有了东方的哲理性。

突出主景 聚形展势

建筑布局确定之后，必须在每一个建筑形象上认真推敲。不但要“聚形成势”，并要调动各类造型因素来“聚巧形以展势”。中国风水学中有这样一段话：“势如根本、形如蕊华、英华则实固，根远则于荣。”这深刻地阐明了布局构图与建筑形象相互之间的辩证统一关系。

"聚巧形以展势。""巧形"在中国传统建筑中首推屋顶。它是中国传统建筑中最显著、最重要、最体现精神的部分。更何况我们力求体现的唐风也主要表现在屋面坡度的平缓、出檐的深远以及翼角舒展这样一些造型特征上。"中央殿堂"及南北两门在群体的中轴线上均采用庑殿顶。"四隅崇楼"用了攒尖顶。周围大小各屋顶像小册一样簇拥着中央的庑殿，形成"众山拱伏、主山始尊"的气势。此外，还抓住飞檐翼角这个极为神采飞扬的造型元素，在各个建筑的转角部分反复运用，使整组建筑加强了生气昂然的整体。"聚巧形以展势"不但要聚实体之形，按照我国的传统，庭院空间的善为经营一样可以达到"展势"的效果。为了体现博物馆的群众性而避免出现封建宫庭那种威严肃煞之气，采用有坐凳的回廊围绕主庭，绿地上点缀以雕刻小品。主庭院东南和西南两角各组织一个小跨院，以丰富空间层次。实践证明，一组庞大的建筑，即使在宏观上气势辉煌，通过局部处理，环境仍然可以亲切宜人，这也是我国建筑的一个好传统。

陕博共有九个单体形象，如何达到多样统一，除了在布局上靠轴线对称、主从有序，在建筑色彩上突出一个统调，还有一个重要手段就是模数的应用。我们吸取传统建筑裁分制度的精神，给陕博建立一套模数，从而有效地控制了各类建筑的比例尺度。古代的营造法式和则例，在具体作法、数字上已不适用于现代结构，但它的理性设计精神和思考方法在今天仍有实际意义。

墨雅于彩 素色为上

陕博建筑全部色彩为灰、白色。在绿化衬托下显得庄重、典雅、宁静，并具有一定的雕塑感。陈列室内吊顶为古铜色铝金格栅，其透空的上部蓝黑色的管道及板顶几不可见。地面、墙面亦均呈深灰色。惟有文物展品在灯光的辉映下成为空间的主角。

这套色彩设计构思源从何来，怎么会突破传统宫殿建筑的浓丽色彩而取素色？有三方面的关系：其一是受国外许多著名建筑的影响。欧美博物馆大量采用石料所形成的永恒感使我赞赏不已。华盛顿中心广场的国家美术馆东西两馆都使用了同一种田纳西出产的浅灰石料，那种灰白色的调子平稳安祥又充满活力。这种微妙的平衡给我以深刻的印象。其二是国画"水墨为上"的观念。王维《山水诀》说"夫画道之中，水墨最为上"。同时代的画家荆浩在《笔法记》中也说"随类赋彩，自古有能，而水墨晕章，与我唐代"，自唐以后水墨画成了各代书家追求的绘画形式，在世界画坛独树一帜。这种高雅的格调对中国园林建筑影响极深。我们决定在陕博这座"宫殿式"建筑上作一次赏试。其三是合作者的共识。陕博色调设计之所以能够实现，幸运的是工程领导和筹建人员都具有相当的文化素养，很快对色彩的选择取得共识。并在关键性材料的生产上取得厂家的积极合作，终于烧制出前所未有的浅灰色琉璃瓦，这才有今天陕博有深灰色屋面。这说明建筑的突破是社会综合力量的表现，绝不是建筑师能笔下一挥而就的。

古今交融 有机结合

陕博是一座具有浓郁民族风格的现代建筑，其传统与现代的结合是多层次的。除前述在方案布局中述及之外，在建筑处理上有的"寓古于新"，有的"寓新于古"，有的"古今并存"。室内设计采用"寓古于新"的结合方式：如序言大厅选用中灰色调镜面花岗石地面；本色铝合金悬挂式覆斗形组合体吊顶，颇有"藻井"意味；主题雕刻石狮象征着陕西文明；又如陕博大门设计，采用不锈钢管与抛光铜球组合成空透金属大门，造型新颖又引起人们对传统包钉大门的联想。这些"寓古于新"的作法收到新中含古，似古又新的效果。

陕博大屋顶下的椽条，支撑屋檐的门拱不但造型简洁，而且在结构上都是受力构件，体现了唐代建筑与现代建筑共同追求的艺术、功能、结构高度统一的原则。这种现代建筑的逻辑由唐式建筑构件体现出来，是属于"寓新于古"的结合方式。

陕博还采用了现代化的建筑构配件和材料，例如许多部位采用了四、五公尺高的大型壁板。大面积的实墙和大片玻璃形成强烈虚实对比，随之出现新的立面节奏。这些墙面和唐风屋顶并置在一起，使陕博总体形象具有活力。可见"古今并存"亦非绝然不可。在我长期的设计工作中，主要是通过寻找结合点来促进自己的创作。陕博的设计是又一次赏试。复古耶？创新耶？这些褒贬对我并不重要。我坚信，如果我们对中国建筑传统和现代需求与手法理解越深，结合点的层次就越高，所创作的建筑才会更新颖、淳厚、雅俗共赏。

（作者系中国建筑设计大师、中国工程院院士、中国建筑西北设计研究院总建筑师）

大唐芙蓉园

大唐芙蓉园，是盛唐文化的精髓，大唐芙蓉园是“盛唐主题天下第一园”，中国第一个全方位展示盛唐风貌的大型皇家园林式文化主题公园。它将成为中国的历史之园、精神之园、自然之园、人文之园、艺术之园，象征中国纵观历史，芙蓉园在历史上的几次兴盛皆在太平盛世，历史赋予了大唐芙蓉园高贵的基因，使其在湮没千年之后，依然拥有太平盛世的光环。这也给了在当今的太平盛世下我们才有可能重建芙蓉园，再现盛唐雄风。昔日百帝游幸芙蓉园，观百官、万民同乐之盛景；曲江流饮、雁塔题名、杏园探花、乐游登高，这里留下了脍炙人口的人文典故；文人墨客“每日江头尽醉归”，这里留下了数不清的名篇佳句。

建筑设计：中国建筑西北设计研究院总建筑师、中国工程院院士、中国建筑设计大师 张锦秋

西安唐华宾馆

西安唐华宾馆是全面运用中国传统园林布局于较大型公共建筑的一次尝试。直接运用宾馆主体建筑来组织园林化的空间。与大雁塔相呼应，主体建筑采用平缓舒展的屋面造型，体现整体的唐风特征。庭院平面为耦合连环的矩形，周围客房错落布置。建筑单元交接处多作进退凹凸的处理。建筑体形与室外空间呈拓朴关系。长廊、亭榭增强了主庭山池院的空间层次，丰富了景观的动静变化。

建筑设计：中国建筑西北设计研究院总建筑师、中国工程院院士、中国建筑设计大师 张锦秋

三唐映古塔　时空融一寰
——三唐工程的创作体会

□ 张锦秋

20世纪80年代，在西安南郊的大雁塔曲江旅游区内建造了一组被称为“三唐”的旅游建筑。它们包括一座21000m^2、302套客房的唐华宾馆，一座2900m^{2}的唐代艺术博物馆和一座2370m^{2}的唐歌舞餐厅。自1988年春竣工开业以来，“三唐”曾多次获得部级、国家级等优秀设计奖，1993年以来又连续被评选为世界250个一流旅馆之一。回忆当时中外建筑师竞争时的复杂心情，一则势在必夺，一则又惶惶不安，都是因为工程选址在国家重点文物保护单位唐大雁塔的近旁。在“三唐”建筑创作过程中，我会作以下三方面的追求。

在保护文物古迹的前提下创造新的环境是“三唐”规划设计的基点

西安是一座中外驰名的世界历史文化名城，十三个王朝的都城，丝绸之路的起点。大量的文物古迹，吸引了海内外众多的游客。20世纪80年代在改革开放的形势之下，西安掀起了旅馆建设的热潮。“三唐”即选址在唐大雁塔的东侧。这是一个十分有利而又十分敏感的地区。大雁塔是唐代慈恩寺住持三藏法师玄奘为保存由印度带回的佛经而兴建的。塔高七层64米，方形平面、砖砌结构，造型质朴雄伟。如今寺院的规模、型制均非唐构。惟千年古塔巍峨挺立，成为古都西安的标志。曾经有多少主事者，设想在塔周有所营建，但最终都知难而退。因为在这里搞建设不仅责任重大，而且引来的众说纷纭也使它成为“是非之地”。在这样重要的名胜古迹周围进行旅游开发，是一项艰巨复杂的任务。能不能建，建什么，怎样建，都应慎之又慎。从1980年至1984年间我陆续接受文物、园林、旅游等部门的委托，对慈恩寺的历史、环境进行了调查研究。比如：原来担心在大雁塔近旁建房会喧宾夺主。通过对其历史的研究，了解到慈恩寺唐代时有10院近2000间房屋，特别当了解到一个发掘出的殿堂遗址的规模相当于塔前现有正殿的四倍时，这种顾虑也就自然打消了。据考证，盛唐时的慈恩寺不仅香火旺盛、佛事频繁，而且有幽静的客舍、繁华的集市，慈恩寺的戏和素餐也驰名长安。这就为现在开发的旅游项目提供了历史依据。于是，逐渐明确了这样一个主导思想：在历史性地段，必须在保护文物古迹的前提下创造新环境，这是规划设计的基点。因此，在保护方面我们严格控制建设项目的性质、内容要与保护对象相适应；建筑风格要与保护对象相协调；新建项目的高度、体量要保持该环境的历史景观特色，不能喧宾夺主。在创造方面我们坚持要提供符合现代功能要求与审美意识的室内外空间与设施，要为投资者获取经济效益创造良好的条件。

于是，唐代艺术博物馆以三进四合院的形式布置在基地西部，与慈恩寺一路之隔。唐歌舞餐厅兼有歌舞戏院与餐厅的职能，其庞大的体量在建筑轮廓上被化整为零，布置在博物馆的东南，与寺院之间设有一片绿地。以上两组均为平房。惟有唐华宾馆规模较大、客货运频繁，因而被安排在距大雁塔最远的基地东部，在唐慈恩寺遗址范围以外，采用园林式布局，以二层为主，局部三、四层。在上述三者建筑之间，围绕着唐慈恩寺大殿遗址规划了遗址公园（现名“春晓园”）。对大雁塔形象会起破坏作用并污染环境的锅炉房被置于距基地400m的北面另一场地上。

系统地运用中国传统的空间理论是“三唐”总体布局的特点

中国书论有“凡尽山水，先立实主”之说。《园冶》也有“凡园圃立基，定厅堂”，为通过屋顶的分块处理以及以小体量屏障大体量的手法使其在尺度上与寺院相协调。同时通过西侧绿地及西入口的布置以加强其对古塔和寺院的联系。唐华宾馆将两万平方米的建筑分解为十五个部分，并使之东高西低、东实西虚、东直西曲，以加强对西边雁塔的“奔趋”之势。

“三唐”创作中注重“虚实相生”理论的运用。老子说“凿户牖以为室，当其无，有室之用。”“无”就是空间，而“无”在老子即是“道”，即是生命的节奏。中国画论很强调“虚实相生”，书法亦讲究“计白当黑”，认为空白适当与间架结构有着同等的艺术价值。中国建筑与园林历来就是“计虚当实”，不但通过建筑物的位置、体量、形态的经营有意识地去创造一个与实体相生的外部空间，而且实中虚、虚中实、内外交融，从而构成了在世界上独树一帜的中国建筑与园林的艺术特征。继承这一传统，在雄浑高大的大雁塔这一实体近旁，“三唐”则避实就虚，将三组建筑分布在基地的边角部，中间空出大面积的公园绿地，形成了以虚为主的格局，宏观上形成了一实一虚对比强烈的空间特色。三组建筑则又“实中有虚”，均呈院落式布局，特别是唐华宾馆设计中认真推敲了建筑形体与室外空间形态的共生关系。

“三唐”创作运用了“相反相成”的规律。中国从“太极生两仪”开始就讲对立的统一。我国传统建筑与园林都成功于把多样化的景物使其相反相成，统一于完整的构图之中。为此，唐华宾馆内庭采用了大面积水庭，使得雁塔刚健颇得山意，唐华幽深欲含水情，在个性上刚柔相济，在空间上虚实相生。在大雁塔和唐华宾馆这“两仪”之间，唐艺术博物馆和歌舞餐厅担当了转化矛盾的角色。前者平面结构严谨，有如慈恩寺之延伸；后者在严谨中富有变化，以转折变化具有音乐节奏感的曲廊与唐华宾馆相连接。它们各自成为对比双方的配体，颇得承接转换之妙用。

将唐代建筑形式及传统园林格局与现代旅游功能有机结合是设计构思的焦点

“三唐”建筑统一在唐风之中，这当然首先因为要与唐大雁塔相呼应，同时也是为了创造一个具有历史风貌，能发人联想的新环境。如果说唐代艺术博物馆和唐歌舞餐厅是“仿唐建筑”的话，那么唐华宾馆则多文化寻根之意。如何在现代建筑上体现出较多的传统意蕴，这才是构思中真正的焦点。在功能分区、结构方案、建筑形式方面作了如下的尝试：大空间的公共活动用房集中在宾馆前部，采用钢筋混凝土框架结构、平层顶，通过唐风的挑檐和构架处理并配以通开间的大玻璃窗，使现代功能、结构、材料与传统文化意象融为一体。而众多的客房建筑被分成八个体部，围合成大小不同的几个庭园空间。它们采用经济的砖墙承重的混合结构，冠以民间生产的手工青瓦坡顶，质朴无华。简化的唐风挑檐，更确切地说，是通过舒缓的屋面造型，体现了整体的唐风特征。在室内空间上重点处理了宾馆大堂，这取意于中国传统茶楼酒馆的“跑马廊”，中部玻璃顶隐喻着天井，环状富有敦煌色彩的丙烯画显示了浓郁的唐风。

唐华宾馆是全面运用中国传统园林布局于较大型公共建筑的一次尝试。那种道道曲廊、层层深院的古老形式已不适应于现代化的设施与高效能的营运管理要求。所以这里直接运用宾馆主体建筑（公共活动用房与客房）来组织园林化的空间。如主庭山池院采用一对矩形耦合连环的平面形状，周围客房均错落布置。建筑单元交接处多作进退凹凸的处理。建筑体形与室外空间呈拓朴关系。游人置身院内始终只能看到庭院空间的局部，步移景换，空间呈流动感。在此基础上于水面上置一道水廊、一座小亭，这两个真正的园林小品建筑丰富了主庭山池院的空间层次和景观。周围的一些小庭院有的敞向雁塔，有的朝向山池院，也形成了不同的空间景观。

园林建筑设计以成景、得景为基本原则。宾馆建筑功能性强，不能舍弃功能追求景观，但却可以结合功能组织景观。在唐华宾馆中既考虑了借景，也安排了景观序列。动态景观序列按游客住进旅馆的流程而组织，由动到静，到安静，到宁静，进而极目驰思、意境升华。序列从宾馆入口开始。一泓池水、仿唐敞轩与遥借的雁塔构成起景，这一“起”，从动到静。进入大堂，是由“跑马廊”组成的多层次围合空间，透过迎面落地大玻璃窗映入庭院的波光绿景，给人以舒适、安静之感。宽阔的山池院是宾馆的主景，也是动态景观序列的高潮，清澈的池水、朴拙的终南山石、流泉飞瀑、水声潺潺。游人漫步其间遥见塔景，浮想联翩。通过窗景如画的走廊，进入富有私密性的客房，当客人再次领略到远借的古塔风采时，思古之幽情余味无穷。随着人们在宾馆各处走动，雁塔侧影在多处出现，犹如优美的主旋律在乐曲中悠然回荡。

“三唐”设计已是20年前的往事，一纸短文又勾起了满篇旧话。随着时间的推移，当时的心得体会中有的变得淡漠褪色了，而另一些却似乎更加清晰起来……就此敬献于读者，还望批评指正。

（作者系中国建筑设计大师、中国工程院院士、中国建筑西北设计研究院总建筑师）

西安乐游塬青龙寺

空海纪念碑、惠果空海纪念堂、青龙寺庭院，三处庭院浑然一体，错落有致。建筑格局从总体入手，相地立基，得体合宜；在环境设计中因垣就势，成景得景；建筑风格着意仿唐，睹物思人，发人联想。

建筑设计：中国建筑西北设计研究院总建筑师、中国工程院院士、中国建筑设计大师 张锦秋

大雁塔南广场

大雁塔是西安的标志性建筑，雄伟刚健，既具有西岳华山的雄奇，又具有秦人质朴率真的性格。大雁塔南广场在设计上符合了这一空间特性，简洁、大方。

大雁塔北广场

大雁塔北广场东西218m，南北长346m，以大雁塔为广场中心轴，前广场设有山门及柱塔作为雁塔北路与北广场轴线之转接点；南门高差9m，分成9级，由北往南逐步拾级而形成对大雁塔膜拜的形式，北广场整体设计概念是以突出大雁塔慈恩寺及唐文化为主轴，结合传统与现代的设计构成，是中国不多的以唐文化为主题的城市广场。

西安玄奘纪念院

玄奘纪念院充分尊重唐代皇家寺院的总体环境，突出大雁塔的主体景观，采用中轴对称，横列三院式的布局，使不同年代的建筑浑然一体。水平延伸的建筑体量更加突出大雁塔的高耸和雄伟，使其与大雁塔完成千年的对话。

雁塔西路商业街（大唐通易坊）

作为大雁塔景区内的一条商业街，唐风唐韵的建筑与景观设计衬托出千年古塔的雄伟身姿，错落有致的空间形态与传统风格的建筑造型将古老的文明与现代的商业氛围很好地融为一体，充分地提升了城市的魅力与活力。规划设计中最大限度地保留了原有植被，尽可能地减少了对周边原有建筑的干扰。

大雁塔北广场建筑设计：北京德港建筑设计有限公司 黎少平等

玄奘纪念院建筑设计：中国建筑西北设计研究院总建筑师、中国工程院院士、中国建筑设计大师 张锦秋

秦始皇兵马俑博物馆

秦始皇兵马俑是联合国教科文组织列入世界文化遗产名录的人类珍贵文化财富。

秦始皇兵马俑博物馆系大型组群式遗址博物馆。始建于1975年，先后建成三个遗址展厅和秦始皇陵文物陈列厅四项陈列建筑。

馆区在保留三个遗址厅的空间格局的前提下，组织了开阔而富于气势的前广场，陈列区的建筑追求气势、浑厚、古拙之美，并以石材饰面和适度选用具有秦汉风格的建筑处理，使管内风貌兼具现代人审视传统文明的审美意趣和文博建筑应有的舒适度、参观环境及文物保护环境。

传统建筑遗存及具有明清风格的建筑

在明西安府城范围内，包括唐大雁塔所在的慈恩寺，以及卧龙寺、罔极寺等等，或是在唐皇城基础上扩建、或是唐代始建的伽蓝，其真实遗存下来的建筑多是明清风格。

西安城墙

西安城墙是中国现存古城中保存最完整、规模最大、年代最久远的古代城市防御体系；也是西安最重要的城标之一。

西安城墙的旧基，原是公元7世纪初建立的李唐王朝的国都——长安城中的皇城遗址。904年唐都东迁，佑国军节度使韩建将其修筑整顿，改为驻军之地，起城名曰："新城"。此城经宋、元数代更迭沿用，未变城貌，仅换城名而已。1368年明朝建立，1369年明军入城，改城名为"西安府"。此名沿用至今。

西安的城门

□赵　敏

如何将西安丰富的隐性历史文化以各种表达方式显示出来，整和城市的历史风貌，提升古都的历史文化品位，提升市民的文化修养，并承载着古城历史文化精神，是古城西安文化复兴的核心内容。

西安，从周人的丰镐二京开始，其城市规划布局就运用纵横交错的“井”字形经纬布局体现等级和秩序，到汉唐更是发挥的淋漓尽致。通过分析和论证，我们确定未来西安中心城市的发展模式为：“九宫格局，棋盘路网，轴线突出，一城多心”的空间格局模式。

我是西安人，西安这块热土养育了我。在我小时侯，我感受到西安方方正正的城市布局，走路从来都没有迷失过方向。在今天，突飞猛进发展中的西安，那种周正大气、古朴且无处不在的厚重历史和文化气息深深地感染了我。虽然对西安当地人来说，城市的范围已不再局限于城墙里的那片四方城，但城内以钟楼为中心辐射出的东西南北四条大街上，依然聚集了西安往日和现今的荣光与繁华。对一个初到西安的异地客，城墙是他们打量西安的一个界限。一天里从不同的城门进出几次，他们会疑惑：我几次出城入城过了？西安究竟有多大啊？捡拾西安留在我们印象里的片段，城墙给我们的印象至深。

西安城墙是中国现存古城墙中保存最完整、规模最宏大、年代最久远的古代城市防御体系。西安城墙的旧基，原是公元7世纪初建立的唐王朝的国都——长安城中的皇城遗址。公元904年唐都东迁，节都使韩建将城池修筑整顿，改为驻军之地，起名“新城”。后经宋、元数代更迭沿用，保持城貌，仅换城名。公元1368元，明朝建立，改城名为“西安府”，“西安”这一名字沿用至今。

现在的城墙规模为明代修建，从公元1370年开始，历时七八年之久，于明洪武十一年全部完工。初具规模的西安城墙，分内外两重城，内城是秦王府，主题建筑为“前宫后寝”的传统格局，殿宇重檐，富丽堂皇，是王权和军政的中心。外城为重要的军事防御体系，周长13.7km，面积11.5km^2，建有墩台、敌楼、角楼、城楼、垛墙。

西安城墙至今已有600多年的历史。特别是城墙经过1983年开始的大规模休整后，使城墙、护城河、环城绿带三位一体，重现了昔日城墙的英姿。

凡墙都有门。在古代，城门是西安防御体系的重点，设防十分严密。西安城墙的城门建筑由三重组成，闸门、箭楼、城楼三位一体组成高点防线。一重城门上建有闸楼，用于控制吊桥的升降，晨昏打更报时，战时报警。二重门上建有箭楼，主要用于作战防御，城墙与主城墙相连，形成一个瓮城。三重城门是主体城墙上的城门，它上面的城楼是城门的主题建筑，四角高翘，回廊环绕，巍峨壮观，是战争时的指挥所。

西安城墙旧有四座城门：南为永宁，北为安远，东为长乐，西为安定。后来又开辟尚武门（小北门），尚德门、尚俭门、尚勤门、中正门（解放门）、含光门、勿幕门（小南门）、朱雀门、文昌门、和平门、建国门、朝阳门、中山门、（小东门）、玉祥门，共计18个城门。

春日登上城墙，从南北东西四座城门上眺望西安城，会有别样的景象呈现眼前：

站在南门城墙上北望，大气朴拙的钟楼近在眼前，南大街通脱清朗，宽阔周正。向南望，南门广场的大面积绿地，映衬着入城式的灯笼，很是惹眼，远处的高楼却一下子把人的视线牵向高远。那里，聚集着这个城市的一片摩登与壮阔，和屈指不能数的名校。遥远美丽的终南山日日夜夜在俯视着这些景观。

东门又叫长乐门。“西安事变”前，张学良将军曾在东门城楼上组建教导队和学兵队。这一旧址已被修复，作为西安事变纪念地。从东门西望，东大街上的大商场大气包容，小店面静静显露自己的特色，行道树葱郁掩映，把繁华掩映得显出几分宁静。改造中的骡马市步行街引人遐想。相比南门外的摩登现代，东门外则像小家碧玉，娴静清丽。

西大街是新近改造过的仿古一条街，改造工程以中国传统建筑风格作为定位特征。一方面改善交通环境，一方面在旧城区内复兴传统城市与建筑文化，成为旧城区改造的点睛之作。在西大街拓宽改造茏及城市设计过程中，设计者们为充分挖掘西安的文化底蕴，大到建筑组群、单体建筑，小到牌楼、诗碑、景观小品、座椅、候车亭、电话亭、地灯……希望通过精心的城市设计，唤起人们对久远历史的追思。改造后的建筑严格遵照西安城市的色彩定位，现在的西大街，白墙、灰瓦、朱红门廊，青石铺就的地砖，古色古香，再现了大唐风韵。向西门外望，视野开阔悠远。不远处的高新开发区展现着这个城市的另一片繁华美景。

1983年整修城墙时，恢复了北门原有的箭楼。站在北门城墙向北遥望，高楼林立，环城高速路上，立交桥横空盘错，涌动着浓浓的现代气息。向南遥望钟楼，北大街宽阔重正，纵使两边高楼林立，古城那独特的气息闭着眼睛依然可触可感。

（作者系西安市规划局副局长）

群集团公司
金花

钟鼓楼广场

钟鼓楼广场是一项古迹保护与旧城更新的综合性工程。包括：绿化广场、下沉式广场、下沉式商业街、地下商城及商业楼。设计是从城市设计的概念出发，力求突出两座14世纪的古建筑形象。环境艺术设计沿着"晨钟暮鼓"这一主题向古今双向延伸。在空间处理上，将中国传统的空间组景经验与现代城市外部空间的理论相结合，组成了地上、地下、室内、室外融为一体的立体混合城市空间。

优化城市环境　提高生活质量
——西安钟鼓楼广场城市设计

□ 张锦秋

钟鼓楼广场的兴建，是上世纪末西安旧城更新的一项重点工程，于1995年11月破土动工，翌年九月峻工。在设计过程中对公共空间的创造，进行了一些有益的探索。

城市设计始于规划

坐落在西安旧城（明清西安府城）中心的钟楼、鼓楼是古城的标志，它们分别建于1384年与1380年。在西安城市现代化进程中，围绕钟鼓楼开辟市中心广场曾经有过三个主要的规划方案：

1953年城市规划确定由钟楼和鼓楼分别组成两个相邻的广场。钟楼广场以钟楼为中心，以四座公共建筑向心围合，以后按此规划修建了邮电大楼、钟楼饭店和开元商城。

1983年城市规划将原规划的两个广场合而为一，拟在钟鼓楼之间开辟绿化休息广场。这个方案保证了钟、鼓楼之间的通视，为市民提供了休息场所，富有地方特色。但十几年来由于拆迁和建设的资金难以筹措，规划未能实施。

1994由城市规划部门和建筑设计单位通力合作，以城市设计的思维和方法，分析历史和现状，综合考虑解决各项功能问题和环境要求，充分估计开发和运营的经济效益，通过可行性研究，共同拟定了规划方案。此方案保持了1983年城市规划的基本格局，提出在广场下进行地下空间开发，在广场北侧增设步行商业街，从而强化广场现代化和多元化的功能，提高市中心繁华地区的土地利用率，使规划方案更趋经济合理、技术先进、便于操作。这个方案被确定为实施方案。

广场基地的空间分析研究

就形态而言，城市空间是建筑实体和它们之间的外部空间虚实相辅、刚柔相济的共同体。城市公共空间如同城市标志性建筑一样，也是城市中最吸引人的因素，是一种不可替代的元素。古今中外城市设计的佳作多以杰出的建筑形象和优美的外部空间所共生的特色环境，使人为之倾倒。它们有力地证明了城市公共空间不可取代的重要意义。为了塑造好钟鼓楼广场这一城市公共空间，在城市设计时对场地进行了空间分析。

从城市总体空间来看，钟鼓楼广场位于东、西、南、北四条大街交汇处，区位十分优越。钟楼和鼓楼都是国家重点文物保护单位，两楼造型宏伟、遥遥相望。晨钟暮鼓是古代城市管理与当地民间习俗的重要一环。钟鼓楼广场的建设必须考虑古城保护与更新中的诸多因素，理应以钟鼓楼的建筑形象为主体，创造一个完整的、富有历史内涵而又面向未来的城市公共空间。

从历史上该地段具体空间形态看，明清两代历时500余年间，这里均为西安府署等官府所在地，民国期间也是长安县政府等行政机关，并没有其他里坊民居。此地段的空间形态是东西两端分别有高踞在崇台之上的钟鼓楼，两楼之间则是低矮的坡顶平房。20世纪50年代以来，两楼高耸的立体轮廓依然如旧，但官府衙门不复存在，代之以沿街的124户临时铺面和其后拥塞的296户简易民房，成为密度大、质量差的危房改造地段。由此确定广场设计应保持二楼高耸、中间低平的空间特征。

这样，通过对城市空间的宏观研究给广场定位。

城市空间的立体混合

城市空间的立体混合是高度城市化、节约用地、现代人际交往和城市生活的产物。可以说城市化的多功能选择了立体混合空间；而立体混合空间又满足了、丰富了城市多功能的配置。

1.从分析功能入手　从钟鼓楼的历史背景、区位环境以及今后市中心的现代功能等诸方面分析，广场设计需要着重解决的问题是：

·突出两座古建筑的形象，保持它们的通视关系；

·提供一个以绿地为主的文化休息广场，提高市中心环境质量；

·改善市中心交通状况，解决钟鼓楼盘道周围人车分流的问题；

·就地安置原有名牌老店；

·兴建现代化商业设施，进行古城更新，并由此解决广场工程所需建设费用，并在主体广场下兴建平战结合的人防工程。

2.总体布局　在2.18公顷基地范围内，将空间划分为地下、地面、地上三个层次，共分五大部分。

·主体广场是9425m²的绿地广场，东西长144m，南北宽64m，属地面层；

·下沉式广场是6274m²的硬质铺地广场，这是一个人流集散的交通广场;

·下沉式步行商业街，沿鼓楼东西向轴线布署，宽10m，长144m。东起下沉式广场，西连北院门传统商业街；

·地下商城，总面积31386m²，地下二层，主入口开在下沉式广场西侧，另在下沉式商业街和绿化广场上设多处入口；

以上三部分均属于地下空间。由于地下商城首层与下沉式广场和下沉式商业街同层，从这两个室外空间进入商城避免了进入地下空间的心理不适。

·传统商业楼，总面积12957m²，高3～4层，沿下沉式商业街北侧布置。底层出入于下沉式街道，地面层通过骑楼和桥与绿化广场相连系。

3.技术措施　首先要考虑的是地下空间的开发对邻近两座古楼地基可能产生的影响。由文物、勘察、设计、施工等有关部门共同研究，科学论证，确定地下建筑的范围、深度、设计方案和施工方法，使保护旧建筑落在实处。

外部空间设计

外部空间设计是广场设计成败所在。要创造多层次、多功能、多景观、多情趣的多元空间，必须把握好广场空间的界定和个性化空间塑造这两个重要环节。

1.广场空间的界定　钟鼓楼广场包含视觉空间、围合空间和功能空间三个范围，它们在空间构图上担负着不同的作用，对设计也有着不同的要求。视觉空间是指人在广场上视线所及范围。周边的建筑作为钟鼓楼背景，应该控制其高度形成相对低平的轮廓线；色彩要和谐协调，特别须取消破坏环境的广告；围合空间是指环绕广场的实体所形成的空间范围：东起钟楼、西至鼓楼、北依商业楼、南至广场外沿的行道树。在这个范围三面是建筑，一面是行道树和城市主干道，呈半围合状态。广场北侧的商业楼担负着屏蔽北邻建筑物和烘托钟鼓二楼的从属地位，统一协调；功能空间指广场上担负各种功能的不同空间范围，有的是以不同的地面标高界定，有的是以石栏、石凳、列柱、花坛、庭园灯等小建筑分隔。这些界定物贴近人的活动，故而格外讲究尺度宜人、处理细致、实用而有新意。

2.个性化空间塑造　为了通过景观让人们体会到某种场所感，从而吸引更多的人来享受这一城市公共空间，让不同的人都能找到适合自己的场所，愿意作更长时间的停留，在设计中运用现代规划、建筑、环境艺术的设计手段和传统园林划分景区、组织景观、成景得景的手法，力图创造一个个具有个性特色的空间单元。

·绿化广场　是钟鼓楼广场上最大的空间领域，平坦、开阔。它包涵着三个"所"：南向入口至塔泉一带是硬质铺地，在此人们既可以纵览整个广场，也可进行健身和文娱活动；大片的有方格网的草坪是散步赏景的场所，以草地鲜花为背景，路网交点上3米间距成组的石凳，在宽阔的广场上构成了一个个尺度宜人的聚合场所；绿化广场周边的带状花池池壁则为人们提供了小憩平台，这是同时可以欣赏绿化广场、下沉式商业街和骑楼的最佳区域，也是摆设露天茶座引人逗留的好场所。

·下沉式广场　这本是一个交通广场，是人们从钟楼盘道进入地下商城和下沉式商业街必经之地，东、西均有出入口与北大街和西大街的过街地道相连。为了加强下沉空间的开放性，面向钟楼一侧设计成通长大台阶，即可为人们提供席地而坐的条件，亦可作为看台观赏下沉式广场举行的群众文化活动。

·下沉式商业步行街　其南侧有地下商城，北侧为中小型商业铺面，一律采用4m开间窑洞式券面，强调小街的步行尺度。为了增加亲切感，沿街布置了盆花，座凳和装饰性壁灯。

·骑楼　在传统商业楼临广场一侧的地面层，设计了通长144m的骑楼，作为从开敞空间到室内空间的过渡，不仅具有交通功能，并为顾客提供了观赏广场和城市的好场所。这种个性化的空间处理大大增加了购物的趣味性。

·地下商城　是一个相对独立的封闭空间，其营业大厅中部设有两层通高的中庭，通过广场上的塔泉取得自然顶光，形成地下空间建筑艺术处理的高潮。

多流线的灵活运动系统

作为城市公共空间的钟鼓楼广场具有城市生活的综合性，需要按照人们不同的行为需求组织多流线的灵活运动系统。在广场中的运动流线有观光、购物、餐饮流线，还有货运、消防疏散、扑救流线，员工流线以及残疾人流线。其中观光、购物、餐饮流线是公众流线，不但流量大而且往往需要彼此兼容又可灵活转换。钟鼓楼广场设计以三线二面合理组织了多流线的灵活运动系统。三线是地下商城一线、下沉式商业街一线、骑楼一线，这三线都是西与北院门相连，东侧汇集到下沉式广场。二面为绿化广场和下沉式广场。

在设计中重视了以下三方面的特性：

1.导向性　设计通过方向界定和对景两种手法引导流线。沿东西走向，这是联系钟鼓二楼的方向。在此基础上，下沉式商业街西以鼓楼为对景，东以雕塑为对景，加强了导向性。广场主入口和社会路南口以塔泉对景突出了广场这一南北通道的重要性。

2.灵活性　按照人的行为模式，广场需要有便于灵活转换的运动系统，这种灵活性主要体现在转换节点的配置和适当手法的运用。如在下沉式商业街上架设的两处天桥，骑楼通下沉式商业街的开敞楼梯等。沟通地面上下的基本手法有各式台阶、自动扶梯、楼梯、电梯和坡道。

3.趣味性　多流线灵活运动系统使人们能自由地活动于动与静、地上与地下、室内与室外、开阔与纵深、清雅与繁华等相异情调的空间之中，步行其间不断获得新的景观和感受，体验到某些趣味甚至戏剧性效果。

传统而有新意的文化环境

钟鼓楼广场的主题决定了广场风格必须是传统的基调，但这样大型的城市中心广场毕竟是城市现代化的产物，因而它又不可避免地应该具有新时代的气息。在设计中是通过突出主题特征来创造传统而有新意的文化环境的。由于历史遗存的建筑传承着悠久的文化，是人类精神享受的资源，钟鼓二楼交相辉映的都市特色为人们提供了超越时空的连续感，因而在设计全过程始终把充分展现这两座历史建筑的形象放在首位。环境艺术处理上既保证从广场观赏钟鼓楼的开敞空间，同时又布置了作为近景、中景的小品，丰富了景观效果，力求围绕主题，向古与今双向延伸。在广场上设置的主要造型艺术品有：

·城市壁　在绿化广场主入口西侧，利用凸出地面的疏散楼梯间，设计成一座具有纪念性与科普性的城史壁，上面刻有西安的历史地图。

·时光雕塑　在下沉式广场中部，位于鼓楼东西轴线与钟楼45°法线交汇点。

·塔泉　在绿化广场主入口的轴线上设置24m×24m方形水池，池中设置1大4小共5个玻璃坡顶。它们既是喷泉，也是地下商城中庭的采光屋顶，具有不锈钢构架之造型，与钟鼓楼坡顶有所呼应。

西安钟鼓楼广场是运用城市设计处理城市公共空间的初步尝试。已经完成的地面工程，对于优化城市环境、提高城市生活质量发挥了积极的作用，是广大市民喜闻乐见的文化游憩场所，成为古都西安的城市大客厅。

西安钟鼓楼广场工程简介：

西安钟鼓楼广场是一项古迹保护与旧城更新的综合性工程。包括：绿化广场、下沉式广场、下沉式商业街、地下商城、商业楼。设计力求突出两座14世纪的古建筑形象。环境艺术设计沿着"晨钟暮鼓"这一主题向古今双向延伸。在空间处理上吸取中国传统的空间组景经验与现代城市外部空间的理论相结合，组织了地上、地下，室内、室外融为一体的立体混合城市空间，为古城西安提供了一个接待国内外来宾的城市客厅。

（作者系中国建筑设计大师、中国工程院院士、中国建筑西北设计研究院总建筑师）

PARKSON

西安西大街改造

西大街改造工程以中国传统建筑风格作为其特征定位，通过此街的改造，一是改善了交通环境，二是在旧城区内复兴传统城市与建筑文化，使之成为旧城区的点睛之作。

八路军西安办事处旧址

位于西安市北新街七贤庄一号，为典型的明清建筑院落。西安事变后，八路军在此设立“红军联络处”。1937年8月抗日战争全面爆发后，红军改编为国民第八路军，同年9月，这里改名为“国民革命军第八军驻陕办事处”。

西安止园

原为杨虎城将军的别墅，又称杨虎城公馆，是一处深藏于林木中的雕栏飞檐式楼房。整体建筑采用灰色，质朴安逸。飞檐轻巧，线条变化丰富。

有机运用传统建筑语言的建筑

由于其临近传统风格区域，因此要有明确的传统建筑特色，以中国传统建筑风格作为其设计的风格定位。通过对传统建筑构件（如柱廊、彩画、屋顶、飞檐、门窗、入口）、色彩、铺地、虚实变化等的有机运用，传达传统建筑信息。建筑设计大气而不失细部处理，细节处理独到、细腻。建筑既能体现传统文化赋予建筑的高贵、典雅、庄重的形象，又能体现传统文化与现代建筑美学的完美结合。

西安长安城堡大酒店

长安城堡大酒店坐落于西安古城墙南门外西南角，与南门城堡遥相呼应，采用具有唐风的大屋顶与横窗、基座的三段式设计手法。三部分比例恰当，体现出雄浑、大气的建筑风格。整齐统一的墙角与窗格的设计，既简单又有细节。出檐深远，与大体量的建筑协调一致。传统风格的入口，与现代化风格的墙面有机结合、融为一体。

西安古都大酒店

古都大酒店毗邻文物古迹西五台，设计大量采用了具有传统建筑特征的造型手法及细部符号，以简洁的语汇表达了传统建筑的文脉特征，与古城的城市风貌相互统一。

西安唐乐宫

西安唐乐宫是位于西安市主轴线长安路上的一栋典型体现传统文化与现代建筑美学完美结合的建筑。裙房的设计采用立体凹凸的墙面，并采用砖雕、拱券式门等传统符号，大气而不失细部处理。

主楼山墙面上的飞天壁画与建筑名称相呼应。两栋塔式建筑的竖向线条和简化处理的坡屋顶及窗格叠涩的处理，显示出独具匠心的设计风格。

西安建国饭店

建筑采用错落的红色坡屋顶，整个体量化整为零，形成丰富的院落空间。用简洁的形体组合和暖色调的搭配来烘托出浓郁的中国传统庭院的空间意味及"家园"感。

西安曲江宾馆

曲江宾馆位于西安市曲江新区，建筑设计手法内敛及雍容，建筑内部设计有内庭园及水体，并将水景导入入口大厅，在建筑细部处理时，围绕传统文化这一主题，虽未仿古，但却以中国传统园林的处理手法，表现了浓郁的地方文化特色。

建筑设计：中国建筑西北设计研究院总建筑师、中国工程院院士、中国建筑设计大师 张锦秋

西安钟楼邮局

该建筑与古建筑钟楼相邻，但在许多建筑细节上有独到、细腻的处理，成功地提炼出许多传统建筑符号和细部处理，创造性地设计出优雅、宜人的建筑特点。建筑布局充分尊重钟楼的主体地位，建筑造型处理自然、平和、细腻。与钟楼遥相呼应，互为对景。

西安钟楼饭店

西安钟楼饭店建筑从上至下，明确地体现出中国传统建筑基座、墙身和屋檐的“三段式”特征。建筑严格地以居中、居正、左右对称的形象，很好地体现了传统文化赋予建筑的庄重、高贵、典雅的形象。长长的建筑立面用不同的开窗形式与虚实关系，处理成富有节奏感、韵律感的“长卷”。左右对称的塔楼用现代的材料做出、有一定体量厚重感的屋檐，呼应出传统建筑“重檐滴水”的抽象效果。

西安市委礼堂

西安市委礼堂是我国第一代著名建筑师董大酉、洪青的作品，具有鲜明的新古典主义风格，并带有折中主义的倾向，正立面采用通高的柱廊及浓烈的彩画，在舞台及门厅上方加歇山屋顶，屋顶及墙身过渡自然，比例和谐。

陕西省建筑工程总公司办公大楼

这是一座具有传统风貌的建筑作品。正立面处理成两层通高的巨柱通廊，以上退层并设歇山屋顶。古典装饰主题突出，形式典雅庄重，比例和谐。

群贤庄居住小区

群贤庄居住小区"仁者乐山、智者乐水"，山岩般的色彩、材质，塑造出层层叠叠的山壑峰谷，深挑的出檐错错落落，平和舒展，抒发着文人宁静致远的意境。

建筑设计：中国建筑西北设计研究院总建筑师、中国工程院院士、中国建筑设计大师 张锦秋

西安人民大厦及其改扩建工程

人民大厦是一座典型的中西合璧，古今交融的建筑作品。建筑布局基本为中轴对称，但又具有欧洲严谨的几何秩序，形式既有中国传统的重檐，又有欧洲典型的穹顶；立面既有中国传统的纹样，又有欧洲典型的浮雕装饰，这些不同手法在这里达到了完美的结合。

2005年扩建了餐饮会议中心，扩建部分主要是会议与餐饮用房，以满足省人大开会的需求。在各层新老建筑的结合部均设置过厅或休息厅，使内部功能融为一体。此外，三层通高的交通中庭朝向庭院，开敞明亮，空间通透，极具动感与活力。扩建部分以竖向长窗与老建筑的竖线条构筑图相一致；石墙面的色调、分格及装饰浮雕也与老建筑相协调，以保持建筑群体的完整性。扩建的人民大厦成为西安城内规模最大、标准最高的五星级酒店之一。

人民大厦改建工程设计：中国建筑西北设计研究院总建筑师 赵元超

独具特色的现代建筑的探索与隐喻

此类建筑不一定要有明显的传统建筑符号，但可在适应现代建筑空间灵活多变的功能要求的基础上，通过对其建筑构件的布置（如带拱顶的门廊、角窗、带圆弧的门楣）、几何形体的起伏、虚实曲直的对比、铺地等方面的处理等，使人们能体会到传统建筑的意境。此类建筑设计不求张扬新奇，但求典雅、精致，富有强烈的时代感。

陕西省图书馆

檐口一片片"反宇"的形状及檐下的深邃阴影，极佳地提炼出中国古建筑最具代表性的檐口有力上翘的曲线美感和"反宇向阳"的天人合一思想。

建筑设计：中国建筑西北设计研究院总建筑师、中国工程院院士、中国建筑设计大师 张锦秋

西安紫薇山庄

西安紫薇山庄是一片依山而建的山地建筑，在设计时，以山、水造景，单体建筑注重自身的空间领域感的营造，注重空间虚实的处理，是现代居住模式的一种尝试。

建筑设计：中国建筑设计研究院 崔愷

陕西电信局电信网管中心

该项目位于西安高新技术开发区，高新路与科技路交汇处西南角，建成于2005年，建筑面积81668m²，由于其挺拔高大的形象、典雅高尚的气质，简约理性的风格，已经成为高新区标志性建筑。

总体布局分办公生产区与生活居住区，并留有发展用地。用地内设有网管中心大楼及裙房、动力中心、两栋高层住宅等建筑物。总平面设计功能分区明确，建筑布局合理，室外空间组织流畅，设计将众多建筑有机组合，创造出内外有别、闹静分离、联系密切、空间层次丰富、主体建筑突出、景象变化万千的整体和谐的建筑群。

网管中心及裙房是一个规模大、多功能综合性、技术要求复杂的建筑物。主楼36层，主要为办公与通信机房；裙楼6层，设有展示、会议、商业、金融、餐饮等设施；地下共2层，设地下车库、人防物资库、设备用房等。建筑两大部分底部均围绕各自核心空间展开。两个空间以其独特的个性，彼此衬托，相得益彰。

建筑造型注重群体的整体感，主从分明，相互依托，风格统一，且变化丰富。建筑住楼外装采用整体石材与玻璃相间的幕墙体系，石材幕墙采用蜂窝石板材，一气呵成的竖向划分，追求典雅的建筑风格与挺拔博大的建筑气度，突出建筑技术、材料的精美，建筑形象的开放性，以及与广场空间、城市道路的照应、协调，曲直结合、方圆穿插、高低错落、气象万千。

网管中心为甲级智能建筑，满足电信总部网络管理、业务处理以及高舒适度、高灵活性的现代建筑高效、快捷、节能的需要。建筑设计提供了结构的通融性、平面的开创性、空间的通用性，为计算机的监控技术、管理技术、网络以及现代通信技术、综合布线技术提供了先进、灵活的发展空间。

中国电信
CHINA TELECOM

陕西农村信用社联合社

陕西农村信用社联合社，位于土门盘道与昆明路交汇处。建筑造型庄重大方、立面分格简洁明快，建筑色彩以赭石色为基调，与西安的地域风格相协调。

建筑设计：中国建筑西北设计研究院 李子萍

西安金石国际大厦

此大厦位于西安市南二环，整体风格非常简洁，匀质分窗及严谨的石材切分方式增强了建筑立面的韵律感，而且在建筑色彩上以浅土色为基调，使之融于西安的皇天后土之中。

建筑设计：中国建筑西北设计研究院总建筑师 赵元超

西安市图书馆及妇女儿童发展服务中心

西安市图书馆及妇女儿童发展服务中心工程是一幢总建筑面积19218m²的建筑群，由西安图书馆及妇女儿童活动中心两部分组成，是西安"九五"计划重点工程项目。基地面积4.1hm²，位于西安市北郊未央经济开发区岗家寨地段。两部分虽同属文化建筑，但毕竟功能有所差异。因此，设计一方面力求避免和排除两部分之间的干扰，另一方面又寻求使两部分建筑风格统一。

建筑设计：西安市建筑设计研究院 王陕生等

西安天域凯莱大酒店

西安天域凯莱大酒店是一座集综合商城与四星级涉外酒店为一体的大型综合建筑，建筑面积67000m²，总高度118m。该工程位于西安市南北主干道雁塔路东侧，南临东西主干道友谊东路。南望中外驰名的名胜古迹大雁塔，北距西安火车站4km。地理位置优越，交通十分便利。

主楼建筑平面结合地形采用对称形式，是建筑造型生动典雅。建筑体块45°相咬合，轮廓丰实，使建筑从任何角度看上去都有良好的视觉效果。建筑外装现代简洁，采用磨光干挂花岗石饰面，部分隐框玻璃幕墙，虚实对比，庄重气派，风格典雅，具有人情味，使立面光影富于变化，刚柔相济，与大雁塔优美的轮廓相呼应。

该酒店获陕西省优秀工程设计一等奖。

建筑设计：西安市建筑设计研究院 曾红、刘健平等

陶艺博物馆

陶艺博物馆坐落在富平陶艺村。

2003年，富平陶艺村徐都峰先生和付强先生与陶艺策划人许逸琪博士协商，建立富平国际现代陶艺创作营。陶艺博物馆为其部分内容，规划建设10座。

2004年陶艺博物馆主馆建成，面积2400m^2。鉴于建筑地处乡土环境，建筑师从景观分析入手，以当地农民善于制作的"砖拱"为基础，进行再创造，营造了两个长达72m的变形拱廊"瓶体"，以及一个直径达24m的开口穹顶"罐体"，形成一个与乡村大地景观相融和的建筑。

在空间上，建筑师从现代陶艺作品得到启发，控制光线进入的方式，突出空间的深邃感，自然保持和利用了简易施工条件形成的粗犷美，与陶艺作品形成了一种呼应。

2005年陶艺博物馆——法国馆建成，面积600平方米。秉承主馆的设计原则，寻求与乡土景观的协调，以及与现代陶艺的呼应，整个建筑犹如散落在土地上的三件陶器，内部空间深邃而富于变化，在自然光运用方面较主馆更为讲究，在陶砖拼砌方面也进行了新的探索。

建筑设计：西安建筑科技大学建筑学院 刘克诚、付强、许东明、王宇

地理信息大厦

是一座集办公和居住为一体的综合性现代建筑。主体两段高低错落、直插云峰。

高科大厦

高科大厦位于高新路52号，火炬大厦南侧，是高新区内知名度较高的综合写字楼，总建筑面积3.6万m²，20层高，备有地下停车场，现有中国银行、中国农业银行、光大银行等四十多家企事业单位及西安市地税局高新分局、西安市工商局高新分局等机关单位入驻，为高科集团总部所在地。

西安长庆大厦

位于西安市北郊凤城四路。高 100m，总建筑面积 51021m²。地上 27 层，地下 2 层。该建筑运用现代建筑材料，在简洁的造型中体现出浓郁的地方传统特色。整体形象厚重、大气。虽为现代建筑，却隐喻着传统建筑的风貌。

西安天翼新商务酒店

西安天翼新商务酒店2004年开业，是由中国西电集团控股投资，位于西二环中段，毗邻举世闻名的丝绸之路起点，距离市中心仅需10分钟路程，临近西高新技术产业开发区，交通便利。酒店拥有精心设计、温馨舒适的豪华客房188间套和多功能宴会厅及4个风格各异的会议室。

陕西师范大学

学校位于世界四大历史文化名城之一的古都西安，占地面积 2700余亩，建有长安、雁塔两个校区。两校区功能定位明确，布局合理，建筑环境各具特色。雁塔校区古朴典雅、钟灵毓秀，长安校区现代开放、气势恢宏。学校先后被教育部、陕西省授予"文明校园"称号。

西北政法学院

西北政法学院是国家最早设立的政法类高等院校之一，成立于1958年，其前身可以追溯到1937年的陕北公学、延安大学，是西北地区高等法学教育与科研的中心，国家培养高等法学人才的重要基地。原为司法部直属高校，2000年划转实行了中央与陕西省共建、以陕西省管理为主的新体制。

新校区位于西安市长安区大学城，占地面积1341亩，建筑面积33.95万m^2。新校区教学实验大楼、图书馆、校系行政楼、学生公寓都已建好。

邮电学院新校区

邮电学院新校区东区占地318亩，规划总建筑面积约19万m^2，主要建筑及配套设施有研发中心、实验教学楼、基础综合实验楼、研究生教学及公寓楼、游泳馆、食堂等配套用房以及部分教师公寓。这些建设将在"十一五"和"十二五"期间逐步实施，预计在2015年左右完成，届时又一个现代化、人文化、科技化、花园式、具有邮电高等教育特色的新型教育基地将拔地而生。

西安音乐学院

西安音乐学院坐落在汉有“乐府”，唐有“教坊”的古都长安，是我国西北地区的最高音乐学府。占地约8hm^2，建筑面积4.2万m^2，拥有一个760席位的音乐厅。

第二节　具有西安特色的城市雕塑

城市雕塑是城市精神的重要载体，作为一种独特的艺术门类，已日益被人们所认识、所了解、所接受。它的首要特征即是与城市空间环境紧密结合，与城市文化、城市性格、建筑风格等特征协调一致。城市雕塑作为一个空间艺术品，它不仅是为广大群众提供审美与阅读对象，它还是一座城市文化情趣的直接反映。一件成功的城市雕塑可以凸现一个城市的历史与文明，既具有提高民族整体文化素养的作用，又代表了一个国家的文明程度。今天我们的优秀雕塑，必然会为明天留下良好的历史印记。

秦统一，建于1992年，位于西安市临潼区，高12.6m，宽32.6m，材质为花岗岩。

丝绸之路群雕，建于1987年，位于西安市未央路，长约50m，材质为花岗岩。

张骞出使西域，建于2003年，位于西安市玉祥门，高约7m，材质为铸铜。

玄奘像，位于西安市大雁塔南广场，材质为铸铜。

科技时代

放飞希望

诗意山水

科技时代，建于 2003 年，位于西安市西北工业大学，尺寸 6m × 10m，材质为彩钢。

放飞希望，位于西安市工业大学附小，高 5m，材质为彩钢。

诗意山水，建于 2004 年，位于西安市南二环，高约 16m，材质为金属。

握笔的手

走向世界

石榴花

握笔的手，建于 2002 年，位于西安市西北大学。

走向世界，位于西安市外语学院，高 9m，材质为不锈钢。

石榴花，位于西安市临潼区。

诗魂，建于 2004 年，位于西安市大唐芙蓉园，长 120m，平均高 4.5m，最高处 7m，材质为石材。

布彩播虹，建于 2003 年，位于西安市咸阳国际机场，高 40m，材质为不锈钢。

飞天吉祥，建于 2004 年，位于西安市土门小游园，高约 8m，材质为铸铜。

镜像，建于 2003 年，位于西安市北大街电报大楼西侧绿地，人物高 2.3m，材质为铸铜。

大唐盛世宝典，建于2003年，位于西安市大雁塔北广场，书卷长5.23m，宽4.32m，重约4吨，材质为铸铜。

陕西民俗大观园，建于2003年，位于大雁塔北广场西侧。

“现代秦俑”雕塑，是通过现代艺术的表现形式和手绘内容来完成的概念雕塑作品，体现着一个城市的文化内涵和品位，反映着一个城市的精神气质。“现代秦俑”是艺术地记录西安的历史、文化、人文、自然、经济、科技的街头传播载体。

大唐精英人物像塑，建于 2003 年，位于西安市大雁塔北广场，材质为石材。

大唐诗书画印雕塑小品，建于2003年，位于西安市大雁塔北广场，高1.5～2.1m，材质为不锈钢、铸铜、花岗石或红河岩。

百姓祝寿

皮影大戏

悬壶济世

街头胡乐

角力争雄

唐市井生活雕塑小品，建于 2003 年，位于西安市大雁塔北广场，材质为铸铜。

四大发明组雕，建于1995年，位于西安市交通大学，高3.5m，材质为不锈钢、花岗岩。

第三节　具有西安特色的城市标识与小品

城市景观小品范围十分广泛，它大体上包含了传统意义上的建筑小品及装饰小品两大类景观内容。在实际运用中，景观小品可以理解为营建中的主要组成部分，是城市环境中具有较高观赏价值的艺术个性的小型景观。具有体量小巧，造型多样，内容丰富等特点，在现代城市环境中，景观小品除去各类传统景观建筑、小品外，还包括城市空间中许多功能性及服务性设施，如城市标志、街道家具等多类影响城市外在景观效果的元素。

大唐

顺城巷

西安城市运动公园
XI'AN CITY
SPORTS PARK

北广场
NORTH PLAZA
戏曲大观园
BRIEFINTRODUCTION
DRAMATIC THEME PARK
大唐芙蓉园
TANG PARADISE

健身区
Body Exercise Zone
动感轮滑区
西安体育馆
Xi'an Sports Area
卫生间
Toilet

海洋世界出入口
Entrance & Exit
停车场
Parking

围墙是建筑物周围的一道亮丽的风情线，对建筑环境起着不可忽视的作用，在更多的时候，还充当着划定建筑区域、保护建筑领地以及烘托文化氛围的作用。如何使围墙的设计更好地为整体建筑服务，美化人们居住环境，必须考虑围墙与建筑物的和谐，表现整体美。中国的围墙，以宫廷式最具特色。当然也有以房屋为墙的四合院。目前采取和式或欧式者，为数亦不少，总之不管采取哪一种形式，势必都趋向自由构思，独具匠心的创新设计，才能突破既有的形式，以达到更完美的境界。

栏杆与围墙作用一样，是一种空间隔断方式，它具备划定建筑区域、保护建筑领域的作用，同时还可以充当衬托建筑主体，烘托建筑文化氛围的重要角色。视线可穿越的通透、空灵的栏杆，配合周围或界定的建筑风格，可以形成轻松、畅阔的空间环境。

铺地具有空间限定及引导视线的作用，铺地景观的设计主要是在平面内进行的，色彩、构图和表面质感的处理是它的主要因素。色彩是情感表现的一种手法，能把情感赋予风景，能强烈地诉诸情感而作用于人的心理。因此在铺地中，应稳重而不沉闷，鲜明而不俗气，且必须与环境相统一。此外设计时，还要考虑铺地景观的场地特点、四周环境特色及当地的风土人情等要素。大量的工程实践证明，惟有综合考虑多项元素，才能更好地实现铺地景观的实用和环境艺术的双重功能。

“廊者，庑出一步也”。廊本来是作为建筑物之间联系而出现的，一般指屋檐下的过道或独立有顶的通道。现代园林景观中的廊，其形式和设计手法日趋丰富，既是联系不同景观空间的一种通道建筑，同时又是组织人们游览观赏、庇荫休息、划分空间层次的建筑小品。在很多时候，廊与亭或花架结合在一起，形成功能更多、景观空间更丰富的园林建筑小品组合。廊的运用，要经过一番推敲才能独具匠心，与建筑主次分明，错落有致，通过对比，可以使人顿感空间的多变。

灯具是城市中最常见的公共设施之一，除主要的交通照明功能以外，越来越多的城市公共开放空间出现了环境灯具的点缀。交通照明的灯具除了满足市政要求外，其形式风格不但应体现一座城市的整体风貌和气质，更应在不同路段体现不同风格特征。形态各异、色彩缤纷的地灯、射灯的点缀，组合辉映出灿烂夺目的城市夜景，为城市夜晚的空间活力起到了精彩的渲染作用。

西安城市绿化以种植大型乔木为主。主要以林带、树阵将点状的、线状的、面状的有机结合，将原有的幸福林带、大庆林带、唐城林带和已建成的城市运动公园以城市市树（石榴树）以少量的草地和配置足够的林木、花卉来衬托城市的景观，使之真正成为符合西安的城市绿化特色。

绿地，是一个城市建筑的华彩篇章。一座完美的城市永远离不开绿地的点缀与装饰。西安，位于气候干燥的西北地区，绿化就变为城市发展中应予以极度重视的问题。西安城市规划以种植大型乔木为主，其中以幸福林带、大庆林带、唐城林带以及城运公园、丰庆公园等为代表。通过点状、线状以及面状分布来衬托城市的景观，使之成为西安城市绿化的新特色。

第四节：西安建筑特色的不断探索与实践

锦园五洲风情

"锦园五洲风情"位于西安的古城保护区内，南临西五台，东临古都大酒店和古都艺术中心，西临古城墙玉祥门，北边为城市干道莲湖路，其地理位置及建筑特性十分重要。该建筑内设世界各地酒吧、名点、地方小吃、文化沙龙、艺术品展销。总用地$11827.22m^2$，总建筑面积$32352m^2$，该项目建成将是西安一个高档的文化、休闲的场所。

建筑格局：古城格局的保护，传统建筑的继承，深厚文化的底蕴，这些历史条件及文化背景为建筑设计带来了创作的灵感和源泉，使建筑师从中去灵找现代建筑与传统建筑的文脉。

建筑创意：首先从传统建筑中去寻找建筑的文脉和神韵，使建筑的总体构思、空间序列、单体风格与传统建筑相和谐，并从传统建筑中去挖掘建筑文化及建筑符合，通过剖析、割裂、连续、整合到现代建筑中，并从现代建筑中折射出传统建筑的神韵。

总体布置：采用民居和小店铺的格局，通过空间尺度较小的街、廊、庭院的手法将二、三层高低错落的建筑连为一体，并围合成不同大小、空间的院落。

空间序列：

景观1：在面对城市主干道北边设计一个高17.7m，长123.59m的背景墙，在背景墙的东边为主入口，设计了一个高13.5m，宽27m的门洞，并采用牌楼的手法与门洞整合，在门洞正中央采用玻璃、钢架与民居符号的构成，设计了一个照壁，高大的门洞既是主入口的标志，又是建筑的景框。在大门洞左边墙面上刻有"锦园五洲风情"的标牌，在大门洞右边石墙面上用石刻的手法刻出反映西安文

化内容的文化墙。在背景墙西侧采用漏窗的手法经过夸张、裂变设计了一排次入口门廊。

景观二：进入主入口，设计一个下沉广场，人们可以从扶梯走到下沉广场，在下沉广场上端一层，有一个步道连接东、西两侧的建筑，在步道的中央布置了一个具有文化气息主景观构成的观景台。为了使主景观不遮挡后边西五台的景观，主景观的构思采用四根砖柱子支撑钢架及木构架的手法来反映传统文化内涵。由砖、钢架和木材经过裂变，简化围合了一个建筑虚空间。既反映了一种传统建筑与现代建筑的对话，又给人创造一种遐想的时间和空间。

景观三：进入下沉广场，广场四周设计不同的酒吧，在广场后边设计了一个表演台，广场外廊四周布置一些室外酒座和茶座，使人们坐在室外品酒饮茶的同时，欣赏音乐和表演。在表演台后面设计了一个由一层水景跌落下来的水幕，夜晚泛光灯照在水幕上，变换出色彩斑斓的景色，水幕水流落到表演台的水池中。

景观四：在一层通过连廊将建筑连为一组群体，在局部连廊处将平台延伸扩大作为休息茶座，人们又可坐在一层室外休息茶座处，观赏下沉广场中庭表演台的演出。

景观五：在一层尽端，用传统民居中的木窗、木门、砖雕墙围合成一个室外空间，并用现代钢架与传统建筑符号组合，既起到了保护传统建筑的含义，又折射出现代建筑与传统建筑的对话。

（锦园五洲风情2005年获“国际人居建筑设计大奖赛”金奖）

建筑设计：中国建筑西北设计研究院副总建筑师 屈培青

现代建筑文艺复兴的漫长之路

□ 和红星 屈培青 杨小青

随着经济全球化的发展，以城市为核心竞争趋势明显加强，城市的发展对地区经济的盛衰显示出巨大的影响力。而城市传统文化和历史文脉又是城市发展的生命肌理，按照国际化大都市的标准建设、管理，完善城市功能，提升城市的文化品位，传承历史文脉，打破千城一面，凸显城市特色，提高城市的综合竞争力，无疑是西安城市发展的方向。

西安作为十三朝古都、历史文化名城和西部的中心城市，就必须以战略的高度和发展的眼光就城市的总体格局，各项资源的开发利用，产业布局、生产要素等进行重新整合。而老城（唐皇城）作为西安中心市区，丰富的商业活动为此带来了生机，但随着改造和建设步伐的加快，建筑密度增大，环境质量日益降低，古城文脉日渐消失，也为文物的保护，历史的传承，带来了危机。如何发挥老城的中心区域的作用，充分挖掘唐皇城的历史文化内涵，建设富有特色的历史文化名城，并赋予其新的生命，对于树立西安的国际形象，提升西安城市的文化品位，促进西安城市社会、经济、文化的发展，从而吸引观光旅游，改善西安的投资环境，加快西安的经济发展，提高居民生活质量，具有重要意义，也是我们提出唐皇城复兴规划的目的所在。

在改革开放的20多年里，西安建筑发展和创作走过了四个阶段，而这四个阶段也给我们建筑创作带来了繁荣和反思。80年代中期，建筑开始走向商品化，由于多年居住及办公用房紧张，在开发的初期，大量的市场需求和城市建设速度加快，使建筑业和房地产业进入了一个高速发展期。人们要快速解决无房的困惑，建筑师首先要解决设计任务，开发商们要尽快完成初级阶段的原始积累。市场需求加快了设计与开发的节奏，建筑师和开发商均无充分的技术准备和心理准备就匆忙投入到开发与设计的浪潮中。我们还没有过多的经验和时间共同去探讨设计理念，开发商最初设计理念还不是很清晰，第一次背对背对话的结果是高容积率、高密度的住宅小区，带来的是低效益、低回报。缺少配套的小区给城市带来了发展负担，一些无环境无次序的小区给居住者带来低质量的居住空间和环境，在人们满足了最初的居住需求后，回过头大家对建成的住宅区品头论足，有遗憾的，有报怨的，可是我们时间已经过去了七八年，我们给城市留下了不可修改的作品。如80年代末的低洼地改造共建设住宅60多万平方米，没过几年大多又变成新的贫民区；以建筑密度为例，旧城内现状居住用地中，改造过的区域建筑密度平均达45%（国家标准28%），未经改造的区域建筑密度平均高达70%（国家标准为35%），而旧城内的总的建筑密度平均为47%，全城有近一半的用地是被各类建筑覆盖着，说明了旧城内拥挤的现状。因为，建筑不像一幅画，画坏了再重画，他是城市发展的延续。通过第一个阶段对话，我们都在反思，认识到住宅不只是投资建房，它是一个商品，是在一种无定势的概念中进行设计，它是有风险的，既然是商品就离不开策划、宣传、实施、销售及服务。

到了20世纪90年代初，通过第一次经历，在开发商的概念中已经意识到，开发项目要准确定位和打造品牌，居住小区要有环境和建筑特点，房地产市场也从初期市场需求转向市场竞争，开发理念比初期有了一个新的认识，他们重新调整了思路和策略，注重了策划与设计。建筑师也意识到要走向市场，双方取得了一些信任和共识。虽然我们双方都有一个初步共识，但怎样来贯穿实施，我们并没有很好的去系统研究和理性定位，又去追赶市场的需求。这时，突然感到一夜之间房地产业十分热闹，地产商为了注重前期定位，就出现了各种各样的策划公司，再加上媒体的推波助澜，把小区炒作的有过之而无不及，至于建筑策划是什么，要做那些事情，人们却知之甚少。要讲究品牌，广告公司扑面而来，华丽的广告词语盖过了建筑理念，建筑售楼书给人感到是用一堆华丽的词组和照片堆砌在一起，不成为楼书，购房者看了后读不懂，一头雾水。在总体规划中，为了突出自己的特点，将城市广场的手法引用到小区中，使小区中间有了一个很大的集中广场，来创造景观满足绿化用地，有些好大喜功。由于理念上的偏差，使空间尺度失控，造成了小区组团内建筑密度过大，空旷的广场失去了小区空间那种相互渗透和曲径通幽的尺度感，失去了步移景异和以人为本的亲和力。在单体设计中，一些开发商过分追求建筑外表的东西来标新立异，欧陆风格的浪潮一浪高过一浪，使一些建筑师也在追风，立面作的越来越复杂，来迎合开发商和购房者的兴趣，忘记了建筑师的职责，甚至将建筑最根本的建筑文脉、建筑空间和基本构图原理扔的一干二净，有些本末倒置。在设计理念上出现了开发商跟着消费者的感觉走，设计师跟着开发商的感觉走，这是纯粹的观念倒挂，消费者的观念需要开发商与建筑师共同引导，而不是让前者引导后者。总之，由于各项法规制度不健全，市场发育也不完善，房屋住宅缺口太大，以及人们思维惯性的作用，房地产开发的趋利避害性，使得房地产开发在旧城内全面铺开。为了追求利润的最大化，在有限的用地上，尽可能产生更多的建筑，就形成了"面多加水，水多加面"的恶性循环，一座座超高、超尺度的建筑在旧城内拔地而起。一些开发商将一个项目从前期策划、方案设计、工程设计、景观设计割裂去分包，各自为主，同时建筑师经过精心创作的作品，谁都可以上去发挥几笔，使一个小区建成以后，总是缺少整体感，回过头来看，又留下了很多很多遗憾，一些住宅小区又被冷落在那里，在建筑发展的第二个阶段，有一种穿新鞋走老路的感觉，可是时间又过了七、八年。

20世纪90年代末，我们再次重新反思，那种仅靠媒介商业炒作而无视建筑系统理念和建筑文脉的重要性去打造品牌的作法应该结束。那种指望一位"策划高手"的泡沫概念就可以建造商品住宅的手法已被否认。那种无知居然导致成功，只因是前期住房市场紧缺的偶然巧合。通过对前两次成功和失败项目的总结，政府、开发商、建筑师三方在房地产开发理念上有了新的理解，房地产不只是简单的商品，它是一项涉及地域文化、人文环境、建筑理念等多方面的系统工程，不能割裂去做，它要受时间的考验，并且要对城市发展负责。政府及规划部门对住房体系的完善和市场程序的规范是保证整个项目实施的大纲。开发商的决策和理念是决定项目成败的关键，所以开发商自身的建筑素养和系统理念也在不断更新和提高。建筑师在前期策划、方案设计、景观设计中起主导作用，他应将不同阶段的设计系统考虑，并且贯穿下去，这就要求我们从新定位。一名建筑师首先应是一个社会家，充分了解市场，知人需求；其次他还应是一个建筑商，带着经济的眼光，去从事开发与设计，替业主策划定位，营造好的空间与氛围；最后才是一名建筑师。要使自己的作品有思想有灵魂，而且要从策划做起，才能使自己的创意、设计真正落到实处，而不能闭门造房，设计出的作品曲高和寡。建筑师和开发商携手打造精品楼盘的契机已到来，建筑创作第三个阶段就从这时开始，通过对话，一批小康住宅、生态住宅、示范小区理性的浮出地面，它们的成功之处在于开发从前期定位、方案选定和环境景观，采纳了建筑师整体设计风格及细部建筑刻画，处处遵守市场规律和设计理念，理性的面对市场，住宅小区走向了一个良好的发展道路。就在我们回归理性，精做产品，一步一个脚印的向前发展的时候，突然间又刮起了一股国际风，出现了住宅要与国际接轨，强调这个新主义，那个新概念，再加上读不懂的外文译音洋名字，把我们才整合清晰的住宅人文理念又搞糊涂了，学习西方的东西和继承民族文脉相互交替呈现混乱，并在地产界扩延。一个地方的建筑应与当地的文脉、肌里密切相关，体现地域文化特色，建筑作品才会有生命力。由于各地区各国家文化地域的差异，风土民情的不同，生活方法和习惯也截然不同，住宅小区的理念和风格应有各自的独特性。放弃了最基本的地域文化和人文理念，而去强调国际化的某些东西，这又有些本末倒置，我们不反对国外的建筑同行与我们的同台竞争，我们也欢迎引进新的建筑理念来促进我们整体房地产业的水平，但我们不能为了引进国际化的东西而把我们自己十几年走过的道路和形成的理念给予否定，而对国际的东西并没有去研究、理解和消化。其目的只是拿来给自己开发的小区戴一个亮丽的帽子，换一个包装来吸引购房者。请一个国外设计师，不管它对我们的地域文化和建筑风格有多少了解，不管它自身水平有多高，其设计出来的作品就冠以"国际大师设计的国际化水准的建筑"。过几年又给我们带来很多遗憾，这同我们开发中期请一位"策划高手"的泡沫概念同工异曲。我们千万不能焦躁和重蹈覆辙，居住区剖析其实质，就是以人为本解决好居住空间和环境，将建筑风格融入当地建筑文化中，没有必要过分的给一个居住区安上这个主义、那个主义，使大家好象雾里看花。

回顾三个阶段，每一个阶段的初期我们都带着很大的激情去做事，但在做事的过程中又被一种追风的浪潮和商业浪潮冲击着我们最初的理念，每次我们一再强调要理性，可是总是言不由衷，使一些人思路不清晰，其根源是急功近利的思想和相互攀比之风在影响着我们，等走完了一个过程，回头总结的时候，我们总是有很多感慨，我们给城市和居住者留下了什么。就好比一个人三次吃的东西不一样，但吃法完全相同，每次开始吃的时候，不管能否消化，不管营养成份，不加选择大吃一顿，在吃的时候你给他讲这个不能吃那不消化，他全然不顾，有些饥不择食，等到吃饱剩下很多菜时，他才讲以后不能这样吃了，要考虑营养搭配。从更深一层来分析，可能我们所走过的三个阶段，在房地产发展过程中是必然要走的，也许这也是建筑发展的规律。没有粗糙的建筑，人们也就不会呼唤精品意识，也不知什么是精品。房地产业从初期市场需求到中期市场竞争，再到后期市场规范走过了三个发展过程，这三个过程也许是不能跨越的。

今天我们又开始反思，西安的建筑创作之路还很漫长，我们的突破口在什么地方，城市风格的定位、文物古迹的保护、历史文脉的延续、建筑创作的方向、生态环境的改善、经济发展的冲击、人口质量的提高、交通发展的限制等等，使西安城市建设的发展面临着诸多因素的限制与挑战，目前老城环境日益恶化，各类建筑较为混乱，新不新、旧不旧，风格形式杂乱。老城内的传统街区较为完整的仅剩两片了，一是西大街以北的莲湖区；二是碑林书院门片区。大多数的保护建筑也分布在此范围内，少数散布在旧城其他区域，由于种种原因，现状不容乐观，传统街区和保护建筑环境日益恶化，已不堪重负。必须尽快整合资源，改善环境，使传统街区和保护建筑重新恢复活力。

在20世纪80年代的《西安市城市总体规划》中，提出了历史文化名城保护的总体目标，为实现这一目标，制定了《历史文化名城保护规划》及《旧城区高度控制规划》，从城市平面的功能布局及空间占有量两个角度，划出历史街区的保护范围及重点历史建筑周边的保护范围及高度控制指标。在《西安市城市空间发展战略规划》中，更是从战略高度再一次确认了以西安明城区为中心形成古文化旅游及传统民俗文化区域，提出在明城墙所围的旧城区内，以"多拆少建"与"只拆不建"作为今后规划审批的控制性原则；而在今后审批的项目中，严格控制居住建筑，使居住性质的用地及相关建筑单体与群体逐步向旧城区以外迁移；这样旧城区内的建筑及用地性质在公共建筑的创作设计中凸显传统建筑风貌，使传统建筑（包括关中民居在内）的精髓能够成规模、成体系地在旧城区得以体现，同时以旧城区为中心，为传统风貌建筑创造广阔的生存空间，并以此带动西安市城市特色的持续创造。

对西安这座特定的城市而言，虽然在她的地下遗存及潜在的民俗文化中，"传统"这个概念仍深植于物质及社会的各个层面，但是显性的地域文化特征正在迅速地消失与变种；在地域文化与时代精神的学术与实践争论中，是以传统建筑为创作根基来体现文化传统；还是抛开形式上的"复古"，而以自身特殊的文化及民俗为现实根基，自然而然地使"地域文化"这个概念反映到建筑作品本身（因为，毕竟中国人不可能作出地道的其他地区的作品，在建筑设计时，地域特征是一种创作者本人潜质的一种自然流露），这些辩论虽然以不同的表达形式，在不同的时间段内反复出现；但是摒弃建筑学的本位主义思路，以大建筑学，大经济学的分析方法，可以很轻易地得出这样一个结论：那就是以旅游为主导产业之一的古城西安，城市非常显明的建筑风格及城市特色，是旅游产业最基本的硬质空间要求；比对世界上其他一些著名的旅游城市：泰国的曼谷、法国的巴

黎、意大利的罗马无不以"异域风光"这样的整体城市形象吸引着来自不同文化与种族的观光者。

因此，在城市规划与城市设计的宏观控制下，一方面在原有的文物古迹较为集中的区域，控制与引导城市风貌与建筑风格，使之与中国传统建筑相互协调，互为依托；另一方面，在旧城区外围，如曲江新区等城市片区，成规模地规划建设传统建筑风貌与传统园林风貌区；形成完整的能够反映西安城市特色的景观区域。此外，充分利用现有规划区域的城市公共绿地及大型居住区的绿化用地，为关中传统民居提供抢救性的整体搬迁用地，使原汁原味的传统民居在其本地保护条件不成熟时，能以易地保护的形式得到拯救式的保存；这样，传统民居与城市绿地共同形成区域的具有地方特色的地标点，并进而影响并带动周边整体城市环境氛围，使之具有传统文化的整体空间感受。关中传统民居中特有的布局意匠及空间艺术处理是空间格局及礼制建筑的大骨架下，灵气涌动的血肉，它所反映的信息与营造的建筑环境更加贴近民众、更具有生命力；在具体的设计中，我认为不仅应在设计中抓住传统坡屋顶这一设计要素来反映现代建筑的传统美德，而且应当从关中民俗的其他构造特色中吸取精华，一片花格窗、一个拴马桩的构形特征都可以在建筑、环境布局、乃至雕塑及小品的设计创作中得到充分应用，在这些方面，西安的设计界已经做出了很多探索。

我们应摆脱浮躁心态，吸取前三个阶段所走过的道路，少一些泡沫，理清含混思路，理性走向成熟。我们应结合西安自身发展条件走出自己一条独特的现代建筑创作之路，今天我们都清楚，只有民族的、传统的、文化的才是永久的。古城格局的保护，传统建筑的继承，深厚文脉的底蕴，生活方式的延续，这些历史条件及文化背景为建筑设计带来了创作的灵感和源泉，使建筑师从中去寻找和理解现代建筑与传统建筑的文脉，创造富有地域文化特色并与城市肌理相和谐的建筑空间。而要实现这个目标就需要一个支撑平台，既政府及规划部门的正确导向及完善的政策法规，开发商对传统文化的理解及对社会的责任感，站在对城市发展和负责的角度对项目定位，建筑师对传统文脉的把握、继承、以及自身的专业修养。

目前古城西安，在历史文化名城保护创作中，出现了一批优秀的建筑作品，而这些建筑作品都离不开一个很好的创作机遇和支撑平台，锦园五洲风情和锦园长安坊这两个新创之作就是在这个大平台上完成的。两类不同性质的建筑作品，都是从传统建筑中去寻找古城建筑素朴的文脉与苍古的意境，在尊重历史而不是模仿历史的同时，赋予它新的气质和涵义，保护好这一带的建筑风貌。也是规划定位、开发投资、设计创新三者打造的品牌。

锦园五洲风情位于西安古城保护区内，南临西五台，东临古都大酒店和古都艺术中心，北临城市干道莲湖路，西边为古城墙玉祥门，其地理位置及建筑特性在古城区内十分重要。该建筑内设世界各地酒吧、风味名点、中国茶艺、地方小吃、文化沙龙、休闲场所及艺术品展销。总用地17.73亩，总建筑面积32352m²，该项目建成后将是西安一个高档文化、休闲的集聚场所，是城市重要的公共建筑设施。

新建筑的肌理应渗透着传统建筑的脉络，新与旧的融合，是对建筑发展的一种延续和对城市肌理的契合，在总体布局中，把握好空间尺度最为关键，采用民居和小店铺的序列格局，设计了二纵一横的三条轴线，将二、三层高低错落的几组不同青砖白墙建筑的单体元素连为一体，围合成不同大小的空间院落和尺度适宜的巷道，空间有收有放，不仅很好的解决了人流组织和空间尺度问题，也为构思建筑空间造型和景观序列创造了条件，使建筑布局与古城建筑格局相吻合。实际上它与人保持着一种呼应关系，这种关系正是我们所寻找的正渐渐遗落的地方肌理和文脉。

景观一：为了使该建筑与周围城市环境相和谐，在面对城市主干道北边设计了一个高17.7m，长124m的文化背景墙，将小体量的建筑群连为一体。该背景墙既将建筑与城市主干道分隔开，减少交通噪音对建筑及环境的干扰，又与东边体量较大的古都大酒店取得构图上的均衡，同时从南边西五台向北观望，作为该建筑群的景观墙与西五台相互借景和对景，并与西边雄浑厚重的古城墙相呼应。背景墙的东边为主入口，正对南北主轴线及西五台，并形成一组序列空间景观，主入口设计了一个高13.5m，宽27m的门洞，借鉴牌楼的手法将其元素和符号通过提炼与门洞整合为一体，位于门洞正中央采用玻璃、黑灰色钢架与民居透花窗格符号的构成，形成了一个照壁，高大的门洞既是主入口的标志，也是建筑群及西五台的景框，主入口左边墙面上刻有"锦园五洲风情"的标牌，主入口右边墙上用砖雕刻出反映西安历史痕迹的文化墙，背景墙西侧采用民居漏窗的手法，经过夸张裂变设计了一排13.

5m高的门廊作为次入口，既正对南北次轴线序列空间，又与东边主门洞从构图上取得均衡，整个文化墙及门作为建筑和地域的标志，采用传统青砖砌筑，反映出北方建筑的简约、粗犷、纯朴、苍古的气势和特定场所精神。

景观二：在入口西侧，设计三片弧形浮雕墙，与水景组成一组景观，浮雕墙采用北方特有浅米黄色砂岩板为背景，在上面刻有反映长安八景的图案构图，同时水景由一组涌泉和一个倾斜的陶土水壶组成，水从壶口流出，潺潺的水声写就的故事与一组浮雕墙组成醉人的景观。亲切宜人的建筑及水壶底部铭刻的“有朋自远方来，不亦乐乎”，宛如一首意犹未尽的诗，古今多少事，尽付笑谈中。源源不断的流水，将人带入一个反映出建筑历史和风貌的全新环境之中，让人浮想联翩。

景观三：进入主入口沿主轴线设计了一个下沉庭院，人们可以从楼梯及观光电梯到达下沉庭院，在庭院上端，通过一层步道连接东西两侧的建筑，在步道中央构思了一个反映传统与现代建筑元素对话的主景观，为了使主景观不遮挡后边西五台，景观构图采用四根青砖柱子支承黑灰色主檩钢架，并将木斗拱、木檩条经简化裂变后与砖柱、主檩钢架组合构成屋架的形式，沧桑的青砖，苍古的木檩，与光洁的钢架一起围合保留了一个建筑虚空间，古老与现代、粗犷与精细，都在这些空间内强烈碰撞，取意为未来家园。既喻意了传统建筑与现代建筑的延续和对话，又给人创造一种时间和空间的遐想。

景观四：进入下沉庭院，庭院平面呈窄长，严谨和规整，沿周边设计了不同地域风格的酒吧屋，通过连廊围合出一个尺度适宜的室外庭院，并种植绿化点缀，庭院通天接地，敞口于建筑周围，接纳阳光月夜，充满生气与活力，庭院四周可兼作室外酒吧茶座，将室内空间向室外及庭院延伸，餐桌上烛光摇曳，杯盘中流光四溢，人间温情和享受尽在其中。庭院中央布置了一个表演台，表演台用一个石刻的印章构图作台面，四周用水池围合环抱，水池底铺浅白色鹅卵石，水面上铺玻璃，夜晚水面内泛光灯照到玻璃和水面上给人以晶莹透亮的感觉。在表演台后面设计了一组由一层水幕跌落下来的水景，水幕后边用玻璃砖叠砌成一个凹凸不平的玻璃墙，夜晚泛光灯照在水幕及玻璃墙上，亦幻亦真的瞬间，变换出色彩斑斓的景色，潺潺的流水，优美的音乐，使人坐在室外品酒饮茶的同时，观赏景色和欣赏音乐。让明月清风伴随你的好心情，即使不醉于酒或咖啡的香浓，也醉于斯景下旖旎的心情。

景观五：在主轴线一、二层，通过连廊将若干个小体量组团建筑集合为一组群体建筑，将连廊局部延伸扩大到中庭上空作为休息茶座，人们可坐在一、二层室外悬空的休息茶座处，纳凉通风，融入自然，观赏庭院内的表演。享受风与音乐的和鸣。在一层尽端，将民间收集保存下来的民居木门、木窗、砖雕墙整合成一个院落空间，取意记忆中的家园，在该空间内积淀着石磨、铺地、石凳、树木、花鸟等，给人留下历史的空间，将门、窗、砖墙用黑灰色钢架将其保护起来，与主景观屋架相呼应，现代材料与传统材料新与旧的融合，交相辉映，历史的遗迹与现代的建筑语言在整个建筑群中并存，人们置身其中，不觉记忆起脚下流逝的年轮。

通过序列景观的组合，在南北主轴线上形成了主大门→照壁→庭院→步道→主景观台→表演台→水幕→记忆中的家园→西五台等多元素的序列，渗透的院落，变化的空间，淳朴的景观，闲适的气氛，为客人提供一个开敞、流动、通透、回味的时空走廊和社交场所。

景观六：在背景墙西侧，通过次入口的门廊进入一个院落，正对南北次轴线序列，该院落平面紧凑，用北方民居中四合院的手法将建筑围合成一个室外中庭，将场所院落聚集其中，人们自成一体，围绕着中庭闲庭漫步，感受这种文化氛围。北方建筑的〝院〞就是地域文化的典型表现，在背景墙的南侧顶部设计了一个观光廊，客人居高临下透过观光廊玻璃，一边淡品香茶，浅酌醇酒；一边高空凭栏观赏南边西五台和锦园五洲风情，一睹古城特色。

景观七：通过东西一条巷道轴线将东西两个庭院连为一体，该街采用传统街区中较小的空间尺度，亲切怡人。行走在小街中，犹如漫步在深藏于都市深处的某处街巷。若干个单体建筑基本元素沿着空间序列关系而构成的层层渐进的建筑群，集合为虚实相间的庭院，街巷、空间、景观、墙面、装饰、绿地等，在借鉴和继承传统民居质朴自然的美学理念时，把握好传统建筑的空间尺度是最为重要的，天、地、人的和谐与包容，神、脉、韵的契合与统一。

景观八：整个建筑、庭院、巷道、连廊空间景观都通过道、台、场连为一体。对人行游步的道，采用立式青砖人字形铺砌，并用50m宽的青石条进行分格，在分格图案中，嵌500mm×500mm青石板，在青石上刻有成语谜语，起连续引导作用，人们边走边观，趣味无穷。在步道的周边采用200mm宽的白色鹅卵石收边。在主口及景观周围的场，采用600mm×300mm青石平铺，可以使人停留片刻，在休息平台处采用木板条地面，在每个店铺入口的地面上，设计了一个石雕图案加以点缀，室外栏板用黑灰色金属扶手与钢化玻璃组合，在玻璃上烧制出民居窗格的磨砂图案。屋顶设计了屋顶花园和室外茶座，怡人的绿意，人在其中，有登高临远的意境。身伴淡淡云彩，激发出无限的思绪。

在建筑风格上，将传统建筑的文脉、神韵、符号、材料、肌理用新的建筑语言，整合到现代建筑之中，采用简约的手法与传统建筑精神共存，而不是将传统建筑形式简单的装饰在新建筑的表面。新的建筑，以传统青砖白墙为基调，与现代建筑玻璃、黑灰色金属窗格的构成，在造型上采用几何块体相互组合，高低错落，在材质上，采用玻璃与砖墙的虚实对比，相互借景，在色彩上表达出传统民居黑、灰、白基本色调，同时为了在新建筑中能够留下传统建筑的痕迹，将陕西民居中〝屋子半边盖〞和〝山墙〞的构图形式经过重新整合，以虚构图的方式布置在不同店铺主入口墙面上，并与入口有机的结合为一体，这种新的空间关系及立面形式，对于该地块来说是新的内容，但其空间结构的本身却保留了传统空间逻辑和尺度。建筑立面形式保留了传统建筑的比例、色彩、韵律及肌理。

锦园长安坊位于西安北二环与大明宫环道西北角。南临北二环，东临大明宫家具市场，北临雅荷南路，该用地内设有两条城市规划路，将用地分割为三块，分别为Ⅰ区（西北边用地41.17亩）；Ⅱ区（东北边用地75.525亩）；Ⅲ区（南边用地30.58亩）；总用地147.27亩（9.8186hm²）。总建筑面积208362m²。该用地内分别设有集中商业广场，临街商业用房及民居。

锦园长安坊在建筑的总体构思、空间序列、建筑尺度、单体风格以及材料肌理均与锦园五洲风情相一致。Ⅰ区和Ⅱ区主要为临街商业建筑和民居，采用民居和小店铺的序列格局，临街将几组二、三层高低错落的商业店铺通过青砖、白墙的单体元素连为一体，并将民居中门罩、月亮门、漏窗、窗棂等传统符号通过剖析、割裂、连续整合到现代建筑中。Ⅲ区为商业广场，层数为6层，位于城市主干道二环路北边，东边为城市停车场，空间尺度较大，为了使该商业建筑从远处看在室外较大的空间内有一定的建筑尺度，并反映出北方建筑的简约、粗犷、纯朴、苍古的气势和特定场所精神，采用内街和内庭院的手法，将三组商业建筑通过五层通高的采光顶连为一体，形成室内步行街和中央共享大厅，主体建筑沿城市主干道大明宫立交方向设一个主入口，并通过一组五层通高的序列排架及自动扶梯将人引向室内大厅到达一至四层的商业广场及五层的餐饮中心内。五至六层餐饮中心及休闲广场也可由东西两边室外入口通过室外观光电梯将人引导到各层。交通组织既能分开又可连通。为了保持三个区域的完整性，在规划路上通过连廊、牌楼的手法，将三个区域连为一体，同时围合出小区内部的过渡空间氛围。在Ⅰ、Ⅱ区的城市道路南北入口处采用关中民居店铺中街道牌楼的手法设计了两个牌楼，即将两个小区连为一体，又打破城市道路单一的形式。牌楼采用现代构图手法，并将民居中的月亮门、漏窗、重叠密梁、斗拱符号，用现代建筑石材及钢架重新割裂整合为一组现代建筑语言的牌楼。

区内民居采用民居中空间尺度较小的街坊的手法，将每组民居组合成院落群组建筑，围合成尺度适宜的巷道，顺着关中传统民居能聚能分的生活形态和意匠线索，在巷道空间内布置青砖、步道、抱鼓石、照壁、亭台、树林、灌木等与现代景观设计结合。那么这种空间与尺度相互渗透和曲径通幽，充满了人文关怀的空间。公寓入口是民居的标志，通过入口的建筑形式，可以反映出民居的建筑内涵。入口的建筑创作采用传统建筑中的青砖和现代建筑中的钢架及钢管组合成一组以青砖墙为背景，用钢管柱构成单坡屋面的形式，将陕西屋子半边盖的手法用在大门入口处，将屋顶瓦的肌理及韵律用灰黑色的密排钢管取代。在背景砖墙上，通过漏窗、瓦当符号来反映传统建筑的内涵。

关中民居的屋顶形式除具有明清时期民宅的坡屋顶特征外，其坡面多自内院以单坡形式斜伸向苍穹；面向院子一侧，有廊道作为过渡空间，远离内院一侧为实墙，其作用除为抵御寒冷空气外，还有另外一层意思，就是希望通过经由坡顶流向内院的雨水，亦将"财气"敛于院中。此外，在门窗的花棂分隔上，采用寿字纹、万字纹、回形纹等，每组民居采用民居空间院落的手法，设前庭后院，空间有收有放，建筑高低错落，不仅很好的解决了人流组织和空间尺度问题，也为构思建筑空间造型和景观序列创造了条件，使建筑布局与古城建筑格局相吻合。在建筑立面造型上，采用陕西民居单坡屋顶形式，用现代建筑的手法去反映传统民居的建筑理念。

青砖墙的厚重，白墙面的朴素，纹理清晰的木材，清澈透明的玻璃，金属材料的精美，建筑在保留了传统建筑材料的同时，赋予现代新材料的肌理，新旧材料的融合，相互对比、相互映衬，塑造新的建筑形象，也提示出地方人文中明净舒朗的历史，将我们所熟悉的生活和文化填充到建筑形体中去，在建筑构架体系中营造人文气息。从建筑外表反映出建筑鲜明的个性和气质，同时又不过分炫耀，清新典雅、超凡不俗。

（和红星，西安市规划局局长、教授、博士生导师。

杨小青，陕西龙安房地产开发有限责任公司董事长。

屈培青，中国建筑西北设计研究院、副总建筑师。）

大唐西市

规划方案一

“大唐西市”项目是在唐代西市遗址上修建的。唐代西市是世界上重要的国际贸易中心，是唐长安城的经济中心，是长安市民和外地游客日常购物、消闲娱乐的中心地带。唐代西市文化的精髓就在于将商业和休闲紧密地结合在一起，这恰与今天“大唐西市”项目的定位相吻合。

唐代西市的另一个特点就是它更多地体现了一种市民文化。与曲江皇家苑囿性质不同，日常活动在西市更多地是普通市民、远道而来的书生和四面八方的商人。因此，唐代西市体现的更像是市民文化、世俗文化。它与人们的日常生活息息相关，繁华、热闹、轻松，有时神仙鬼怪夹杂其中，还有些荒诞。

唐代西市的最后一个特点就是它的国际性。作为丝绸之路的起点，它以大唐特有的博大胸怀海纳百川，吸收了来自世界各地的文化，无论是美食还是宗教信仰，都包容其中。使西市文化多姿多彩。

唐代长安城已经是一个国际化的大都市，市民生活富裕，商业极为发达，它的国际性、商业性、市民性等诸多特质与现代商业的运作模式有着不少共同点，无疑是今天“大唐西市”项目可以借鉴的。

因此，“大唐西市”项目可以定位为：展示盛唐长安的城市风貌、市民生活和商业文化，满足顾客和旅游者的文化和商品消费需求。它既不是纯粹的旅游休闲项目，也不是单纯的现代商业形态。

其主要功能为：购物（日常生活用品、旅游纪念品）、游览（外地游客）、休闲（西安及周边地区市民）。

其目标人群主要锁定在两类：一是由外地来西安游览的观光客，他们的目的主要是感受悠久的历史文化，体验地道的唐风唐韵。特色景观和具有本地特色的旅游纪念品、饮食对他们会具有相当的吸引力；第二类是本消费辐射区内的市民。他们主要目的是购买日常生活用品。但可以通过不断推出有吸引力的系列后续节目，如饮食、传统节日游艺活动等满足其家庭休闲需求。

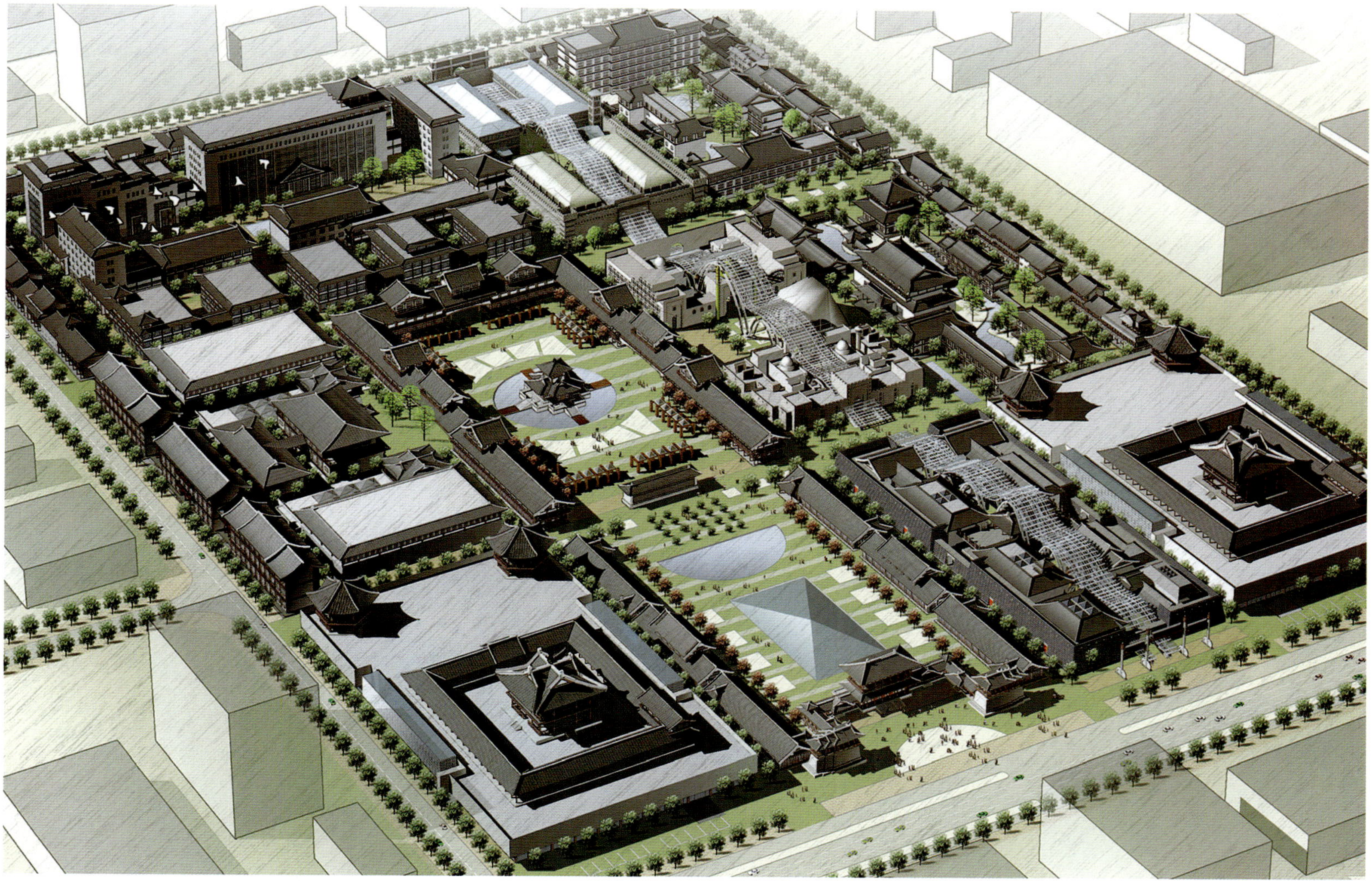

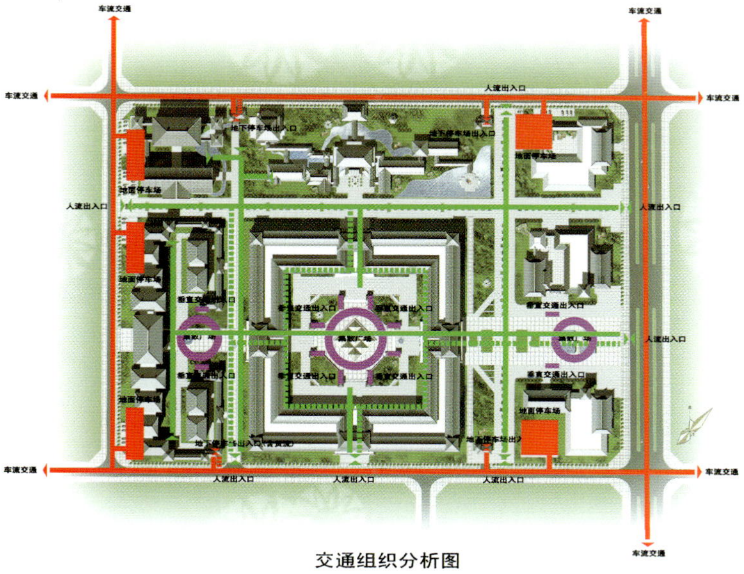

交通组织分析图

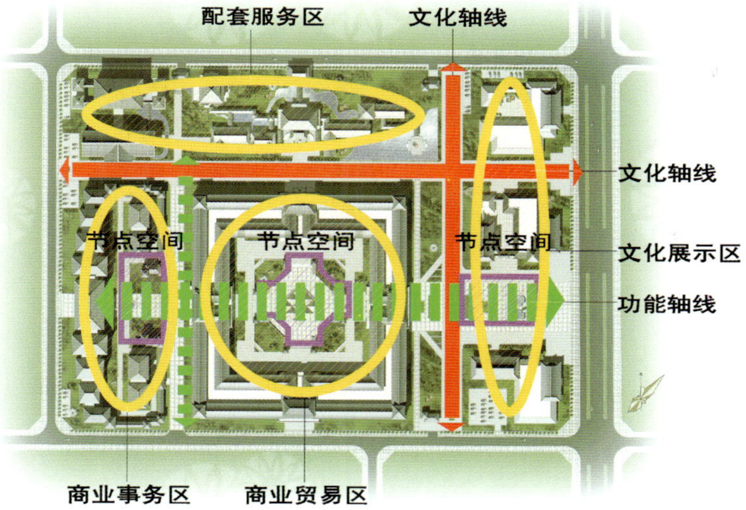

功能结构图

规划方案二

规划指导思想

1. 充分利用历史上的大唐西市厚重的民俗文化，提炼并吸纳丝绸之路文化的精髓，创造一个唐风浓郁的西市环境，引领该项目的整体开发，提高整个项目的文化品位。

2. 根据丝绸之路的线性特征，利用这条线将不同的地域风格建筑，不同业态的商业形式有机的结合起来。"点、线、面"的结合，有利于最大限度的将大唐西市文化，丝路文化展现在人们面前，有利于现代商业建筑通过丝路风情与传统建筑的自然过渡。

3. 周地东部塑造唐风西市的九宫格局，这是西市项目起动的基础，用地西南部以现代商业及现代建筑为主。但建筑形式应是传统建筑神韵与现代建筑的结合，以起到大唐西市传统建筑与西高新现代建筑的传承作用。

4. 以营造内向性空间和界面为主，整体建筑形式与风格尽量与周边环境相融合。

5. 处理好区内交通及市政府市道路的关系，最大限度地为人们出行及购物提供方便。

6. 通过该项目的开发，进一步为西安市唐文化复兴做出贡献，为商业开发提供更大的空间，既要社会效益，也要商业效益，创造一个传统商业与现代商业并存，旅游休闲，文化体验与现代消费相结合，反映大唐开拓，开放，博大，包容的精神情怀的新西市。

7. 充分利用西市现状用地内文物遗址的保护、利用和开发。

功能定位

综合考虑项目的市场及风格定位以及周边大环境的现状和发展趋势，将土地使用功能大体分为四大功能板块：商业为主导、旅游为基础、文化作主线、其他作辅助。其中涵盖七大业态功能：

1. 体验：丝路广场、丝路文化展示、体验式互动节目、旅游纪念品市场、古玩市场、主题酒店及酒店式公寓等；

2. 购物：大众百货、精品百货、大型超市、专业化市场、各类专业（专卖）店等；

3. 娱乐、餐饮：电影院、KTV、酒吧一条街、洗浴中心、丝绸之路沿途的饮食文化、"唐宫廷菜"主题餐饮、民族美食等；

4. 文化传播：丝路剧场、博物馆、文物拍卖厅、体育竞技中心等；

5. 商务会展：高档商务酒店、会所、会议中心等。

6. 居住：高层公寓，拆迁安置住宅。

规划目标

大唐西市项目力图重现盛时期的商业繁华，以丝路之旅作为轴线，

形成覆盖商业贸易、旅游消费、文化交流和商务居住四大市场于一体的、多元化的综合性功能建筑群，以满足国内外不同旅游者的项目区域内消费者不断发展的各种需求，并且与发展中的西安高新区遥相呼应，真正使项目成为从时间上和空间上联系过去和将来的纽带。

规划原则

1.契合城市发展大环境

西安市目前正在全力发掘其经济增长潜力，努力扩大其影响，提高其竞争力和经济实力。大唐西市项目在整个城市经济结构和规划结构中占有举足轻重的地位。因而本项目规划过程首先需要对其相对于整个城市和地区的更大范围来进行战略评估和认识，应确定影响发展的关键因素，包括土地使用方式和增长趋势，经济结构和潜力、文化底蕴及意义，以及城市交通和开放空间系统。

规划必须考虑到城市的长期规划目标和政策，当地的房地产市场以及当前的经济方向。分析中，还必须考虑场所属性、基础设施需求、环境问题和可持续发展能力。

2.坚持可持续性开发

合理的可持续开发将对该城市未来的特性和经济增长具有深远的意义。成功的开发框架将建立合理的土地使用、交通和开放空间系统。更为具体地说，此框架必须解决以下问题：最佳土地使用和相邻地区的布局，适当的开发强度，合理的建筑密度、布局和特性，实用高效的交通模式，以及必要的服务和配套设施的类型和位置。

良好的总体规划设计是对现有的城市模式和资源、地形地貌、土地城市化的可适性、市场需求、开发商财务平衡、土地利用与开发的经济可行性等方面的全面协调。这样才能确保获得符合逻辑的城市化策略和切合实际的分期开发顺序。值得强调的是，分期可持续性开发概念必须能够提供一个很好的初期阶段计划，此计划应具有足够的临界规模和长期灵活性，从而对后续阶段中市场条件的变化作为灵活反应。

3.满足市场需求，创造多功能文化体验型综合社区

目前西安商业地产的开发有几个趋势：多样化、规模化、档次高；仿唐商业骤然兴起，旅游休闲商业特性明显增加，强调文化和娱乐性。项目周边小范围的功能组团涵盖居住和文教科技并缺乏大型综合性商业载体。由东北方向延伸而来的西安古方城文脉被截断在有着深厚历史底蕴的原唐代西市旧址本项目所在地，导致历史文化现光路线至此出现缺口。

综上所述，无论大环境的趋势，

大唐西市—丝路风情鸟瞰—

还是小环境的需求，都要求项目在功能上补充和发展本区域商业、居住和文化娱乐市场，并充分尊重和传承其重大历史意义，将以西安古城为核心，西市为起点的古丝绸之路通过现代建筑技术与表现手法充分再现。

4．建筑功能与风格上的古今对话

在设计中继承和发扬西市的历史渊源，并重新利用它们，赋予其新的内涵，在总体城市规划的宏观指导下（建筑控制高度等），结合项目总体定位及目标，全面考虑使用功能、城市景观等诸多因素，用符合现代化生活娱乐方式的开发密度，创造出使行人感官舒适的比例尺度和具有丝路风情的集商业、娱乐、居住于一身的现代化都市社区。

本项目独特的功能与风格定位决定了其中建筑形式必将丰富多样，不同的使用功能与特定的用地位置为每一栋建筑，甚至每设计单元提出具体的设计任务书。作为体现规划设计意图的重要手段，建筑的立面及质感应能够鲜明地反映出该地段设计主题，即丝绸之路上某一特定时间和地域的建筑风格。

建筑体量和布局应将阳光朝向与景观朝向最大限度地整合统一，尽量减少高层建筑投影对周围环境的负面影响，界定出公共与秘密的开放空间，创造出富于变化的城市天际轮廓线，并在建筑体量和高度方面同周围环境及用地性质相协调。

项目定位

根据对本项目区位的全方面调研分析，最终将“大唐西市”战略性定为“世界第一个丝路主题商旅文化体验城区”，建成后的项目将是西安最有国际色彩的商业地产项目，西部最有异域风情的旅游休闲场所和中国最有东方神韵的文化体验中心。

风格定位

由于目前西安市大部分的旅游景点以唐代的建筑风格作为主题，本项目则必须考虑如何与其他项目区隔开来，提供现有景点无法取代的特色。经多方面分析研究最终将项目定为“西市—丝路之源”而不仅是“西市”。丝路之旅的主题将可以提供游客除唐式建筑以外，沿丝路各国文化风情的多样性体验。

承由本项目独特的地理位置和深厚的文化底蕴，总体规划加以一条象征古代丝绸之路的主要商业步行干道而展开。沿干道建筑风格自乐向西依次为盛唐时期的传统风格，东亚风格、西亚风格、波斯风格及欧洲风格，经过项目的中心广场后，建筑风格转换成演绎传统的现代建筑风格。这象征着本项目将立足于传统，并开创未来。以一连串传统的东方到西方的建筑风格变化来象征古老的丝绸之路从长安城西市起始，横贯亚欧，使东西方商品及文化得以交流和传播的重大历史意义和地位。大唐西市项目将使游客体验到盛唐时期丝绸之路沿途的风土人情。由西安到罗马，通过建立一系列独特的建筑、丰富多彩的表演和各式各样的商业空间，提炼出世界最辉煌城市的文化精髓，并展现在游客面前。

锦园长安坊

锦园长安坊位于西安北二环与大明宫环道西北角。南临北二环，东临大明宫家具市场，北临雅荷南路，该用地内设有两条城市规划路，将用地分割为三块，分别为Ⅰ区（西北边用地41.17亩）；Ⅱ区（东北边用地75.525亩）；Ⅲ区（南边用地30.58亩）；总用地147.27亩（9.8186公顷）。总建筑面积208362m²。该用地内分别设有集中商业广场，临街商业用房及酒店公寓。

古城格局的保护，传统建筑的继承，深厚文脉的底蕴，生活方式的延续，这些历史条件及文化背景为建筑设计带来了创作灵感和素材，使建筑师从中去寻找和理解现代建筑与传统建筑的文脉延续，创造富有地域文化特色并与城市肌理相和谐的建筑空间。

一、寻找文脉与和谐：

在古城西安，该地区的老建筑主要为民居和小店铺，路网为正南北向棋盘布局，传统建筑随着时间的消失经历了沧桑巨变，但中国本土文化讲究集聚氛围和个体随意性相互交流，能聚能分的生活形态一直在延续，体现在建筑脉络上就是"宅院建筑"。古城西安淳朴的民风和素雅的民居，积淀着传统建筑深厚的历史文化底蕴。新的建筑创作，应从传统建筑中去寻找古城建筑素朴的文脉与苍古的意境，挖掘和提炼出建筑文化及建筑符号的逻辑元素，将这些资源通过剖析、割裂、连续整合到现代建筑中形成新的秩序，并从现代建筑中折射出传统建筑的神韵，追求神似，使建筑的总体构思、空间序列、建筑尺度、单体风格以材料肌理与传统建筑相和谐，在尊重历史而不是模仿历史的同时，赋予它新的气质和涵义，延续好这一带的建筑风格。

二、把握空间及尺度：

新建筑的肌理应渗透着传统建筑的脉络，新与旧的融合，是对建筑发展的一种延续和对城市肌理的契合。在总体布局中，把握好空间尺度最为关键。

Ⅰ区和Ⅱ区主要为临街商业建筑和酒店公寓，采用民居和小店铺的序列格局，临街将几组二、三层高低错落的商业店铺通过青砖、白墙的单体元素连为一体，区内酒店公寓采用居民中空间尺度较小的街坊的手法，将每组民居组合成院落群组建筑，围合成尺度适宜的巷道，每组公寓采用民居空间院落的手法，设前庭后院，空间有收有放，建筑高

低错落，不仅很好的解决了人流组织和空间尺度问题，也为构思建筑空间造型和景观序列创造了条件，使建筑布局与古城建筑格局相吻合。

Ⅲ区为商业广场，层数为6层，位于城市主干道二环路北边，东边为城市停车场，空间尺度较大，为了使该商业建筑从远处看在室外较大的空间内有一定的建筑尺度，并反映出北方建筑的简约、粗犷、纯朴、苍古的气势和特定场所精神，采用内街和内庭院的手法，将三组商业建筑通过五层通高的采光顶连为一体，形成室内步行街和中央共享大厅，主体建筑沿城市主干道大明宫立交方向设一个主入口，并通过一组五层通高的序列排架及自动扶梯将人引向室内大厅到达一至四层的商业广场及五层的餐饮中心内。五至六层餐饮中心及休闲广场也可由东西两边室外入口通过室外观光电梯将人引导到各层。交通组织既能分开又可连通。

为了保持三个区域的完整性，在规划路上通过连廊、牌楼的手法，将三个区域连为一体，同时围合出小区内部的过渡空间氛围。三、展示风格与肌理：在建筑风格上，将传统建筑的文脉、神韵、符号、材料、肌理用新的建筑语言，整合到现代建筑之中，采用简约的手法与传统建筑精神共存，而不是将传统建筑形式简单的装饰在新建筑的表面。新的建筑，以传统青砖白墙为基调，与现代建筑玻璃、黑灰色金属窗格的构成，在造型上采用几何块体相互组合，高低错落，在材质上，采用玻璃与砖墙的虚实对比，相互借景在色彩上表达出传统民居黑、灰、白基本色调，同时在新建筑中能够留下传统建筑的痕迹。

临二环商业广场，由几组五层高的青砖实墙面作构成并通过灰白石材墙面和传统窗格图案的组合，在表现现代建筑简洁、粗犷的同时，反映出传统建筑的材质、肌理、色彩、韵律及符号。Ⅰ、Ⅱ区临街商业建筑也采用商业广场相同的手法设计，只是在建筑空间及尺度上将其变小。而酒店公寓是用现代建筑的手法去反映传统民居的建筑理念。青砖墙面的厚重，白墙面的素朴纹理清晰的木材，清澈透明的玻璃，金属材料的精美，民居窗格的裂变。使整个建筑组群在保留了传统建筑材料的同时，赋予现代新材料的肌理，新旧材料的融合，相互对比、相互映衬，塑造新的建筑形象，将我们所熟悉的生活和文化填充到建筑形体中去，在建筑构架体系中营造人文气息。从建筑外表反映出建筑鲜明的个性和气质，同时又不过分炫耀，清新典雅、超凡不俗。

（锦园长安坊2005年获“国际人居建筑设计大奖赛”铜奖）

建筑设计：中国建筑西北设计研究院 屈培青等

大唐不夜城

大唐不夜城以大雁塔为景观入口，东临曲江水景中心，整体位于曲江新城的西侧靠北，区域交通便利，旅游商业人气指数看好。

项目拟建成集旅游、购物、休闲、娱乐为一体的大型综合性旅游商贸设施，是亚洲规模最大，街景最长的景观步行街，其特点有：

1. 优越的地理位置，它是规划的新旧双子城中新城的核心区域；

2. 宏伟的气势，浓郁的唐代建筑风貌；

3. 优美典雅的水系景观。利用南北湖的自然流水，形成特色建筑与水系的完美结合；

4. 唐文化展示的大道；

5. 配套齐全，周围遍布大型旅游设施，风景名胜，文物古迹，高档宾馆，住宅以及行政配套设施；

6. 广场式步行街；

7. 便捷的环状交通；

8. 以人为本的人性化管理体系；

9. 高档名牌荟萃的世界；

10. 旅游、商贸、休闲、娱乐为一体形成的产业群聚。

该项目占地约700亩，南北长约1500米，东西宽约450m，计划总投资约20亿元人民币，建筑面积约42万 m^2。将建成一条集历史街区、休闲观光、购物、文化娱乐为一体的景观步行商业街。

项目北部有清流园，盆景园，蔷薇园等，南部有部分村庄，植物园用地，大部分为农田和闲置地，环境优美，交通便利，服务设施齐全，规划场地内建构筑物已拆迁，地形经处理后较为平坦，地势大体走向为东高西低，南北呈一定波浪起伏。项目西侧为规划经线宽度30米的广场西路，大唐不夜城西路，东侧为红线宽度30m的广场东路，大唐不夜城东路，南侧为规划红线宽度20m的雁南三路，规划区北部为40m的小寨东路和西影路。

本项目规划设计体现"以人为本"的思想，充分考虑人的行为特征，创造人性化的城市空间，坚持环境建设与功能建设同步，从而达到生产、生活、生态三者的协调发展。形成具有唐代文化，休闲文化，园林文化空间形态和城市景观。

大唐不夜城的功能设置是集曲江新城的旅游观光，休闲娱乐，餐饮娱乐、历史文化鉴赏等产业的共同载体项目，它本身不仅具有较高的收益，同时也为曲江和西安的整体发展带来新的动力。

大唐不夜城是在曲江新城统一的管理之下规划建设的商业综合体，经过多元投资之后，一般为各个店面出租给单个的零售商或经营者，由管理机构管理和控制，并对整个中心负责的复合房地产、零售业、旅游业、娱乐业及文化内涵的经济综合体。它是中华文化最重要的一个组成部分，同步国际的旅游胜地，是西部文化重镇，与世界文化接轨的窗口；是市民休闲、娱乐中心、市民客厅、城市名片。

大唐不夜城的形象定位为：都市景观大道和风情轴线，新兴的都市商贸、休闲、娱乐中心区，大雁塔宗教文化商贸区、西安世界级零售品牌聚集地，西部文物字画、艺术品交易中心，体验和互动式旅游景区。

不夜城的功能定位既要再现盛唐历史文化的国际性与特色性，又要满足现代旅游观光的实际需求，它将深厚的文化资源和现代的旅游度假产品相融合，功能主要涉及观赏、休闲、娱乐、康体、度假等几大方面。也就是说，不夜城将是一个以历史文化、旅游资源为依托的将旅游观光、休闲娱乐、餐饮购物、文化鉴赏融为一体的，将大众消费、中高档消费、基本生活消费、精神层面消费统一整合的，彻底实现现代购物便利性、趣味性和多元化的、打破传统商业模式和消费阶层细分的，提供多方位消费机会的新西安国际商圈中心。

建筑设计：北京德港建筑设计有限公司 黎少平等

大唐不夜城文化交流中心

古都西安是中国传统文化的中心，是盛唐文化的代表；作为西安曲江开发的明珠，大唐不夜城将打造为重现大唐盛世风采的文化商业步行街区。

大唐不夜城文化交流广场是该项目的核心部分，他位于正对大雁塔的60m宽文化商业步行街的中点，北临雁南一路，两侧为大唐不夜城东西路。规划占地面积约60亩，总投资2.6亿元人民币，拟建建筑地上面积4.0万m^2。包括四组文化性建筑：歌剧院，音乐厅，电影城和艺术展廊。

大唐不夜城文化交流中心的总体布局与大唐长安城的总体布局一脉相承，延续了原有城市规划的轴线对称，以南北株轴线和东西次轴线两条控制轴线来展开空间组织。四个主体建筑围合出方整，内向的"凹"字形空间布局。形成极具聚合力的现代文化交流空间。

机动车辆从东西两侧道路引入辅助车道，沿基地外测设环通道，并设连通的地下停车库，加强各单位的联系性。

大唐不夜城文化交流广场采用立体设计，形成地面层和广场层活动场所，使空间更为丰富，更具魅力。结合建筑内部观演空间的起坡要求，地面层和广场层的交通流线经过有机的组织，使得观众流线、贵宾流线、商业游览流线、后勤流线、货物流线互不干扰，清晰明确。广场两层系统均与四座主体建筑内部空间产生联系，体现出建筑内部空间的交互性及公共空间的共享性，加强了整体文化交流广场的活力。广场外部环境设计突出传统院落与现代广场空间的结合，将传统元素提炼，结合功能需求，以现代手法融合于广场环境中。

四座主体建筑按照各自的功能要求进行了合理的分区和组织，并注意了各功能的区别和联系。歌剧院位于基地的西北角，音乐厅位于东北角，电影院和艺术展廊均位于南侧。从广场层和地下层均可以直接进入各主体建筑的公共大厅，大厅屋顶是中国传统建筑的要素，四个主体建筑的大空间及屋顶均采用南北向布置，以顺应中国传统建筑中主体建筑南北向的布局方式，并凸显四个文化建筑的特殊地位，次要功能空间则呈东西向布置，起到了烘托主体建筑空间的作用，四座主体建筑以屋殿重檐为主，并配以歇山屋顶，强调了四个主体建筑的壮观形象与气势感。由大小屋顶组合体现出盛唐设计意念，突出建筑的群落感，与整体大唐不夜城围一体，各主体建筑的底层部分采用混泥土基座，上层采用木格栅，其后围透明玻璃与穿孔铝板，各建筑内部不同的墙体形成了建筑的内表皮并由此强调出各单体的识别性，四座建筑外形相似，根据各自功能的需要在体形上进行凹凸处理，以和而不同的处理方式形成了整体。

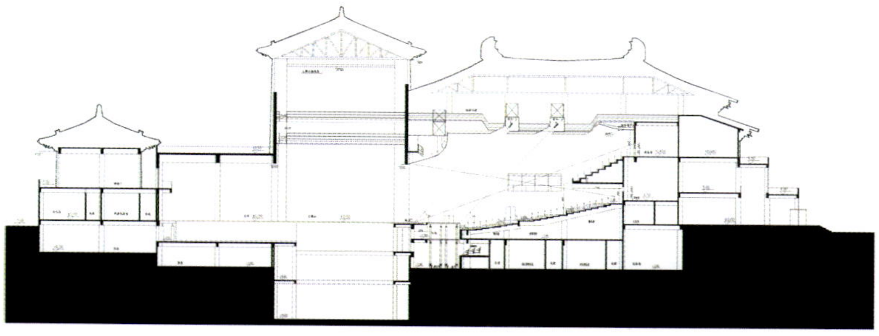

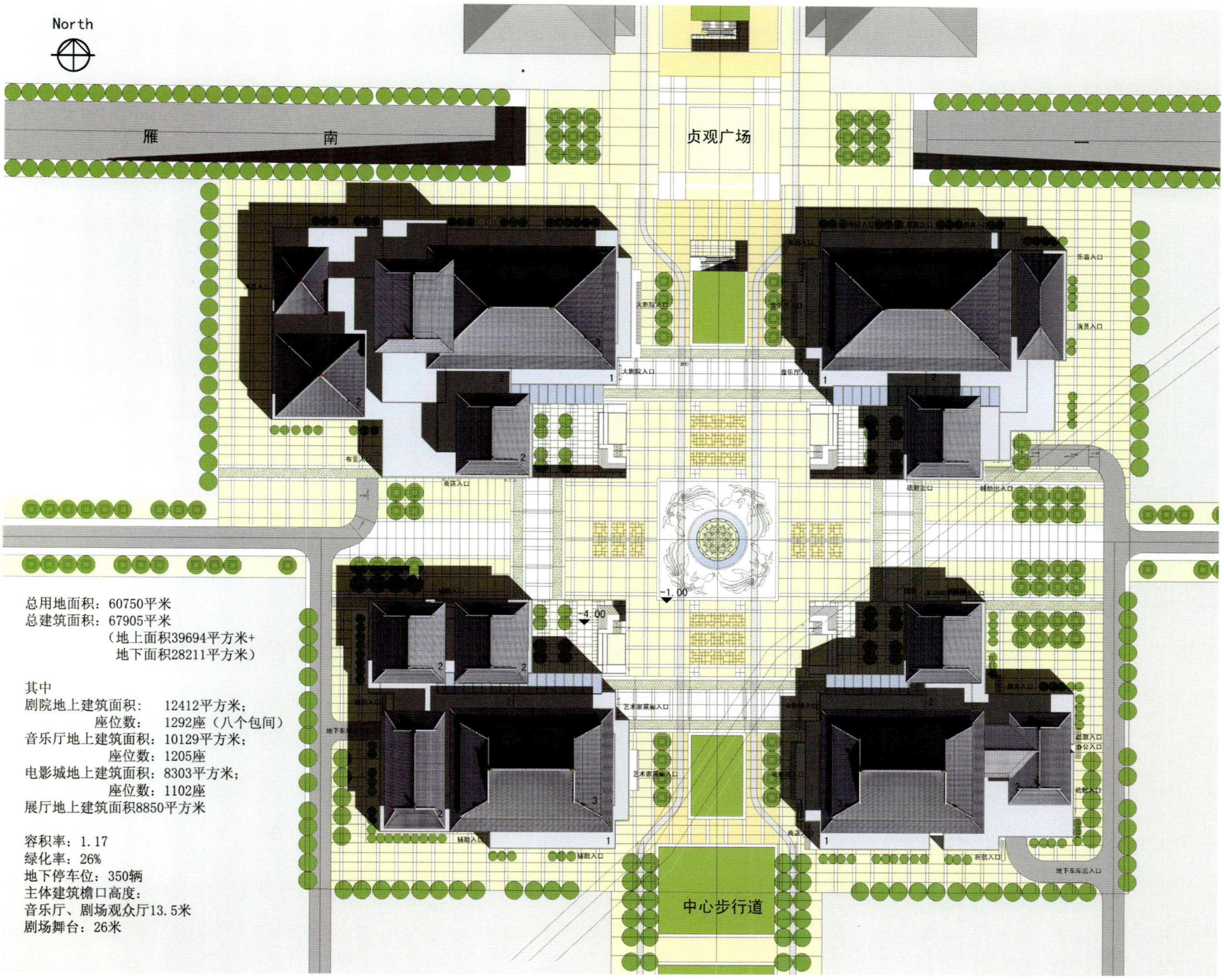

大唐不夜城市文化交流中心总平面

建筑设计：项秉仁建筑设计（上海）有限公司、北京德港建筑设计有限公司 项秉仁、黎少平等

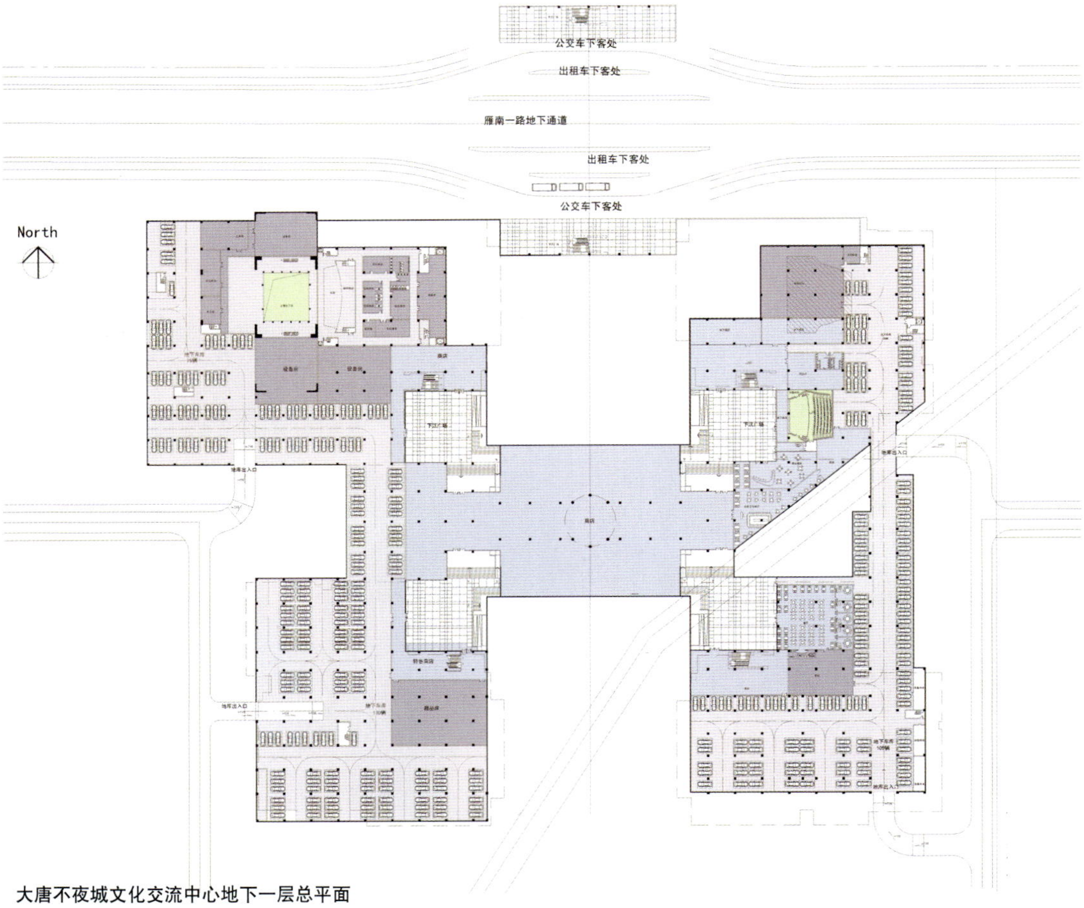

大唐不夜城文化交流中心地下一层总平面

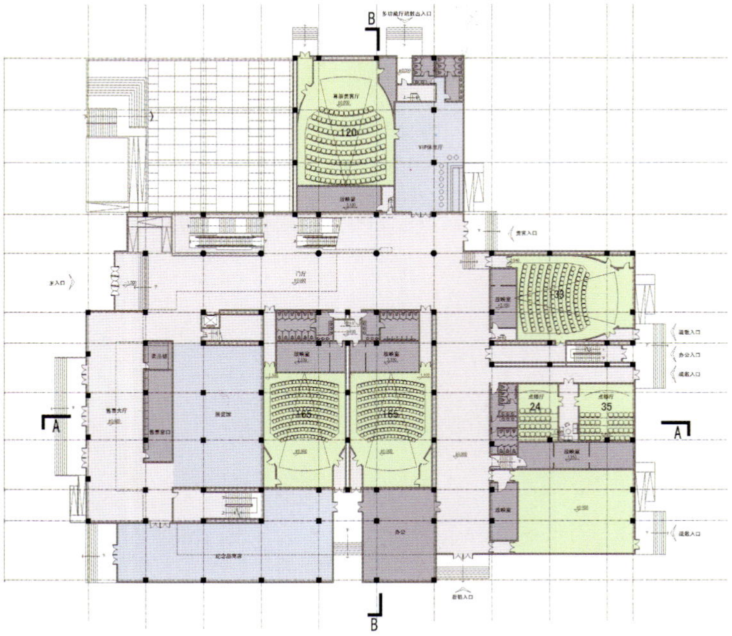

大唐不夜城文化交流中心电影城平面图

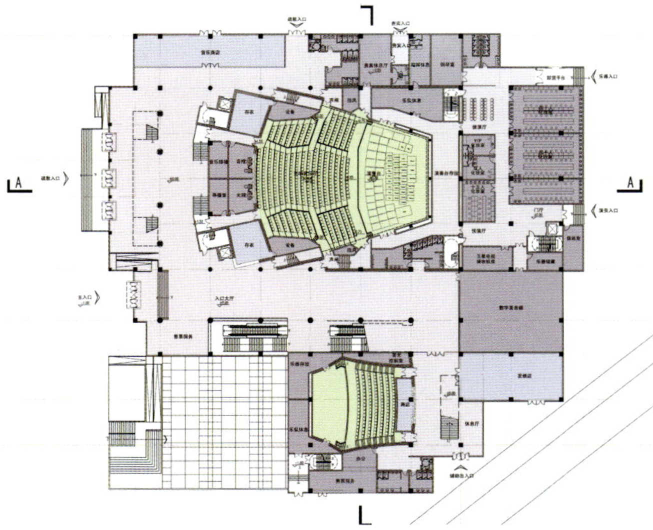

大唐不夜城文化交流中心音乐厅一层平面图

西安市行政中心规划设计

西安市行政中心新城规划设计方案一

随着张家堡广场的建成和周边道路的相应完善，使中央行政区的迁移条件日趋成熟，本方案致力于行政中心新城整体城市规划和行政办公主楼的设计。

1.现状条件分析

该区域位于西安市城区的北侧，城市的中轴线南北贯穿其中。整个新城总占地面积约8.3km²，现已建成若干建筑：中轴路东侧的体育场馆和训练馆，西侧的若干办公建筑和住宅小区。

2.开发策略

（1）采用开发型的积极保护政策，将城市开发和环境保护有机地整合起来——即生态有机、留有余量、可持续性发展。

（2）以一竖轴、两横轴、三广场为带动，通过行政中心、会展中心、城运公园、商业办公区、商业综合区等项目的建设，一个生态的、人性化的、高品质的新型城市社区即将形成。

3.用地布局

根据功能的不同，我们将整个城区划分为A、B、C、D、E、F、G、H、I九个区。

A区：为行政办公区，基本设想为：两个中心，一个广场（市委办公中心，市政府办公中心和市政广场）。

B区：为城运公园，包括大型体育场、体育馆、游泳馆等体育设施。

C区：为商业中心区，其中位置临近立交桥，具有高效便捷的快速路网，公共交通系统和步行系统，具有优越的综合可达性。

D区：为城市交通枢纽。该区域是集城市地铁、公交车站、商业办公为一体的大型综合建筑体。

E区：为配套医疗区。该区域相对于其他地段，对城市的干扰较小，本身毗邻城市公园，环境优越，最适合医疗设施的安置。

F区：为文化、教育和商业综合区。由于该区域毗邻老城区，老城区的发展会带来一定的影响，因此该区域的综合性在所难免。

G区：为综合居住区。除了居住建筑外，应配以相应的商业、娱乐、教育、医疗综合会所等设施。

H区：为二类工业区，内容可为高精技术科技园区。

4.城市空间

城市空间的设计应强调整体性和序列感，注重与西安老城区的关系，以及城市整体形态脉络。

新城的城市空间形态沿袭了西安传统的“九宫格”的布局。通过建筑群按空间的构图原理有序布置，形成地域标志的个性场所。

总体上形成“一竖轴、两横轴、两街、两绿肺、三广场”的城市空间形态。

一竖轴：在中轴路的两侧，建筑让出100m宽的城市绿化带，南北贯穿整个新城。

两横轴：沿着中轴绿化带，又延伸出两条东西的绿化大道，路两侧设50m的绿化带。三条绿轴的形成将整个新城最突出的功能空间、特色场所、景观序列等内容有机地联系起来。

两街：我们采用的是商业街和广场式商业中心结合的二度空间混合模式，即保留了传统商业街的艺术魅力，又兼顾了购物中心所具有的安全、方便、舒适、多功能的特点。文化娱乐设施与城市公园融为一体，二者在功能上相互补充，相互配合。

两绿肺：绿地系统以三条绿轴为主要骨架，采用点、线、面相结合的布局方式，将整个城市的绿地编织起来。城市公园和城运公园为城市贡献大片的集中绿地，起着“城市绿肺”的作用。

三广场：即张家堡市民中心广场、行政区市政广场、商务区中心花园。

张家堡市民中心广场位于城市的中轴路上，其位置的重要性决定了它应当是一个有纪念意义的永久空间、一个庆祝过去展望未来的场所。

中心广场由两部分构成，八边形的中心广场和狭长形的市民广场。中心广场里的四面城墙缅怀着西安古老的过去，城墙中心设一个八角

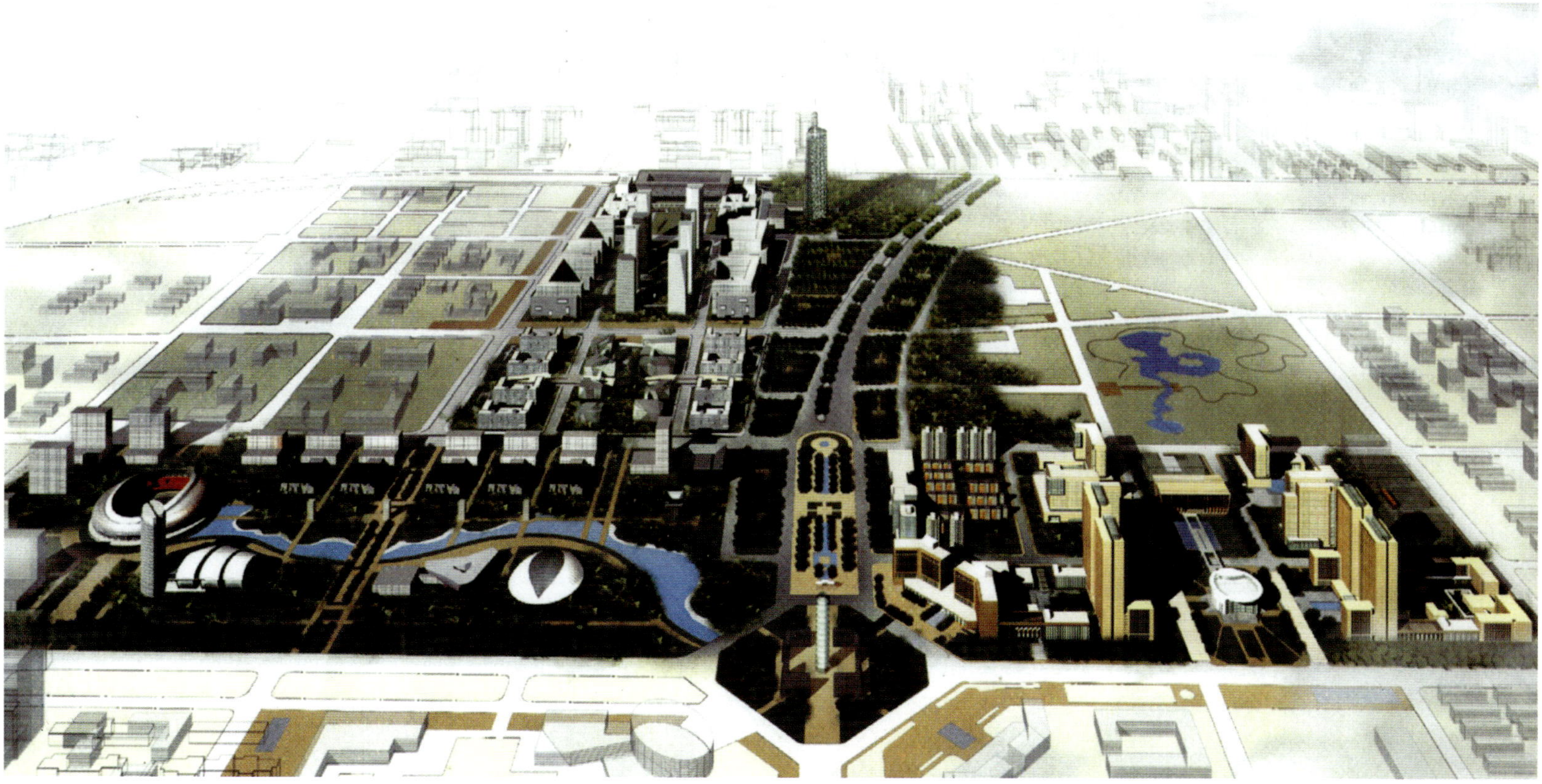

玻璃“光塔”，小型的瀑布从塔顶倾泻而下，体现着现代文明蓬勃向上的气质。在此，向南看，是深厚底蕴的老城区，向北看，展现在我们面前的是一幅新城区的壮丽景象。

行政区市政广场依托政府办公大楼，是展现西安现代行政机构形象的窗口。

商务区中心花园则为城市贡献大面积的公共空间，提升市民生活办公的品质，塑造现代高效的新城风貌。

5.道路交通规则

（1）高效顺畅的交通组织对于新城的发展至关重要。

（2）道路布局采用的是棋盘式的布局方式，横平竖直，简明高效。

（3）路网的划分应分级明确，形成一纵两横一环的基本格局。道路截面在设计时应考虑为将来的城市发展有余量。

（4）一纵即中轴路城市主干道，道路红线按100m考虑。

（5）两横即贯穿于新城东西向的两条城市干道，道路红线按60m考虑。

（6）城市次干道则位于各功能区的内部，道路红线按30m考虑。

6.交通设施

（1）机动车停车位：在A区的市政广场的北侧、B区的城运公园、C区的商业中心、D区的商务中心设集中的机动车社会公共停车场。

（2）规划在中轴路的东北侧、临高架桥的一侧安排一处综合交通枢纽。

（3）公交站点结合各个地块的性质，系统地加以安排。

7.环境设计

（1）城市轮廓线：

整个区域以南北向城市中轴线为脉络，营造高低起伏、错落有致、高潮迭起的城市形态。

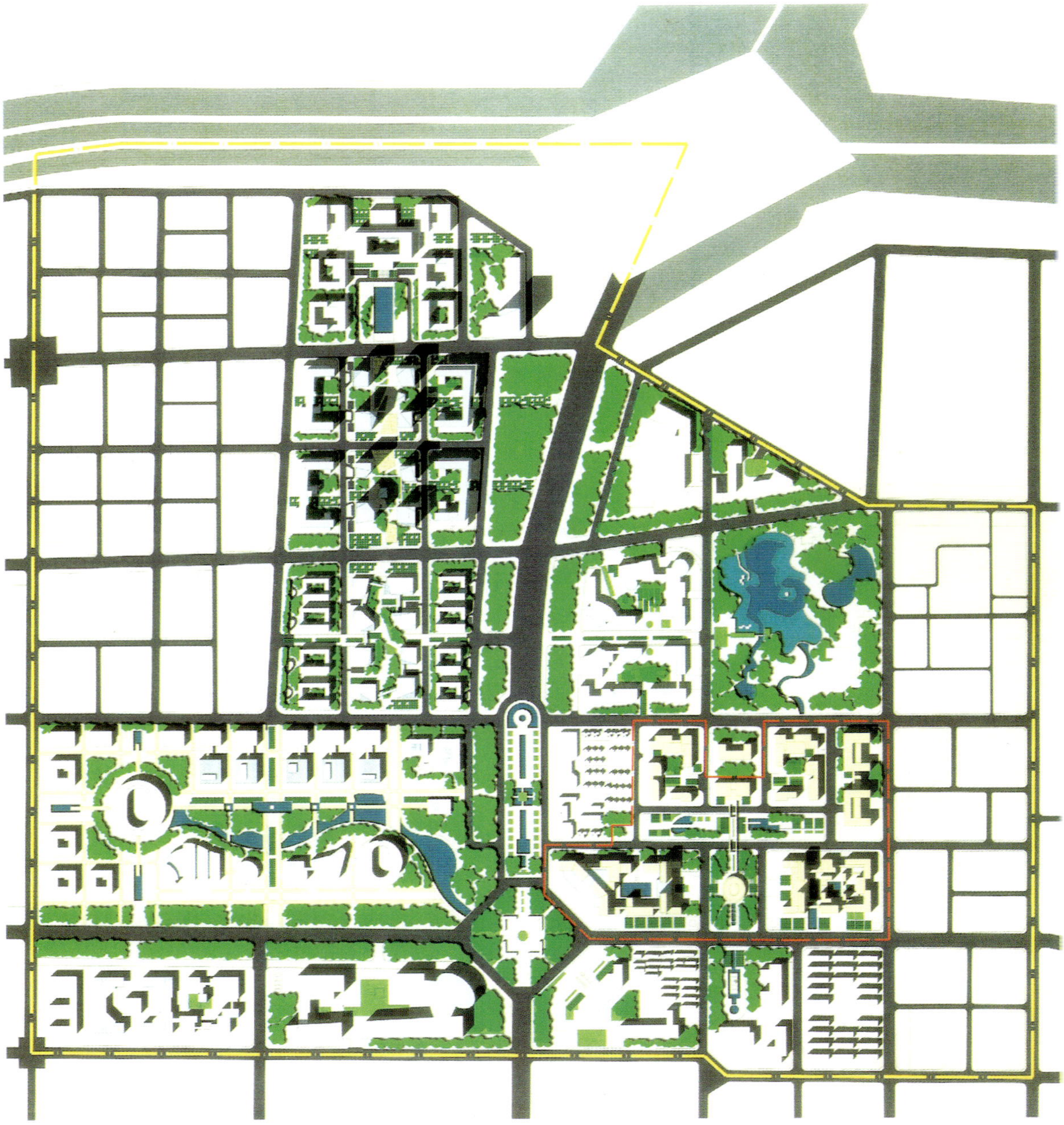

行政中心区强调整个空间的严整性，建筑起伏不大，高度控制在130m左右。城运公园则强调建筑的体量感和水平延展性。商业娱乐区高度控制在60m左右。商务办公区则逐渐升起，形成新城的制高点，高度可达200m。

（2）标志性建筑：

新城的标志性建筑大体分为三个区域：行政中心区、城运公园和商务中心区。三者依托城市中轴线构成三足鼎立的空间形态。

（3）建筑形态和色彩：

建筑形体与色彩在规划上应加以引导和规定，使得整个城市空间健康有序，符合西安整体的规划构架和风格。运用现代的建筑材料和手法，结合传统的文化精神，展现新城的崭新形象。

8.行政中心地区规划设计

行政中心区位于新城中轴的东侧，总用地约64公顷，其中市委、市政府办公楼占地33.9公顷。该区域主要内容为市委办公楼、市政府办公楼、市政广场、中心会堂和城市博物馆等，总建筑面积按20万m^2考虑。

（1）设计理念：

对传统市文脉的体现和尊重，提供花园式的办公环境。

展现政府严肃廉洁的气质和亲和力。

建立过街景观天桥，营造引导空间，保证空间的整体性和连续性。

雕琢空间场所，形成高质量开放的城市公共空间。

广场的功能是多元的，具有文

化广场、休闲广场、礼仪广场等综合功能。

（2）空间布局：

广场的中心是中心会堂，市委、市政府办公楼立东西两侧。广场的北侧是城市博物馆。

两轴交汇，刚柔相济，曲直相生。东西轴线上的市委、市政府办公楼在广场中具有主体地位，对广场形成环抱之势；在两者之间，广场、中心会堂、过街景观天桥到城市博物馆，形成一条贯穿南北的主轴线。

（3）建筑单体：

中心会堂位于轴线的交汇处，是整个广场的视觉焦点，建筑形态呈现完整的圆形。周边为轻盈的柱廊，庄重典雅。

城市博物馆位于广场尽端，气势宏大。

行政办公楼空间组合形式源于中国传统的庭院布局方式，通过建筑围合，形成一个序列的院落空间，在每进庭院中都能感受到传统文化的精神。而院落又与中心广场有机地联系在一起。

建筑形体采用比较统一的体量和高度，细部处理以竖向线条为主，材料采用灰色石材，挺拔有力，稳重大气。

行政中心区的建设不仅满足了新城的功能和结构发展，同时也是展示西安现代化风貌的标志景观。

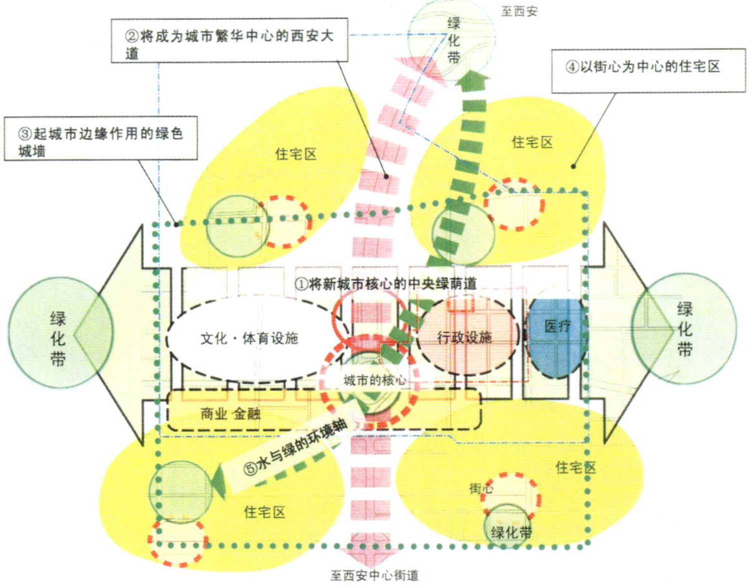

西安市行政中心新城规划设计方案二

1.区域范围中的地理位置

（1）张家堡地区位于现存的城市中心区北部外侧，距离西安市中心大约有10km左右。

（2）从市中心通往张家堡地区的大街，是西安咸阳国际机场通往西安市中心的主要通道，规划区将起着国际城市西安北大门的作用。

（3）此次规划的张家堡地区位于自古以来的城市中心线上（即南北中轴线），与已经开始建设的南部相比，起步较迟缓。

2.张家堡土地利用现状

（1）规划张家堡地区将使用现有土地800公顷左右，其中大部分为农业用地或尚未规划开发的土地。此地只有一些零散的小村庄和小工场。

（2）包括张家堡地区在内的北部地区虽然地理位置位于中心市区的近郊，但自古以来城市的建造都是从宫城向南部发展的，所以北部的发展比较慢。

（3）西安作为中国西部地区的核心城市，预计今后将继续不断的发展。此次规划的张家堡地区，可以说是城市近郊剩下的最后一块适合于大规模规划建设的地区。

3.张家堡地区的规划前景

张家堡地区的规划要考虑到西安悠久的历史文化和其地区的潜在能力。为此建议将张家堡地区规划成具有新城市开发前景的地区。

（1）建造与西安悠久历史相符的，能感觉到中国城市文化和历史的新城

（2）利用郊外尚未开发的丰富的自然环境，建造新城。

（3）以被迁移的行政功能为核心，形成积聚新业务功能的地区。

4.张家堡地区的规划战略

为实现上述规划前景，提出以下规划战略：

（1）根据我国城市规划的基本原则，遵照"天圆地方"的思想，将方形划分，以北极星方向的宇宙轴（即南北中轴）为中心，左右对称，构成城市结构的基本内容。地区中心内设可学习中国城市历史信息的文化设施。

（2）在市政府等公共设施所在地区设大规模绿化带（即中央绿荫道），分布在从张家堡地区中心地带至东向西，长达3km，使新城四面环绿，形成绿网（即绿色城墙），创造出丰富的绿色城市空间。

（3）首先开发公共设施，在中央绿阴道相近的地区内布局行政机关，金融机等，形成西安北部地区的一个新的经济发展中心的核心地区。

5.城市结构的基本设想

以两轴为中心的城市结构：

（1）设定东西轴（中央绿荫道）南北轴（西安大道）

（2）两轴的交叉处位于张家堡广场，此处将成为城市的核心焦点地带。

6.构成要素

（1）东西轴（中央绿荫道）

在广阔的绿化带中布局各种行政设施以及文化·体育设施，成为一个张家堡地区象征性的空间。

（2）南北轴（西安大道）

沿连接西安市中心街道与机场之间的南北大道两侧，集中布局高容积率商业·业务功能，成为张家堡

地区的门户空间和繁华兴旺的轴线。

（3）建造城市的边缘绿色墙壁

布局以两轴为中心3 km见方，伸向四方延展的宽广绿化带，形成张家堡地区中心部分的边缘（即绿色城墙）

（4）以街心为中心的住宅区

受东西，南北两轴的分割，形成了4个住宅区，布局以街心和绿化带为中心的住宅区。

（5）横断地区的水和绿色生态带

利用现有的河川渠道，布局断切南北方向流入东西方向地区的水和绿色环境轴（即生态带）。

7.土地利用的基本设想

（1）公共公益设施分布在中央绿阴道上；

行政设施：张家堡地区的中心部分分布在中央绿阴道东区；

医疗设施：医院·护士学校等分布在中央绿阴道东区，行政设施东侧；

体育、文化·娱乐设施：分布在中央绿阴道西区。

（2）商业·金融机关集中分布在中央绿阴道南侧地区（考虑到将来有可能将地区扩大到现在布局的住宅范围处）。

（3）商业·业务分布在南北轴沿线上。将商业·业务功能，集中在西安大道上，形成一个繁荣兴旺的轴线。

（4）工业用地原则上分布在绿色城墙的外侧。产业用地分布在张家堡地区中心部分（绿色城墙）的外侧。

8.交通系统

（1）汽车交通

◎来自于其他城市和其他方面的公路的入口；

◎从地区外流入主要干线的入口；

◎通往各街区的辅助道路。

（2）地下铁

◎横断东西·南北方向两条线路正在规划中；

◎大约每间隔 1km的地方，拟设一处地铁站；

◎设置在张家堡广场可乘换车的车站；

◎利用张家堡广场的地下空间设地下通道及公共停车场。也可成为通往新世纪交通系统站的通道。

（3）新世纪交通系统

◎以张家堡广场侧面车站为基点，在中央绿阴道内引入可向东西方向移动的世界首例的新世纪交通系统。

◎中央绿阴道内可方便的来往

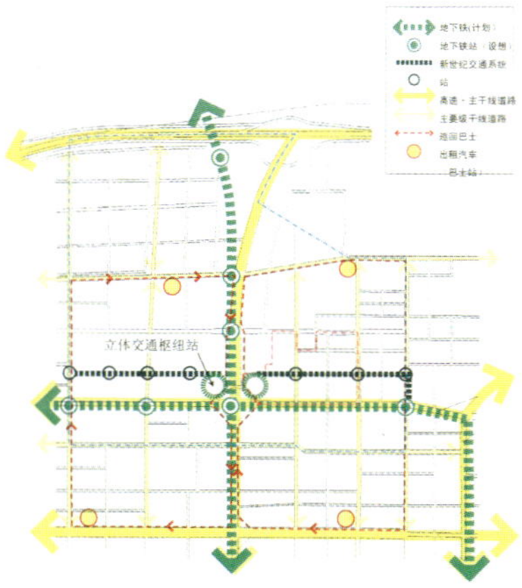

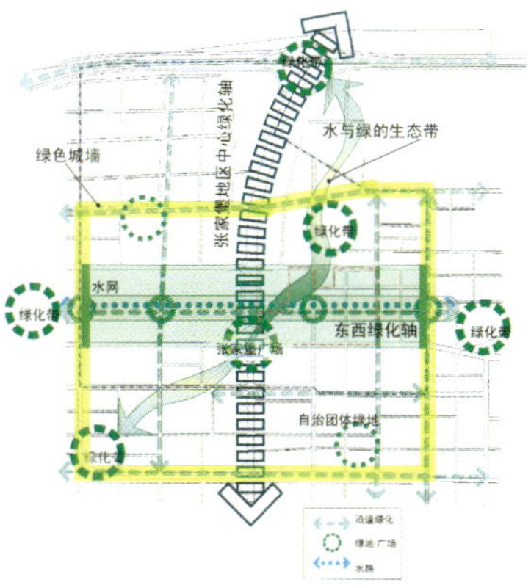

各种设施。

◎各车站除上下车以外，还可由私人的终端机（如手机等）起到传呼作用。

（4）巡回巴士

以张家堡广场为起点，设巡回各住宅区的街心站，为不给周围交通增加麻烦，所有巴士路线一律右转。

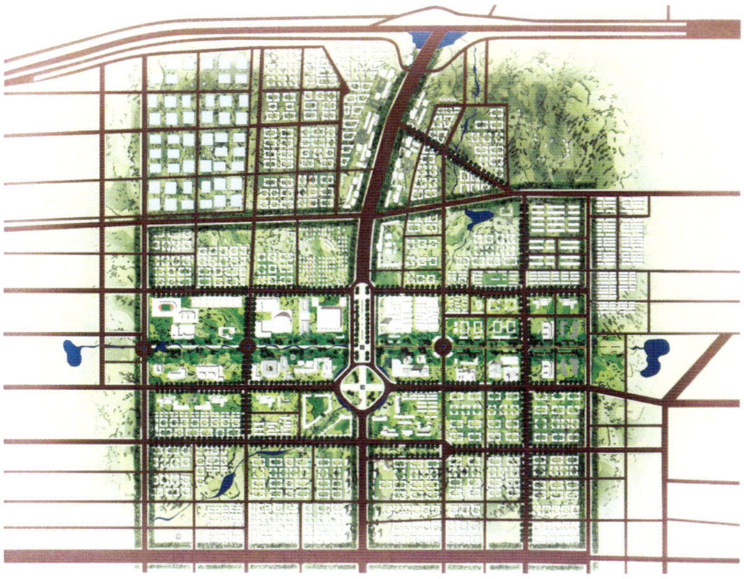

（5）东西绿化轴（中央绿荫道）

◎宽度为800m、总长为3.5公里，是世界上罕见的巨大规模的绿化带；

◎设置以宽度为100m的绿色带（步行人优先）为中心的丰富的绿化公共公益设施；

◎在绿色带内设步行优先道路及水路交通，并在广场设置与其他主要道路的接点。

（6）水和绿色的生态带

◎利用现有的河川，计划一条贯穿从地区西南至东北向的绿色步行道；

◎为确保环保，绿化带内各种设施均使用天然材料。

（7）保护住宅区内设小区体绿化带

◎沿东西绿化轴两侧及生态带设保护住宅区的绿化带；

◎为各住宅区与街心处相邻的住户，设小区绿化带。

（8）设道路绿化带

◎在张家堡地区绿化轴及绿色城墙部分的道路，设宽度为20～30m宽的绿化；

◎除以上所述以外，还要确保住宅用地周围后退部分的绿化面积。

9.限定容积率的基本设想

（1）为让中央绿阴道达到给人以十分宽旷的绿色景观的目的，极力限制其容积率。西侧的文化·娱乐中心为100%，东侧的行政中心为200%。

（2）张家堡广场南侧的街区，作为商业·金融业用地，采取高度利用。容积率设为400%。面向张家堡广场的街区，是地区内容积率最高的街区。容积率为500%。

（3）除上述用途以外住宅为300%，产业用地为200%。

10.有关建筑高度的设想

（1）为达到西安市门户空间的作用，在张家堡南侧地区布局有代表性的高层建筑。

（2）为使张家堡地区整体的景观形成一体，中央绿阴道将做为一个底边，绘出舒缓的地平线，限制其中的建筑高度。

（3）对高层建筑物较少的西安市区来说，将高层建筑物集中布局，可强调特殊性，创造出有代表性的新城市景观。

西安市行政中心新城规划设计方案三

本概念规划方案重点强调：

延续——城市文脉和肌理

连接——城市历史和自然

重建——城市空间和秩序

尊重环境、尊重城市、尊重时代，试图创造一个富有地域特色、充满活力的城市标志性新城。

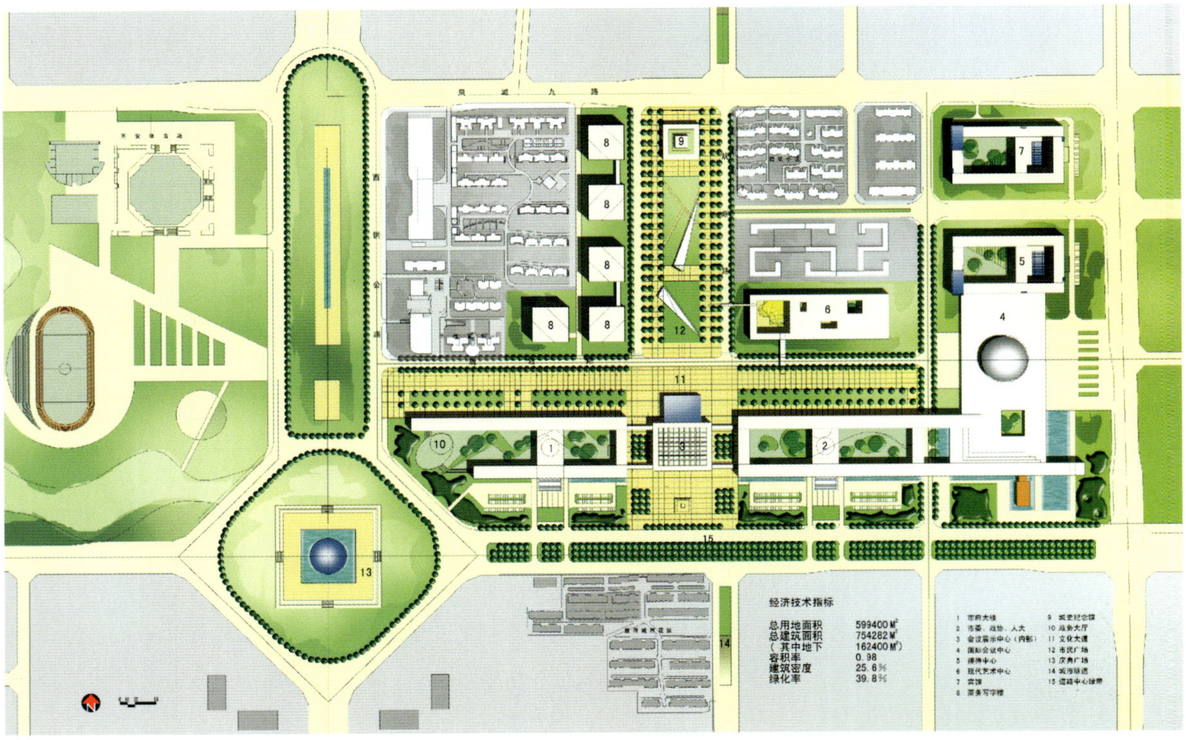

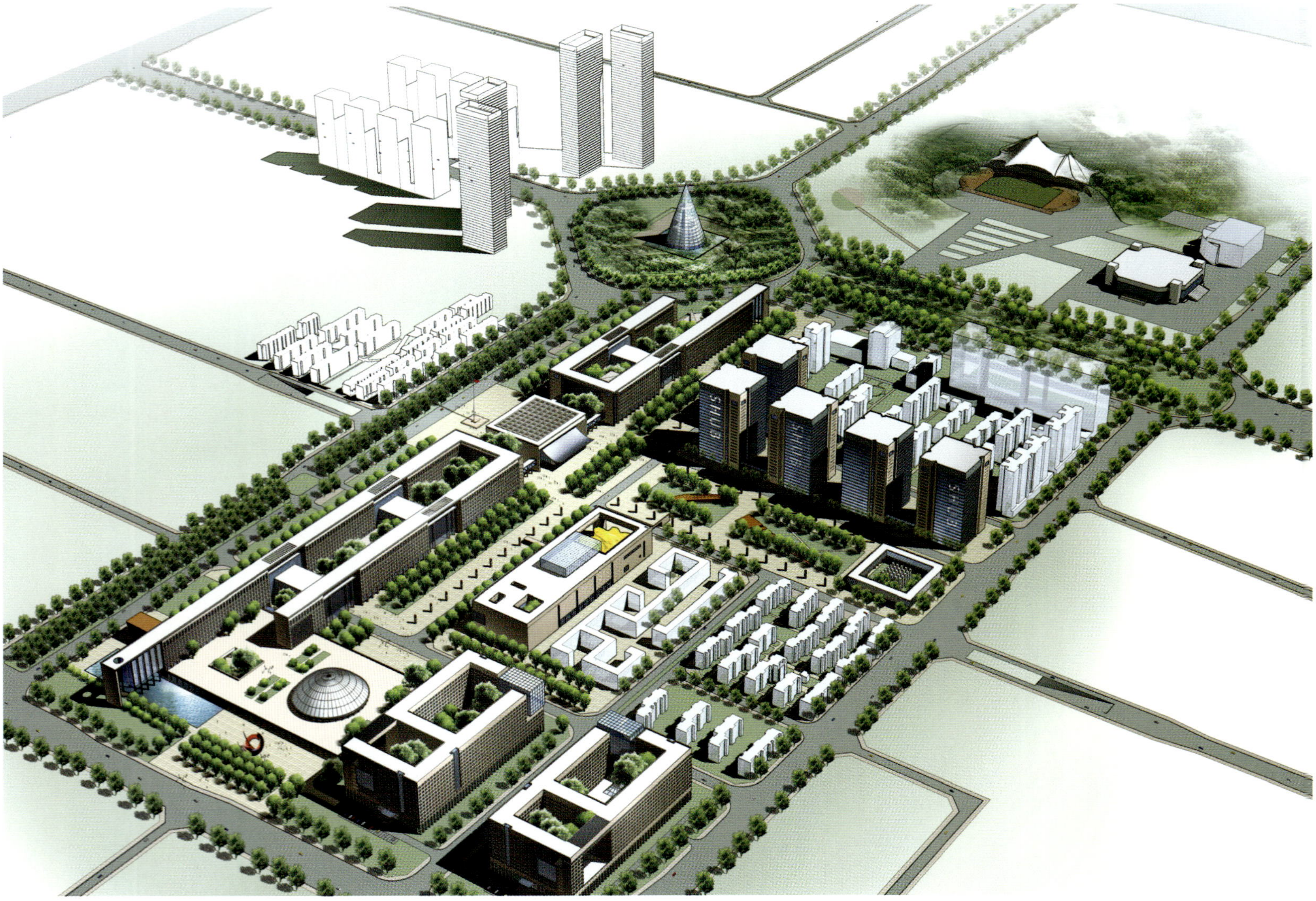

建筑设计：中国建筑西北设计研究院总建筑师　赵元超

西安市行政中心新城规划设计方案四

1．对称布局，两翼齐飞

新行政中心现有东西侧用地均为不规则的倒L型，在西侧用地是已建成的城市运动公园的现状下，我们只利用西侧城市运动公园以南的约120米的土地，使规划建筑呈线状布置，延续整体建筑肌理，使得东西两侧建筑以未央路为轴，形成整体庄重严谨的对称格局。

2．城市之门，形象标志

张家堡广场是新的行政中心区域的中心，也是人们到达新的行政中心的首要印象。我们在中心广场设置标志性的雕塑性建筑——城市之门，使得城市中心与整个行政中心形成视觉和肌理上的联系，突出行政中心建筑群的中心感。并且该建筑结合地铁的地下空间，即解决地铁的垂直交通枢纽问题，又给与地上建筑以新、的活力，使得张家堡广场跃然成为交通，商业，文化中心。

3．突出主体建筑，皇城格局

行政中心是城市中重要的标志性建筑，它集中体现了一个城市的历史文化；市府市委楼也是未央新城建筑群中最为重要的标志性建筑。因此我们在方案设计中采用一个中心主轴，两辅轴的结构。东西地块各以主体办公楼为中心，两侧以委办办公为辅，形成各自的次轴，并将公益性建筑集中布置于基地最东侧，与主体办公建筑群互不干扰。建筑肌理，形式内容以及文化内涵均具有浓郁的地域特色，使新城与西安城市浑然一体。

4．庭院式围合，生态办公

在新行政中心的规划结构中，我们延续了中国传统城市空间的布局手法，以庭院式的围合，形成了丰富的对景、序列空间，表现了城市空间与建筑空间的连接，办公空间与自然环境的衔接，形成独特、合理、经济适用的全生态办公环境。

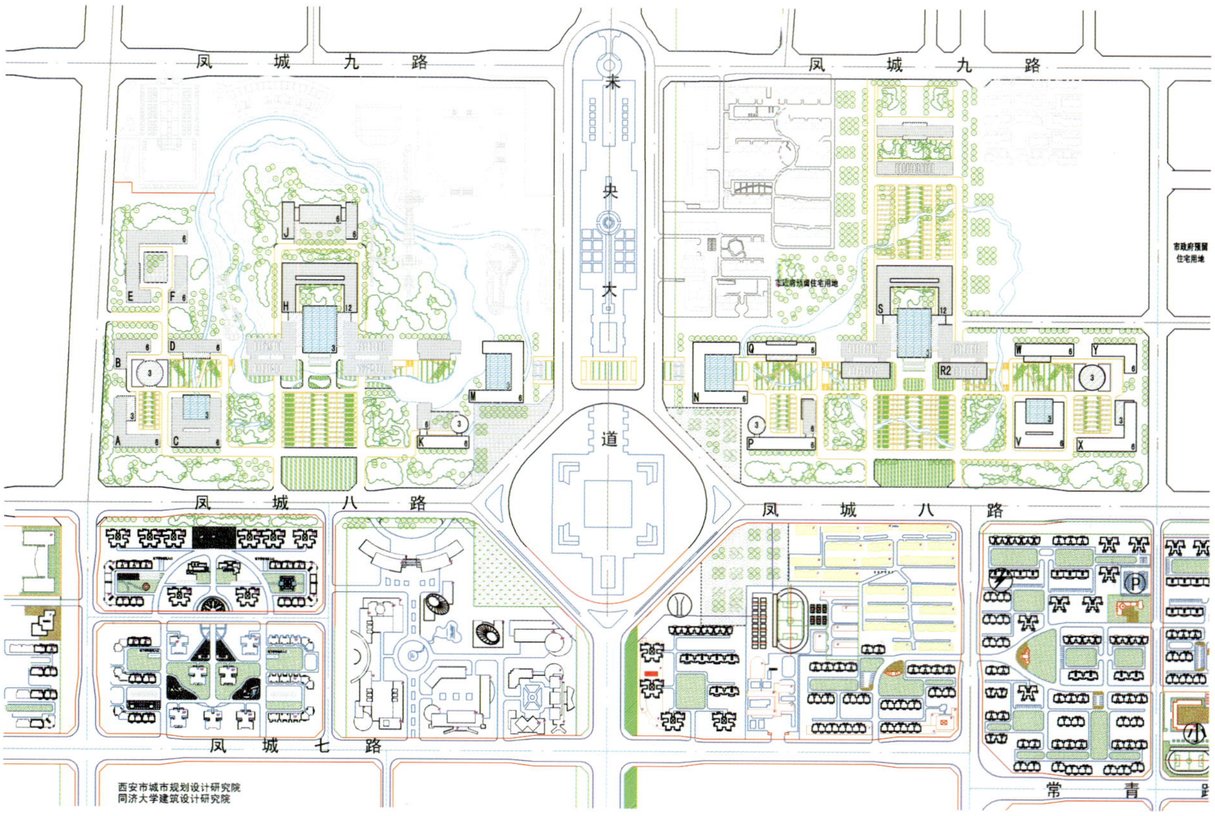

建筑设计：西安市城市规划设计研究院 陈道麟

西安市行政中心新城规划设计方案五

1.布局形态——传承文脉，轴线突出

宛如菜畦的棋盘格局是中国古代都城建设的一大特点，西安主城区及外围新城的建设均继承棋盘式的路网布局结构，此外，西安的传统格局是由一系列自成体系的轴线系统所控制的。秦汉的都城主轴通过现存遗址，地貌依稀可见，隋唐长安的主轴更为明确，宋、元、明、清的轴线系统都保存至今。因此，西安新的行政中心在总体布局中应继承传统格局，延续轴线结构，创造轴线景观。

2.空间秩序——大平正方，虚实相间

无论是象征星斗的汉长安城，还是雄居六坡的隋唐长安城，其宫殿布局都有一定的特质即：在轴线结构的总体控制下，前朝后殿依次布局，其空间序列或实或虚，虚实相间，体现一种皇家的大气。而每一个宫殿，其平面以同样的建筑语汇作为重复单元，交替出现，体现建筑的协调统一。

3.建筑风格——大气庄重　朴素典雅

建筑是城市形象的主角，每一座城市都应有与其城市特色相适应的统一而又多元的建筑风格。当代西安的建筑创作，通过对传统建筑的延续、变异、整合和超越，开创西安建筑个性化与多元共生的创作道路。行政中心的建筑形象不但要体现庄重、严肃的建筑气质，而且要以简洁的建筑语汇和现代材料表达传统建筑的文脉特征，表现时代感。

4.公共空间——整体协调，优化形象

在中国传统的城市空间布局中，往往以建筑、雕塑等“硬”的形体作为轴线延续的方式。西安行政中心城市设计中不仅要考虑城市北大门的形象，而且要考虑作为城市新中心的形象，因此，轴线的应用不但以建筑、雕塑作为其要素，而且将城市的绿地、广场作为表现轴线的另外一个“软”的要素，使之与整个环境整体协调统一，形成一个完整的城市中心形象。

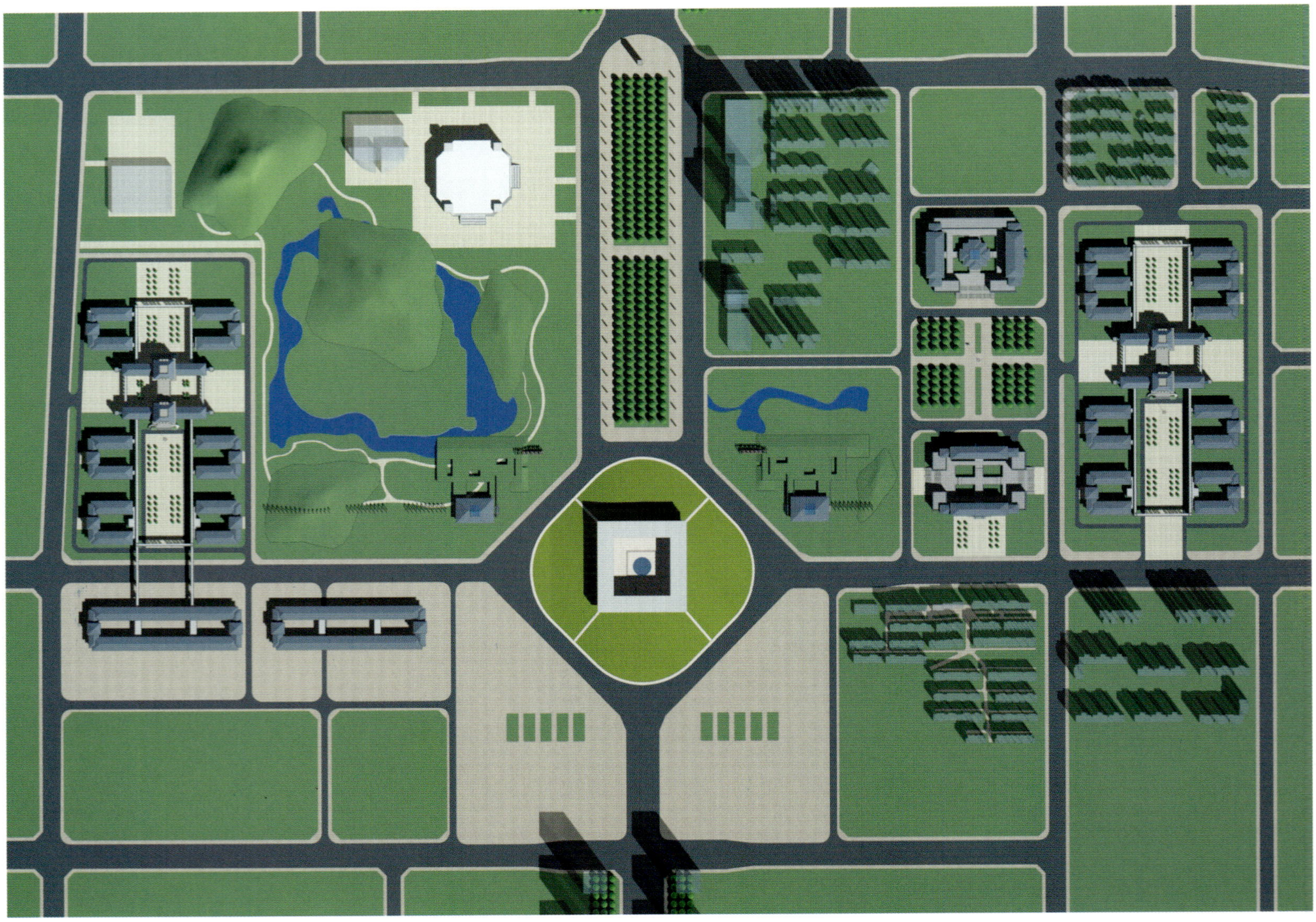

建筑设计：中国建筑西北设计研究院总建筑师 赵元超

长安国际广场

长安国际广场通过城市设计，将巨大的体量化整为零，总体设计简洁有力，轴线明确；立面设计简约明快，并注意尺度的处理，增强了南门广场的活力。

ARMANI
Neutrogena
MEN

STARBUCKS
ARMANI
GUCCI

金桥国际广场

金桥国际广场位于高新开发区科技路核心地段，紧邻管委会办公地创业广场和易初莲花超市，系陕国投鸿业地产集12年成功运营之经验，倾力打造的具有国际水准的CBD核心区商务建筑综合体。项目为90000m²建筑综合体，A栋为公寓写字楼，B栋为酒店公寓，C栋为5A级写字楼，11000m²公共服务配套裙楼。金桥国际广场按功能划分为：国际大厦、国际公寓、金起点大厦、商业服务区（BSA）、国际广场、地下配套包括全地下和半地下停车场，以及国际大厦、国际公寓的地下一层部分。

（金桥国际广场获"2005年全国人居经典建筑规划设计方案竞赛"综合商务类大奖）

国际紫薇

（国际紫薇获“2005年全国人居经典建筑规划设计方案竞赛”规划类金奖）

骡马市商业步行街

概述

骡马市商业步行街位于西安市东大街商业繁华地段。作为西安传统的商贸集市，在西北乃至全国颇负盛名。改革开放初期应运而生的引领西安乃至西北的服饰潮流，成为西北地区最活跃的服装经营、批发集散地。但随着城市现代化的发展，简陋的经营模式已不能适应现代商业发展的需求。革故鼎新，势在必行。为改善城区的商业环境，建设现代化商业都市，西安市政府将骡马市旧城改造列为市政建设及市容改造的重点项目。

建设中的骡马市商业步行街占地68亩，总建筑面积25m²，地下2层，地上7层，总投资15亿元人民币。

设计定位

城市景点

商业步行街是一个城市的缩影，集中体现了整个城市的特色，反映着该城市的人文、经济现状，有着极强的代表性。骡马市商业步行街的兴建不仅极大地刺激了商机，引导着商业业态的潮流，挖掘了旅游潜力，同时又以其优美典雅的建筑造型，新颖的空间组织，合理的业态布置，舒适的环境景观，热闹的商业氛围，成为钟楼黄金商圈中一颗耀眼的明珠，使这个享誉西北、历尽沧桑的百年老街，焕发出新的生机与活力，成为古城中一个新的景点。

面向城市的舞台

随着时代的发展，人们已不满足于到大百货商场纯粹购物式的消费，需要的是一种集购物、休闲、餐饮、娱乐、旅游为一体的一种新型的商业形态。而商业步行街便是适应时代需要应运而生的一种多功能、全方位、全时段的商业形式。在商业步行街里，人们可以购物、休闲、娱乐缮商业街就像一个大舞台，各种各样的人都可以尽情的在这里演绎自己的生活。

承载古都文化内涵的商业区

每个城市都有自己的特点，地域的特征无不在建筑上打上深深的烙印。建筑作为传承文化的载体，无不带有地域性的特征。在西安这座历史文化名城里，传统的建筑文化氛围非常浓厚，在步行街周边，有钟楼、鼓楼、碑林博物馆等等。在这个特殊的环境里，重要的是要注意到与古城大环境的协调，同时又要兼顾商业建筑的时代特征。骡马市商业步行街的规划布局与古城的规划格局相协调，与古城的城市机理相一致。空间布局虚实共生，环境景观步移景异。整个设计抓住传统文化本质性的东西，而不是肤浅地用一些坡屋顶、符号之类的东西。

舒适、现代的购物环境

传统的商业空间只能简单地满足人们的购买和销售活动，随着时代的进步，购物已是一种休闲式的活动，为顾客提供一种能令心情愉悦的购物环境，已是现代商业的必备。骡马市商业步行街从规划布局到单体设计，从业态组合到空间设计，从环境景观到细部设计，从室外景观到室外光环境设计，从人流、车流组织到停车空间、休闲广场，都在努力营造一种让人赏心悦目的现代商业环境。

体现以人为本的思想

在这样一个多功能的步行街内，设计理念始终贯彻着以人为。360m长的骡马市街中间设置了双排树，形成林阴道，林阴下设置座椅、电话亭、报亭、饮水器、信息指示牌，广场设置大型瀑布水池，既作为景观满足游客摄影留念又可调节区域小气候，满足人们"喜水、喜阴"的天性，二层的水平环廊将三区串连在一起，方便人们到达各个区域;南区二层的空中廊桥既串连了各个商业空间，又成为室外的空中景观，既成景又得景。环廊上、绿阴下、花树旁布置座椅以供游人休憩，力求使每一个空间都体现人文的关怀。

设计理念

设计构思

骡马市商业步行街的建筑方案采用"化整为零"的手法削减庞大的建筑体量，减少对城市的压抑感。以纵、横向的街道空间布置呼应西安古城平直方整的城市肌理。以"点、线、面"结合的手法组织商业区的"店、街、场"，增加临街店铺，方便分块组织施工。将规划与建筑设计、商业布局统一考虑，满足了各方面的要求，使其从根本上避免缺陷，营造出高品味的购物、休闲氛围。

建筑的风格、造型

位于古城中心区的骡马市商业步行街，其风格体现了中国传统建筑的风韵，呼应了城市风貌。屋顶轮廓线起伏有致、出檐深远。屋檐廊下光影变化丰富，极具传统建筑神韵。

其细部设计采用现代的材料、现代的构成手法，体现了商业建筑与时俱进的特点，富有强烈的时代特征。

业态组织与空间

从业态布置入手把握空间设计，满足现代商业对空间的各种要求，有机地组织空间，综合考虑空间的开合、变化、过渡、衔接，增加空间的趣味性，让人体验步移景异的商业特点及变化乐趣。

建筑与环境景观的互动

建筑立于环境中，景观融于建筑内。内街、外街、空中、地下、骑楼、廊桥、广场、绿化、灯光、水景，营造出迷人的商业休闲环境，融入建筑的角角落落，既成景又得景。

人、车、物流及与城市道路之关系

人流如潮水，既能方便的引进，又能迅速的散出；既短捷明确，又丰富变化。骡马市商业步行街能方便地将其四周道路上的人流导入室内室外的各种空间，又能方便地将停车及乘车的顾客迅速地散入城市道路，车流与人流及商业空间结合巧妙，又互不交叉干扰，可达性极好且物流运输及分送快捷方便。

城隍庙

作为一组位于拥有3000多年建城史的西安城内的建筑群，建筑的创意不可能不考虑对历史文脉的继承。因此整个基地以城隍庙为中心，规划中充分考虑对其原有城市空间形态的保护。具体手法是平面上在城隍庙的西周通过大片的绿地、植物、广场以及公共城市步行道体系使其从现有的杂乱的贫窟房中“解放”出来，让这个“淹没”了几个世纪的“城市瑰宝”全面展现在基地中心，成为吸引游客、顾客的重要景点。剖面设计上，基地内新建筑的高度随着和城隍庙距离的增加而呈辐射状递增。这样保证城隍庙内的观光者以及任何庆典仪式在视觉上不受周围建筑的影响，保证其原有的纯净性。

柏树林传统文化街区

南起城墙，北至东木头市、东厅门，柏树林大街两侧1～2两个院子的范围（进深大约30m，西侧部分用地至碑林的东界墙）。

鸿基新城

“鸿基新城”项目位于西安西南二环和三环之间，临近高新区，总用地面积3800余亩（253公顷）规划人口约10万人，为目前西安最大的经济适用房项目。占地面积是西安老城区面积的1/6，人口规模是碑林区人口（61万）的1/6，莲湖区人口（57万）的1/6，新城区人口（47万）的1/5。由于本项目规模巨大，已经构成了从居住区规划到城市规划的质变，因此我们从城市规划的宏观角度切入而不是从居住区规划而应思考问题。在规划设计之前和设计过程中，引入了大量的研究工作。这些研究内容的核心是规划理论和实践。按照尺度和内容不同，分为城市研究，居住区研究和生态环境研究。

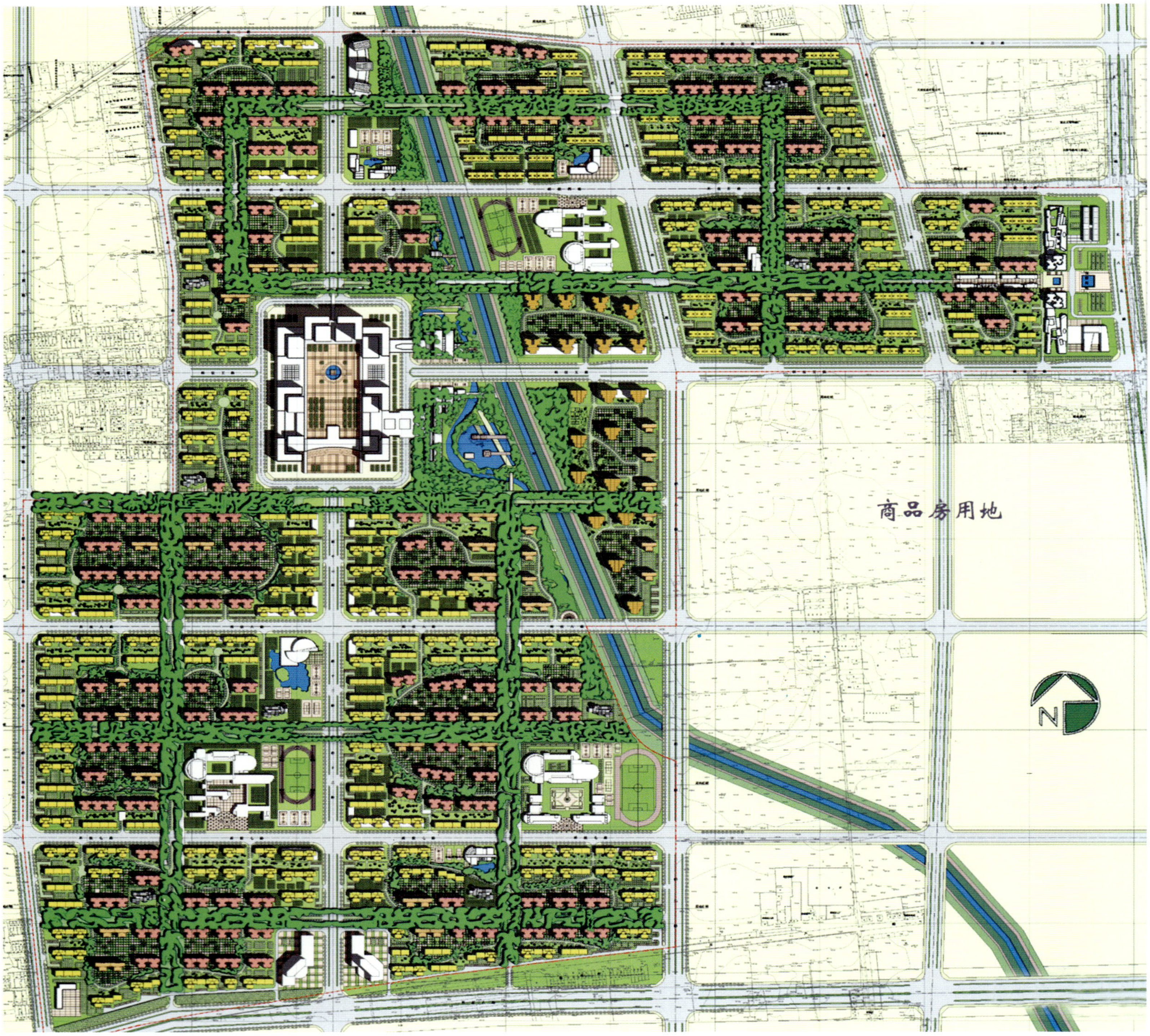

外事学院
高新区
商品房用地
高新区

东花园

项目位于临潼华清池景区东侧，原华清宫东花园所在的台地区，为20世纪50年代开始陆续修建而成的传统形式宾馆建筑群。因系陆续添建，缺乏完整的规划，加之当时的建筑与设施的标准过低，不能满足当前旅游发展的需要。而台地下原东尧村又已由临潼区组织了拆迁。有条件对原东花园实行有效的改造。临潼区已确认东花园改造项目。

基地距西安市区30km，距咸阳国际机场40km，东北方向与秦兵马俑博物馆相近，西侧与华清池景区之间有登游骊山的主要步行干线，因而本项目具有极优的旅游区位价值。

建筑设计：中国建筑西北设计研究院总建筑师、中国工程院院士、中国建筑设计大师 张锦秋

楼观古镇

楼观古镇位于周至县楼观台旅游风景区内的田峪河景区，南仰连绵不绝的秦岭山脉，北接宽阔的环山旅游公路，东倚郁郁葱葱的秦岭植物园，西靠道文化的发源地楼观台，一条蜿蜒曲折的田峪河从旁流过，是一个集休闲、娱乐、会议、旅游、高尚住宅、商业为一体的复合式旅游地产项目。它依托终南山的自然风光和楼观台沉积千年的道文化，形成中国首席道文化主题山水社区，中国首创品型院落邻里主题社区，西北首家现代中式建筑风格社区。真正的享风享水享山享林，被誉为"天下第一福地"，是自然人居的最佳生活境地。

楼观古镇萃取千年道文化精髓，意化典故"庄周梦蝶"，形成古镇内集中性景观——东西蝶湖，并以蝶湖为中心向南北延伸为人字形水系，其间点缀草庐、假山、亭阁、楹联、牌匾、文化雕塑、翠竹、垂柳……使文化融入生活，让生活充满诗意。

楼观古镇占地800亩，总建筑面积250000m²，容积率为0.5，分为旅游项目和住宅项目，旅游项目以商业水街、休闲娱乐设施为主，休闲娱乐设施包括酒店、娱乐广场、民俗馆、会议厅等，商业水街以北人字形主水脉为中轴，会聚客栈、酒馆、茶舍、店铺等民俗商业，再现了中国古镇的气息与繁华。住宅项目分为别墅、雅墅、逸墅三种类型，以品字型、半围合式的中式建筑自然散落在人字形水系周围，形成中国传统居住的院落文化，每几户形成一个小的主题院落，每几个小的主题院落又组合成一个大的院落，大院落形成村子，村子加上古朴的水岸商业街、娱乐景观设施最终形成一个错落有致的古镇。

（楼观古镇获"2005年全国人居经典建筑规划设计方案竞赛"住区规划类特别金奖）

山水草堂

山水草堂位于西安市南郊秦岭北麓环山生态旅游区内，距西安市中心30余公里。

中式庭园低密度住宅区是山水草堂项目一期的一部分，位于总征地范围的东侧。其用地方整，地形南高北低，北侧为环山公路及其林带，南侧为黑河输水管道控制用地（绿化带），西侧为区内公园，东侧为外围道路，用地中部有一山中溪流由南至北通过。总建筑面积63507m²，总户数342户。

建筑设计：王军 党春红 王涛 刘睿 高永欣

贞观广场

位于现代西安市的东南部，曲江旅游开发区内，毗邻唐慈恩寺南大门，与已经建成的大雁塔北广场隔寺相望，唐大雁塔正是北广场及贞观广场的空间联系节点。贞观广场东西长606.91m，南北长330m，占地约200.28hm²。

（贞观广场获“2005年全国人居经典建筑规划设计方案竞赛”住区规划类特别金奖）

建筑设计：长安大学建筑学院 秦淑玲等

大明宫御道

随着经济全球化的发展，以城市为核心竞争趋势明显加强，城市的发展对地区经济的盛衰显示出巨大的影响力，按照国际化大都市的标准建设，管理城市，完善城市功能，提升城市的文化品位，传承历史文脉，打破千城一面，凸显城市特色，提高城市的综合竞争力。

根据唐皇城的总体规划，对老城的历史文化内涵，以及经济、社会形态，结合商业、科技、旅游、保护及恢复传统街区，进行城市改造，还原西安历史古都风貌，在重振盛唐雄风这一整体规划理念的背景下，西安市规划局组织了恢复唐长安鼎盛时期的大明宫御道及其周边地段整体规划概念设计方案。

西安市大明宫遗址位于西安市北郊自强东路以北，在建强路与太华路的中段，与西安市火车站、大雁塔北广场、大雁塔古建筑群雕列于同一轴线位置上。

环城西苑

西安环城西苑南起环城南路，北至五一广场，西起环城西路东侧，东至护城河西岸。全长约740m，其中规划用地面积53300m²，可经营面积约为45000m²，拟建成集旅游、商贸、休闲、娱乐为一体的综合性生态型城市公园。环城西苑内建有超大规模的城市绿地及地上仿古建筑、沿河游步走廊等，既与城墙、护城河达到协调统一，又渗入了浓郁的历史文化内涵，与环城公园紧密相连，形成了一个城市中心区的"绿洲"，成为市民健身游憩的极好场所。

（环城西苑获2005年陕西省级二等奖）

顺城巷改造工程

顺城巷改造工程是西安老城“百年”规划重要的组成部分，它的逐步实施，完善了由明城墙、护城河、环城林带组成的完整空间格局，保护并恢复了顺城巷地区应有的古都风貌特征。

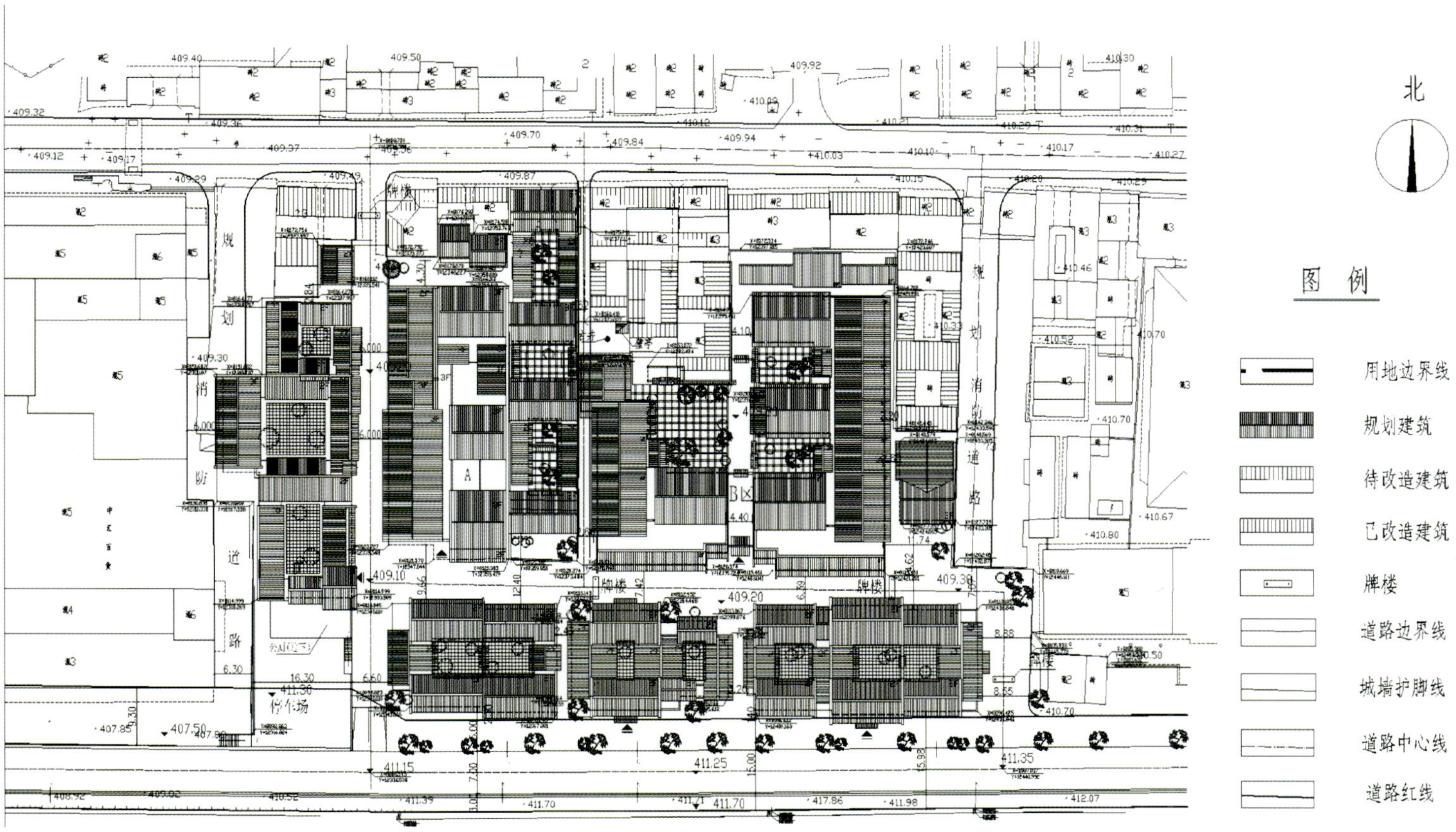

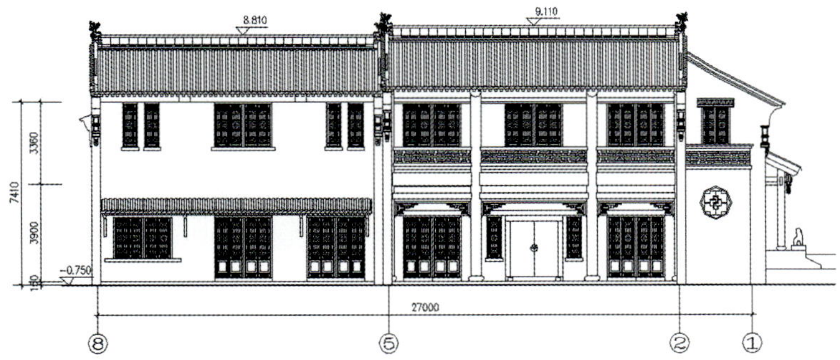

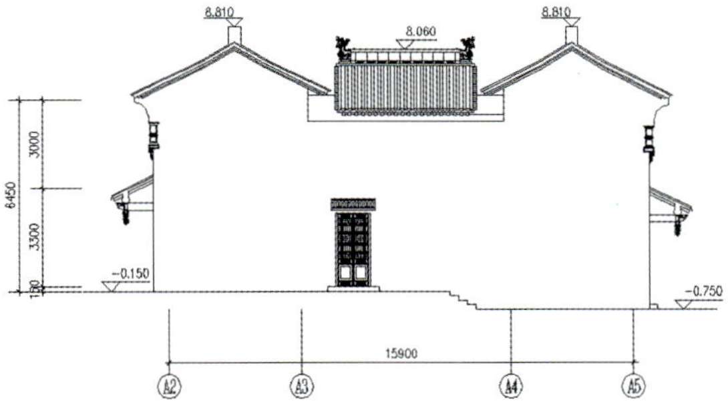

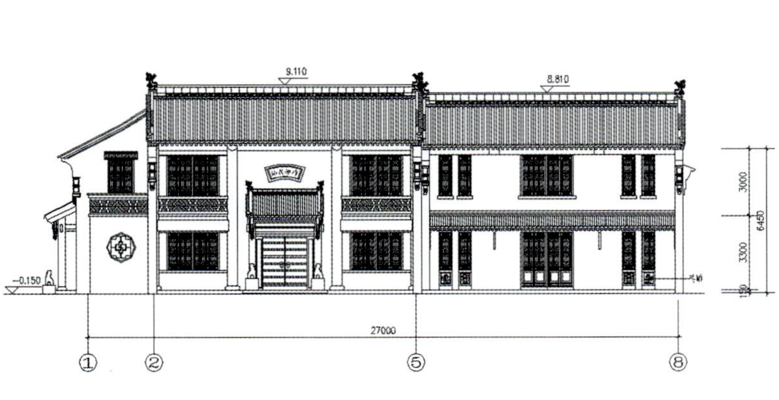

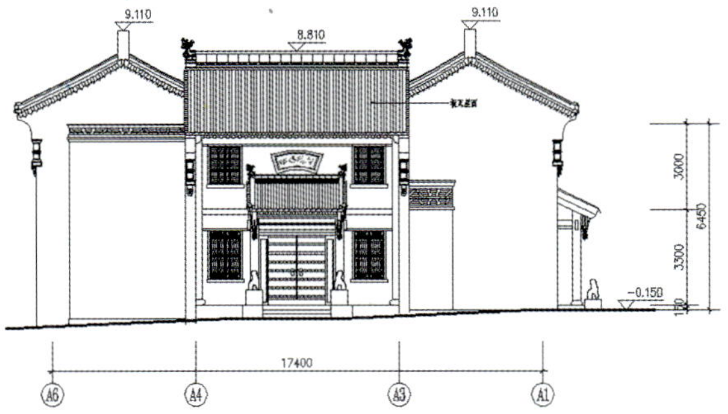

建筑设计：西安市建筑科技大学建筑学院 刘临安

西安城中的——巷

□ 孙浩

西安与雅典、罗马、开罗、耶路撒冷、伊斯坦布尔并称为世界六大古都，作为古代东方当时世界上最宏大壮丽的都市，长安城（现西安城）以规模宏大、设计周详、制度严谨、布局井然，成为都城建筑史上的典范。

长相思，在长安。如今西安拉大城市骨架，在新的九宫格局框架下重新排列城市功能，围绕中心古城区，形成若干个新区，在城市规划的指导下，来凸显自己城市的特色，而在此工程中，千万不可忽略街、巷的城市设计，尤其“巷”的概念，对我们规划工作者来讲，必须有一个清醒的认识：

如果说西安方正的大街是西安的门脸，那么西安的小巷却如照壁背后的那部分，是准确捕捉城市气息、感受城市文脉的地方。

西安人管背街叫“巷”，就像北京的“里”、上海的“弄”。漫溢着当地的文化和当地人的精气神。外人来西安，在看过西安的兵马俑、大雁塔、城墙之后，多半要去同盛祥、老孙家吃羊肉泡馍。吃过了还要问，可不可以去闹哄哄、人纷纷的街巷？因为问的人深信，西安的影像在那些名胜古迹里，在一条条气派华丽的大街上，更在深藏不露的街巷里。要感知西安的人脉、风气、特色、风味，甚至觅正宗小吃，那些小巷是当然要去的地方。好在西安这样的小巷很多：端履门、粉巷、书院门、北院门……它们或时尚、或古旧，都布满市井图画，都与西安人的生活息息相关。众多的小巷散布在西安各个方位，独立却又彼此呼应。在这些遍布西安老城的巷子里，有许多历史故事、传统民居、文物古迹、古树名木、名老字号、风味小吃、民间工艺……这些无不闪耀着这座古老城市的文化光辉。

中国自古讲求“天人合一”，追求人与自然的和谐，城市与建筑以一种平和的姿态出现。西安老城的街巷空间尺度较小、高度适宜，街巷和宽度一般都在9m左右，其中最小的街巷宽度在1.5～3m之间，一般东西向的街巷宽度稍大于南北向街巷，街巷两侧建筑高度4～5m左右，街巷空间的高宽比在2.7～3.7之间，构成了宜人的街巷空间。再加上坡屋顶柔美的曲线，山墙有节奏的轮廓以及木雕、砖雕、彩画等丰富的细部，形成一种极有特色的街巷构图。

倒是新近改造完工的一条叫顺城巷的巷子，把西安老城环绕串缀起来。这条集中展示老西安景象的顺城巷，顾名思义，就是依着城墙贯通的一条街巷，名字想来不是旧有的，如果可以算作巷子，该是西安最长的一条巷子了吧。

在西安市的城市规划方案里是这样描画这条巷子的：顺城巷的改造是西安明城墙保护与更新的一次新尝试，传统的双坡或单坡屋顶，青瓦灰脊、甍宇相接的屋面特色，传统的市井长街和宅院短巷，体现明清街道的空间特色，前店后房—传统的窄面阔、大进深的底层空间，传统的围合院宅，传统的青石路面，磨砖墙面、雕砖装饰，洋溢历史街区的朴素风貌……

依傍城墙的顺城巷的改造通行，让古城墙不再孤独地矗立。正像贾平凹先生感慨的那样，如果把西安的街巷一一遍数，你会感到历史并不遥远。三千年如水的光阴流过，西安仍然是气派不倒的、风范依存的西安。

说到这，“巷”子做好了，城市的特色自然而然就出现了……

（作者系西安市规划局副总规划师、总工办主任）

浐灞行政中心建筑设计方案

立意在于创造富于权力及决策特征的建筑，有诗为凭：精骛八极，心游万仞——陆机（字机，名士衡，公元251～303年）《文赋》。

该建筑位于西安市浐灞河之间，以水为主题，以八边形建筑造型整合城市区域空间，强调其中心特征；建筑内庭尺度为南北78m，东西78m。

建筑设计：西安市建筑设计研究院 张宁、朱小鹿、段宁、汪晓慧、杜旭伟等

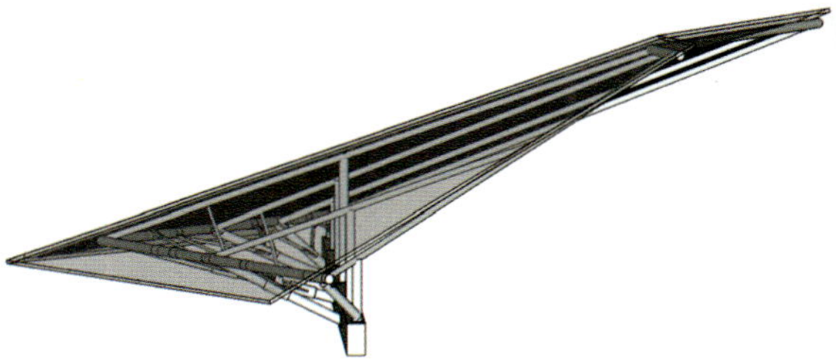

西安市广播电视中心

西安广电中心的新址位于古长安城东南角原“曲池坊”的位置，也是长安城东南角自然环境最好的一个里坊。我们通过现代的构图手法在“曲池坊”基础上创造一个全新的内圆外方的里坊式建筑布局：一方面保持里坊制的神韵，拥有平直的外廓，严谨的内向性格，同时引进新的元素：圆、环、断裂感，以及新的尺度：大型演播厅、展示厅等特有的现代尺度。广电中心基地北侧就是芙蓉园重建区，芙蓉园是唐代曲江池风景区最著名的园林，“芙蓉”在古语中亦是荷花的意思，因此我们将荷的形态大胆地运用到主体建筑的表面设计中，用叶来装饰顶，用茎来装饰墙，创造出一种亦真亦幻的超现实主义美学效果。

功能分区：

1.一期

根据对基地周边以及内部条件的分析，我们决定将广电中心部分放置在基地的南侧，此处地势相对平坦，地质条件较好，开发起来相对容易，适合第一期开发。

2.二期

将影视中心和科技博览中心放置在基地的北侧，此处面向芙蓉南路商业街。同时，将科技博览中心放置在基地西侧，使其入口广场与芙蓉园规划入口相对应，并设置大型室内外停车场，将开放性较强的科技博览中心与对面的芙蓉园风景区捆绑在了一起。

流线组织：

1. 内圈

作为一个整体开发的项目，共有三个功能区：广电中心、影视中心、科技博览中心。首先将旅游者的参观线路锁定在“方”与“圆”之间的环路上，环路的西侧抬高形成平台以避开广电中心和影视中心的其他流线，并在靠近三个功能区的入口处设置了三个较大的人行入口，使得游客可以用最便捷、最独立、最有选择性的路线参观所有景点。基地的中心区则完全是步行区。

2. 外圈

沿基地的外围，我们依据各自的使用功能，设计了相应的流线。

(1) 广电中心，我们将演员流线、工作人员流线、观众流线、贵宾流线、货运流线和后勤流线、新闻中心流线等各自分开，充分利用建筑展开面大的特点，使流线与功能紧密配合，尽量避免不相干流线的穿越交叉。

(2) 影视中心部分，我们在面

向丽人街上的入口上设计了酒店和剧组使用的内部流线。在面向芙蓉南路的建筑底层设计了商铺，可以满足芙蓉南路商业街的需求。

(3）科技博览中心部分，我们在沿芙蓉南路一侧设计了商铺，以延续商业，在西侧靠入口广场一侧设计了科技中心的停车场和参观人流的入口。

影视中心与科技博览中心之间我们设计了一个大型入口广场，此广场从视觉上和路径上直接与中心广场相通，我们希望通过这个入口的设计将芙蓉南路上的商业人流吸引到广电中心来，以提升该区的人气和商业氛围。

3．广场

(1）礼仪入口广场：位于基地西南角，面向情侣路，广场以大演播厅、弧形办公楼为对景，并正对巨型电视屏，成为建筑群中最具表现力的部分，给予市民日常观赏广电中心的最佳视角。

(2）圆形中心广场：位于基地的中心，其圆心与芙蓉园风景区内的山丘遥相呼应。该广场除了成为广电中心的视觉中心外，还扮演着大型室外演出场地的角色，配以两侧的环形水池，更加渲染了其舞台气氛。

(3）绿化休闲广场：位于科技博览中心与圆形中心广场之间，与中心广场落差5m，与芙蓉南路相平，成为芙蓉南路向中心广场的过渡空间。广场以方格网状的树阵为特点，在商业街上购物的人群或是参观广电中心园区的人群都可以在树阴下的坐凳小憩，成为一个与商业街和中心广场互补的休息空间。

(4）迎宾广场：位于基地的西北角，与芙蓉园园区入口广场面对面。我们在该广场上设计若干大型旅游车泊车位和较多的地面停车位，是考虑到将此处作为一处曲江风景区的旅客集散地，使广电中心园区成为游客到达该风景区的第一站。同时该广场的空置也为广电中心区今后的发展留有余地，使得建筑群规模得以继续扩大。

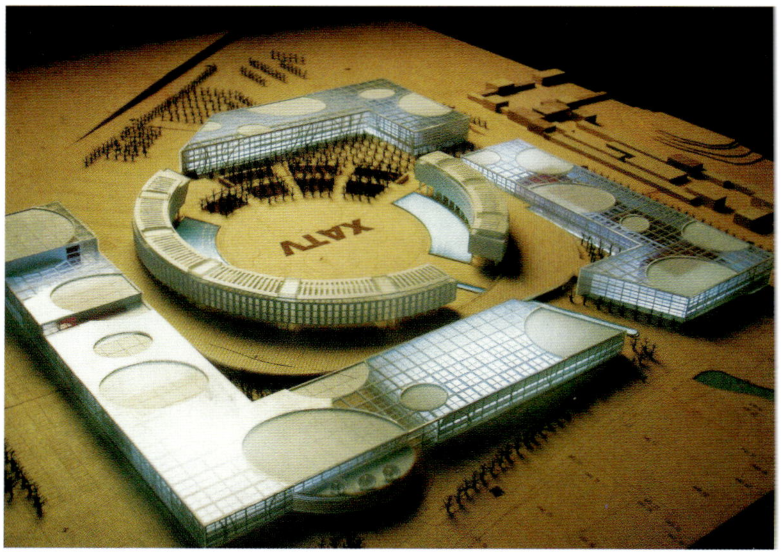
XATV

jmb multimedia
XATV

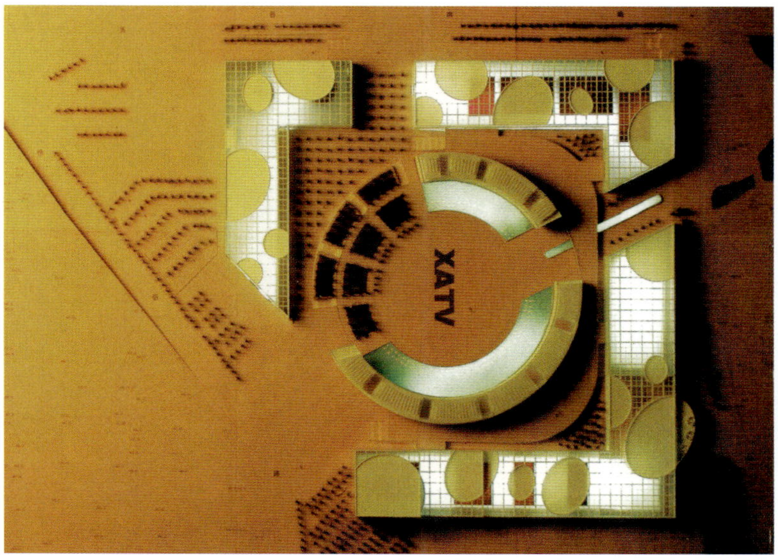
XATV

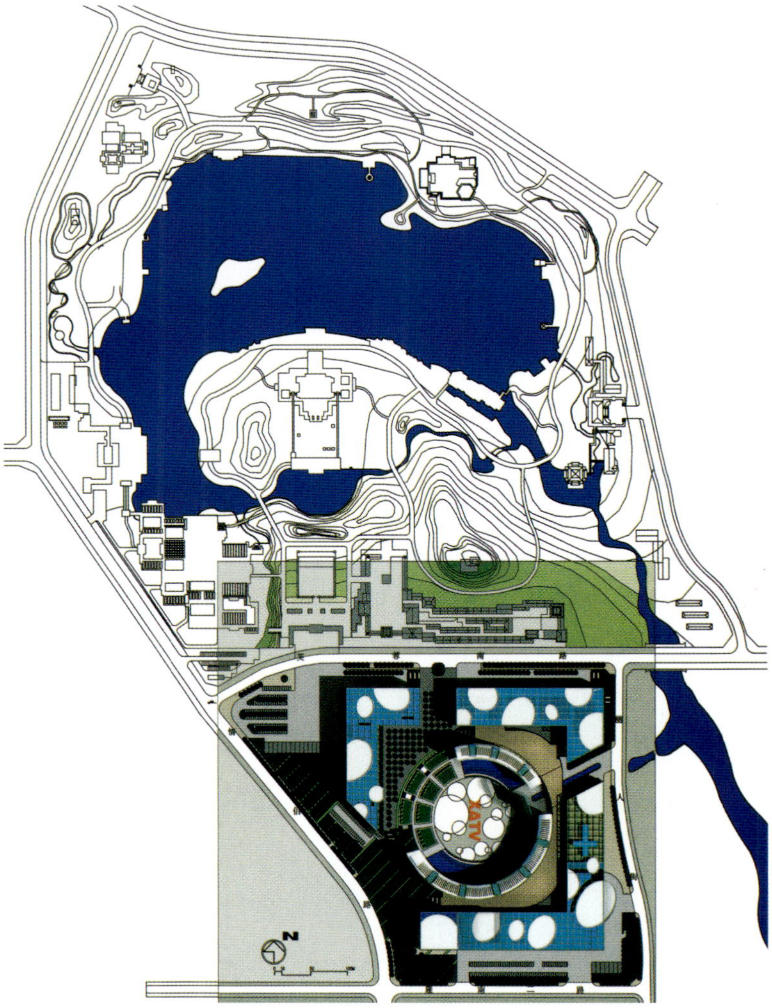

后記

POSTSCRIPT

在这本《特色城市 古都西安》就要付诸出版之时，按理我本该是辛劳过后的轻松与收获的喜悦，可我望着摆放在我面前的这一摞厚厚的书稿，心情却久久不能平息，西安这片热土，不知怎的，对我感情如此之深，我不是西安人，为什么会这样？想来想去，最后归到我从一个教书匠，今天成为一名城市规划局长的缘故吧；其间责任重大啊。

我不敢肯定，当读者朋友打开这本《特色城市 古都西安》时，一定就有“开卷有益”的收获。但我却是在通览、审定全书的过程中，深刻地感受到，《特色城市 古都西安》已不再是对西安历史文化与近现代城市建设发展的刻板记录，而是抱着探讨与交流的目的，对西安历史文化和传统进行了梳理、总结和盘点。书中对近现代出现的优秀规划建筑作品也给予展示，为西安今后的城市建设提供了很好的建设参照，对西安的历史、现在和未来做出人性化的展示和现实性的发掘。我们力求它融学术性、知识性、可读性于一体，相信读者通过此书会对西安的城市建设有了重新认识、重新评估，能对西安有更深的剖析与解读。

本书编辑历时18个月，在这段时间里，哪一件工作还应提及，哪一个条目还要重写，哪一个数字还需核实，甚至哪一幅图片的说明还该斟酌，一直萦绕于每一位编辑的脑海中。难题未解之时，即是食不甘味、寝不安席之日。针对书中的每一个章节，都得到了规划、建筑界老前辈的指点，得到了同行们和同我一起战斗的同志们的支持和帮助，在此表示谢意。我和我的同行们深切感受到：要做事，须先有志；要做成事，须有毅力；要做成好事，须要奉献。苦终是乐，但却乐在其中，有什么比个人心智融入事业发展之中更快乐的呢？

上升的事业必定会产生上升的文化，西安规划事业的长足发展，理应留下坚定的足迹，但愿伴随全市城市建设和经济社会迅猛发展，伴随全市规划管理工作不断进步而诞生的本书，能够像年轮述说历史，如足音使读者回响。

最终的结果，让我呐喊：打破“千城一面”，西安走自己的路！

纸短话长，意犹未尽，限于学养不足，水平有限，再者时间仓促，虽经大家千淘万漉的辛苦，书中难免有纰漏和不当。凡此种种，尚祈鉴谅，也期待着专家和学者们的批评指正。让我们携起手来，在这条城市特色之路上继续探讨研究和探索下去，创造出新的骄傲与辉煌。

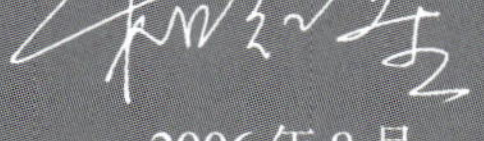

2006年8月

西安不仅属于历史
更属于未来
不仅属于中国
更属于世界……